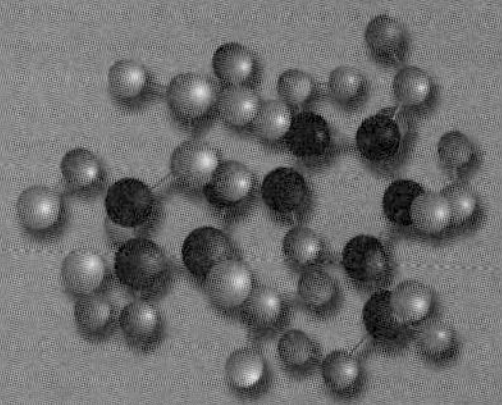

YEJIN WULI HUAXUE

# 冶金物理化学

（修订版）

董元篪　王海川 ◎ 主编

合肥工业大学出版社

**责任编辑** 陈淮民　马成勋
**文字编辑** 张择瑞
**封面设计** 张　勇

**图书在版编目(CIP)数据**

冶金物理化学/董元篪主编. —合肥:合肥工业大学出版社,2011.2(2021.1重印)
ISBN 978-7-5650-0351-6

Ⅰ.①冶…　Ⅱ.①董…　Ⅲ.①冶金—物理化学　Ⅳ.①TF01

中国版本图书馆CIP数据核字(2011)第006298号

**冶金物理化学(修订版)**

董元篪　王海川　主　编

| | | | |
|---|---|---|---|
| 出　版 | 合肥工业大学出版社 | 版　次 | 2011年2月第1版 |
| 地　址 | 合肥市屯溪路193号 | | 2016年2月修订版 |
| 邮　编 | 230009 | 印　次 | 2021年1月第3次印刷 |
| 电　话 | 总　编　室:0551-62903038 | 开　本 | 787毫米×1092毫米　1/16 |
| | 市场营销部:0551-62903198 | 印　张 | 24.25　字　数　563千字 |
| 网　址 | www.hfutpress.com.cn | 印　刷 | 合肥现代印务有限公司 |
| E-mail | hfutpress@163.com | 发　行 | 全国新华书店 |

主编信箱　which@ahut.edu.cn　　责编信箱/热线　Chenhm30@163.com　13905512551

ISBN 978-7-5650-0351-6　　定价:48.00元

# 序　言

“冶金物理化学”是一门冶金类专业最重要的专业基础课程，课程内容与先修课程“物理化学”，后续课程“钢铁冶金学”密切相关。

由安徽工业大学董元篪教授、王海川教授编写的《冶金物理化学》教材是该校冶金工程国家级特色专业和安徽省教学团队的教学成果，是安徽省省级精品课程“冶金物理化学”的配套教材，是安徽省“十一五”规划教材。该教材是在安徽工业大学冶金工程专业应用近10年的课程讲义基础上组织编写的。将科研成果融入教学，并结合国内外冶金理论和技术的最新发展，经过不断完善和调整编写而成的。教材包括冶金热力学原理、冶金过程热力学和冶金过程动力学三大部分。教材注重理论与实践相结合，教学与科研相结合，把比较抽象的冶金物理化学理论知识与冶金生产的实际过程密切结合。注意前后课程知识的衔接。在教材编写体例上，每章均给出篇章结构、章节目录、本章导读、知识目标、能力目标、重点难点，使读者阅读本书时对篇章布局、每章内容、前后顺序、知识结构，学习每章能够获得的知识和能力，每章的重点和难点均一目了然，有益于提高读者的学习兴趣和学习主动性。在例题和习题安排上，每章重要内容均有相应例题和习题，有利于学生学习、理解和掌握。该教材以黑色冶金为主，兼顾有色金属冶金内容，有利于拓宽学生的知识面，拓展视野。

本教材的编写注重在培养学生分析问题、解决问题的能力以及创新性思维，充分体现了以学生学习为本，从学生的角度思考问题，从学生的立场解决问题。

教材作者均多年从事冶金物理化学教学和科研工作，对冶金物理化学课程的教学及教材内容编写把握准确，把教材编写成理论与实践相结合的教科书。

作为冶金类专业重要的专业基础课教材，该教材或许还存在着这样或那样的不足，但我相信该教材的编写出版，对于提高“冶金物理化学”课程的教学质量和效果，对于提高学生的学习能力、分析和解决问题的能力具有一定的作用。期望本书也对从事冶金工程的研究生和科研工作者有所裨益。

周国治

2010年4月

# 前　言

冶金物理化学主要应用物理化学的方法研究冶金及材料制备过程，是一门以实验为基础发展起来的学科，是冶金及材料制备的理论基础。金属是从矿石中提取的，矿石在冶炼过程中主要是通过还原熔炼获得粗金属，再通过氧化熔炼去除金属中的有害杂质，该过程主要涉及火法冶金的焙烧、熔炼、精炼、蒸馏、熔析等过程，所涉及的化学反应主要有热分解、还原、氧化、硫化、卤化等。

"冶金物理化学"是一门冶金类专业最重要的专业基础课程，课程内容与先修课程"物理化学"，后续课程"钢铁冶金学"、"有色金属冶金学"密切相关。多所原来以钢铁冶金为主的高校在冶金工程专业课程设置上以火法冶金过程为主，经过不断完善和调整，将科研成果与新技术的应用融入教学，"冶金物理化学"课程逐步形成包含冶金热力学原理、冶金过程热力学和冶金过程动力学三大部分的比较完整的教学内容体系；课程内容侧重黑色冶金原理，充实少量的有色金属冶金原理内容。教材中汲取了我们在多年的教学过程中曾经参考和选用的国内多本相关教材，如重庆大学黄希祜教授主编的《钢铁冶金原理》，西安建筑科技大学赵俊学教授主编的《冶金原理》，北京科技大学张家芸教授主编的《冶金物理化学》等的内容和经验。

因此，本教材基于"冶金物理化学"课程近 30 年的教学积累和最近十几年的教学改革经验，主要研究从矿石利用火法冶金方法转变成金属或其化合物产品的冶炼过程的物理化学原理，利用本教材教学和学习，教学过程容易组织，各部分内容之间的逻辑关系明确，使学生能对冶金过程重要反应进行热力学计算和动力学分析。

为了便于学习该门课程，在本教材编写过程中主要考虑以下特色：

(1)篇章之间关系明确。本教材将形成以火法冶金的黑色冶金为主，兼顾有色的特色，内容相对固定的三个模块体系，即：上篇，冶金热力学原理；中篇，冶金过程热力学；下篇，冶金过程动力学。上篇中介绍本课程研究对象"冶金熔体"的物理性质和化学性质及冶金热力学基础，中篇中利用冶金热力学基本原理分析冶金过程各类反应发生的可行性和反应限度，下篇中介绍冶金反应动力学基础及典型冶金过程的动力学特征。

(2)编写体例格式化。在编写体例上，每章开头给出"篇章结构"、"章节目录"、"本章导读"、"知识目标"、"能力目标"和"重点难点"，中间为正文部分，每章结尾都安排"思考练习题"等。这种编写体例能够让学生在学习每章之前就能够对该部分内容有一个基本的了解，便于进一步深入学习，最后通过"思考练习题"加深对该章内容的理解。绝大多数例题都给出详细的解题过程步骤，加深学生对解题思路的理解。

(3)正文内容条文化。教材正文部分采用 4 级标题结构，第 4 级标题下的正文内容条文化。由于本课程内容理论知识深，以往的教材存在大量较长篇幅的理论分析和叙述，学生难以把握内容要点，本教材重点在于梳理大篇幅理论分析和叙述部分的内在关系和知识结构，尝试将内容条文化，使章节内容脉络清晰，提高学生学习的兴趣。

(4)计算与绘图软件的应用。针对本教材涉及的部分实例比较复杂，在编写过程中还注重将多种计算或绘图软件如 Mathematica、Origin、Excel 等应用于冶金过程复杂问题的分析与计算求解中，取得较好的效果。

学习“冶金物理化学”这门课程首先要理解冶金热力学和动力学基本概念，并通过例题和习题加深对概念和知识的理解；其次要与冶金过程各工艺环节相结合，将冶金物理化学的基本原理、方法应用到冶金过程中，阐明冶金过程的物理化学原理，为控制和强化冶金过程提供理论依据；同时配合实验教学环节，利用设计性和综合性实验培养分析问题和解决问题的能力，提高对课程内容的系统掌握程度。本书既可作为高等学校冶金工程专业教学用书，也可供其他院校有关专业师生和冶金企业技术人员参考。

本书第一章至第三章由董元篪教授编写，其余各章节由王海川教授编写，董元篪教授对书进行了统稿。

本书初稿完成后得到了中国科学院院士周国治教授、内蒙古科技大学安胜利教授、北京大学王习东教授、上海大学张捷宇教授、昆明理工大学谢刚教授的指导和帮助，他们对本书提出了许多宝贵意见。周国治院士欣然为本书作序。在此，编者对他们为本书所做的贡献表示衷心感谢。

安徽工业大学陈二保教授以及廖直友实验师对本教材的编写也付出了不少心血，在此一并表示感谢。

同时也向本书引用的参考文献的原著者和编撰者表示衷心感谢。

虽然编者对本书的编写作了较大努力，但限于水平，难免有叙述不清、疏忽或错误之处，敬请读者指正。

编　者

2010 年 6 月于马鞍山

# 目　　录

## 上篇　冶金热力学原理

## 中篇 冶金过程热力学

## 下篇　冶金过程动力学

上篇　冶金热力学原理
第 1 章　冶金热力学基础
第 2 章　金属熔体
第 3 章　冶金熔渣
中篇　冶金过程热力学
下篇　冶金过程动力学

# 第 1 章　冶金热力学基础

**[本章导读]**

研究冶金反应首先要从冶金热力学分析入手，冶金反应的吉布斯自由能变化是冶金反应发生的方向和限度的判断依据。本章基于物理化学基本原理，首先阐述化学反应的标准吉布斯自由能变化($\Delta G^0$)及其与温度的关系，平衡常数($K$)及其计算，进而介绍溶液中组元活度的测定与计算方法，为冶金反应的热力学分析奠定理论基础。

**[知识目标]**

通过本章学习，重点掌握标准吉布斯自由能变化与温度的关系式、溶液的热力学关系式、组元活度的测定与计算、标准溶解吉布斯自由能变化的计算。

**[能力目标]**

能够利用吉布斯自由能变化与温度的关系式计算冶金反应的吉布斯自由能变化，为冶金过程的热力学分析打下基础。

**[重点难点]**

本章重点是标准吉布斯自由能变化的计算以及组元活度的测定与计算；难点是组元活度的计算。

冶金热力学的主要任务是研究冶金反应在一定条件下进行的可能性、方向及其限度，进而能够控制或创造一定条件，使之达到人们所要求的方向及其进行的程度(最大产率)，而冶金反应的吉布斯自由能变化($\Delta G$)是判断反应在恒温、恒压下能否自发进行的依据。

(1)当 $\Delta G<0$，反应能自发正向进行；

(2)当 $\Delta G>0$，反应逆向进行；

(3)当 $\Delta G=0$，反应达到平衡。

冶金化学反应的热力学性质，如温度、压力及活度等条件能改变反应的吉布斯自由能变化的性质，从而使反应向着人们需求的方向进行。利用冶金反应的标准吉布斯自由能变化($\Delta G^0$)可得出反应的平衡常数($K$)，从而计算出一定条件下反应在平衡态时产物的浓度或反应的最大转化率。

## 1.1 化学反应的标准吉布斯自由能变化及平衡常数

### 1.1.1 化学反应的等温方程式

利用理想气体的吉布斯自由能与体系分压的关系式 $G_i=G_i{}^0+RT\ln p_i$，对于气体 $B_1$，$B_2$，…等的化学反应：

$$v_1\mathrm{B}_1+v_2\mathrm{B}_2=v_3\mathrm{B}_3+v_4\mathrm{B}_4$$

可得出该反应的吉布斯自由能变化($\Delta G$)为

$$\sum v_{\mathrm{B}}G_{\mathrm{B}}=\sum v_{\mathrm{B}}G_{\mathrm{B}}^0+RT\sum(v_{\mathrm{B}}\ln p_{\mathrm{B}}) \tag{1-1}$$

式中 $v_{\mathrm{B}}$——参加反应的气体物质的化学计量数，对于反应物取负号，生成物取正号；

$p_{\mathrm{B}}$——气体物质的无量纲分压。

式(1-1)可简写成

$$\Delta G=\Delta G^0+RT\sum\ln p_{\mathrm{B}}^{v_{\mathrm{B}}}=\Delta G^0+RT\ln\frac{p_{\mathrm{B}_3}^{v_{\mathrm{B}_3}}\,p_{\mathrm{B}_4}^{v_{\mathrm{B}_4}}}{p_{\mathrm{B}_1}^{v_{\mathrm{B}_1}}\,p_{\mathrm{B}_2}^{v_{\mathrm{B}_2}}} \tag{1-2}$$

而 $\Delta G=0$ 时，$\Delta G^0=-RT\ln K$，令 $J=\dfrac{p_{\mathrm{B}_3}^{v_{\mathrm{B}_3}}\,p_{\mathrm{B}_4}^{v_{\mathrm{B}_4}}}{p_{\mathrm{B}_1}^{v_{\mathrm{B}_1}}\,p_{\mathrm{B}_2}^{v_{\mathrm{B}_2}}}$，$J$ 称为压力商(用溶质的活度时称为活度商)，则

$$\Delta G=\Delta G^0+RT\ln J=-RT\ln K+RT\ln J \tag{1-3}$$

对于一定的化学反应，$\Delta G^0$ 仅是温度的函数，所以 $K$ 也仅与温度有关。如参加反应的各物质溶解于溶液中，则按上述原理，可得出用各物质的活度 $a_{\mathrm{B}}$ 表示的 $\Delta G$：

$$\Delta G=\Delta G^0+RT\ln\frac{a_{\mathrm{B}_3}^{v_{\mathrm{B3}}}\,a_{\mathrm{B}_4}^{v_{\mathrm{B4}}}}{a_{\mathrm{B}_1}^{v_{\mathrm{B1}}}\,a_{\mathrm{B}_2}^{v_{\mathrm{B2}}}} \tag{1-4}$$

式(1-2)和式(1-4)均称为化学反应的等温方程，它表示化学反应按化学计量方程

式从左向右每单位反应进度的吉布斯自由能变化。上述的等温方程中，压力商或活度商的值能够使反应的 $\Delta_r G_m < 0$ 时，反应能正向进行；$\Delta_r G_m = 0$ 时，反应达到平衡，此时的温度即为反应在非标准态下的平衡温度。因此，改变压力商或活度商常是冶金中采用的实现反应的手段。

$\Delta_r G_m$ 是决定恒温、恒压下反应方向的物理量，而由 $\Delta_r G_m^0$ 计算的 $K$ 却是决定反应在该温度能够完成的最大产率或反应的平衡浓度的物理量。$\Delta_r G_m^0$ 的大小对反应方向的影响有以下几种情况：

（1）$\Delta_r G_m^0$ 值愈负，则 $K$ 值愈大，反应正向进行得愈完全；

（2）$\Delta_r G_m^0$ 的正值愈大，$K$ 值就愈小，反应进行得愈不完全，或甚至不能进行；

（3）当反应的 $|\Delta_r G_m^0|$ 很大时，例如，40～50kJ/mol，$\Delta_r G_m^0$ 的正、负号也就基本上决定了 $\Delta_r G_m$ 的正、负号，而可估计反应的方向。但是，判断高温反应的可能性，一般还是应该用 $\Delta_r G_m$，而不用 $\Delta_r G_m^0$。

## 1.1.2 标准生成吉布斯自由能变化的温度关系式

化合物的标准吉布斯生成自由能变化 $\Delta_f G_m^0(B)$ 可由其形成反应的 $\Delta_r G_m^0$ 求出。

### 1.1.2.1 标准吉布斯自由能变化与 T 的多项式

标准吉布斯自由能变化与温度的关系式有两种形式：

（1）多项式法

该式由吉布斯一亥姆霍兹方程导出：

$$d\left(\frac{\Delta_r G_m^0}{T}\right)_p = -\frac{\Delta_r H_m^0}{T^2}dT, \frac{\Delta_r G_m^0}{T} = \int \frac{\Delta_r H_m^0}{T^2}dT + I \qquad (1-5)$$

按基尔霍夫定律，$\left(\frac{\partial \Delta_r H_m^0}{\partial T}\right)_p = \Delta C_{p,m}$，式中 $\Delta C_{p,m}$ 为化学反应生成物热容与反应物热容的差值。而

$$\Delta C_{p,m} = \Delta a + \Delta b \times 10^{-3} T + \Delta c' \times 10^5 T^{-2} \quad (\text{J/(K·mol)}) \qquad (1-6)$$

积分上式后得

$$\Delta_r H_m^0 = \int \Delta C_{p,m} dT = \Delta H_0 + \Delta a_0 T + \frac{1}{2}\Delta b \times 10^{-3} T^2 - \Delta c' \times 10^5 T^{-1} \qquad (1-7)$$

将式(1-7)代入式(1-5)，积分后得

$$\Delta_r G_m^0 = \Delta H_0 - \Delta a T \ln T - \frac{1}{2}\Delta b \times 10^{-3} T^2 - \frac{1}{2}\Delta c' \times 10^5 T^{-1} - IT \qquad (1-8)$$

式中 $\Delta H_0$——积分常数，可由 $T=298$K 及 $\Delta H^0(298\text{K})$ 求得；

$I$——积分常数，可由 $T=298$K 及 $\Delta G^0(298\text{K})$ 求得。

**【例 1-1】**

求反应 $2Fe_{(S)} + O_{2(g)} = 2FeO_{(S)}$ 的 $\Delta_r G^0$ 与 T 的关系式。

已知：$C_{p,FeO}=50.80+8.614\times10^{-3}T-3.309\times10^{5}T^{-2}$，J/(K·mol)，(298～1650K)

$C_{p,O_2}=29.96+4.184\times10^{-3}T-1.67\times10^{5}T^{-2}$，J/(K·mol)，(298～3000K)

$C_{p,Fe}=17.49+24.77\times10^{-3}T$，J/(K·mol)，(298～1033K)

$\Delta_f H^0_{298,FeO}=-272.04$kJ/mol，$\Delta_f H^0_{298,Fe}=0$kJ/mol，$\Delta_f H^0_{298,O_2}=0$kJ/mol

$S^0_{298,FeO}=60.75$J/(K·mol)，$S^0_{298,Fe}=27.15$kJ/(K·mol)，$S^0_{298,O_2}$

$=205.04$kJ/(K·mol)

**题意分析** 本题主要考查利用物质热化学性质：如热容 $C_{p,i}$、标准生成焓 $\Delta_f H^0_{298,i}$ 和标准熵 $S^0_{298,i}$ 等计算 $\Delta_r G^0$ 与温度 $T$ 的积分关系式。

**解** 第一步：利用热化学性质数据计算该反应的 $\Delta_r H^0_{298}$、$\Delta_r S^0_{298}$、$\Delta_r G^0_{298}$ 以及 $\Delta c_p$ 值

$$\Delta_r H^0_{298}=\sum v_i\Delta_f H^0_{298,i}=-544.08\text{kJ/mol}=-544080\text{J/mol}$$

$$\Delta_r S^0_{298}=\sum v_i S^0_{298,i}=-137.48\text{J/(K·mol)}$$

$$\Delta_r G^0_{298}=\Delta_r H^0_{298}-298\times\Delta_r S^0_{298}=-544080+298\times137.48=-502983\text{J/mol}$$

$$\Delta C_p=36.66-36.496\times10^{-3}T-4.948\times10^{5}T^{-2}\text{，J/(K·mol)}$$

$\Delta a=36.66$J/(K·mol)，$\Delta b=-36.496\times10^{-3}$J/(K$^2$·mol)，

$\Delta c'=-4.948\times10^{5}$J·K/mol

第二步：求积分常数 $\Delta H_0$

将第一步求得的各个函数值带入代入式(1-7)

$$-544080=\Delta H_0+36.66\times298+\frac{-36.496\times10^{-3}}{2}\times298^2-\frac{-4.948\times10^5}{298}$$

由此得到 $\Delta H_0=-555045$J/mol

第三步：求积分常数 $I$

将 $\Delta_r G^0_{298}$、$\Delta H_0$、及 $\Delta a$、$\Delta b$、$\Delta c'$ 代入式(1-8)

$$-502983=-555045-36.66\times298\ln298-\frac{-36.496\times10^{-3}}{2}\times298^2-\frac{-4.948\times10^5}{2\times298}-298I$$

故 $I=-375$J/K·mol。

第四步：求 $\Delta G^0$ 与温度 $T$ 的关系式

利用两个积分常数 $\Delta H_0$、$I$ 及 $\Delta C_p$ 得到 $\Delta_r G^0$ 与 $T$ 的关系式

$$\Delta G^0_T=-555045-36.66T\ln T+18.25\times10^{-3}T^2+2.47\times10^5T^{-1}+375T$$

用积分法求得的一般是 $\Delta_r G^0$ 与 $T$ 的多项式，对于实际系统常用二项式代替多项式，由多项式化为二项式常用的方法是数理统计中的最小二乘法。目前多采用计算机处理计算 $\Delta_r G^0$ 与 $T$ 的多项式并进一步求出二项式。

(2)三项式法

式(1-8)是化学反应的 $\Delta_r G_m^0$ 的典型表达式，适用于参加反应的物质的热力学数据比较完全及在很宽温度范围内讨论反应的平衡情况。

此外，还可将式(1-8)加以简化，取 $\Delta C_{p,m}=const$，得到 $\Delta G^0$ 与 $T$ 的三项式：

$$\Delta_r G_m^0 = A + BT\ln T + CT \quad \text{J/mol} \qquad (1-9)$$

式中　A、B、C——常数。此式在冶金中有时也采用。

#### 1.1.2.2　标准吉布斯自由能变化与 T 的二项式

$\Delta_r G_m^0$ 的温度多项式中包含有 $\ln T$、$T^2$、$T^{-1}$ 等项，计算起来很不方便。但是此多项式的 $\Delta_r G_m^0 - T$ 图则是十分近似的直线关系。因而可采用 $\Delta_r G_m^0$ 的温度函数的二项式表示：

$$\Delta G_m^0 = A + BT$$

式中　常数 A、B 是多项式(1-8)或(1-9)用二元回归法处理得到的。它们分别相当于在此二项式适用的温度范围内标准焓变及熵变的平均值。

对 $Fe_2O_3$ 的分解反应，理论得到的 $\Delta G_T^0$ 二项式为 $\Delta G_T^0 = 236750 - 146.98T$，当分解压为 101325Pa 时，反应的平衡温度为 1611K。从实验知道平衡温度为 1723K，因此：

$$b - 146.98 \times 1723 = 0\text{，则 } b = 253246$$

将 $b$ 值代替原二项式中的常数项，则得：$\Delta G_T^0 = 253246 - 146.98T$　J/mol，这就是根据实验得到的修正二项式。

**【例 1-2】**

已知 Ti(α)、$O_2$、$TiO_2$(s)(金红石)的 $\Delta_f H_{298}^0$、$S_{298}^0$ 及 $C_p$ 等数据(见表 1-1)，求反应

$$Ti(\alpha) + O_2 = TiO_{2(S)} \quad (298\sim1155\text{K})$$

的 $\Delta G^0$ 与温度的二项式关系式，并计算出 1155K 的 $\Delta G^0$ 值。

**题意分析**　已知各反应物的 $\Delta_f H_{298}^0$、$S_{298}^0$ 及 $C_{p,m}$ 数据，首先计算该反应的 $\Delta H_{298}^0$、$\Delta S_{298}^0$ 及 $\Delta C_{p,m}$ 值，再利用基尔霍夫定律求出 $\Delta H_T^0$、$\Delta S_T^0$ 与温度的关系式，进而求出 $\Delta G^0$ 与温度的关系式，最后将 1155K 代入 $\Delta G^0$ 与温度的关系式计算出 $\Delta G_{1155}^0$。

**解**　第一步：获取 Ti(α)、$O_2$、$TiO_{2(S)}$ 的热力学数据，列入表 1-1。

**表 1-1　Ti(α)、$O_2$、$TiO_{2(S)}$ 的焓、熵及热容**

| 物质 | $\Delta_f H_{298}^0$ (J/mol) | $S_{298}^0$ (J/(K·mol)) | $Cp,m = a + b\times10^{-3}T + c'\times10^5T^{-2}$/(J/(K·mol)) | | |
|---|---|---|---|---|---|
| | | | a | b | c' |
| Ti(α) | 030.65 | 22.158 | 10.284 | | |
| $O_2$ | 0 | 205.04 | 29.957 | 4.184 | −1.674 |
| $TiO_2$(s) | −944750 | 50.33 | 62.856 | 11.360 | −9.958 |

第二步：计算 $\Delta H_{298}^0$、$\Delta S_{298}^0$ 及 $\Delta C_{p,m}$ 值

$$\Delta H_{298}^0 = \Delta_f H_{298,TiO_2}^0 - (\Delta_f H_{298,Ti}^0 + \Delta_f H_{298,O_2}^0) = -944750\text{J/mol}$$

$$\Delta S^0_{298}=S^0_{298,TiO_2}-(S^0_{298,Ti}+S^0_{298,O_2})=-185.36\text{J}/(\text{K}\cdot\text{mol})$$

$$\Delta C_p=C_{p,TiO_2}-(C_{p,Ti}+C_{p,O_2})=10.741-3.108\times10^{-3}T-8.284\times10^5T^{-2}$$

第三步：求 $\Delta H^0_T$、$\Delta S^0_T$ 与温度的关系式

$$\Delta H^0_T=\Delta H^0_{298}+\int_{298}^{T}\Delta C_p\mathrm{d}T$$

$$=-950592+10.741T-1.554\times10^{-3}T^2+8.284\times10^5T^{-1}$$

$$\Delta S^0_T=\Delta S^0_{298}+\int_{298}^{T}\frac{\Delta C_p}{T}\mathrm{d}T=-250.29+10.741\ln T-3.108\times10^{-3}T+4.142\times10^5T^{-2}$$

第四步：求 $\Delta G^0$ 与温度的关系式及 $\Delta G^0_{1155}$

$$\Delta G^0_T=\Delta H^0_T-T\Delta S^0_T$$

$$=-950592+261.03T-10.741T\ln T+1.554\times10^{-3}T^2+4.142\times10^5T^{-1}$$

$$\Delta G^0_{1155}=-734154\text{J/mol}$$

#### 1.1.2.3 M函数法

该表达式可由吉布斯自由能的定义 $\Delta_r G^0_m=\Delta_r H^0_m-T\Delta_r S^0_m$ 导出，由于

$$\Delta_r H^0_m=\Delta_r H^0_m(298\text{K})+\int_{298}^{T}\Delta C_{p,m}\mathrm{d}T,\Delta_r S^0_m=\Delta_r S^0_m(298\text{K})+\int_{298}^{T}\frac{\Delta C_{p,m}}{T}\mathrm{d}T$$

$$\Delta_r G^0_m=\Delta_r H^0_m(298\text{K})+\int_{298}^{T}\Delta C_{p,m}\mathrm{d}T-T[\Delta_r S^0_m(298\text{K})+\int_{298}^{T}\frac{\Delta C_{p,m}}{T}\mathrm{d}T]$$

$$\Delta C_{p,m}=\Delta a+\Delta b\times10^{-3}T+\Delta c'\times10^5T^{-2}+\Delta c\times10^{-6}T^2$$

上式可简化为

$$\Delta G^0_m=\Delta H^0_{298}-T\Delta S^0_{298}-T(\Delta a\cdot M_0+\Delta b\cdot M_1+\Delta c'\cdot M_{-2}+\Delta c\cdot M_2)\qquad(1-10)$$

$$M_0=\ln\frac{T}{298}+\frac{298}{T}-1,M_1=\frac{1}{2T}(T-298)^2\times10^{-3},$$

$$M_{-2}=\frac{1}{2}\left(\frac{1}{298}-\frac{1}{T}\right)^2\times10^5,M_2=\left(\frac{T^2}{6}+\frac{298^3}{3T}-\frac{298^2}{2}\right)\times10^{-6}$$

$M_0$、$M_1$、$M_{-2}$、$M_2$都是温度的函数，可由计算机进行计算或查表求得。这是利用定积分的计算，不如前法需求两个积分常数 $\Delta H_0$ 及 $I$。

**【例 1-3】**

利用 M 函数，计算例 1—2 中的 $\Delta G^0_{1155}$之值。

**题意分析** 根据 M 函数表示的 $\Delta G^0$ 表达式(1-10)，首先利用 M 函数计算 1155K 的 $M_0$、$M_1$、$M_{-2}$，继而利用 M 函数值 $M_0$、$M_1$、$M_{-2}$和例 1-2 求得的 $\Delta C_{p,m}$值，即可计算 $\Delta G^0_{1155}$。

**解**　第一步：利用 M 函数求 1155K 的 M 函数值

$$M_0=\ln\frac{T}{298}+\frac{298}{T}-1=\ln\frac{1155}{298}+\frac{298}{1155}-1=0.6128$$

$$M_1=\frac{1}{2T}(T-298)^2\times10^{-3}=\frac{1}{2\times1155}(1155-298)^2\times10^{-3}=0.3179$$

$$M_{-2}=\frac{1}{2}\left(\frac{1}{298}-\frac{1}{T}\right)^2\times10^5=\frac{1}{2}\left(\frac{1}{298}-\frac{1}{1155}\right)^2\times10^5=0.3099$$

第二步：利用 M 函数及热容差 $\Delta C_{p,\mathrm{m}}$，计算标准吉布斯自由能变化：

$$\Delta G^0_{1155}=\Delta H^0_{298}-T\Delta S^0_{298}-T(\Delta aM_0+\Delta bM_1+\Delta c'M_{-2})$$

$$=-944750-1155(-185.36)-1155(10.741\times0.6128$$

$$-3.108\times0.3179-8.284\times0.3099)=-734155\mathrm{J}$$

从计算结果可以看出，用 M 函数表计算的数据与用多项式法计算的完全一致。

## 1.1.3　冶金反应标准吉布斯自由能变化的求法

### 1.1.3.1　利用化合物的标准生成吉布斯自由能计算

对于反应 $v_1\mathrm{B}_1+v_2\mathrm{B}_2=v_3\mathrm{B}_3+v_4\mathrm{B}_4$，有

$$\Delta_\mathrm{r}G^0_\mathrm{m}(T)=\sum v_\mathrm{B}\Delta_fG^0_\mathrm{m}(\mathrm{B},T)$$

已知参与反应的各反应物和生成物的标准生成吉布斯自由能变化 $\Delta_fG^0_\mathrm{m}(\mathrm{B},T)$，即可计算反应的标准吉布斯自由能变化 $\Delta_\mathrm{r}G^0_\mathrm{m}(T)$。其中，反应物的系数为负，生成物的系数为正。

### 1.1.3.2　由实验测定的反应平衡常数计算

在 $\mathrm{d}\ln K=[\Delta_\mathrm{r}H^0_\mathrm{m}/(RT^2)]\mathrm{d}T$ 中，若视 $\Delta_\mathrm{r}H^0_\mathrm{m}$ 为常数，在温度 $T_1\sim T$ 界限内积分，可得：

$$\ln K=-\Delta_\mathrm{r}H^0_\mathrm{m}/(RT)+[\Delta_\mathrm{r}H^0_\mathrm{m}/(RT_1)+\ln K_1] \tag{1-11}$$

式中　$K_1$，$K$——分别为温度 $T_1$，$T$ 的平衡常数。

当 $T_1$ 和 $K_1$ 是已知时，则上式可改写成：

$$\ln K=\frac{A}{T}+B \tag{1-12}$$

式中　　$A=-\Delta_\mathrm{r}H^0_\mathrm{m}/R$，$B=\Delta_\mathrm{r}H^0_\mathrm{m}/(RT_1)+\ln K_1$

如以不同温度下测得的反应 $K$ 值的 $\ln K$ 对该温度的倒数 $1/T$ 作图，可得一直线关系。而由直线的斜率和截距分别可得出较大温度范围内的常数 A 及 B，从而可得该反应的 $\ln K$ 及 $\Delta_\mathrm{r}G^0_\mathrm{m}$ 的温度关系式：

$$\Delta_r G_m^0 = -RT\ln K = -RT(A/T+B) = -A' - B'T \quad \text{J/mol}$$

### 1.1.3.3 由化学反应的电动势计算

利用 $ZrO_2$ 固体电解质构成的固体电解质电池

A、AO|固体电解质|B、BO

产生的电动势可以测定单质 A 还原氧化物 BO 反应(BO+A=B+AO)的 $\Delta_r G_m^0$ 或 BO 及 AO 的 $\Delta_f G_m^0$。常用的固体电解质是用 CaO 稳定的 $ZrO_2$，两极分别是 A+AO 及 B+BO，混合物反应形成的氧分压($AO_{(S)} = A_{(S)} + \frac{1}{2}O_2$，$BO_{(S)} = B_{(S)} + \frac{1}{2}O_2$)构成的氧电极。

设 B+BO 电极的氧分压大于 A+AO 电极的氧分压，电极及电池反应如下：

正极(右侧)： $BO_{(S)} = B_{(S)} + \frac{1}{2}O_2 \qquad \Delta_f G_m^0(BO,s)$

$$\frac{1}{2}O_2 + 2e = O^{2-}$$

即 $$BO_{(S)} + 2e = B_{(S)} + O^{2-} \tag{Ⅰ}$$

气相中 $O_2$ 从电极上吸收 2e 成为 $O^{2-}$，进入 $ZrO_2$ 空位内，该极失去 2e 成为正极。

负极(左侧)

$$A_{(S)} + \frac{1}{2}O_2 = AO_{(S)} \qquad \Delta_f G_m^0(AO,s)$$

$$O^{2-} = \frac{1}{2}O_2 + 2e$$

即： $$O^{2-} + A_{(S)} = AO_{(S)} + 2e \tag{Ⅱ}$$

$O^{2-}$ 离子在氧的化学势驱动下，通过 $ZrO_2$ 内的氧离子空位到达氧分压低的一端失去 2e 变为 $O_2$，该电极获得 2e 成为负极。

电池反应为(Ⅰ)、(Ⅱ)两式之和：

$$BO_{(S)} + A_{(S)} = AO_{(S)} + B_{(S)},\ \Delta_r G_m^0 = \Delta_f G_m^0(AO,s) - \Delta_f G_m^0(BO,s) \tag{Ⅲ}$$

上述电池反应进行时，两电极的接触电势之差称为电池的电动势，可用一方向相反，但数值相同的外电压来测定这种电动势(对消法)。在这种可逆条件下，体系所做的电功等于上述化学反应标准吉布斯自由能的减小，$W' = -\Delta_r G_m^0$。而电功等于电池的电动势 $E$ 与电量 $n$F 的乘积。$n$ 为反应时电子转移数，此处 $n=2$，F 为法拉第常数(96500C/mol)，故 $W' = 2FE$，而 $\Delta_r G_m^0 = -2FE$。代之入式(Ⅲ)，得

$$\Delta_r G_m^0 = \Delta_f G_m^0(AO,s) - \Delta_f G_m^0(BO,s) = -2FE$$

故由测定的 $E$ 可求出反应的 $\Delta_r G_m^0$。如已知 $\Delta_f G_m^0(BO,s)$，则可求

$$\Delta_f G_m^0(AO,s) = \Delta_f G_m^0(BO,s) - 2FE$$

因此，测定某一温度下电池的电动势 $E$，从而得出反应的 $\Delta_r G_m^0$，或利用已知的 $\Delta_f G_m^0$(BO,s)值，即可计算出 $\Delta_f G_m^0$(AO,s)。再利用不同温度下测定的电动势，即可算出 $\Delta_r G_m^0$ 或 $\Delta_f G_m^0$(AO,s)的温度关系式。

**【例 1-4】**

利用固体电解质电池：Pt|Mo,$MoO_2$|$ZrO_2$+(CaO)|Fe,FeO|Pt，测得不同温度下电池的电动势 $E$ 如表 1-2，试计算反应：$2FeO_{(S)}+Mo_{(S)}=MoO_{2\ (S)}+2\ Fe_{(S)}$ 的 $\Delta_r G_m^0$ 及 $\Delta_f G_m^0$($MoO_2$,s)的温度关系式。已知 $\Delta_f G_m^0$(FeO,s)$=-264000+64.59T$ J/mol。

表 1-2 电池反应测定的电动势

| 温度/℃ | 750 | 800 | 850 | 900 | 950 | 1000 | 1050 |
|---|---|---|---|---|---|---|---|
| 电动势/mV | 22.1 | 17.8 | 13.2 | 8.8 | 3.8 | −1.3 | −6.9 |
| 温度/K | 1023 | 1073 | 1123 | 1173 | 1223 | 1273 | 1323 |
| $\Delta_r G_m^0$ J/mol | −8530.6 | −6870.8 | −5095.2 | −3396.8 | −1466.8 | 501.8 | 2663.4 |

**题意分析** 本题给出不同温度下的电解质电池的电动势 $E$，该电动势即为标准电动势 $E^0$，利用 $E^0$ 求反应的 $\Delta_r G_m^0$ 和 $MoO_2$ 的 $\Delta_f G_m^0$($MoO_2$,s)，因此首先利用 $\Delta_r G_m^0=-zFE^0$ 关系计算出反应的 $\Delta_r G_m^0$，在根据已知 $\Delta_f G_m^0$(FeO,s)即可求 $\Delta_f G_m^0$($MoO_2$,s)。

**解** 第一步：写出电池的正极、负极电极反应及总电池反应

正极：$2FeO_{(S)}+4e=2\ Fe_{(S)}+2O^{2-}$

负极：$2O^{2-}+Mo_{(S)}=MoO_{2\ (S)}+4e$

电池反应为上列两个反应相加，得

$$2FeO_{(S)}+Mo_{(S)}=MoO_{2\ (S)}+2\ Fe_{(S)}$$

$$\Delta_r G_m^0=\Delta_f G_m^0(MoO_2,s)-2\Delta_f G_m^0(FeO,s)$$

$\Delta_r G_m^0=-4FE^0$，计算结果见表 1-2。

第二步：利用数学拟合得到 $\Delta_r G_m^0$ 与温度的关系式：

$\Delta_r G_m^0$ 的二项式为 $\Delta_r G_m^0=A+BT$，用回归分析法计算机程序处理：$y=Bx+A$，式中 $y=\Delta_r G_m^0=-4FE$，$x=T$，得：$\Delta_r G_m^0=-46702+37.11T$ J/mol。

第三步：利用 $\Delta_f G_m^0$(FeO,s)求 $\Delta_f G_m^0$($MoO_2$,s)：

$$\Delta_f G_m^0(MoO_2,s)=\Delta_r G_m^0+2\Delta_f G_m^0(FeO,s)$$

利用 $\Delta_f G_m^0$(FeO,s)$=-264000+64.59T$ J/mol 可得：

$$\Delta_f G_m^0(MoO_2,s)=-574702+166.29T \quad J/mol$$

以上诸式适用的温度范围为 750℃～1050℃。

也可以通过设计适当的固体电解质电池来测定复合化合物的 $\Delta_f G_m^0$。例如用以下电池可测定复合化合物 FeO·$V_2O_3$ 的 $\Delta_f G_m^0$：

$$Mo|Fe、FeO\cdot V_2O_3,V_2O_3|ZrO_2+(CaO)|Mo,MoO_2|Mo$$

用钼丝作电极导线，右边参比电极是 $Mo+MoO_2$ 的混合物构成的氧电极（$MoO_2=Mo_{(S)}+O_2$），左边待测电极是 $Fe+FeO\cdot V_2O_3$ 的混合物构成的氧电极（$FeO\cdot V_2O_3=Fe+V_2O_3+1/2O_2$）

电池反应为：$Fe+\frac{1}{2}MoO_2+V_2O_3=\frac{1}{2}Mo+FeO\cdot V_2O_3 \quad \Delta_r G_m^0=-2FE^0$

$$\Delta_f G_m^0(FeO\cdot V_2O_3,s)=\Delta_r G_m^0+\frac{1}{2}\Delta_f G_m^0(MoO_2,s)+\Delta_f G_m^0(V_2O_3,s)$$

只要已知 $MoO_2$ 及 $V_2O_3$ 的 $\Delta_f G_m^0$，由测出的电动势 $E^0$ 就能求出 $\Delta_f G_m^0(FeO\cdot V_2O_3,s)$。

---

#### 1.1.3.4 利用线性组合法计算

因为 $\Delta_r G_m^0$ 是反应过程的热力学函数，只与反应过程的始末态有关，而与中间反应过程无关，故可将反应物转变为生成物的反应所经历的一些中间反应的 $\Delta_r G_m^0$ 用线性组合法，就可得到所求反应的 $\Delta_r G_m^0$：

$$\Delta_r G_m^0=\sum m_B \Delta_r G_m^0(B)$$

式中　$\Delta_r G_m^0(B)$——各组合反应的标准吉布斯自由能变化；

$m_B$——进行线性组合时各组合反应的 $\Delta_r G_m^0(B)$ 应乘上的系数。

例如，$C_{(石)}$ 与 $H_2$ 生成 $CH_4$ 的反应：$C_{(石)}+2H_2=CH_4$，可由 $C_{(石)}$、$H_2$ 及 $CH_4$ 燃烧反应的 $\Delta_r G_m^0$ 求得：

$$C_{(石)}+O_2=CO_2 \qquad \Delta_r G_{m(1)}^0=-395350-0.54T \quad J/mol \qquad (Ⅰ)$$

$$H_2+\frac{1}{2}O_2=H_2O_{(g)} \qquad \Delta_r G_{m(2)}^0=-247500+55.88T \quad J/moL \qquad (Ⅱ)$$

$$CH_4+2O_2=CO_2+2H_2O_{(g)} \qquad \Delta_r G_{m(3)}^0=-799306+0.50T \quad J/mol \qquad (Ⅲ)$$

---

$$C_{(石)}+2H_2=CH_4 \qquad (Ⅳ)$$

$$\Delta_r G_{m(Ⅳ)}^0=\pm m_1\Delta_r G_{m(Ⅰ)}^0 \pm m_2\Delta_r G_{m(Ⅱ)}^0 \pm m_3\Delta_r G_{m(Ⅲ)}^0$$

式中　$m_1,m_2,m_3$——各组合反应或其 $\Delta_r G_m^0(B)$ 在线性组合时应取的系数，± 则为应取的正或负号。

可根据选取所求反应与某一组合反应中同类物质的化学计量数之比决定其 $m$ 值，而此同类物位于化学反应式中的同侧或异侧，确定 $m$ 的符号，同侧则取正号，异侧则取负号。例如，比较反应式（Ⅳ）和（Ⅰ），取 $C_{(石)}$ 为同类物质，它们的化学计量数之比为 1，且 $C_{(石)}$ 居于此两反应式的同侧，故 $m_1=+1$；比较反应式（Ⅳ）和（Ⅱ），取 $H_2$ 为同类物质，其化学计量数之比为 2，且居两反应式的同侧，故 $m_2=+2$；比较反应式（Ⅳ）和（Ⅲ），取 $CH_4$ 为同类物质，其化学计量数之比为 1，但 $CH_4$ 居此两反应式的异侧，而 $m_3=-1$，故得

$$\Delta_r G_{m(Ⅳ)}^0=\Delta_r G_{m(Ⅰ)}^0+2\Delta_r G_{m(Ⅱ)}^0-\Delta_r G_{m(Ⅲ)}^0,\ \Delta_r G_{m(4)}^0=-910044+110.72T \quad J/mol$$

又由于 $\Delta_r G_m^0 = -RT\ln K$，故同样可得

$$\ln K = \pm m_1 \ln K_1 \pm m_2 \ln K_2 \pm m_3 \ln K_3$$

或写为

$$\ln K = \sum m_B \ln K_B = \sum \ln (K_B)^{m_B}$$

故对于反应式(Ⅳ)有 $K = K_1 K_2^2 K_3^{-1}$，即所求反应的平衡常数的对数等于各组成反应的平衡常数的对数的代数和。线性组合法适用于实验难于测定其热力学数据的反应。

必须指出，各个反应式中同种物质的状态必定相同，这实际是体系中有多个化学反应同时达到平衡，各相之间也达到了平衡，而每个物质可能同时存在于几个化学反应中，各物质的活度(或浓度、分压)应符合各个反应的平衡常数的关系。

# 1.2 溶液的热力学关系式

溶液的吉布斯自由能 $\Delta G_m$ 是溶液最重要的热力学函数，$\Delta H_m$ 决定于溶液中原子间的交互作用能(引力与斥力)，即混合焓，而 $\Delta S_m$ 则决定于各原子间排列的有序度。按照焓和熵变量的性质，溶液可分为 5 类：

理想溶液：$\Delta H_m = 0, \Delta S_m = \Delta S_{m(R)}$

稀溶液：$\Delta H_m \neq 0$(常量)，$\Delta S_m \neq \Delta S_{m(R)}$

正规溶液：$\Delta H_m \neq 0, \Delta S_m = \Delta S_{m(R)}$

无热溶液：$\Delta H_m = 0, \Delta S_m \neq \Delta S_{m(R)}$

实际溶液：$\Delta H_m \neq 0, \Delta S_m \neq \Delta S_{m(R)}$

式中：$\Delta S_{m(R)}$——理想溶液的熵变。

## 1.2.1 理想溶液

在全部浓度范围内服从拉乌尔定律的溶液称为理想溶液，理想溶液各组分的活度等于其物质的量分数($a_B = p_B / p^* = x_B$)。

气相与溶液处于平衡时，溶液中组分 B 的化学势与其在气相中的化学势相等，即 $\mu_{[B]} = \mu_{B(g)}$，故有：

$$\mu_{[B]} = \mu_{B(g)} = \mu_B^0 + RT\ln p_B$$

将拉乌尔定律代入得：

$$\mu_{[B]} = \mu_B^0 + RT\ln p_B^* + RT\ln x_B = \mu_{B(R)}^0(p, T) + RT\ln x_B \tag{1-13}$$

或：

$$\Delta\mu_B = \Delta G_B = RT\ln x_B \tag{1-14}$$

式中　$\mu^0_{B(R)}(p,T)=\mu^0_B+RT\ln p^*_B$ 称为理想溶液的标准化学势，乃是在与溶液相同的温度下，$x_B=1$ 的纯组分 B 的化学势。$\mu^0_B$ 是气体 B 在温度 $T$ 及 $p^0=101.3\text{kPa}$ 下的标准化学势，仅与温度有关，但 $p^*_B$ 却与温度、压力有关，所以 $\mu^0_{B(R)}(p,T)$ 与温度、压力有关。

利用上式可得

$$\Delta G_m=RT\sum x_B\ln x_B \tag{1-15}$$

又因为

$$\Delta S_B=-(\partial\Delta G_B/\partial T)_p=-R\ln x_B \tag{1-16}$$

及

$$\Delta S_m=-R\sum x_B\ln x_B \tag{1-17}$$

同理可得：

$$\Delta H_B=-RT^2\left[\partial\ln x_B/\partial T\right]_p \tag{1-18}$$

及

$$\Delta V=(\partial\Delta G_B/\partial p)_T=[\partial(RT\ln x_B)/\partial p]_T \tag{1-19}$$

上式中 $x_B$ 与温度及压力无关，故 $\partial\ln x_B/\partial T$，$\partial(RT\ln x_B)/\partial p$ 为零，因而理想溶液的 $\Delta H_m=0$，$\Delta V_m=0$。

### 1.2.2　稀溶液

溶质的蒸气压服从亨利定律，而溶剂的蒸气压服从拉乌尔定律的溶液称为稀溶液。由于溶质的浓度很低（$x_B\to 0$），它完全为溶剂所包围，仅需考虑溶质和溶剂质点之间的作用能，因此，恒温时，向稀溶液中加入溶质，仍具有稀溶液的性质时，加入的每个新的溶质质点常伴随有相同的热效应，所以其混合焓与浓度无关，而是常量。熵变不等于理想溶液的值（$\Delta S_{m(R)}$），而是有所减小，因为溶液质点周围出现了有序态。

利用前述的理想溶液的化学势导出的式（1-13）的方法，可得出稀溶液不同标准态的化学势的表达式。

（1）假想纯物质标准态

$$\mu_B=\mu^0_B+RT\ln K_{H(x)}+RT\ln x_B=\mu^0_{B(H)}(p,T)+RT\ln x_B$$

式中　$\mu^0_{B(H)}(p,T)=\mu^0_B+RT\ln K_{H(x)}$，$x_B=1$ 的标准化学势。

（2）$w[B]=1\%$的溶液标准态

$$\mu_B=\mu^0_B+RT\ln K_{H(\%)}+RT\ln w[B]=\mu^0_{B(\%)}(p,T)+RT\ln w[B]$$

式中　$\mu^0_{B(\%)}(p,T)=\mu^0_B+RT\ln K_{H(\%)}$ 是亨利定律直线上 $w[B]=1\%$处的标准化学势。

（3）纯物质标准态

$$\mu_B=\mu^0_B+RT\ln p^*_B+RT\ln\gamma^0_B x_B=\mu^0_{B(R)}(p,T)+RT\ln\gamma^0_B+RT\ln x_B$$

式中　$\mu^0_{B(R)}(p,T)=\mu^0_B+RT\ln p^*_B$。

它们均为组分浓度（$x_B$、$w[B]$）表示出的化学势，但有不同的标准化学势。

### 1.2.3 实际溶液

对于以纯物质为标准态的实际溶液组分的化学势，根据拉乌尔定律，可用 $a_B=\gamma_B x_B$ 去代替式(1－14)中的 $x_B$，得

$$\Delta G_B = RT\ln a_B = RT\ln\gamma_B + RT\ln x_B \tag{1-20}$$

又

$$\Delta G_m = RT\sum x_B \ln a_B \tag{1-21}$$

同样，对于以 $w[B]=1\%$ 的溶液为标准态的实际溶液组分 B 的化学势可用 $a_B=f_B w[B]$ 代替式(1－14)中的 $x_B$：

$$\Delta G_B = RT\ln f_B + RT\ln w[B] \tag{1-22}$$

又由式(1－20)及(1－19)，可得

$$\Delta G_B - RT\ln x_B = \Delta G_B - \Delta G_{B(R)} = RT\ln\gamma_B \tag{1-23}$$

而 $RT\ln x_B=\Delta G_{B(R)}$ 是理想溶液的偏摩尔吉布斯自由能变化，故 $RT\ln\gamma_B$ 则是实际溶液与理想溶液的偏摩尔吉布斯自由能变化的差值，它与 $\gamma_B$ 有关。而 $\gamma_B$ 与溶液中原子间的交互作用能有关。$u_{AB}>\frac{1}{2}(u_{AA}+u_{BB})$ 时，$\gamma_B<1$，对拉乌尔定律产生负偏差，放出热量，同时 $\Delta V_B<0$；

相反，$u_{AB}<\frac{1}{2}(u_{AA}+u_{BB})$ 时，$\gamma_B>1$，对拉乌尔定律产生正偏差，吸热，$\Delta V_B>0$；

当 $u_{AB}=\frac{1}{2}(u_{AA}+u_{BB})$ 时，$a_B=x_B$，溶液是理想溶液。

## 1.3 活度的测定与计算方法

活度和活度系数是重要的冶金热力学参数，开展冶金过程的热力学分析需要准确、可靠的热力学数据，因此，活度的测定与计算是非常重要的。

### 1.3.1 同一体系中组元活度的计算

熔体中组元的活度是对冶金生产和材料合成过程中进行热力学分析的重要物理化学参数，活度和活度系数的测定是冶金和材料热力学分析的基础工作，因此，这里介绍几种比较普遍应用而又相对可靠的测定方法，主要有化学平衡法、固体电解质法、蒸气压法、饱和溶解度法和分配定律法。

#### 1.3.1.1 蒸气压法

根据活度的定义式

$$a_B = p_B / p_{B(标)} \tag{1-24}$$

测量真实溶液中组元B的蒸气压 $p_B$ 及标准态的蒸气压 $p_{B(标)}$，就可计算组元B的活度值。由于有三种不同的标准态，因此，$p_{B(标)}$ 可以选择纯物质B的蒸气压 $p_B^*$，也可以根据亨利定律求出亨利常数 $K_H$ 及 $K_H{}'$，标准态不同所求出的活度值不同。对冶金熔体经常选择(1)以纯物质为标准态；(2)以服从亨利定律 $w[B]=1\%$ 溶液为标准态，相应的活度和活度系数的表达式分别为

(1)以纯物质为标准态时，拉乌尔活度 $a_{R,B}=\frac{p_B}{p_B^*}$，拉乌尔活度系数 $\gamma_B=\frac{a_B}{x_B}$；

(2)以服从亨利定律 $w[B]=1\%$ 溶液为标准态时，亨利活度 $a_{\%,B}=\frac{p_B}{K_H'}$；亨利活度系数 $f_B=\frac{a_{\%,B}}{w[B]}$。

**【例 1-5】**

1600℃假设相对原子质量为60的B溶于相对原子质量为56的A熔体中，形成A—B熔融合金。已知在不同浓度时，B的蒸气压如表1-3中第3行所示。试用两种常用的活度标准态求出B的活度及活度系数。

**表 1-3　A—B 熔体中 B 的活度及活度系数**

| 行数 1 | $w[B]$ | 0.1 | 0.2 | 0.5 | 1.0 | 2.0 | 3.0 | 100 |
|---|---|---|---|---|---|---|---|---|
| 2 | $x_B$ | $9.334\times10^{-4}$ | $1.87\times10^{-3}$ | $4.67\times10^{-3}$ | $9.34\times10^{-3}$ | $1.87\times10^{-2}$ | $2.81\times10^{-2}$ | 1 |
| 3 | $P_B$/Pa | 1 | 2 | 5 | 11 | 24 | 40 | 2000 |
| 4 | $a_{R、B}$ | $5\times10^{-4}$ | $1\times10^{-3}$ | $2.5\times10^{-3}$ | $5.5\times10^{-3}$ | $1.2\times10^{-2}$ | $2\times10^{-2}$ | 1 |
| 5 | $\gamma_B$ | 0.535 | 0.535 | 0.535 | 0.589 | 0.642 | 0.712 | 1 |
| 6 | $a_{\%,B}$ | 0.1 | 0.2 | 0.5 | 1.1 | 2.4 | 4.0 | 200 |
| 7 | $f_B$ | 1 | 1 | 1 | 1.10 | 1.20 | 1.33 | 2 |

**题意分析**　已知熔体中某组分i的质量百分浓度求组分 $i$ 在两种不同标准状态下的活度和活度系数，因此，只要确定两种标准状态下的 $p_B^*$ 和 $K_H'$ 即可计算相应的活度和活度系数。

**解**　第一步：以纯B熔体为标准态，$p_{i(标)}=p_B^*$，

$$p_B^*=2000\text{Pa};a_{R,B}=\frac{p_B}{p_B^*},\gamma_B=\frac{a_B}{x_B}$$

利用Excel表格可以计算不同 $w[B]$ 成分的 $a_{R,B}$ 和 $\gamma_B$，计算结果见表1-3中第4、5行。

第二步：以服从亨利定律 $w[B]=1\%$ 为标准态，$p_{i(标)}=K_{H'}'$

$$K_H'=\frac{1}{0.1}=10\text{Pa};a_{\%,B}=\frac{p_B}{K_H'};f_B=\frac{a_{\%,B}}{w[B]}$$

利用Excel表格可以计算不同 $w[B]$ 成分的 $a_{\%,B}$ 和 $f_B$，计算结果见表1-3中第6、7行。

#### 1.3.1.2 分配定律法

溶质 i 若能溶于 A 形成 $\alpha$ 相，又能溶于 B 形成 $\beta$ 相，且 $\alpha$ 与 $\beta$ 两相紧密接触，当一定温度下两相达到平衡时，i 在两相中的活度之比等于常数，即

$$\frac{a_{i(\alpha)}}{a_{i(\beta)}}=L=\text{常数} \tag{1-25}$$

式中　$L$ 称为分配常数，它表征两相物理平衡时组元 i 在两相分配的特征。

若两相中的 i 都以纯物质为标准态，当两相平衡时，分配常数 $L=1$，即

$$\frac{a_{R,i(\alpha)}}{a_{R,i(\beta)}}=1$$

即 $i$ 在两相中的活度相等。

#### 1.3.1.3 化学平衡法

化学平衡法是一种经典的活度测定方法，参加化学反应的溶液中组元的活度可以通过平衡实验进行测定。例如，铁液中硫的活度的测定。设在一定温度下，使($H_2+H_2S$)混合气体与铁液反应为

$$H_2+[S]=H_2S_{(g)}$$

$$K'=\frac{p_{H_2S}/p^0}{p_{H_2}/p^0}\cdot\frac{1}{w[S]}=\frac{p_{H_2S}}{p_{H_2}}\cdot\frac{1}{w[S]} \tag{1-26}$$

$$\frac{p_{H_2S}}{p_{H_2}}=K'\cdot w[S] \tag{1-27}$$

式中　$K'$称为表观平衡常数。该式适用于稀溶液的亨利定律。$p_{H_2S}/p_{H_2}$ 可以看作是气相中硫的蒸气压。

根据平衡实验，从 1600℃ 时 $p_{H_2S}/p_{H_2}$ 与 $w[S]$的关系曲线(见图 1-1)可以看出，$p_{H_2S}/p_{H_2}$ 与 $w[S]$的关系是一条曲线。当 $w[S]<0.5$ 时，斜率 $K'$是定值。当 $w[S]>0.5$ 时，$K'$随 $w[S]$增大而变化。这说明 $K'$不是真正的平衡常数。为此应以活度 $a_S$ 代替 $w[S]$。设其平衡常数为 $K$，则

$$K=\frac{p_{H_2S}/p^0}{p_{H_2}/p^0}\cdot\frac{1}{a_S}=\frac{p_{H_2S}}{p_{H_2}\cdot f_S w[S]} \tag{1-28}$$

而

$$f_S=\frac{K'}{K}=f'_S \tag{1-29}$$

所以

$$\frac{p_{H_2S}}{p_{H_2}}=K\cdot a_S \tag{1-30}$$

当 $w[S]<0.5$ 时，$K=K'$，$a_S=w[S]$，$f_S=1$，即

$$\lim_{w[S]\to 0}\left(\frac{a_S}{w[S]}\right)=1$$

当 $T=1600$℃时，$K'=2.645\times10^{-3}$，亦即 $K=2.645\times10^{-3}$。

当 $w[S]>0.5$ 时，$f'_S=\frac{K}{K'}=\frac{K'}{2.645\times10^{-3}}$。

这时活度的参考态是无限稀溶液，从不同浓度的 $K'$ 值即可算出硫的活度系数及活度。

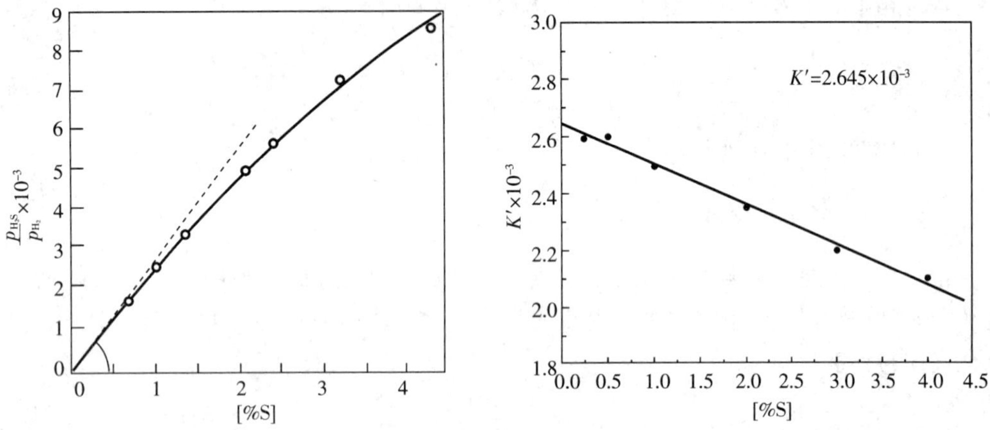


图 1-1　Fe 液含 S 量与 $K/(\frac{p_{H_2S}}{p_{H_2}})$ 的平衡关系(1600℃)

**【例 1-6】**

在 1813K，用 $C+CO_2$ 混合气体与铁液中溶解的碳反应：$[C]+CO_2=2CO$，测得不同碳浓度的($p_{CO}^2/p_{CO_2}$)比值如表 1-4。试计算碳的活度及活度系数。

**表 1-4　$[C]+CO_2=2CO$ 反应的 $p_{CO}^2/p_{CO_2}$ 值**

| $w[C]$ | 0.100 | 0.216 | 0.425 | 0.640 | 1.06 | 2.92 | 5.20 |
|---|---|---|---|---|---|---|---|
| $p_{CO}^2/p_{CO_2}$ | 43 | 93 | 191 | 292 | 525 | 2930 | 15300 |

**题意分析**　根据 $[C]+CO_2=2CO$ 反应的 $\frac{p_{CO}^2}{p_{CO_2}}$ 值计算碳活度和活度系数，而反应的 $K=\frac{p_{CO}^2}{p_{CO_2}}\times\frac{1}{a_C}$，故 $a_C=\frac{p_{CO}^2}{p_{CO_2}}\times\frac{1}{K}$，而 $\gamma_C=\frac{p_{CO}^2}{p_{CO_2}x_C}\times\frac{1}{K}$，$K$ 与碳活度的标准态有关。因此选择两种不同的活度标准态计算。

**解**　(1)碳以纯石墨为标准态

第一步：由反应 $CO_2+C_{(石)}=2CO$ 的 $\Delta_r G_m^0$ 求 $K$。

因为 $C_{(石)}$ 的标准态是纯物质，所以

$$CO_2+C_{(石)}=2CO,\quad \Delta_r G_m^0=166550-171T\quad J/mol$$

$$\lg K=-\frac{166550}{19.147\times1813}+\frac{171}{19.147}=4.133\quad K=13583$$

所以 $a_C=\frac{p_{CO}^2}{p_{CO_2}}\times\frac{1}{13583}$，$\gamma_C=\frac{p_{CO}^2}{p_{CO_2}x_C}\times\frac{1}{13583}$。

第二步：计算不同 C 含量对应的物质的量分数 $x_C$。

$$x_C=\frac{w[C]\times M_{Fe}}{w[C](M_{Fe}-M_C)+100M_C}=\frac{55.85w[C]}{43.85w[C]+1200},$$

对于 $w[C]=0.1\%$，$x_C=\frac{55.85\times0.1}{43.85\times0.1+1200}=4.64\times10^{-3}$。

第三步：计算 $a_{C(R)}$ 和 $\gamma_C$。

$a_{C(R)}=\frac{43}{13583}=3.17\times10^{-3}$，$\gamma_C=\frac{43}{4.64\times10^{-3}}\times\frac{1}{13583}=0.682$。

利用 Excel 表格可以计算出其余碳含量对应的活度和活度系数，见表 1－5 第 3、5 行。

**表 1－5　Fe—C 系碳的活度及活度系数的计算值**

| 序号 | $w[C]$ | 0.100 | 0.216 | 0.425 | 0.64 | 1.06 | 2.92 | 5.20 |
|---|---|---|---|---|---|---|---|---|
| 1 | $p_{CO}^2/p_{CO_2}$ | 43 | 93 | 191 | 292 | 525 | 2930 | 15300 |
| 2 | $x_C$ | 0.00464 | 0.00997 | 0.0195 | 0.0291 | 0.0475 | 0.1228 | 0.2034 |
| 3 | $a_{C(R)1}$ | 0.0032 | 0.0068 | 0.0141 | 0.0215 | 0.0387 | 0.2157 | 1.1264 |
| 4 | $a_{C(R)2}$ | 0.0028 | 0.0061 | 0.0125 | 0.0191 | 0.0343 | 0.1915 | 1.0000 |
| 5 | $\gamma_{C,1}$ | 0.682 | 0.687 | 0.721 | 0.739 | 0.814 | 1.757 | 5.538 |
| 6 | $\gamma_{C,2}$ | 0.606 | 0.609 | 0.641 | 0.656 | 0.722 | 1.559 | 4.917 |
| 7 | $\lg K'$ | 2.6330 | 2.6336 | 2.6522 | 2.6587 | 2.6944 | 3.0009 | 3.4681 |
| 8 | $a_{C(\%)}$ | 0.1051 | 0.2274 | 0.4670 | 0.7139 | 1.2836 | 7.164 | 37.408 |
| 9 | $f_C$ | 1.0510 | 1.0528 | 1.0988 | 1.1155 | 1.2110 | 2.4534 | 7.1939 |

（2）碳以纯石墨为标准态

第一步：利用碳饱和时的热力学性质求 $K$

由热力学知，$w[C]=5.20\%$ 是铁液中碳饱和浓度，在以纯物质为标准态时其活度为 1，这时反应的 $p_{CO}^2/p_{CO_2}=15300$，故

$K=\frac{p_{CO}^2}{p_{CO_2}}\times\frac{1}{a_C}=15300$，而 $a_C=\frac{p_{CO}^2}{p_{CO_2}}\times\frac{1}{15300}$

第二步：计算 $a_{C(R)}$ 和 $\gamma_C$。

对于 $w[C]=0.1\%$ 或 $x[C]=4.64\times10^{-3}$，$\left(\frac{p_{CO}^2}{p_{CO_2}}\right)_{平}=43$

故 $a_{C,R}=\frac{43}{15300}=2.81\times10^{-3}$，$\gamma_C=0.606$。

利用 Excel 表格可以计算出其余碳含量对应的活度和活度系数见表 1-5 第 4、6 行，用两种方法取得的 $K$ 计算的数值相近。而以按反应 $\Delta_rG_m^0$ 的 $K$ 的计算值较高，因为纯石墨的反应能力比饱和碳的高。

(3)碳以 $w[B]=1\%$ 溶液为标准态

第一步：求反应的平衡常数 $K$。

要计算 $K$，可先计算出不同碳浓度的表观平衡常数 $K'$，如表 1-5 第 7 行，用 $\lg K'$—$w[C]$ 作图，曲线外推到 $w[C]=0$，$\lg K=2.612$，于是获得 $K'=K=409$，如图 1-2。

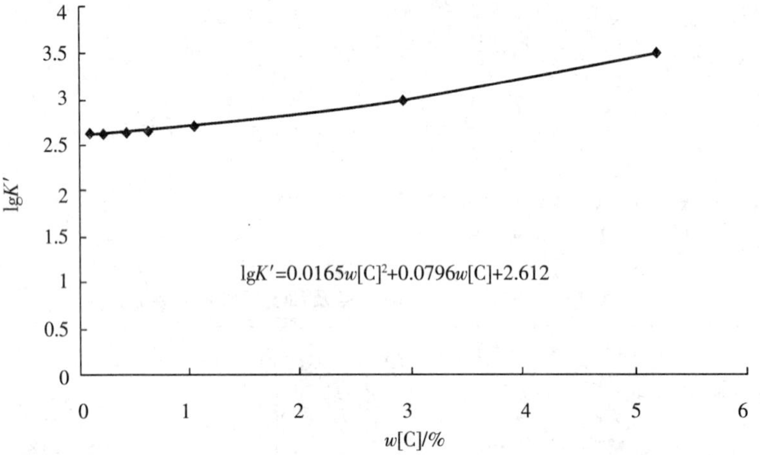


图 1-2 $[C]+CO_2=2CO$ 的 $\lg K'-w[C]$ 关系图

故 $a_{C(\%)}=\frac{p_{CO}^2}{p_{CO_2}}\times\frac{1}{409}$，$f_C=\frac{p_{CO}^2}{p_{CO_2}w[C]}\times\frac{1}{409}$

第二步：计算 $a_{C(\%)}$ 和 $f_C$。

对于 $w[C]=0.1\%$，$(\frac{p_{CO}^2}{p_{CO_2}})_{平}=43$

$a_{C(\%)}=\frac{43}{409}=0.1051$，$f_C=\frac{43}{409\times0.1}=1.051$

利用 Excel 表格可以计算出其余碳含量对应的活度和活度系数，见表 1-5 第 8、9 行。

### 1.3.1.4 电动势测定法

电动势测定法(固体电解质法)测定活度是上世纪七十年代发展起来的方法。固体电解质氧浓差电池可以用来测定钢液、铜液等金属或合金中的氧含量，测定熔渣组元的活度和熔渣的氧化性，测定化合物的标准生成吉布斯自由能，也可用于环境保护监测有害气体排放等。

固体电解质(为离子导体)氧浓差电池由两个氧分压不同的半电池组成,即参比电极和待测电极(前者氧分压已知),两极之间产生电动势,从测出的电动势可以求出活度及其他热力学量。氧浓差电池形式如下

$O_2(\mu_1)||$固体电解质$||O_2(\mu_2)$

这里 $O_2(\mu_1)$和 $O_2(\mu_2)$为氧化极和还原极的化学势,且 $\mu_2>\mu_1$。$p_{O_2,1}$和 $p_{O_2,2}$为氧化极和还原极氧的分压且 $p_{O_2,1}>p_{O_2,2}$。化学势是物质传递的推动力。氧从高化学势向低化学势传递,在电极和电解质界面发生电极反应,由此产生相应的电动势 $E$,直至两极之间氧离子的转移建立动态平衡。电极反应为:

正极:$O_2(p_{O_2,2})+4e\rightarrow 2O^{2-}$

负极:$2O^{2-}\rightarrow O_2(p_{O_2,1})+4e$

电极总反应

$$O_2(p_{O_2,2})\rightarrow O_2(p_{O_2,1}) \tag{1-31}$$

$$\Delta G=G^{\circ}+RT\ln\left(\frac{p_{O_2,1}}{p^{\circ}}\right)-G^{\circ}-RT\ln\left(\frac{p_{O_2,2}}{p^{\circ}}\right)=-RT\ln\left(\frac{p_{O_2,2}/p^{\circ}}{p_{O_2,1}/p^{\circ}}\right)=RT\ln\left(\frac{p_{O_2,1}}{p_{O_2,2}}\right) \tag{1-32}$$

因为 $\Delta G=-4FE$,所以

$$E=\frac{RT}{4F}\ln\left(\frac{p_{O_2,2}}{p_{O_2,1}}\right) \tag{1-33}$$

式中 $F$ 为法拉第常数,96485.30C/mol;$R$ 为气体常数,8.314J/(K·mol)。测出 $E$ 和 $T$ 即可从已知的 $p_{O_2,1}$求 $p_{O_2,2}$。

例如用氧浓差固体电解质电池测定铁液中氧、铌的活度及它们的相互作用系数。根据 Fe—Nb—O 系中铌与氧的平衡可以测出铌的活度,而铌、氧平衡的固相是 $NbO_2$,实验电池为

$$Mo|Mo,MoO_2||ZrO_2(MgO)||[Nb],NbO_2|Mo\cdot ZrO_2(\text{陶瓷}),Mo$$

书写电极反应:

参比电极

$$MoO_{2(s)}=Mo_{(s)}+O_2 \quad \Delta G^0_{MoO_2}=490700-118.32T \quad (J/mol) \tag{1-34}$$

$$O_2+4e\rightarrow 2O^{2-} \tag{1-35}$$

待测电极

$$2O^{2-}-4e\rightarrow O_2 \tag{1-35'}$$

$$O_2=2[O], \quad \Delta G^0_{O_2}=-234300-5.78T \quad (J/mol)$$

$$[Nb]+2[O]=NbO_2(s)$$

电池总反应为

$$MoO_{2(S)}+[Nb]=Mo_{(S)}+NbO_{2(S)} \tag{1-36}$$

由式(1-34)得 $MoO_2$的平衡氧分压为

$$p_{O_2,MoO_2}/p^\circ=\exp(-\Delta G^\circ_{MoO_2}/RT) \tag{1-37}$$

并得到熔池内氧的活度为

$$a^2_{[O]}=\frac{p_{O_2,[O]}}{p^\circ}\cdot\exp(-\Delta G^\circ_{O_2}/RT) \tag{1-38}$$

与熔池内的氧平衡的氧分压 $p_{O_2,[O]}$可由实验测定电动势求出

$$E=\frac{RT}{4F}\ln\frac{p_{O_2,MoO_2}/p^\circ}{p_{O_2,[O]}/p^\circ} \tag{1-39}$$

欲算出铌的活度 $a_{[Nb]}$，必须知道相应反应的 $\Delta G^0-T$ 关系式。用固体电解质氧浓差电池测出不同 $w[Nb]$和 $T$ 下的电动势 $E$，由 $E$ 算出 $p_{O_2,[O]}$，再求 $a_{[O]}$。

$$[Nb]+2[O]=NbO_{2(S)} \quad K=\frac{a_{NbO_2}}{a^2_{[O]}\cdot a_{[Nb]}}=\frac{a_{NbO_2}}{a^2_{[O]}\cdot f_{Nb}\cdot w[Nb]}$$

当渣中 $NbO_2$为固体纯氧化物时，$a_{NbO_2}=1$，上式取对数得

$$\lg\frac{1}{K}=\lg(a^2_{[O]}\cdot f_{Nb}\cdot w[Nb])$$

因为 $\lg f_{Nb}=e^{Nb}_{Nb}w[Nb]$，当 $w[Nb]\to 0$ 时，$f_{Nb}=1$，所以当 $w[Nb]\to 0$ 时

$$\lg\frac{1}{K}=\lg(a^2_{[O]}\cdot w[Nb])$$

在一定温度下做平衡实验，用定氧探头测出反应达平衡后的钢液中 $a_{[O]}$，并取样分析[Nb]含量。将不同温度(1823K、1853K、1873K)下所得 $a_{[O]}$及 $w[Nb]$数据，以 $\lg(a^2_{[O]}\cdot w[Nb])$对 $w[Nb]$作图，将曲线延长到 $w[Nb]\to 0$，则得到不同温度下[Nb]氧化反应的平衡常数。

在不同温度下实验可得到如下 $\lg\frac{1}{K}$值：

1823K 时 $\lg K=4.572$；1853K 时 $\lg K=4.400$；1873K 时 $\lg K=4.285$

以 $\lg(1/K)$对 T 进行回归分析，求得 $\lg(1/K)$对温度的关系式，从而得到[Nb]氧化反应的 $\Delta G^\circ-T$ 关系式。由回归分析得出：$\lg K=19648/T-6.205$。

因为 $\Delta G^0=-RT\ln K$，所以可得到

$$[Nb]+2[O]=NbO_{2(S)} \qquad \Delta G^0=-376200+118.80T \quad J/mol$$

从上述数据可以求出电池反应的 $\Delta G^\circ-T$ 关系式

$$MoO_{2(S)}+[Nb]=Mo_{(S)}+NbO_{2(S)} \quad \Delta G^\circ=-119800+5.30T \quad J/mol$$

由上式得 $K=\frac{1}{a_{[Nb]}}=\frac{1}{f_{Nb}w[Nb]}$，还可求出 $a_{[Nb]}$及 $f_{Nb}$。

又因　　$Nb_{(S)}+O_2=NbO_{2(S)}$　$\Delta G^\circ=-783660+166.90T$　J/mol

可得到　$Nb_{(S)}=[Nb]_{1\%}$　$\Delta G^\circ=-174010+42.84T$　J/mol

$Nb_{(S)}=Nb_{(l)}$　$\Delta G^\circ=26900-9.82T$　J/mol

从而　　$Nb_{(l)}=[Nb]_{1\%}$　$\Delta G^\circ=-200910+52.66T$　J/mol

#### 1.3.1.5　饱和溶液中组元的活度

这里讨论的饱和溶液是固态溶质溶于液态溶剂所形成的饱和溶液，不讨论二元液－液平衡所形成的饱和溶液。

在饱和溶液中，若选用纯固态溶质作为标准态，饱和溶液溶质的活度应等于纯溶质的活度，即

$$a_{R,i(饱)}=1 \tag{1-40}$$

而活度系数为

$$\gamma_{i(饱)}=\frac{1}{x_{i(饱)}} \tag{1-41}$$

式(1-40)及(1-41)表明，若以纯溶质为标准态，饱和溶液中溶质的活度为1，活度系数为浓度的倒数。这是饱和溶液中溶质活度和活度系数的特点。

饱和溶液中溶质的活度若以假想纯物质或 $w[B]=1\%$ 溶液为标准态，其活度和活度系数仍按不同公式计算。

对于可形成饱和溶液但尚未饱和的溶液，溶质的活度及活度系数的计算，无论采用哪一种标准态，都与能在全部浓度范围内完全互溶的溶液相同。

### 1.3.2　利用吉布斯-杜亥姆方程计算组元活度

设体系为1－2两组元，根据吉布斯－杜亥姆方程

$$x_1\mathrm{d}\mu_1+x_2\mathrm{d}\mu_2=0$$

由于

$$\mu_1=\mu_{R,1}^0+RT\ln a_{R,1}$$

$$\mu_2=\mu_{R,2}^0+RT\ln a_{R,2}$$

$$\ln a''_{R,1}=\ln a'_{R,1}-\int_{a'_{R,2}}^{a''_{R,2}}\frac{x_2}{x_1}\mathrm{d}\ln a_{R,2} \tag{1-42}$$

或

$$\ln a''_{R,1}=\ln a'_{R,1}+\int_{a'_{R,2}}^{a''_{R,2}}\frac{x_2}{x_1}\mathrm{d}(-\ln a_{R,2}) \tag{1-43}$$

$$\mathrm{d}\ln a_1=-\frac{x_2}{x_1}\mathrm{d}\ln a_2 \tag{1-44}$$

在式(1-44)中，$a_1$ 和 $a_2$ 可以是不同标准态的活度。

【例 1－7】

奥氏体内碳的活度与其浓度的关系式为 $\ln a_{H,C}=\ln\frac{x_C}{x_{Fe}}+6.6\frac{x_C}{x_{Fe}}(0\leqslant x_C\leqslant x_{C(饱)})$，试推导 $\ln a_{R,Fe}$ 与 $x_{Fe}$ 的关系式。

**解**
$$d\ln a_{H,C}=d[\ln\frac{1-x_{Fe}}{x_{Fe}}+6.6\frac{1-x_{Fe}}{x_{Fe}}]$$
$$=[-\frac{1}{(1-x_{Fe})x_{Fe}}-\frac{6.6}{x_{Fe}^2}]dx_{Fe}$$

根据式(1－44)
$$d\ln a_{R,Fe}=-\frac{x_C}{x_{Fe}}d\ln a_{H,C}$$

所以
$$d\ln a_{R,Fe}=\frac{x_C}{x_{Fe}}[\frac{1}{(1-x_{Fe})x_{Fe}}+\frac{6.6}{x_{Fe}^2}]dx_{Fe}$$
$$=(\frac{6.6}{x_{Fe}^3}-\frac{5.6}{x_{Fe}^2})dx_{Fe}$$

定积分
$$\int_{a_{R,Fe}=1}^{a_{R,Fe}}d\ln a_{R,Fe}=\int_{x_{Fe}=1}^{x_{Fe}}(\frac{6.6}{x_{Fe}^3}-\frac{5.6}{x_{Fe}^2})dx_{Fe}$$

得到
$$\ln a_{R,Fe}=\frac{5.6}{x_{Fe}}-\frac{3.3}{x_{Fe}^2}-2.3$$

## 1.3.3 多组元体系的活度系数及活度相互作用系数

### 1.3.3.1 多组元体系的活度系数

活度系数 $\gamma_B$ 或 $f_B$ 是浓度的修正系数($a_B=\gamma_B x_B$ 或 $a_{B(\%)}=f_B w[B]$)，它表示实际溶液对选作标准溶液偏差的方向(正或负偏差)及程度。

若向 Fe－S 二元溶液中加入第三种元素，如 Mn，由于 Mn 和 S 之间的相互作用，将会影响溶液中硫的活度系数；Mn 对硫的活度的影响将通过 $f_S^{Mn}$ 表现出来，该系数仍然可以通过平衡实验求出。

$$H_2+[S]_{Mn}=H_2S_{(g)}$$

$$K'_{Mn}=\frac{p_{H_2S}/p^0}{p_{H_2}/p^0}\cdot\frac{1}{w[S]_{Mn}}=\frac{p_{H_2S}}{p_{H_2}}\cdot\frac{1}{w[S]_{Mn}}$$

$$K_{Mn}=\frac{p_{H_2S}}{p_{H_2}}\times\frac{1}{a_S}=\frac{p_{H_2S}}{p_{H_2}w[S]_{Mn}}\times\frac{1}{f_S}$$

式中 $w[S]_{Mn}$ 为含有第三组元 Mn 时的平衡硫浓度。

当 $\lim\limits_{\substack{w[S]\to 0\\ w[Mn]\to 0}}(\frac{K'_{Mn}}{K_{Mn}})=1$，亦即 $\lim\limits_{\substack{w[S]\to 0\\ w[Mn]\to 0}}(\frac{a_S}{w[S]_{Mn}})=1$，$f_S=\frac{K'_{Mn}}{K_{Mn}}$，比较二元系和三元系(Fe－S

—Mn)溶液的活度系数

$$\frac{f_S}{f'_S}=\frac{K'_{Mn}/K_{Mn}}{K'/K}=\frac{K'_{Mn}}{K'}=f_S^{Mn}$$

因为在同一温度下，对于同一反应同一组元，不管熔体中有多少组元，如所取标准态相同，反应的平衡常数也相同，亦 $K=K_{Mn}$，从上式得 $f_S=f'_S\cdot f_S^{Mn}$。

可见在三元系中，$f_S$ 由两部分组成，二元系中硫自身的作用引起的活度系数 $f'_S$，和锰对硫的活度系数引起的影响 $f_S^{Mn}$。广而言之，第三组元 $j$ 对第二组元 $i$ 活度的影响表现在 $f_i^j$。

而计算多组元熔渣体系组分的活度系数通常用以下三种模型：(1)完全离子溶液模型；(2)马松模型；(3)正规离子溶液模型，将在第三章中介绍。

#### 1.3.3.2 活度的相互作用系数

活度的相互作用系数是多元溶液中其他组元 $j$ 对某个组元 $i$ 活度的影响，表现在对组元 $i$ 活度系数的修正。多元系活度系数根据标准态不同分别以(以稀溶液为标准态)$f_i$ 或 $\gamma_i$(以纯物质为标准态)表示。而活度的相互作用系数有两种，即等浓度相互作用系数和等活度相互作用系数。

等浓度相互作用系数即组元 $i$ 的浓度($x_i$ 或 $w[i]$)不变的情况下向溶液中加入一定量的第三组元 $j$ 对 $i$ 的活度系数的影响。而等活度相互作用系数即组元 $i$ 的活度 $a_i$ 不变的情况下向溶液中加入一定量的第三组元 $j$ 对 $i$ 的活度系数的影响。本节主要介绍在金属熔体中常用的等浓度相互作用系数。

由一级相互作用系数 $\varepsilon_i^j$ 与 $e_i^j$ 的定义可以看出，$\varepsilon_i^j$ 与 $e_i^j$ 表示 $j$ 组元浓度的变化对 i 组元活度系数的影响，其他组元的性质和浓度不影响 $j$ 对 $i$ 的作用，因此，多元系的一级相互作用系数可以用三元系的实验求出。

在 Fe—$i$—$j$ 三元系中，组元 i 以 $w[i]=1\%$ 为标准态的活度系数是

$$\lg f_i=e_i^i w[i]+e_i^j w[j] \tag{1-45}$$

$$\lg f_i=\lg f_i^i+\lg f_i^j \tag{1-46}$$

根据 $e_i^i$ 及 $e_i^j$ 的定义式可以写为

$$e_i^i=\left(\frac{\partial \lg f_i}{\partial w[i]}\right)_{w[i]\to 0}=\left(\frac{\partial \lg f_i^i}{\partial w[i]}\right)_{w[i]\to 0} \tag{1-47}$$

$$e_i^j=\left(\frac{\partial \lg f_i}{\partial w[j]}\right)_{w[j]\to 0}=\left(\frac{\partial \lg f_i^j}{\partial w[j]}\right)_{w[j]\to 0} \tag{1-48}$$

根据定义式，分别作 $\lg f_i^i-w[i]$ 及 $\lg f_i^j-w$[j]图，并作曲线在 $w[i]$ 及 $w[j]$ 为零处的切线，切线的斜率就是 $e_i^i$ 及 $e_i^j$ 之值。

若组元 $i$ 的活度以纯 $i$ 为标准态，在 Fe—$i$—$j$ 三元系中，$i$ 的活度系数的计算公式是

$$\ln\gamma_i=\ln\gamma_i^{\circ}+\varepsilon_i^i x_i+\varepsilon_i^j x_j \tag{1-49}$$

$$\ln\gamma_i=\ln\gamma_i^{\circ}+\ln\gamma_i^i+\ln\gamma_i^j \tag{1-50}$$

式(1－49)中 $\varepsilon_i^i$ 及 $\varepsilon_i^j$ 的定义式可以写为

$$\varepsilon_i^i=\left(\frac{\partial \ln\gamma_i}{\partial x_i}\right)_{x_i\to 0}=\left(\frac{\partial \ln\gamma_i^i}{\partial x_i}\right)_{x_i\to 0} \tag{1-51}$$

$$\varepsilon_i^j=\left(\frac{\partial \ln\gamma_i}{\partial x_j}\right)_{x_j\to 0}=\left(\frac{\partial \ln\gamma_i^j}{\partial x_j}\right)_{x_j\to 0} \tag{1-52}$$

根据定义式，绘出 $\ln\gamma_i \sim x_i$ 及 $\ln\gamma_i \sim x_j$ 曲线图，分别作 $x_i$ 及 $x_j$ 为零处的切线，切线的斜率即 $\varepsilon_i^i$ 及 $\varepsilon_i^j$ 值。等浓度相互作用系数之间存在相互转换关系，具体关系将在第二章介绍。

# 1.4 标准溶解吉布斯自由能变化

## 1.4.1 不同标准态的标准溶解自由能变化

物质在溶解前是纯态(固态、气态或液态的纯物质)，其标准态自然是纯物质。溶解到溶液中后，溶解态的标准态通常有两种选择法：

### 1.4.1.1 纯物质标准态的标准溶解吉布斯自由能变化

对于纯物质的溶解：

$$B=[B]_{(R)} \qquad \Delta G_B^0=G_{[B]}-G_B^* \tag{1-53}$$

由于 $G_{[B]}=\mu^0(T)+RT\ln p_{[B]}$　$G_B^*=\mu^0(T)+RT\ln p_B^*$

所以：

$$\Delta G_B^0=RT\ln(p_{[B]}/p_B^*) \tag{1-54}$$

当溶解组分 B 以纯物质为标准态时，$p_{[B]}=p_B^* a_B$

$$\Delta G_B^0=RT\ln a_B \tag{1-55}$$

如果组分 B 溶解形成纯物质标准态溶液，则 $a_B=1$，从而 $\Delta G_B^0=RT\ln 1=0$，因此物质溶解前后，如两者的标准态完全相同，则物质的标准溶解吉布斯自由能变化为零。

### 1.4.1.2 $w[B]=1\%$ 溶液标准态的标准溶解吉布斯自由能变化

对于纯物质的溶解 $B=[B]_{\%}$，这时 $p_{[B]}=K_{H(\%)}a_{B(\%)}$

$$\Delta G_B^0=RT\ln\left(\frac{K_{H(\%)}}{p_B^*}\times a_{B(\%)}\right)=RT\ln\left(\gamma_B^0\times\frac{M_A}{100M_B}\times a_{B(\%)}\right) \tag{1-56}$$

如组分 B 溶解形成 $w[B]=1\%$ 标准溶液，则 $a_{B(\%)}=1$，

$$\Delta G_B^0=RT\ln\left(\gamma_B^0\times\frac{M_A}{100M_B}\right)$$

可改写成

$$\Delta G_{B}^{0}=RT\ln\gamma_{B}^{0}+RT\ln(\frac{M_{A}}{100M_{B}}) \tag{1-57}$$

若溶剂是铁液，则标准溶解吉布斯自由能变化为

$$\Delta G_{i}^{0}=\mu_{i,\%}^{0}-\mu_{i(l)}^{0}=RT\ln\gamma_{i}^{0}\frac{0.5585}{M_{i}} \tag{1-58}$$

在低合金钢及碳素钢的熔体中，铁的浓度很大，其他元素的浓度较小，因此其他组元在铁液中的溶解常采用 $w[B]=1\%$溶液为标准态，标准溶解吉布斯自由能变化按式(1-58)计算。对于镍基、铜、钛基等其他合金熔体，由于溶剂是镍、铜、钛等元素，标准溶解吉布斯自由能按式(1-57)计算。

有的合金元素熔点较高，在 1600℃以上仍是固态，它们溶解于铁中的反应分两步计算：

(1)熔化　　$i_{(S)}=i_{(l)}\quad \Delta G_{m}^{0}=\Delta H_{m}^{0}-TS_{m}^{0}$

(2)溶解　　$i_{(l)}=[i]_{1\%}\quad \Delta G_{i(l)}^{0}=RT\ln\gamma_{i}^{0}\frac{0.5585}{M_{i}}$

总反应为　　$i_{(S)}=[i]_{1\%}\quad \Delta G_{i(S)}^{0}=\Delta G_{m}^{0}+\Delta G_{i(l)}^{0}$　　(1-59)

**【例 1-8】**

已知 1600℃Fe—Mo 二元熔体是理想溶液，试求：

(1)1mol Mo 溶于铁液中形成 $w[Mo]=1\%$溶液的标准溶解吉布斯能变化与温度的关系式；

(2)1mol Mo 溶于铁液中形成 $w[Mo]=4\%$溶液的吉布斯能变化是多少？

**题意分析**　对于 Mo 溶解在铁液中形成 $w[Mo]=1\%$溶液，可直接利用公式(1-58)计算其标准吉布斯自由能变化。

**解**

(1)标准溶解吉布斯能变化为

$$\Delta G_{Mo}^{0}=RT\ln\left(\gamma_{Mo}^{0}\frac{0.5585}{M_{Mo}}\right)=8.314T\ln\frac{0.5585}{95.94}=-42.786T$$

(2)1molMo 溶于铁中形成 $w[Mo]=4\%$溶液的吉布斯能变化为

$$\Delta G_{Mo}=\Delta G_{Mo}^{0}+RT\ln a_{Mo}=-42.786T+8.314T\ln 4=-31.260T$$

当 1600℃时　$\Delta G_{Mo}=-31.260\times 1873=-58550J$。

**【例 1-9】**

已知钼的熔点为 2892K，熔化热为 27830J/mol。求 1mol 固态钼溶于铁液中形成 $w[Mo]=1\%$溶液的 $\Delta G_{Mo(S)}^{0}$ 与 $T$ 的关系式及 1600℃的 $\gamma_{Mo(s)}^{0}$。

**解**　上题已求出

$$Mo_{(l)}=[Mo]_{1\%}\quad \Delta G_{Mo(l)}^{0}=-42.786T \tag{A}$$

Mo(s)熔化的吉布斯能变化与温度的关系式是

$$Mo_{(S)}=Mo_{(l)}\quad \Delta G_{m}^{0}=27830-\frac{27830}{2892}T=27830-9.623T \tag{B}$$

式(A)+(B)得到 $Mo_{(S)}=[Mo]_{1\%}$

$$\Delta G^0_{Mo(S)}=27830-52.409T$$

当1600℃时 $\Delta G^0_{Mo(S)}=-70332J$

又由于 $\Delta G^0_{Mo(S)}=8.314\times1873\ln(\gamma^0_{Mo(S)}\dfrac{0.5585}{95.94})$

解方程得到 $\gamma^0_{Mo(S)}=1.877$

## 1.4.2 铁液中元素的标准溶解吉布斯自由能变化的计算

用实验测定的 $\gamma^0_B$ 由式(1-58)计算 $\Delta G^0_B$ 时,$\gamma^0_B$ 不仅是不同标准态活度之间的转换系数,而且也是计算标准溶解吉布斯自由能变化的主要数据。附录6是铁液内某些元素在1873K的 $\gamma^0_B$ 值及标准溶解吉布斯自由能变化的二项式。溶解元素的标准态为质量1%溶液。

根据 $\gamma^0_B$ 的数值特征,可将溶解元素分为下列几类:

(1)$\gamma^0_B=1$,元素在铁液中形成理想溶液或近似理想溶液,如Mn,Co,Cr,Nb,W;

(2)$\gamma^0_B>>1$,元素在铁液中溶解度很小,在高温下挥发能力很大的元素,如Ca,Mg,因为其 $KH(x)>>p^*_B$(亨利定律对拉乌尔定律呈现很大的正偏差),故 $\gamma^0_B=K_{H(x)}/p^*_B>>1$;

(3)$\gamma^0_B<<1$,元素与铁原子形成稳定的化合物,如Al,B,Si,Ti,V,Zr等;

(4)气体溶解前不是液态,而是100kPa的气相,故无 $\gamma^0_B$ 值;

(5)以固态溶解的元素的 $\gamma^0_B$ 比以液态溶解的 $\gamma^0_B$ 值要高些,因为前者的 $\Delta G^0_B$ 中包含有元素的熔化吉布斯自由能变化。

**【例1-10】**

液体铬在1873K溶于铁液中形成 $w[Cr]=1\%$ 溶液时,测得 $\gamma^0_{Cr}=1$,铬的熔点为2130K,熔化焓为19246J/mol。试求固体铬的标准吉布斯自由能变化的温度关系式。

**题意分析** 铬的溶解有两种方式,另一种是固态铬直接溶解到铁液中,一种是液态铬溶解到铁液中。利用已知液态铬的 $\gamma^0_{Cr}$、熔点和熔化焓,求出固态铬的熔化吉布斯自由能变化,液态铬的溶解吉布斯自由能变化,即可求出固态铬的标准溶解吉布斯自由能变化。

**解** 第一步:求固态铬的熔化吉布斯自由能变化:

固体铬的溶解过程可视为 $Cr_{(S)}\rightarrow Cr_{(l)}\rightarrow[Cr]$,而其标准自由能变化为此两阶段的标准吉布斯自由能变化的和:

$$Cr_{(S)}=Cr_{(l)}\quad \Delta_{fus}G^0_m(Cr,s)=\Delta_{fus}H^0_m-T\Delta_{fus}S^0_m$$

$$=19246-\frac{19246}{2130}T=19246-9.04T\quad J/mol$$

第二步:求液态铬的标准溶解吉布斯自由能变化:

$$Cr_{(l)}=[Cr]\quad \Delta G^0(Cr,l)=RT\ln(\gamma^0_{Cr}\times\frac{M_{Fe}}{100M_{Cr}})$$

$$=8.314\times1873\ln\gamma_{Cr}^0+8.314T\ln(\frac{55.85}{100\times52})=-37.70T\quad J/mol$$

第三步：计算固态铬的标准溶解吉布斯自由能变化：

$$\Delta G^0(Cr,s)=\Delta_{fus}G_m^0+\Delta G^0(Cr,l)=19246-9.04T-37.70T$$

$$=19246-46.74T\quad J/mol$$

---

### 1.4.3 溶液化学反应的吉布斯自由能变化的计算

有溶液参加的化学反应的 $\Delta G^0$ 的计算，主要应该考虑溶液中组元标准态的选择。标准态不同，组元标准溶解的吉布斯能变化就不同，计算得到的化学反应的 $\Delta G^0$ 值也不同。由于 $\Delta G^0=-RT\ln K$，$\Delta G^0$ 值不同也使平衡常数 $K$ 的值不同。但是这决不能认为平衡状态改变了。由于溶液中组元标准态选择不同，浓度表示的方法及活度系数就不同，平衡常数 $K$ 的表达式就不一样，但是它们描述的是同一平衡状态。

**【例 1-11】**

已知：

$$C+\frac{1}{2}O_2=CO\qquad \Delta G^0=-114400-85.77T\qquad (A)$$

$$Mn_{(l)}+\frac{1}{2}O_2=MnO_{(S)}\qquad \Delta G^0=-407354+88.37T\qquad (B)$$

$$Mn_{(l)}=[Mn]_{1\%}\qquad \Delta G^0=4080-38.16T\qquad (C)$$

MnO 的熔点为 2058K，熔化热为 54390J/mol。试写出 C+(MnO)=[Mn]+CO 反应的 $\Delta G^0$ 与 $T$ 的关系式及平衡常数的表达式。(MnO)的标准态为纯 $MnO_{(l)}$，而[Mn]的标准态分别选择纯 $Mn_{(l)}$ 及 $w$[Mn]=1%溶液。

**解** （1）当[Mn]以 $w$[Mn]=1%溶液为标准态时，C+(MnO)=[Mn]+CO 反应可以由以下反应组合得到：

$$C+\frac{1}{2}O_2=CO\qquad \Delta G^0=-114400-85.77T\qquad (A)$$

$$Mn_{(l)}+\frac{1}{2}O_2=MnO_{(S)}\qquad \Delta G^0=-407354+88.37T\qquad (B)$$

$$Mn_{(l)}=[Mn]_{1\%}\qquad \Delta G^0=4080-38.16T\qquad (C)$$

$$MnO_{(S)}=MnO_{(l)}\qquad \Delta G^0=54390-26.43T\qquad (D)$$

$$MnO_{(l)}=(MnO)\qquad \Delta G^0=0\qquad (E)$$

式(A)-(B)+(C)-(D)-(E)得到

$$C+(MnO)=[Mn]+CO\qquad \Delta G^0=242626-185.87T$$

此反应平衡常数的表达式是

$$K=\frac{p_{CO}f_{Mn}w[Mn]}{\gamma_{MnO}x_{MnO}}$$

(2)当[Mn]的标准态选择纯 $Mn_{(l)}$ 时，则有

$$Mn_{(l)}=[Mn] \qquad \Delta G^0=0 \tag{C'}$$

式(A)－(B)＋(C′)－(D)－(E)得到

$$C+(MnO)=[Mn]+CO \qquad \Delta G^0=242626-147.71T$$

此反应平衡常数的表达式是

$$K=\frac{p_{CO}\gamma_{Mn}x_{Mn}}{\gamma_{MnO}x_{MnO}}$$

**【例 1－12】**

溶解于铁液中的铝 $x_{[Al]}=0.2$，而 $\gamma_{Al}=0.034$，试计算 1873K 时溶解铝被氧（$p'_{O_2}=101.3$kPa）氧化反应的 $\Delta_r G_m$，铝的标准态选择：(1)纯液态铝；(2)$w[Al]=1\%$溶液。已知 $\gamma^0_{Al}=0.029$(1873K)。反应：

$$2Al_{(l)}+3/2O_2=Al_2O_{3(S)} \qquad \Delta_f G^0_{m(l)}(Al_2O_3,s)=-1682927+323.24T \quad J/mol$$

**题意分析** 溶解 Al 采用不同标准态时，$\Delta_r G^0_m$ 和 $a_{Al}$ 有不同的数值。为求 $\Delta_r G_m$，需要计算出 $\Delta_r G^0_m$ 及各标准态的 $a_{Al}$。

解 $2[Al]+3/2O_2=Al_2O_{3(S)} \qquad \Delta_r G_m=\Delta_r G^0_m(Al_2O_3,s)+RT\ln[1/(a^2_{Al(R)}p^{3/2}_{O_2})$

反应的 $\Delta_r G^0_m(Al_2O_3,s)$ 由下列组合反应求出：

$$2Al(l)+3/2O_2=Al_2O_{3(S)} \qquad \Delta_f G^0_{m(l)}(Al_2O_3,s)$$

$$2Al(l)=2[Al] \qquad 2\Delta G^0(Al)$$

两式相减得

$$2[Al]+3/2O_2=Al_2O_{3(S)} \quad \Delta_r G^0_m(Al_2O_3,s)=\Delta_f G^0_{m(l)}(Al_2O_3,s)-2\Delta G^0(Al)$$

(1)以纯液态铝为标准态

$$\Delta_f G^0_{m(l)}(Al_2O_3,s)=-1682927+323.24\times1873=-1077500J/mol$$

$$2\Delta G^0(Al)=0$$

$$a_{Al(R)}=\gamma_{Al}x_{[Al]}=0.034\times0.2=0.0068$$

$$\Delta_r G_m=\Delta_r G^0_m(Al_2O_3,s)+RT\ln[1/(a^2_{Al(R)}p^{3/2}_{O_2})$$

$$=\Delta_f G^0_{m(l)}(Al_2O_3,s)-2\Delta G^0(Al)+RT\ln[1/(a^2_{Al(R)}p^{3/2}_{O_2})$$

$$=(-1077500-0)-8.314\times1873\ln[(0.0068)^2\times1]=-922037J/mol$$

(2)以 $w[Al]=1\%$溶液为标准态

$$2\Delta G^0(Al)=2RT\ln[55.85/(100\times27)\times0.029]=-231093J/mol$$

$a_{Al(\%)}=a_{Al(R)}/[55.85/(100\times27)\times0.029]=11.33$

$\Delta_r G_m=\Delta_f G^0_{m(l)}(Al_2O_3,s)-2\Delta G^0(Al)+RT\ln[1/(a^2_{Al(R)}p^{3/2}_{O_2})$

$=[-1077500-(-231093)]-8.314\times1873\times\ln(11.33^2\times1)=-922021J/mol$

由上计算可见，铝的标准态不同，$\Delta_r G^0_m$ 也不同，但计算出的 $\Delta_r G_m$ 却是相同的。

## 思考和练习题

1-1　在不同温度测得反应 $FeO_{(S)}+CO=Fe_{(S)}+CO_2$ 的平衡常数值见表 1-6 所列，请用作图法及回归分析法求上反应的平衡常数及 $\Delta G^0$ 的温度关系式。

**表 1-6　反应平衡常数的测定值**

| 温度/℃ | 1038 | 1092 | 1177 | 1224 | 1303 |
|---|---|---|---|---|---|
| $K$ | 0.377 | 0.357 | 0.331 | 0.315 | 0.297 |

1-2　在 682℃测得 Cd-Sn 合金的镉在不同浓度的蒸气压如表 1-7。试以(1)纯物质，(2)$w[Cd]=1\%$浓度溶液为标准态计算镉的活度及活度系数。

**表 1-7　Cd-Sn 系内镉的蒸气压**

| Cd/% | $p_{Cd}$,Pa | Cd,% | $p_{Cd}$/Pa |
|---|---|---|---|
| 1 | $7.89\times10^2$ | 60 | $3.03\times10^4$ |
| 20 | $1.1.5\times10^3$ | 80 | $3.22\times10^4$ |
| 40 | $2.37\times10^3$ | 100 | $3.29\times10^4$ |

1-3　A-B 系合金在 1000K 时组分 A 的蒸气压如表 1-8。试求：(1)组分 A 服从亨利定律的浓度上限；(2)1000K 的亨利常数；(3)如 $\gamma^0_A$ 的温度关系式为 $\lg\gamma^0_A=-\frac{109.3}{T}-0.289$，组分 A 在服从亨利定律的浓度范围内的 $\Delta H^0_A$。

**表 1-8　组分 A 的蒸气压**

| $x_A$ | 1 | 0.9 | 0.8 | 0.7 | 0.6 | 0.5 | 0.4 | 0.3 | 0.2 |
|---|---|---|---|---|---|---|---|---|---|
| $p_A{}'\times10^4$Pa | 5 | 4.4 | 3.75 | 2.9 | 1.8 | 1.1 | 0.8 | 0.6 | 0.4 |

1-4　在 1913K 与纯氧化铁渣平衡的铁液的含氧量为 $w[O]=0.268\%$，某熔渣组分为 $w(CaO)=18.98\%$，$w(SiO_2)=8.93\%$，$w(FeO)=54.71\%$，$w(Fe_2O_3)=6.35\%$，$w(MgO)=7.23\%$，$w(P_2O_5)=0.85\%$，$w(MnO)=2.95\%$，与该熔渣平衡的铁液中氧含量为 $w[O]=0.176\%$。试求熔渣中 FeO 的活度及活度系数。

1-5　反应 $H_2+[S]=H_2S$ 在 1883K 的 $\left(\frac{p_{H_2S}}{p_{H_2}}\right)_{平}$ 如表 1-9。试计算铁液中硫的活度及活度系数。

表 1-9　反应 $H_2+[S]=H_2S$ 的 $\left(\frac{p_{H_2S}}{p_{H_2}}\right)_{平}$

| $x_s\times10^{-2}$ | 7.15 | 5.56 | 4.15 | 3.09 | 2.34 | 2.13 | 1.93 | 1.72 | 1.18 | 0.79 |
|---|---|---|---|---|---|---|---|---|---|---|
| $(\frac{p_{H_2S}}{p_{H_2}})\times10^3$ | 8.50 | 7.12 | 5.51 | 4.40 | 3.30 | 2.91 | 2.82 | 2.52 | 1.73 | 1.18 |

1-6　利用固体电解质电池 $Cr,Cr_2O_3$ | $ZrO_2+CaO$ | $[O]_{Fe}$ 测定 1600℃钢液中氧的浓度，电动势 $E=359mV$，试求钢液中氧的浓度。已知：

$$2/3Cr_{(S)}+1/2O_2=1/3Cr_2O_{3(S)}\qquad \Delta G_1^0=-370047+82.44T$$

$$1/2O_2=[O]\quad \Delta G_2^0=-117150-3.39T。$$

1—7　在 1873K 测得 Fe-Cu 系内铜的活度 $a_{Cu(R)}$（纯物质标准态）如表 1-10，试求铜以 $w[Cu]=1\%$ 浓度溶液为标准态的活度 $a_{Cu(\%)}$。

表 1-10　Fe-Cu 系内铜的活度 $a_{Cu(R)}$

| $x_{Cu}$ | 1.000 | 0.792 | 0.626 | 0.467 | 0.217 | 0.061 | 0.023 | 0.015 |
|---|---|---|---|---|---|---|---|---|
| $a_{Cu(R)}$ | 1.000 | 0.888 | 0.870 | 0.820 | 0.730 | 0.424 | 0.188 | 0.119 |

1-8　试计算锰及铜溶液与铁中形成 $w[B]=1\%$ 浓度溶液的标准溶解吉布斯能变化。已知 $r_{Mn}^0=1$，$r_{Cu}^0=8.6$。

1-9　在不同温度下测得铁液中碳量不同时，反应 $CO_2+[C]=2CO$ 的 $(\frac{p_{CO}^2}{p_{CO_2}})_{平}$ 比值如表 1-11。试求碳溶解的标准吉布斯自由能变化 $\Delta G_C^0$ 及 $\gamma_C^0$。已知 $C_{石}+CO_2=2CO$：$\Delta G^0=172130-177.46T$ J/mol。

表 1-11　Fe-C 系内 $CO_2+[C]=2CO$ 的 $(\frac{p_{CO}^2}{p_{CO_2}})_{平}$ 比

| | 0.2 | 0.4 | 0.6 | 0.8 | 1.0 |
|---|---|---|---|---|---|
| 1560 | 107.4 | 241.2 | 396.6 | 566.4 | 726 |
| 1660 | 170.2 | 373.2 | 600 | 876.8 | 1202 |
| 1760 | 267.6 | 565.2 | 929.4 | | |

1-10　溶解于铁中的铝的氧化反应为 $2[Al]+3/2O_2=Al_2O_{3(S)}$，$\gamma_{Al}^0=0.029$。试计算 $Al_2O_{3(S)}$ 在 1600℃的标准生成吉布斯自由能，Al 的标准态选择：(1) 纯液态铝；(2) $w[Al]=1\%$ 溶液。已知：$2Al_{(l)}+3/2O_2=Al_2O_{3(S)}$，$\Delta G^0=-1682927+323.24T$。

1-11　计算下列反应的标准吉布斯能的变化：

(1) $[Ti]+[N]=TiN_{(S)}$

(2) $[Mn]+(FeO)=(MnO)+[Fe]$

MnO 的熔点为 2056K，熔化焓为 44769 J/mol。

上篇　冶金热力学原理
第1章　冶金热力学基础
第2章　金属熔体
第3章　冶金熔渣
中篇　冶金过程热力学
下篇　冶金过程动力学

# 第2章　金属熔体

[本章导读]

冶金熔体是冶金物理化学研究的对象，分为金属熔体和熔渣两大类。研究冶金过程，开展相关的冶金热力学分析必须了解金属熔体和熔渣的性质。因此，本章首先主要介绍金属熔体的结构知识，并在此基础上论述金属熔体的物理性质和热力学性质，为冶金反应的热力学分析奠定理论基础。

[知识目标]

通过本章学习，重点理解金属熔体的物理性质，元素在金属熔体中的溶解，金属熔体中元素的相互作用。

[能力目标]

能够掌握金属熔体的物理性质和热力学性质，为冶金过程的热力学分析做准备。

[重点难点]

本章重点是金属熔体的物理性质、标准溶解吉布斯自由能变化以及熔铁中各元素的溶解度和相互作用；难点是金属熔体中元素的相互作用系数。

在火法冶金的冶炼和铸锭过程中，许多物理化学反应都与金属熔体和熔渣的物理化学性质有密切的关系。例如炼钢过程中的脱碳、脱磷、脱硫和脱氧反应，铸锭过程中各种元素的偏析和非金属夹杂物的排除等，均与钢液中参与该反应的元素浓度和活度有密切的关系，同时也与钢液的粘度、表面张力和各元素在钢液中的扩散性有关。因此，研究冶金熔体的物理化学性质对冶金过程十分重要。由于高温熔体本身的复杂性和高温下的实验研究比较困难，至今对它们的理化性质的研究还很不够。很多数据差别较大，还有许多问题尚待进一步研究，本章仅主要以铁基合金为例，根据某些实验研究结果来分析讨论金属熔体的结构、金属熔体的物理性质、各种元素在金属熔体中的溶解度等问题。

## 2.1 金属熔体的结构

金属熔体的结构指金属熔体中各种质点（分子、原子或离子）的排列状态。熔体结构主要取决于质点间的交互作用能，而冶金熔体的物理化学性质与其结构密切相关。

相对于固态和气态，人们对液态结构，尤其是冶金熔体结构的认识还很不够。在接近临界温度时，液态与气态较接近。在通常情况下，冶金熔体的结构和性质更接近于其固态，不同的冶金熔体具有明显不同的结构和性质。

在冶金过程中，金属熔体的温度一般只比其熔点高 100℃～150℃左右，在这种情况下，金属熔体的性质和结构是与固体相近的。以下事实可以作为证明：

(1)金属熔化时体积增加很少，通常只有 3%左右，纯铁熔化时体积只增加 3.5%，即熔化时质点间的距离只增大 1%左右。这就说明各种金属在液态时其质点之间的距离是与固体相近的。

(2)各种物质在熔化时的熔化潜热和熵变比蒸发和升华时的潜热及相应的熵变要小得多。这就说明固体在熔化时质点间的作用力变化不大，并且体系的无序排列程度增加不多。

(3)金属在熔化时的热容量变化不大。这就证明液体中质点的热运动特点与固体中的很相近，而没有很大的变化。

(4)用 X 射线衍射法研究金属熔体的结构，证明在熔点附近其结构与固体相近。

表 2-1 为金属液态和固态的结构数据比较，熔铁的原子径向分布曲线如图 2-1 所示。图中竖线是晶体的衍射线，它们表示晶体中的原子分布情况，由于晶体的晶格很规则而各个原子有固定的空间排列，因此只在某几个球面上有原子分布，所以分布曲线是不连续的竖线。液体中缺乏规则的晶格且原子位置经常发生变化，只能得到具有一个个峰的曲线，因此表示液体中原子分布的情况只能用原子径向分布函数这个概率的概念。它是以任意一个原子为中心来确定其周围最邻近原子的平均数（即配位数）。由图 2-1 可见，熔铁的原子径向分布曲线的第一峰比较明显，而后越来越不明显，直到最后成为平滑的曲线，该图中的平滑曲线表示质点完全无秩序地分布。在图 2-1 中，根据第一峰的形状对称作图，求出第一峰下的面积，它在数值上等于以该原子为中心的最邻近的原子数 $n$（即配位数），而第一峰值的位置给出了原子间的平均距离 $r_1=0.260$nm。根据实验研究结果，在 1550℃～1650℃范围时纯铁原子间的距离约为 0.255～0.260nm，最邻近的原子数

约为 10.1～10.8。

因此，纯铁和金属在熔化时平均原子间距均有所增加，而配位数都有所减小，与中心原子相邻近的原子，在几个原子半径的范围内，像在固态的晶体中那样有序地排列起来。熔铁的结构近似于 δFe 的结构。

**表 2-1 金属液态和固态的结构数据比较**

| 金属 | 液态 | | 固态 | |
|---|---|---|---|---|
| | 原子间距/nm | 配位数 | 原子间距/nm | 配位数 |
| Fe | 0.260 | 10.8 | 0.248 | 12 |
| Al | 0.296 | 10.6 | 0.286 | 12 |
| Mg | 0.335 | 10 | 0.320 | 12 |
| Zn | 0.294 | 11 | 0.265,0.294 | 6+6 |
| Cd | 0.306 | 8 | 0.297,0.330 | 6+6 |
| Cu | 0.257 | 11.5 | 0.256 | 12 |
| Au | 0.286 | 8.5 | 0.288 | 12 |

综上所述，可以认为纯金属原子结构的二维模型如图 2-2 所示，在固体中是远距有序排列，在熔化时原子间的平均距离有所增加，并且形成较多的空隙和空穴，使自由体积增加，金属熔体的温度在熔点附近时，在几个原子半径的范围内其结构与原来的固体相近，保持着近距有序排列。

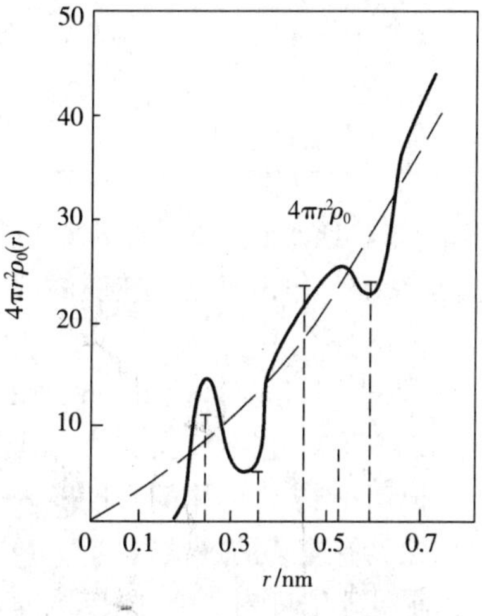


图 2-1 熔铁的原子径向分布曲线

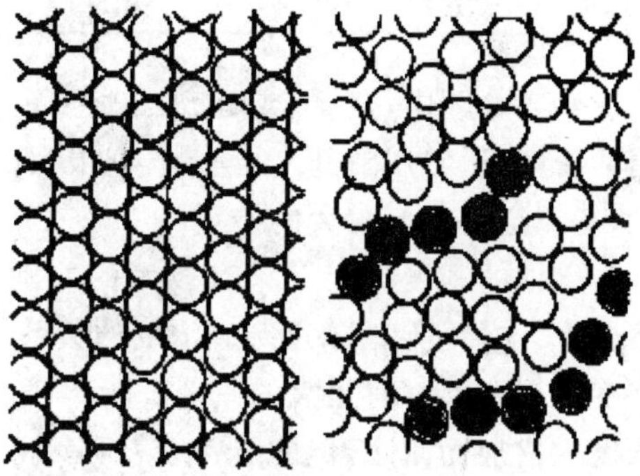

图 2-2 纯金属的原子排列(二维模型)

两种液态金属结构模型可以反映液态金属的结构特点。模型Ⅰ认为接近熔点时液态金属中部分原子的排列方式与固态金属相似，它们构成了许多晶态小集团；这些小集团并不稳定，随着时间延续不断分裂消失，又不断在新的位置形成；这些小集团之间存在着广泛的原子紊乱排列区。模型Ⅰ突出了液态金属原子存在局部排列的规则性，即近程有序。

模型Ⅱ认为液态金属中的原子相当于紊乱的密集球堆，这里既没有晶态区，也没有能容纳其他原子的空洞；在紊乱密集的球堆中，有着被称为“伪晶核”的高致密区。模型Ⅱ突出了液态金属原子的随机密堆性。

此外，液态金属还存在结构起伏，液态金属中的“晶态小集团”或“伪晶核”都在不停地变化，它们的大小不等，时而产生又时而消失，此起彼伏。结构起伏的尺寸大小与温度有关。温度愈低，结构起伏的尺寸愈大。

## 2.2 金属熔体的物理性质

金属熔体的物理性质与冶炼和铸锭过程中发生的各种现象和进行的各种反应有密切的关系，而且也是研究熔融状态的结构、各种原子之间相互作用力大小的重要依据。

### 2.2.1 密度

金属熔体的密度是研究熔融状态结构和计算粘度及表面张力等所必需的物性值；另一方面，它也是阐明金属与熔渣、非金属夹杂物的分离与夹杂物上浮等有关各种现象的重要性质。密度影响金属与熔渣、熔锍与熔渣、金属与熔盐的分离，影响金属的回收率。熔融的铁及常见有色金属熔体的密度见表 2 - 2。

表 2 - 2 熔铁及常见有色金属熔体的密度

| 金属熔体 | 密度/$10^3$kg·$m^{-3}$ | 温度/℃ |
|---|---|---|
| 熔铁 | 7.2～6.3 | 1350～1650 |
| 铝液 | 2.70～2.28 | 660～1000 |
| 铜液 | 8.50 | 1100 |
| 镍液 | 8.48 | 1480 |
| 铅液 | 10.8 | 350 |

生产实践中，金属(或熔锍)与熔渣的密度差通常不应低于 1500kg/$m^3$。测定熔融金属的密度，通常用阿基米德法、气泡最大压力法和悬浮熔化法等。但由于高温实验的困难性，各测定值仍有较大的差别。

熔铁的密度测定结果有较大的差别。但是在 1550℃附近时均为 7000kg/$m^3$左右。熔融 Fe—C 合金的密度与碳浓度的关系如图 2 - 3 所示，由图可见，它不仅在数值上而且在变化规律上都有很大的差别。图 2 - 3 中曲线 1、2、3、5 说明 Fe—C 熔体的密度随着碳浓度的增加而减小，但曲线 4、6 表明其密度随碳浓度的变化具有复杂的关系，显示 Fe—C 熔体的结构随着碳浓度的增加而发生变化。为了进一步查明碳浓度对 Fe—C 熔体的密度和表面张力的影响，将液相线以上一定过热度($\Delta T=50$℃)下铁碳熔体的密度和表面张力的测定结果如图 2 - 4 所示。在 $w[C]=0.15\%$和 $0.4\%$时，铁碳熔体的密度和表面张力出现最小值和最大值。这表示铁碳熔体的结构发生了变化。在 $w[C]<0.15\%$时，其结构为近似于 δFe 的近程排列；当 $w[C]>0.4\%$时，其结构为近似于 γFe 的近程排列；当 $w[C]=0.15\%\sim0.14\%$时是过渡性的，与此同时存在着上述两种结构的近程排列；当碳浓度接近共晶成分($w[C]=4.2\%$)时，其密度又有明显的最大值。这是由于质点间有强烈的相互作用，熔体具有压缩趋势所造成的。

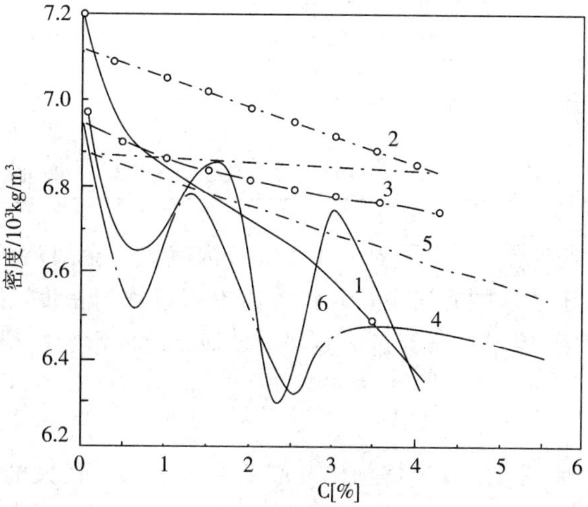


图 2-3　Fe—C 合金熔体的密度（1600℃）

1—本狄克斯；2—维道夫斯基；3—卢卡斯维尔特曼；4—维尔特曼；5—斋藤・佐久间；6—菲利・波夫

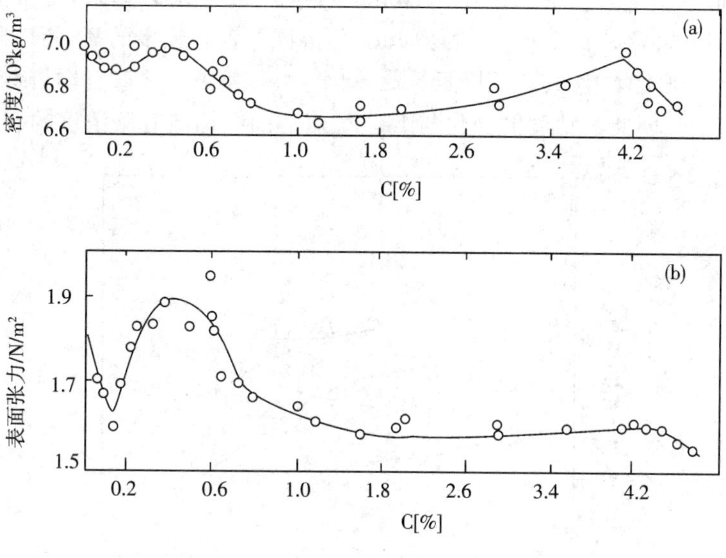


图 2-4　在液相线以上 50℃时碳对(a)熔铁密度和(b)表面张力的影响

熔体的密度随着温度升高而减小，且通常呈线性关系：

$$\rho_T = \rho_m - \alpha(T - T_m)$$

式中　$\rho_T$——熔体在某一温度 $T$ 时的密度；

$\rho_m$——熔体在熔化温度 $T_m$ 时的密度；

$\alpha$——与熔体性质有关的常数。

或：$\rho_T = \beta - \alpha T$

对于纯铁液：$\rho_T = 8580 - 0.853T$ kg/m³

表 2-3　某些熔体密度公式中的系数

| 熔体 | 纯铁 | 纯铝 | 冰晶石 | NaF | $CaF_2$ | $MgCl_2$ | $BaCl_2$ | LiCl | KCl |
|---|---|---|---|---|---|---|---|---|---|
| $\beta$ | 8580 | 2487 | 3288 | 2734 | 3179 | 1976 | 4015 | 1884 | 2136 |
| $\alpha$ | 0.853 | 0.272 | 0.937 | 0.610 | 0.391 | 0.302 | 0.681 | 0.433 | 0.583 |

熔融金属的密度与原子量、原子的半径和配位数有关。金属熔体的密度与其中溶解元素的种类有关。溶于铁液的元素中，钨、钼等能提高熔铁的密度，铝、硅、锰、磷、硫和钒等会使熔铁的密度降低，镍、钴、铬等过渡金属对铁液密度的影响则很小。

## 2.2.2　粘度

金属熔体的粘度对于冶炼和浇铸操作及产品质量等都有很大的影响。例如，扩散速度、非金属夹杂物的排除、钢锭的结晶和偏析等都与金属熔体的粘度有密切的关系，同时它也是阐明熔融铁合金结构的重要性质。测定熔融铁合金的粘度主要用旋转振动法。

铁碳熔体的粘度如图 2-5 所示，与 Fe—C 熔体的密度一样，各研究者测定的 Fe—C 熔体粘度数据差别很大。图中多数曲线表示，Fe—C 熔体的粘度随着碳浓度的增加而稍有减小，但是曲线 1、8、9 所示，其粘度随碳浓度变化具有复杂的关系，通常认为这与组分和结构有关。在 $w[C]<0.15\%$时，因为 Fe—C 溶体中含有较多的氧，所以随着碳浓度的增加而氧浓度急剧下降，使其粘度降低。在 $w[C]>0.15\%\sim0.20\%$时，随碳浓度的增加氧浓度变化不大。因此其粘度的变化与 Fe—C 熔体的结构随着碳浓度的变化有关。

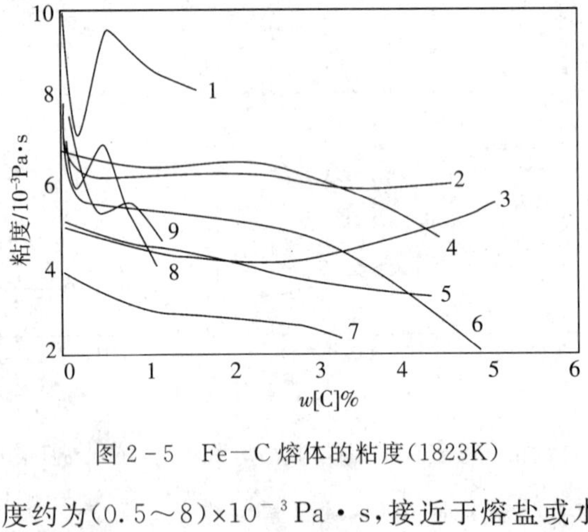


图 2-5　Fe—C 熔体的粘度(1823K)

纯液态金属的粘度约为$(0.5\sim8)\times10^{-3}$ Pa·s，接近于熔盐或水的值，远小于熔渣的粘度值。金属熔体的粘度与合金元素有关。例如，1600℃当铁中其他元素的总量不超过 $0.02\%\sim0.03\%$时液态铁的粘度为$(4.7\sim5.0)\times10^{-3}$ Pa·s；当其他元素总量为 $0.100\%\sim0.122\%$时其粘度升高至$(5.5\sim6.5)\times10^{-3}$ Pa·s。其他元素对熔铁的粘度的影响大致如下：

(1)Ni、Co、Cr 等元素，对熔铁的粘度影响较小；

(2)Mn、Si、Al、P、和 S 等元素，能使熔铁的粘度下降，特别是 Al、P 和 S 等元素，很少的含量时就能使熔铁的粘度大大降低；

(3)V、Nb、Ti 和 Ta 等元素，能使熔铁的粘度增大；

(4)Cu、H 和 N 等元素对铁液粘度的影响很小；

(5)$w[C]=0.5\%\sim1.0\%$范围内可使铁液粘度降低 20%～30%，$w[C]<0.5\%$时对铁液粘度的影响比较复杂。

但必须注意，当熔铁中存在悬浮的固体质点如 $Al_2O_3$ 和 $Cr_2O_3$ 等越多，则粘度就越大。

熔融铁合金的粘度随温度而变化的情况如图 2－6 所示。在距熔点不很远的温度范围内可用下式表示：

$$\eta=A\exp\left(\frac{E_\eta}{RT}\right) \tag{2-1}$$

式中 $A$ 是常数，与熔体的性质有关；$E_\eta$是粘滞流动活化能，亦与熔体的性质有关。$E_\eta$值通过测定该熔体在不同温度时的粘度，并以 $\lg\eta$ 对 $1/T$ 作图求出。

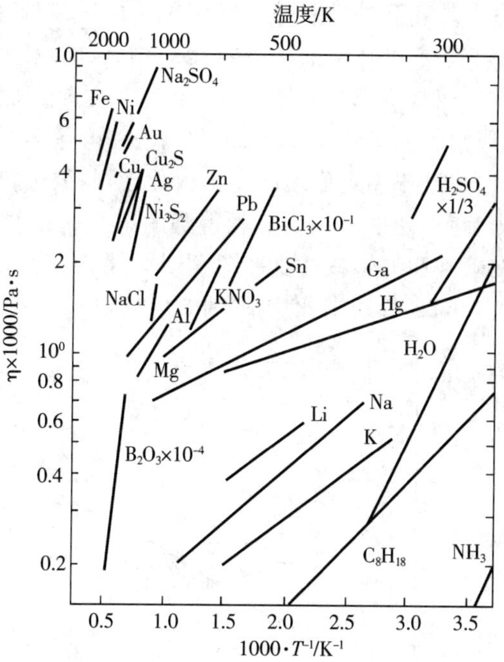


图 2－6 各种熔体的粘度与温度的关系

**【例 2－1】**

实验测得熔铁在 1775K 时的粘度为 $5.0\times10^{-3}$ Pa·s，在 1903K 时为 $4.3\times10^{-3}$ Pa·s，求熔铁的粘滞流动活化能 $E_\eta$。

**题意分析** 已知两个不同温度条件下铁的粘度，即可利用式(2－1)计算活化能。

**解** 根据式(2－1)可得 $\ln\eta=\ln A+E_\eta/RT$，将它转换成常用对数表示式并把题中各数值代入得到：

$$\ln 0.0050=\ln A+E_\eta/(8.314\times 1775) \tag{A1}$$

$$\ln 0.0043=\ln A+E_\eta/(8.314\times 1903) \tag{A2}$$

将式(A1)－(A2)则得：$\ln\dfrac{0.0050}{0.0043}=\dfrac{E_\eta}{8.314}\left(\dfrac{1}{1775}-\dfrac{1}{1903}\right)$

$$\therefore \quad E_\eta=\frac{0.1508\times 8.314}{(5.63-5.25)\times 10^{-4}}=44776 \quad \text{J/mol}$$

## 2.2.3 扩散系数

金属熔体中各种元素的扩散，通常认为它是与反应速度控制环节有关的重要物理性质，而且它也是阐明金属熔体结构的重要性质。

扩散系数通常有自扩散系数和互扩散系数。在纯物质中质点的迁移称为自扩散，这时得到的扩散系数称为自扩散系数。在溶液中各组元的质点进行相对的扩散，这时得到的扩散系数称为互扩散系数。通常所说的扩散系数一般指的是互扩散系数。测定金属熔体中各种元素的扩散系数，通常用毛细管浸没法、扩散偶法和电化学法等。

由于测定扩散系数比较困难，各测定值之间差别很大，因此欲比较各种元素的扩散系数的大小是很困难的。作为参考，现以同一测定者得到的某些元素的扩散系数进行比较如图 2－7 所示，它们都是在碳饱和的熔铁中的扩散系数。由图可知，碳饱和的熔铁中各种元素的扩散系数 $D$ 是 $10^{-5}\,cm^2 s^{-1}$ 级，这比熔渣中的扩散系数大 10～100 倍。

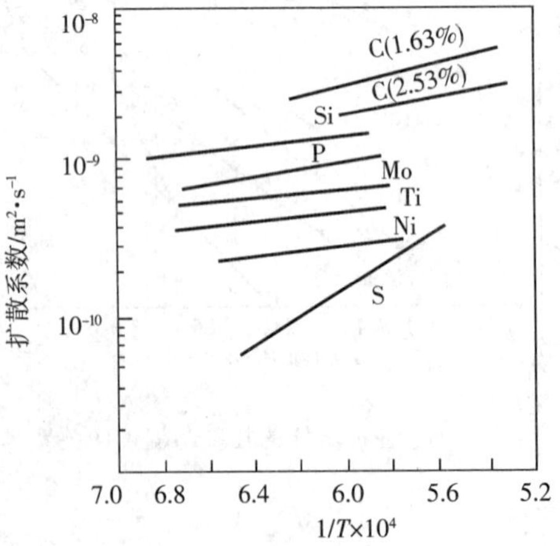


图 2－7　碳饱和熔铁中各元素的扩散系数与温度的关系

扩散系数与温度的关系为：

$$D=D_0\exp(-E_D/RT) \tag{2-2}$$

式中　$E_D$为扩散活化能。

熔融 Fe$-j$ 和 Fe$-j-$C$_{饱和}$合金中的各种元素的扩散系数 $D_j$ 可查表求得，除 $D_H$ 之外，都是 $10^{-5}cm^2s^{-1}$级。熔铁中各种元素的扩散系数与其标准溶解自由能 $\Delta G_j^0$ 之间有一定的关系，如图 2-8 所示。由图可知，$\Delta G_j^0$ 值越小，扩散系数 $D_j$ 就越小，所以 $\Delta G_j^0$ 是表示熔铁中溶质元素 $j$ 的稳定性的尺度。$\Delta G_j^0$ 值越小，则该元素在熔铁中越稳定，行动越迟缓，故扩散系数就越小。

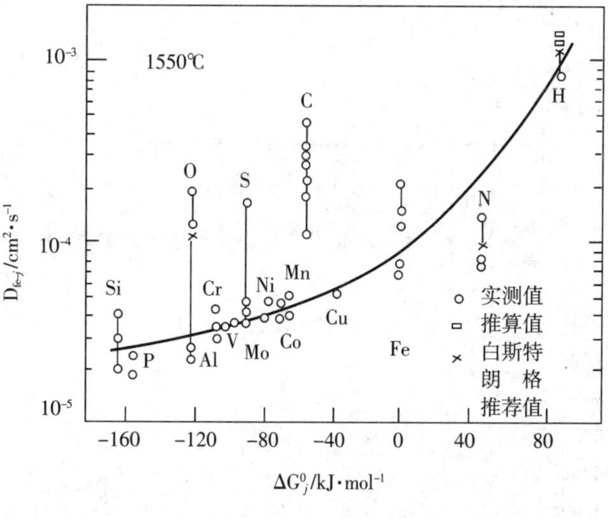


图 2-8　熔铁中各元素的扩散系数与标准溶解自由能之间的关系图

扩散系数和粘度都是流体的传输性质，它们的机理有相似性，所以扩散活化能 $E_D$ 与粘滞流动活化能 $E_\eta$ 几乎是相同的数量级，可以认为金属熔体的自扩散系数 $D$ 与粘度 $\eta$ 之间有一定的关系，斯托克斯-爱因斯坦根据流体动力学理论得到了下列著名的关系式：

$$D=\frac{kT}{6\pi r\eta} \tag{2-3}$$

式中　$k$ 是波茨曼常数，$r$ 是刚体球半径，若把原子看成刚体球时，$r$ 就是原子半径，$T$ 是绝对温度。这样如果测定了某一温度下的粘度，就可以用上式计算出该温度下的自扩散系数。

## 2.2.4　熔点

金属的熔点是研究它们质点间作用力大小的重要性质，也是确定冶炼和浇铸温度的重要根据。各种金属熔点的高低在一定程度上反映了金属中基本质点之间作用力的大小，质点间的作用力越大则其熔点就越高。而原子体积的大小也在一定程度上表征了键的牢固程度。所以金属熔点的高低与原子体积的大小有密切的关系。若以元素的原子半径和熔点分别对原子序数作图，就得到图 2-9 和图 2-10 的关系。由此可见，元素的原子半径和熔点都呈周期性的变化，在图 2-9 中那些位于波底的元素都有较高的熔点。图 2-10 中那些具有 d 电子的金属元素都有较高的熔点，一般都在 1000℃以上。

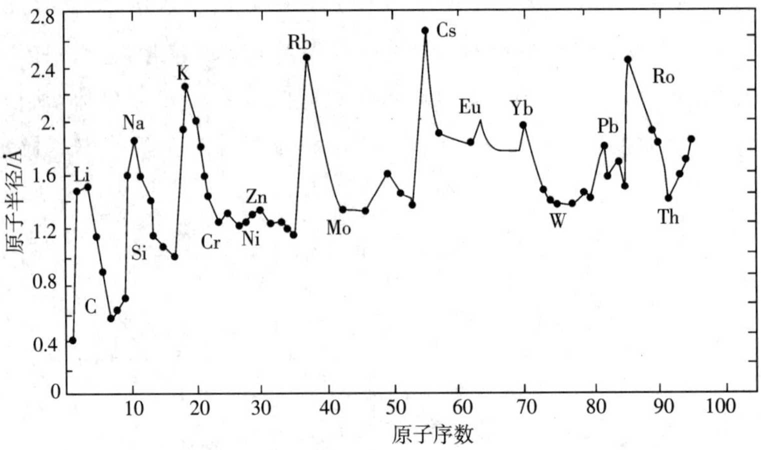


图 2-9　元素的原子半径与原子序数的关系

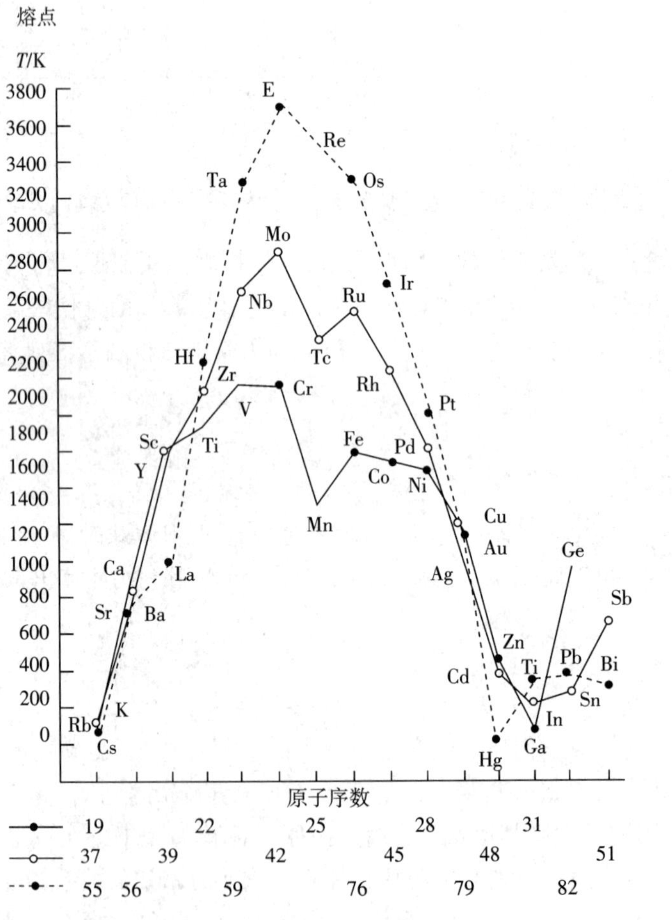


图 2-10　金属熔点与原子序数之间的关系

熔铁中溶有其他元素后，使铁原子之间的作用力减弱，因此铁的熔点就下降。各元素使纯铁熔点降低的程度，决定于加入元素的浓度、原子量和凝固时该元素在熔体与析出的固体之间的分配。各元素使纯铁熔点的降低值 $\Delta T$ 可用式(2-4)计算：

$$\Delta T=\frac{1020}{M_j}\times(w[j]_{(l)}-w[j]_{(s)}) \tag{2-4}$$

式中　$M_j$ 为溶质 $j$ 的原子量，而 $w[j]_{(l)}$ 和 $w[j]_{(s)}$ 分别为 $j$ 在液态和固态铁合金中的质量百分含量，$j$ 在固态和液态铁合金中的含量之比，可以近似地看作常数，即 $w[j]_{(l)}/w[j]_{(s)}=K$(称为分配系数)，则式(2-4)可以写成：

$$\Delta T=\frac{1020}{M_j}\times(w[j]_{(l)}(1-K)) \tag{2-5}$$

式中　$(1-K)$ 值称为偏析系数，它与钢锭中的偏析有密切的关系。由此可知，溶质元素的原子量越小，浓度和偏析系数越大，则铁的熔点降低值 $\Delta T$ 就越大。

根据式(2-5)计算的铁中溶入1%各种元素时使铁的熔点降低值 $\Delta T$ 和偏析系数 $(1-K)$ 等列于表2-2。在炼钢生产中必须知道各种钢的熔点，并以此为根据再结合生产实际条件来确定合适的浇铸温度和出钢温度。因钢中含有多种元素，需要利用表2-4的数据，按下式确定钢的熔点近似值：

$$T_f=1538-\sum\Delta T\times w[j]\quad ℃ \tag{2-6}$$

式中　$\Delta T$ 是钢中某元素含量增加1%时使铁的熔点降低值，$w[j]$ 是钢中某元素的质量百分含量，1538℃是纯铁的熔点。

**表2-4　某些元素在固态和液态铁合金中的分配和对铁的熔点降低值**

| 元素 | 原子量 | 液相中含1%时使 δFe 熔点降低值 ΔT/℃ | K δFe | 偏析系数(1−K) | |
|---|---|---|---|---|---|
| | | | | δFe | γFe |
| Al | 26.98 | 5.1 | 0.92 | 0.08 | — |
| B | 10.82 | 100 | 0.11 | 0.89 | (0.95) |
| C | 12.01 | 90 | 0.20 | 0.80 | 0.70 |
| Cr | 52.01 | 1.8 | 0.95 | 0.05 | (0.15) |
| Co | 58.94 | 1.7 | 0.94 | 0.06 | 0.05 |
| Cu | 63.54 | 2.6 | 0.90 | 0.10 | (0.30) |
| H | 1.0 | 1300 | 0.27 | 0.73 | 0.55 |
| Mn | 54.94 | 1.7 | 0.90 | 0.10 | 0.25 |
| Mo | 95.95 | 1.5 | 0.86 | 0.14 | (0.4) |
| Ni | 58.71 | 2.9 | 0.83 | 0.17 | 0.05 |
| N | 14.0 | 90 | 0.25 | 0.75 | 0.52 |
| O | 16.00 | 65 | 0.02 | 0.98 | (0.97) |

（续表）

| 元素 | 原子量 | 液相中含 1%时使 δFe 熔点降低值 ΔT/℃ | K δFe | 偏析系数(1－K) | |
|---|---|---|---|---|---|
| | | | | δFe | γFe |
| P | 30.98 | 28 | 0.13 | 0.87 | 0.94 |
| Si | 28.09 | 6.2 | 0.83 | 0.17 | (0.5) |
| S | 32.07 | 40 | 0.02 | 0.98 | (0.95) |
| Ti | 47.90 | 17 | 0.40 | 0.60 | (0.7) |
| W | 183.86 | <1 | 0.95 | 0.05 | (0.5) |
| V | 50.95 | 1.3 | 0.96 | 0.04 | — |

**【例 2－2】**

计算滚珠轴承钢 CCrPSiMn 的熔点，其化学成分如表 2－5：

**表 2－5　滚珠轴承钢的化学成分**

| 化学成分 | C | Si | Mn | Cr | P | S |
|---|---|---|---|---|---|---|
| $w$[i]/% | 1.0 | 0.5 | 1.0 | 1.5 | 0.02 | 0.01 |

**题意分析**　已知轴承钢的成分，利用式(2－6)即可计算该钢种的熔点。

**解**　各元素的 $\Delta T$ 值可从表 2－4 中查得，钢中气体(O、N、H)因它们的含量较低，可以不单独计算，一般认为它们能使铁的熔点降低约 2℃，而它们与其他元素在一起又能综合降低熔点约 5℃，这样钢中气体能使铁的熔点降低约 7℃，则

$$T_f = 1538-(90\times1.0+6.2\times0.5+1.7\times1.0+1.8\times1.5+28\times0.02+40\times0.01+7)$$

$$=1538-105=1433℃$$

由表 2－4 可知，碳是降低铁熔点的最显著元素。碳素钢在冶炼终点时，钢中其它元素含量很低，其熔点主要决定于含碳量，这样也就可以根据熔点快速地确定其含碳量。现在国内外在炼钢生产中广泛应用的“结晶定碳仪”就是利用迅速测定终点钢水的凝固点来确定其含碳量的。

## 2.2.5　表面张力

金属熔体的表面张力是阐明金属冶炼过程中各种界面现象所不可缺少的重要性质。例如钢液内 CO 气泡的生成和长大，脱氧产物的生成、凝聚和排除，金属与熔渣的分离和钢液的凝固等等，都与钢液的表面张力有密切的关系。并且金属熔体的表面张力与其质点间的作用力大小有密切的关系，因此，研究金属熔体的表面张力有助于了解金属熔体的结构。

金属熔体的表面张力与其熔点 $T_f$ 和摩尔体积 $M/\rho_{(l)}$ 有一定的关系(其中 $M$ 是原子

量，$\rho_{(1)}$是熔体的密度）。若以金属在熔点时的表面张力对 $T_f(M/\rho_{(1)})^{-2/3}$ 作图，则得到图 2－11 的关系，由此可以得到下列函数关系：

$$\sigma=\frac{3.6T_f}{(M/\rho_{(1)})^{\frac{2}{3}}} \tag{2-7}$$

从图 2－11 和式（2－7）可知，金属元素的熔点越高，摩尔面积越小，则表面张力就越大。通常冶金熔体表面张力还与其化学键性质有密切的关系。某些冶金熔体的表面张力值列于表 2－5。由此可知，具有强结合力的金属键熔体的表面张力值最大，共价键熔体次之，离子键熔体再次之，而分子型熔体具有弱结合的范德华力，所以它们的表面张力都非常小，其中 $H_2O$ 为极性分子，它的表面张力又稍大些。熔融二元硅酸盐的表面张力，介于共价键熔体和离子键熔体之间，这说明熔渣中这两种键都可能存在。

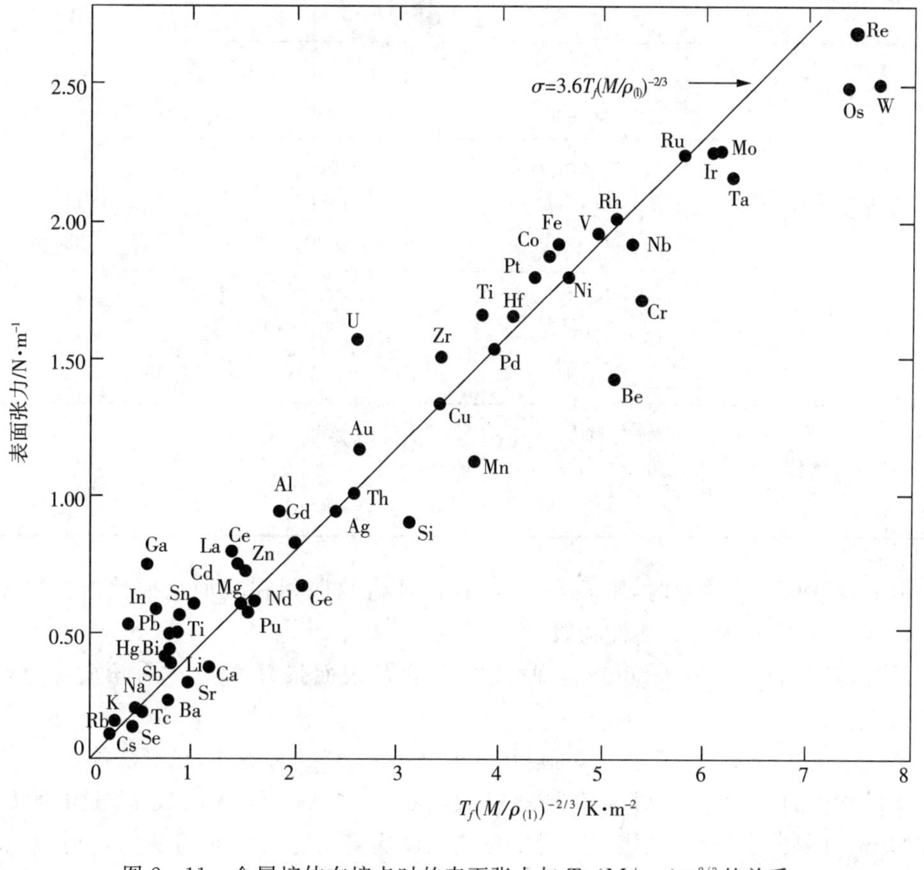


图 2－11 金属熔体在熔点时的表面张力与 $T_f(M/\rho_{(1)})^{-2/3}$ 的关系

从以上分析可知，凡是影响表面层质点力场状况的因素都会引起表面张力的变化，在各种影响因素中主要是温度和组分。温度对熔体的表面张力有较大影响，单组元熔体的表面张力，一般随着温度的升高而减小，在达到沸点时，液相和气相之间的界面消失，则表面张力为零。熔融铁合金的表面张力亦随着温度的升高而减小。在熔体中溶解某些元素后，它的表面张力也会发生变化。凡能降低表面张力的元素，便会自发地移到溶液表面，使表面浓度大于内部浓度，这时称为正吸附，并把该元素称为表面活性物质；反之，若表面浓度低于内部浓度，则相应地称为负吸附和表面不活性物质。溶质在表面层的过剩浓度 $\Gamma$ 可以用吉布斯吸附等温式计算：

$$\Gamma=\frac{-\mathrm{d}\sigma}{RT\cdot \mathrm{d}\ln c}=\frac{-c}{RT}\cdot\frac{\mathrm{d}\sigma}{\mathrm{d}c}\quad \mathrm{mol/m^2} \tag{2-8}$$

式中 $c$——溶质在体积内部的浓度，$\mathrm{mol/m^3}$；

$R$——气体常数，$R=8.314\ \mathrm{J/(mol\cdot K)}$。

**表 2-5 某些熔体的表面张力**

| 类型 | 液体 | 温度/℃ | 表面张力×$10^3$/N·$m^{-1}$ |
|---|---|---|---|
| 金属键熔体 | Fe | 1550 | 1865 |
| | Ni | 1453 | 1778 |
| | Pb | 327 | 468 |
| 共价键熔体 | $SiO_2$ | 1800 | 307 |
| | $Al_2O_3$ | 2050 | 690 |
| 硅酸盐熔体 | $CaO\cdot SiO_2$ | 1600 | 420 |
| | $MnO\cdot SiO_2$ | 1570 | 415 |
| | $Na_2O\cdot SiO_2$ | 1400 | 284 |
| 离子键熔体 | NaCl | 800 | 114 |
| | $CaF_2$ | 1500 | 297 |
| | $CuCl_2$ | 450 | 92 |
| 分子型液体 | $H_2O$ | 20 | 72.8 |
| | $C_6H_6$ | 20 | 28.9 |
| | $C_2H_5OH$ | 20 | 22 |

由上式可知，当 $\Gamma>0$ 时，则 $\mathrm{d}\sigma/\mathrm{d}c<0$，即溶质容易吸附在表面上而使溶液的表面张力降低，这种溶质称为表面活性物质。

反之，当 $\Gamma<0$ 时，则 $\mathrm{d}\sigma/\mathrm{d}c>0$，即溶质使溶液的表面张力增大，这种溶质称为表面不活性物质。

测定熔融铁合金的表面张力，可以用气泡最大压力法、卧滴法、悬滴法等。

熔融纯铁的表面张力测定值差别很大，在 1550℃ 时，纯铁的表面张力为 1.70～1.90N/m。溶质元素对熔铁表面张力的影响程度决定于它的性质与铁的差别，如果溶质元素的性质与铁相近，则溶质原子与铁原子之间的作用力和铁原子本身之间的作用力大体相似，对熔铁的表面张力影响较小。反之，溶质元素的性质与铁差别越大，则对熔铁表面张力的影响就越大。一般说来，金属元素对熔铁表面张力的影响较小，而非金属元素的影响就较大。碳、氮、氧和硫对熔铁表面张力的影响如图 2-12 所示，由此可见，硫和氧是很强的表面活性物质，只要含有很少量的硫和氧就使熔铁的表面张力大大下降，氮的影响小些，而碳在浓度低时影响很小。熔融铁合金中求得的硫、氧、氮和碳的表面吸附量如图 2-13 所示。

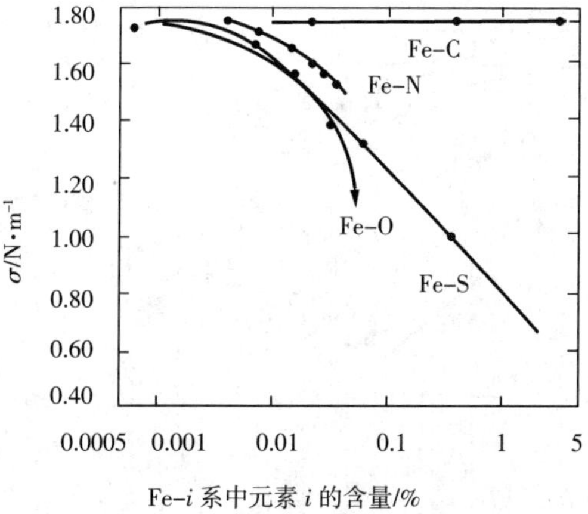


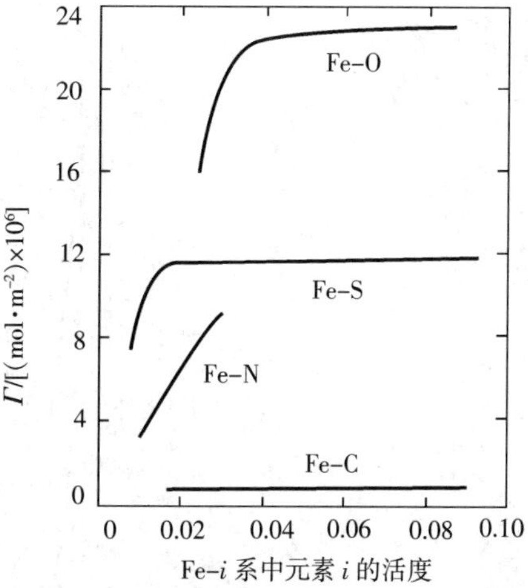


图 2－12　元素含量对熔铁表面张力的影响　　　图 2－13　熔铁中元素活度与吸附量之间的关系

微量溶质(氧和硫)的存在对铜熔体的表面性质影响很大,如图 2－14 和图 2－15 所示。O、S、N 使铁液的表面张力显著降低,Mn 对铁液表面张力的影响也很大;O 的表面活性又比 S 大,降低表面张力的作用更大。FeO 群聚团中的 Fe—O 键比 FeS 群聚团中的 Fe—S键强,FeO 群聚团与其周围 Fe 原子的作用力小于 FeS 群聚团与其周围 Fe 原子的作用力,FeO 群聚团更易被排至铁液表面,发生吸附。Si、Cr、C 及 P(V)的影响比较小;Ti、Mo 等表面非活性元素对铁液的表面张力没有影响。表面活性物质是能剧烈地降低溶剂表面张力的物质,表面活性物质在纯粹状态时的表面张力很小。

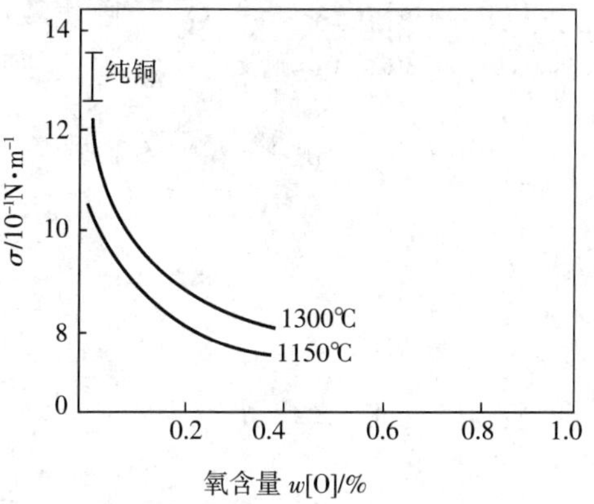


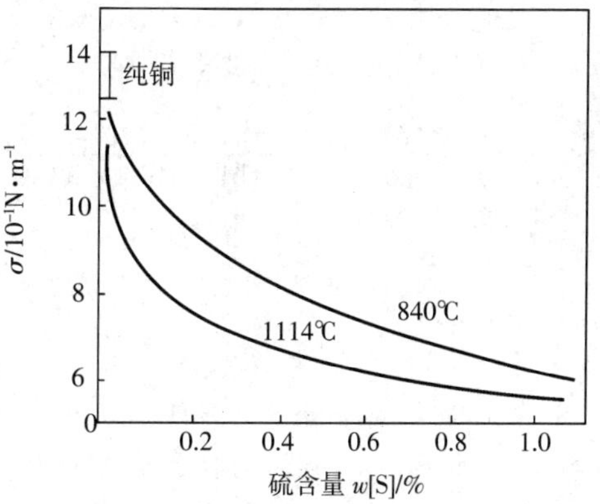


图 2－14　氧对铜液表面张力的影响　　　图 2－15　硫对铜液表面张力的影响

**【例 2－3】**

根据图 2－16 中 S 对熔铁表面张力的影响曲线,计算在含有 $w[S]=0.02\%$ 时,硫的表面过剩浓度 $\Gamma$ 和每个硫原子所占据的面积 $A$。

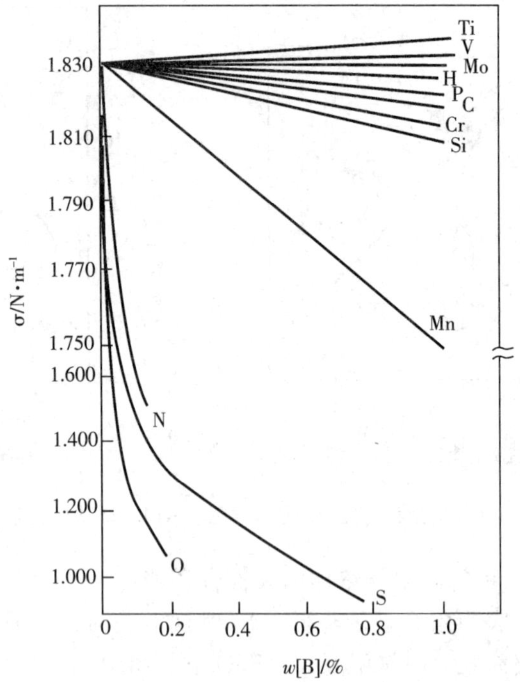


图 2-16　1873K 时元素对铁液表面张力的影响

**题意分析**　根据 S 对熔铁表面张力影响曲线的性质，当 $w[C]>0.02\%$ 时，$\Delta\sigma/\Delta\ln c$ 为一常数，利用式(2-8)即可计算[S]的过剩浓度 $\Gamma$ 和面积 $A$。

**解**　由图 2-16 可知，在含硫量 $w[S]>0.02\%$ 时，该曲线的斜率 $\Delta\sigma/\Delta\ln c$ 为一常数，应用吉布斯吸附等温式计算 $\Gamma$，以硫浓度 $w[S]=0.02\%$ 和 $w[S]=0.1\%$ 区间计算，在 $w[S]=0.02\%$ 时，$\sigma=1.50\text{N/m}$，在 $w[S]=0.1\%$ 时，$\sigma=1.20\text{N/m}$，则

$$\Gamma=\frac{-\mathrm{d}\sigma}{RT\cdot\mathrm{d}\ln c}=\frac{-(1.20-1.50)}{8.314\times1834\times(\ln0.1-\ln0.02)}=12.23\times10^{-6}\ \text{mol/m}^2$$

$$A\text{o}=\frac{1}{\Gamma \text{N}_\text{A}}=\frac{1}{12.23\times10^{-6}\times6.023\times10^{23}}=13.57\times10^{-20}\,\text{m}^2$$

上式中的 $\text{N}_\text{A}$ 为阿伏加德罗常数。

在 FeS 晶体中每个硫原子所占的面积为 $11.56\times10^{-20}\,\text{m}^2$，由此可知两者是相近的，所以一般认为 Fe—S 系熔体的表面结构为 FeS。

其他各种元素对熔融铁合金表面张力的影响为：Ni、Cr、Co 等元素的影响较小；Si 和 Mn 等元素能使其表面张力稍有下降；Sn 的影响较大。

## 2.2.6　蒸气压

各种物质的蒸气压大小及其随温度的变化程度，不仅提供了物质在凝聚状态的知识，而且与工业上防止蒸发或促进蒸发等技术有关。蒸气压也是确定溶液中各组元活度的重要性质之一。

各种元素的蒸气压随着温度的升高呈指数关系增大，通常可以用下式近似地表示它们之间的关系：

$$\lg p=\frac{-\Delta H_b}{4.575T}+B \tag{2-9}$$

式中　$p$ 是元素的蒸气压，$\Delta H_b$ 是每摩尔蒸气的蒸发热，$T$ 是绝对温度，$B$ 是常数。

元素的蒸发热 $\Delta H_b$ 也能表示原子间键的强度，元素的蒸发热越大，则表示原子间的吸引力越大。铁的蒸发热为 352.12kJ/mol，锰的蒸发热为 230.74kJ/mol，铁原子之间的作用力比锰的大得多。同时铁的熔点和表面张力也比锰的大得多。

式(2-9)通常写成下列形式：

$$\lg p=\frac{A}{T}+B \tag{2-10}$$

式中 $A$ 和 $B$ 在一定温度范围内可以看作常数。某些元素的 $A$ 和 $B$ 值可查文献得到。根据文献数据可以计算出在 1873K 时，铁的蒸气压为 8.81Pa，锰的蒸气压为 5978Pa。由此可见，锰的蒸气压为铁的 680 倍。在钢液真空脱气时，锰的蒸发损失较大。

## 2.2.7　电阻率

熔融金属和合金的电阻是金属熔体的电磁输送、电磁搅拌和感应加热等设备的操作和设计的重要基础数据，是研究熔融金属的电子结构和电子状态的重要物理性质。由于测定熔体电阻率比较困难，故测定值较少，而且各测定值之间差别较大。

熔铁电阻率的某些测定结果如图 2-17 所示。纯铁在熔化时其电阻率发生突变，约增加 6%。从熔点到 1660℃的温度范围内，熔铁的电阻率 $r$ 和温度 $t$ 的关系如式 2-11：

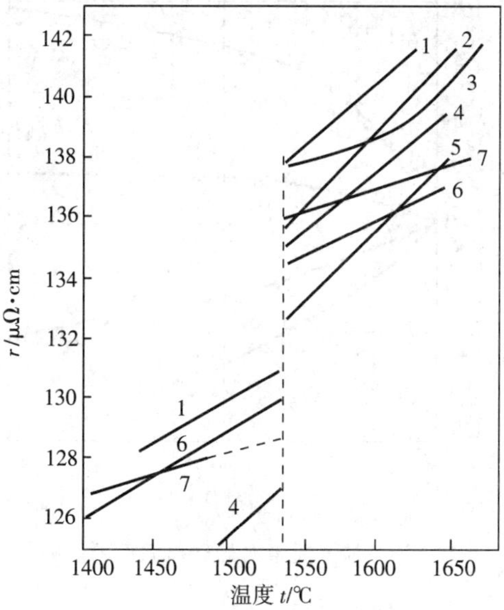


图 2-17　纯铁的电阻率

$$r=112.3+0.0154t\ \mu\Omega\cdot cm \tag{2-11}$$

Fe—C熔体的电阻率如图2-18所示，其电阻率随着碳浓度的增加而增大。在碳浓度从零到0.2%～0.4%范围时，其电阻率随碳浓度的增加而激剧增大；当碳浓度大于0.4%时，其电阻率随碳浓度的增加而稍有增加。碳在熔体中以正离子状态存在时，它的价电子转移到铁的$3d^6$层上，降低了能导电的电子浓度和形成很多分散的离子杂质，增加了电阻率。

硅、铝和铜对熔铁电阻率的影响如图2-19所示。硅与碳一样，能使熔铁的电阻率增加，但其影响程度比碳小得多。Al和Cu能降低熔铁的电阻率。

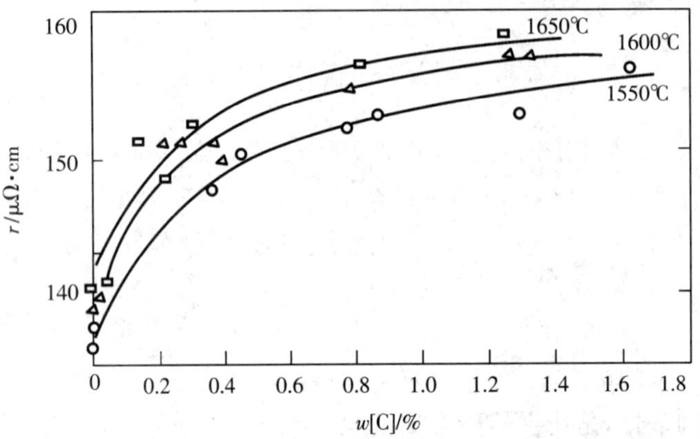


图2-18　Fe—C熔体的电阻率与碳浓度的关系图

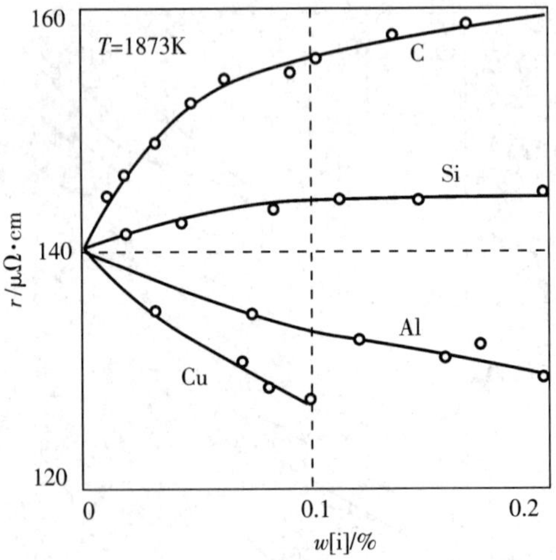


图2-19　加入元素对熔铁电阻率的影响

## 2.3 元素在金属熔体中的溶解和相互作用

冶金过程中的金属熔体溶有各种非金属元素和金属元素。为了改善钢的机械性能和使金属有各种特殊性能，通常向钢中加入各种合金元素，如硅、锰、铬、镍、钴、钨、钼、钒、钛、铌、锆、硼和稀土元素等等。因此，必须研究各种元素在金属熔体中的溶解度，它们与金属形成的溶液的性质，各种元素在熔融金属中的相互作用及与此有关的各种热力学数据。这对于充分利用各种有益元素和最大限度地去除各种有害元素和非金属夹杂物是十分重要的，对于发展金属溶液理论也起着非常重要的作用。

### 2.3.1 实际溶液与活度

一般把溶液分为理想溶液和实际溶液两大类。理想溶液的规律比较简单，应用方便，只要把理想溶液的规律加以校正就能应用于实际溶液，理想溶液的规律是溶液理论的基础。理想溶液的活度以组分(溶剂)满足拉乌尔定律的表达形式为：

$$a_i=\gamma_i x_i \tag{2-12}$$

以组分(溶质)满足亨利定律的表达形式为：

$$a_i=f_i w[i] \tag{2-13}$$

实际上所有的金属溶液都是非理想溶液，组元 $i$ 的活度 $a_i$ 与浓度 $x_i$ 的关系或多或少地偏离拉乌尔定律。实际溶液中溶剂的蒸气压不符合拉乌尔定律，溶质的蒸气不符合亨利定律。

在实际溶液中，一般 $a_i$ 不等于物质的量分数 $x_i$，这就需要引入活度系数的概念。活度系数定为活度与浓度之比，浓度用物质的量分数 $x_i$ 表示时，活度系数 $\gamma_i$ 为：

$$\gamma_i=a_i/x_i \tag{2-14}$$

$\gamma_i$ 可以看作是表示与拉乌尔定律偏离程度的系数。当然，在理想溶液的情况下，对于任何组分在任何浓度下 $\gamma_i=1$。在稀溶液中，当 $x_i\to1$ 时，$\gamma_i\to1$。如果 $\gamma_i>1$，即对拉乌尔定律正偏离，而 $\gamma_i<1$，即为负偏离。

若以无限稀溶液作标准状态，浓度用质量分数表示，活度系数 $f_i$ 由下式表示：

$$f_i=a_i/w[i] \tag{2-15}$$

在符合亨利定律的浓度范围内 $f_i=1$。一般用 $f_i$ 表示对稀溶液的偏离程度。

#### 2.3.1.1 两种活度标准状态和两种活度系数的相互转换

在应用活度时，选择标准状态是非常重要的，因为热力学计算中经常需要把各种不同反应的标准自由能变化相加减，这就必须用同一标准状态下的自由能数值。若以拉乌尔定律为基准时，则活度选用纯物质(即 $x_i=1$)为标准状态，这时活度用 $a_i^{(R)}$ 表示，活度系数用 $\gamma_i$ 表示。在标准状况时 $a_i=1$ 和 $\gamma_i=1$。若以亨利定律为基准时，则活度选用 $w[B]=$

1%的溶液为标准状态，这时的1%可以是摩尔百分数，也可以是质量百分数，在钢铁冶金中通常用1%的质量百分浓度。在这两种情况下的活度和活度系数分别用 $a_i^{(R)}$、$a_{i\%}^{(H)}$ 和 $f_i$、$f_{i(\%)}$ 表示，在标准状态时其活度和活度系数都等于1。经推导得：

$$a_i^{(R)}=a_i^{(H)}\cdot\gamma_i^0 \tag{2-16}$$

又因 $a_i^{(R)}=\gamma_i x_i$ 和 $a_i^{(H)}=f_i x_i$，把它们代入式(2-16)则得：

$$\gamma_i=\gamma_i^0 f_i \tag{2-17}$$

其中 $\gamma_0=p_H/p_R^*$，$p_R^*$ 为纯溶质的蒸气压。

式(2-16)和式(2-17)分别是两种标准状态的活度和活度系数间的相互转换关系。上式中的 $\gamma_i^0$ 可以通过实验测定二元溶液的蒸气压或活度求出，在一定温度下是常数。$\gamma_i^0$ 的物理意义是当溶质 $i$ 物质的量分数 $x_i=1$ 时，假设符合亨利定律的纯溶质设想的蒸气压 $p_i^{(H)}$ 与纯溶质的实际蒸气压 $p_i^*$ 的比值。

当 $x_i=0.01$ 时，溶质的 $a_i^{(H)}=1$，由式(2-16)可以看出，此时溶质的 $a_i^{(R)}=\gamma_i^0 x_i$。也就是说，$\gamma_i^0$ 是当溶质的浓度 $x_i=0.01$ 时，依据拉乌尔定律计算的活度系数。

由此可知，$\gamma^0$ 亦是表示实际溶液偏离理想行为的程度，当 $\gamma_i^0=1$ 时则是理想溶液，$\gamma_i^0<1$ 时则对理想行为是负偏离，$\gamma_i^0>1$ 则对理想行为是正偏离。

浓度用质量百分数 $w[\mathrm{B}]$ 表示时，两种活度之间的转换关系为：

$$\frac{a_i}{a_{i(\%)}^{(H)}}=\frac{\gamma_i x(\mathrm{B})}{f_{i(\%)}\cdot[w[i]]}$$

$$a_i^{(R)}=a_{i(\%)}^{(H)}\cdot\gamma_i^0\left(\frac{M_A}{100M_i}\right) \tag{2-18}$$

在应用式(2-18)时必须注意，亨利活度中的溶质浓度必须用质量百分数表示。

#### 2.3.1.2 规则溶液

如果实际溶液对理想行为偏离程度较小时，比较简单的处理办法是应用规则溶液的概念。规则溶液的定义是：在形成溶液时的混合熵 $\Delta S$ 与理想溶液的相同，但是混合焓 $\Delta H$ 不等于零，可以是正的或负的任何数值。如果溶液在整个浓度范围内，具有 $\Delta S_i=-R\ln x_i$ 和 $\Delta H_i=RT\ln\gamma_i$ 的性质时，这种溶液称为规则溶液。如果对理想行为是正偏离(即 $\gamma_i>1$)，则 $\Delta H_i$ 是正的，在混合成规则溶液时会吸热；反之则是负偏离(即 $\gamma_i<1$)，$\Delta H_i$ 是负的，在混合时会放热。

某些 Fe－$i$ 系的活度系数 $\lg\gamma_i$ 与 $x_{Fe}^2$ 的关系如图 2-20 所示。由图可见，Fe－Mn 和 Fe－Ni 系几乎是水平线，因为它们近似理想溶液，活度系数近似等于1。Fe－Cu 和 Fe－A1系一般认为近似于规则溶液。Fe－Si 系中硅的物质的量分数小于0.57时，$\lg\gamma_{Si}$ 与 $x_{Fe}^2$ 成正比，在1873K时可用下式表示

$$\lg\gamma_{Si}=-3.10x_{Fe}^2+0.35 \tag{2-19}$$

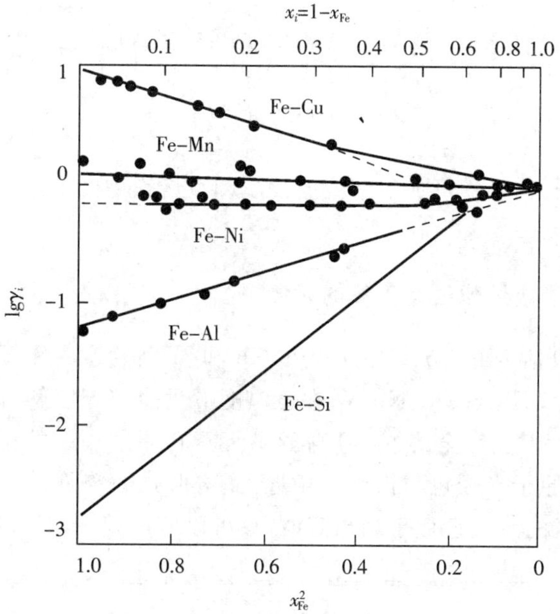


图 2-20　某些 Fe—$i$ 系中元素 $i$ 的活度系数

## 2.3.2　各种元素在熔铁中的溶解度和标准溶解自由能变化

各种元素在熔铁中的溶解度和溶解形成 $w[i]=1\%$时的标准自由能变化 $\Delta G_i^0$可查表求得。各元素在熔铁中的溶解度差别很大，有的能完全溶解，而有的只能溶解极微量。各种元素在熔铁中溶解度的大小与其原子大小，晶格类型以及与铁原子的相互作用力有关。元素的原子半径与铁原子半径(1.22Å)越相近，晶格与铁的晶格相同，其性质与铁越相似，则它们与铁原子之间的相互作用力与铁原子本身间的作用力就越相近，就越容易溶解。

各种元素溶解于熔铁中的偏摩尔自由能 $G_i$可按下式计算：

$$G_i=G_i^0+RT\ln a_i \tag{2-20}$$

由于采用的标准状态的不同，溶质的活度 $a_i$就有不同的值，而 $G_i^0$亦有不同的值，但是无论采用哪一种标准状态，溶质的偏摩尔自由能 $G_i$的值是不变的，所以：

$$G_i=G_R^0+RT\text{I}\ln a_i^{(R)}=G_H^0+RT\ln a_i^{(H)} \tag{2-21}$$

或

$$\Delta G_i^0=G_H^0-G_R^0=RT\text{Ln}\,\frac{a_i^R}{a_i^{(H)}} \tag{2-22}$$

将式(2-18)的 $a_i^{(R)}/a_{i(\%)}^{(H)}$代入式(2-24)：

$$\Delta G_i^0=RT\ln\gamma_i^0(M_1/100M_2) \tag{2-23}$$

上式就是元素 $i$ 溶解于某溶剂生成 $w[i]=1\%$的溶液时标准自由能变化 $\Delta G_i^0$的计算

公式。

如果元素 $i$ 溶解于熔铁中，铁的原子量 $M_{Fe}=55.85$，则式(2-23)成为：

$$\Delta G_i^0=RT\ln\gamma_i^0\left(\frac{0.5585}{M_i}\right) \quad (2-24)$$

根据元素的性质，其与铁形成的溶液的性质和在熔铁中的溶解度，可以把它们分为五大类。

#### 2.3.2.1 与铁形成近似理想溶液的元素

此类元素主要包括 Mn、Co、Ni、Cr、Mo、Nb 和 W 等金属元素。其中 Mn、Co、Ni 在 1873K 时能完全溶解，而 Cr、Mo、Nb、W 在该温度下只能部分溶解，因为它们的熔点高于 1873K，在更高的温度下能完全溶解。上述这些元素在周期表中的位置与铁较近，它们的性质与铁原子相似，原子半径也与铁原子相近，晶格形式亦与铁的相似。所以，习惯上认为这些元素与铁形成的溶液近似于理想溶液，故可以应用理想溶液的定律。

**【例 2-4】**

计算在 1873K 时，液态纯 Cr 和固态纯 Cr 在熔铁中溶解 $w[Cr]=1\%$ 时的标准吉布斯自由能的变化。纯 Cr 的熔化热为 19228J/mol。

**题意分析** 由于 Cr 在元素周期表中的位置与 Fe 相近，故 Cr 的性质与 Fe 相似，Cr 在熔铁中形成的溶液可以看作理想溶液，可以用式(2-24)计算其标准溶解吉布斯自由能变化。

**解** 因 Fe-Cr 熔体是近似的理想溶液，所以 $\Delta H=0$ 和 $\gamma_{Gr}^0=1$，则式(2-24)成为

$$Cr_{(l)}=[Cr]$$

$$\Delta G_{Cr}=RT\ln(0.5585/MCr)=8.314T\ln(0.5585/51.996)=-37.69T$$

因 Cr 的熔点为 2133K，在 1873K 时是固体，Cr 的熔化热已知为 19228 J/mol，则熔化熵为：19228/2133=9.01J/(mol·K)。因此

$$Cr_{(S)}=Gr_{(l)} \qquad \Delta G_f=19228-9.01T$$

将上面两相加得到 $\qquad Cr_{(S)}=[Cr]$

$$\Delta G_2{}^0=19228-46.71T\ \text{J/mol}$$

#### 2.3.2.2 与铁形成近似规则溶液的元素

此类元素主要有 Cu 和 Al 等元素，在 1873K 时能完全溶解。Fe-Cu 系熔体对拉乌尔定律有较大的正偏离。Fe-A1 系熔体却有较大的负偏离。它们在元素周期表中的位置离 Fe 较远，其性质和原子半径也与铁原子有一定的差别，所以它们与熔铁形成的溶液不是理想溶液，但近似于规则溶液，可以应用规则溶液的各项公式来计算它们形成溶液时的热力学函数的变化。

【例 2-5】

计算在 1873K 时，液态纯 Cu 溶解于熔铁中形成 $w[Cr]=1\%$ 溶液时的标准自由能的变化。在 1873K 时的 $\gamma_{Cu}^0=8.6$。

**解** Fe-Cu 系熔体近似规则溶液，当形成 $w[i]=1\%$ 的标准规则溶液时，根据式(2-24)，则有

$$\Delta G^0=RT\ln\gamma_{Cu}^0+RT\ln\left(\frac{0.5585}{M_{Cu}}\right)=8.314\times1873\ln8.6+8.314T\ln\left(\frac{0.5585}{63.5}\right)$$

$$=33507-39.35T\quad J/mol$$

2.3.2.3 与铁形成稀溶液的元素

这类元素有 N 和 H 等，它们在熔铁中的溶解度非常小，这样的溶液可以看成稀溶液。当然，其他元素在熔铁中的浓度很小时都可以看成是稀溶液。N 和 H 在元素周期表中的位置离铁更远，它们是非金属元素，性质与铁原子相差很大，原子半径比铁小得多，这就限制了它们在熔铁中的溶解度。N 和 H 溶解在熔铁中时的标准自由能变化，可以用平衡实验来得到。

2.3.2.4 与铁形成实际溶液的元素

此类元素主要包括 C、P、O 和 S 等非金属元素及 Si、Ti、V 和 Zr 等金属元素。C 和 O 等非金属元素，在熔铁中的溶解度有一定的限制。它们在元素周期表中的位置离铁较远，其性质、原子半径都与铁原子有很大的差别。它们与铁形成实际溶液。Si、Ti、V 和 Zr 等金属元素与铁形成的溶液也是实际溶液。在 1873K 时 Si 能完全溶解于铁中，而 V、Ti 和 Zr 等因其熔点较高，只能部分溶解，在更高的温度下能完全溶解。它们在元素周期表中的位置离 Fe 较远，其性质和原子半径与铁原子有一定的差别，故与铁形成实际溶液。上述这些元素溶解在熔铁中的标准自由能的变化，可以通过平衡实验等方法求得。

2.3.2.5 在熔铁中溶解度很小的元素

此类元素主要有 Pb、Ag、Ca 和 Mg 等金属元素。其中 Ca 和 Mg 在炼钢温度下已成为蒸气，测定它们在熔铁中的溶解度更为困难，至今只有很少数的实验测定值，它们的真实溶解度现在还不太清楚。这些元素在周期表中的位置都离 Fe 较远，其性质和原子半径都不同于铁原子，它们在熔铁中的溶解度都很小。

## 2.3.3 熔铁中各种元素的相互作用系数关系

熔铁中各种元素不仅与铁发生作用，而且各溶质元素之间也发生相互作用。熔铁中各元素之间的相互影响，可以通过彼此对活度系数的影响显示出来。对于具有更多溶质元素的多元系溶液，为了确定它们的活度系数，通常是结合三元系的活度系数实验值并应用泰勒级数展开式来求得。

$$\ln\gamma_2(x_2, x_3, x_4, \cdots) = \varepsilon_2^2 x_2 + \varepsilon_2^3 x_3 + \varepsilon_2^4 x_4 + \cdots \tag{2-25}$$

式中　$\varepsilon_2^2 = \frac{\partial \ln\gamma_2}{\partial x_2}, \varepsilon_3^3 = \frac{\partial \ln\gamma_2}{\partial x_3}, \varepsilon_4^4 = \frac{\partial \ln\gamma_2}{\partial x_4}, \cdots$ 等叫做相互作用系数，是温度的函数，当溶质 $j$ 加到 Fe－$i$ 系中时，如果 $j$－$i$ 间的吸引作用大于 Fe 对它们的吸引作用，则 $\varepsilon_i^j$ 是负值，$i$ 的活度系数就变小，反之若 $j$ 和 $i$ 之间有较大的排斥作用，则 $\varepsilon_i^j$ 是正值，$i$ 的活度系数就变大。

为了应用方便，通常用质量百分浓度和常用对数来表示，则有：

$$\lg f(w[2], w[3], w[4], \cdots)$$
$$= e_2^2 w[2] + e_2^3 w[3] + e_2^4 w[4] + \cdots \tag{2-26}$$

这里的 $e_i^j$ 亦叫做相互作用系数，它表示当元素 $i$ 在熔铁中的浓度不变时，每加入质量分数为 1% 元素 j 所引起元素 $i$ 的活度系数对数值的改变。$e_i^j$ 值通常是以 $\lg f_i$ 对 $w[\mathrm{j}]$ 作图，当 $w[\mathrm{j}] \to 0$ 时作该曲线的斜率，则该斜率值就是 $e_i^j$。

相互作用系数之间存在下列关系：

$$\varepsilon_i^j = \varepsilon_j^i \tag{2-27}$$

$$\varepsilon_i^j = 230 \frac{M_i}{M_A} e_i^j + \frac{M_A - M_i}{M_A} \tag{2-28}$$

$$\varepsilon_i^j = 230 \frac{M_j}{M_A} e_i^j + \frac{M_A - M_j}{M_A} \tag{2-20}$$

$$\varepsilon_j^i = 230 \frac{M_i}{M_A} e_j^i + \frac{M_A - M_i}{M_A} \tag{2-30}$$

$$\varepsilon_i^j = \frac{M_i}{M_j} e_j^i + \frac{1}{230}\left(\frac{M_j - M_i}{M_j}\right) \tag{2-31}$$

式中　$M_A$、$M_i$、$M_j$ 分别为溶剂 A 和溶质 $i$ 和 $j$ 的摩尔质量。熔铁中各种元素的相互作用系数 $\varepsilon_i^j$ 和 $e_i^j$ 可查表求得。

**【例 2－6】**

实验求得 $\varepsilon_C^C = 7.8$，$\varepsilon_S^{Si} = 7.76$，$e_O^{Al} = -3.9$，计算 $e_C^C$、$e_S^{Si}$ 和 $e_{Al}^O$ 的值。

**题意分析**　本题主要利用拉乌尔活度和亨利活度的相互作用系数 $\varepsilon_i^j$ 和 $e_i^j$ 之间的关系进行转换计算。

**解**　根据式(2－28)、式(2－29)和式(2－31)可得出

$$e_C^C = \frac{M_{Fe}}{230 M_C}\left(\varepsilon_C^C - \frac{M_{Fe} - M_C}{M_{Fe}}\right) = \frac{55.85}{230 \times 12} \times \left(7.8 - \frac{55.85 - 12}{55.85}\right) = 0.141$$

$$e_S^{Si} = \frac{M_{Fe}}{230 M_{Si}}\left(\varepsilon_S^{Si} - \frac{M_{Fe} - M_{Si}}{M_{Fe}}\right) = \frac{55.85}{230 \times 28} \times \left(7.76 - \frac{55.85 - 28}{55.85}\right) = 0.063$$

$$e_{Al}^O = \frac{M_{Al}}{M_O}\left[e_O^{Al} - \frac{1}{230}\left(\frac{M_{Al} - M_O}{M_{Al}}\right)\right] = \frac{27}{16} \times \left[-3.9 - \frac{1}{230}\left(\frac{27 - 16}{27}\right)\right] = -6.58$$

**【例 2-7】**

如果铁水成分为：$w[S]=0.05\%$，$w[Si]=1.0\%$，$w[C]=4.0\%$，$w[Mn]=1.0\%$和$w[P]=0.20\%$，求铁水中硫的活度系数 $f_S$。

**题意分析** 本题主要考察利用活度相互作用系数 $e_i^j$ 计算组元的活度系数 $f_i$。

**解** 从附录 7 中查出 $e_S^j$，则有：

$$\lg f_S = e_S^S \cdot w[S] + e_S^{Si} \cdot w[Si] + e_S^C \cdot w[C] + e_S^{Mn} \cdot w[Mn] + e_S^P \cdot w[P]$$

$$= (-0.028) \times 0.05 + 0.063 \times 1.0 + 0.11 \times 4.0 + (-0.026) \times 1.0 + 0.029 \times 0.2$$

$$= 0.482$$

$$f_S \approx 3.0$$

由此可知，铁水中含有 C、Si 等元素时，硫的活度系数为同样温度和硫浓度下钢水硫活度的 3 倍，因此对铁水进行脱硫比对钢水进行脱硫条件有利得多。

## 思考和练习题

2-1 在 1540℃下，与含有 $w[C]=2.10\%$的铁液平衡的气相的$\left(\frac{p_{CO}^2}{p_{CO_2}}\right)_平=1510$。如在此铁液中加入质量分数为 2%的硅，而碳的浓度仍保持在前值时，$\left(\frac{p_{CO}^2}{p_{CO_2}}\right)_平=2260$。试求 $e_c^{si}$。

2-2 在 1600℃下，测得与含磷量 $w[P]=0.65\%$，含氧量 $w[O]=0.0116\%$的铁液平衡的气相的$\left(\frac{p_{H_2O}}{p_{H_2}}\right)_平=0.0494$。试求 $f_O^P$ 及 $e_O^P$。已知 $\lg f_O^O=-0.2w[O]$，反应 $H_2+[O]=H_2O_{(g)}$的平衡常数 $K=3.855$。

2-3 氮在铁液中的溶解度计算式为 $\lg w[N]=-188.1/T-1.246$。1550℃时 Fe—N—C 系内氮的溶解度为 $w[N]=0.0368\%$，而 $w[C]=0.54\%$。试求 $e_N^C$。

2-4 轴承钢的成分为 $w[C]=1.05\%$，$w[Si]=0.6\%$，$w[Mn]=1.0\%$，$w[P]=0.02\%$，$w[S]=0.02\%$，$w[Cr]=1.10\%$，试计算 1873K 时钢液中硫的活度系数及活度。

2-5 在不同温度下测得与纯氧化铁渣平衡的铁液的 $w[O]$见表 2-6，试求铁液中氧溶解度 $w[O]$的温度关系式。

**表 2-6 铁液中氧的溶解度**

| 温度/℃ | 1520 | 1540 | 1566 | 1580 | 1600 | 1620 |
|---|---|---|---|---|---|---|
| $w[O]$/% | 0.149 | 0.164 | 0.179 | 0.195 | 0.213 | 0.232 |

# 第3章　冶金熔渣

**[本章导读]**

本章首先介绍冶金熔渣的化学成分、相图和结构理论，金属熔体的结构知识，并在此基础上论述熔渣的结构理论和离子溶液结构模型，最后介绍冶金熔渣的物理性质和化学性质，为冶金反应的热力学和动力学分析奠定理论基础。

**[知识目标]**

通过本章学习，掌握冶金熔渣的基本理论和相图知识，熔渣的离子结构模型和熔渣的等活度曲线图，以及熔渣的物理性质和化学性质。

**[能力目标]**

能够分析二元和三元冶金熔渣的基本相图，根据熔渣的离子结构理论模型计算冶金熔渣的组元活度，能够利用等活度曲线图查出二元和三元熔渣的组元活度。

**[重点难点]**

本章重点是三元熔渣的相图分析，难点是熔渣的离子溶液结构模型。

熔渣主要是由冶金原料中的氧化物或冶金过程中生成的氧化物组成的熔体。熔渣是一种非常复杂的多组分体系，如 $CaO$、$FeO$、$MnO$、$MgO$、$Al_2O_3$、$SiO_2$、$P_2O_5$、$Fe_2O_3$，除氧化物外，熔渣还可能含有少量其他类型的化合物甚至金属，如氟化物（如 $CaF_2$）、氯化物（如 $NaCl$）、硫化物（如 $CaS$、$MnS$）、硫酸盐等。

# 3.1 熔渣的来源和作用

## 3.1.1 熔渣组分的来源

熔渣是冶金过程中金属冶炼和精炼过程中除金属熔体以外的另一产物。其主要组分来源于以下五个方面：

(1)矿石或精矿中的脉石，如高炉炉料中没有被还原的 $SiO_2$、$Al_2O_3$、$CaO$ 等。这类炉渣通常称为冶炼渣或还原渣；

(2)粗金属或化合物（如硫化物）在精炼过程中形成的氧化物。如炼钢过程中吹氧产生的 $FeO$、$MnO$、$SiO_2$、$TiO_2$、$P_2O_5$等。这类炉渣称为精炼渣或氧化渣；

(3)为满足冶炼过程需要而加入的熔剂，如 $CaO$、$SiO_2$、$CaF_2$等，用于改善熔渣的物理化学性能或提高脱磷脱硫能力；

(4)被熔融金属或熔渣侵蚀和冲刷下来的炉衬材料，如碱性炉渣炼钢时，$MgO$ 主要来自镁砂炉衬；

(5)造锍熔炼：$FeO$、$Fe_3O_4$等。

可以认为冶炼过程中的炉渣是由还原熔炼中未能还原的氧化物，氧化熔炼中氧化形成的氧化物，为适应冶炼要求而加入的熔剂及被侵蚀的耐火炉衬的氧化物，以及少量硫化物及 $CaF_2$等卤化物组成的，其中也还夹带着少量金属粒。表 3-1 列出了冶金炉渣的典型成分。

## 3.1.2 熔渣的主要作用与类型

不同的熔渣所起的作用是不一样的，根据熔渣在冶炼过程中的作用，可将其分成四类：

### 3.1.2.1 冶炼渣（熔炼渣）

该类熔渣是在以矿石或精矿为原料、以粗金属或熔锍为冶炼产物的熔炼过程中生成的，其主要作用是汇集炉料（矿石或精矿、燃料、熔剂等）中的全部脉石成分、灰分以及大部分杂质，从而使其与熔融的主要冶炼产物（金属、熔锍等）分离。

例如，高炉炼铁中，铁矿石中的大量脉石成分与燃料（焦炭）中的灰分以及添加的熔剂（石灰石、白云石、硅石等）反应，形成炉渣，从而与金属铁分离。造锍熔炼中，铜、镍的硫化物与炉料中铁的硫化物熔融在一起，形成熔锍，铁的氧化物则与造渣熔剂 $SiO_2$及其他脉石成分形成熔渣。

#### 3.1.2.2 精炼渣(氧化渣)

精炼渣是粗金属精炼过程的产物，主要作用是捕集粗金属中杂质元素的氧化产物，使之与主金属分离。例如，在冶炼生铁或废钢时，原料中杂质元素的氧化产物与加入的造渣熔剂融合成 CaO 和 FeO 含量较高的炉渣，从而除去钢液中的硫、磷等有害杂质，同时吸收钢液中的非金属夹杂物。

**表 3－1　冶金炉渣的典型成分(%)**

| 炉渣类别 | | $SiO_2$ | $Al_2O_3$ | CaO | MgO | MnO | FeO | $Fe_2O_3$ | $P_2O_5$ | S |
|---|---|---|---|---|---|---|---|---|---|---|
| 冶炼渣 | 高炉渣(炼钢生铁) | 28～39 | 6～16 | 27～48 | 3～17 | 0.25～3.0 | 0.2～0.77 | — | — | 0.4～0.7 |
| | 高炉渣(铸造生铁) | 34～42 | 7.1～16.8 | 26～48 | 3～17 | 0.05～0.9 | 0.17～0.92 | — | — | 0.5～3.1 |
| | 高炉渣(硅铁) | 42.0 | 17.7 | 33.1 | 5.4 | 0.4 | 0.1 | — | — | 1.0 |
| | 矿热炉渣(硅锰合金) | 38～42 | 13～21 | 20～28 | 1～4 | 4～8 | — | — | — | |
| | 高炉渣(锰铁) | 27.8～30 | 8.3～9.6 | 43.5～46 | 8.0～9.2 | 6.7～9.0 | 0.35～0.5 | — | — | 2.9～3.1 |
| | 铜鼓风炉渣 | 34～38 | 5～10 | 10～16 | 1～4 | | 31～34 | | Cu0.2～0.4 | 1.0 |
| | 炼铜转炉渣 | 22～24 | 1～5 | | 1～5 | | 45～50(Fe) | | Cu1.5～2.5 | |
| 炼钢渣 | 氧气顶吹转炉渣 | 18～25 | 1.5～2.0 | 36～55 | 5～7 | 6～8 | 9～20 | 1～3 | 1.0～6.0 | |
| | 顶底复吹转炉渣 | 18～25 | 1.5～2.0 | 36～40 | 5～7 | 6～8 | 7～11 | 2～4 | 0.5～1.5 | |
| | 电炉炼钢渣(氧化期) | 12～20 | 3～5 | 45～50 | 7～12 | 5～10 | 8～15 | | | |
| | 电炉炼钢渣(还原期) | 15～18 | 6～7 | 50～55 | 0～10 | $<0.5$ | $<1.0$ | $CaC_2$ 1～4 | $CaF_2$ 8～10 | |
| 富集渣 | 钒渣 | 20～24 | | | | 3～8 | 28～42 | $V_2O_5$ 9～16 | $TiO_2$ 0～12 | |
| | 高钛渣 | 0.8～5 | | 1～6 | 0.4～8 | | 3～8 | | $TiO_2$ 75～94 | |
| 合成渣 | 铸钢用保护渣 | 33～50 | 5～20 | 2～20 | | | | $Na_2O$ 0～8 | $CaF_2$ 2～20 | C0～4 |
| | 电渣重熔渣 | 0.7～3.0 | 25～30 | 4～5 | | | | | $CaF_2$ 70 | |
| | 炉外精炼渣 | | 45 | 55 | | | | | $CaF_2$ $<10$ | |

#### 3.1.2.3 富集渣

富集渣是某些熔炼过程的产物。其主要作用是使原料中的某些有用成分富集于炉渣中，以便在后续工序中将它们回收利用。

例如，钛铁矿常先在电炉中经还原熔炼得到所谓的高钛渣，再从高钛渣进一步提取金属钛。对于铜、铅、砷等杂质含量很高的锡矿，一般先进行造渣熔炼，使绝大部分锡（90%）进入渣中，而只产出少量集中了大部分杂质的金属锡，然后再冶炼含锡渣提取金属锡。

#### 3.1.2.4 合成渣

合成渣是指为达到一定的冶炼目的、按一定成分预先配制的渣料熔合而成的炉渣，如电渣重熔用渣、铸钢用保护渣、钢液炉外精炼用渣等。这些炉渣所起的冶金作用差别很大。

例如，电渣重熔渣一方面作为发热体，为精炼提供所需要的热量；另一方面还能脱出金属液中的杂质，吸收非金属夹杂物。而保护渣的主要作用是减少熔融金属液面与大气的接触，防止其二次氧化，减少金属液面的热损失。

### 3.1.3 熔渣的其他作用

除了上述四类熔渣及其作用以外，熔渣还具有其他作用。

(1)作为金属液滴或锍的液滴汇集、长大和沉降的介质；

(2)冶炼中生成的金属液滴或锍的液滴最初是分散在熔渣中的，这些分散的微小液滴的汇集、长大和沉降都是在熔渣中进行的；

(3)在竖炉（如鼓风炉）冶炼过程中，炉渣的化学组成直接决定了炉缸的最高温度；

(4)对于低熔点渣型，燃料消耗量的增加，只能加大炉料的熔化量而不能进一步提高炉子的最高温度；

(5)在许多金属硫化矿物的烧结焙烧过程中，熔渣是一种粘合剂。烧结时，熔化温度较低的炉渣将细粒炉料粘结起来，冷却后形成了具有一定强度的烧结块或烧结球团；

(6)在金属和合金的精炼时，熔渣覆盖在金属熔体表面，可以防止金属熔体被氧化性气体氧化，减小有害气体（如 $H_2$、$N_2$）在金属熔体中的溶解。

除此之外，熔渣还有一些副作用。

(1)熔渣会对炉衬产生化学侵蚀和机械冲刷，大大缩短了炉子的使用寿命；

(2)熔渣带走了大量热量，大大地增加了燃料消耗；

(3)渣中含有各种有价金属，降低了金属的回收率。

各类炉渣在金属的冶炼过程中分别起到分离或吸收杂质、除去粗金属中有害于金属产品性能的杂质、富集有用金属氧化物及精炼金属的作用，并能保护金属不受环境的污染及减少金属的热损失。在电炉冶炼中，炉渣还起着电阻发热的作用。因此，炉渣在保证冶炼操作的顺利进行，冶炼金属熔体的成分和质量，金属的回收率以及冶炼的各项技术经济指标等方面都起了决定性的作用。俗话说“炼钢在于炼渣，好渣之下出好钢”，生动地说明了炉渣在冶炼过程中所起的作用。

炉渣的上述作用都是通过控制炉渣的化学组成、温度及其所具有的物理化学性质来实现的。熔渣的物理化学性质与其结构有关，所以通过熔渣结构的研究，可以查明熔渣物理化学性质变化的规律，从而达到控制冶金反应的目的。本章主要分析讨论熔渣的结构、熔渣的物理化学性质和熔渣相图等问题。

炉渣在冶炼中完成相应的作用后，多作为废物送到渣场堆放，但是由于冶炼中生产的弃渣数量相当大，例如，生产1t生铁要产生0.3～1t高炉渣，它的堆放不仅影响国土的利用，而且若不加以综合利用也是极大的浪费。并且随着环境保护部门对污染程度的严格要求，使得废弃炉渣的去向也成为冶炼厂投产前必须解决的主要问题之一。因此应尽可能做到回收炉渣中的有价元素，对炉渣进行综合利用，例如，制成水泥、建筑材料和作为磷肥工业等的原料。

## 3.2 主要二元渣系相图

### 3.2.1 相图与相变类型

相图是用图解的方法表示体系中成分、温度与存在相的关系，指出温度和成分变化时在体系中出现的相变化。和相律一样，相图表示的是平衡时的体系状态。在许多实际情况下，没有足够的时间完成平衡过程，会使体系偏离平衡状态，但其相变趋势常是一致的。如过程进行得很慢，可以近似按平衡相图分析。复杂相图可看成是由简单平衡相图组成的。

从冷却过程看，相变反应可分为两种基本类型：

(1)分解类型

分解类型的相变主要是冷却过程从液相或固溶体中分解出新相。又分为3种反应类型：

共晶反应：由液相分解为两个固相。固相可能是纯组元，也可能是固溶体或化合物。典型的反应方程式为$L=S_1+S_2$。

共析反应：由固溶体或固体化合物分解成两个固相的反应。典型的反应方程式为$S=S_1+S_2$。

偏晶反应：由一液相分解成一个固相和另一组成的液相。典型的反应方程式为$L_1=L_2+S$。

(2)化合类型

化合类型的相变主要是相变过程两个液相或固相化合形成一个固相。又分为两种反应类型：

包晶反应：即液相与固相化合成为另一固相。典型的包晶反应方程式为$L+S_1=S_2$。

包析反应：由两个固相化合成另一固相。包析反应是共析反应的逆反应，其典型的反应方程式为$S_1+S_2=S$。

由相图可以确定氧化物在高温下相互反应，形成的不同相组分(纯凝聚相、液溶体及固溶体、简单氧化物及复杂化合物、共晶体、包晶体、液相分层等)和其有关参数(相数、成分和相对量)，以及各相在不同条件下(温度、组成)的相互转变关系，为选择某种性能的相成分提供了依据。

相图是由实验测定，常用的方法有淬冷法(静态法)和热分析法(动态法)。前者是在各个温度下恒温测定物质的组成对温度的关系。后者是按照一定程序连续改变温度时，测量物质的组成对温度的关系。由于新的实验技术不断出现，实验精度逐渐提高，某些早期发表的相图得到修正和补充，以达到更加完美的地步。

## 3.2.2 典型二元相图

冶金过程有几种典型的二元系相图，它们也是构成冶金基本渣系，如 $CaO-SiO_2-Al_2O_3$ 系、$CaO-SiO_2-FeO$ 系等三元系相图的基础。

(1) $CaO-SiO_2$ 系相图

此体系的相图如图 3-1 所示，比较复杂，因为形成了性质不同（稳定或不稳定）的几种硅酸钙，而且还出现了多晶型转变。

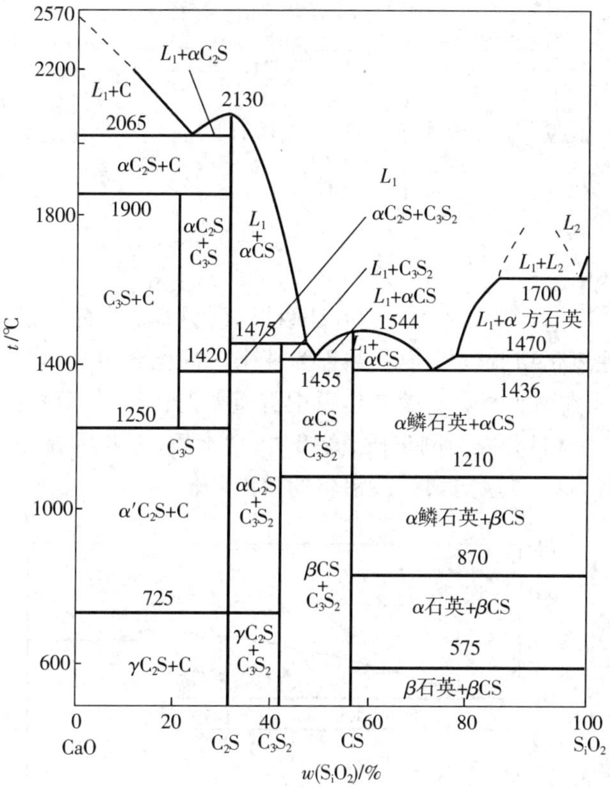


图 3-1 $CaO-SiO_2$ 系相图

这个体系有两个稳定化合物偏硅酸钙 $CaO \cdot SiO_2$(CS)和正硅酸钙 $2CaO \cdot SiO_2$($C_2S$)；有两个不稳定化合物硅酸三钙 $3CaO \cdot SiO_2$($C_3S$)和二硅酸三钙 $3CaO \cdot 2SiO_2$($C_3S_2$)。由于稳定化合物是体系相组成的组分，可从 CS 和 $C_2S$ 垂直线处将此相图划分为 $CaO-C_2S$ 系、$C_2S-CS$ 系和 $CS-SiO_2$ 系 3 个分相图来分析。

① $CaO-C_2S$ 系，该体系是具有一个共晶体的相图，但其内有一个仅在 1250℃～1900℃内（固相内）稳定存在的 $C_3S$，高于或低于此温度范围，$C_3S$ 均不能存在，将分解为 $CaO+C_2S$。相图内的垂直线代表 $C_3S$。

② $C_2S-CS$ 系为具有一个不稳定化合物($C_3S_2$)的相图。温度下降时 $C_3S_2$ 由转熔反应形成：$L+C_2S=C_3S_2$；加热时它在 1475℃发生分解：$C_3S_2=L+C_2S$。

③ $CS-SiO_2$ 系由于液相时组分的溶解度有限，形成两液相共存的相图。此互为饱和的二液相中 $L_1$ 是 $SiO_2$ 在 CS 相内的饱和熔体，$L_2$ 是 CS 在 $SiO_2$ 相内的饱和熔体，大约在

1700℃以上两者平衡共存，它们的平衡成分分别由两条虚线标出，称为分溶曲线。在1700℃时发生偏晶反应，相平衡关系为 $L_2 = L_1 + SiO_2$。温度高于1700℃时 $SiO_2$ 逐渐消失，仅两液相共存，它们的饱和溶解度随温度的升高不断变化并逐渐接近，最后达到相同，曲线上的此点称为临界点，成为均匀液相。温度低于1700℃时，$L_2$ 消失，但 $L_1$ 存在，随着温度的下降将不断析出 $SiO_2$。当 $L_1$ 冷却到1436℃时有 CS－$SiO_2$ 共晶体形成。

相图中固相区内的水平线是 $SiO_2$、CS 及 $C_2S$ 的多晶型转变线。$SiO_2$ 会发生如下晶型转变关系：

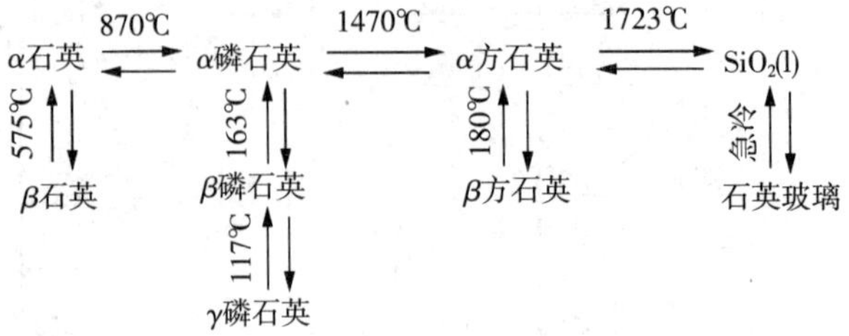


(2)$SiO_2$－$Al_2O_3$ 系相图

此系相图如图3－2所示，由于 $Al_2O_3$ 是两性氧化物，能在酸性氧化物存在时显示碱性，因此能与强酸性氧化物 $SiO_2$ 生成一种称为莫来石的化合物 $3Al_2O_3 \cdot 2SiO_2$($A_3S_2$)。

$SiO_2$－$Al_2O_3$ 系在耐火材料和熔渣体系中有重要的作用，一般根据 $w(Al_2O_3)$ 含量的不同可将此系按耐火材料分类为刚玉质、高铝质、粘土质、半硅质等，由于 $A_3S_2$ 与 $SiO_2$ 形成共晶体，因此随着 $SiO_2$ 含量的增加高铝质的熔点降低。

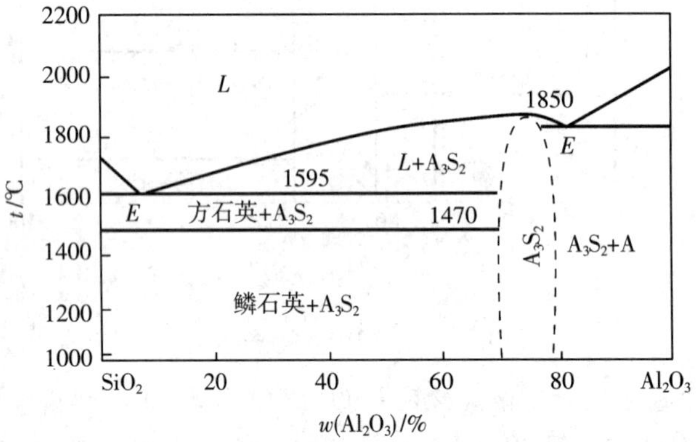


图3－2　$SiO_2$－$Al_2O_3$ 系相图

除了上面两个体系以外，还有 CaO－$Al_2O_3$、FeO－$SiO_2$、CaO－FeO 和 CaO－$Fe_2O_3$ 系等。

(3)CaO－$Al_2O_3$ 系相图

该体系的相图如图3－3所示。碱性很强的 CaO 能与两性氧化物 $Al_2O_3$ 形成一系列复杂化合物，图中有5种化合物，$CA_6$ 和 $C_3A$ 是不稳定化合物，称为异分熔点化合物，而 $C_{12}A_7$、CA、$CA_2$ 则是稳定化合物，称为同分熔点化合物，除 $C_{12}A_7$ 外，这些化合物都有较高的熔点或分解温度。而 $C_{12}A_7$ 的熔点最低为1455℃，体系的成分在 $w(CaO) = 45\% \sim 52\%$ 范围内，就能在1450℃～1550℃温度下出现液相区。用该渣系配制炉外合成渣时常选择这个成分范围。

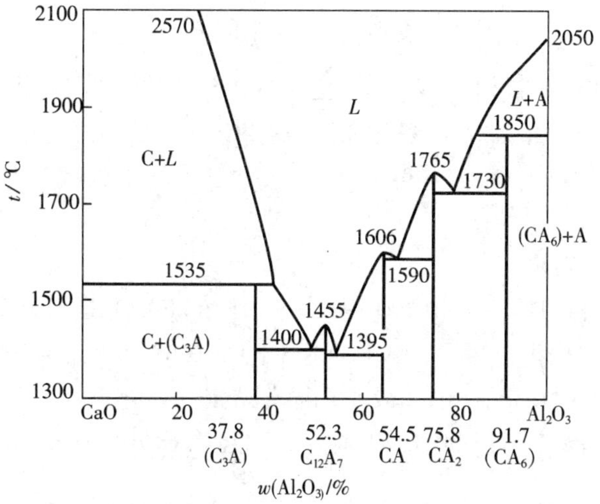


图 3-3　CaO-$Al_2O_3$ 系相图

(4)FeO-$SiO_2$系相图

FeO-$SiO_2$体系的相图如图 3-4 所示,图中仅有一个熔点不高(1205℃)的稳定化合物 2FeO·$SiO_2$($F_2S$)。它的液相线最高点是平滑的,所以熔化后,特别是温度高时有一定程度的分解(2FeO·$SiO_2$=FeO·$SiO_2$+FeO),在靠近 $SiO_2$浓度很高的一端出现了很宽的液相分层区。

该二元系中还存在一些高价铁的氧化物如 $Fe_2O_3$ 或 $Fe_3O_4$,例如,在 $F_2S$ 组成处 $w(Fe_2O_3)=2.25\%$,而在纯 FeO 组成处 $w(Fe_2O_3)=11.56\%$,原因是在实验过程中低价铁可能被空气氧化成高价铁,绘制相图时已经把高价氧化铁($Fe_2O_3$或 $Fe_3O_4$)折算成低价铁的氧化物(FeO)。

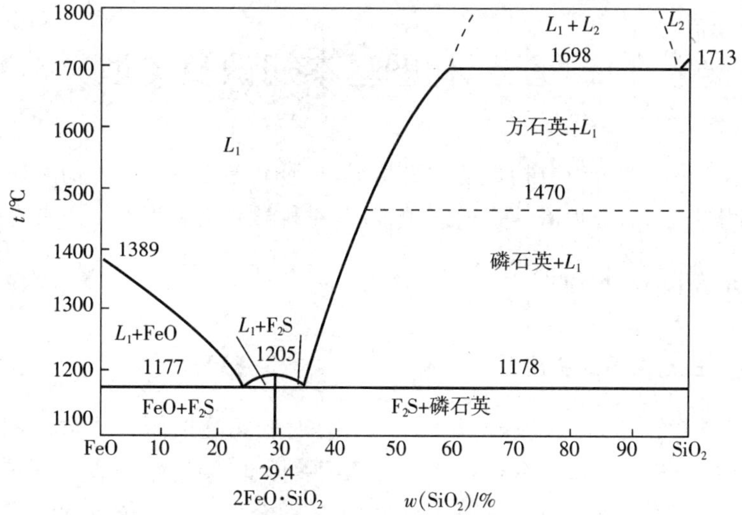


图 3-4　FeO-$SiO_2$系相图

(5)CaO－FeO 系相图

图 3－5a 为此体系的相图，此体系不是真正的二元系，而是与金属铁平衡的 FeO－$Fe_2O_3$－CaO 系在 FeO－CaO 边的投影相图，其中的 FeO 内溶解有 $Fe_2O_3$，用 $Fe_xO$(浮氏体)表示，而其内的 $Fe_2O_3$ 已折算为 FeO( $\sum w(FeO) = w(FeO) + 1.35w(Fe_2O_3)$ ，1.35 为折算系数)。相图中有一个不稳定化合物 $2CaO \cdot Fe_2O_3$（或 $C_2F$)（分解温度为 1133℃)，它在 1125℃ 可与 $Fe_xO$(可看作 $Fe_2O_3$ 在 FeO 中的固溶体)形成共晶体 $C_2F-Fe_xO$。

(6)CaO－$Fe_2O_3$ 系相图

CaO－$Fe_2O_3$ 系相图体系的相图如图 3－5b 所示，$Fe_2O_3$ 是两性氧化物，与强碱性的 CaO 形成两个异分熔化化合物 $CaO \cdot Fe_2O_3$(CF)及 $CaO \cdot 2Fe_2O_3$($CF_2$)，仅能在 1150℃～1240℃ 的温度范围内稳定存在，以及 1 个同分熔化化合物 $2CaO \cdot Fe_2O_3$($C_2F$)。CF 及 $CF_2$ 的形成温度均不高，低于 1440℃，因此，$Fe_2O_3$ 可作石灰的助溶剂。

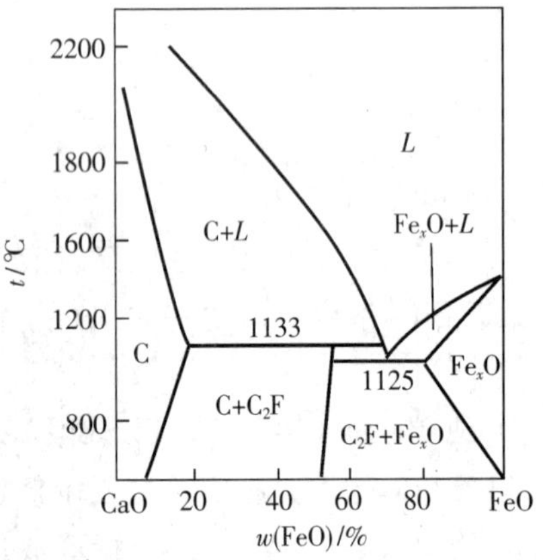


图 3－5a　CaO－FeO 系相图

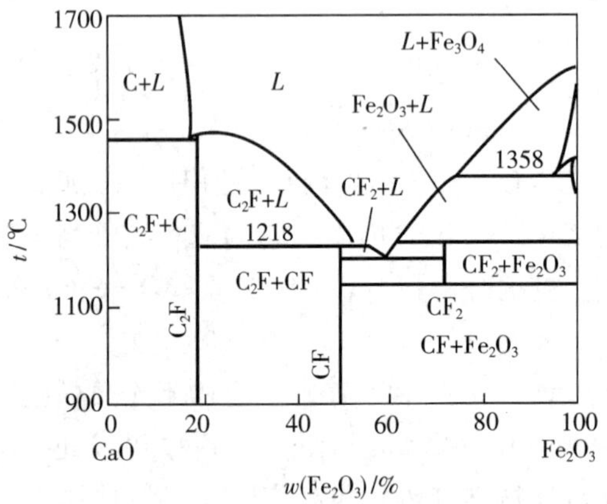


图 3－5b　CaO－$Fe_2O_3$ 系相图

## 3.3　三元相图基本知识及类型

三元系相图是由三个组分构成的相平衡图，是研究多元系相平衡的手段之一，它在金属材料、硅酸盐工业、冶金炉渣等方面应用很广，对科学研究和生产实践具有指导作用。

### 3.3.1　三元相图基本知识

#### 3.3.1.1　三元相图的浓度

三元熔体体系的自由度 $f = k - \Phi + 1 = 4 - \Phi$，对三元凝聚体系的自由度数最多为 3，即体系的平衡状态决定于温度和两个组元的浓度。因此，要完整地表示三元系的状态，必须采用三维空间图形。在这种立体图中，底面上的两个坐标表示体系的组成，垂直于底面的坐标表示温度。

物理化学课程中已经介绍了三元系组成的表示法——浓度三角形。浓度三角形是一个等边三角形。三角形的顶点代表纯组分，每一边是由两顶角代表的组分所构成的二元系的浓度坐标线，三角形内的点则表示由 3 顶角代表的组分所构成的三元系的浓度值，如图 3 - 6 所示。

浓度三角形的组成（浓度）可用质量分数、物质的量分数或物质的量百分数来表示。可采用两种方法得出浓度三角形内各点的浓度：

(1)垂线长度法

由等边三角形内任意点向三边作垂线，每根垂线之长代表它所指向的该顶角组分的浓度。而三根垂线之长总和等于三角形的高，$\sum w(\mathrm{B})=100\%$，称为吉布斯浓度三角形。例如图 3 - 6(a)图中 $P$ 点的组分浓度为 $w(\mathrm{A})=a$，$w(\mathrm{B})=b$，$w(\mathrm{C})=c$。

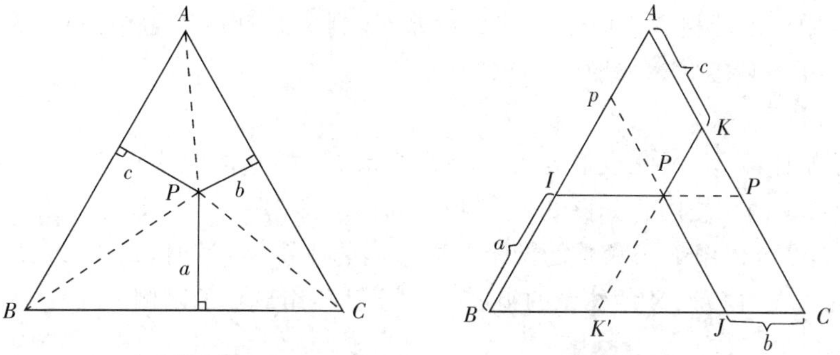


(a)吉布斯浓度三角形　　(b)罗策布浓度三角形

图 3 - 6　浓度三角形坐标以及组成点的读法

(2)平行线法

通过等边三角形内任意点作 3 根平行于各边的直线，其在边上所截线段之长分别代表该平行线所对应顶角组分的浓度，而在三边上所截线段长度之相等于三角形的边长(100%)，称为罗策布浓度三角形。例如图 3 - 6(b)中通过 $P$ 点分别向三边作了 3 根平行线 $II'$、$JJ'$、$KK'$，与其相应平行边之间截取的线段长分别为 $a$、$b$、$c$，此即组成点 $P$ 的浓度值，可按逆时针方向或顺时针方向从最右顶角或左顶角读起。

#### 3.3.1.2　浓度三角形的几何性质

利用浓度三角形的几何性质可以方便地分析三元系相图，这类性质主要有：等含量规则、等比例规则、背向规则、直线规则、杠杆规则、重心规则、交叉位规则、共轭位规则等，如图 3 - 7 所示。

(1)等含量规则

在浓度三角形△$ABC$ 中平行于三角形某一边的任一直线上，其所有体系点中对应顶点组元的浓度相等。如图 3 - 7a(1)所示，$KK'$线上诸物系点中组元 C 的含量均为 $c\%$。

(2)等比例规则

由浓度三角形中任一顶点向对边引一射线，则射线上所有各点含三角形其余两顶点所表示的组元的数量比例均相等。如图 3 - 7a(2)所示，$b_1/c_1=b_2/c_2=b_3/c_3=\cdots=$常数。

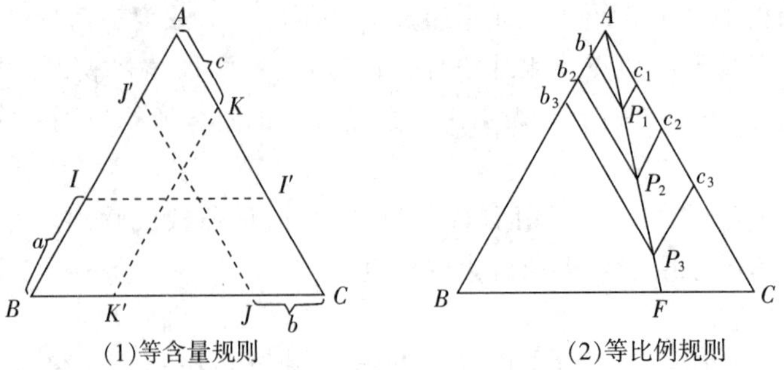


图 3-7a　浓度三角形的几何性质

(3)背向规则

在浓度三角形△*ABC* 中，假定当物系点 *P* 冷却至初晶温度（即物系点到达液相面）时首先自液相中析出固相 *A*，则当体系继续冷却时，剩余液相的组成将沿 *AP* 的延长线 *AL*、朝着背向 *A* 的方向变化。如图 3-7b(3)所示。

(4)直线规则

两个原始体系 *M*、*N* 完全混合为一个新体系 *P* 时，*P* 的组成点必定在 *MN* 连线上，且必介于 *M*、*N* 两点之间。如图 3-7b(4)所示。

反之，当一个体系 *P* 分解成为两个不同组成的体系 *M*、*N* 时，则 *M*、*N*、*P* 三点也必然处于一条直线上，且 *M*、*N* 两体系的组成点分居于 *P* 组成点的两侧。

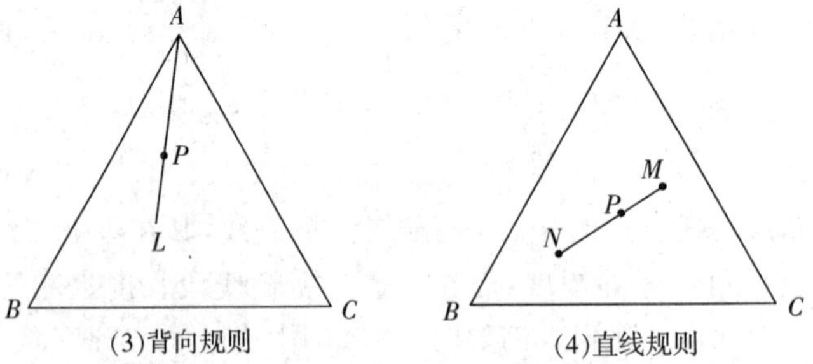


图 3-7b　浓度三角形的几何性质

(5)杠杆规则

当两个体系 *M*、*N* 混合成为一个新体系 *P* 时，组成点 *P* 与组成点 *M*、*N* 的距离与体系 *M*、*N* 的数量成反比，如图 3-7c 所示，即：

$$\frac{W_M}{W_N}=\frac{PN}{MP}\qquad \frac{W_M}{W_P}=\frac{PN}{MN}$$

杠杆规则同样适用于一个体系 *P* 分解为两个新体系 *M*、*N* 的情形。

(6)重心规则

三个原始体系 *M*、*N*、*Q* 完全混合为一个新体系 *P* 时，*P* 点必定在以 *M*、*N*、*Q* 为顶点的三角形之内，且处于 *M*、*N*、*Q* 三重物组成的(物理)重心，但通常不是几何重心。

利用重心原理确定物系 *P* 的化学组成。如图 3-7d 左图，假定 *M*、*N* 和 *Q* 的质量分别为 2kg、3kg 和 5kg，则新物系 *P* 的质量 $W_P$ 为：

$$W_P = 2 + 3 + 5 = 10\text{kg}$$

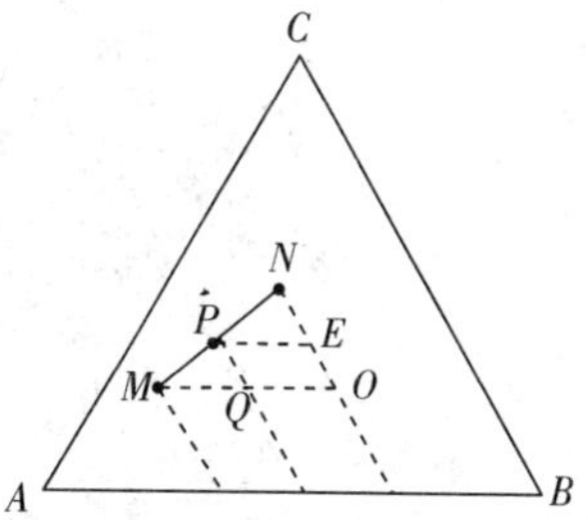

(5)杠杆规则

图 3-7c　浓度三角形的几何性质

$P$ 点在浓度三角形中的位置可以两次运用杠杆规则来确定。假定先由 $M$ 与 $N$ 构成一中间物系 $S$，则 $S$ 的重质量 $W_S$ 为：

$$W_S = 2 + 3 = 5\text{kg}$$

根据直线规则及杠杆规则，$S$ 点必在 $MN$ 线段上，其具体位置则由如下关系确定：

$$NS/SM = W_M/W_N = 2/3$$

再由 $S$ 与 $Q$ 构成物系 $P$，其质量 $W_P$ 为：

$$W_P = W_S + W_Q = 5 + 5 = 10\text{kg}$$

而且 $P$ 点必在 $SQ$ 连线上，且满足以下数量关系：

$$SP/PQ = W_Q/W_S = 5/5$$

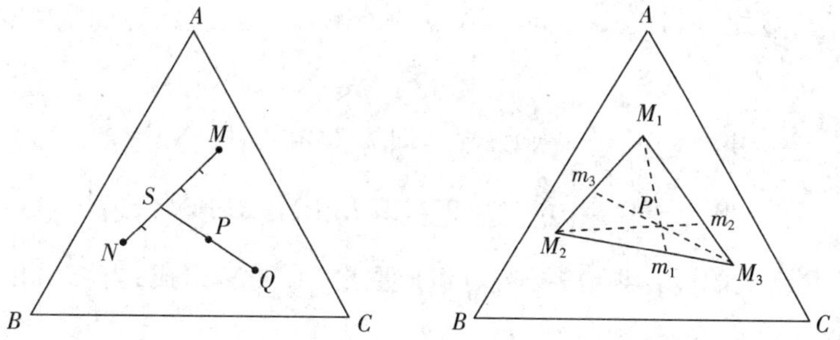

(6)重心规则

图 3-7d　浓度三角形的几何性质

当总体系(重心)$P$ 的重量和组成已知，由体系 $P$ 分解出的三个体系 $M_1$、$M_2$、$M_3$ 的组成也已知时，则可以应用杠杆规则求出 $M_1$、$M_2$、$M_3$ 三个体系的重量，如图 3-7d 右图：

$$\frac{W_1}{W_p} = \frac{Pm_1}{M_1m_1},\quad \frac{W_2}{W_p} = \frac{Pm_2}{M_2m_2},\quad \frac{W_3}{W_p} = \frac{Pm_3}{M_3m_3}$$

(7)交叉位规则

新体系点 $P$ 在起始混合物 $MNQ$ 三角形之外，在一条边的外侧，如图 3-7e(7)所示。

$$W_P + W_Q = W_S, W_M + W_N = W_S$$

$$W_P + W_Q = W_M + W_N, W_P = (W_M + W_N) - W_Q$$

为了获得 $P$ 组成的混合物，需从 $M$ 和 $N$ 的混合物中取出 $Q$ 组成；反之，要使 $P$ 组成的体系分解为 $M$ 和 $N$ 组成，则必须向 $P$ 中加入 $Q$ 组成的渣系。

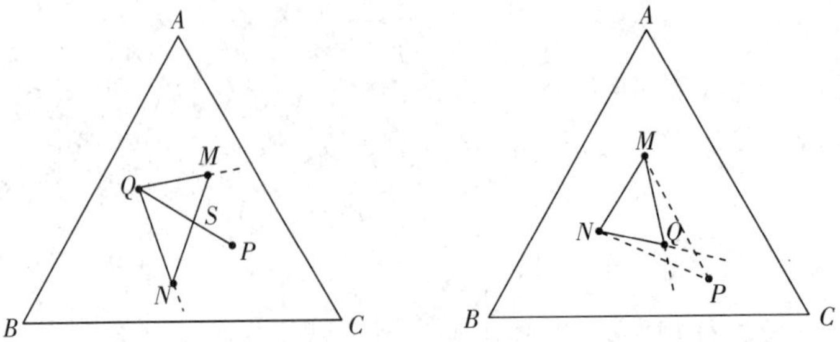


(7)交叉位示意图　　(8)共轭位示意图

图 3-7e　浓度三角形的几何性质

根据交叉位规则，物系 $P$ 可以吸收远离它的另一物系 $Q$ 转变为另外两个物系 $M$ 和 $N$。如果 $P$ 是液相，而 $Q$、$M$、$N$ 为固相，则

$$L+S_1(Q)=S_2(M)+S_3(N)$$

即一个液相 $L$ 包裹在固相 $S_1$ 周围并与之反应生成另外两个固相 $S_2$ 和 $S_3$，此即三元包晶反应，或三元转熔反应。

(8)共轭位规则

$P$ 点在△$MNQ$ 之外，且位于三角形顶点的外侧，即 $Q$ 点位于△$MNP$ 之内，如图 3-7e(8)所示。

$$W_Q-(W_M+W_N)=W_P\text{，即 }L(Q)-(M+N)=P$$

$$W_P+(W_M+W_N)=W_Q\text{，即 }L(P)+M+N=Q$$

为了获得 $P$ 组成的混合物，需要从 $Q$ 组成取出 $M$ 和 $N$ 组成；当 $P$ 分解时，需要加入 $M$ 和 $N$ 才能得到 $Q$ 组成。

## 3.3.2　三元系相图的表示法

三元系相图可以采用立体相图、平面投影图和等温截面图等表示。

### 3.3.2.1　立体相图

以简单三元低共熔体系为例，用三方棱柱体表示，以浓度三角形为底面，以垂直于浓度三角形平面的纵坐标表示温度。该体系的特点是：$A$、$B$、$C$ 在液态时完全互溶，而在固态时完全不互溶，形成机械混合物，三个组元只形成一个低共熔体。

在图 3-8 中，存在各种不同性质的点、线、面，了解其主要意义对提高三元系相图的分析很重要。

(1)液相面

三个液相面或初晶面，如 $ae_1ee_3a$、$be_1ee_2b$ 和 $ce_2ee_3c$。

三元立体状态图中的液相面是由二元系中的液相线发展而来的。如：$ae_1ee_3a$ 液相面源于 $A$ 组分在 $A$-$B$ 二元系中的液相线 $ae_1$ 和在 $A$-$C$ 二元系中的液相线 $ae_3$。液相面本质上是一个饱和曲面。

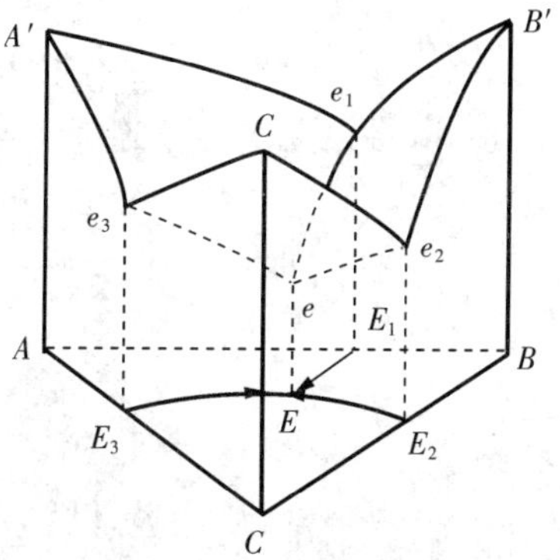


图 3-8　简单三元低共熔体系的立体状态图

如任何富 $A$ 的三元熔体冷却到 $ae_1ee_3a$ 液相面上的温度时，即开始对 $A$ 饱和，析出 $A$ 的晶体，$L=A$。

液相面代表了一种两相平衡状态，液相面上体系的自由度为 $f=3-2+1=2$。

在三个液相面上部的空间是熔体的单相区，在此空间区域内体系的自由度为 $f=3-1+1=3$。

(2)相界线

相界线——三个液相面彼此相交得到的三条空间曲线 $e_1e$、$e_2e$ 及 $e_3e$。相界线上的液相同时被两种晶相所饱和，本质上是一条饱和曲线。如：相界线 $e_1e$ 上任一点的液相对组分 $A$ 和 $B$ 同时饱和，冷却时同时析出晶体 $A$ 和 $B$：$L=A+B$。

相界线 $e_1e$ 又被称作组分 $A$ 和 $B$ 的低共晶线。相界线代表了体系的三相平衡状态，在相界线上体系的自由度为 $f=3-3+1=1$。

相界线 $e_2e$ 是组分 $B$ 和 $C$ 的低共晶线，发生共晶反应：$L=B+C$。

相界线 $e_3e$ 为组分 $C$ 和 $A$ 的低共晶线，发生共晶反应：$L=C+A$。

(3)无变量点

$e$ 点是三条界线(或三个液相面)的交点，称为三元无变量点或三元零变点。在 $e$ 点，体系处于四相平衡状态，即一个液相与三个固相平衡共存，体系的自由度为 $f=3-4+1=0$。$e$ 点的液相同时对 $A$、$B$、$C$ 三个组分饱和，冷却时将同时析出 $A$、$B$、$C$ 三种晶体，$L=A+B+C$。

$e$ 点亦被称作该体系的三元低共熔点。

(4)空间区域

单相区：在三个液相面上部的空间；$f=3-1+1=3$。

固相区：在固相面(通过三元低共熔点 $e$、平行于浓度三角形底面的平面)以下的空间区域；$f=3$。

结晶空间(或结晶区)：在液相面与固相面之间的区域，为液相与固相平衡共存的空间。

(5)结晶空间

在简单三元低共熔体系内，液相面和固相面之间所围的空间是由六个不同的结晶空间所构成，而不是一个整体。

① 一次结晶空间

三个一次结晶空间是液相与一个晶相两相共存的空间区域，分别是：$L+A$、$L+B$、$L+C$。如图 3-9 所示，为了清楚起见，将该图中三个连在一起的一次结晶空间分离开来，标注相同字母的点时间上是同一个点，如 $E'$。图中每个一次结晶空间由五块曲面围成，如 $L+B$ 的初晶区就是由曲面 $B'e_1'E'e_2'B'$、曲面 $T_{e_1'}e_1'E'T_{E'}$、曲面 $T_{e_2'}e_2'E'T_{E'}$、平面 $T_{e_1'}e_1'B'$ 和平面 $T_{e_2'}e_2'B'$ 围成的。

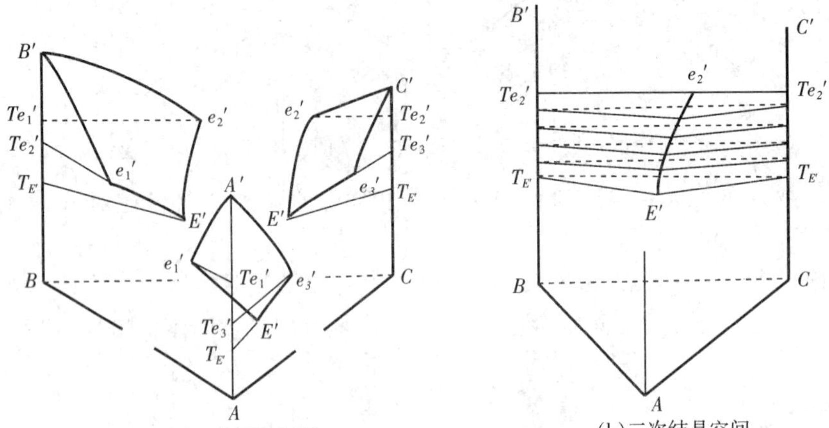

(a)一次结晶空间　　(b)二次结晶空间

图 3-9　三元系结晶空间示意图

② 二次结晶空间

三个二次结晶空间是液相与两个晶相三相平衡共存的空间区域，分别是：$L+A+B$、$L+B+C$、$L+C+A$。每个二次结晶空间由四个面围成。二次结晶空间实质上是一系列不同等温面上的结线三角形由上而下叠合而成；温度愈低，三角形愈大。

### 3.3.2.2　平面投影图

立体图使用起来很不方便，实际应用中多采用平面投影图代替立体图。平面投影图就是把立体图中所有的点、线、面都垂直投射到底面三角形所得到的平面图，使立体图简化为平面的相图。立体图中的点、线、面在平面投影图中均有一一对应的关系。如图 3-10 中的 $E$ 点即为 $A$-$B$-$C$ 三元低共晶点 $e$ 的投影，$E_1$ 点为 $A$-$B$ 二元共晶点 $e_1$ 的投影。

利用三元相图的投影图可分析合金在加热和冷却过程中的转变。若把一系列不同温度的水平截面中的相界线投影到浓度三角形中，并在每一条投影上标明相应的温度，这样的投影图就叫等温线投影图。等温线投影图中的等温线好像地图中的等高线一样，可以反映空间相图中各种相界面的高度随成分变化的趋势。如果相邻等温线的温度间隔一定，则投影图中等温线距离越稠密，表示相界面的坡度越陡；反之，等温线距离越稀疏，说明相界面的高度随成分变化的趋势越平缓。

等温线有两种。空间等温线是等温截面与立体相图的液相面相截所得的截线；平面等温线是空间等温线在浓度三角形中的投影，或熔化温度相等的组成点的连线。

在平面投影图上，体系中所有组元及其化合物都有自己的初晶面，或组元及其化合物数目之和等于初晶面的数目（固相已分解，或仅在熔体中才存在的物质除外）。如图 3-

10 中 $AE_1EE_2$ 区即为组元 $A$ 的初晶面。形成化合物的相图中组元和化合物的初晶面在后文讲述。

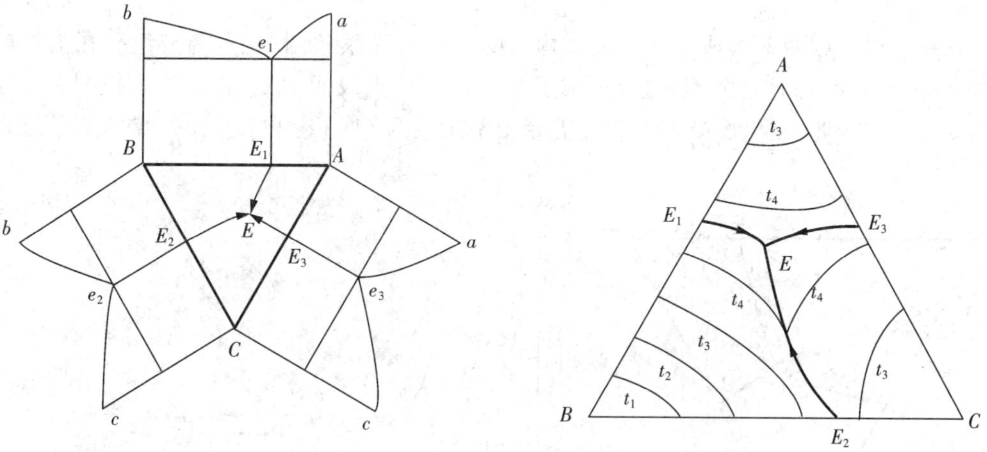


图 3-10　简单三元低共熔体系的平面投影图

#### 3.3.2.3　等温截面图

等温截面图是在某一定温度下的等温平面与立体相图相截所得截面在浓度三角形上的投影，如图 3-11 所示。等温截面图的主要用途是反映体系在指定温度下所处的相态以及组成改变时体系相态的变化。

在等温截面图上，液相区是由等温线及浓度三角形的边围成的区域，如图 3-11 中的 $abcde$ 区域；二相区是扇形区域，如图 3-11 中的 $Aab$、$Bde$、$Cdc$ 区域；而三相区是三角形区域，如图 3-11 中的 $\Delta BCd$ 区域。

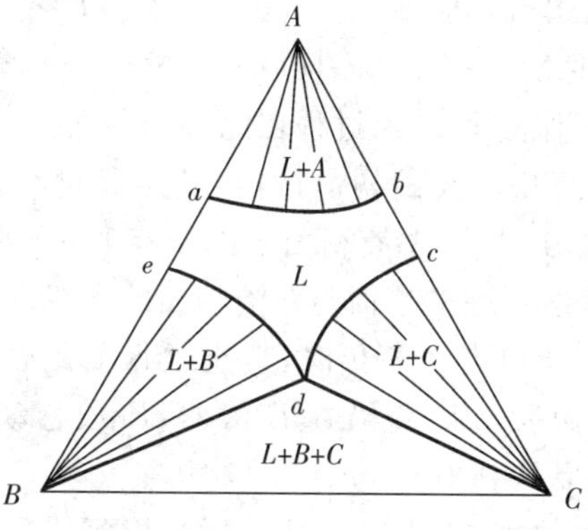


图 3-11　三元系的等温截面图

### 3.3.3　三元相图的基本类型

根据组分间形成的化合物的性质（同分熔化化合物或异分熔化化合物），及组分在液相及特别是固相中溶解情况不同（完全不互溶、部分及完全互溶等），可将三元系相图分为多种基本类型。这些基本类型的相图相互组合就构成了实际体系中复杂的三元系相图。

本节简要介绍冶金中常出现的几种基本类型的三元相图。

### 3.3.3.1 具有简单三元共晶体的相图

它是三组分中两两形成二元共晶体构成的三元共晶系相图，是因为三组分在液相时完全互溶，而在固态时完全不互溶，形成了具有一定熔点及组成的三元共晶体。图 3－8 和图 3－10 均为此类型，图 3－12 为此类相图中组成为 $O_1$、$O_2$、$O_3$、$E$ 物系点的结晶过程及冷却曲线。

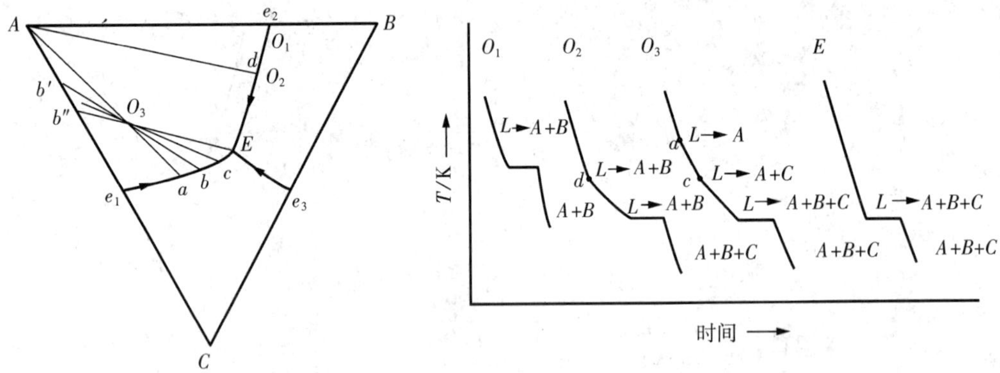


图 3－12 共晶体相图的结晶过程以及冷却曲线

(1)$O_1$点：它位于 $A$-$B$ 二元共晶点的组成处，当温度下降到此处时发生二元共晶反应 $L \rightarrow A+B$，析出 $A$-$B$ 共晶体。由于析晶过程为恒温相变，所以冷却曲线上出现了水平线段。当析晶结束以后温度开始继续下降。

(2)$O_2$点：位于 $A$-$B$ 二元共晶线上，当温度下降到此点所在的等温线温度时($d$ 点)发生二元共晶反应 $L \rightarrow A+B$，开始析出 $A$-$B$ 二元共晶体，此时冷却曲线上出现折点。温度不断下降时，$A$-$B$ 二元共晶体就不断析出，液相成分沿 $e_2E$ 线上的 $O_2E$ 方向移动。当温度及相应的液相达到 $E$ 点时发生三元共晶反应 $L \rightarrow A+B+C$，开始析出三元共晶体 $A$-$B$-$C$。冷却曲线上又出现了水平线段，结晶过程在此 $E$ 点结束。

(3)$O_3$点：此物系点位于组分 $A$ 的初晶区内，其结晶过程比前面的情况复杂。如图 3－13 所示，$O_3$点的液相冷却到组分 $A$ 液相面上的 $a$ 点时，开始析出晶体 $A$，温度继续下降，液相将沿 $a$ 点和 $A'A$ 垂线所在的平面与此液相面的交线 $A'abc$ 向 $abc$ 段移动，不断析出 $A$，而 $abc$ 处是等比例线，所以当 $A$ 析出时，其他二组分浓度之比在液相中保持不变，达到 $A'abc$ 处线与 $e_1'E'$线的交点 $c$ 后，将沿 $e_1'E'$线的 $cE'$ 段移动，不断析出二元共晶体 $A$-$C$，最后在 $E'$点析出三元共晶体 $A$-$B$-$C$。

(4)$E$ 点：此点位三元共晶点，仅当温度下降到固相面的温度时才开始直接析出三元共晶体，故冷却曲线上仅出现水平线段。

在液相结晶过程中，按照前述的直线规则，原物系点、液相点及析出的固相点共线，因而连接每一个液相点和原物系点的直线与三角形一边的交点就是与液相点平衡的固相点。例如，图 3－12 中，$AO_3a$、$bO_3b'$、$EO_3b''$连接线，而 $A$、$b'$、$b''$点是分别与液相点 $a$、$b$、$E$ 平衡的固相点，其组成可从 $AC$ 边的分度点读出。液相和其析出的平衡固相的量可由杠杆原理计算，例如，对于 $bO_3b'$则有

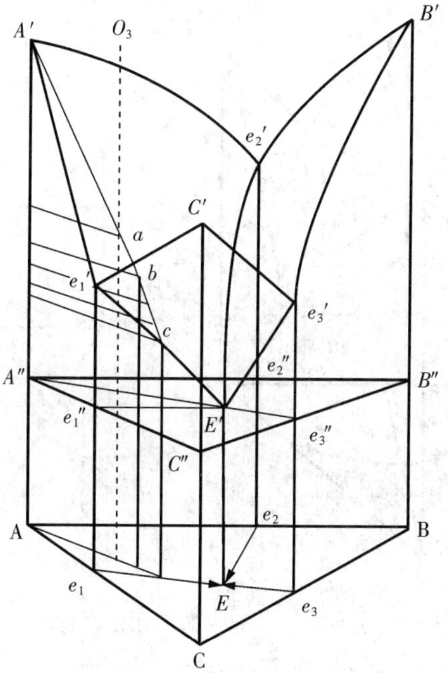


图 3－13　共晶体相图中 $O_3$ 点的结晶过程

$$液相量\ m_b=\frac{O_3b'}{bb'}\times m,固相量\ m_{b'}=\frac{O_3b}{bb'}\times m$$

在结晶过程中，液相成分变化的途径是 $O_3\to a\to b\to E$，固相成分变化的途径是 $A\to b'\to b''\to O_3$。

### 3.3.3.2　具有一个稳定二元化合物的相图

图 3－14 中 A-C 二元系形成了一个稳定的二元化合物 $A_mC_n$，其组成点用 $D$ 表示，作为体系相组成的组分之一，形成了两个相邻的二元共晶体分相图，即 A-D 系和 C-D 系。向 A-D 系及 C-D 系中加入组分 $B$，随着 $B$ 组分量的增加液相的凝固点下降，$D'e'_4$ 及 $D'e'_1$ 液相线扩展为液相面 $D'e'_4E'_2e'_3E'_1e'_1$，这就是化合物 $AmCn$ 的液相面，其投影面 $De_4E_2e_3E_1e_1$ 是化合物的初晶区，而化合物的组成点 $D$ 在其初晶区内。这是二元稳定化合物在相图中的特点。

在平面投影图中有 A、B、C 及 D 四个组分初晶区，而两个相邻的初晶区相交形成 5 条二元共晶线 $e_1E_1$、$e_2E_1$、$e_5E_2$、$e_4E_2$ 和 $E_2E_1$，其中又有相邻的 3 条二元共晶线相交形成了两个三元共晶点 $E_1$ 和 $E_2$，而 $e_3$ 是 B-D 二元系的二元共晶点，同时又是 B、D 组分点的连线与 B、D 相的平衡分界线 $E_lE_2$ 的交点。在 $E_1E_2$ 线上，$e_3$ 是温度的最高点，而在 $De_3B$ 线上它却是温度的最低点，所以 $e_3$ 点称为鞍心点。

在此类相图中，若体系的物系点位于某三角形内，其结晶过程就在该三角形内进行。

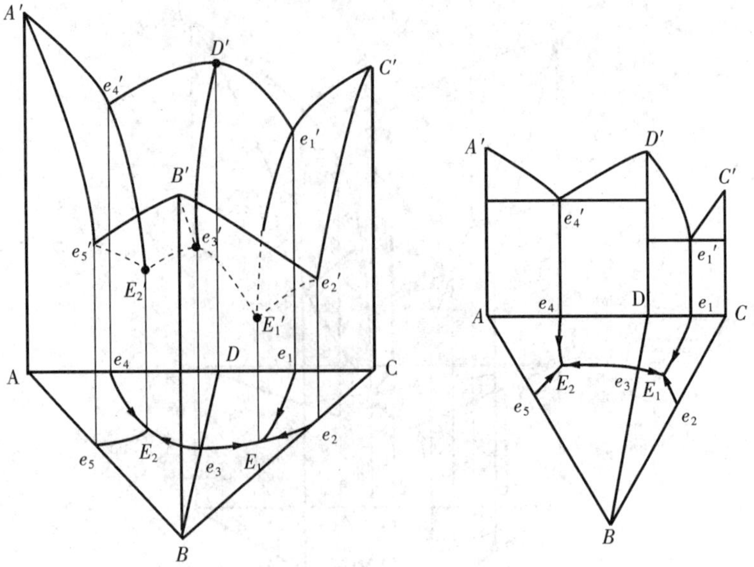


图 3-14　具有一个稳定的二元化合物的相图

### 3.3.3.3　具有一个不稳定二元化合物的相图

图 3-15 中 *A*-*B* 二元系内形成了一个不稳定化合物 $AmBn$，其组成点为 $D$。该体系在结晶过程的变化特点为：

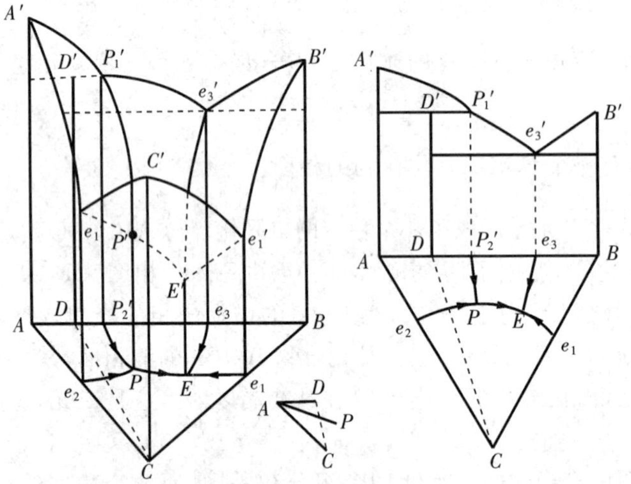


图 3-15　具有一个不稳定二元化合物的相图

(1)在 *A*-*B* 二元系内，当组成点位于 $AP_2'$段内液相冷却到液相线 $A'P_1'$时开始析出 $A$，温度不断下降，液相成分沿 $A'P_1'$线达到 $P_l'$时先析出的 $A$ 在此温度与组成为 $P_1'$的剩余液相进行包晶反应：$L(P_1')+A=A_mB_n$，形成 $A_mB_n$，$P_1'$点叫做二元包晶点。

随着第三组分 $C$ 的不断加入，此二元包晶点将不断下降，并演变为二元包晶线 $P_1'P'$。当达到 $P_1'P'$线与二元共晶线 $e_2'E'$ 的交点 $P'$ 时出现包晶反应：$L(P')+A=A_mB_n+C$，即组成为 $P'$ 的液相与先析出的组分 $A$ 反应，形成固相化合物 $A_mB_n$ 及组分 $C$，因为 $P'$点位于Δ$ADC$ 外的交叉位，它们的相平衡关系服从交叉位规则。$P'$称为四相共存的三元包晶点，自由度为零，故是无变量点。$P'_1P'$线的投影线$P'_2P$称二元包晶线，$P'$的投影$P$点则为三元包晶点。

(2)当温度低于$P'_2$点以下时化合物$A_mB_n$能稳定存在，因此体系的组成点位于$P'_2B$段内的液相冷却后在液相线$P'_1e'_3$上将直接析出$D$，在液相线$B'e'_3$上将析出$B$，而剩余液相在共晶温度形成二元共晶体$D-B$。当加入第3组分$C$时，$P'_1e'_3$及$B'e'_3$液相线分别扩展为$D$和$B$的液相面$P'_2PEe_3$及$e_3Ee_1B$，$e_3E$线为二元共晶点$e_3{}'$扩展的二元共晶线$e'_3E'$的投影线，$E$为$E'$的投影点，在$E$点发生三元共晶反应$L(E)=B+D+C$。

由于$D$在液相中不能存在，不能作为体系相组成的组分，所以规定$D$点与其对应顶角组分用虚线连接，表示原三角形不能划分为两个独立的三角形或分相图。因此，具有一个不稳定二元化合物的三元系相图的相特点有如下三点：

(1)$D$不在自己的初晶区内。由于$D$的液相面(直接析出$D$)低于$D$存在的最高温度，所以$D$点位于其初晶区之外。

(2)二元共晶线温度指向离开$P$点。$P'_1$点的位置高于点$e'_3$，所以三角形中三元包晶点$P'$就高于三元共晶点$E'$，而$PE$线上的指示温度下降的箭头应指向$E$点。

(3)两个三角形内物系点的凝固终点不同。位于Δ$ADC$内的物系点应在$P$点最后凝固，且经过包晶反应后液相无剩余，因此最终结晶产物是$A+D+C$；位于Δ$BDC$内的物系点，经过包晶反应后液相有剩余，将经过$D$的初晶区，继续析出$D$，最后在$E$点凝固。

根据上述变化特点，对图3-16中几个有代表性的物系点$O_1$～$O_5$的结晶过程进行分析。

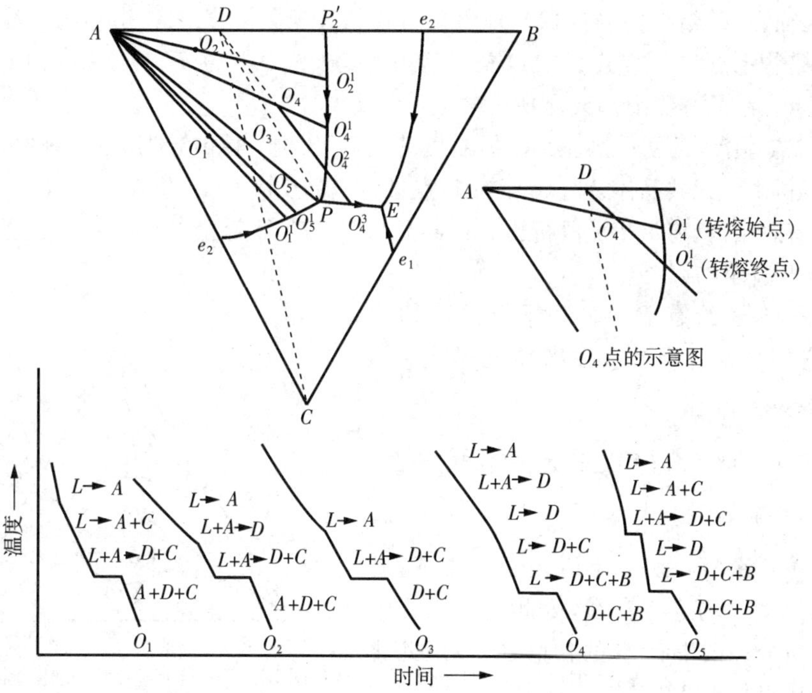


图3-16 具有一个不稳定二元化合物的相图结晶过程和冷却曲线

(1)$O_1$点：位于 $A$ 的初晶区及 $DC$ 线左侧的 $\Delta ADC$ 之内。液相冷却后，沿 $O_1O_1^1$ 段析出 $A$ 到达 $e_2P$ 线的 $O_1^1$，开始析出二元共晶体 $A+C$，而后再沿 $O_1^1P$ 段向 $P$ 点移动，不断析出 $A+C$，最后在 $P$ 点进行包晶反应：$L(P)+A\rightarrow D+C$，析出 $D+C$，而结晶在 $P$ 点结束，最终组成的相为 $A+D+C$。

(2)$O_2$点：位于 $A$ 的初晶区及 $DC$ 线左侧的 $\Delta ADC$ 内。液相冷却后，沿 $O_2O_2^1$ 线析出 $A$，到达二元包晶线 $P_2^1P$ 的 $O_2^1$ 点时，开始进行包晶反应 $L(O_2^1)+A\rightarrow D$，形成及析出 $D$，然后沿 $O_2^1P$ 线继续进行包晶反应，不断析出 $D$，最后达到三元包晶点 $P$，发生包晶反应：$L(P)+A\rightarrow D+C$，因为 $O_2$点位于 $\Delta ACD$ 内，所以 $P$ 点是结晶终点，面最后组成的相是 $A+D+C$。

(3)$O_3$点：位于 $A$ 的初晶区内的 $DC$ 线上，液相在 $O_3P$ 段析出 $A$，而在 $P$ 点包晶($L(P)+A=D+C$)后，$A$ 与 $L(P)$同时消耗完，析出 $D+C$，而最后的组成相为 $D+C$。

(4)$O_4$点：位于 $A$ 的初晶区及 $DC$ 线右侧的 $\Delta DCB$ 内。液相冷却后沿 $O_4O_4^1$ 段析出 $A$，到达 $P_2'P$ 线上时，进行包晶反应($L(O_4^1)+A\rightarrow D$)析出 $D$。由于 $O_4$点位于 $\Delta DCB$ 内，其内 $A$ 与 $B$ 浓度比小于 $D$ 内的 $A$ 与 $B$ 浓度比，所以只能在 $O_4^1O_4^2$ 段内进行包晶反应 $L+A\rightarrow D+C$，先析出的 $A$ 被消耗完，而液相却有剩余。此剩余的液相在温度下降时应析出 $D$，因而液相将沿 $DO_4$连线在 $D$ 的初晶区($P'_2PEe_3$)内的延长线 $O_4^2O_4^3$(由 $D$ 点作的 $B/C$ 的等比例线)移动并析出 $D$。然后再沿 $O_4E$ 段析出二元共晶体 $D+C$，最后在 $E$ 点析出三元共晶体 $D+B+C$。因此，$O_4^1O_4^2$ 段是此物系的包晶段，$O_4^1$ 是转熔始点，它是物系点 $O_4$与顶角 $A$ 的连线在 $P_2'P$ 线上的端点。而 $O_4^2$ 是转熔终点，它是物系点 $O_4$与 $D$ 点的连线在 $P_2'P$ 线上的交点。最终组成的相是 $D+C+B$。

在 $O_4$点的冷却过程中，包晶反应结束后液相仍有剩余，结晶过程会延续到 $D$ 的初晶区内进行，而在 $E$ 点结晶终点，这一现象称为穿相区现象。穿过 $D$ 初晶区的液相组成变化的途径是物系点与 $D$ 点连线在 $D$ 初晶区内的延长线。凡位于 $A$ 初晶区内 $DP$ 连线右侧的物系点在结晶过程中都会出现这种穿相区现象。

(5)$O_5$点：在 $A$ 的初晶区及 $DC$ 线右侧的 $\Delta DCB$ 内，液相冷却后在 $O_5O_5^1$ 段析出 $A$，在 $O_5^1P$ 段析出二元共晶体 $A+C$，而在 $P$ 点进行包晶反应 $L(P)+A\rightarrow D+C$，由于包晶反应后液相有剩余，其将沿 $PE$ 段析出二元共晶体 $D+C$，最后在 $E$ 点发生三元共晶反应 $L\rightarrow D+C+B$ 直至结束。

图 3－16 还给有上列各物系点的冷却曲线，参照它们可知各物系点在结晶过程中的相平衡关系。

#### 3.3.3.4 具有一个稳定三元化合物的相图

如图 3－17 形成的稳定三元化合物 $A_mB_nC_p$ 位于 $\Delta ABC$ 内，用 $D$ 表示其组成点。它在任何温度下均稳定存在，因此是此三元系相组成的组分。图中有 $D$ 的初晶区，而且此化合物的组成点位于其内。

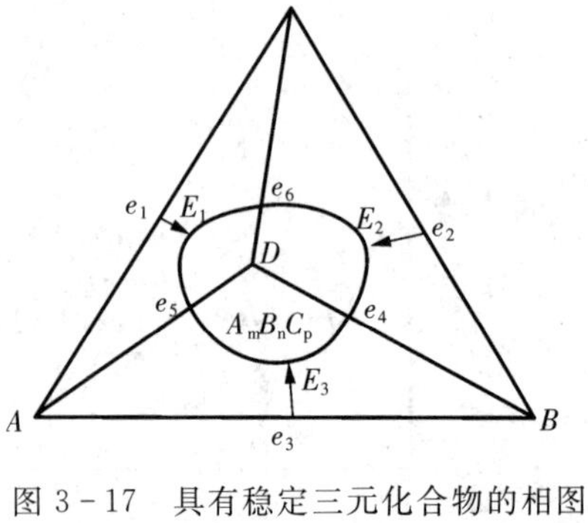

图 3－17　具有稳定三元化合物的相图

(1) $D$ 可以和 $A$、$B$、$C$ 三组分中的任何两个组分分别形成 3 个三元共晶体，如图 3－17 所示的 3 个分相图：$A$-$C$-$D$ 系、$B$-$C$-$D$ 系、$B$-$A$-$D$ 系，$E_1$、$E_2$、$E_3$ 分别是它们的三元共晶点。

(2) $D$ 也可以和 $A$、$B$、$C$ 中任何一个组分形成 3 个二元共晶体，如图中的 $A$-$D$、$B$-$D$ 和 $C$-$D$ 系，而 $e_4$、$e_5$、$e_6$ 则分别是它们的二元共晶点。

#### 3.3.3.5　具有一个液相分层区的相图

液相的分层现象在三元系中也常出现。如图 3－18，在 $A$-$B$ 二元系中出现了分溶曲线 $a'k'b'$，当第 3 组分加入时就在三角形面上形成了一个向内扩展的曲面半圆锥形体。这是 $A$-$B$-$C$ 三元系在液相时形成的两个有限互溶的液相 $L_1$、$L_2$ 的共存区，其外则是 $L_1$ 或 $L_2$ 的单相区。平行于底面的等温面 $k$ 与锥形曲面的交线在底面的投影线为 $akb$（弧形区）。温度升高时两共存液相 $L_1$、$L_2$ 的饱和溶解度增大而逐渐靠近，出现上临界点 $k$，而各等温面的弧形区也逐渐缩小。组分 $C$ 浓度的增加时也有此同样效应，即能够使 $L_1$ 及 $L_2$ 的饱和浓度增大达到相同值。此二液相共存区内，两液相的组成由一系列实验测定的斜结线表出，如 1－1′、2－2′、…等。由于组分 $C$ 在两液相中的分配比不一定相同，所以这些结线不一定和 $AB$ 边平行。

#### 3.3.3.6　三元系相图中相界线和无变量点的确定

三元系相图的构成单元是面（初晶面）、线（二元共晶线及二元包晶线）、点（三元共晶点及三元包晶点）。初晶面是体系的组分及其化合物初次析出的相区，组分及同分熔点化合物的组成点位于其初晶区内，而异分熔化化合物的组成点则落在其初晶区之外。

在初晶面的分界线或相界线上液相和两固相平衡共存，但有两种不同的反应或析晶性质：

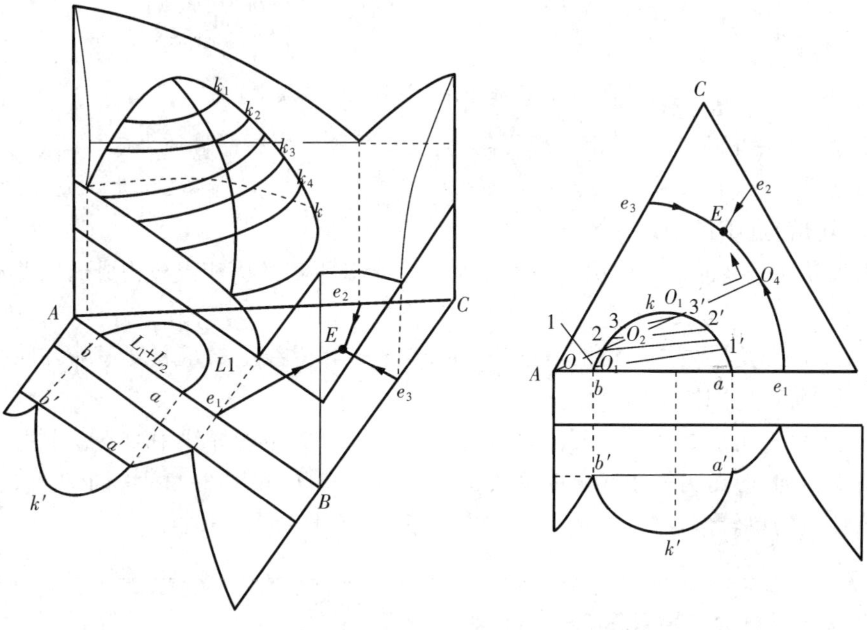


图 3－18　具有一个液相分层区的相图

共晶线：$L=S_1+S_2$

包晶线：$L+S_1=S_2$

相界线的析晶性质与其组分的相点的相对位置和相界线的形状有关，因而会使二元化合物的稳定性发生变化。例如，稳定的二元化合物越过相界线时可变为不稳定化合物（图 3-19(a)）；相反，不稳定化合物也可变为稳定化合物（图 3-19(b)），因而相关的相界线的析晶过程也就发生了改变。

判断相界线性质的方法：从相界线上该点作一切线，其与三角形边上该相界线的组分点的连线相交，(1)如果交点位于两组分点连线的延长线上，则相界线上该点液相将发生包晶反应 $L+A=AB$（如图 3-19(a)所示）；(2)如果交点位此两组分点连线之间，则该点液相将发生共晶反应 $L=A+AB$（如图 3-19(b)所示）；(3)如交点正在两组分点之一处，则相界线上该点为共晶与包晶转变的分界点。

求相界线性质的分界点的方法为切线规则。从两组分点之一向相界线作切线得到切点 $K$，如图 3-19(a)中 $e_1K$ 段为共晶线，$KP$ 段为包晶线；图 3-19(b)中 $e_1K$ 为包晶线，$KE_1$ 为共晶线。

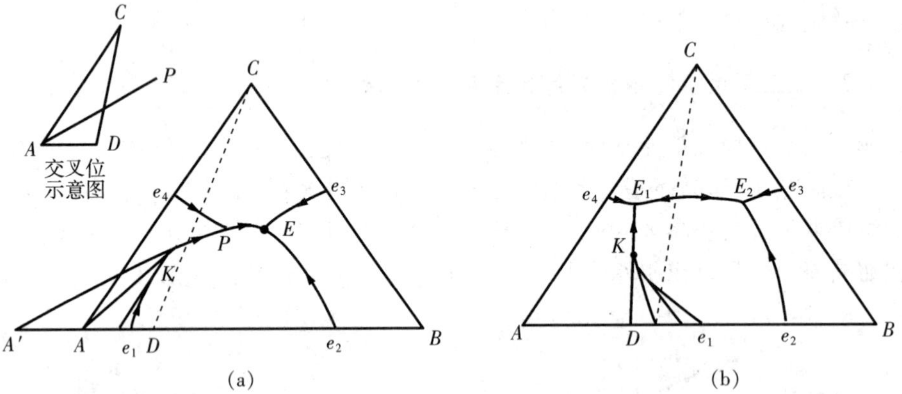


图 3-19　判断相界线性质的切线规则

无变量点是液相和 3 个固相平衡共存，但也有两种不同析晶性质：

共晶点 $E$：$L=S_1+S_2+S_3$

包晶（转熔）点 $P$：$L+S_1=S_2+S_3$

发生包晶还是共晶反应取决于该无变量点位于各平衡的固相点所构成的三角形之内或其外的位置。

(1)位于该三角形内重心位的是三元共晶点，3 条相界线上指示温度下降方向的箭头均指向此无变量点，如图中的 $E$ 点。

(2)位于该三角形之外的交叉位的则是三元包晶点，3 条相界线中两条线上指示温度下降的箭头指向该点，另一条线上的箭头指向则离开该点，如图 3-19 中的 $P$ 点，这种具有交叉位性质的单转熔点（无变量点）又称为双升点，$L+A=D+C$。

**【例 3-1】**

根据 $A$-$B$-$C$ 三元系相图图 3-20，回答以下问题：

(1)在图中标出各初晶区析出的相；

(2)在图中标出 $f=1$ 的线上冷却方向；

(3)写出 $e_1K$、$e_3E$ 和 $KE$ 线上的结晶反应；

(4)写出点 $K$ 和 $E$ 的结晶反应；

(5)说明化合物 $D$ 在二元系和三元系中的稳定性；

(6)写出点 $O$ 所代表的体系冷却到液相消失时所有的结晶过程反应；

(7)点 $O$ 代表的体系，其液相点到达 $l$ 点时，固相点在何处(在图中标出)？用线段比表示 $w_l/w_S$(液固质量比)的值，这时哪几个相平衡共存？

**题意分析**　本题主要涉及含有1个二元稳定化合物进入三元系后转变为不稳定化合物的三元系相图，出现1个三元共晶点和1个三元转熔点。因此根据此类三元系相图的特征可得到相关的分析结果。

**解**　(1)各相区析出相如图3-20所示。

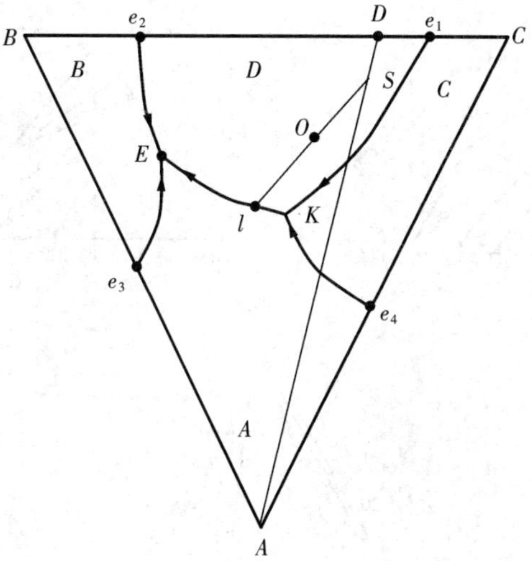


图3-20　例3-1中 A-B-C 三元系相图

(2)自由度 $f=1$ 的冷却线有5条，分别为 $e_1K$、$e_2E$、$e_3E$、$e_4K$、$KE$，由于 $E$ 点处于 $\Delta ABD$ 内，$E$ 点为三元共晶点，而 $K$ 点不在其 $\Delta ACD$ 区域内，故 $K$ 点为三元转熔点，所以 $E$ 点是最低温度点，各线上的冷却方向分别如图3-20所示。

(3)上述各线均为液一固平衡线，因此各线上发生的结晶反应为液相析出平衡线两侧的固相，分别为：$e_1K$ 线：$L=D+C$；$e_3E$ 线：$L=A+B$；$KE$ 线：$L=A+D$。

(4)$K$ 点发生转熔反应：$L+C=D+A$；$E$ 点发生共晶反应：$L=A+B+D$。

(5)$D$ 在二元系中处于两个共晶点 $e_1$ 和 $e_2$ 之间，故 $D$ 在二元系是稳定的；$D$ 在三元系中发生转熔反应，故 $D$ 在三元系中不稳定。

(6)$O$ 点冷却过程分别发生下列三个反应：$L\rightarrow D$；$L\rightarrow A+D$；$L\rightarrow A+D+B$。

(7)如图3-20所示，$O$ 代表的体系达到 $l$ 点时，固相点在 $S$ 点；液一固质量比为 $\frac{W_l}{W_S}=\frac{OS}{Ol}$，平衡的各相为 $L+A+D$。

### 3.3.4 冶金熔渣的基本渣系相图

#### 3.3.4.1 $CaO-SiO_2-Al_2O_3$渣系

$CaO-SiO_2-Al_2O_3$渣系相图中有 10 个二元化合物，其中 5 个是不稳定的，5 个是稳定的(见前文相应的二元相图)和两个三元稳定化合物 $CaO\cdot Al_2O_3\cdot 2SiO_2$($CAS_2$，钙斜长石)和 $2CaO\cdot Al_2O_3\cdot SiO_2$($C_2AS$，铝方柱石)，如图 3-21 所示。

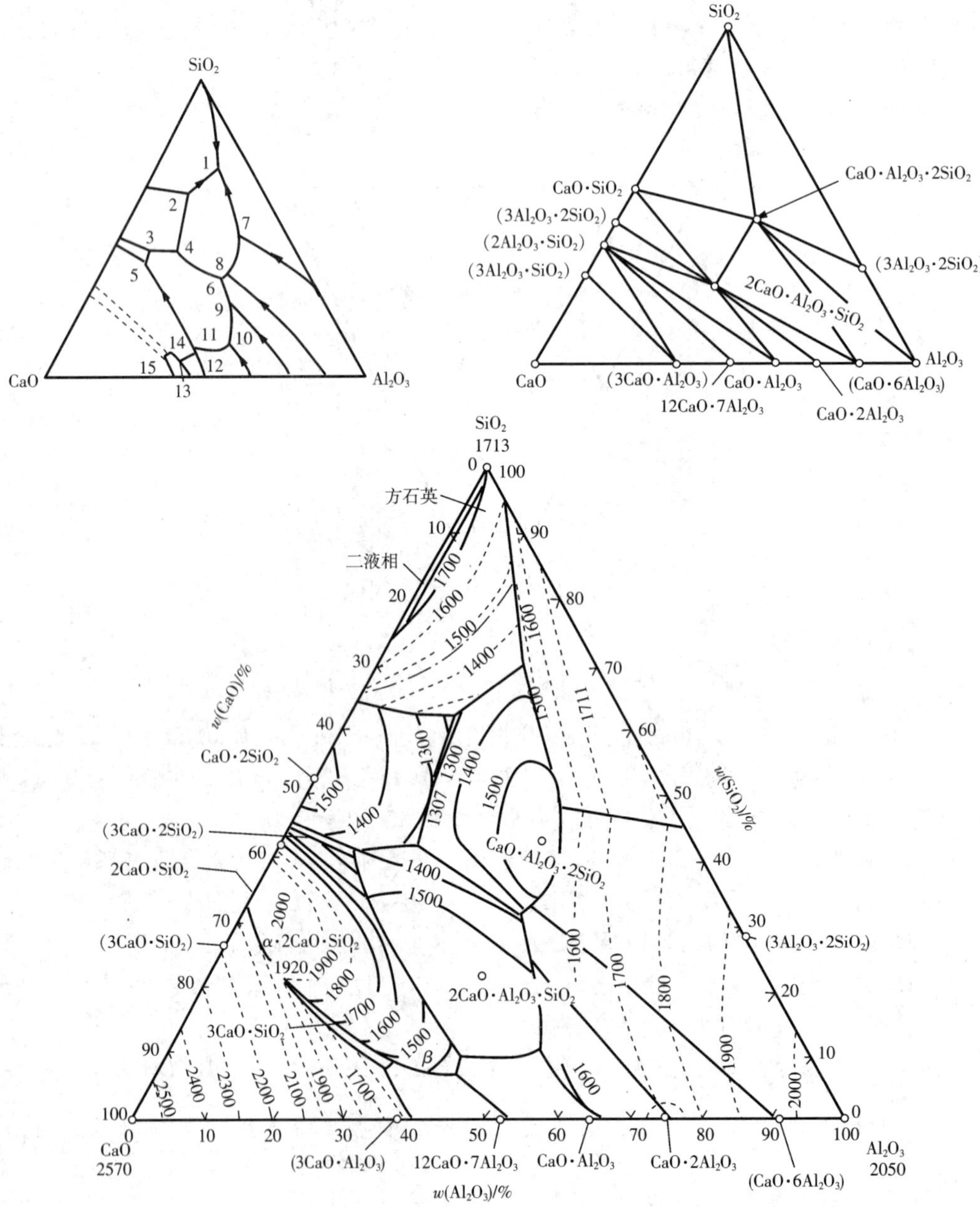


图 3-21 $CaO-SiO_2-Al_2O_3$系相图

将图中15个组分点连接起来，可划分为具有15个初晶面的分三角形，对应15个无变量点，其中8个三元共晶点，对应8个独立三角形，7个三元包晶点。它们与分三角形的对应关系、相平衡关系及零变点的温度见表3-2。

相图中靠近$SiO_2$组成点顶角的$SiO_2-CaO$边，有一个不大的液相分层区，由于$SiO_2-CaO$系中$Al_2O_3$的加入，该区范围大为缩小。当$w(A1_2O_3)$达到约3%时，液相分层区即消失。$SiO_2$初晶区内用点划线"一·一"表示的曲线是鳞石英⇌方石英的晶型转变线。

**表3-2 $CaO-SiO_2-Al_2O_3$系相图中的分三角形、无变点及相平衡关系等**

| 点编号 | 对应分三角形 | 相平衡关系 | 性质 | 温度/℃ |
|---|---|---|---|---|
| 1 | $S-CAS_2-A_3S_2$ | $L=CAS_2+A_3S_2+S$ | 共晶点 | 1345 |
| 2 | $S-\alpha CS-CAS_2$ | $L=CAS_2+S+\alpha CS$ | 共晶点 | 1170 |
| 3 | $CAS_2-C_2AS-\alpha CS$ | $L=CAS_2-C_2AS+\alpha CS$ | 共晶点 | 1310 |
| 4 | $\alpha C_2S-C_3S_2-C_2AS$ | $L=\alpha CS+C_3S_2+C_2AS$ | 共晶点 | 1380 |
| 5 | $C_3S_2-C_2AS-\alpha'CS$ | $L+\alpha'C_2S=C_3S_2+C_2AS$ | 包晶点 | 1315 |
| 6 | $CAS_2-C_2AS-CA_6$ | $L=CAS_2+C_2AS+CA_6$ | 包晶点 | 1380 |
| 7 | $CAS_2-A-A_3S_2$ | $L+A=CAS_2+A_3S_2$ | 包晶点 | 1512 |
| 8 | $A-CAS_2-CA_6$ | $L+A=CAS_2+CA_6$ | 包晶点 | 1495 |
| 9 | $C_2AS-CA_2-CA_6$ | $L+CA_2=C_2AS+CA_6$ | 包晶点 | 1475 |
| 10 | $C_2AS-CA-CA6$ | $L=C_2AS+CA+CA_6$ | 共晶点 | 1505 |
| 11 | $\alpha'CS-C_2AS-CA$ | $L+C_2AS=\alpha'CS+CA$ | 包晶点 | 1380 |
| 12 | $\alpha'CS-C_{12}A_7-CA$ | $L=\alpha'CS+C_{12}A_7+CA$ | 共晶点 | 1335 |
| 13 | $\alpha'CS-C_3A-C_{12}A_7$ | $L=\alpha'CS+C_3A=C_{12}A_7$ | 共晶点 | 1335 |
| 14 | $C_3S-\alpha'CS-C_3A$ | $L+C_3S=\alpha'CS+C_3A$ | 包晶点 | 1455 |
| 15 | $C_3S-C-C_3A$ | $L+C=C_3S+C_3A$ | 包晶点 | 1470 |

#### 3.3.4.2 $CaO-SiO_2-FeO$渣系

图3-22是在$CaO-SiO_2-FeO$渣系与金属铁液平衡条件下绘制出的。它是碱性炼钢炉渣、有色冶金如炼铜、炼锡炉渣的基本相图，对金属冶炼有重要的作用。

(1)相图中的化合物。该相图只有一个稳定的三元化合物：铁钙橄榄石$CaO \cdot FeO \cdot SiO_2$(简写为CFS，熔点1213℃)，5个二元化合物，其中3个是稳定化合物$C_2S$、$F_2S$和CS，2个不稳定化合物即$C_3S$和$C_3S_2$。目前缺乏对另一个不稳定化合物$FeO \cdot SiO_2$(FS)的研究，仅在图中给出该化合物的位置。因此相图中共有9个初晶面。

(2)相图中的相区。相图中有两条晶型转变线：方石英⇌鳞石英，$\alpha C_2S$⇌$\alpha'C_2S$，及一个液相分层区，因此共有12个相区。但由于其中还存在某些固溶体，且难于避免少量$Fe_2O_3$或$F_3O_4$的生成。测定相图时一般将此渣系与铁液共存发生反应$(Fe_2O_3)+[Fe]=$

3(FeO)，可消除铁的高价氧化物。

(3)液相分层区。图 3－22 中靠近 $SiO_2$ 顶角处有较大范围的液相分层区，它是 CaO 和 FeO 分别在 $SiO_2$ 内形成的两个互为饱和溶液的分层区(即二液相)，用它们两者的混溶曲线的边界线表示。在 CaO 顶角处，有 FeO 在 CaO 内的高熔点的固溶体，用(Ca、Fe)O 表示，其熔点随 FeO 量的增加而降低。

(4)CS 和 $C_2S$ 的液相面。CS 及 $C_2S$ 各有一个很大的液相面。CS 的液相面从 CS 点开始，向 $F_2S$ 组分点方向扩展，液相面的温度随着 FeO 含量的增加而下降，最低可达到 1093℃，这是由于 CS 和 $F_2S$ 形成低熔点的固溶体或共晶体。$C_2S$ 的液相面则从 $C_2S$ 点开始，液相面的温度亦随着 FeO 含量的增加而降低，但仍在 1300℃以上，这是由于 CS 和 $F_2S$ 形成了在 1300℃以下的共晶体。

此外，$C_2S$ 还能与 CFS、$F_2S$ 形成低熔点固溶体，因此，FeO 具有降低该渣系熔点的作用，在炼钢温度(1500℃～1650℃)下该相图具有很宽的液相区。

相图中符号"＋＋＋＋"表示该线的两端点组分之间的固溶区。"－·－"表示晶型转变等温线。

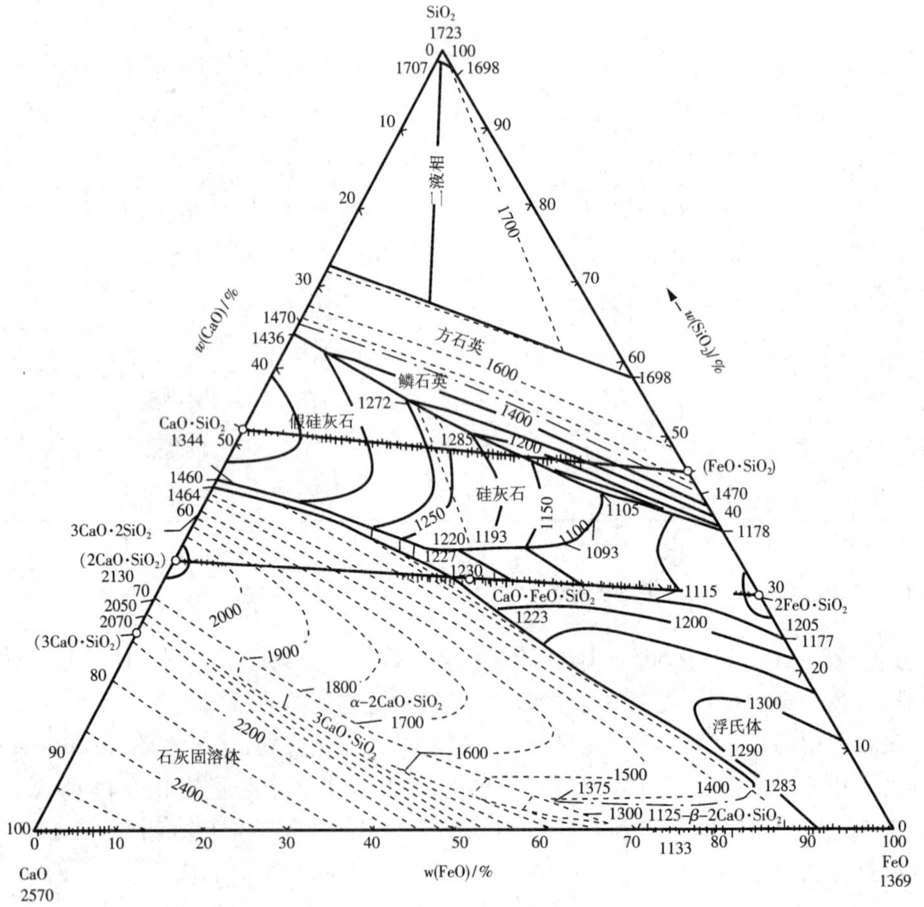


图 3－22　CaO－$SiO_2$－FeO 系相图

### 3.3.4.3 $CaO-SiO_2-FeO$ 渣系等温截面图

确定一定温度下相平衡的关系及相的组成时可利用相图内该温度的等温截面图，图 3-23 为 $CaO-SiO_2-FeO$ 三元系 1400℃的等温截面图。

图中显示了 12 个相区。根据等温面的温度高低，可将相图中的相区分成三类：

(1)如等温面仅与某组分的液相面相交，则出现由该组分(固相)与其液相面交线(液相)构成的两相区，而与该组分平衡的液相可由绘制结线确定，如图中 1、3、5、7、9、11 等相区。

(2)如等温面与某两相邻组分的相界线相交，如图中 $b$($SiO_2$-CS 共晶线上点)、$c$(CS-$C_3S_2$ 共晶线上点)、$d$($C_3S_2$ 转熔线上点)，则此两组分(固相)与交点(液相)构成三角形的三相区，如图中 2、4、6、8、10 区。

(3)等温面的温度高于某组分点，如 FeO 的熔点时，则此等温面不能与该组分的液相面相交，但能与高于等温图温度的其他组分的液相面相交，交线与熔点低的组分点构成液相区，如图中 12 相区，该相区由虚线 $abcdefghk$ 及三角形的两条边 CaO-FeO、FeO-$SiO_2$ 围成。

两相区与液相区的接界是曲线(图 3-23 中的曲线)，二相区与三相区的接界是直线，而液相面与三相区的接界是点。任意相邻相区的相数相差一个。

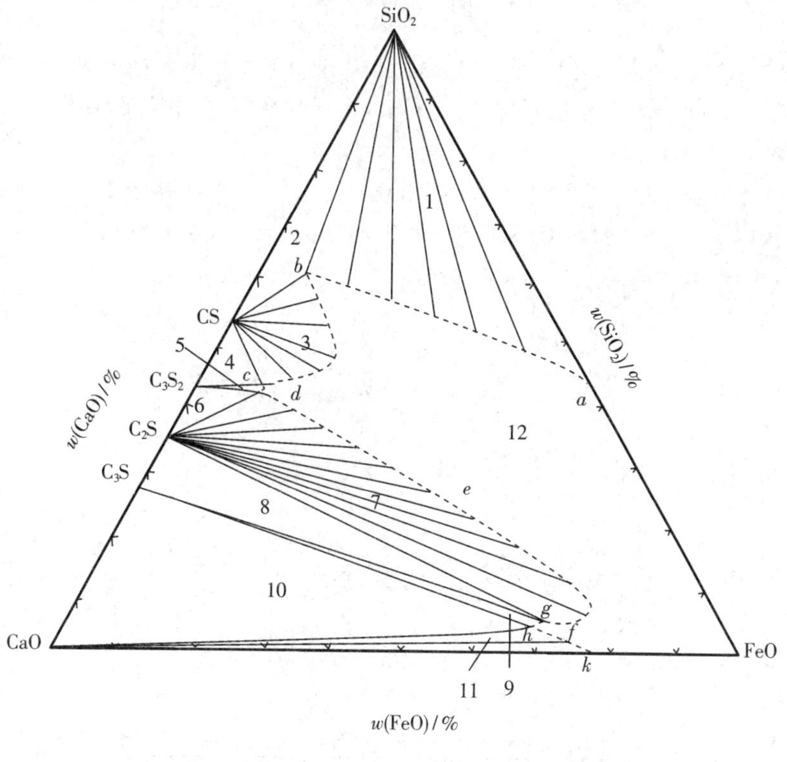


图 3-23 $CaO-SiO_2-FeO$ 三元系 1400℃的等温截面图

单相区：12—液相；两相区：1—$L$+磷石英；3—$L+\alpha$CS；5—$L+C_3S_2$；7—$L+C_2S$，9—$L+C_3S$；11—$L$+CaO

三相区：2—$L+\alpha$CS+磷石英；4—$L+\alpha CS+C_3S_2$；6—$L+C_3S_2+C_2S$；8—$L+C_2S+C_3S$；10—$L+C_3S$+CaO

【例 3-2】

由 $CaO-SiO_2-FeO$ 三元相图 1600℃ 等温线所描出的等温截面图示意图如图 3-24。读图后请回答以下问题：

(1)写出区域 1、2、3、4、5、6 和 7 平衡共存的相；

(2)用线段比表示体系 $O_1$、$O_2$ 和 $O_3$ 各相质量与体系质量之比。

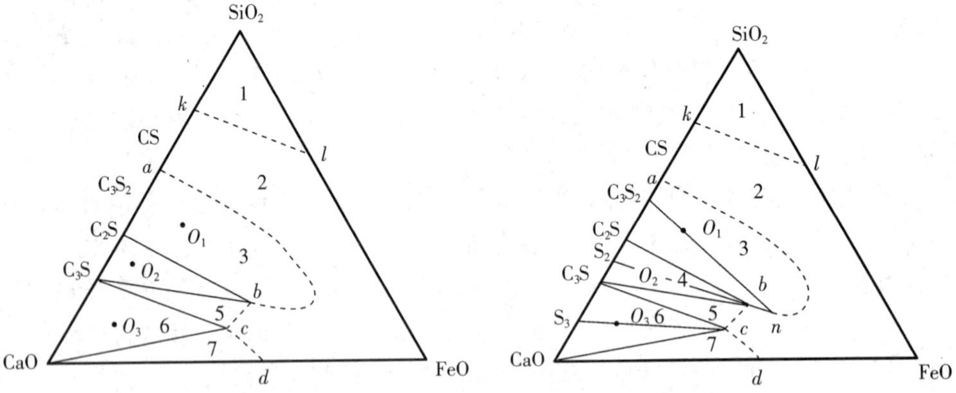


图 3-24　$CaO-SiO_2-FeO$ 三元相图 1600℃ 等温线

**题意分析**　本题涉及 $CaO-SiO_2-FeO$ 渣系中化合物的稳定性问题。图中的 4 个二元化合物，其中有两个是稳定化合物($C_2S$、CS)，再根据各区域内等温线的类型，判断各区的共存相。

**解**　(1)根据各相区对应的等温线类型，虚线为各区平衡共存相 1：$L+SiO_2$；2：$L$；3：$l+C_2S$；4：$L+C_2S+C_3S$；5：$L+C_3S$；6：$L+C_3S+CaO$；7：$L+CaO$；

(2)$O_1$：连接 $O_1$ 与 $C_3S_2$ 点并延长与液相线 $ab$ 交于一点 $n$

$$\frac{W_l}{W_{体}}=\frac{O_1-C_3S_2}{C_3S_2-n},\frac{W_{C_2S_2}}{W_{体}}=\frac{O_1-S}{C_2S_2-n}$$

$O_2$：连接 $O_2$ 点与 $b$ 点并延长，交 $C_2S-C_3S$ 于一点 $S_2$

$$\frac{W_l}{W_{体}}=\frac{S_2-O_2}{S_2-b},\frac{W_{C_2S}}{W_{体}}=\frac{bO_2}{S_2-b}\times\frac{C_3S-S_2}{C_3S-C_2S},\frac{W_{C_3S}}{W_{体}}=\frac{bO_2}{S_2-b}\times\frac{C_2S-S_2}{C_3S-C_2S}$$

$O_3$：连接 $O_3$ 点与 $c$ 点并延长，交 $C_3S-CaO$ 于一点 $S_3$

$$\frac{W_l}{W_{体}}=\frac{S_3-O_3}{S_3-c},\frac{W_{C_3S}}{W_{体}}=\frac{c-O_3}{S_3-c}\times\frac{CaO-S_3}{CaO-C_3S},\frac{W_{CaO}}{W_{体}}=\frac{c-O_3}{S_3-c}\times\frac{C_3S-S_3}{CaO-C_3S}$$

# 3.4 熔渣的结构理论

化学分析仅能确定炉渣中氧化物或化合物种类，而这些化合物在高温液态渣中的存在形态将直接影响到它们之间的作用能、熔渣的性质以及熔渣和金属熔体、气体之间化学反应的进行，因此研究熔渣的结构很重要。

研究熔渣的结构在于了解熔渣质点的结构、质点间的作用能及质点在熔体中的分布状态。高温熔体的结构十分复杂，由于研究方法和实验手段的限制，至今还很难由实验直接确定液态渣的结构，现在有关熔渣的结构理论多是从间接方法推断而来，采用的间接手段有凝固渣的矿相分析、物理化学分析法、物性—组成图分析法、热力学模型法等。

另外还有几种直接测定法，如 X 射线法、中子衍射法、核磁共振谱、拉曼光谱等，但它们只能得到氧化物的某些结构参数，如组成质点的间距及配位数等。这些方法也仅能测定几种熔态氧化物（FeO、CaO、$SiO_2$、$B_2O_3$）及几种二元系（CaO - $SiO_2$、FeO - $SiO_2$、MgO - $SiO_2$），还难于对实际渣系进行测定。

因此，从经验和理论方面提出了两种主要的熔渣结构理论：分子结构假说和离子结构理论。

## 3.4.1 分子结构假说

分子结构假说是关于熔渣结构的最早理论，它把熔渣看成是各种分子质点组成的理想溶液。这些分子有的是简单氧化物或化合物，如 CaO、MgO、FeO、MnO、$SiO_2$、$Al_2O_3$ 等；有的是由上述碱性氧化物和酸性氧化物结合形成的复杂化合物，如 $2CaO \cdot SiO_2$，$CaO \cdot SiO_2$、$2FeO \cdot SiO_2$、$3CaO \cdot P_2O_5$ 或 $4CaO \cdot P_2O_5$。每种氧化物有两种分子形式存在，以简单氧化物存在的叫做自由氧化物，以复杂氧化物存在的叫做复合氧化物。它们之间存在着离解的平衡关系，例如

$$(2CaO \cdot SiO_2) = 2(CaO) + (SiO_2)$$

$$(4CaO \cdot 2SiO_2) = 2(CaO \cdot SiO_2) + 2(CaO)$$

分子结构假说认为，只有自由氧化物才具有化学反应能力，参加化学反应。在假定熔渣是理想溶液时，自由氧化物的浓度等于其活度，用于书写平衡常数。

例如，熔渣的氧化能力决定于自由 FeO 的浓度，而在熔渣一金属液界面上，元素氧化的程度及炉气中的氧向金属液中转移的量都和渣中自由 FeO 的浓度有关。又如熔渣从金属液中吸收有害杂质 S 及 P 的能力决定于渣中存在的自由 CaO，而脱硫和脱磷反应的强度及限度也和自由 CaO 的浓度有关。

因此，熔渣和金属液间的化学反应常用物质的分子式表示，它能简明、直观地说明熔渣组成对反应平衡移动的作用，以及表示了各反应物反应时化学计量数的关系，所以冶金实践及教科书中仍采用这种表示法。但是这种表示法并不意味着熔渣就是由这种分子组成，即这种分子式并不表明熔渣中该组分以这种分子形式（结构）存在或参加反应，而仅表明该种组分在熔渣内组成元素间的质量关系。

自由氧化物的浓度(活度)等于由化学分析测定的氧化物的总浓度与该氧化物的结合浓度之差,即

$$n(\mathrm{B})_{自}=n(\mathrm{B})_{总}-n(\mathrm{B})_{结} \tag{3-1}$$

而组分B的活度

$$a_{\mathrm{B}}=n(\mathrm{B})_{自}/\sum n \tag{3-2}$$

式中 $\sum n$—— 渣中自由氧化物与复合氧化物的物质的量之和。

$n(\mathrm{B})_{结}$的值取决于复合化合物分子式的选定。一方面这种复合化合物分子式不能直接测定,一般根据经验确定,如果选择得当的话,计算的活度值与测定值比较符合。另一方面,熔渣中的复合化合物的种类多、数量大,例如硅酸盐及铝酸盐占70%,$RO\cdot R_2O_3$型占15%,而自由氧化物仅5%左右,这也给计算带来一定的难度。

形成复杂化合物的物质的量与碱性氧化物和酸性氧化物结合消耗的酸性氧化物有关,即复杂化合物的物质的量与酸性氧化物物质的量之间存在数量关系,分别为

$$n(4\mathrm{CaO}\cdot 2\mathrm{SiO_2})=1/2n(\mathrm{SiO_2})$$

$$n(4\mathrm{CaO}\cdot \mathrm{P_2O_5})=n(\mathrm{P_2O_5})$$

$$n(\mathrm{CaO}\cdot \mathrm{Fe_2O_3})=n(\mathrm{Fe_2O_3})。$$

形成复杂化合物时要消耗碱性氧化物(主要是CaO),形成复杂化合物消耗的CaO物质的量与酸性氧化物的物质的量之间也存在数量关系,分别为

$$n(\mathrm{CaO}:4\mathrm{CaO}\cdot 2\mathrm{SiO_2})=2n(\mathrm{SiO_2})$$

$$n(\mathrm{CaO}:4\mathrm{CaO}\cdot \mathrm{P_2O_5})=4n(\mathrm{P_2O_5})$$

$$n(\mathrm{CaO}:\mathrm{CaO}\cdot \mathrm{Fe_2O_3})=n(\mathrm{Fe_2O_3})$$

**【例3-3】**

熔渣成分为$w(\mathrm{CaO})=28.5\%$,$w(\mathrm{SiO_2})=17.8\%$,$w(\mathrm{FeO})=27.8\%$,$w(\mathrm{Fe_2O_3})=5.8\%$,$w(\mathrm{MgO})=9.2\%$,$w(\mathrm{P_2O_5})=2.8\%$,$w(\mathrm{MnO})=8.1\%$,假定渣中有下列复合化合物:$4\mathrm{CaO}\cdot \mathrm{P_2O_5}$、$4\mathrm{CaO}\cdot 2\mathrm{SiO_2}$、$\mathrm{CaO}\cdot \mathrm{Fe_2O_3}$,所有这些复合化合物不发生离解,MgO、MnO与CaO视为同等性质的碱性氧化物,试求CaO及FeO活度。

**题意分析** 已知炉渣成分求CaO和FeO的活度,利用分子结构假说,需要首先计算炉渣各组分的物质的量,再计算出渣中的自由CaO,渣中自由氧化物与复合氧化物的物质的量之和$\sum n$,根据式(3-2)即可分别求出CaO和FeO的活度值。

**解** 计算熔渣组分活度的公式为

$$a_{\mathrm{CaO}}=x(\mathrm{CaO})=n(\mathrm{CaO})(自)/\sum n$$

$$a_{\mathrm{FeO}}=x(\mathrm{FeO})=n(\mathrm{FeO})(自)/\sum n$$

第一步:分别计算100g渣中各种氧化物的物质的量:

$$n(CaO)=28.5/56=0.509,\ n(SiO_2)=17.8/60=0.297$$

$$n(FeO)=27.8/72=0.386,\ n(Fe_2O_3)=5.8/160=0.036$$

$$n(MgO)=9.2/40=0.230,\ n(P_2O_5)=2.8/142=0.020$$

$$n(MnO)=8.1/71=0.114,\ n(CaO\cdot Fe_2O_3)=n(Fe_2O_3)=0.036$$

$$n(4CaO\cdot P_2O_5)=n(P_2O_5)=0.020,\ n(4CaO\cdot 2SiO_2)=1/2n(SiO_2)=0.148$$

第二步：计算渣中自由 CaO 的物质的量 $n(CaO)_{自}$ 和 $\sum n$

$n(CaO)_{(自)}$ 等于所有碱性氧化物的物质的量减去与酸性氧化物结合消耗的碱性氧化物物质的量，即

$$\begin{aligned} n(CaO)_{(自)} &= [n(CaO)+n(MnO)+n(MgO)] \\ &\quad -[2n(SiO_2)+n(Fe_2O_3)+4n(P_2O_5)] \\ &=(0.493+0.111+0.245)-(2\times 0.292+0.325+4\times 0.019) \\ &=0.1565 \end{aligned}$$

而 $\sum n$ 等于渣中自由氧化物及复合氧化物的物质的量之和，即

$$\begin{aligned} \sum n &= n(RO)_{自})+n(B)_{自} \\ &=0.1565+n(4CaO\cdot 2SiO_2)+n(CaO\cdot Fe_2O_3)+n(4CaO\cdot P_2O_5)+n(FeO) \\ &=0.1565+0.148++0.036+0.020+0.386=0.7465 \end{aligned}$$

第三步：根据式(3-2)计算 $a_{CaO}$ 和 $a_{FeO}$：

$$a_{CaO}=x(CaO)=n(CaO)_{(自)}/\sum n=0.1565/0.7465=0.2096$$

$$a_{FeO}=x(FeO)=n(FeO)_{(自)}/\sum n=0.386/0.7465=0.517$$

---

### 3.4.2 离子结构理论

离子结构理论是海拉西蒙科(Herasymenko)在1938年首先提出的。离子结构理论认为，熔渣是由简单阳离子和复杂络阴离子组成。阳离子和阴离子所带电荷相等，熔渣总体不带电。

#### 3.4.2.1 离子理论提出的基础

离子理论的提出基于以下几点：

(1)熔渣具有电导值，其电导随着温度升高而增大；

(2)熔渣可以电解；例如：以铁作电极，用($FeO-SiO_2-CaO-MgO$)和($Fe_2O_3-CaO$)渣电解，阴极上析出铁。

(3)在熔渣－熔锍体系中存在电毛细现象，说明熔渣具有电解质溶液的特性；

(4)可以测出硅酸盐熔渣中 K、Na、Li、Ca、Fe 等阳离子的迁移数，说明熔渣中的最小扩散单元为离子；

(5)X 射线结构分析表明，组成炉渣的简单氧化物和复杂化合物的基本单元均为离子；

(6)统计热力学为离子理论的建立提供了理论基础。

#### 3.4.2.2 离子种类

虽然各种固体氧化物是离子晶体结构，但离子之间的键很强，以致在固态时离子的导电性很小，即不会成为单独活动的离子。形成熔渣后离子间的距离增大，活动性增加，出现了"电离"过程，相当于下列化学式的化合物，在熔渣中"离解"出现了下列离子：

$$CaO = Ca^{2+} + O^{2-}, 2MnO \cdot SiO_2 = 2\,Mn^{2+} + SiO_4^{4-}$$

$$MnO = Mn^{2+} + O^{2-}, 3MnO \cdot 2\,SiO_2 = 3\,Mn^{2+} + Si_2O_7^{6-}$$

$$FeO = Fe^{2+} + O^{2-}, 3CaO \cdot P_2O_5 = 3\,Ca^{2+} + 2\,PO_4^{3-}$$

$$MgO = Mg^{2+} + O^{2-}, FeO \cdot Fe_2O_3 = Fe^{2+} + 2\,FeO_2^{-}$$

$$CaS = Ca^{2+} + S^{2-}, 2FeO \cdot Fe_2O_3 = 2\,Fe^{2+} + Fe_2O_5^{4-}$$

$$CaF_2 = Ca^{2+} + 2F^{-}, FeO \cdot Al_2O_3 = Fe^{2+} + 2\,AlO_2^{-}$$

因此，可以认为组成熔渣的基本离子是简单离子：$Ca^{2+}$、$Mg^{2+}$、$Fe^{2+}$、$Mn^{2+}$、$O^{2-}$、$S^{2-}$等和两个以上原子或简单离子结合而成的复合阴离子或称络离子：$SiO_4^{4-}$、$PO_3^{4-}$等。

#### 3.4.2.3 液体渣中离子的分布状态

在由离子化合物形成的离子晶格或固体渣内，阳离子和阴离子交互位于晶格的结点上，每个离子为电荷符号相反的一定数目的离子所包围，具有一定的配位数。离子间的键都是等价的，离子晶格的强度则决定于离子静电吸力，排斥力却很小。但是，当熔渣形成后，温度升高时离子的活动范围增大，能够自由移动，离子在固态时的等价性消失，显示了各自的静电势，这就使渣中阳离子及阴离子的分布显示微观不均匀性，出现了有序态的离子团。

此外，在过热度很高时，复杂的络离子受到热振动也可能有碎片状离子出现。

因此，高温熔渣具有微观不均匀性的结构，严重时出现了分层现象，从微观不均匀性扩展到宏观的不均匀性。

现在，离子结构理论的研究在于确定复合络离子存在的形式(结构)及其浓度的计算方法，定量地估计离子结构对熔渣物性的影响，以及导出计算熔渣组分活度的公式。为此建立了各种离子溶液的模型。

### 3.4.3 金属与熔渣间的电化学反应

众所周知，化学反应是参加反应的物质电子结构发生了变化的结果。有电能和化学能相互转变的体系称为电化学体系。例如，$M=M^{2+}+2e$ 型的反应式，即使在无外电流存在下，称为电极反应方程式。

金属液是金属键的结构，而熔渣是离子键的结构（该共价键仅出现于络离子中），当熔渣与金属液接触时，就有带电质点（离子、电子）在此两相间转移，出现了电极反应。例如：

$(Fe^{2+})+2e=[Fe]$，$(O^{2-})=[O]+2e$，$(Mn^{2+})+2e=[Mn]$，$(S^{2-})=[S]+2e$

但在上述的带电质点转移时，将破坏两相的电中性。例如，当渣中的 $(O^{2-})$ 向金属相中转移时，发生了电极反应：$(O^{2-})=[O]+2e$，熔渣内缺少了负离子，带正电，而金属液内由于有伴随 $(O^{2-})$ 转入的过剩电子，就带负电。过剩电荷总是被排挤至表面上，因而在金属—熔渣的界面上，金属液表面出现了负电荷层，而熔渣表面出现了正电荷层，这称为双电层。它的出现能引起阻碍 $(O^{2-})$ 继续向金属液中转移的电势突跃发生。因此，仅当氧的转移并不伴随双电层电荷密度及电势突跃增加时，$(O^{2-})$ 才能变为氧原子，而继续进入金属液中。但如渣中有 $(Fe^{2+})$ 同时向金属液中转移时，就会在熔渣—金属液界面上出现和前面相似，形成电性相反电荷的双电层，即熔渣界面上有过剩的负电荷，而金属液界面上有过剩的正电荷，这一电荷符号相反双电层的出现就会消除转移时双电层中电荷密度或电势突跃的增加，而使 $(O^{2-})$ 随 $(Fe^{2+})$ 继续向金属液中转移，增加金属液中氧的浓度，如图 3-25 所示。根据 $(O^{2-})$ 及 $(Fe^{2+})$ 的两电极反应电子数的平衡关系，可写出熔渣中氧进入金属液中的离子反应式：

$$(O^{2-})=[O]+2e$$

$$(Fe^{2+})+2e=[Fe]$$

$$(O^{2-})+(Fe^{2+})=[O]+[Fe]$$

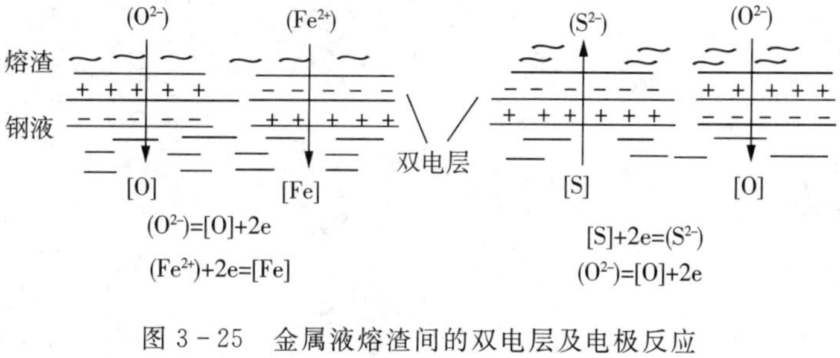


图 3-25　金属液熔渣间的双电层及电极反应

因此，带电质点经过熔渣—金属界面的转移是由两种质点的电极反应通过电子的平衡完成的。阳离子具有负的标准电极电势，所以转移时吸收电子，而阴离子具有正的标准电极电势，转移时放出电子，从而消除了它们转移时形成的双电层中的电势突跃。但是，熔渣的阳离子中标准电极电势负值最小，易吸收电子的阳离子发生转移。离子反应式中表现出熔渣中参加反应的物质是离子结构单元，但金属液中的元素则用原子表示，因为这里未考虑金属液中原子转变为离子或其相反的转移。熔渣中络离子参加的电极反应中，$(O^{2-})$ 常是受高价阳离子极化作用的对象，形成络离子或从络离子中析出 $(O^{2-})$。

## 3.5 熔渣的离子溶液模型

为了能利用离子结构理论来定量处理金属液—熔渣(包括气相)间反应的热力学问题,需要由熔渣的组成来计算组分的活度。为此,在离子结构理论的基础上建立了多种离子溶液模型,导出计算熔渣组分活度的公式。在建立各种模型时,需要假定熔渣离子的结构,离子间作用能的特性,离子的分布状态,以及浓度的计算方法。

### 3.5.1 完全离子溶液模型

完全离子溶液模型是捷姆金在1946年提出的。它的要点是:

(1)熔渣完全由离子构成,不出现电中性质点;

(2)和晶体相同,离子最邻近者仅是异号离子,并且所有同号离子不管其大小及电荷是否相同,与周围异号离子的静电作用力都是相等的,因此它们在熔渣中的分布完全是统计无序状态;

(3)当完全离子溶液形成时其混合焓应为零,$\Delta H_m=0$,离子完全混合时,虽然异号离子不能彼此交换位置,但不同阳离子之间(或阴离子之间)相互混合,出现了不同的组态,而使熔体的熵增加。因此,完全离子溶液可视为由正、负离子分别组成的两个理想溶液的混合溶液;

(4)碱性氧化物以简单阳离子存在,酸性氧化物以复杂阴离子存在。

则离子溶液形成时的吉布斯自由能变化为

$$\Delta G_m=-T\Delta S_m,\Delta G_B=-T\Delta S_B$$

根据熵的统计热力学,有

$$\Delta S_{m'}=S_2-S_1=k\ln(\Omega_2/\Omega_1)$$

又 $\Delta G_B=RT\ln a_B$,整理得到:

$$\ln a_B=-\frac{k}{R}\left(\frac{\partial\ln(\Omega_2/\Omega_1)}{\partial n_B}\right)_{p,T,n_i} \quad (3-3)$$

假定熔渣组分之间出现了下列反应或由下列4个化合物组成:

$$(CaO)+(FeS)=(CaS)+(FeO)$$

经过推导、计算,得到

$$a_{CaO}=x(Ca^{2+})x(O^{2-}) \quad (3-4)$$

同样,也可以得到其他3种化合物的活度表达式。对于可视为完全离子溶液的熔渣,组分的活度等于它们的组成离子物质的量分数的乘积,对氧化物或硫化物均可用通式表示如下:

$$a_{MO}=x(M^{2+})x(O^{2-}) \quad (3-5)$$

$$a_{MS}=x(M^{2+})x(S^{2-}) \tag{3-6}$$

若引入离子活度系数，则上述两式可改写为

$$a_{MO}=\gamma_{M^{2+}}x(M^{2+})\cdot\gamma_{O^{2-}}x(O^{2-}) \tag{3-5'}$$

$$a_{MS}=\gamma_{M^{2+}}x(M^{2+})\cdot\gamma_{S^{2-}}x(S^{2-}) \tag{3-6'}$$

离子物质的量分数则是根据完全离子溶液模型第二个假定计算的，即阳离子能在不破坏电荷的平衡态下彼此混合，但不能与阴离子混合，所以离子的物质的量分数是按正离子和负离子分别计算的，即

$$x(B^+)=n(B^+)/\sum n(B^+),x(B^-)=n(B^-)/\sum n(B^-) \tag{3-7}$$

式中　$n(B^+)$，$n(B^-)$——分别为所有阳离子及所有阴离子物质的量之和。

对上述熔渣，分别有

$$x(Ca^{2+})=n(Ca^{2+})/[n(Ca^{2+})+n(Fe^{2+})],x(O^{2-})=n(O^{2-})/[n(O^{2-})+n(S^{2-})]$$

$$n(Ca^{2+})=n(O^{2-})=n(CaO),n(Fe^{2+})=n(S^{2-})=n(FeS)$$

虽然完全离子溶液模型在应用上受到了一定限制，但它在熔渣理论上起了犹如理想溶液对实际溶液标准态的作用，可用以衡量某种实际溶液对此标准态的偏差。另外，由它导出的组分的活度等于其组成离子物质的量分数的乘积的公式，又是其他离子溶液模型计算活度的基本公式。

**【例 3－4】**

已知温度 $T=1873\text{K}$，熔渣成分为 $w(FeO)=12.03\%$，$w(MnO)=8.84\%$，$w(CaO)=42.68\%$，$w(SiO_2)=19.34\%$，$w(MgO)=14.97\%$，$w(P_2O_5)=2.15\%$。计算 FeO 的活度及活度系数。

(1)利用完全离子溶液模型，不引入离子活度系数。

(2)利用完全离子溶液模型，引入离子活度系数。

$$\lg\gamma_{Fe^{2+}}\gamma_{O^{2-}}=1.53\sum x(SiO_4^{4-})-0.17$$

(3)在 $T=1873\text{K}$ 条件下，测得与此熔渣相平衡的钢液中的氧浓度 $w[O]=0.058\%$，氧在钢液中的溶解属于稀溶液，

$$(FeO)=[O]+Fe_{(l)} \qquad \lg K=-\frac{6320}{T}+2.734$$

**题意分析**　已知熔渣中各物质的质量分数，用完全离子溶液模型，代入式(3－5)或式(3－5′)即可。

**解**

(1)利用完全离子溶液模型，计算公式为 $a_{FeO}=x(Fe^{2+})\cdot x(O^{2-})$，熔渣中的离子有：$Fe^{2+}$、$Mn^{2+}$、$Ca^{2+}$、$Mg^{2+}$、$O^{2-}$、$SiO_4^{4-}$、$PO_4^{3-}$。

第一步：计算熔渣中组分的物质的量

以 100g 熔渣作为计算基础，计算结果见表 3－3。

表 3-3 熔渣中各组分物质的量计算结果

| 组分 | FeO | MnO | CaO | MgO | $SiO_2$ | $P_2O_5$ | $\sum n$ |
|---|---|---|---|---|---|---|---|
| $n_B$ | 0.167 | 0.125 | 0.762 | 0.374 | 0.322 | 0.015 | 1.765 |

第二步：计算阳离子的物质的量之和

1mol 二价碱性氧化物电离形成 1mol 阳离子和 1mol$O^{2-}$

$$CaO = Ca^{2+} + O^{2-} \qquad FeO = Fe^{2+} + O^{2-}$$

$$MnO = Mn^{2+} + O^{2-} \qquad MgO = Mg^{2+} + O^{2-}$$

阳离子的物质的量与其氧化物物质的量的关系为

$$n(Ca^{2+}) = n(CaO) \quad n(Fe^{2+}) = n(FeO) \quad n(Mn^{2+}) = n(MnO) \quad n(Mg^{2+}) = n(MgO)$$

阳离子的物质的量之和为

$$\sum n(B^+) = n(CaO) + n(FeO) + n(MnO) + n(MgO) = 1.428$$

第三步：计算阴离子的物质的量之和

络合离子按下列反应形成

$SiO_2 + 2O^{2-} = SiO_4^{4-} \quad n(SiO_4^{4-}) = n(SiO_2) = 0.322$，

消耗氧离子物质的量为 $n(O^{2-}) = 2n(SiO_2) = 0.644$

$P_2O_5 + 3O^{2-} = 2PO_4^{3-} \quad n(PO_4^{3-}) = 2n(P_2O_5) = 0.030$，

消耗氧离子物质的量为 $n(O^{2-}) = 3n(P_2O_5) = 0.045$

自由氧离子的物质的量为：

$$n(O^{2-}) = \sum n(B^+) - 2n(SiO_2) - 3n(P_2O_5) = 0.739$$

阴离子的物质的量之和为：

$$\sum n(B^-) = n(O^{2-}) + n(SiO_4^{4-}) + n(PO_4^{3-}) = 1.091$$

第四步：计算阳离子、阴离子和 FeO 的物质的量分数

$$x(Fe^{2+}) = \frac{n(Fe^{2+})}{\sum n(B^+)} = \frac{0.167}{1.428} = 0.117$$

$$x(FeO) = \frac{n(FeO)}{\sum n} = \frac{0.167}{1.765} = 0.095$$

$$x(O^{2-}) = \frac{n(O^{2-})}{\sum n(B^-)} = \frac{0.736}{1.091} = 0.677$$

第五步：计算 FeO 的活度及活度系数：

$$a(FeO)=x(Fe^{2+})x(O^{2-})=0.117\times 0.677=0.079$$

$$\gamma(FeO)=\frac{aFeO}{x(FeO)}=\frac{0.079}{0.095}=0.832$$

(2)引入离子活度系数

引入离子活度系数时，需要计算 $\gamma_{Fe^{2+}}$ 和 $\gamma_{O^{2-}}$，利用 $a_{FeO}=\gamma_{Fe^{2+}}\gamma_{O^{2-}}x(Fe^{2+})x(O^{2-})$ 计算。

第一步：计算 $\gamma_{Fe^{2+}}$ 和 $\gamma_{O^{2-}}$

$$\lg\gamma_{Fe^{2+}}\gamma_{O^{2-}}=1.53\sum x(SiO_4^{4-})-0.17=1.53\left[\frac{n(SiO_4^{4-})+n(PO_4^{3-})}{\sum n(B^-)}\right]-0.17$$

$$=1.53\left[\frac{0.322+0.030}{1.091}\right]-0.17=0.32$$

$$\gamma_{Fe^{2+}}\gamma_{O^{2-}}=2.10$$

第二步：计算 FeO 的活度及活度系数

$$a_{FeO}=\gamma_{Fe^{2+}}\gamma_{O^{2-}}x(Fe^{2+})x(O^{2-})=2.10\times 0.117\times 0.677=0.166$$

$$\gamma_{FeO}=\frac{a_{FeO}}{x(FeO)}=\frac{0.166}{0.095}=1.747$$

(3)对反应(FeO)=[O]+[Fe]

$$T=1873\text{K 时}, \lg K=-\frac{6320}{1873}+2.734=-0.640$$

$$K=\frac{w[O]}{a_{FeO}}=0.23, a_{FeO}=\frac{w[O]}{K}=\frac{0.058}{0.23}=0.252$$

$$\gamma_{FeO}=\frac{a_{FeO}}{x(FeO)}=\frac{0.252}{0.095}=2.653$$

三种情况下的 FeO 的活度差别比较大，说明熔渣组分的活度理论还不成熟。

### 3.5.2 离子聚合反应模型

根据大量实验事实证明，硅酸盐的络离子之间存在着一系列聚合反应的化学平衡，这些平衡反应可用不同方式写出，因此也就提出了各种聚合模型。这些模型的共同特点是利用经典热力学得出的聚合反应的平衡常数来计算络离子的浓度和氧化物的活度。

马松以硅氧离子的聚合反应$\{2O^- = O^{2-}+O^0\}$为基础的 Toop 模型上建立了二元系硅酸盐熔体的主要模型，称为马松模型，它能较准确地计算二元系硅酸盐中氧化物的活度。其中 $O^-$ 为非桥氧，结构为—O—Si，$O^0$ 为桥氧，结构为 Si—O—Si。

这个模型认为熔渣中有 $SiO_4^{4-}$，$Si_2O_7^{6-}$，$Si_3O_{10}^{8-}$，…，$Si_nO_{3n+1}^{2(n+1)-}$ 络离子存在，这些离子之间发生了一系列的聚合反应：

$$SiO_4^{4-}+SiO_4^{4-}=Si_2O_7^{6-}+O^{2-} \tag{Ⅰ}$$

$$SiO_4^{4-}+Si_2O_7^{6-}=Si_3O_{10}^{8-}+O^{2-} \tag{Ⅱ}$$

$$SiO_4^{4-}+Si_nO_{3n+1}^{2(n+1)-}=Si_{n+1}O_{3n+4}^{2(n+2)-}+O^{2-} \tag{Ⅲ}$$

假定这些反应的平衡常数都相同，即 $K_{\mathrm{I}}=K_{\mathrm{II}}=K_{\mathrm{III}}=K$，而与离子种类无关，对于 $MO\text{-}SiO_2$系利用完全离子溶液模型计算组分活度的公式：$a_{MO}=x(M^{2+})x(O^{2-})$，由于 $x(M^{2+})=1$，故 $a_{MO}=x(O^{2-})$，因此求得此二元系中的 $O^{2-}$ 浓度，即可计算出 $a_{MO}$。

在这个渣系中，阴离子的浓度和 $SiO_2$的浓度之间有下列关系式存在：

(1)根据各聚合反应的平衡常数式，可写出各络合离子的物质的量分数为 $x(SiO_4{}^{4-})$，其函数式

$$x(Si_nO_{3n+1}^{2(n+1)-})=f[x(SiO_4^{4-})];$$

(2)阴离子分数的总和为 1，$\sum x(Si_nO_{3n+1}^{2(n+1)-})+x(O^{2-})=1$；

(3)利用 $SiO_2$形成各络合离子的反应，$n\,SiO_2+(n+1)O^{2-}=Si_nO_{3n+1}^{2(n+1)-}$。

联立解以上三类方程，并采用级数求和的计算公式，就能得出

$$x(SiO_2)=1/\left[3-K+\frac{a_{MO}}{1-a_{MO}}+\frac{K(K-1)}{\frac{a_{MO}}{1-a_{MO}}+K}\right] \tag{3-8}$$

# 3.6 熔渣的活度曲线图

熔渣的结构模型是计算熔渣组分活度的理论方法，它们能适用于不同性质的渣系。而实际应用中还经常采用由实验测定的渣系组分活度绘制的活度—组成曲线图，用来查询某一渣系中组元的活度。常用的实验测定方法有化学平衡法、分配定律法、电动势法等。这类方法经常先测定其中较容易或准确度高的组分的活度，再利用 G—D 方程计算出其余组分的活度，将所测多元渣系的活度值在三元系的浓度三角形上绘制成等值活度或活度系数曲线图。

## 3.6.1 二元硅酸盐渣系组分的活度

图 3-26 为二元硅酸盐渣系的组分活度图。例如，对于 $FeO-SiO_2$系，在 $SiO_2(s)+L$ 共存区内，$a_{FeO}$在一定温度下是恒定值，用水平线表示，即其值不随熔体组成而改变，但在液相区内，$a_{FeO}$则随 $x(FeO)$的增加呈直线式增加，因其具有理想溶液的性质：$a_{FeO}=x(FeO)$在二相区内仍为恒定值，并且等于 1，因为从此区内析出的 $SiO_2$（纯 $SiO_2$为标准态）与熔渣内的($SiO_2$)的化学势相等，故 $a_{SiO_2}=1$。但在液相区内，则随着 $x(SiO_2)$的减小呈曲线式地连续下降，对理想溶液形成负偏差。其余硅酸盐系组分的活度有类似变化，图中用虚线表出。

标示为 FeO、MnO 等氧化物的曲线是该氧化物的活度，标示为 Fe、Mn 等元素的曲线是该元素的氧化物 RO－$SiO_2$ 体系中 $SiO_2$ 的活度线。活度标准态均为该氧化物的纯固态。

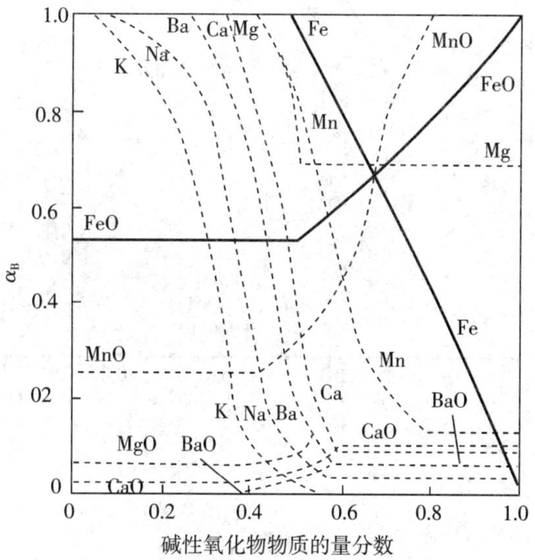


图 3－26　二元硅酸盐渣系组分的活度(1873K)

如图 3－26 所示，碱性氧化物 RO－$SiO_2$ 体系中碱性氧化物的活度基本上随其碱性的增强而降低，$a_{FeO}>a_{MnO}>a_{MgO}>a_{CaO}>a_{BaO}$，而 $SiO_2$ 在与这些碱性氧化物形成二元渣系的活度 $a_{SiO_2}$ 的变化也具有类似的特性，即与碱性越强的氧化物形成二元渣系，渣中的 $a_{SiO_2}$ 越低，如 $a_{SiO_2}$(FeO－$SiO_2$系)$>a_{SiO_2}$(MnO－$SiO_2$系)$>a_{SiO_2}$(CaO－$SiO_2$系)$>a_{SiO_2}$(BaO－$SiO_2$系)$>a_{SiO_2}$($Na_2O$－$SiO_2$系)$>a_{SiO_2}$($K_2O$－$SiO_2$系)。

### 3.6.2　CaO－$SiO_2$－$Al_2O_3$渣系组分的活度

图 3－27 为 CaO－$SiO_2$－$Al_2O_3$渣系的活度曲线图，它是在 1873K 等温截面的液相以内绘制的。由图可见，$a_{SiO_2}$受熔渣组成，即碱度和 $Al_2O_3$浓度的影响，$a_{SiO_2}$随着碱度的增加而减小。当碱度很高时，其值非常小，因为这时熔渣中的 $SiO_2$与 CaO 形成了稳定的硅酸钙。

$Al_2O_3$的影响则与碱度有关。碱度高时，$Al_2O_3$显酸性而与渣中 CaO 结合，所以随着 $Al_2O_3$浓度增加，$a_{SiO_2}$增大；碱度低时，$Al_2O_3$显示碱性与渣中 $SiO_2$结合，从而使 $a_{SiO_2}$减小。

熔渣中出现 MgO 时和 CaO 有相似的影响，但当其量很高($w$(MgO)$>10\%$)时，能形成尖晶石，致使熔渣的液相区缩小，而 $a_{SiO_2}$也不同程度的降低。温度对 $a_{SiO_2}$的影响较小，当温度从 1500℃上升到 1700℃时，$a_{SiO_2}$仅有较小的增加。

该渣系中 $a_{SiO_2}$是利用化学平衡法测定的，其反应方程式为：

$$(SiO_2)+2C=[Si]+2CO \qquad a_{SiO_2}=\frac{1}{K}p_{CO}^2a_{[Si]}$$

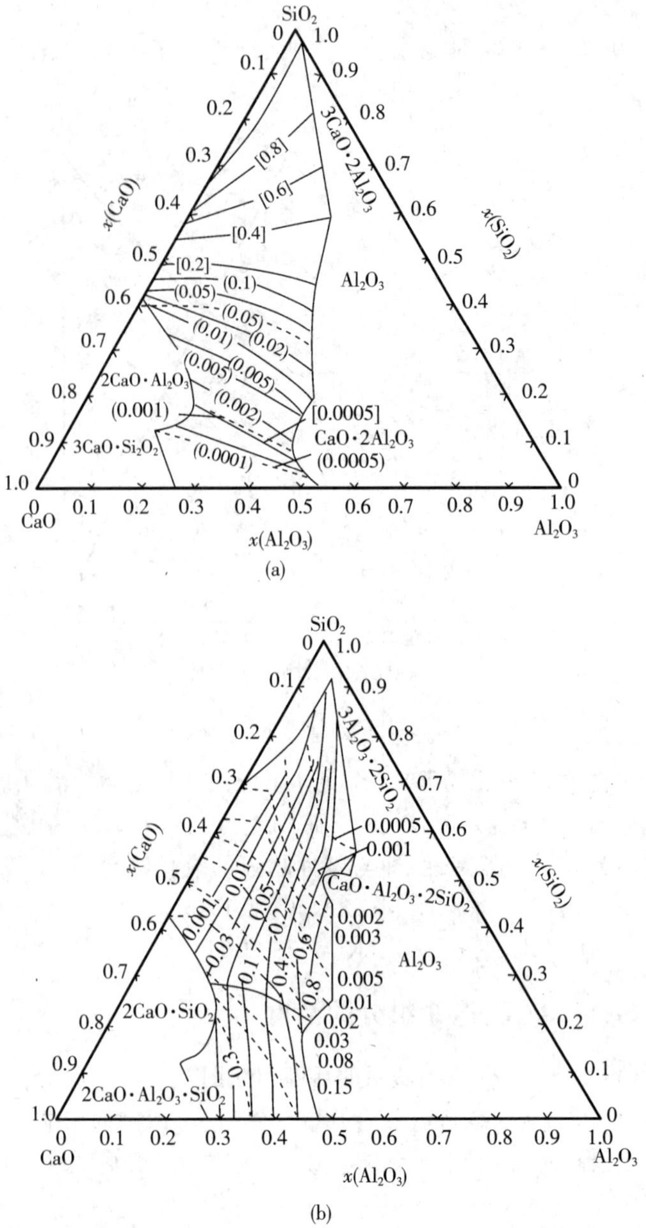


图 3-27 $CaO-SiO_2-Al_2O_3$渣系的活度曲线图

(a)$a_{SiO_2}$;(b)$a_{CaO}$(虚线),$a_{Al_2O_3}$(实线)。标准态:纯固体,1873K。

铁液中[Si]的活度可由 $Fe-Si-C_{(饱和)}$系与银液间[Si]的分配系数求得,因 Si 在银中的溶解度很小,可作稀溶液看待。而 CaO 和 $Al_2O_3$的活度可根据测定的 $a_{SiO_2}$ 活度曲线由 G-D 方程计算出。

### 3.6.3 $CaO-SiO_2-FeO$ 渣系组分的活度

图 3-28 为 $CaO-SiO_2-FeO$ 渣系 $a_{FeO}$的曲线图。该渣系是一个伪三元系 $\sum FeO-$

$(CaO+MnO+MgO)$-$(SiO_2+P_2O_5)$，按照氧化物酸一碱性把$(MnO+MgO)$并入碱性氧化物$(CaO)$组分内，$(P_2O_5)$并入酸性氧化物$(SiO_2)$组分内，而$\sum FeO$则按照渣一铁界面反应$(Fe_2O_3+[Fe]=3(FeO))$折算成相当的$\sum w(FeO)$量，即$\sum w(FeO)=w(FeO)+0.9w(Fe_2O_3)$。

绘制该图时，利用不同$w(FeO)$的该渣系与铁液的平衡实验测定铁液中$w[O]$，再由氧在铁液与熔渣间的分配常数$Lo$计算出$a_{FeO}$，即$a_{FeO}=w[O]/Lo=w[O]/2.3$。

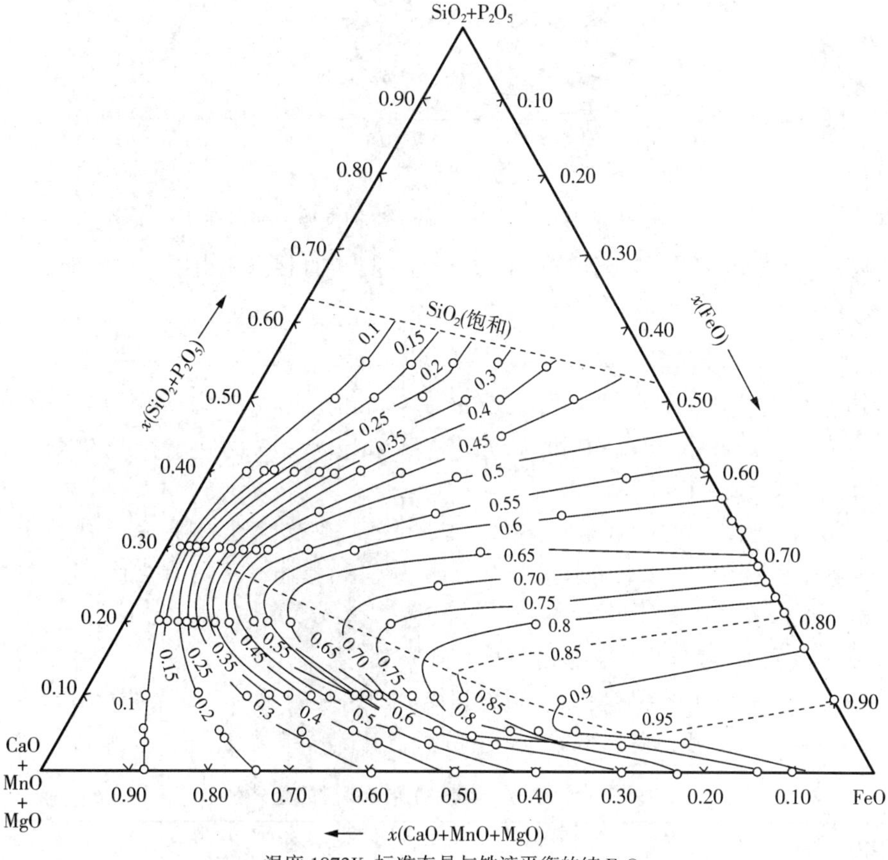


图 3-28 CaO-SiO$_2$-FeO 渣中 $a_{FeO}$ 图

在$SiO_2$-FeO系内，$a_{FeO}\approx x(FeO)$，$\gamma_{FeO}=0.8\sim0.9$，如图3-28中FeO-$(SiO_2+P_2O_5)$二元系一条边上活度曲线对应的值。当此渣系内加入CaO时，CaO与$SiO_2$结合致使熔渣中自由FeO量增多，熔渣对理想溶液形成正偏差，$\gamma_{FeO}>1$。随着碱度的不断提高，CaO不断与$SiO_2$形成CS、$C_2S$等复杂化合物，致使自由FeO量增多，$a_{FeO}$也就不断增大。当碱度为2时，$a_{FeO}$达到很高值。之后，碱度再增加，则形成铁酸钙$(CaO\cdot Fe_2O_3)$复合化合物而使自由FeO量下降，$a_{FeO}$也有所下降。

图3-29为图3-28在1873K的等温截面图，$a_{FeO}$曲线位于$SiO_2$饱和区和CaO、$C_3S$、$C_2S$饱和区界线内的液相区。

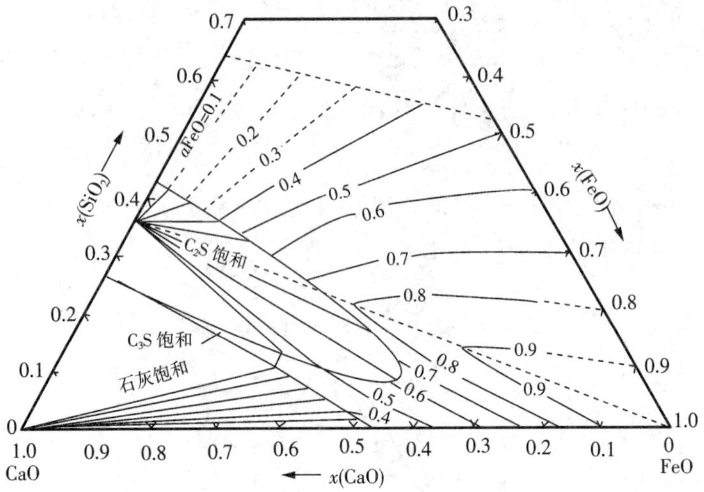


图 3－29　CaO－$SiO_2$－FeO 渣系 1873K 的等温截面图和 $a_{FeO}$ 曲线

若要求与此渣系平衡的钢铁液中的 $w[O]$ 含量，可直接采用由图 3－29 查出的 $a_{FeO}$ 计算，即 $w[O]=0.23\times a_{FeO}$。

**【例 3－5】**

利用图 3－28 熔渣计算成分为 $w(CaO)=44.5\%$，$w(SiO_2)=14.3\%$，$w(FeO)=12.1\%$，$w(MnO)=16.2\%$，$w(P_2O_5)=6.1\%$，$w(MgO)=6.8\%$，求在 1873K 时 FeO 的活度及与之平衡的钢液中的氧浓度。

**题意分析**　图 3－28 是 CaO－$SiO_2$－FeO 三元系活度图，利用该活度图求解组分 FeO 的活度，首先需要将多组分体系转化为伪三元系，查出该成分对应的 $a_{FeO}$，再根据 $w[O]$ 与 $a_{FeO}$ 的关系计算 $w[O]$。

**解**　第一步：计算熔渣各组分的物质的量分数

CaO－$SiO_2$－FeO 渣系的等活度曲线图组分的浓度是用物质的量分数表示的，因此，需要计算出组分的物质的量及其物质的量分数。计算结果见表 3－4 所列。

**表 3－4　熔渣的物质的量与物质的量分数**

| 组分 | CaO | MgO | MnO | $SiO_2$ | $P_2O_5$ | FeO |
|---|---|---|---|---|---|---|
| $n(B)$ | 0.795 | 0.170 | 0.228 | 0.168 | 0.042 | 0.238 |
| $x(B)$ | 0.484 | 0.104 | 0.139 | 0.102 | 0.025 | 0.145 |

第二步：计算伪三元系对应的三个组分的物质的量分数

将上列 6 个组分归并为 3 组：

$$\sum x(CaO)=x(CaO)+x(MnO)+x(MgO)=0.727$$

$$\sum x(SiO_2)=x(SiO_2)+x(P_2O_5)=0.17 \qquad x(FeO)=0.102$$

第三步：由活度图查 $a_{FeO}$ 并计算钢液中的 $w[O]$

由图 3－28，得 $a_{FeO}=0.25$

钢液中

$$w[O]=a_{FeO}\times Lo=0.25\times 0.23=0.058\%$$

式中　$\lg Lo=-6320/1873+2.734=-0.64, Lo=0.230$

**【例 3-6】**

利用 3-28 计算 $x(FeO)=0.20$ 及碱度 $R=x(CaO)/x(SiO_2)=3$ 的熔渣中 FeO 的活度及活度系数。

**题意分析**　根据 $CaO-SiO_2-FeO$ 三元渣系活度图 3-28，已知 FeO 的活度值与碱度 $R$ 及它们在相图上的关系即可计算出 $a_{FeO}$ 及 $\gamma_{FeO}$。

**解**　FeO 活度值为 $a_{FeO}=0.20$ 的等含量线与 $R=3$ 的等比例线的交点。等比例线在 $CaO-SiO_2$ 边上的点可按下式求得：

$$x(CaO)/x(SiO_2)=3 \qquad x(CaO)=3x(SiO_2)$$

故 $3x(SiO_2)+x(SiO_2)=1$ 得 $x(SiO_2)=0.25 \qquad x(CaO)=0.75$

连接 $CaO-SiO_2$ 边上 $x(CaO)=0.75$，$x(SiO_2)=0.25$ 的点和顶角 FeO 的直线与 $x(FeO)=0.20$ 等含量线的交点，得出 $a_{FeO}=0.65$，因此 $\gamma_{FeO}=a_{FeO}/x(FeO)=3.25$。

### 3.6.4 含 MnO 渣系 MnO 的活度

图 3-30 为 $MnO-SiO_2-FeO$ 系组分的活度曲线，这是酸性炼钢渣及硅锰铁合金钢液脱氧产物的渣系。

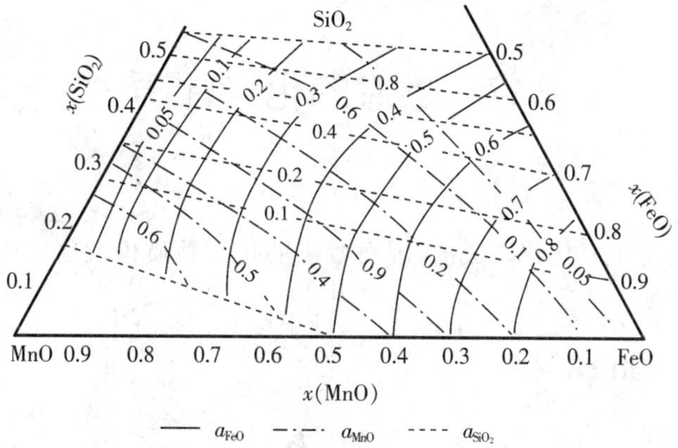


图 3-30　$MnO-SiO_2-FeO$ 系组分的活度图

（1600℃，标准态：分别对应液态 FeO，液态 MnO，纯石英）

图 3-31 是含 MnO+FeO 浓度较高的炼钢渣系的 $\gamma_{MnO}$ 曲线。

图 3-32、图 3-33 分别是冶炼锰铁渣系的 $a_{MnO}$ 及 $\gamma_{MnO}$ 的曲线。

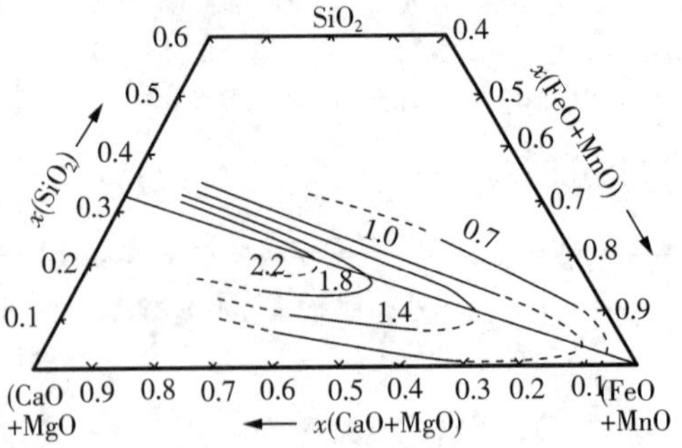

图 3-31　(CaO+MgO)-(MnO+FeO)-$SiO_2$炼钢渣系的 $\gamma_{MnO}$ 曲线

(1530℃～1710℃，标准态：纯固体 MnO)

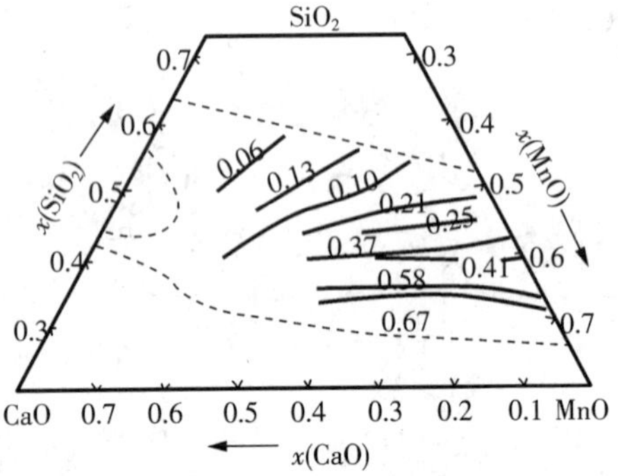

图 3-32　CaO-MnO-$SiO_2$系的 $a_{MnO}$ 曲线

(1500℃，标准态：纯固体 MnO)

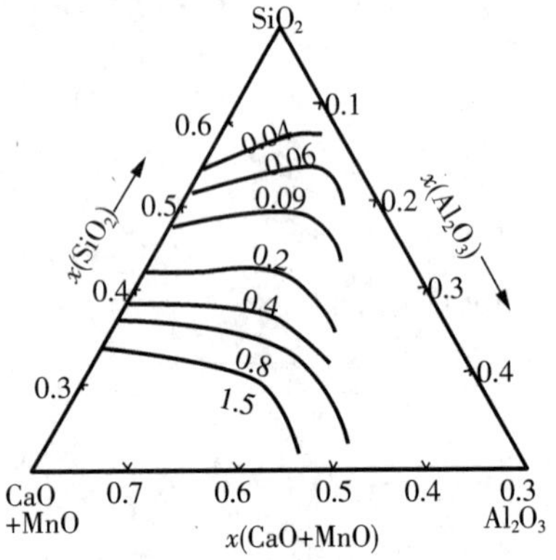

图 3-33　(CaO+MnO)-$Al_2O_3$-$SiO_2$系的 $\gamma_{MnO}$ 曲线

(1500℃，标准态：纯固体 MnO)

## 3.7　熔渣的化学性质

### 3.7.1　酸-碱性

冶金炉渣主要是由氧化物组成的，因而熔渣的化学性质也就决定于其中占优势的氧化物显示的化学性质。

#### 3.7.1.1　氧化物的分类

按照氧化物对 $O^{2-}$ 离子的行为，把氧化物分为 3 大类。

(1)碱性氧化物是能供给氧离子 $O^{2-}$ 的氧化物，如 CaO、MnO、FeO、MgO、$Na_2O$、TiO 等，以 CaO 为例

$$CaO = Ca^{2+} + O^{2-}$$

(2)酸性氧化物是能吸收 $O^{2-}$ 而形成复合阴离子的氧化物，如：$SiO_2$、$P_2O_5$、$V_2O_5$等，以 $SiO_2$为例：

$$SiO_2 + 2O^{2-} = SiO_4^{4-}$$

(3)两性氧化物是在强酸性渣中可供给 $O^{2-}$ 而呈碱性，在强碱性渣中会吸收 $O^{2-}$ 形成复合阴离子而呈酸性的氧化物，如 $Al_2O_3$、$Fe_2O_3$、$Cr_2O_3$、ZnO 等，以 $Al_2O_3$ 为例

$$Al_2O_3 = 2Al^{3-} + 3O^{2-} \quad （酸性渣中）$$

$$Al_2O_3 + O^{2-} = 2AlO_2^- \quad （碱性渣中）$$

如前所述，阳离子静电势高的氧化物在熔渣中能吸收（极化）$O^{2-}$，形成络离子，而静电势低的氧化物，则能离解出 $O^{2-}$，所以可根据氧化物中阳离子静电势的大小，来确定氧化物碱性或酸性强弱的顺序：位置越靠左者，碱性就越强，而越靠右者则酸性越强。

CaO　MnO　FeO　MgO　$CaF_2$　$Fe_2O_3$　$TiO_2$　$Al_2O_3$　$SiO_2$　$P_2O_5$

碱性增加　←　中性　→　酸性增加

炉渣的酸碱性则取决于其中占优势的氧化物是酸性还是碱性。对于同一种金属，通常其高价氧化物显酸性或两性，而其低价氧化物显碱性，如 FeO（$Fe^{2+}$）、$Fe_2O_3$（$Fe^{3+}$）；VO（$V^{2+}$）、$V_2O_3$（$V^{3+}$）、$VO_2$（$V^{4+}$）、$V_2O_5$（$V^{5+}$）等。

#### 3.7.1.2　碱度

(1)化学碱度

在生产实践中，炉渣的碱度定义为炉渣中主要的碱性氧化物的质量分数对酸性氧化物的质量分数之比，用符号 $R$ 表示，$R = w(CaO)/w(SiO_2)$，或 $R = x(CaO)/x(SiO_2)$。但对于不同冶炼的炉渣，亦有不同的表示法：

① 高炉渣

$R = w(CaO)/[w(SiO_2) + w(Al_2O_3)]$，

或 $R = [w(CaO) + w(MgO)]/[w(SiO_2) + w(Al_2O_3)]$

② 碱性炼钢渣

$R = w(CaO)/[w(SiO_2) + w(P_2O_5)]$

③ 铁合金冶炼渣

$R = [w(CaO) + 1.4w(MgO)]/[w(SiO_2) + 0.84w(P_2O_5)]$

除了上述炉渣的碱度表示方法外，还采用氧化物的光学碱度和熔渣的光学碱度表示熔渣的酸碱性。

(2)光学碱度

由于炉渣碱度与其组成氧化物的碱性有关，氧化物的碱性又与其对 $O^{2-}$ 的行为有关。氧化物阳离子的静电势($Z/r$)越小，其 $O^{2-}$ 的活度就越大。由于 $O^{2-}$ 的活度不能单独测定，实际应用中，在氧化物中加入显示剂，用光学方法测定氧化物“释放电子的能力”表示 $O^{2-}$ 的活度，确定其酸碱性的光学碱度。

由于 CaO 是炉渣中作为标准的碱性氧化物，规定以 CaO 作为比较标准，定义光学碱度为某种氧化物释放电子的能力对 CaO 释放电子的能力之比，用符号 $\Lambda_B$ 表示氧化物的光学碱度，用 $\Lambda$ 表示炉渣的光学碱度：

$$\Lambda = \sum x(B^+)\Lambda_B \tag{3-9}$$

$$x(B^+) = n(O) \cdot x(B) / \sum n(O) \cdot x(B) \tag{3-10}$$

式中　$x(B^+)$——氧化物中阳离子的物质的量分数；

$x(B)$——氧化物的物质的量分数；

$n(O)$——氧化物中的氧原子数。

以 CaO 的光学碱度 $\Lambda_{CaO}=1$ 为标准得到冶金生产中常见氧化物的光学碱度见表 3-5 所列。

**表 3-5　冶金中常见氧化物的光学碱度**

| 氧化物 | 实验测定值 | 理论计算值 | 氧化物 | 实验测定值 | 理论计算值 |
|---|---|---|---|---|---|
| $K_2O$ | 1.40 | 1.37 | FeO | 0.51 | 0.48 |
| $Na_2O$ | 1.15 | 1.15 | $TiO_2$ | 0.61 | 0.60 |
| BaO | 1.15 | 1.15 | $Al_2O_3$ | 0.61 | 0.60 |
| SrO | 1.07 | 1.01 | $Fe_2O_3$ | 0.48 | 0.48 |
| CaO | 1.00 | 1.00 | $SiO_2$ | 0.48 | 0.48 |
| MgO | 0.78 | 0.80 | $B_2O_3$ | 0.42 | 0.43 |
| MnO | 0.59 | 0.60 | $P_2O_5$ | 0.40 | 0.40 |
| $Cr_2O_3$ | 0.55 | 0.55 | $CaF_2$ | | 0.20 |

**【例 3-7】**

炉渣的成分为 $w(CaO)=44.05\%$，$w(SiO_2)=48.95\%$，$w(MgO)=2.0\%$，$w(Al_2O_3)=4.6\%$，求其光学碱度。

**解**　按式(3-9)计算炉渣的光学碱度，需要先计算出氧化物组分的物质的量分数，结果如下表：

**表 3-6　炉渣中氧化物组分的物质的量分数**

| 组分 | CaO | $SiO_2$ | MgO | $Al_2O_3$ |
|---|---|---|---|---|
| $n(B)$ | 0.787 | 0.816 | 0.050 | 0.045 |
| $x(B)$ | 0.463 | 0.481 | 0.021 | 0.027 |

$$\sum n=1.698$$

$$\sum n(O)\cdot x(B)=1\times 0.463+2\times 0.481+1\times 0.029+3\times 0.027=1.535$$

各氧化物的光学碱度查表 3-5 为 $\Lambda_{CaO}=1$，$\Lambda_{SiO_2}=0.48$，$\Lambda_{MgO}=0.78$，$\Lambda_{Al_2O_3}=0.61$，而炉渣的光学碱度为：

$$\Lambda=\sum x(B^+)\Lambda_B=\frac{1\times 0.463}{1.535}\times 1+\frac{2\times 0.48}{1.535}\times 0.48$$
$$+\frac{1\times 0.029}{1.535}\times 0.78+\frac{3\times 0.027}{1.535}\times 0.61=0.65$$

碱度除用以确定炉渣的脱硫、脱磷能力外，还能控制炉渣中某些氧化物的活度。例如，冶炼锰铁时，为使炉渣中的 MnO 能大量还原，应造碱度较高的炉渣，以提高 MnO 的活度。冶炼硅铁时，则应造酸性渣，提高 $SiO_2$ 的活度，以利于它的还原。

### 3.7.2 氧化-还原性

熔渣中 $Fe^{2+}$ 的标准电极电势最小，所以它能伴随 $O^{2-}$ 向金属液中转移，出现下列的离子反应过程：

$$(FeO)=(Fe^{2+})+(O^{2-})=[Fe]+[O]$$

按照传递氧的性质，炉渣分为两种类型：(1)能向与之接触的金属液供给氧[O]而使其内溶解的元素发生氧化的熔渣，称为氧化渣；(2)能使金属液中溶解氧量减小，以氧化铁或 $Fe^{2+}$、$O^{2-}$ 离子团进入其内的熔渣，则称为还原渣。

金属液中 $w[O]$ 与熔渣内氧化铁的活度有关，氧在熔渣—金属液间的分配常数为：

$$(FeO)=[Fe]+[O] \quad Lo=w[O]/a_{FeO}$$

$$\lg a_{FeO}=-\lg Lo+\lg w[O]=\frac{6320}{T}-2.734+\lg w[O] \tag{3-11}$$

代表熔渣氧化能力的 $a_{FeO}$ 增大时，与之接触的金属液中氧的浓度 $w[O]$ 亦增大，而金属液中被氧化元素的浓度就愈低。熔渣中的高价氧化铁主要是 $Fe_2O_3$，除了能提高 $a_{FeO}$、增大熔渣的氧化能力外，也能使熔渣从炉气中吸收氧，并能向金属液中传递氧。

与熔渣的氧化性相反，如熔渣能从与之接触的钢液中移去氧而使钢液脱氧，则这种熔渣具有还原性能，因为按分配定律出现了 $w[O]>a_{FeO}\times Lo$ 的关系。因此，钢液中的[O]经过钢液—熔渣界面向熔渣中扩散，其氧含量不断降低，直到出现 $w[O]=a_{FeO}\times Lo$ 的平衡状态。

一般可根据熔渣内 $w(FeO)$ 来判断熔渣的氧化—还原性，具有还原性的高炉渣内的 $w(FeO)<1\%$，而氧化性较强的炼钢渣中的 $w(FeO)=10\%\sim25\%$。

### 3.7.3 熔渣的容量性质

熔渣的容量性质表示熔渣吸收有害物质的能力。冶金生产中对钢铁性能有害的物质(如硫、磷、氮、氢)或水蒸气等均能在熔渣中溶解并保留其中。把熔渣具有容纳或溶解这些物质的能力称为炉渣的容量性质。

由于这些气体是中性分子，而熔渣是离子态的熔体，因此，这些气体要吸收电子才能转变为阴离子(简单的阴离子或络阴离子)，而渣中有 $O^{2-}$ 参加反应，所以溶解反应式是有 $O^{2-}$ 参与的碱性渣中的离子反应式。

#### 3.7.3.1 硫容量

钢铁冶金中实际氧分压较低($10^{-3}$ Pa)，熔渣中可考虑硫以 $S^{2-}$ 存在。气体硫在熔渣内溶解的反应为

$$\frac{1}{2}S_2+(CaO)=(CaS)+\frac{1}{2}O_2 \qquad \Delta_r G_m^0=97111-5.61T \quad J/mol$$

$$\frac{1}{2}S_2+(O^{2-})=(S^{2-})+\frac{1}{2}O_2 \quad K'_S=\frac{a_{S^{2-}}}{a_{O^{2-}}}\times\left(\frac{p_{O_2}}{p_{S_2}}\right)^{1/2} \text{ 或 } K_S=w(S)\times\frac{\gamma_{S^{2-}}}{a_{O^{2-}}}\times\left(\frac{p_{O_2}}{p_{S_2}}\right)^{1/2}$$

$$C_S=w(S)\times\left(\frac{p_{O_2}}{p_{S_2}}\right)^{1/2}=K_S\times\left(\frac{a_{O^{2-}}}{a_{S^{2-}}}\right) \tag{3-12}$$

在一定温度下，硫容量 Cs 随熔渣中氧的活度，即碱度的增加及 S 的活度系数的减小或硫在渣中的浓度的增大而增大，即与熔渣组成，特别是与碱度有很大的关系。

可采用下列方法求熔渣的硫容量：

(1)测定与金属液平衡的熔渣中 $w[S]$ 及利用硫溶解的标准吉布斯自由能变化计算 $p_{S_2}$ 和氧溶解的标准吉布斯自由能变化计算 $p_{O_2}$，或由铁液中与 $p_{O_2}$ 有关的溶解元素[M]或[O]的平衡浓度计算 $p_{O_2}$，由式(3－12)计算出 $C_S$。

(2)利用熔渣碱度求硫容量 $C_S$。

$$\lg C_S=-5.57+1.39R$$

式中 $$R=[x(CaO)+\frac{1}{2}x(MgO)]/[x(SiO_2)+\frac{1}{3}x(Al_2O_3)]$$

一些二元渣系的硫容量 Cs 如图 3－34 所示。

(3)利用光学碱度求硫容量 $C_S$。利用测定的熔渣的 $\lg C_S$ 与其光学碱度 $\Lambda$ 作图可得出下列关系：

$$\lg C_S=12.0\Lambda-11.9 \quad \text{或} \quad \lg C_S=\frac{22690-54640\Lambda}{T}+43.6\Lambda-25.2 \tag{3-13}$$

### 3.7.3.2 磷容量

磷在炉渣中存在的形式也与体系的氧分压有关，氧分压很低时形成 $P^{3-}$，氧分压高时形成 $PO_4^{3-}$，其反应分别为

$$\frac{1}{2}P_{2(g)}+\frac{3}{2}(O^{2-})=(P^{3-})+\frac{3}{4}O_2,\ \frac{1}{2}P_{2(g)}+\frac{3}{2}(O^{2-})+\frac{5}{4}O_2=(PO_4^{3-})$$

在炼钢的氧化过程中，渣中的磷一般是以 $PO_4^{3-}$ 状态存在的。磷在氧化性渣中的溶解度可利用磷容量或磷酸盐容量来表示。磷酸盐容量 $C_{PO_4^{3-}}=w(PO_4^{3-})\times\frac{1}{P_{P_2}^{1/2}\cdot P_{O_2}^{5/4}}=K_P\times\frac{a_{O^{2-}}^{2/3}}{p_{PO_4^{3-}}}$

对于钢液的脱磷反应 $[P]+\frac{5}{2}[O]+\frac{3}{2}(O^{2-})=(PO_4^{3-})$，此铁液中磷在熔渣中溶解的磷容量为：

$$C'_{PO_4^{3-}}=w(PO_4^{3-})\times\frac{1}{f_p w[P]a_{[O]}^{5/2}}=K\frac{a_{O^{2-}}^{3/2}}{\gamma_{PO_4^{3-}}} \tag{3-14}$$

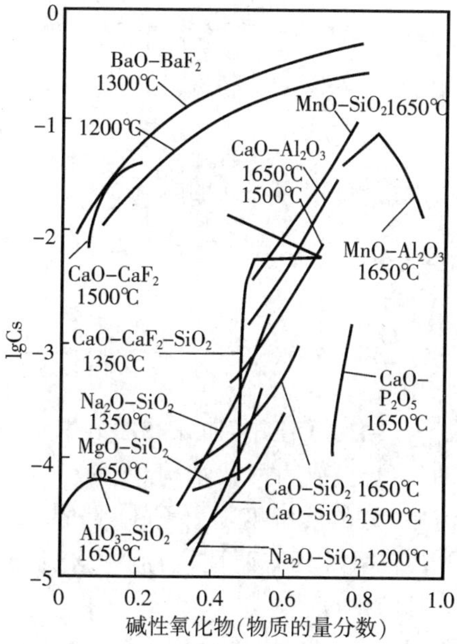


图 3-34　二元渣系的硫容量 $C_S$

部分渣系的磷容量如图 3-35 所示。

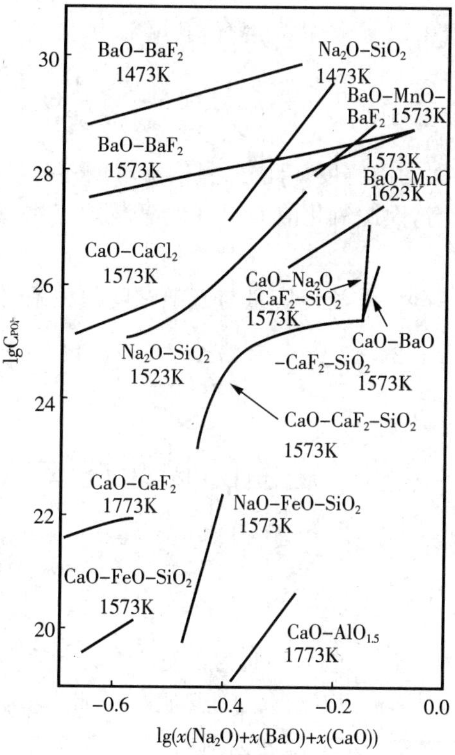


图 3-35　部分渣系的磷酸盐容量 $C_{PO_4^{3-}}$

实验得到磷酸盐容量与光学碱度的关系

$$\lg C'_{PO_4^{3-}}=\frac{29990}{T}-23.74+17.55\Lambda \tag{3-15}$$

#### 3.7.3.3 氮容量

氮在碱性及酸性渣中均能溶解，但有不同的机理：

$$\frac{1}{2}N_2+\frac{3}{2}(O^{2-})=(N^{3-})+\frac{3}{4}O_2 \qquad (碱性渣中)$$

$$\frac{1}{2}N_2+(\vdots Si-O-Si\vdots)=(\vdots Si-N-Si\vdots)+\frac{1}{2}O_2(酸性渣中)$$

即在碱性渣中，氮形成 $N^{3-}$ 溶解于渣中，而在酸性渣中 N 进入硅氧络离子内，替换桥氧（$\vdots Si-O-Si\vdots$ 结构中的 $-O-$）成为网状结构（$\vdots Si-N-Si\vdots$），因此氮的溶解度与 $a_{O^{2-}}$ 或碱度有关。在酸性渣中，氮的溶解度随着 CaO 量的增加而降低，达到最小值后又随着 $a_{O^{2-}}$ 的增加而增大，所以表明氮具有两性，当渣中含有与氮有较强亲和力元素的氧化物，如 $Ti_2O_3$ 时，氮有较大的溶解度。

由碱性熔渣中的氮溶解反应可得出熔渣的氮容量

$$C_N=w(N)\times\frac{p_{O_2}^{3/4}}{p_{N_2}^{1/2}}=K_N\times\frac{a_{O^{2-}}^{3/2}}{\gamma_{N^{3-}}} \tag{3-16}$$

当有碳存在时，氮在渣中以 $CN^-$ 状态溶解，其反应为

$$\frac{1}{2}N_2+C+\frac{1}{2}O^{2-}=(CN^-)+\frac{1}{4}O_2$$

而氮在碱性渣中有较大的溶解度。此外，氮的溶解度还与渣的氧化—还原性有关，在氧化性渣中氮的溶解度不高，因此氧化渣能很好地隔断炉气中氮对金属液的作用。在还原渣内氮有较大的溶解度。

$CaO-SiO_2-Al_2O_3-MgO$ 炉渣氮容量与光学碱度的关系为

$$\lg C_N=-24.12\Lambda^2+25.77\Lambda-38827.10/T+2.67 \tag{3-17}$$

## 3.8 熔渣的物理性质

### 3.8.1 熔化温度

冶炼不仅是在均匀的液态渣下进行，而且为了使熔渣具有适合的物理化学性质，如粘度、活度、电导性等，就要求熔渣具有高过其熔点的过热温度，因此，确定炉渣的熔点是很重要的。

炉渣的熔化或凝固发生在一定的温度范围内，因而称为熔化温度。熔化温度定义为加热时，固态渣完全转变为均匀液相或冷却时液态渣开始析出固相的温度。一定组成的炉渣可从相图上确定该组成点所在的液相线温度或等温线的温度。但是，实际炉渣的熔点要比由相图确定的值低，因为未计入渣中少量其他组分对熔点降低的影响。最好是用

实验方法测定熔点，比较准确的测定法是淬火法，它是用淬火急冷高温渣样，用显微镜观察确定固相完全转变为均匀液相的温度。对于铸钢用的合成渣，则常用半球点法，即测定加热一定尺寸的固体渣样到其高度下降一半的温度规定为熔点。常见冶金熔渣的熔化温度见表 3－7 所列。

氧化物及硅酸盐是离子晶体结构。其熔点和晶体对温度作用的抵抗力有关，因而它决定于晶体中与离子间库仑引力有关的晶格能，其值大，熔点就高。当一种物质溶解于另一种物质中，两种或多种氧化物形成复合化合物或多元共晶体时，均可使它们构成的渣系的熔点降低。加入后能使炉渣熔点降低的物质称为助熔剂。可根据相图来选择对冶炼工艺无害的助熔剂获得熔点较低的熔渣。

**表 3－7　常见冶金熔渣的熔化温度**

| 体系 | 物　质 | 熔化温度/℃ | 密度/$10^3 kg \cdot m^{-3}$ |
|---|---|---|---|
| | 铝电解质 | ～960 | 2.095～2.111 |
| 熔盐 | 镁电解质 | 580～700 | 1.70～1.80 |
| | 锂电解质 | 350～360 | |
| 熔渣 | | 1100～1400 | 3.0～4.0 |
| 熔锍 | | 700～1100 | 3.0～5.0 |

例如冶炼镍铜品位低、钙镁含量高的镍精矿时的渣型选择，根据矿石成分的变化可选择两种酸性渣型：高硅渣和高钙渣，两种渣型都能抑制氧化镁和磁性氧化铁的有害作用。

对于含镁高的矿石，采用高硅渣可以增加炉渣硅酸度，抑制 MgO（熔点约 2800℃）的危害，同时使 $Fe_3O_4$ 造渣：

$$2MgO + SiO_2 = 2MgO \cdot SiO_2$$

$$3Fe_3O_4 + FeS + 5SiO_2 = 5(2FeO \cdot SiO_2) + SO_2$$

$SiO_2$的加入量随原料成分而变化。

图 3－36 中 *A* 点代表高硅渣中 $SiO_2$ 含量的下限，*B* 点代表其上限。高硅渣的熔化温度在 1400℃～1500℃之间。炼镍鼓风炉的风口区温度可达 1500℃～1800℃，足以保证渣的过热与排放。

当炼镍原料中含有较多的 CaO 时，可选用高钙渣。图 3－37 中的 *C* 点为高钙渣 CaO 含量的下限，位于鳞石英相区内 1200℃等温线下面。*D* 点代表高钙渣 CaO 含量的上限，位于硅灰石 CaO－$SiO_2$ 相区，紧靠 1100℃等温线。高钙渣的熔化温度处于 1100℃～1200℃之间。由于渣中 MgO 含量为 4%～9%或更高，高钙渣的熔化温度可能更高。

因此，高钙渣的熔化温度比高硅渣低。对于高镁原料，在强化熔炼和其他因素变化不大的情况下，选用高硅渣或高钙渣均能正常冶炼并得到低的含镍渣。

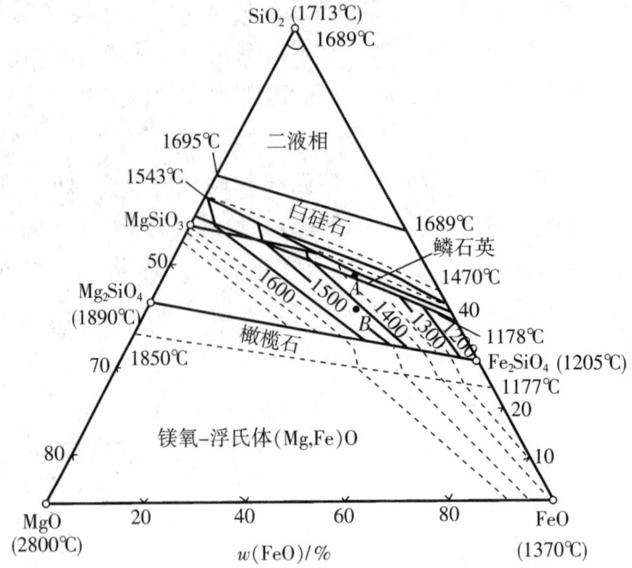

图 3－36　MgO－FeO－$SiO_2$ 渣系熔化等温线图

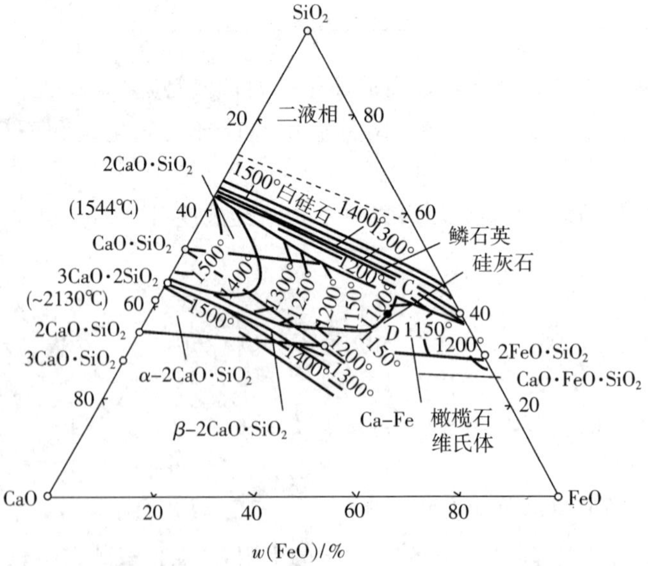

图 3－37　CaO－FeO－$SiO_2$ 渣系熔化等温线图

## 3.8.2　密度

熔渣的密度为(2.8～3.2)×$10^3$ kg/$m^3$。密度的温度系数为 7kg/$m^3$ 每 100℃，渣系的密度与温度及氧化物的种类有关。FeO、MnO、$Fe_2O_3$ 等密度较大[(5.24～5.7)×$10^3$ kg/$m^3$]的组分含量高，则熔渣的密度大；$SiO_2$、CaO、$Al_2O_3$ 等密度较小[(2.65～3.50)×$10^3$ kg/$m^3$]的组分含量高，则熔渣的密度小些。但熔渣的密度不服从组分密度的加和规律，因为组分之间可能有引起熔体内某些有序态改变的化学键出现从而改变熔渣的密度。例如，在硅酸盐渣系中阳离子的静电势大，则渣的膨胀率小，而渣的密度大。反之，如 $K^+$、$Na^+$ 等静电势小，则渣的密度小。

熔渣的密度数据测定比较困难，一般测定不同温度下熔渣的密度绘制成密度图，如图 3－38 所示为 1550℃时 $Al_2O_3$－CaO－$SiO_2$ 渣系的密度，测定成分范围的渣系密度约为 $2.5\times10^3 kg/m^3$。图 3－39 为 1400℃时 CaO－FeO－$SiO_2$ 渣系的密度，测定成分范围的渣系密度范围 $(2.9\sim4.5)\times10^3 kg/m^3$。图 3－40 为 $Al_2O_3$－CaO－$SiO_2$－$Na_2O$ 四元渣系的密度。

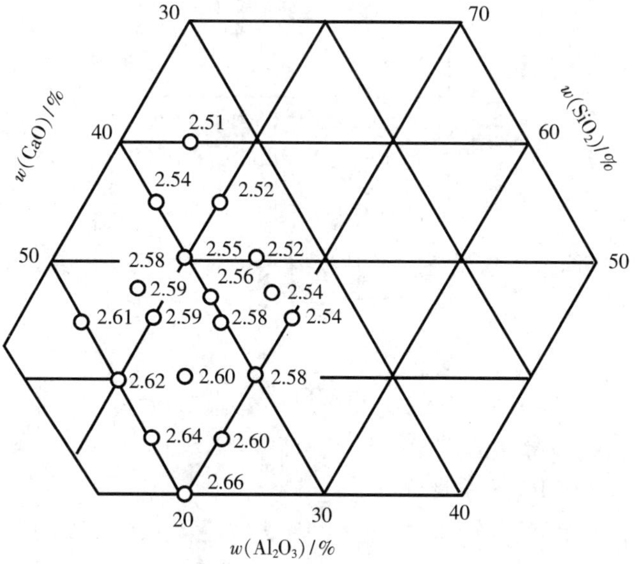


图 3－38　$Al_2O_3$－CaO－$SiO_2$ 渣系的密度（1550℃，单位：$10^3 kg/m^3$）

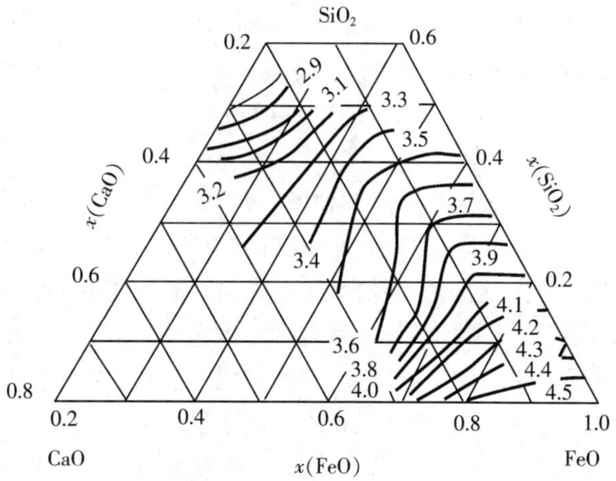


图 3－39　CaO－FeO－$SiO_2$ 渣系的密度（1400℃，单位：$10^3 kg/m^3$）

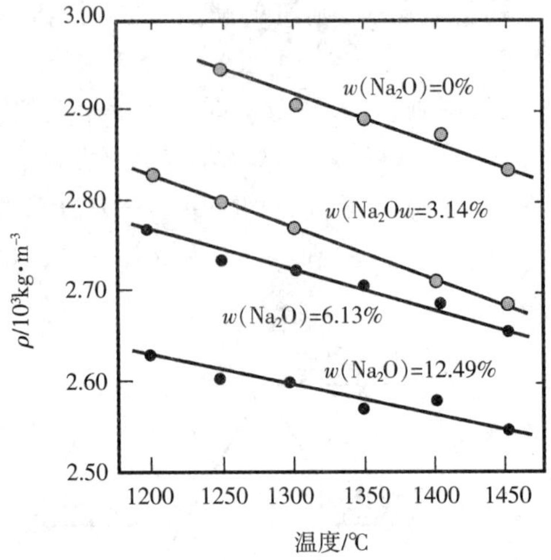


图 3-40　$Al_2O_3$-CaO-$SiO_2$-$Na_2O$ 渣系的密度

当所讨论的熔渣体系密度缺乏实验数据时，可用固体炉渣的密度代替熔融炉渣的密度。缺乏固态炉渣密度资料的实验数据时，可以近似地由纯氧化物密度按加和规则估算熔渣的密度：

$$1/\rho = \sum (w(MO)/\rho_{MO})\ m^3/kg \tag{3-18}$$

式中　$\rho(MO)$——渣中 MO 的密度；

$w(MO)$——渣中 MO 的质量分数。

高温下的熔渣密度可按经验公式计算。对于碱性及半酸性渣，推荐由熔渣比容（密度的倒数）的经验公式来计算其密度（$t=1400$℃）：

$$\rho_{1400} = 1/V$$

$$V = 0.45w(SiO_2) + 0.285w(CaO) + 0.204w(FeO) + 0.35w(Fe_2O_3) + 0.237w(MnO) + 0.367w(MgO) + 0.48w(P_2O_5) + 0.402w(Al_2O_3) \tag{3-19}$$

对于其他温度的密度，可用下式得出：$\rho_t = \rho_{1400} + 0.07(1400 - t)\ kg/m^3$。

### 3.8.3　粘度

在任何冶炼过程中都要求熔渣有适宜的粘度，这不仅关系到冶炼过程能否顺利进行，而且对过程中的传热、传质，从而对反应的速率以及熔池中杂质的排出、金属在熔渣中的损失、炉衬的寿命等都有影响。另外，通过熔渣粘度和组成关系的研究有助于了解熔渣的结构。

熔渣的粘度为 0.1～10Pa·s，比液体金属高两个数量级，而均匀熔渣与非均匀性熔渣的粘度有很大的不同。对于均匀性的熔渣，它的粘度服从牛顿粘滞液体的规律，粘度决定于移动质点的活化能。在硅酸盐渣系中，硅氧络离子的尺寸远比阳离子的尺寸大，移动时需要的活化能也最大，因此，硅氧聚合体成为熔渣中主要的粘滞流动单元。当熔渣的组成改变，引起硅氧聚合体解体或聚合，从而使得结构改变时熔渣的粘度就会相应地降低或提高。

熔渣出现不均匀性时，常是其内出现了不溶解的组分质点，或是在温度下降时，高熔点组分的溶解度减小，成为难熔的细分散状的固相质点而析出，这时熔渣变为不均匀性的多相渣，其粘度要比均匀性渣的粘度大得多，不服从牛顿粘滞定律，这种熔渣的粘度称为

“表观粘度”，能用下式表示：

$$\eta=\eta_0(1+\alpha\varphi) \tag{3-20}$$

式中　$\varphi$ 为渣中分散固体粒子的体积分数($\varphi=0\sim1.0$)；$\alpha$ 为常数，当 $\varphi<0.1$ 时，$\alpha=2.5$；$\eta$ 为常数，熔渣的牛顿粘度，Pa·s。

此外，温度对粘度也有较大影响。温度虽不能改变粘流活化能，但温度提高使具有粘流活化能的质点数增多；同时质点的热振动加强或质点的键分裂，络离子可能解体成为尺寸较小的流动单元，因而粘度下降。

#### 3.8.3.1　$CaO-SiO_2-Al_2O_3$ 渣系的粘度

在1400℃～1500℃及 $w(CaO)=40\%\sim55\%$，$w(Al_2O_3)=5\%\sim20\%$ 的成分($R=0.9\sim1.1$)范围内，该渣系的粘度有较小值(<2Pa·s)。当CaO浓度降低时粘度增大是由于硅氧络离子变大。CaO浓度增加时粘度变大是由于形成的硅酸钙熔点高，熔渣进入了非均相区。因此，这种渣的粘度受碱度的影响显著，碱度一般只能在0.9～1.2范围内。图3-41是 $CaO-SiO_2-Al_2O_3$ 渣系的粘度曲线图。

由于 $Al_2O_3$ 是两性氧化物，在 $Al_2O_3$ 浓度不高的碱性区内，粘度曲线差不多与 $SiO_2-Al_2O_3$ 边平行，因此保持 $w(CaO)$ 不变时，用 $Al_2O_3$ 取代 $SiO_2$ 则粘度的变化很小，显示 $Al_2O_3$ 呈现酸性。但在 $Al_2O_3$ 浓度较高的酸性区内，当保持 $w(CaO)$ 不变时，用 $Al_2O_3$ 取代 $SiO_2$ 则粘度下降。

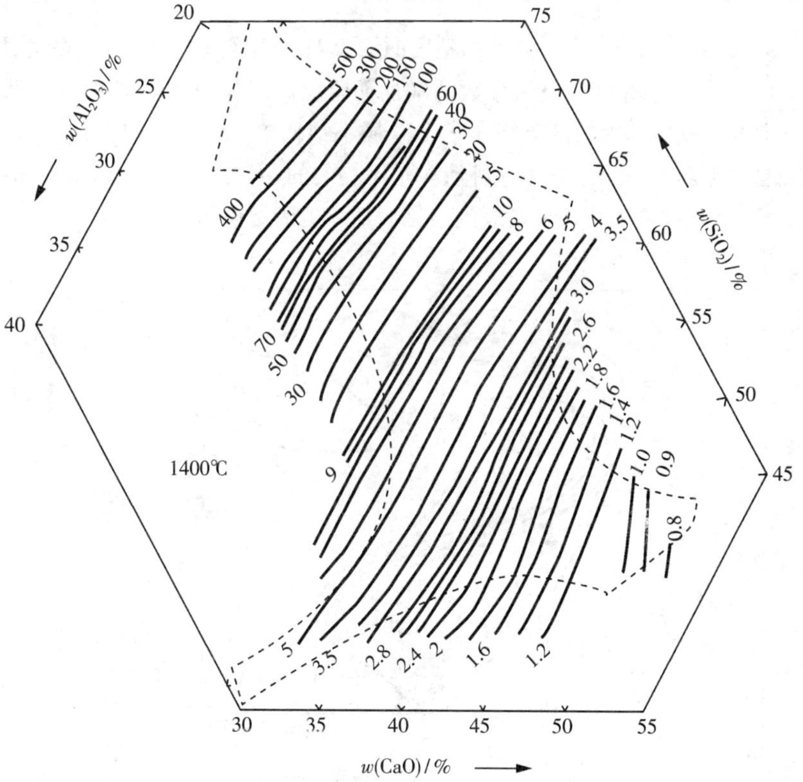


图3-41　$CaO-SiO_2-Al_2O_3$ 渣系的粘度曲线图

此渣系在不同冶炼条件下，还含有 MgO、MnO、BaO、$TiO_2$、$Na_2O$ 等组分，它们对此渣系的粘度有不同程度的影响：

(1) MgO，当 MgO 的浓度较高时，此渣系可作为 $CaO-SiO_2-Al_2O_3-MgO$ 系处理，虽然许多时候仍将 MgO 并入 CaO 组分内看待，但 MgO 对熔渣的性质显示出一定影响。在酸性渣内（碱度约 0.7），MgO 能使熔渣的熔点及粘度显著降低，因为它能使硅氧络离子解体，并能与 $SiO_2$、$Al_2O_3$ 形成一系列低熔点的复合化合物。这些物质的熔点都在 1400℃以下，所以随着碱度不断地提高，MgO 的存在能使粘度不会升高很快。但渣中 $w(MgO)$ 不能太高，一般为 6%～10%，否则由 $[w(CaO)+w(MgO)]/w(SiO_2)$ 计算的碱度过高，形成了高熔点的方镁石，在熔渣中就难于溶解。

(2) MnO，MnO 主要在于降低炉渣的熔化温度，提高过热度，使熔渣在很宽的温度范围内保持均匀液态。因为渣内有低熔点的铁橄榄石形成。

(3) BaO，由于 $Ba^{2+}$ 的静电势（1.4）比 $Ca^{2+}$ 的静电势（1.89）小，所以在碱度为 0.9 以下，用 BaO 去代替 CaO 可使熔渣的熔点和粘度不断降低，但碱度在 0.9 以上，BaO 的增加会使粘度不断升高，因为炉渣的熔点升高了，和 CaO 所起的作用相同。

(4) $Na_2O(K_2O)$，当碱度不高（<1）时，$Na_2O+K_2O$ 进入 $CaO-SiO_2$，能与 $SiO_2$ 及 CaO 形成一系列低熔点的复杂化合物，因而能降低炉渣的熔点和粘度。配制以此渣系为基础的铸钢用的保护渣及炉外精炼渣时，多用含有这些组分的物质，如苏打作助熔剂。

(5) $CaF_2$，前面已提到 $CaF_2$ 能降低炉渣的熔点和粘度。

#### 3.8.3.2 $CaO-SiO_2-FeO$ 渣系的粘度

图 3－42 是 $CaO-SiO_2-FeO$ 渣系的粘度曲线。碱性炼钢渣在均相态时粘度都比较小，一般为 0.05～0.4Pa·s，并随 FeO 质量分数的增加而降低。因为炉渣的碱度（>2）及 FeO 的质量分数（>10%）均较高，其内的硅氧络离子多以最小结构单元的硅酸根存在。而且这种渣的熔点也比较低。但是，在炼钢过程中这种渣多是不均匀的，因为不断有熔剂石灰和被侵蚀的耐火材料进入其中。这些物质往往要延续到熔炼后期才能为熔渣所同化。

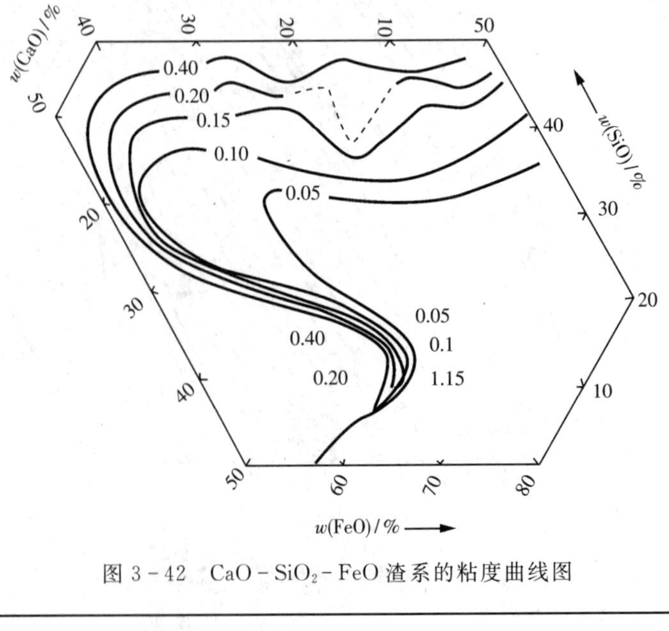


图 3－42 $CaO-SiO_2-FeO$ 渣系的粘度曲线图

提高温度、加入助熔剂均能降低这种熔渣的粘度。渣中氧化铁量的增加是促进渣内石灰块迅速溶解，转变为均匀性渣最好的措施，因此在氧化熔炼过程中，熔渣应保持有足够适量的氧化铁。

### 3.8.4 电导率

在用电冶炼时，熔渣的导电性直接影响到电炉的供电制度和电能的消耗。此外，通过熔渣导电性的研究，有助于确定熔渣内离子结构的形式和性能。冶金熔渣的导电性也服从欧姆定律，由此可得出测定电导率的公式：

$$\kappa = C/R$$

式中 $\kappa$ 为电导率，S/m；$C$ 为电导池常数，由已知电导率的熔盐得出；$R$ 为两极间测定的熔渣的电阻值，Ω。

熔渣的导电是其中离子在外电场作用下向一定方向输送电量的性质。但过渡金属的某些低价氧化物（FeO），则具有较大的电子导电，所以这些化合物的熔渣则是电子—离子共同导电的混合导体。温度升高，电子导电的作用减小，而离子导电的作用则加强。在硅酸盐渣系中，参加导电的仅是结构简单的阳离子和阴离子，而且往往又仅是一种符号的离子参加导电。

### 3.8.5 表面性质

熔渣的表面张力和熔渣—金属液间的界面张力对气体—熔渣—金属液的界面反应有很重要的作用。它们不仅影响到界面反应的进行，而且影响到熔渣与金属的分离、钢液中夹杂物的排出、反应中新相核的形成、熔渣的起泡、渣－金属的乳化、熔渣对耐火材料的侵蚀等。此外，它们对反应机理的探讨（传质是通过界面进行的）及相界面结构的研究也有重要的作用。

#### 3.8.5.1 表面张力

纯氧化物的表面张力位于 0.3～0.6N/m（熔点附近温度），主要与离子间的键能有关。氧化物的表面主要为 $O^{2-}$ 所占据，因为（$O^{2-}$）的半径比阳离子的半径大，所以在形成熔体时，氧化物表面张力的变化，主要决定于表面的（$O^{2-}$）与邻近阳离子的作用力。由于表面上富集的总是力场较弱的组分，因此，形成氧化物的阳离子的静电势（$Z/r$）大，而离子键分数又高的氧化物有较高的表面张力，图 3－43 表明了这种关系。

当这些氧化物共熔形成熔体时，熔体的表面张力将随着表面张力低的组分的加入而不断降低。温度升高，质点的热运动和质点的间距增加，作用力减弱，熔体的表面张力有所降低，但是，温度升高，质点的动能增加，促进了吸附在熔体表面的络离子脱附，离开表面，进入熔体中，从而熔体的表面张力又有提高。因此，总的来说温度对熔渣表面张力的影响不大（表面张力的温度系数为 0.04～0.12N/(m·K)）。

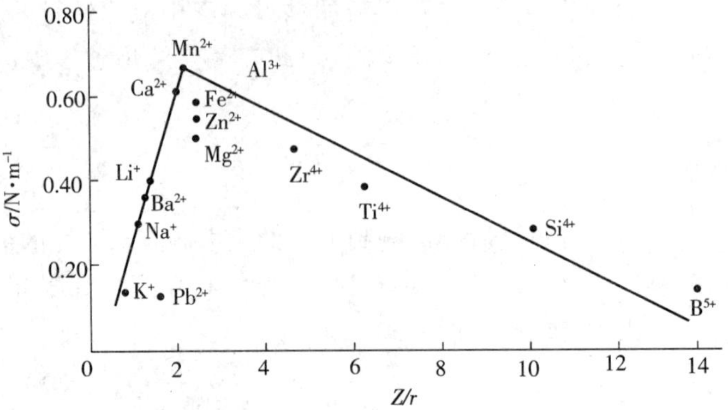


图 3-43 氧化物的表面张力与阳离子的 $Z/r$ 的关系(1673K)

实际渣系的表面张力常采用气泡最大压力法测定。对表 3-8 中组分形成的硅酸盐系,可由各组分的表面张力因子与其浓度乘积之和的加和公式得出:$\sigma=\sum\sigma_B x(B)$。

**表 3-8 熔渣组分的表面张力因子**

| 渣系 | CaO | MgO | FeO | MnO | $SiO_2$ | $Al_2O_3$ |
|---|---|---|---|---|---|---|
| 玻璃 | 0.51 | 0.52 | 0.48 | 0.39 | 0.29 | 0.58 |
| 熔渣 | 0.52 | 0.53 | 0.59 | 0.59 | 0.40 | 0.72 |

一般表面张力的测定多在 1673~1723K 进行的,可适用于较高温度,因为由吸附而引起的表面张力的变化受温度的影响较小。用上式算出的一般熔渣的表面张力比实测值要高 8%~10%,因为少数组分的影响未计算。

### 3.8.5.2 熔渣的起泡性

进入熔渣内的不溶解气体(金属-熔渣间反应产生的气体或从外界吹入的气体)被分散在其中形成无数小气泡时,熔渣的体积膨胀,形成液膜分隔的密集排列的气孔状结构,称为泡沫渣。泡沫虽能增大气-渣-金属液间反应的界面及速率,但它的导热性差,在某些条件下恶化了熔渣对金属的传热。在高炉内形成的泡沫渣能使下部炉料的透气性恶化,压差提高,出铁前后风压的波动大,难于接收风量;而且下料不畅,破坏了冶炼行程的稳定及限制了冶炼的强化;泡沫渣进入渣罐,也使渣罐的利用率低及收集困难。在转炉冶炼中,泡沫渣能引起炉内渣—钢喷溅及从炉门溢出,并发生粘附氧枪头等问题。

泡沫渣的形成与熔渣的起泡能力及泡沫的稳定性有关。熔渣内各气泡之间有分隔膜存在,它的结构和性质决定了气泡的稳定性(或其存在的寿命)。这种分隔膜是熔渣和气体之间的表面相它是不同于气相和渣相的一个界限不很分明的薄层,只有两三个分子厚,由吸附的离子(特别是络离子)及分子组成。这些带电的离子能使相邻液膜间出现排斥力,在气泡内压的作用下,液膜被拉长,单位面积上吸附的活性物质的浓度降低,表面张力瞬时增加,使表面积收缩。于是熔渣向此处流动,阻碍了气泡之间熔渣的排出(称为排液),从而妨碍了气泡之间的合并,而使气泡的寿命增长,这称为楔压效应。

### 3.8.5.3 熔渣-金属液间的界面张力

当两凝聚相(液-固,液-液)接触时,相界面上的相质点间出现的张力称为界面张力。熔渣-金属液间的界面张力在 0.2～1N/m 范围,与两相的组成及温度有关。

图 3-44 及图 3-45 为三相(气、两液、固)平衡时,接触点三个张力的平衡关系。接触角 $\theta$ 或 $\alpha$ 是在液滴位于另一相的接触点,对另一液相表面所作切线(即 $\sigma_2$ 表面张力线)与界面张力线 $\sigma_{12}$ 之间的夹角。它表征一液相沿另一相铺展或润湿的程度。$\theta$ 或 $\alpha$ 值越小,则铺展或润湿的程度就愈大,而其间的界面张力就愈小。三个张力在接触点平衡时,力的向量方程是:

$$\vec{\sigma}_1+\vec{\sigma}_2+\vec{\sigma}_{12}=0$$

$$\sigma_{12}=\sigma_1-\sigma_2\cos\theta \tag{3-21}$$

$$\sigma_{12}=\sqrt{\sigma_1^2+\sigma_2^2-2\sigma_1\sigma_2\cos\alpha} \tag{3-22}$$

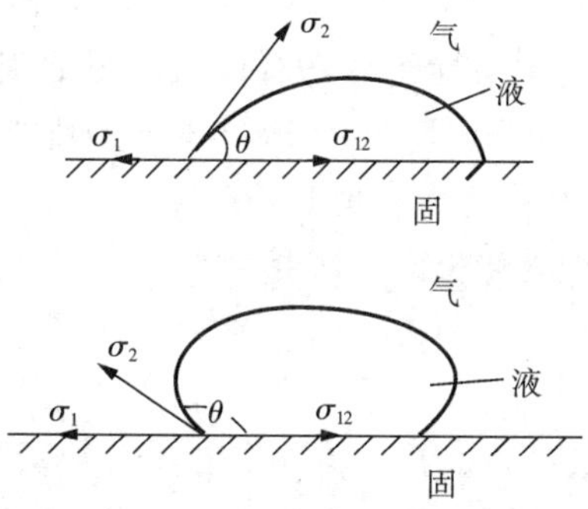


图 3-44　气-液-固三相张力的平衡关系

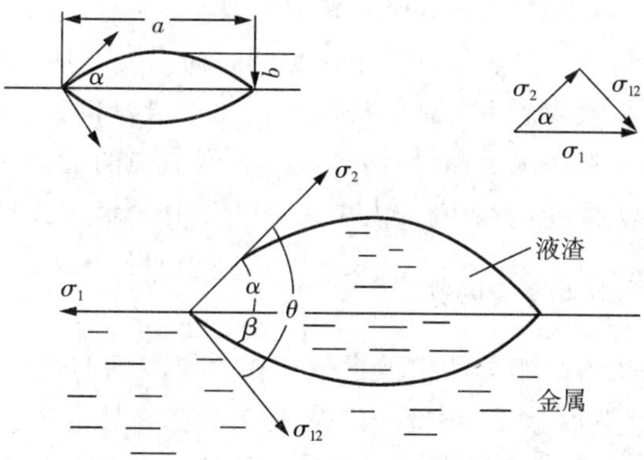


图 3-45　气-液-液三相张力的平衡关系

界面张力决定于两相的化学成分、结构。两接触相的性质愈相近,界面张力就愈小。当异类组分间的作用力大于其自身分子间的作用力时,两相在相界面就有相当大的互溶性,而使界面张力减小。虽然表面活性组分对金属液及熔渣的表面张力的影响都很大,但是,因为金属液的表面张力比熔渣的表面张力要大得多,所以从 $\sigma_{12}=\sigma_1-\sigma_2\cos\theta$($\sigma_1$ 和 $\sigma_2$ 分别为金属及熔渣的表面张力)可知,同一表面活性物在金属液中存在时,也要比在熔渣中存在时对界面张力的影响大得多。

影响界面张力的熔渣组分可分为两类:

(1)不溶解或差不多溶解于金属液中的熔渣组分,如 $SiO_2$、CaO 等不会引起 $\sigma_{12}$ 明显变化。

(2)能分配在熔渣与金属液间的组分,如 FeO、FeS、MnO,对 $\sigma_{12}$ 的降低很大,因为这些组分中的非金属元素能进入金属液中,使金属液和熔渣的界面结构趋于相近,降低了表面质点力场的不对称性。特别是进入金属液中的氧对 $\sigma_{12}$ 的降低起着决定性的作用。

影响界面张力的金属液元素则可分为 3 类:

(1)不进入渣相中元素,如 C、W、Mo、Ni 等对 $\sigma_{12}$ 基本无影响。

(2)能以氧化物形式进入渣中的元素，如 Si、P、Cr、Mn 能降低 $\sigma_{12}$，因为它们能形成络离子，成为渣中的表面活性成分。

(3)表面活性很强的元素，如 O、S 降低 $\sigma_{12}$ 作用就很强。虽然它们的浓度很低，但其所起的作用却很大，远超过酸性氧化物的作用。

#### 3.8.5.4 熔渣的乳化性能

熔渣能以液珠状分散在铁液中，形成乳化液，这称为熔渣的乳化性，它也主要与熔渣、金属液的表面张力及界面张力有关。粘附功愈大界面张力就愈小，两相的附着力也愈大，则熔渣与金属液就愈难分离。相反，粘附功愈小界面张力就愈大，则两相愈易分离。$W_{粘}=0$ 时，两者能完全分离成独立的两相。

$$W_{内}=2\sigma_S, W_{粘}=\sigma_m+\sigma_S-\sigma_{mS}$$

式中 $\sigma_S$——熔渣的表面张力；

$\sigma_{mS}$——消失的界面张力；

$\sigma_S+\sigma_m$——增加的界面张力。

熔渣—金属液的粘附功也同界面张力一样，受金属液中活性组分，如氧、硫的影响很大。氟化物渣系的粘附功远比氧化物渣系的大。能使界面张力降低的 FeO(MnO)则能提高粘附功。出钢时，钢液流入盛钢桶内的渣层中进行炉外精炼处理时，有 40%～50% 的熔渣被乳化，渣滴的大小为 $10^{-4}\sim10^{-2}$ m，处理后，这种乳化渣又可聚合及浮出。

#### 3.8.5.5 扩散

熔渣内组分的扩散系数比在金属液内的低一个数量级，约为 $10^{-11}\sim10^{-10}\ m^2/s$。因此，高温冶金反应过程的限制环节大都在熔渣内。由斯托克斯—爱因斯坦公式知，质点的扩散系数 $D_B$ 是与其半径和熔渣的粘度有关的。半径小，则扩散易，但这里未考虑质点带有电荷，实际上要受到周围异类电荷离子的作用，而使其扩散减慢。因此，可认为静电势小的离子有较大的扩散系数，而形成络离子的扩散最慢。由于扩散也是决定于其质点移动的活化能的迁移过程，可仿前导出公式 $D_B^n\eta=K$，式中 $n=E_\eta/E_D$，$K$ 为常数。

必须指出，在强烈搅拌的熔池中，对流传质能加快质点的扩散，使熔渣中各组分的传质速率差不多相同，而与组分的性质关系不大。因此，各组分的扩散系数可取相同的数量级。

## 思考和练习题

3－1 请从 $CaO-SiO_2-Al_2O_3$ 系相图中绘出或说明组成为 $w(CaO)=45\%$，$w(SiO_2)=35\%$，$w(Al_2O_3)=20\%$ 的炉渣冷却过程中液相及固相成分的变化，并用重心规则计算熔渣凝固后的相成分。

3－2 从 $CaO-SiO_2-FeO$ 系相图回答下列问题：(1)组成为 $w(FeO)=20\%$，$w(CaO)=40\%$，$w(SiO_2)=40\%$ 的炉渣在 1600℃ 是否熔化？(2)碱度为 2.3，$w(FeO)=10\%$ 的炉渣需在什么温度才能熔化？若 FeO 含量下降到 $w(FeO)=20\%$，在此温度应有

什么相析出？其量是多少？

3－3 试用分子理论假说计算与下列组成的熔渣平衡的铁液中氧的浓度。熔渣成分：$w(CaO)=21.63\%$，$w(MgO)=5.12\%$，$w(SiO_2)=7.88\%$，$w(FeO)=46.56\%$，$w(Fe_2O_3)=11.88\%$，$w(Cr_2O_3)=6.92\%$，在 1893K，与纯氧化铁渣平衡的铁液 $w[O]=0.24\%$。假定熔渣中有 FeO、$(2CaO\cdot SiO_2)$、$CaO\cdot Fe_2O_3$、$FeO\cdot Cr_2O_3$ 化合物分子存在，CaO＋MgO 与 CaO 同等看待。

3－4 试用完全离子溶液模型及 $CaO-SiO_2-FeO$ 系的等活度曲线图分别计算下列组成的熔渣在 1600℃时 FeO 的活度。熔渣成分为 $w(CaO)=45\%$，$w(SiO_2)=15\%$，$w(FeO)=18\%$，$w(MgO)=16.8\%$，$w(P_2O_5)=1.2\%$，$w(MnO)=4.0\%$。

3－5 把组成为 $w(FeO)=20\%$，$w(MnO)=10\%$，$w(MgO)=10\%$，$w(CaO)=40\%$，$w(SiO_2)=20\%$的熔渣与 $w[O]=0.1\%$的钢液接触，试问此渣能否使钢液中氧含量再增高？温度 1600℃。

3－6 利用熔渣的等粘度曲线图估计表 3－9 中所列高炉渣的粘度：

**表 3－9 高炉渣的成分**

| 组成/% | $SiO_2$ | $Al_2O_3$ | CaO | MgO | 温度℃ |
|---|---|---|---|---|---|
| 1 号渣 | 38.39 | 16.11 | 38.00 | 2.83 | 1500 |
| 2 号渣 | 32.94 | 17.23 | 40.53 | 2.55 | 1400 |
| 3 号渣 | 55.00 | 20.00 | 25.00 | —— | 1400 |

$$\sum w(CaO)=w(CaO)+w(MgO)$$

3－7 组成为 $w(CaO)=28\%$，$w(Al_2O_3)=12\%$，$w(SiO_2)=40\%$，$w(MgO)=20\%$的熔渣的粘度见表 3－10 所列。用回归分析法计算粘度的温度关系式（$\lg\eta=A/T+B$）。

**表 3－10 某熔渣在不同温度下的粘度**

| 温度/℃ | 1300 | 1350 | 1400 | 1450 | 1500 | 1550 |
|---|---|---|---|---|---|---|
| 粘度/Pa·s | 1.21 | 0.83 | 0.63 | 0.59 | 0.45 | 0.32 |

上篇　冶金热力学原理
中篇　冶金过程热力学
　第 4 章　化合物的生成与分解反应
　第 5 章　氧化物还原熔炼反应
　第 6 章　火法精炼反应
下篇　冶金过程动力学

# 第 4 章　化合物的生成与分解反应

[本章导读]

冶金过程使用的原材料很多都是化合物，许多化合物在高温下会发生分解，同时冶金反应过程也有很多化合物生成，因此，了解这些化合物的反应特性对掌握冶金过程规律具有重要意义。本章首先介绍化合物的生成—分解反应特性，在此基础上重点介绍氧化物的生成—分解反应、氯化物与硫化物的相对稳定性、碳酸盐的分解反应，最后介绍可燃气体和碳的燃烧反应、以及燃烧反应的气体平衡成分计算方法。

[知识目标]

通过本章学习，掌握化合物生成与分解反应的基本理论、氧化物的生成—分解反应与氧势图、碳酸盐的分解反应，重点掌握一类重要的化合物生成反应——燃烧反应，包括可燃气体和固体碳的燃烧反应。

[能力目标]

能够利用氧势图分析各类冶金反应的反应能力，分析氧化物的稳定性、硫化物和氯化物的稳定性，分析燃烧反应特性，计算燃烧反应的平衡成分。

[重点难点]

本章重点是氧化物的生成—分解反应和燃烧反应，难点是氧势图和燃烧反应的平衡成分计算。

冶金过程中使用的矿石和熔剂，如氧化物、硫化物、碳酸盐、卤化物等，都是由各种化合物组成；化合物的生成一分解反应不仅仅是冶金反应的过程之一，如碳酸盐、硫化物的焙烧，而且可由各种化合物的分解条件，对比在相同条件下各种化合物的稳定性，确定有元素和化合物参加的冶金反应中最主要的氧化一还原反应的热力学数据及反应进行的条件。

研究化合物的生成一分解反应，可以了解各种化合物的分解条件；比较各种化合物在相同条件下稳定性的高低；由生成一分解反应的热力学数据求出各种氧化一还原反应的热力学数据条件。

本章讨论的化合物生成一分解反应都是气体和纯凝聚相之间的气—固相体系，仅需用温度及气相的组成（分压）作为反应的热力学参数，构成反应的热力学参数状态图，确定体系中凝聚相产物形成或稳定存在的热力学条件，代替等温方程，从抽象的能量概念转变成具体的热力学条件，来分析反应的热力学问题。

## 4.1 生成－分解反应的基本概念

### 4.1.1 化合物的生成－分解反应

分解反应是化合物被加热到一定温度时或在一定真空条件下分解为一种更简单的化合物（或金属）和气体的一种过程，而生成反应是化合物分解反应的逆过程。

$$AB_{(S,l)} = A_{(S,l)} + B_{(g)}$$

AB——碳酸盐、氧化物、硫化物或氯化物；

A——相应的氧化物、金属或低价的氧化物、硫化物和氯化物等；

B——相应的二氧化碳、氧、硫或氯。

冶金过程常见的氧化物、硫化物、氯化物、碳酸盐等化合物的生成－分解反应有

$$2Fe_3O_4 = 6FeO + O_2\uparrow$$

$$2FeS_2 = 2FeS + S_2\uparrow$$

$$CaCO_3 = CaO + CO_2\uparrow$$

$$2CuCl_2 = 2CuCl + Cl_2\uparrow$$

$$C + O_2 = CO_2\uparrow$$

对于 $AB_{(S,l)}$、$A_{(S,l)}$ 等纯凝聚物，以纯物质为标准态，其活度为 1，反应的平衡常数为

$$K = p_B \tag{4-1}$$

$p_B$是在一定的温度下，化合物的生成一分解反应达到平衡时产生的气体的分压，称为化合物的分解压。若化合物分解出的气体产物不止一种，则分解压为所有气体产物压力之和。化合物在任一温度下的分解压的数值，可由热力学数据计算出来。

许多化合物的分解压都较低，特别是在低温下，有时甚至失去压力的意义。压力是表征气体分子对容器壁碰撞时转移动量的统计平均值，如体系中气体的分子数很小，则压力就失去了统计的意义。但我们更重视的是它代表的化合物的热力学意义。

由于化合物的分解反应是其形成反应的逆反应，故可利用化合物的标准吉布斯自由能变化，得出分解压的温度关系式：

由于 $\Delta_r G^0_{m(分)} = -RT\ln p_{B(AB)}$ 及 $\Delta_r G^0_{m(分)} = -\Delta_f G^*_{m(AB,S)}$

$$RT\ln p_{B(AB)} = \Delta_f G^*_{m(AB,S)}$$

$\Delta_f G^*_{m(AB,s)} = A' + B'T$　J/mol，所以

$$\lg p_{B(AB)} = A'/(19.147T) + B'/19.147$$

或

$$\lg p_{B(AB)} = A/T + B \tag{4-2}$$

式中　$A = A'/19.147$，$B = B'/19.147$。

$\Delta_r G^0_{m(分)}$——$AB_{(S)}$ 分解反应的标准吉布斯自由能，J/mol；

$\Delta_f G^*_{m(AB,S)}$——$A_{(S)}$ 与 1mol $B_{(g)}$ 结合成 $AB_{(S)}$ 化合物的标准生成吉布斯自由能变化，J/mol。

如果能由实验测定不同温度下化合物的分解压，并以 $\lg p_{B(AB)}$ 对 1/T 作图，由图中直线的参数，则可得出分解压的温度关系式。

### 4.1.2　分解反应的热力学参数状态图

处于一定温度及气相组成下的化合物能否分解或稳定存在，一般由等温方程式计算的 $\Delta_r G_m$ 确定。对于 $AB_{(S)}$ 化合物的分解，有

$$\Delta_r G_m = -RT\ln K + RT\ln p_B$$

由于 $K = p_{B(AB)}$，$p_B$ 即 $AB_{(S)}$ 周围气相中 B 的分压。故

$$\Delta_r G_m = RT\ln p_B - RT\ln p_{B(AB)} \tag{4-3}$$

按照化学平衡观点，反应总是趋向于建立平衡，因而在上述情况下，此体系将趋向于改变环境气相 B 的初始分压使之达到平衡值。因此，可能出现 3 种变化：

(1)当 $p_B < p_{B(AB)}$，$\Delta_r G_m < 0$，$AB_{(S)}$ 发生分解，$p_B$ 增加，直到 $p_B = p_{B(AB)}$ 时，达到平衡，或当 $AB_{(S)}$ 的量有限时，可完全分解；

(2)当 $p_B > p_{B(AB)}$，$\Delta_r G_m > 0$，分解反应逆向进行，即 $AB_{(S)}$ 形成，而 $p_B$ 不断降低，直到 $p_B = p_{B(AB)}$ 时，达到平衡，其结果是气相 B 的不断被消耗，或一直到 $A_{(S)}$ 全部转化为 $AB_{(S)}$；

(3)当 $p_B = p_{B(AB)}$，$\Delta_r G_m = 0$，当 $A_{(S)}$、$AB_{(S)}$ 同 $B_{(g)}$ 处于平衡，即这时 $AB_{(S)}$ 分解和其生成的速率达到了相等。

利用 $AB_{(S)}$ 分解压和温度关系式 $K = p_{B(AB)} = f(T)$ 或式(4-2)可绘出式(4-3)的影响分解压因素的关系图，如图 4-1 所示，该曲线(直线)将图分成 3 部分：

(1)图中的曲线(直线)为 $AB_{(S)}$ 分解及形成的平衡线，表明 $B_{(g)}$ 的平衡分压与温度的关系；

(2)曲线(直线)以上区域为 $AB_{(S)}$ 稳定存在区,或 $A_{(S)}$ 形成 $AB_{(S)}$ 的($p_B$,$T$)变动的范围,因为 $p_B > p_{B(AB)}$,所以 $\Delta_r G_m > 0$。

(3)曲线(直线)以下区域的是 $A_{(S)}$ 稳定存在的($p_B$,$T$)变动的范围,因为 $p_B < p_{B(AB)}$,所以 $\Delta_r G_m < 0$。曲线(直线)上的点,其 $p_B = p_{B(AB)}$,因而是 $A_{(S)}$、$AB_{(S)}$、$B_{(g)}$ 三者平衡共存。

这种以气一固相反应的气相组分的分压及温度为坐标绘制的平衡图,能表示出凝聚相稳定存在的热力学条件的范围,在冶金中称为优势区图,是冶金过程的热力学参数状态图,它能直观、简捷地反映等温方程确定的结果。图中曲线(直线)以上为反应物 $AB_{(S)}$,曲线(直线)以下为生成物 $A_{(S)}$ 稳定存在的热力学参数的范围。优势区图是一种从抽象的能量概念转换为具体条件的热力学分析方法,在气一固相反应中得到广泛的应用。

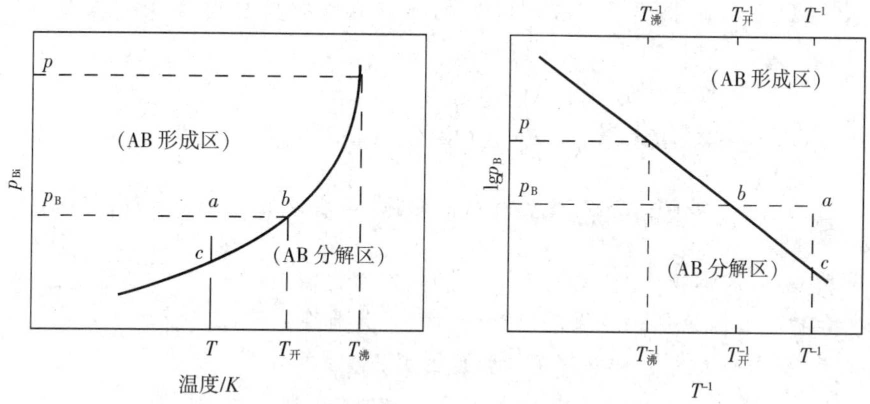


图 4-1　化合物 AB 形成一分解反应的热力学参数状态图

由图 4-1 可见,欲使位于一定状态($p_B$,$T$)的化合物 $AB_{(S)}$ 分解,有两种方法:

(1)降低气相 B 的分压,使 $p_B \leqslant p_{B(AB)}$,则 $\Delta_r G_m \leqslant 0$,$AB_{(S)}$ 开始分解,如图中的 $a$ 点变到 $c$ 点。这是采用真空使 $AB_{(S)}$ 发生分解的原理;

(2)提高体系的温度,$p_{B(AB)}$ 增加。当 $p_{B(AB)} \geqslant p_B$,则 $\Delta_r G_m \leqslant 0$,$AB_{(S)}$ 开始分解,如图中的 $a$ 点变到 $b$ 点。

因此加热到 $p_B = p_{B(AB)}$ 的温度就是 $AB_{(S)}$ 在一定分压 $p'_B = (p_B \times p^0, \mathrm{Pa})$ 下开始并继续分解的温度,而称为化合物分解的开始温度,用 $T_开$ 表示。因为当温度超过 $T_开$ 时,$AB_{(S)}$ 已进入其分解区或 $A_{(S)}$ 的稳定区。

在式(4-2)中用气相的 $p_B$ 代替 $p_{B(AB)}$,可求得 $AB_{(S)}$ 分解的开始温度,即

$$T_开 = A/(\lg p_B - B) \tag{4-4}$$

这是气相 $B$ 的分压为 $p_B$ 状态下的平衡温度。

当化合物继续被加热,其分解压达到体系的总压($p$)时,化合物将剧烈地分解,犹如把水加热到其蒸气压等于外压时发生沸腾一样,这时,化合物分解温度称为沸腾温度,用 $T_沸$ 表示。在这种条件下,用 $p$(量纲为一的量)代替式(4-2)中的 $p_{B(AB)}$,可求得 $T_沸$:

$$T_沸 = A/(\lg p - B) \tag{4-5}$$

当 $p'=101.3\text{kPa}$ 时，$p=p'/p^0=1$，而 $T_{沸}=-A/B$。

实际上，为使化合物实现分解，常须把它加热到沸腾温度。所以，一般实际的分解温度均是沸腾温度，即分解压达到101.3kPa的温度。

**【例4-1】**

试计算氧化亚铜($Cu_2O$)在1273K的分解压。已知

$$2Cu_{(S)}+\frac{1}{2}O_2=Cu_2O_{(S)},\Delta_f G_m^0(Cu_2O,s)=-169100+73.33T\quad J/mol$$

**题意分析** 计算 $Cu_2O$ 的分解压首先需要知道 $Cu_2O$ 分解反应的标准吉布斯自由能变化 $\Delta_r G_m^0(Cu_2O,s)$，再利用分解压与 $\Delta_r G_m^0(Cu_2O,s)$ 或平衡常数 $K$ 的关系进行计算。而 $\Delta_r G_m^0(Cu_2O,s)$ 可以根据已知 $Cu_2O$ 的标准生成吉布斯自由能变化 $\Delta_f G_m^0(Cu_2O,s)$ 计算。

**解** 第一步：计算反应的 $\Delta_r G_m^0(Cu_2O,s)$

由于 $\Delta_r G^0_{m(分)}=-\Delta_f G^*_{m(AB,s)}=2\cdot\Delta_f G_m^0(Cu_2O,s)$，故分解反应

$$2Cu_2O_{(S)}=4Cu_{(S)}+O_2,\Delta_r G_m^0(Cu_2O,s)=338200-146.66T\quad J/mol$$

分解反应中，气体物质 $O_2$ 均取1mol量，是便于比较各种氧化物的稳定性，及便于在元素与化合物参加的氧化—还原反应时，正好将 $O_2$ 消除。

第二步：根据平衡常数求分解压与温度的关系

$$\lg K=-\frac{338200}{19.147T}+\frac{146.66}{19.147}=-\frac{17663}{T}+7.66$$

由于 $K=p_{O_2(Cu_2O)}$，故 $\lg p_{O_2(Cu_2O)}=-\dfrac{17663}{T}+7.66$。

第三步：计算一定温度时的 $Cu_2O$ 分解压

1273K 时，$\lg p_{O_2(Cu_2O)}=-\dfrac{17663}{1273}+7.66=-6.215$，$p_{O_2}(Cu_2O)=6.0947\times10^{-7}$

$$p'_{O_2(Cu_2O)}=p_{O_2(Cu_2O)}\times p^0=6.095\times10^{-2}\text{Pa}$$

**【例4-2】**

将 $MgO_{(S)}$ 在真空度为133Pa的真空室内加热到1750K。试求 $MgO_{(S)}$ 的分解压及镁蒸气的分压。已知镁的沸点 $T_b(Mg)=1363K$。

**题意分析** 计算 $MgO_{(S)}$ 的分解压首先要知道 $MgO_{(S)}$ 分解的标准吉布斯自由能变化 $\Delta_r G^0_{m(MgO,s)}$，再利用分解压与 $\Delta_r G^0_{m(MgO,s)}$ 或平衡常数 $K$ 的关系进行计算。

**解** 第一步：求分解压的表达式

$MgO_{(S)}$ 的加热温度已高过镁的沸点，故分解出的镁是气态，而 $MgO_{(S)}$ 的分解反应为

$$2MgO_{(S)}=2Mg_{(g)}+O_2$$

反应的平衡常数 $K=p^2_{Mg(g)}\times p_{O_2(MgO)}$，故 $MgO_{(S)}$ 的分解压 $p_{O_2(MgO)}=K/p^2_{Mg(g)}$。

第二步：求分解反应的平衡常数

$MgO_{(S)}$ 的 $\Delta_f G^0_{m(MgO,s)} = -732702 + 205.99T$ J/mol

故 $2MgO_{(S)} = 2Mg_{(g)} + O_2$ $\Delta_f G^0_m = 1465404 - 411.98T$ J/mol

$$\lg K = -\frac{1465404}{1750 \times 19.147} + \frac{411.98}{19.147} = -22.217, K = 6.07 \times 10^{-23}$$

第三步：计算分解压和镁的蒸气压

真空室内的总压 $p' = p'_{Mg(g)} + p'_{MgO(g)} + p'_{O_2(MgO)}$，由于加热的温度已高过镁的沸点，而 $p'_{MgO(g)}$ 及 $p'_{O_2(MgO)}$ 值很小，可以忽略不计，故取 $p' = p'_{Mg(g)}$

$$p_{Mg(g)} = p'_{Mg(g)} / p^0 = 133/10^5 = 1.33 \times 10^{-3}$$

$$p_{O_2(MgO)} = K / p^2_{Mg(g)} = 6.07 \times 10^{-23} / (1.33 \times 10^{-3})^2 = 3.43 \times 10^{-17}$$

或 $p'_{O_2(MgO)} = 3.43 \times 10^{-12}$ Pa。

### 4.1.3 固相物的溶解对分解压的影响

化合物的分解压除受温度及压力的影响外，还受到固相物的相变、颗粒度以及固相物的溶解等因素的影响。前两种因素对分解压的影响变化不大，固相物的溶解涉及活度的变化，具体如下：

当固体物在反应中出现互溶或溶解于第三种物质（溶剂）中时，分解反应可表示为

$$(AB) = [A] + B_{(g)}$$

反应的平衡常数 $K = \frac{a_{[A]} p_{B(AB)}}{a_{(AB)}}$

$$p_{B(AB)} = K \times \frac{a_{(AB)}}{a_{[A]}} = p^0_{B(AB)} \times \frac{a_{(AB)}}{a_{[A]}} \tag{4-6}$$

式中 $K = p^0_{B(AB)}$，即 $a_{(AB)} = a_{[A]} = 1$ 的分解压。或

$$RT\ln p_{B(AB)} = -\Delta_r G^0_m(AB) + RT\ln a_{(AB)} - RT\ln a_{[A]} \tag{4-7}$$

因此，分解压不仅与温度有关，还与固体物在溶液中的活度有关。提高 $a_{(AB)}$ 及降低 $a_{[A]}$ 可使分解压增大；反之，则分解压减小。

如 $AB_{(S)}$ 与分解出的 $A_{(S)}$ 发生互溶，则在未形成饱和浓度的组成范围内分解压与熔体的组成有关，而在形成互为饱和的二相区内分解压与熔体的组成无关，保持定值，因为这时 $a_{(AB)} = a_{[A]} = 1$。此外，当 $AB_{(S)}$ 及 $A_{(S)}$ 溶于溶剂（如前者溶于熔渣中，后者溶于金属液中），或与其他物质形成复杂化合物时，亦使它们的活度改变，从而改变分解压。实际上，复杂化合物的分解比简单化合物的分解要吸收较多的热量，而其分解温度也要高得多。

# 4.2　氧化物的形成与分解反应

金属或类金属在大气中能形成氧化物，金属的稳定性决定于其存在条件下氧化物的分解压。自然界中一般金属氧化物的分解压都远远小于空气中的氧分压，因此，绝大多数的金属都是以氧化物的形式存在于矿石（少数是硫化物），为了从矿石中提取金属及从粗金属中除去某些元素，需要研究氧化物的形成一分解反应的物理化学原理。

## 4.2.1　氧势

### 4.2.1.1　含氧气体的氧势

在压力不太大的范围内，气相中氧的化学势 $\mu_{O_2(g)}$ 及其标准化学势 $\mu^0_{O_2(g)}$ 与其分压 $p_{O_2}$ 之间的关系为 $\pi_O = \mu_{O_2} - \mu^0_{O_2} = RT\ln p_{O_2}$，单位 J/mol，$\pi_O$ 称为氧的相对化学势，简称氧势。

（1）对于氧化物，氧的化学势愈高，平衡时氧在气相的平衡分压愈大，则氧逸出的趋势愈大，氧化物愈不稳定。

（2）在一定温度下，$\mu^0_{O_2(g)}$ 为常数；对于不同的氧化物，其氧的化学势的大小决定于氧势：$\pi_O = RT\ln(p_{O_2}/p^0)$。

如果以 $RT\ln p_{O_2}$ 为纵坐标，温度 $T$ 为横坐标作图，可绘出一系列 $p_{O_2}$ 值（1，$10^{-1}$，$10^{-2}$，…）的 $RT\ln p_{O_2} - T$ 直线，称为气体的氧势线，如图 4－2 所示。

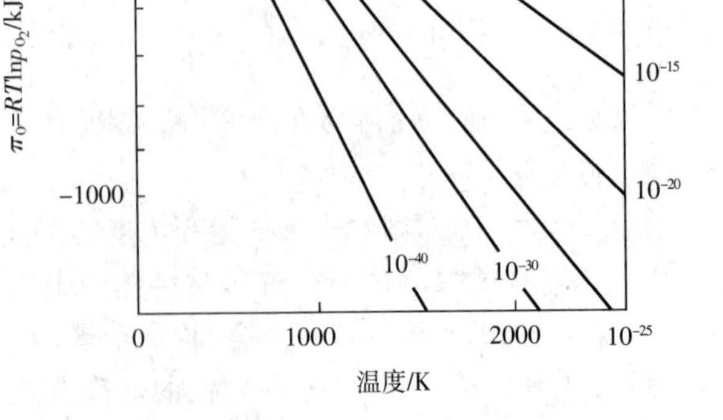


图 4－2　含氧气体的氧势

#### 4.2.1.2 $CO-CO_2$ 和 $H_2-H_2O$ 混合气体的氧势

对于 $CO-CO_2$ 混合气体，有下列反应发生：

$$2CO+O_2=2CO_2 \quad \Delta_r G_m^0=-565390+175.17T \quad J/mol$$

反应的平衡常数 $K=\dfrac{p_{CO_2}^2}{p_{CO}^2 p_{O_2}}$

$$\Delta_r G_m^0=-2RT\ln(p_{CO_2}/p_{CO})+RT\ln p_{O_2} \text{ 或 } RT\ln p_{O_2}=\Delta_r G_m^0-2RT\ln(p_{CO}/p_{CO_2})$$

$$\pi_{O(CO-CO_2)}=RT\ln p_{O_2}=-565390+175.17T-16.63T\ln(p_{CO}/p_{CO_2})$$

$$=-565390+[175.17-16.63\ln(p_{CO}/p_{CO_2})]T \quad J/mol$$

利用上式可作出一定 $p_{CO}/p_{CO_2}$ 比(1,$10^2$,$10^4$,…)的 $CO-CO_2$ 混合气体的一系列氧势线，其截距为坐标图(图 4-3)上 $T=0$ K 轴上的 C 点($RT\ln p_{O_2}=-565$kJ/mol)，斜率为 $175.17-16.63\ln(p_{CO}/p_{CO_2})$，如图 4-3(a)所示。图中绘有不同 $p_{CO}/p_{CO_2}$ 比的一系列氧势线，它们均通过 $T=0$ K 轴上的 C 点，但有不同的斜率，决定于其 $p_{CO}/p_{CO_2}$。$p_{CO}/p_{CO_2}=1$ 的氧势线是 $RT\ln p_{O_2}=\Delta_r G_m^0$，即反应处于标准态的氧势线，而其余的是 $p_{CO}/p_{CO_2}\neq1$ 非标准态的 $\Delta_r G_m^0$ 及氧势线。由同一元素的一系列氧势线或不同元素的氧势线构成的图形称为氧势图。

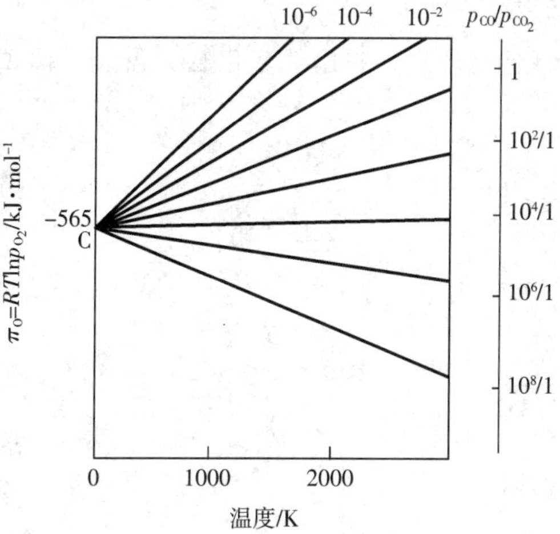


(a)$CO-CO_2$ 气体

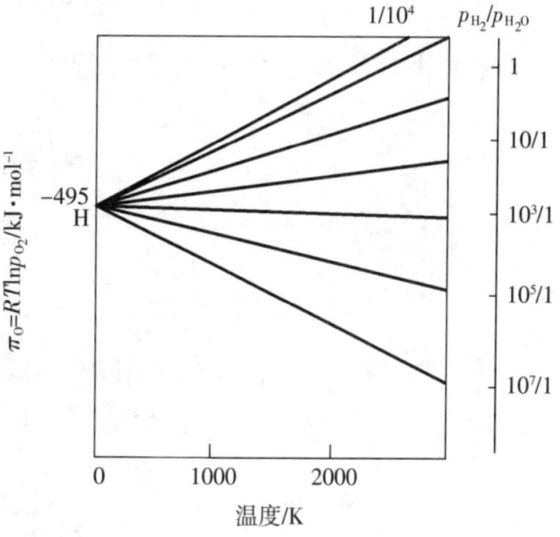


(b)$H_2-H_2O$ 气体

图 4-3 混合气体的氧势图

又对于 $H_2-H_2O$ 混合气体，

$$2H_2+O_2=2H_2O_{(g)} \quad \Delta_r G_m^0=-495000+111.76T \quad J/mol$$

$$\pi_{O(H_2-H_2O)}=RT\ln p_{O_2}=-495000+[111.76-16.63\ln(p_{H_2}/p_{H_2O})]T \quad J/mol$$

由上式可作出不同 $p_{H_2}/p_{H_2O}$ 比(1,$10^2$,$10^4$,…)的一系列氧势线，它们均通过 $T=0$ K 轴上的 $H$ 点($RT\ln p_{O_2}=-495$kJ/mol)，其斜率 $[111.76-16.63\ln(p_{H_2}/p_{H_2O})]$ 是

$p_{H_2}/p_{H_2O}$的函数。

#### 4.2.1.3 氧化物的氧势

(1)金属与1mol氧作用生成氧化物的标准吉布斯自由能变化

$$\frac{2x}{y}Me_{(S)}+O_2=\frac{2}{y}Me_xO_{y(S)}$$

$\Delta_f G^*_{Me_xO_y}$——在标准状态下金属与1mol $O_2$反应生成氧化物$Me_xO_y$的标准吉布斯自由能变化。

**表4-1 各种氧化物与1mol氧气反应的物质的量($\Delta_f G^*_{MeO}=n\cdot\Delta_f G^0_{MeO}$)**

| $Me_xO_y$ | $Me_2O$ | $MeO$ | $Me_2O_3$ | $MeO_2$ | $Me_2O_5$ |
|---|---|---|---|---|---|
| $n$ | 2 | 2 | 2/3 | 1 | 2/5 |

对于反应:$\Delta_f G^*_{MeO}=-RT\ln(p_{O_2}/p^0)^{-1}=RT\ln(p_{O_2}/p^0)$可得

① 氧化物的氧势与其$\Delta_f G^*_{Me_xO_y}$值是相同的。

② 氧化物的氧势愈小(或愈负),金属对氧的亲和势愈大,MeO愈稳定。

设某金属氧化物$Me_xO_y$用还原剂R还原,金属Me为+3价,还原剂R均为+2价。还原反应为:

$$Me_2O_3+3R=2Me+3RO \tag{4-8}$$

标准状态下反应(4-8)自发进行的条件是其标准吉布斯自由能变化$\Delta G^0_{(1)}<0$。构成反应(4-8)的反应为:

$$R+\frac{1}{2}O_2=RO \tag{4-9}$$

$$2Me+\frac{3}{2}O_2=Me_2O_3 \tag{4-10}$$

3×反应(4-9)-反应(4-10)得:$Me_2O_3+3R=2Me+3RO$

反应(4-9)、反应(4-10)的标准吉布斯自由能变化:

$$\Delta_r G^0_{(4-9)}=\frac{1}{2}\Delta_f G^*_{RO},\quad \Delta_r G^0_{(4-10)}=\frac{3}{2}\Delta_f G^*_{Me_2O_3}$$

反应(4-8)的标准吉布斯自由能变化:

$$\Delta_r G^0_{(4-8)}=3\Delta_r G^0_{(4-9)}-\Delta_r G^0_{(4-10)}=\frac{3}{2}(\Delta_f G^*_{RO}-\Delta_f G^*_{Me_2O_3})$$

根据上式,可得$Me_2O_3$与RO的氧化一还原反应条件为:

① 当$\Delta_f G^*_{RO}<\Delta_f G^*_{Me_2O_3}$时,$\Delta_f G^0_{(4-8)}<0$,即在标准状态下还原反应有可能自发进行。

② 当$\Delta_f G^*_{RO}>\Delta_f G^*_{Me_2O_3}$时,$\Delta_f G^0_{(4-8)}>0$,即在标准状态下还原反应不能自发进行。

(2)氧化物的氧势$RT\ln(p_{O_2}/p^0)$(或$\Delta_f G^*_{(MeO)}$值)与温度的关系图

$\Delta_f G^*_{(MeO)}$值与温度的关系图4-4中$\Delta_f G^*-T$直线式的截距和斜率均为与温度无关

的常数。对比直线式 $\Delta_f G^* = A + BT$ 与 $\Delta_f G^* = \triangle H^0 - \triangle S^0 T$ 可知，斜率 $B$ 相当于 $-\triangle S^0$ 在适用温度范围内的平均值。

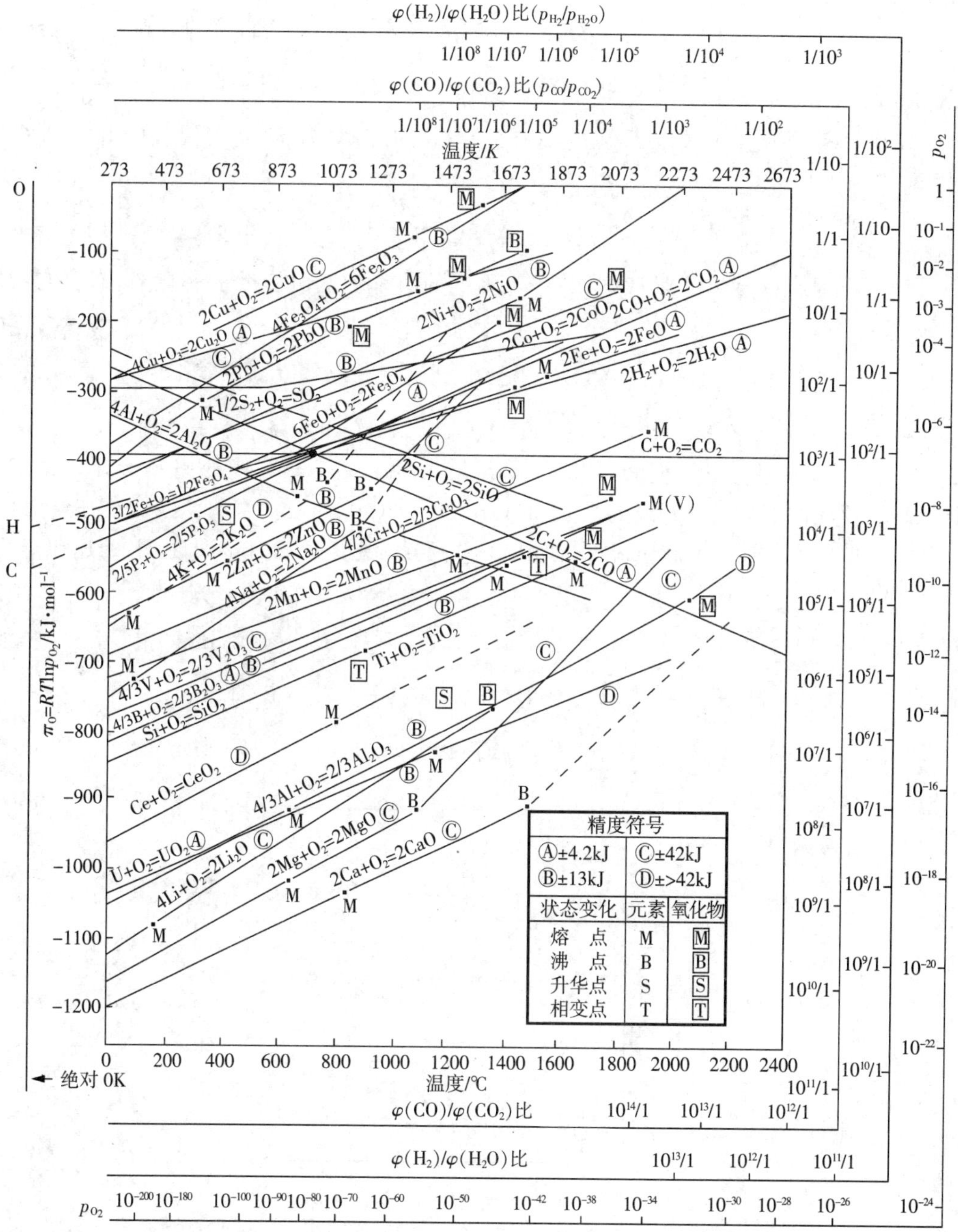


图 4-4　化合物标准生成吉布斯自由能-温度图(氧势图)

$\Delta_f G^* - T$ 直线的斜率主要取决于反应前后气体物质的量的变化。当凝聚态的金属与氧反应生成凝聚态的氧化物时，$\Delta_f G^* - T$ 线的斜率为正且大体相等，即直线向上倾斜，且线间大致平行。

凝聚态金属和氧化物的 $S^0$ 都较小，MeO 生成反应的 $\triangle S^0$ 主要取决于气态氧的 $S^0$，$S^0=205$ J/(K·mol)。根据 $\Delta_f G^* = \Delta H^0 - T\Delta S^0$ 可判定 $\Delta_f G^* - T$ 线斜率的正负。C—O 反应的斜率分别为：

(1)C 被氧化生成 CO 反应的 $\Delta_f G^*$ —T 线的斜率为负，随着温度的升高 $\Delta_f G^*$ 降低。

$$2C + O_2 = 2CO \qquad \Delta S^0_{298} = 183 \quad J/(K \cdot mol)$$

(2)CO 被氧化生成 $CO_2$ 反应的 $\Delta_f G^* - T$ 线的斜率为正，随着温度的升高 $\Delta_f G^*$ 升高。

$$2CO + O_2 = 2CO_2 \qquad \Delta S^0_{298} = -173 \quad J/(K \cdot mol)$$

(3)C 被氧化生成 $CO_2$ 反应的 $\Delta_f G^* - T$ 线的斜率为正但接近于 0，随着温度的升高 $\Delta_f G^*$ 几乎不变。

$$C + O_2 = CO_2 \qquad \Delta S^0_{298} = 6 \quad J/(K \cdot mol)$$

而 H－O 反应只有一个，反应 $2H_2 + O_2 = 2H_2O$ 的 $\Delta S^0_{298} \approx -89$J/(K·mol)，$\Delta_f G^* - T$线的斜率为正，但较一般金属氧化物的 $\Delta_f G^* - T$ 线的斜率为小。同时，$H_2$－$H_2O$反应的 $\Delta_f G^* - T$ 线与反应 $2CO + O_2 = 2CO_2$ 的 $\Delta_f G^* - T$ 线相交于 1083K (810℃)，即水煤气反应的转折温度，如图 4－5 所示，温度高于 1083K 时 $H_2$ 的还原能力强于 CO。

$$2CO + O_2 = 2CO_2 \quad \Delta G^0_1 = -564840 + 173.64T \quad J/mol$$

$$2H_2 + O_2 = 2H_2O \quad \Delta G^0_2 = -503921 + 117.37T \quad J/mol$$

$$CO + H_2O_{(g)} = H_2 + CO_2 \quad \Delta G^0 = -30459 + 28.13T \quad J/mol$$

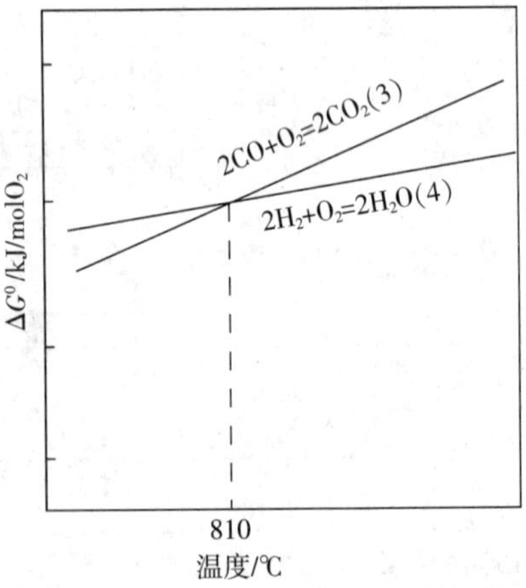


图 4－5　$CO_2$ 和 $H_2O$ 稳定性的比较

物质被加热发生相变（熔化、升华、气化）时，要吸收热能（$\triangle trH^0 > 0$），而液相（或气相）的焓比固相（或液相）的焓高出 $\triangle trH^0$ (J/mol)，物质的熵值增大了 $\triangle trS^0 = \triangle trH^0 / T$tr(J/(mol·K))如图 4－6 所示。

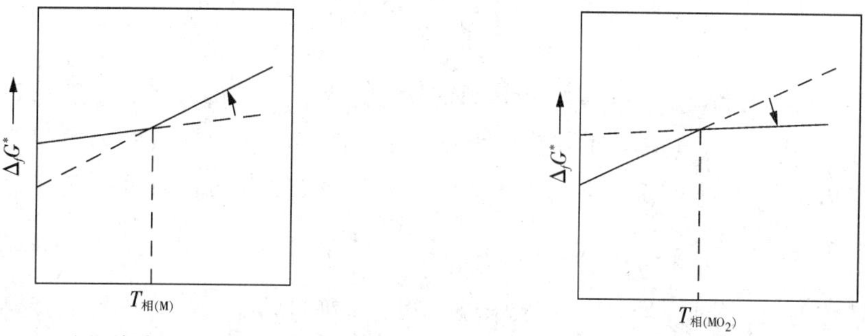


(a)金属单质(M)发生相变　　(b)氧化物($MO_2$)发生相变

图 4-6　相变对氧化物 $\Delta_f G^* - T$ 直线的影响

如果参与反应的物质之一由液态转变为气态，曲线将会发生明显的转折。物质的气化熵远大于熔化熵，故直线的斜率在沸点处比在熔点处的变化率大得多，如图 4-7 所示。

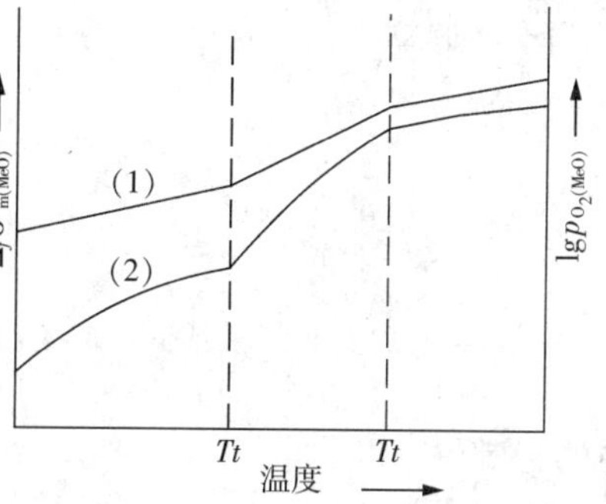


图 4-7　化合物的 $\Delta_f G^*$ 及氧化物的分解压的对数(2)与温度的关系示意图

$Tt$ 生成物的相变点；　$Tt$ 反应物的相变

对于反应

$$M_{(S)} + O_{2(g)} = MO_{2(S)}$$

$$(\partial \Delta G^0/\partial T)_p = -\Delta S^0 = -(S^0_{MO_2(l,g)} - S^0_{M(l,g)} - S^0_{O_2(g)}) = S^0_{M(l,g)} + S^0_{O_2(g)} - S^0_{MO_2(l,g)}$$

当有相变发生时，$(\partial \Delta G^0/\partial T)_p = S^0_{M(l,g)} + S^0_{O_2(g)} - S^0_{MO_2(l,g)}$

M 发生相变：$S^0_{M(l)} = S^0_{M(S)} + \Delta_{tr} S^0_M$；MO 发生相变：$S^0_{MO_2(l)} = S^0_{MO_2(S)} + \Delta_{tr} S^0_{MO_2}$。

### 4.2.2　氧势图

将上列 CO-$CO_2$、$H_2$-$H_2O$、$Me_xO_y$ 等三类物质的氧势线绘成 $RT\ln p_{O_2} - T$ 坐标图，称为氧化物形成的氧势图，如图 4-4 所示。这种图首先由 H. J. Ellingham(埃林汉)提出，故称埃林汉图。后来，F. D. Richardson(理查德森)等人在此图上增绘 $p_{O_2}$、$\varphi_{CO}/\varphi_{CO_2}$，$\varphi_{H_2}/\varphi_{H_2O}$标尺，扩大了氧势图的内容。

最初的埃林汉氧势图(图 4-4)中仅绘出了凝聚态氧化物$Me_xO_y$，$p_{CO}/p_{CO_2}=1$ 的 CO-$CO_2$混合气体及 $p_{H_2}/p_{H_2O}=1$ 的 $H_2$-$H_2O$ 混合气体的氧势线，但未直接绘出 $p_{O_2}$、$p_{CO}/p_{CO_2}$、$p_{H_2}/p_{H_2O}$不为 1 的相应气体的氧势线。扩展的氧势图在图的右上方，右边及底下方的相应 $p_{O_2}$、$\varphi_{CO}/\varphi_{CO_2}$，$\varphi_{H_2}/\varphi_{H_2O}$标尺上，标出这些氧势线的终端坐标点(对数等分点)，它

们的始点分别为 0K 轴上的 O、C、H 点。图中所有形成凝聚态氧化物的氧势和其 $\Delta_r G_m^0$ 相等，即 $\Delta_r G_m^0 = RT\ln p_{O_2}$。

由于图中有 $\varphi_{CO}/\varphi_{CO_2}$、$\varphi_{H_2}/\varphi_{H_2O}$ 标尺，而这些反应的 $RT\ln p_{O_2} = \Delta_r G_m^0$，所以氧势图的纵坐标用 $RT\ln p_{O_2}$(kJ/mol)表示要更全面些，图中氧势线的走向或斜率表示温度对氧化物氧势的影响。由于 $(\partial \Delta_r G_m^0/\partial T)_p = -\Delta_r S_m^0$，即氧势线的走向及斜率决定于生成反应的熵变。又由于 $\left(\frac{\partial S}{\partial V}\right)_T = \left(\frac{\partial p}{\partial T}\right)_V > 0$，故熵变与反应的 $\Delta V$ 同符号，而 $\Delta V$ 又与前后气体物质的化学计量数的 $\Delta v_B$ 同符号，因此，$\Delta_r S_m^0$ 和 $\Delta v_B$ 同符号，由 $\Delta v_B$ 即可判断反应氧势线的走向。图中氧势线的走向有 3 类：

(1) $\Delta_r S_m^0 < 0$，从而 $(\partial \Delta_r G_m^0/\partial T)_p = -\Delta_r S_m^0 > 0$，即直线的斜率为正，表明氧化物的氧势随温度的升高而升高，如 $M_{(S)} + O_2 = MO_{2(S)}$ 型反应。图中绝大多数凝聚态氧化物均有此特性。

(2) $\Delta_r S_m^0 > 0$，从而 $(\partial \Delta_r G_m^0/\partial T)_p = -\Delta_r S_m^0 < 0$，即直线的斜率为负，表明形成气体氧化物的氧势随温度的升高而降低，如 $2C_{(石)} + O_2 = 2CO$ 型反应。属于此类的还有 $SiO_{(g)}$、$Al_2O_{(g)}$ 等气态氧化物。

(3) $\Delta_r S_m^0 \approx 0$，而 $(\partial \Delta_r G_m^0/\partial T)_p = -\Delta_r S_m^0 \approx 0$，氧势线是水平的，即氧化物的氧势不随温度而改变，如反应 $C_{(石)} + O_2 = CO_2$。

## 4.2.3 氧势图的应用

### 4.2.3.1 判断氧化物的稳定性

氧化物在一定温度下的稳定性可用 $\Delta_f G^*$ 表示，它在不同温度的值可直接从 $\Delta_f G^* - T$ 图中读出。

几乎所有氧化物($Ag_2O$、HgO 等除外)在冶炼温度范围的 $\Delta_f G^*$ 皆为负值。温度对氧化物稳定性的影响可由 $\Delta_f G^* - T$ 直线斜率的特性确定。除 CO 和 $CO_2$ 外，几乎所有的氧化物的 $\Delta_f G^*$ 值皆随温度升高而增大。$\Delta_f G^* - T$ 直线与 $\Delta_f G^* = 0$ 水平线交点的温度是该氧化物在标准态($p^0 = 101.3$kPa)的分解温度。氧化物在此分解温度的平衡氧分压为 101.3kPa。

### 4.2.3.2 判断氧化物的相对稳定性

$\Delta_f G^*$ 的值愈负或氧势愈小的氧化物，其稳定性愈大，它在图中的 $\Delta_f G^* - T$ 直线的位置就愈低。对于任意的两个氧化物，$\Delta_f G^* - T$ 直线位置低的氧化物中的金属元素或低价氧化物能从直线位置高的氧化物中夺取氧，而将后一氧化物中的金属元素还原出来。如元素 Mn 能还原 FeO，Al 能还原 $TiO_2$，CO 能还原 $Cr_2O_3$($>1300$℃)。考虑到经济效果，冶金中常用的还原剂为 CO、$H_2$ 和 C。

### 4.2.3.3 分析金属氧化物的还原能力

$CO-CO_2$、$H_2-H_2O$ 反应的 $\Delta_f G^* - T$ 直线位置较高，CO、$H_2$ 只能用来还原位置比其更高的氧化物，如在标准状态下的 $Cu_2O$、PbO、NiO、CoO、$Fe_2O_3$、$Fe_3O_4$、FeO、

$SnO_2$等。

$2C+O_2=2CO$ 反应的 $\Delta_f G^* - T$ 直线斜率为负，升高温度时可用 C 作还原剂还原更多的氧化物，如

(1)1300K 以下，C 可还原 NiO、CaO、$Cu_2O$、PbO、FeO 等；

(2)1300～1800K，C 可还原 MnO、$Cr_2O_3$、ZnO 等；

(3)1800～2300K，C 可还原 $TiO_2$、VO、$SiO_2$等；

(4)2300K 以上，C 可还原 CaO、MgO、$Al_2O_3$等。

有些情况下碳还原剂并不完全适用，其局限性有两点：

(1)用 C 作还原剂时，有一些还原产物如 Fe、Mn、Ca、W、Si 等金属会与 C 生成碳化物而污染金属，因而除了允许碳化物生成的反应(如生铁中含 C)或碳化物本身就是产品($CaC_2$、SiC 等)外不能用 C 作还原剂。

(2)对于位置比 CO、$H_2$、C 的氧化曲线还要低的氧化物，CO、$H_2$、C 不能将其还原，则只能用位置比其更低的金属作为还原剂，即金属热还原，后文将作介绍。

由于各氧化物的 $\Delta_f G^* - T$ 直线斜率不同，因而常出现两直线相交的情况，交点温度为反应的转化温度。

#### 4.2.3.4 $p_{O_2}$ 专用标尺

氧势图配合 $p_{O_2}$ 专用标尺可用来直接读出各 MeO 在给定温度下的分解压 $p_{O_2}$，或在给定外压 $p_{O_2}$ 下的分解温度。氧势图配合 $p_{O_2}$、$p_{CO}/p_{CO_2}$ 或 $p_{H_2}/p_{H_2O}$ 专用标尺可用来有读出各 MeO 在给定温度下，用 CO 或 $H_2$ 还原的气相平衡分压比，或在给定气相分压比条件下的还原温度。在应用氧势图时应注意标准状态和物质的相态，注意各 $\Delta_f G^* - T$ 直线式的适用温度范围。

$\Delta_f G^* - T$ 图中假定金属及其氧化物都以纯物质存在，且 $p_{O_2}=p^0$。若 $p_{O_2}\neq p^0$，反应的吉布斯自由能变化值为：

$$\Delta_f G=\Delta_f G^* + RT\ln J=(A+BT)-RT\ln(p_{O_2}/p^0)$$

当反应达到平衡时，

$$\Delta_f G=(A+BT)-RT\ln(p_{O_2}/p^0)=0$$

在 $\Delta_f G^* - T$ 图 4-8 中，反应达到平衡时 $(A+BT)-T$ 线与 $RT\ln(p_{O_2}/p^0)-T$ 线相交，交点温度为体系在给定 $p_{O_2}$ 条件下的平衡温度。$RT\ln(p_{O_2}/p^0)-T$ 线都通过 $\Delta_f G^* - T$ 图左侧边线上的 O 点。

利用 $p_{O_2}$ 标尺可以从 $\Delta_f G^* - T$ 图上直接读出某一生成反应在一定温度下的平衡氧分压。已知某一反应的平衡氧分压，可以从 $\Delta_f G^* - T$ 图读出达到这一氧分压的平衡温度。配合使用 $p_{CO}/p_{CO_2}$ 标尺(或 $p_{H_2}/p_{H_2O}$ 标尺)，可以读出反应：$2CO+O_2=2CO_2$(或 $2H_2+O_2=2H_2O_{(g)}$)，在一定温度及 $p_{O_2}$ 下的 $p_{CO}/p_{CO_2}$(或 $p_{H_2}/p_{H_2O}$)平衡比值。

**【例 4-3】**

试求 $\varphi_{H_2}/\varphi_{H_2O}=1.0\times10^5$ 的气体还原剂，还原 $Cr_2O_{3(S)}$ 的开始温度及 1400℃时反应的 $\Delta_r G_m$。

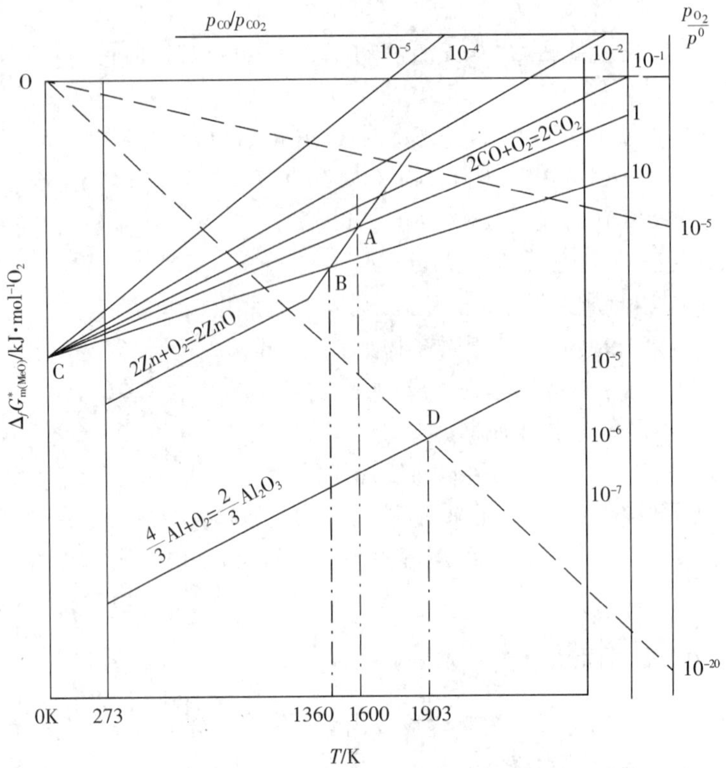


图 4-8 氧势图专用标尺的示意图

**题意分析** 从氧势图中通过作图可直接查出 $Cr_2O_3$ 的开始还原温度。$Cr_2O_3$ 的还原过程，可视为 $H_2$ 与 $O_2$ 反应生成水以及 Cr 与 $O_2$ 反应的组合，综合分析两个反应过程可求出 $\Delta_r G_m$。

**解** (1)求还原的开始温度

从氧势图中的 $H$ 点作 $\varphi_{H_2}/\varphi_{H_2O}=1.0\times10^5$ 的氧势线与 $Cr_2O_{3(S)}$ 的氧势线相交，交点温度为 973K，此即 $Cr_2O_{3(S)}$ 的开始还原温度 $\Delta_r G_m$。

(2)求 $\Delta_r G_m$

$$2H_2+\frac{2}{3}Cr_2O_{3(S)}=\frac{4}{3}Cr_{(S)}+2H_2O_{(g)}$$

该反应是 $2H_2+O_2=2H_2O_{(g)}$ ($\Delta_r G^0_m(H_2O,g)$) 与 $\frac{4}{3}Cr_{(S)}+O_2=\frac{2}{3}Cr_2O_{3(S)}$ ($\Delta_r G^0_m(Cr_2O_3,s)$) 的组合，所以其 $\Delta_r G_m$ 为

$$\Delta_r G_m=\Delta_r G^0_m+2RT\ln[\frac{\varphi(H_2O)}{\varphi(H_2)}]$$

$$=[\Delta_r G^0_m(H_2O,g)-\Delta_r G^0_m(Cr_2O_3,s)]-16.63T\ln[\frac{\varphi(H_2)}{\varphi(H_2O)}]$$

$$=[\Delta_r G^0_m(H_2O,g)-16.63T\ln[\frac{\varphi(H_2)}{\varphi(H_2O)}]]-\Delta_r G^0_m(Cr_2O_3,s)$$

上式右边方括号内的项是 $\varphi_{H_2}/\varphi_{H_2O}=1.0\times10^5$ 的氧势线，连接 $H$ 点与 $\varphi_{H_2}/\varphi_{H_2O}$ 标尺上 $1.0\times10^5$ 点的氧势线上温度为 1400℃ 点，$RT\ln p_{O_2}=-648\text{kJ/mol}$，由图 $\Delta_rG_m^0(Cr_2O_3,s)=RT\ln p_{O_2}(Cr_2O_3,s)=-460\text{kJ/mol}$，所以

$$\Delta_rG_m=-648-(-460)=-188\text{kJ/mol}$$

**【例 4-4】**

求 $Al_2O_3$ 在 1900K 时的分解压？

**题意分析** 求氧化物在某温度下的分解压，可将氧势图中的 O 点与氧化物氧势线上的该点温度连接起来，直线外延到与 $p_{O_2}$ 标尺相交，由交点坐标可得氧化物分解压。

**解** 如图 4-9 中曲线(1)为的 $Al_2O_3$ 生成反应吉布斯自由能线，1900K 时，与 $Al_2O_3$ 直线相交的 $RT(\ln p_{O_2}/p^0)$ 直线的 $P_{O_2}$ 为 $10^{-15}$Pa，即为 $Al_2O_3$ 的分解压。

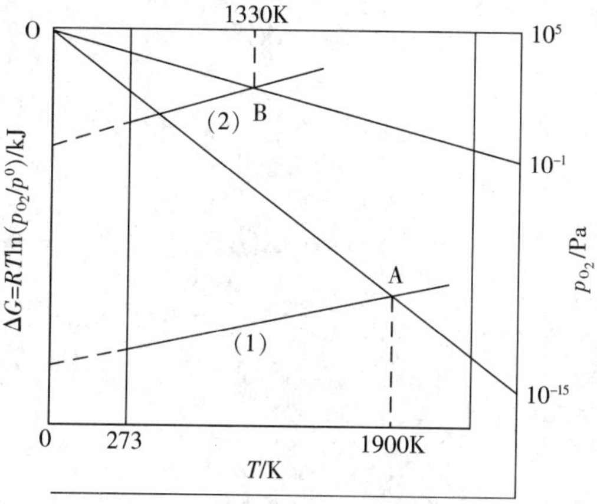


图 4-9　氧分压的平衡温度

**【例 4-5】**

求 $Cu_2O$ 在 $p_{O_2}=10^{-1}$Pa 的气氛中的开始分解温度？

**题意分析** 与例题 4-4 相类似，通过作图可直接求出 $Cu_2O$ 的开始分解温度。

**解** 如图 4-9 中曲线(2)为的 $Cu_2O$ 生成反应吉布斯自由能线，$p_{O_2}=10^{-1}$Pa 的直线与 $Cu_2O$ 直线在 1330K 温度相交，即为 $Cu_2O$ 开始分解温度。

### 4.2.4 氧化物生成-分解的热力学原理

金属元素，特别是过渡金属元素大多有几种氧化物存在，例如铁可形成 3 种氧化物：$FeO$、$Fe_3O_4$、$Fe_2O_3$。这类不同价态氧化物之间服从两条原则。

(1)氧化物的逐级转变原则。在氧的作用下金属氧化生成氧化物的顺序是逐级转变的，从低价依次经过所有中间价数的氧化物变为最高价氧化物。

根据逐级转变原则，Fe-O 系内氧化铁转变顺序为 $Fe\rightarrow FeO\rightarrow Fe_3O_4\rightarrow Fe_2O_3$，铁氧化物的生成反应为

$$2Fe_{(S)}+O_2=2FeO_{(S)}$$

$$6FeO_{(S)} + O_2 = 2Fe_3O_{4(S)}$$

$$4Fe_3O_{4(S)} + O_2 = 6Fe_2O_{3(S)}$$

(2)氧势递增原理。这些氧化物的氧势服从氧势递增原理，即随氧化物内金属元素价数的增高而逐渐递增。如 $p_{O_2(FeO)} = 2.806 \times 10^{-6}$ Pa，$p_{O_2(Fe_3O_4)} = 1.723 \times 10^{-3}$ Pa，$p_{O_2(Fe_2O_3)} = 1.950 \times 10^3$ Pa。

**【例 4-6】**

试从热力学原理说明 $Fe_2O_3$ 的氧势大于 $Fe_3O_4$ 的氧势。

**题意分析** 由两氧化物的形成反应组合为一个反应，求出组合反应的 $\Delta_r G_m^0$，分析反应的进行状态，比较氧势大小。

**解** 两氧化物的形成反应为

$$6FeO_{(S)} + O_2 = 2Fe_3O_{4(S)} \quad \Delta_r G^0_{m(1)} = RT\ln p_{O_2}(Fe_3O_4)$$

$$4Fe_3O_{4(S)} + O_2 = 6Fe_2O_{3(S)} \quad \Delta_r G^0_{m(2)} = RT\ln p_{O_2}(Fe_2O_3)$$

组合以上两反应，消去相同反应物 $O_2$，得

$$FeO_{(S)} + Fe_2O_{3(S)} = Fe_3O_{4(S)} \quad \Delta_r G^0_m = \Delta_r G^0_{m(1)} - \Delta_r G^0_{m(2)} = \pi_{O(Fe_3O_4)} - \pi_{O(Fe_2O_3)}$$

又

$$\Delta_r G^0_{m(1)} = -636130 + 255.67T \quad \Delta_r G^0_{m(2)} = -586770 + 340.20T \quad J/mol$$

故

$$\Delta_r G^0_m = -636130 + 255.67T - (-586770 + 340.20T) = -49360 - 84.53T \quad J/mol$$

在一切温度下，上述反应的 $\Delta_r G^0_m < 0$，均向右进行，所以 $\pi_{O(Fe_3O_4)} > \pi_{O(Fe_2O_3)}$，即高价氧化铁比低价氧化铁有更高的氧势。

所以，氧势递增原理说明，高价氧化物的氧势比低价氧化物的氧势高，因此高价氧化物的稳定性比低价氧化物的稳定性小。随着氧势的降低，高价氧化物将逐级分解为低价氧化物，最终得到金属。

另一方面，高价氧化物在金属元素的作用下，可被还原为氧势较低的价数较低的氧化物，例如，对 Fe-O 系，有：

$$4Fe_2O_{3(S)} + Fe_{(S)} = 3Fe_3O_{4(S)}$$

$$Fe_3O_{4(S)} + Fe_{(S)} = 4FeO_{(S)}$$

由以上反应可进一步得出下列两个反应式：

$$3FeO_{(S)} = Fe_2O_{3(S)} + Fe_{(S)} \quad \Delta_r G^0_m = -40415 + 71.79T \quad J/mol \qquad (\text{I})$$

$$4FeO_{(S)} = Fe_3O_{4(S)} + Fe_{(S)} \quad \Delta_r G^0_m = -48525 + 57.56T \quad J/mol \qquad (\text{II})$$

将以上两式的 $\Delta_r G^0_m - T$ 关系用图 4-10 表示出。由图可见，在一切温度下，反应

（Ⅱ）比反应（Ⅰ）有较小的 $\Delta_r G_m^0$，反应更易进行，而反应（Ⅱ）的平衡温度为 843K（570℃），即低价氧化物 $FeO_{(S)}$ 在 843K（570℃）以下是热力学上的不稳定相，还要按反应 $4FeO_{(S)} = Fe_3O_{4(S)} + Fe_{(S)}$ 继续进行分解，转变为其较高价的相邻的 $Fe_3O_4$，并析出金属铁。这种低价氧化物能在一定温度下发生分解，转变为其相邻的高价氧化物并析出金属的反应称为歧化反应，而其转化温度则称为歧化温度。

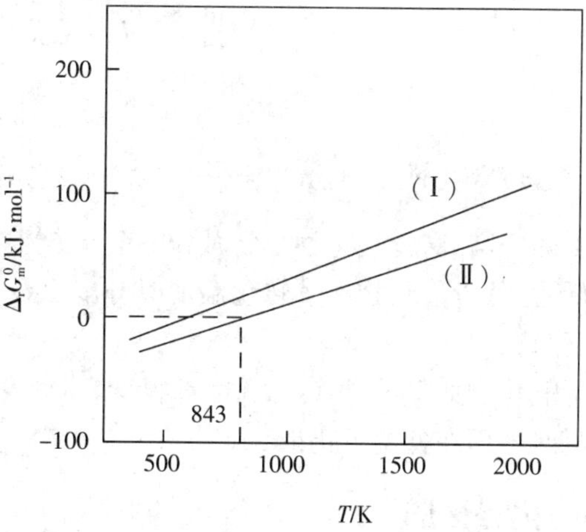


图 4-10　FeO 分解出铁的反应 $\Delta_r G_m^0 - T$ 关系及歧化温度

除铁外，硅、铜、铬等元素的低价氧化物也具有这种特性：

$2SiO_{(g)} = SiO_{2(S)} + Si_{(S)}$　　　　（转化温度≈1500℃）

$Cu_2O_{(g)} = CuO_{(S)} + Cu_{(S)}$　　　　（转化温度≈375℃）

$3Cr_3O_{4(S)} = 4Cr_2O_{3(S)} + Cr_{(S)}$　　　　（转化温度≈1650℃）

在以上歧化反应中，气体的压力均为 101.3kPa。氧化物之间的转变服从逐级转变原则，即较高价氧化物与其相邻的低价氧化物平衡共存。不相邻的氧化物则不能平衡共存，不能用平衡常数计算其平衡浓度。

但是，只有各级氧化物及金属均为凝聚态纯物质的生成—分解反应才遵守逐级转变原则。倘若这些物质中有气相或溶解态时，这些物质的化学势将随着其分压或活度而改变，从而导致其稳定性发生变化。

因此，根据氧化物生成—分解原理可将氧化物的分解或其生成反应分为两类：在转化温度以上的称为高温转变；而在转化温度以下的称为低温转变。对 Fe-O 系 $Fe_2O_3$ 的分解：

高温转变（$t > 570$℃），分 3 步进行：

$$6Fe_2O_{3(S)} = 4Fe_3O_{4(S)} + O_2 \quad \Delta_r G_m^0 = 586770 - 340.20T \ \text{J/mol} \qquad (Ⅰ)$$

$$2Fe_3O_{4(S)} = 6FeO_{(S)} + O_2 \quad \Delta_r G_m^0 = 636130 - 255.67T \ \text{J/mol} \qquad (Ⅱ)$$

$$2FeO_{(S)} = 2Fe_{(S)} + O_2 \quad \Delta_r G_m^0 = 539080 - 140.56T \quad J/mol \qquad (Ⅲ)$$

低温转变($t<570$℃),分两步进行:

$$6Fe_2O_{3(S)} = 4Fe_3O_{4(S)} + O_2 \quad \Delta_r G_m^0 = 586770 - 340.20T \quad J/mol \qquad (Ⅰ)$$

$$\frac{1}{2}Fe_3O_{4(S)} = \frac{3}{2}Fe_{(S)} + O_2 \quad \Delta_r G_m^0 = 563320 - 169.24T \quad J/mol \qquad (Ⅳ)$$

而歧化反应为:

$$4FeO_{(S)} = Fe_3O_{4(S)} + Fe_{(S)} \quad \Delta_r G_m^0 = -48525 + 57.56T \quad J/mol$$

由上可知,随着温度的升高,高价氧化物分解放出氧,转变为在高温稳定存在的低价氧化物或金属;温度降低时,低价氧化物在其转化温度时分解出金属并转变为低温下稳定存在的相邻较高价的氧化物。

但是,由于许多低价氧化物如 FeO 的转化温度都很低,而分解又是在固相中进行的,所以实际上分解速率很低,因而在低温下仍能稳定存在。

### 4.2.5 氧化铁分解的优势区图

利用前面的氧化铁分解的 $\Delta_r G_m^0$—$T$ 关系式,可绘出 $\Delta_r G_m^0 = f(T)$ 及 $\lg p_{O_2}(Fe_2O_3) = f(T)$ 的热力学参数平衡图,如图 4-11 所示。

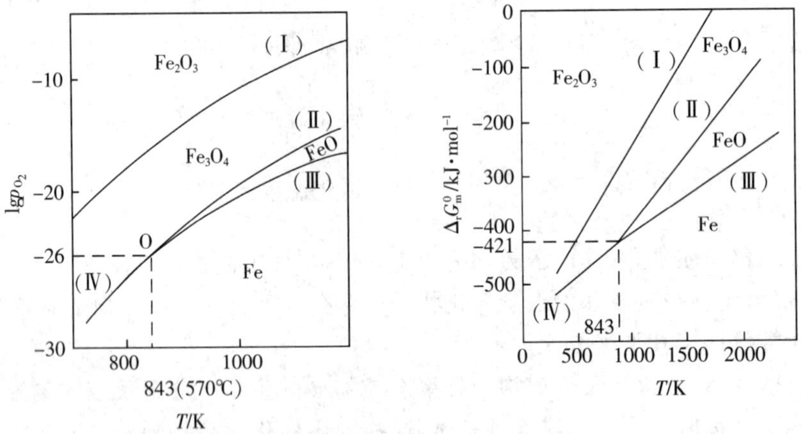


图 4-11 Fe-O 系氧化铁分解反应图(左:$\lg p_{O_2} = f(T)$关系,右:$\Delta_r G_m^0 = f(T)$关系)

图中曲线(直线)为各级氧化铁分解的平衡线,曲(直)线以上为该氧化铁的稳定存在区,直线以下则为该氧化铁的分解区,亦即其分解产物的稳定存在区。由于 FeO 在 570℃以下不能稳定存在,所以凡有 FeO 参加的反应,如反应(Ⅱ)及(Ⅲ)在此温度下都不能出现,而仅有反应(Ⅰ)和(Ⅳ)出现。因此,反应(Ⅱ)及(Ⅲ)同反应(Ⅳ)的曲(直)线在此温度相交(O 点),形成叉形。在交点,Fe、FeO、$Fe_3O_4$ 同 $O_2$ 四相平衡共存,自由度 $f=0$,是零变量点。这 4 条曲(直)线把图面划分为分别是 $Fe_2O_3$、$Fe_3O_4$、FeO、Fe 稳定存在的 4 个区,它们的自由度 $f=2$。当任意改变该区内的 $p_{O_2}$ 及 $T$ 两参数,该区内的氧化铁或铁能够稳定存在。所以这种区域构成的平衡图，称为氧化物或金属存在的优势区图。

利用这种平衡图可以确定各级氧化铁分解或稳定存在的热力学条件，具体如下：

(1)曲(直)线(Ⅰ)以上区内的 $p_{O_2}>p_{O_2(Fe_2O_3)}>p_{O_2(Fe_3O_4)}>p_{O_2(FeO)}$；所以位于此区内的 Fe、FeO、$Fe_3O_4$都将被氧化成 $Fe_2O_3$，故此区是 $Fe_2O_3$的稳定区；

(2)在曲(直)线(Ⅰ)及(Ⅱ)间的区内，$p_{O_2(Fe_2O_3)}>p_{O_2}>p_{O_2(Fe_3O_4)}>p_{O_2(FeO)}$；所以位于此区内的 $Fe_2O_3$分解为 $Fe_3O_4$，而 Fe→FeO→$Fe_3O_4$，此区是 $Fe_3O_4$的稳定区；

(3)在曲(直)线(Ⅱ))及(Ⅲ)间的区内，$p_{O_2(Fe_2O_3)}>p_{O_2(Fe_3O_4)}>p_{O_2}>p_{O_2(FeO)}$；所以位于此区内的 $Fe_2O_3$→$Fe_3O_4$→FeO，而 Fe→FeO，此区是 FeO 的稳定区；

(4)曲(直)线(Ⅲ)及(Ⅳ)以下是 Fe 的稳定区；

(5)曲(直)线(Ⅳ)以上及(Ⅰ)以下是 $Fe_3O_4$的稳定区。

所以，平衡图表明铁氧化物的分解有两种转变，分别为：

(1)570℃以上是 $Fe_2O_3$→$Fe_3O_4$→FeO→Fe；

(2)570℃以下是 $Fe_2O_3$→$Fe_3O_4$→Fe；

(3)570℃时，FeO、$Fe_3O_4$、Fe 三固相平衡共存：$4FeO=Fe_3O_4+Fe$。

### 4.2.6 铁-氧系状态图

上面讨论氧化铁的形成—分解反应中，各级氧化铁均视为化学计量结构的化合物，实际上，这些相邻氧化铁在不同条件下($p_{O_2}$，$T$)有些能相互溶解，形成非化学计量结构的氧化铁。例如，氧可在 FeO 内以 $Fe_3O_4$形式溶解，1100℃以上，氧可在 $Fe_3O_4$中以 $Fe_2O_3$形式溶解，分别形成组成能在一定范围内可变的固溶体 $Fe_xO$ 及 $Fe_{3-x}O_4$，式中 $x<1$。这表明其中 Fe/O 原子数之比小于 FeO 及 $Fe_3O_4$中的 Fe/O 原子数比。此外，固体铁也能溶解微量的氧。

Fe－O 状态图能说明这些具有非化学计量结构的氧化铁形成—分解反应的特点及其热力学条件。

图 4－12 为 Fe－O 状态图。它是钢铁冶金中的重要相图之一，这个 Fe－O 二元系中的凝聚相有 Fe($\alpha\xrightarrow{1185K}\gamma\xrightarrow{1667K}\delta$ 晶型)、$Fe_xO$(浮氏体)、$Fe_3O_4$、$Fe_3O_{4(S,S)}$(固溶体)、$Fe_2O_3$、液态氧化亚铁($L_2$)、溶解氧的铁($L_1$)，分别标示于各自的相区内。图中各条相平衡线的意义见表 4－2 所列。

(1)图中有两个液相区，即溶解氧的铁($L_1$)和 $Fe_2O_3$液态氧化亚铁相($L_2$)，两者之间有一个双液相共存区。纯铁在 1536℃($A$ 点)熔化，随着氧的溶解，铁的凝固点下降，直到 $w$[O]达到 0.16%($B$ 点)，凝固点为 1528℃。此时 Fe(S)、Fe($L_1$)($B$ 点)和 $L_2$($C$ 点)平衡共存，出现 $L_2(C)+\delta Fe=L_1(B)$，温度高于 1528℃时，仅 $L_1+L_2$平衡共存。随着温度的升高，$L_1$的 $w$[O]沿 $BB'$线增加($\lg w[O]=-6320/T+2.734$)，而 $L_2$的 $w$[O]沿 $CC'$线减小，这是由于 $L_2$中的氧不断传入 $L_1$中：$\sum(FeO)=[Fe]+[O]$。两条互溶曲线逐渐靠拢，在 2046℃时，$L_1$中的 $w[O]=0.83\%$，而 $L_2$中的 $w[O]=22.4\%$。温度下降到 1528℃以下时，$L_1$消失，$L_2+\delta Fe$ 平衡共存。在 1400℃以下，是 $L_2+\gamma Fe$ 平衡共存。在 1371℃以下，$L_2$凝固，此时出现 $L_2(N)=\gamma Fe+Fe_xO(J)$共晶反应。

(2)在固相中，$JLQ$ 线左的区域为 $Fe(\gamma,\alpha)+Fe_xO$ 平衡共存，$JLQ$ 为 $Fe_xO$ 含氧量的

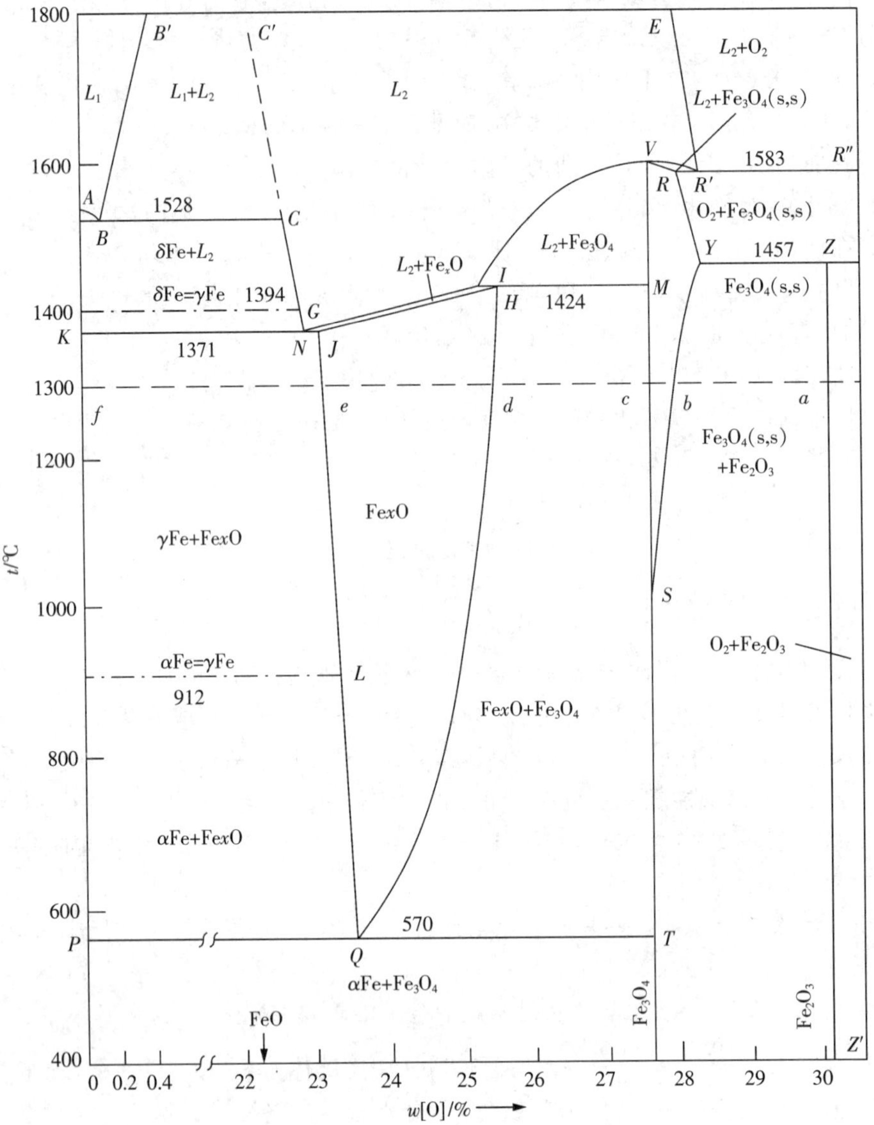


图 4-12 Fe-O 系状态图

$L_1$—溶解氧的铁液，$L_2$—液态氧化亚铁，$Fe_3O_{4(s,s)}$—$Fe_3O_4$固溶体

下限，而 $HQ$ 为含氧量的上限。$Fe_xO$ 冷却后，可沿 $HQ$ 线析出 $Fe_3O_4$。故认为 FeO 中溶解的氧是 $Fe_3O_4$形式。温度在 570℃以下 $Fe_xO$ 不能稳定存在，分解为 Fe 和 $Fe_3O_4$，FeO 只有在高于 570℃时才能稳定存在。FeO（浮氏体，Wustite）是一个非化学计量化合物（$Fe^{2+}$ 离子在晶格点阵上有空位），其组成随温度和氧压而变化，可表示为 $Fe_xO$（$x$=0.87～0.95，$w$[O]=23.16%～25.66%）。

$Fe_3O_4$ 为稳定化合物，理论含 $w$[O]=27.64%，熔点 1597℃，温度高于 1100℃时，可溶解氧而形成固溶体，含氧量随温度而变化。

$Fe_2O_3$ 为不稳定化合物，理论含 $w$[O]=30.06%。温度高于 1452℃时，分解为 $Fe_3O_4$ 和 $O_2$。

表 4-2 Fe-O 系状态图内相平衡线的意义

| 线段 | 含义 | 线段 | 含义 |
| --- | --- | --- | --- |
| *AB* | 氧在铁液中溶解的液相线 | *VR* | 氧化铁熔体($L_2$)析出 $Fe_3O_4$(S,S)的固相线 |
| *BB′* | 与氧化铁($L_2$)平衡的铁液($L_1$)的氧溶解度线 | *RR′R″* | 共晶线：$L_2=Fe_3O_4(S,S)+O_2$ |
| *CC′* | 与铁液($L_1$)平衡的氧化铁($L_2$)的氧溶解度线 | *ER′* | 氧化铁($L_2$)溶解氧的溶解度上限线 |
| *CB* | 偏晶线：$Lc+\delta-Fe(=L_B$(或 $L_2+\delta-Fe=L_1$) | *RYS* | $Fe_3O_4$(S,S)的溶解度线 |
| *CGN* | 氧化铁熔体($L_2$)析出 $\delta-Fe(\gamma-Fe)$的液相线 | *YZ* | $Fe_2O_3$的分解线：$Fe_2O_3=Fe_3O_4(S,S)+O_2$ |
| *JNK* | 共晶线：$L_2=Fe_xO+\gamma-Fe$ | *VT* | $Fe_2O_3$的组成线 |
| *GI* | 氧化铁($L_2$)析出($Fe_xO$)的液相线 | *ZZ′* | $Fe_3O_4$的组成线 |
| *JH* | 氧化铁($L_2$)析出($Fe_xO$)的固相线 | *JQ* | ($Fe_xO$)的含氧量下限线 |
| *IHM* | 转熔线：$L_2+Fe_3O_4(M)=Fe_xO(H)$ | *HQ* | ($Fe_xO$)的含氧量上限线 |
| *VR′* | 氧化铁熔体($L_2$)析出 $Fe_3O_4$(s, s)的液相线 | *PQT* | 共晶线：$4Fe\ xO=\alpha-Fe+Fe_3O_4$ |
| *IV* | 氧化铁熔体($L_2$)析出 $Fe_3O_4$的液相线 | | |

(3)铁-氧系中的分解压与成分的关系。铁的氧化物有 $Fe_2O_3$、$Fe_3O_4$、FeO 三种：前两种的理论含氧量分别为 30.06%和 27.64%。纯 FeO 的理论含氧量为 22.28%，但实际存在的却是含氧量变动在 23.16%～25.60% 的非化学计量的氧化亚铁相。其铁与氧的原子比小于 1，变化在 0.87～0.95 之间。浮氏体是 NaCl 型的立方点阵结构，铁正离子和氧负离子相间排列在点阵的节点上；但正离子节点未充满，即有铁的空位存在。为了维持电中性，必然有一部分正离子节点被三价铁离子占据。图 4-12 中 *JLQH* 区域为 FeO 稳定区。温度在 570℃(*Q* 点)以下时浮氏体不能稳定存在，会按照下式发生分解：

$$4FeO=Fe+Fe_3O_4$$

在 570℃时，Fe、$Fe_3O_4$与浮氏体三相共存。

铁氧化物还原过程在 570℃以下的转变顺序是：

$$Fe_2O_3\rightleftharpoons Fe_3O_4\rightleftharpoons Fe(\text{含氧饱和})\sim Fe$$

在 570℃以上的转变顺序是：

$$Fe_2O_3\rightleftharpoons Fe_3O_4\rightleftharpoons Fe_xO\rightleftharpoons Fe(\text{含氧饱和})\sim Fe$$

这种顺序，称为逐级转化(平衡)原则。

图 4-12 中左上角的 *BB′*线是氧在铁液中的溶解度与绝对温度的关系曲线，氧在固态铁中的溶解度极小，从 881℃～1527℃，为 2～82ppm，在图 4-12 中未绘出。

Fe-O 系中的分解压决定于温度和氧含量，如图 4-13 所示，温度为 1300℃线上：

当氧含量位于 $a\to b$ 范围内时，分解压数值不变，为 $Fe_2O_3$分解为 $Fe_3O_4$(*b* 点)和 $O_2$的分解压，$\ln p_{O_2}=-3.95$。

当氧含量位于 $b\to c$ 范围内时，系统为 $Fe_3O_4-O$ 固溶体；固溶体中氧含量由 *b* 逐渐降至 *c*，氧的活度逐步降低，分解压逐步降低。

当氧含量位于 $c\to d$ 范围内时，分解压数值不变，为 $Fe_3O_4$(*c* 点)分解为 FeO(*d* 点)和

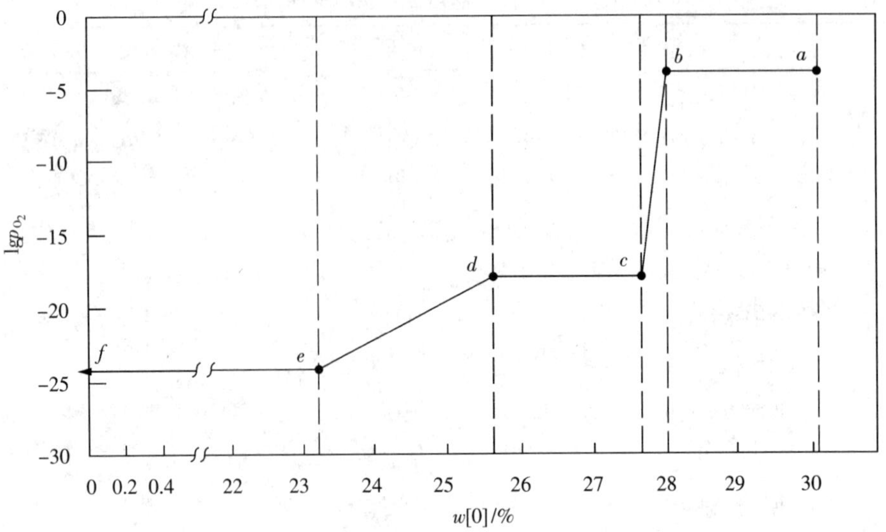


图 4-13　Fe-O 系状态图中铁氧化物分解压变化规律

$O_2$的分解压，$\ln p_{O_2}=-17.89$。

当氧含量位于 $d\to e$ 范围内时，系统为 FeO—O 固溶体；由 $d$ 至 $e$，氧的活度逐步降低，分解压逐步降低。

当氧含量位于 $e\to f$ 范围内时，分解压数值不变，为 FeO($e$ 点)分解为 γ—Fe($f$ 点)和 $O_2$的分解压，$\ln p_{O_2}=-24.31$。在 γ—Fe 固溶体中的氧含量极低，且逐步降低至 $w[O]=0$，图 4-13 中没有绘出。

## 4.3　氯化物的相对稳定性

金属氯化物的生成-分解反应

$$Me_{(S,l)}+Cl_2=MeCl_{2(S,l)}$$

假设：(1) Me 和 $MeCl_2$均以凝聚相存在，且不相互溶解；(2) 气体为理想气体。根据相律：$f=(3-1)-3+2=1$，则：

$$p_{Cl_2}=f(T)$$

$$Me_{(S,l)}+Cl_2=MeCl_{2(S,l)}$$

$$K_p=\frac{1}{p_{Cl_2}/p^0}=\frac{p^0}{p_{Cl_2}},\Delta_f G^*=-RT\ln K_p=RT\ln(p_{Cl_2}/p^0)$$

所有金属氯化物的 $\Delta_f G^*$ 都是负值。在标准状态下，所有金属都能被氯气氯化。氯化物的 $\Delta_f G^*-T$ 线在图中位置愈低，其稳定性愈高，该元素对氯的亲和势愈大。氯化物系列中各元素的 $\Delta_f G^*-T$ 线的相对顺序与氧化物大体相同。如图 4-14。

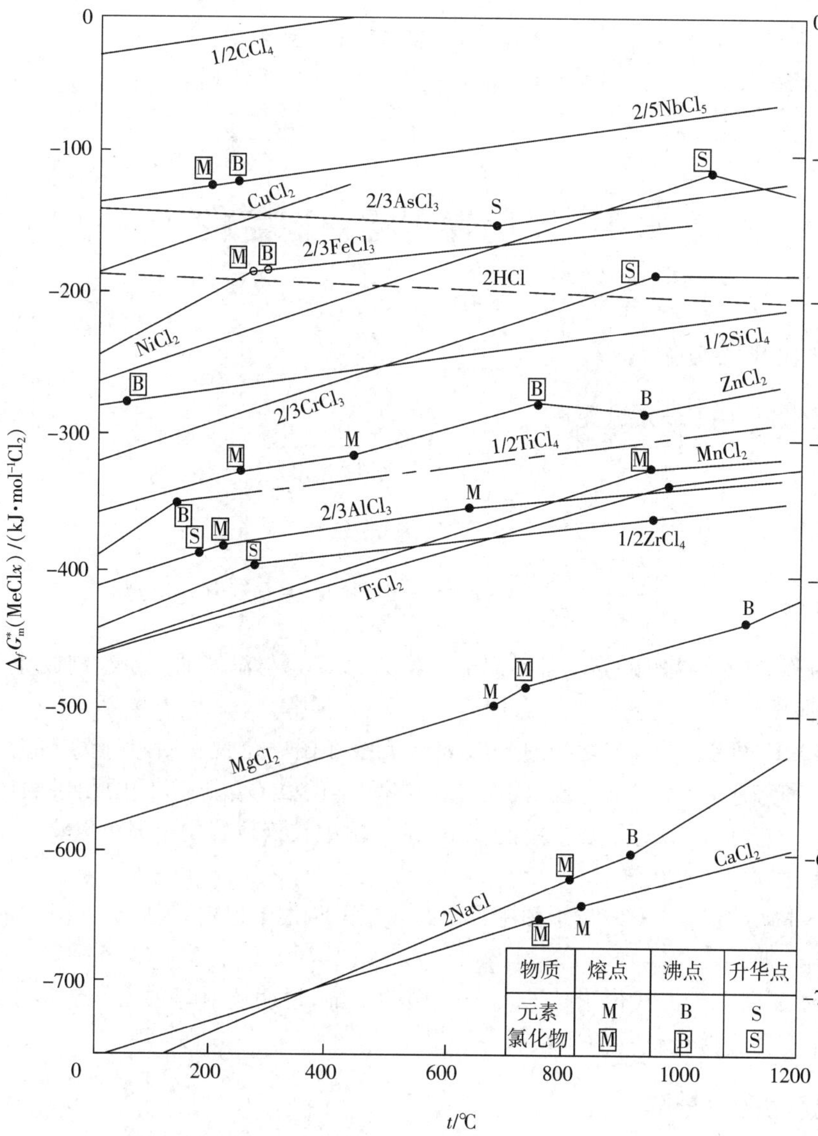


图 4－14　化合物的氯势图

在标准状态下，在指定温度下，位于图中较低位置的金属，可以将位于其上部的金属从氯化物中还原出来。在氯化物系列中碱金属的线的相对位置比氧化物系列而言要低得多。碱金属可作为氯化物的良好还原剂，镁可以把 $TiCl_4$ 中的钛置换出来，用钠或镁可以将 $ZrCl_4$ 中的锆还原出来。

$1/2CCl_4$ 的 $\Delta_f G^* - T$ 线位于图中最上部，$CCl_4$ 很不稳定，因此碳不能作为金属氯化物的还原剂。

2HCl 的 $\Delta_f G^* - T$ 线位于 $\Delta_f G^* - T$ 图的中上部，且斜率为负。氢气可以还原 2HCl 的 $\Delta_f G^* - T$ 线以上的各种金属的氯化物。

如：1000℃ 时，氢可还原 $CuCl_2$、AgCl、$NiCl_2$、$CrCl_3$、$FeCl_3$、$AsCl_3$、$SnCl_4$ 及 $NbCl_5$ 等

氯化物。

在图上所给的温度范围内，1/2$TiCl_4$的 $\Delta_f G^* - T$ 线在 2HCl 的 $\Delta_f G^* - T$ 线的下方，且两线的延长线不相交。因此氢不能作为 $TiCl_4$ 的还原剂。在标准状态下，只有当 $T > 2320$℃时，氢才有可能还原 $TiCl_4$。

## 4.4 硫化物的相对稳定性

### 4.4.1 硫化物的分解压

金属硫化物的生成-分解反应

$$2Me_{(S,l)} + S_2 = 2MeS_{(S,l)}$$

根据相律：$f=(3-1)-3+2=1$，故 $p_{S_2}=f(T)$。

$$K_p=\frac{1}{p_{S_2}/p^0}=\frac{p^0}{p_{S_2}}, \Delta_f G^* = -RT\ln K_p = RT\ln(p_{S_2}/p^0)$$

$\Delta_f G^*_{MeS}$ 称为硫化物的硫势。将不同硫化物的 $\Delta_f G^*_{MeS}$ 与温度的关系绘制成如图 4-15 的硫化物硫势图。

从图 4-15 可以看出，硫化物的 $\Delta_f G^*_{MeS} - T$ 线在图中位置愈低，其稳定性愈高，该元素对硫的亲和势愈大，如 CaS。硫化物系列中各元素的 $\Delta_f G^*_{MeS} - T$ 线的相对顺序与氧化物大体相同。在标准状态下，在指定温度下，位于图中较低位置的金属可以将位于其上部的金属从硫化物中还原出来。

CS、$CS_2$ 的 $\Delta_f G^*_{MeS} - T$ 线位于图中最上部，CS、$CS_2$ 很不稳定，因此碳一般不能作为金属硫化物的还原剂。

$H_2S$ 的 $\Delta_f G^*_{H_2S} - T$ 线位于 $\Delta_f G^*_{MeS} - T$ 图的上部，说明硫对氢的亲和势很小，因此氢一般也不能作为金属硫化物的还原剂。

### 4.4.2 硫化物的分解

(1)金属硫化物的热分解

许多金属的高价硫化物在中性气氛中受热到一定温度即发生分解反应，在高温下低价硫化物稳定，在火法冶金过程中实际参加反应的是金属的低价硫化物。

$$2MeS = Me_2S + \frac{1}{2}S_2$$

$$2CuS = Cu_2S + \frac{1}{2}S_2$$

$$FeS_2 = FeS + \frac{1}{2}S_2$$

$$2CuFeS_2 = Cu_2S + 2FeS + \frac{1}{2}S_2$$

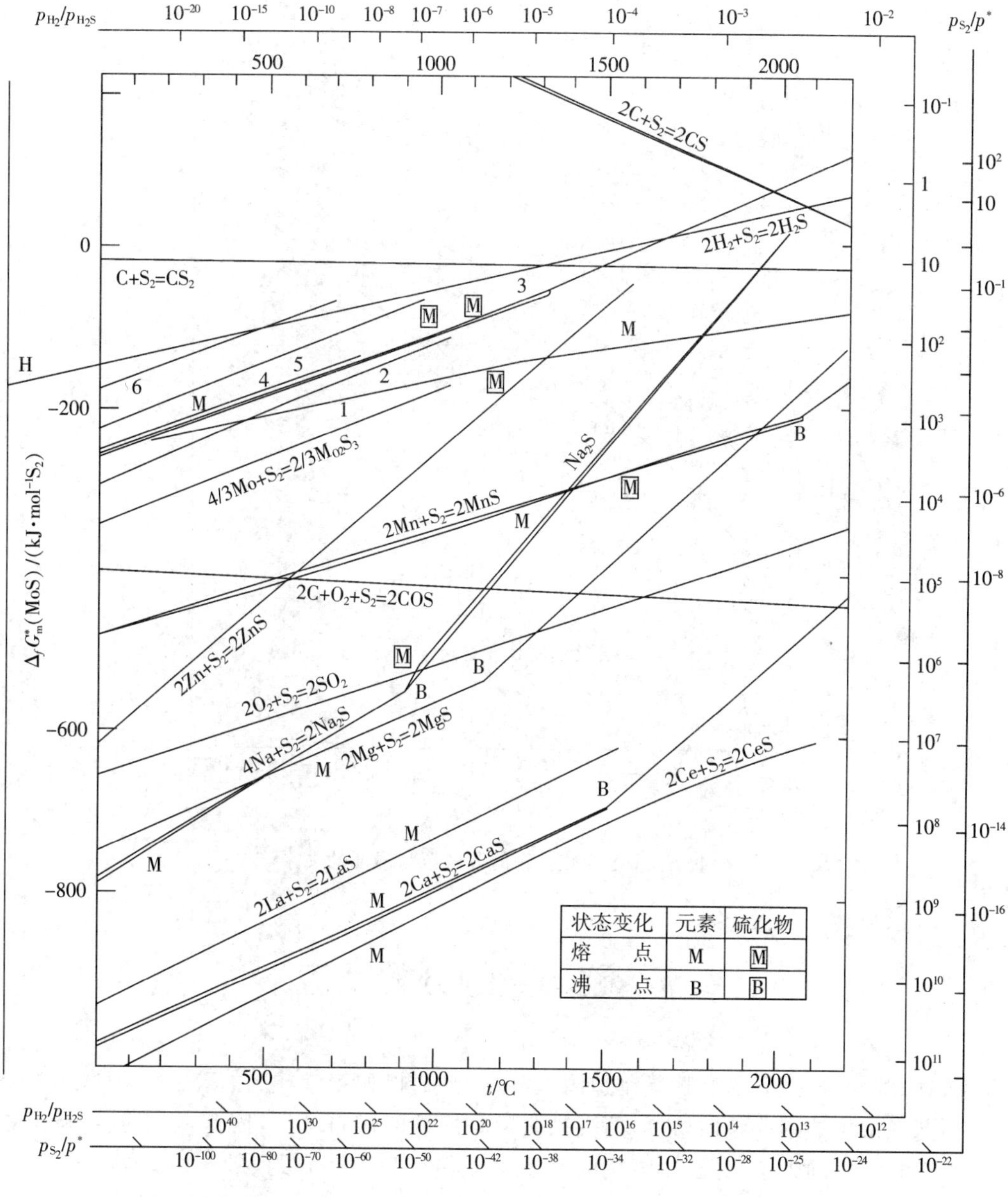


图 4-15　硫化物的硫势图

图中数字代表的反应分别为：1、$2Fe+S_2=2FeS$；2、$Mo+S_2=MoS_2$；3、$2Pb+S_2=2PbS$；4、$2Ni+S_2=2NiS$；5、$2Sn+S_2=2SnS$；6、$2Cu+S_2=2CuS$

$$3NiS=Ni_3S_2+\frac{1}{2}S_2$$

(2)硫化物的分解压与温度的关系

各种硫化物的分解压与温度的关系如图 4-16 所示。

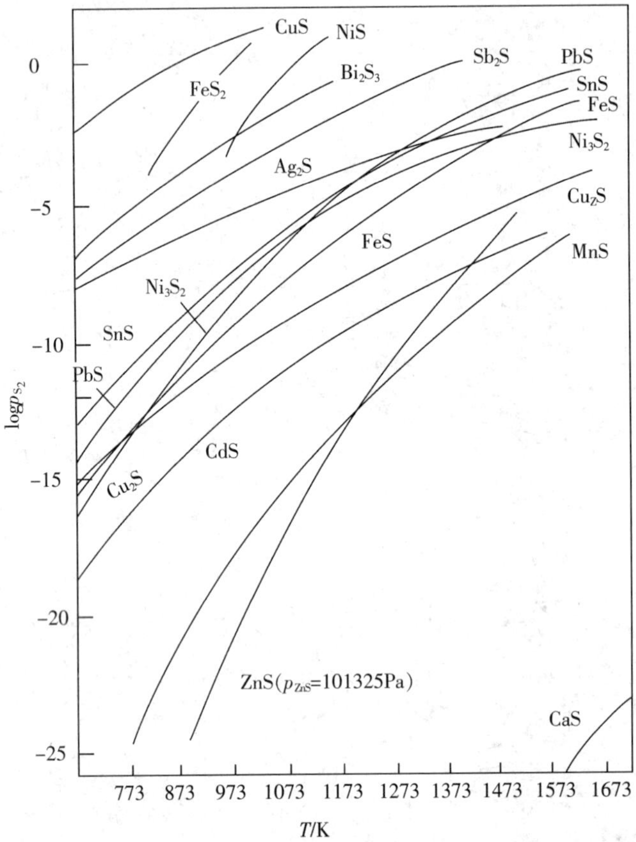


图 4-16　各种硫化物的分解压与温度的关系

## 4.5　碳酸盐的分解反应

某些碳酸盐焙烧后的产物是制造耐火材料的原料，如菱镁矿、白云石等；石灰石煅烧后的石灰是冶炼的主要碱性熔剂，而菱铁矿又是炼铁的矿石之一，因此，了解这些碳酸盐分解的热力学及动力学，对选择焙烧的参数及改进生产操作有很大的作用。

碳酸盐的分解温度不高，常可用热分析法及差热法测定它们的分解温度，并用平衡实验测定它们的分解压。将实验测定的分解压的对数 $\lg p_B$ 对 $1/T$ 作图，可得出它们的热力学关系式。

### 4.5.1　碳酸盐分解热力学

(1)碳酸盐的分解压

碳酸盐的生成一分解反应式为：

$$MeO_{(S)}+CO_{2(g)}=MeCO_{3(S)}$$

$$\Delta_f G^0=-RT\ln K_p=RT\ln(p_{CO_2}/p^0)$$

$$\ln p_{CO_2(MeCO_3)}=\frac{\Delta_f G^0}{RT}+\ln p^0$$

$$\ln p_{CO_2(MeCO_3)}=\frac{\Delta_f H^0}{RT}+B''=\frac{A''}{T}+B''$$

由此可得碳酸盐的分解压与温度的关系见表 4－3 所列。

**表 4－3　某些碳酸盐的分解压与温度的关系及 $T_{沸}$ 值**

| 碳酸盐 | 分解压(Pa)与温度的关系 | $T_{沸}$/K |
|---|---|---|
| $CaCO_3$ | $\lg p_{CO_2}=-8908/T+12.53$ | 1183 |
| $MgCO_3$ | $\lg p_{CO_2}=-6210/T+11.8$ | 913 |
| $FeCO_3$ | $\lg p_{CO_2}=-5470/T+1.75\lg T+8.2$ | 673 |

(2)碳酸盐的开始分解温度与沸腾分解温度

开始分解温度($T_{开}$)定义为当碳酸盐的分解压 $p_{CO_2(MeCO_3)}$ 与系统中氧的分压 $p_{CO_2}$ 相等时的温度。当系统温度超过 $T_{开}$ 时,碳酸盐将分解。分解温度与系统中 $CO_2$ 分压之间的关系为

$$\ln\left(\frac{p_{CO_2(MeCO_3)}}{p^0}\right)=\frac{A''}{T}+B''\Rightarrow \quad T_{开}=\frac{A''}{\ln(p_{CO_2}/p^0)-B''} \tag{4-11}$$

沸腾分解温度($T_{沸}$)定义为当碳酸盐的分解压 $p_{CO_2(MeCO_3)}$ 与系统总压 $p_{总}$ 相等时的温度。当系统温度达到 $T_{沸}$ 时,碳酸盐的分解急剧进行。沸腾温度与体系 $CO_2$ 分压无关,系统总压之间的关系为

$$T_{沸}=\frac{A''}{\ln(p_{总}/p^0)-B''} \tag{4-12}$$

(3)碳酸盐分解反应的平衡图

标准状态下 $CaCO_3$ 的开始分解温度和沸腾分解温度与 $CO_2$ 分压的平衡关系如图 4－17 所示。在平衡曲线的上方是 $CaCO_3$ 的稳定区,曲线的下方是 CaO 的稳定区。

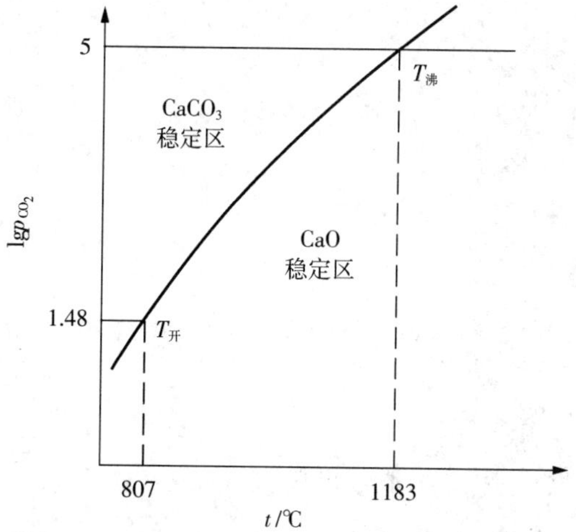


图 4－17　$CaCO_3$ 分解反应平衡图

### 4.5.2 主要碳酸盐的分解

(1)碳酸钙

碳酸钙的化学式为 $CaCO_3$，其结晶体主要有复三方偏三面晶类的方解石和斜方晶类的文石。在常温常压下，方解石是稳定型，文石是准稳定型，目前主要以方解石为主，分解反应为

$$CaCO_{3(S)}=CaO_{(S)}+CO_2,\Delta_r G_m^0=170577-144.19T\quad J/mol$$

$$\lg p_{CO_2(CaCO_3)}=-8908/T+7.53 \tag{4-13}$$

由上式计算的石灰石在高炉内(炉身中段)分解的开始温度和沸腾温度分别为 800℃及 910℃，而在一般煅烧窑内的煅烧温度是 950℃～1100℃，提高煅烧温度和延长煅烧时间，可使 CaO 的晶粒长大，晶格缺陷减少，成为形状规则的晶粒结构，产物的防潮性提高，但反应能力(活性)则有所降低。

大气中 $CO_2$ 含量约为 0.03%，$p_{CO_2}=30.4Pa$，$CaCO_3$ 的开始分解温度为 $T_{开}=807K$，沸腾分解温度 $T_{沸}=1183K$。

(2)碳酸镁

它比碳酸钙的分解温度低，分解达到 101.3kPa 的温度是 640℃～660℃。由于它的分解温度低，分解时矿内原有水分未能完全排出，能与分解产物 MgO 形成 $Mg(OH)_2$，致使它的分解温度降低。碳酸镁的分解温度式为

$$\lg p_{CO_2(MgCO_3)}=-6210/T+6.80 \tag{4-14}$$

(3)白云石

它是二重碳酸盐($CaCO_3\cdot MgCO_3$)，由于白云石中 $MgCO_3$ 和 $CaCO_3$ 结合成复杂化合物，降低了彼此的活度，所以白云石中的 $MgCO_3$ 的分解温度要比单独存在的 $MgCO_3$ 的分解温度高。又因为 $CaCO_3$ 比 $MgCO_3$ 稳定，所以加热时，其中的 $MgCO_3$ 先分解。故白云石的分解分为两个阶段：

$$CaCO_3\cdot MgCO_{3(S)}=CaCO_{3(S)}+MgO_{(S)}+CO_2,\Delta_r H_m^0=121370\ J/mol$$

$$CaCO_{3(S)}=CaO_{(S)}+CO_2$$

第一个分解温度 $t_{沸}=720℃\sim780℃$(但 $MgCO_3$ 的 $t_{沸}=640℃$)，第二个分解温度 $t_{沸}=900℃$ 是 $CaCO_3$ 的分解温度。

(4)碳酸铁

碳酸铁的分解反应为

$$FeCO_{3(S)}=FeO_{(S)}+CO_2\quad \Delta_r H_m^0=10400\ J/mol$$

$$\lg p_{CO_2(FeCO_3)}=-5470/T+1.75\lg T+3.2 \tag{4-15}$$

但由于它的分解产物 $FeO_{(S)}$ 与 $CO_2$ 继续反应，形成 $Fe_3O_{4(S)}$

$$3FeO_{(S)}+CO_2=Fe_3O_{4(S)}+CO\quad \Delta_r H_m^0=-22384\ J/mol$$

使 $FeCO_{3(S)}$ 的分解压有所降低(产物形成复杂化合物),故 $FeCO_{3(S)}$ 的分解压又可表示为

$$2FeCO_{3(S)} = Fe_3O_{4(S)} + 2CO_2 + CO \quad \Delta_r H_m^0 = 289407\ \mathrm{J/mol}$$

此外,如体系中有空气存在,分解出的 $FeO_{(S)}$ 也可转变为 $Fe_3O_{4(S)}$,这一反应发生在抽风烧结过程中。

**【例 4-7】**

试计算高炉炉身内 $\varphi(CO_2)=16\%$ 区域内,如总压为 $1.25\times10^5$ Pa 时,石灰石的开始分解温度和沸腾温度。

**题意分析** 由 $T_{开}$ 和 $T_{沸}$ 的计算公式,先求出 $CO_2$ 的分压,再代入公式可求。

**解** 由式(4-11)及式(4-12),计算 $T_{开}$ 及 $T_{沸}$ 时,先计算 $CO_2$ 的分压 $p_{CO_2}$。

$$p_{CO_2}=\frac{16}{100}\times\frac{1.25\times10^5}{10^5}=0.2,\ p=1.25\times10^5/p^0=1.25$$

由 $\lg p_{CO_2(CaCO_3)}=-8908/T+7.53$ 得 $T=-8908/(\lg p_{CO_2(CaCO_3)}-7.53)$

故 $T_{开}=-8908/(\lg0.2-7.53)=1083\mathrm{K}$

$T_{沸}=-8908/(\lg1.25-7.53)=1198\mathrm{K}$

## 4.6 燃烧反应

C、CO、$H_2$、$CH_4$ 是冶金中燃料的主要成分。它们在冶炼过程中,除燃烧供给热能外,还直接参加体系内的反应,成为反应的组分,例如,在氧化一还原反应中,这些组分就是主要的还原剂,而它们的燃烧产物($CO_2$、$H_2O_{(g)}$)在一定条件下又是氧化剂。

所谓燃烧反应包括燃料中的可燃成分(C、CO、$H_2$)与氧化合的反应,即

$$C_{(石)}+O_2=CO_2$$

$$2C_{(石)}+O_2=2CO$$

$$2CO+O_2=2CO_2$$

$$2H_2+O_2=2H_2O_{(g)}$$

在火法冶金中常用的燃料有三种:(1)固体燃料:煤和焦炭,其可燃成分为 C;(2)气体燃料:煤气和天然气,其可燃成分主要为 CO 和 $CH_4$;(3)液体燃料:重油等,其可燃成分主要为 CO 和 $H_2$。

火法冶金常用的还原剂也有三种:(1)固体还原剂:煤、焦炭等,其有效成分为 C;(2)气体还原剂:CO 和 $H_2$ 等;(3)金属还原剂:Al、Mg、Na 等。

C、CO、$H_2$ 为冶金反应提供所需要的热能,C、CO、$H_2$ 是金属氧化物的良好还原剂。

但是,上例反应的产物 $CO_2$ 和 $H_2O_{(g)}$ 在一定条件下,也能和上述可燃组分反应,即

$CO_2$和$H_2O_{(g)}$充当了氧化剂的作用，出现了另一批燃烧反应：

$$CO+H_2O_{(g)}=H_2+CO_2$$

$$C_{(石)}+CO_2=2CO$$

$$C_{(石)}+H_2O_{(g)}=CO+H_2$$

$$C_{(石)}+2H_2O_{(g)}=CO_2+2H_2$$

此外，可燃气体还包括$CH_4$、$SO_2$，如

$$2CH_4+O_2=2CO+4H_2$$

$$2CH_4+3O_2=2CO+4H_2O_{(g)}$$

$$CH_4+2O_2=CO_2+2H_2O_{(g)}$$

$$2SO_2+O_2=2SO_3$$

它们的燃烧产物，除$SO_3$外，也和前面8个反应的相同。但是，碳的反应有不同的特点需要专门研究，所以先讨论上述的气相物和氧的作用。

## 4.6.1 可燃气体的燃烧反应

### 4.6.1.1. 可燃气体和氧的反应

可燃气体和分子氧的反应如下：

$$2H_2+O_2=2H_2O_{(g)} \qquad \Delta_r G_m^0=-503921+117.36T \quad J/mol \qquad (Ⅰ)$$

$$2CO+O_2=2CO_2 \qquad \Delta_r G_m^0=-564840+173.64T \quad J/mol \qquad (Ⅱ)$$

$$2CH_4+O_2=2CO+4H_2 \qquad \Delta_r G_m^0=-46712-392.88T \quad J/mol \qquad (Ⅲ)$$

$$1/2CH_4+O_2=1/2CO_2+H_2O_{(g)} \qquad \Delta_r G_m^0=-399653+0.25T \quad J/mol \qquad (Ⅳ)$$

$$2SO_2+O_2=2SO_3 \qquad \Delta_r G_m^0=-192480+181.32T \quad J/mol \qquad (Ⅴ)$$

上述反应的$\Delta_r G_m^0$适用于2500K以下的温度，这些反应有很高的热效应，$\Delta_r H_m^0 \geq$ 500kJ/mol，所以CO、$H_2$、$CH_4$是煤气的主要成分。

利用反应的$\Delta_r G_m^0$温度关系式，可分别作出上述各反应的氧势图(详见4.2节)，如图4-18所示。

图中直线的走向决定于气体化学计量数的变化，根据反应物和产物气体的化学计量系数的增大或减小分为三种情况：

(1)反应(Ⅰ)、(Ⅱ)及(Ⅴ)的气体化学计量数减少，从而使反应$\Delta_r S_m^0<0$，$CO_2$和$H_2O_{(g)}$的氧势随温度上升而增加，但是在2500K以下都是负值。反应实际上是不可逆地向右进行。达到平衡时氧的平衡分压很低。例如1873K时，反应(Ⅰ)的$p'_{O_2}=1.208\times10^{-3}$Pa，反应(Ⅱ)的$p'_{O_2}=2.1\times10^{-2}$Pa，或可认为高温下$CO_2$比$H_2O_{(g)}$的离解度小。

(2)反应(Ⅲ)的气体化学计量数增大，从而其$\Delta_r S_m^0>0$，所以随着温度的升高，$\Delta_r G_m^0$

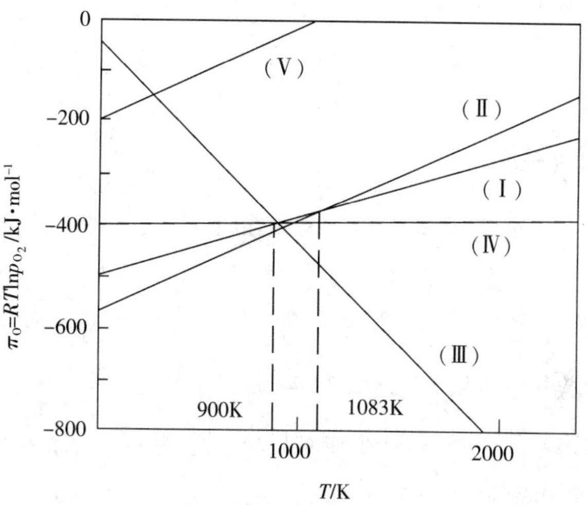


图 4-18　气体燃烧反应的氧势图

直线下降，反应进行得很完全。

(3)反应(Ⅳ)的气体化学计量数保持不变，从而其 $\Delta_r S_m^0 \approx 0$，所以随着温度的升高，$\Delta_r G_m^0$ 保持恒定，反应进行得比较完全。

反应(Ⅰ)和(Ⅱ)的氧势线在 1083K 相交，表明在此温度时二者的氧势相等，$CO_2$ 和 $H_2O_{(g)}$ 有相同的稳定性。而在 $T<1083K$，$CO_2$ 比 $H_2O_{(g)}$ 稳定，$T>1083K$，则 $H_2O_{(g)}$ 比 $CO_2$ 更稳定，这在用 CO、$H_2$ 作还原剂的还原过程中，及用 $CO_2$ 和 $H_2O_{(g)}$ 作氧化剂的氧化过程中，反应(Ⅰ)和(Ⅱ)有很大的作用。

**【例 4-8】**

在冶金实验中常利用 $H_2$-$H_2O_{(g)}$ 混合气体获得氧分压很低的气体，试求混合气体的 $p_{H_2O}/p_{H_2}=0.2$ 及温度为 1580℃ 时气相的平衡氧分压。

**题意分析**　在一定温度下，由平衡常数 $K$ 与分压关系再利用氧势图中作图可求出气相平衡氧分压。

**解**　　$2H_2+O_2=2H_2O_{(g)}$　$\Delta_r G_m^0=-503921+117.36T$　J/mol

$$p_{O_2}=\left(\frac{p_{H_2O}}{p_{H_2}}\right)^2/K,\ \ln p_{O_2}=2\ln\frac{p_{H_2O}}{p_{H_2}}-\ln K$$

1853K 时，$\ln K=\dfrac{503921}{8.314\times1853}-\dfrac{117.36}{8.314}=18.59$

$$\ln p_{O_2}=2\ln0.2-18.59=-21.813,\ \lg p_{O_2}=-9.47$$

$$p_{O_2}=3.36\times10^{-10}，或\ p'_{O_2}=3.41\times10^{-5}\,Pa$$

另外，作氧势图(图 4-4)中 O 点与 H 点和 $\varphi_{H_2}/\varphi_{H_2O}$ 标尺上 $p_{H_2}/p_{H_2O}=5$ 点的连线上。温度为 1853K 点的直线，在 $p_{O_2}$ 标尺上的交点为 $10^{-9.5}$，可求得 $H_2$-$H_2O_{(g)}$ 混合气体

的平衡分压为 $p'_{O_2}=3.2\times10^{-5}$Pa。

可见，增大 $p_{H_2O}/p_{H_2}$ 比可提高 $H_2-H_2O_{(g)}$ 混合气体的平衡氧分压，即提高气相的氧化能力。

#### 4.6.1.2 水煤气反应

由于 $CO_2$ 和 $H_2O_{(g)}$ 的氧势线在 1083K 相交，而在此温度以下 $\pi_{O(CO_2)}<\pi_{O(H_2O)}$，CO 能为 $H_2O_{(g)}$ 所燃烧，而在此温度以上 $\pi_{O(H_2O)}<\pi_{O(CO_2)}$，$H_2$ 能为 $CO_2$ 所燃烧。因此，有 $H_2$、CO 和 $O_2$ 参与反应的产物（$CO_2$ 及 $H_2O_{(g)}$）的气相中就有下列反应发生：

$$H_2+CO_2=CO+H_2O_{(g)}\quad \Delta_r G_m^0=30459-28.14T\quad J/mol$$

上述反应称为水煤气反应，它可看作是反应（Ⅰ）和（Ⅱ）同时进行的耦合结果，由此消去了两反应中相同的物质 $O_2$，反应的 $\Delta_r G_m^0=\frac{1}{2}(\Delta_r G_{m(\text{Ⅰ})}^0-\Delta_r G_{m(\text{Ⅱ})}^0)$，可从氧势图中该温度轴上，两反应的氧势线间距的一半得出，而

$$\ln K=-\frac{\Delta_r G_m^0}{RT}=-\frac{\Delta_r G_{m(\text{Ⅰ})}^0-\Delta_r G_{m(\text{Ⅱ})}^0}{2RT}$$

在 1083K，$\Delta_r G_{m(\text{Ⅰ})}^0=\Delta_r G_{m(\text{Ⅱ})}^0$，$\ln K=0$，$K=1$，这表明水煤气反应具有较大的可逆性，气相组分的平衡浓度均有较高的数值，易于准确测定。因此由实验得出的平衡常数的温度关系式为

$$\ln K=-1910/T+1.76\qquad(227℃\sim927℃)$$

$$\ln K=-1520/T+1.44\qquad(927℃\sim1527℃)$$

由于反应的热效应不高，所以温度对平衡的影响较弱。又反应前后气体组分的化学计量数无变化，所以压力对平衡亦无影响。

反应具有可逆性，在 1083K 以上及以下有不同的方向，可比较 $CO_2$ 及 $H_2O_{(g)}$ 在此温度下的稳定性，确定反应的方向。一般升高温度，反应向着高温稳定的物质生成及吸热的方向进行；反之，则相反。

此反应的平衡氧分压或氧势可由反应（Ⅰ）和（Ⅱ）的平衡氧分压或氧势得出。因为当体系达到平衡时，各组分或局部反应的平衡氧分压是相同的，并等于总反应的平衡氧分压，即各 $\pi_{O(1)}=\pi_{O(2)}=\cdots=\pi_{O(总)}$，故可从任一组合反应计算出总反应的平衡氧分压。计算公式如下：

$$\pi_{O(CO\text{-}CO_2)}=RT\ln p_{O_2}=-564840+\left[173.64-16.63\ln\left(\frac{p_{CO}}{p_{CO_2}}\right)\right]T\quad J/mol$$

$$\pi_{O(H_2-H_2O)}=RT\ln p_{O_2}=-503921+\left[117.36-16.63\ln\left(\frac{p_{H_2}}{p_{H_2O}}\right)\right]T\quad J/mol$$

式中，$p_{CO}$、$p_{H_2}$ 等为水煤气反应的平衡分压或平衡成分。虽然反应的平衡常数 $K$ 给出了各组分压或浓度之间的关系，但不能单独由它计算出这种 3 个以上的组成的平衡浓度，需要建立组分平衡浓度之间的其他关系式。

计算体系气相的平衡成分的浓度时，可推荐建立下列浓度方程：

(1)气相组分体积分数或分压总和方程：$\sum\varphi_{(B)}=100\%$或$\sum p_B=1$；

(2)体系反应的平衡常数方程；

(3)组分的组成原子的物质的量恒定方程：气相组分的浓度在反应中不断改变，但组成它们的原子的物质的量却始终保持不变，而平衡时原子(B)的物质的量等于气相初始组分的原子(B)的物质的量，$n(B)^e=n(B)^0$，因此，需要知道体系的原始气相组成($n(B)^0$)。

**【例 4-9】**

将成分为$\varphi(CO_2)=11\%$，$\varphi(CO)=32\%$，$\varphi(H_2)=9\%$及$\varphi(N_2)=48\%$的混合气体送入热处理炉内，加热到 1233K，试求(1)气相的平衡成分；(2)气相的氧势或平衡氧分压。设炉内总压为$10^5$ Pa。

**题意分析** 按水煤气反应建立平衡，分析体系中 4 个反应组分，列出方程，解方程组即可。再利用本书中的两公式可求氧势与平衡分压：$\pi_{O(CO-CO_2)}=RT\ln p_{O_2}$，$\pi_{O(H_2-H_2O)}=RT\ln p_{O_2}$。

**解** (1)气相平衡成分。这种混合气体送入热处理炉内将按水煤气反应建立平衡

$$CO+H_2O_{(g)}=H_2+CO_2 \quad \Delta_r G_m^0=-30459+28.14T \quad J/mol$$

因为体系有 4 个反应组分，需建立 4 个方程。在此体系内可建立下列类型方程：

第一步：气体平衡组分体积分数总和方程

$$\varphi(CO_2)+\varphi(CO)+\varphi(H_2)+\varphi(H_2O,g)=52\% \qquad (\text{I})$$

氮不参加反应，其浓度无变化，故反应气体的总和为$\sum\varphi_{(B)}=52\%$。

第二步：反应平衡常数方程

$$p_{H_2}\cdot p_{CO_2}/(p_{H_2O}\cdot p_{CO})=K$$

由于$p_B=\dfrac{n(B)}{\sum n}p=\dfrac{\varphi(B)}{100}p$，取 100mol 气体作为计算单位，则$n(B)=\varphi(B)$，故

$$n(H_2)\cdot n(CO_2)/(n(H_2O)\cdot n(CO))=K \text{ 或 } \varphi(H_2)\cdot\varphi(CO_2)/(\varphi(H_2O)\cdot\varphi(CO))=K$$

1233K 时，$\ln K=\dfrac{30459}{8.314\times1233}-\dfrac{28.14}{8.314}=-0.417$，$K=0.660$

即

$$\varphi(H_2)\cdot\varphi(CO_2)/(\varphi(H_2O)\cdot\varphi(CO))=0.660 \qquad (\text{II})$$

第三步：组分原子的物质的量恒定方程。水煤气反应的组分由 3 种元素(C、H、O)组成，故可列出 3 个原子物质的量恒定方程：

$$n(C)=[n(CO)+n(CO_2)]^e=n(CO)^0+n(CO_2)^0=32+11=43$$

$$n(CO)+n(CO_2)=43 \quad 或 \quad \varphi(CO)+\varphi(CO_2)=43\% \qquad (Ⅲ)$$

$$n(H)=[2n(H_2)+2n(H_2O)]^e=2n(H_2)^0+n(H_2O)^0=18$$

$$(H_2)+n(H_2O)=9 \text{ 或 } \quad \varphi(H_2)+\varphi(H_2O)=9\% \qquad (Ⅳ)$$

$$n(O)=[n(CO)+2n(CO_2)+n(H_2O)]^e=n(CO)^0+2n(CO_2)^0+n(H_2O)^0=54$$

$$n(CO)+2n(CO_2)+n(H_2O)=54 \quad 或 \quad \varphi(CO)+2\varphi(CO_2)+\varphi(H_2O)=54\% \quad (Ⅴ)$$

式中，$\varphi(CO_2)$前乘以2，是因为1mol $CO_2$分子中含有2mol O原子，而1mol CO分子中含有1mol O原子。余仿此，上标“e”表示平衡态的值，上标“0”表示初始态的值。

设四种组分分别为$x_1=\varphi(CO)$，$x_2=\varphi(H_2O)$，$x_3=\varphi(CO_2)$，$x_4=\varphi(H_2)$，联立以上任意4个方程，利用数学计算软件Mathematica5.0中的解方程组函数

Eqns={x1+x2+x3+x4==52, x3 * x4==0.66 * x1 * x2, x2+x4==9, x1+x2+2 * x3==54}

Solve[Eqns,{x1,x2,x3,x4}]

计算得$\varphi(CO)=34.46\%$，$\varphi(CO_2)=8.54\%$，$\varphi(H_2)=6.54\%$，$\varphi(H_2O,g)=2.46\%$，而气相中氮浓度无变化：$\varphi(N_2)=48\%$。

(2)体系的氧势或平衡分压

$$\pi_{O(CO\text{-}CO_2)}=RT\ln p_{O_2}=-564840+[173.64-16.63\ln(\frac{p_{CO}}{p_{CO_2}})]T \quad J/mol$$

$$=-564840+[173.64-16.63\ln(34.46/8.54)]\times1233=-380.35kJ/mol$$

$$\pi_{O(H_2-H_2O)}=RT\ln p_{O_2}=-503921+[117.36-16.63\ln(\frac{p_{H_2}}{p_{H_2O}})]T \quad J/mol$$

$$=-503921+[117.36-16.63\ln(6.54/2.46)]\times1233=-380.28kJ/mol$$

取平均值，水煤气反应的氧势$RT\ln p_{O_2}=-380.32kJ/mol$，平衡氧分压为$5.80\times10^{-12}$Pa。

#### 4.6.1.3 $CH_4$的分解及燃烧反应

常见的碳氢化物中$CH_4$最重要，它不仅是天然气的主要成分，也是碳氢化合物中最主要的组成物。$CH_4$按下反应进行分解：

$$CH_4=C_石+2H_2 \qquad \Delta_rG_m^0=91044-110.67T \quad J/mol$$

$$\lg K=\lg\frac{\varphi(H_2)^2p}{100(100-\varphi(H_2))}=-\frac{4755}{T}+5.78 \qquad (4-16)$$

由式(4－16)可绘出总压为1.0、0.6、0.4、…等压力下$CH_4$离解的平衡图，如图4－19所示，曲线以上为$CH_4$的形成区，其下为$CH_4$的分解区，提高温度和降低压力均可促进$CH_4$的离解。

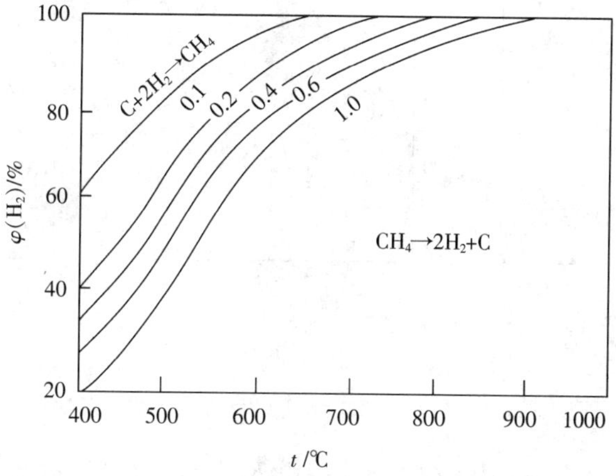


图4－19　$CH_4$分解平衡图

另一方面，$CH_4$被加热离解析出炭黑，使甲烷的利用受到损失。因此，在使用$CH_4$作还原剂时，首先要把它转换为简单的可燃气体($CO+H_2$)，这称为天然气的裂化。裂化有下列方法：

(1)部分燃烧法：$2CH_4+O_2=2CO+4H_2$　$\Delta_r H_m^0=-46712$　J/mol

(2)水蒸气裂化法：$CH_4+H_2O_{(g)}=CO+3H_2$　$\Delta_r H_m^0=206271$　J/mol

(3)$CO_2$裂化法：$CH_4+CO_2=2CO+2H_2$　$\Delta_r H_m^0=164988$　J/mol

裂化产生的煤气是由$CH_4$(少量)、$H_2$、$H_2O_{(g)}$、$CO_2$、$N_2$等组成。它们的成分可根据燃烧反应体系的气相平衡成分计算。

## 4.6.2　固体碳的燃烧反应

碳在火法冶金体系内普遍存在，并且在许多场合下对反应体系的相成分和性质有很大的作用，例如气相成分中多含有碳的气体，而碳与气相组分之间的多相反应建立的平衡成分在反应的热力学上有重要的作用。

作为固体碳燃烧的氧化剂除氧($O_2$及空气)外，还有$CO_2$和$H_2O_{(g)}$。各氧化剂与固体碳的燃烧反应热力学特性分述如下。

### 4.6.2.1　碳与氧气的燃烧反应热力学

固体碳与氧的反应有两种：

$$C_{(石)}+O_2=CO_2 \quad \Delta_r G_m^0=-394133-0.84T \quad \text{J/mol} \qquad (\text{I})$$

$$2C_{(石)}+O_2=2CO \quad \Delta_r G_m^0=-223426-175.32T \quad \text{J/mol} \qquad (\text{II})$$

前者称为碳的完全燃烧反应，后者称为碳的不完全燃烧反应。在过剩碳的存在下，两反应表现的特点是气相中氧的平衡分压很低。两反应的 $\Delta_r G_m^0 - T$ 关系如图 4-20 所示，两反应在 978 K 相交，故低温下（978 K 以下）C 主要氧化成 $CO_2$，而在高温下 C 主要氧化成 CO。

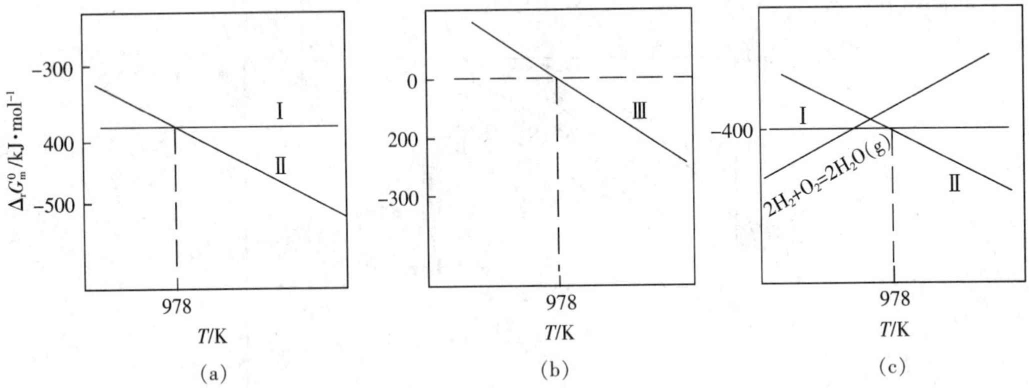


图 4-20　C 与 $O_2$、$CO_2$ 和 $H_2O$ 反应的 $\Delta_r G_m^0 - T$ 图

由于反应(Ⅱ)中 $p_{O_2(平)} \approx 0$，而 $p_{CO} \approx p_{总}$，故由 $K_{(Ⅱ)} = p_{CO}^2 / p_{O_2}$，得 $p_{O_2(平)} \approx p^2 / K_{(Ⅱ)}$，因此 CO 的氧势：

$$\pi_{O(CO)} = 2RT\ln p - RT\ln K_{(Ⅱ)}$$

故随温度的提高及体系压力的减小，$\pi_{O(CO)}$ 减小。

又由反应(Ⅰ)，$K_{(Ⅰ)} = p_{CO_2} / p_{O_2}$，而 $p_{O_2} \approx 0$，$p_{CO_2} = p$，故 $p_{O_2(平)} = p / K_{(Ⅰ)}$，$CO_2$ 的氧势

$$\pi_{O(CO_2)} = RT\ln p - RT\ln K_{(Ⅰ)}$$

因为反应(Ⅰ)的气体物质的量无变化，而 $\Delta_r S_m^0 \approx 0$，故温度及压力对 $CO_2$ 的氧势的影响很小。

#### 4.6.2.2　碳与 $CO_2$ 的燃烧反应热力学

$CO_2$ 作为固体碳燃烧氧化剂的反应为

$$C_{(石)} + CO_2 = 2CO \quad \Delta_r G_m^0 = 170707 - 174.47T \quad J/mol \qquad (Ⅲ)$$

此反应称为布多尔反应，又称碳的溶损反应，或简称碳的气化反应。它是固体碳作为燃料及还原剂时最主要的反应之一。

此反应是反应(Ⅰ)及(Ⅱ)同时进行的耦合结果，反应的 $\Delta_r G_{m(Ⅲ)}^0 = \Delta_r G_{m(Ⅱ)}^0 - \Delta_r G_{m(Ⅰ)}^0$，在 978K(705℃)，$\Delta_r G_{m(Ⅱ)}^0 = \Delta_r G_{m(Ⅰ)}^0$，反应(Ⅲ)的平衡常数 $K_{(Ⅲ)} = 1$。它的 $\Delta_r G_m^0 - T$ 关系线如图 4-20 所示。在此温度以上，平衡气相中的 CO 比 $CO_2$ 多。反之，在此温度以下，平衡气相中的 $CO_2$ 比 CO 多。由于反应(Ⅲ)的 $\Delta_r H_m^0 > 0$，所以温度降低，反应易于逆向进行，CO 发生分解，析出的碳是极细的烟碳。

利用反应的 $\Delta_r G_m^0$ 以及 $K$ 可作出反应的平衡图。

$$\Delta_r G^0_{m(Ⅲ)} = -RT\ln K_{(Ⅲ)} = -RT\ln \frac{p^2_{CO}}{p_{CO_2}} \times \frac{1}{a_C}$$

由于 $p_{CO} = \frac{\varphi(CO)}{100} p$，$p_{CO_2} = \frac{\varphi(CO_2)}{100} p$，当气相成分仅有 $CO_2$ 和 CO 时，则 $\varphi(CO) + \varphi(CO_2) = 100\%$，又 $C_{(石)}$ 以纯石墨为标准态时，$a_C = 1$，因而

$$\ln K_{(Ⅲ)} = \lg\left[\frac{\varphi(CO)^2 p}{100(100-\varphi(CO))}\right]^e = -\frac{\Delta_r G^0_m}{8.314T} = -\frac{20532}{T} + 20.99$$

可得气相平衡成分

$$\varphi(CO) = 50 \times \frac{K_{(Ⅲ)}}{p} \times \left[\sqrt{1+\frac{4p}{K_{(Ⅲ)}}} - 1\right]\% \tag{4-17}$$

利用式(4－17)可作出反应(Ⅲ)的平衡图，如图 4－21 所示。

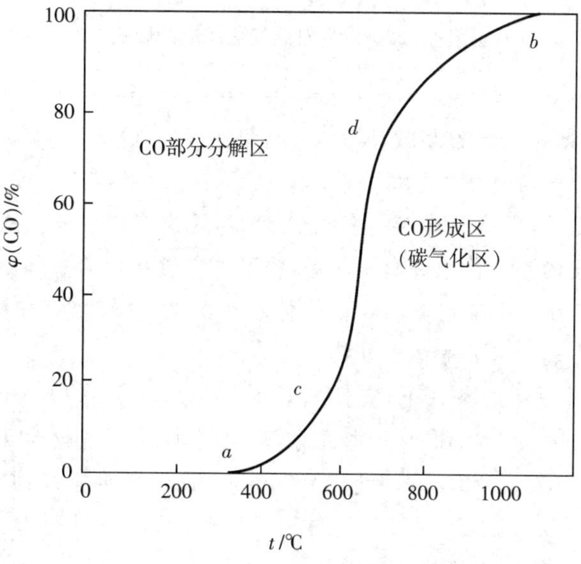


图 4－21　碳气化反应的平衡态 $p^0 = 1$

(1)曲线 *acdb* 把图(4－21)划分为两个区，曲线以上是 CO 的分解区(或固体碳的稳定区)，因为体系的 $\varphi(CO) < \varphi(CO)^e$，而 $\varphi(CO_2) < \varphi(CO)^e$，因此

$$\Delta_r G^0_m = -RT\ln\left[\frac{\varphi(CO)^2 p}{100\varphi(CO_2)}\right]^e + RT\ln\left[\frac{\varphi(CO)^2 p}{100\varphi(CO_2)}\right] > 0$$

(2)曲线 *acdb* 以下则为碳的气化区，因为体系的 $\varphi(CO) < \varphi(CO)^e$，而 $\varphi(CO_2) > \varphi(CO)^e$，故 $\Delta_r G^0_m < 0$。因此，由平衡图可确定一定条件(气相成分、温度)下反应的方向和限度。

由于反应中气体物质的化学计量数有改变，所以压力对平衡成分有影响。按吕·查德里原则，压力增加，促使平衡向着 $2CO = C_{(石)} + CO_2$，即气体分子数减小的方向移动，而 $\varphi(CO_2)$ 增加。因此，压力增加平衡曲线的位置向右下方移动，如图 4－22 所示。

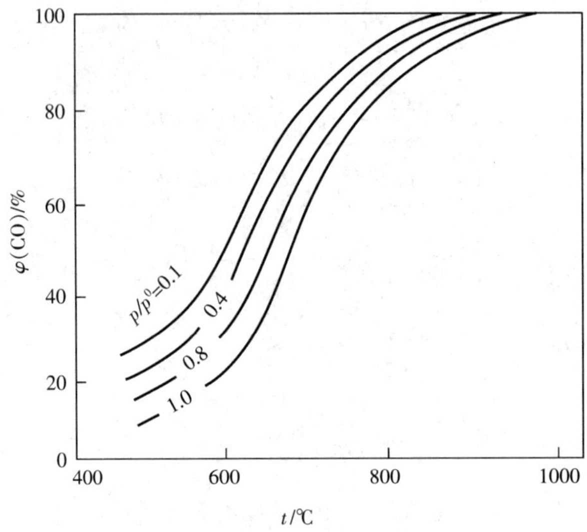


图 4－22　总压对碳气化反应的影响

**【例 4－10】**

试计算在 101.3kPa 及温度为 970K 时，分别用空气($\varphi(O_2)=21\%$)及$\varphi(O_2)=24\%$的富氧空气燃烧固体碳的气相组分的体积分数。

**题意分析**　此题中，固体碳与空气中的 $O_2$ 燃烧，因反应前后气体总物质的量发生变化，CO、$CO_2$ 和 $N_2$ 的物质的量与体积分数不相等，需要求出燃烧后的气体物质的量，再求解体积分数。因此需要列出所有平衡组分的物质的量总和方程，平衡常数方程以及原子氧的物质的量恒定方程求解出气相组分的体积分数。

**解**　1. 在固体碳过剩的条件下，空气与 C 反应形成 $CO+CO_2+N_2$ 的混合气体，需要建立 3 个浓度方程才能求出气相的平衡成分，取空气的物质的量为 100mol，即 $n(O_2)+n(N_2)=100\text{mol}$，其中 $n(O_2)=24\text{mol}$，$n(N_2)=76\text{mol}$。设燃烧后生成的 CO 和 $CO_2$ 物质的量为 $n(CO)+n(CO_2)=m$。

第一步，平衡组分的物质的量总和方程

$$n(CO)+n(CO_2)+n(N_2)=79+m \tag{I$'$}$$

第二步，平衡常数方程

碳气化反应 $C+CO_2=2CO$ 的平衡常数为

$$K_{(\text{III})}=\frac{p_{CO}^2}{p_{CO_2}}=\frac{\varphi(CO)^2}{100\varphi(CO_2)} \tag{II$'$}$$

970K 时　$\ln K_{(\text{III})}=-\frac{20532}{970}+20.99=-0.177$，$K_{(\text{III})}=0.838$

第三步，原子氧的物质的量恒定方程

$$n(O)=n(CO)+2n(CO_2)=2[n(O_2)^0]=2\times21=42 \tag{III$'$}$$

由 $n(CO)+n(CO_2)=m$ 得到：$n(CO_2)=42-m$，$n(CO)=2m-42$

则
$$\varphi(CO)=\frac{n(CO)}{79+m}\times 100,\varphi(CO_2)=\frac{n(CO_2)}{79+m}\times 100 \qquad (Ⅳ')$$

第四步，求解气体成分

将式(Ⅳ')代入式(Ⅱ')中，整理得到

$$\frac{\varphi(CO)^2}{100\varphi(CO_2)}=\frac{(2m-42)^2}{(79+m)(42-m)}=0.838$$

利用 Mathematica5.0 解得 $m=34.42$mol，则 $n(CO)+n(CO_2)+n(N_2)=110.42$mol

$$n(CO_2)=42-m=7.58\text{mol},n(CO)=2m-42=26.84\text{mol}$$

则
$$\varphi(CO)=24.31\%,\varphi(CO_2)=6.86\%,\varphi(N_2)=68.83\%$$

2. 在相同温度及压力下，采用富氧空气($n(O_2)=24$mol，$n(N_2)=76$mol)时，则上式(Ⅲ')应为

$$n(O)=n(CO)+2n(CO_2)=2[n(O_2)^0]=2\times 24=48 \qquad (Ⅴ')$$

$$\frac{\varphi(CO)^2}{100\varphi(CO_2)}=\frac{(2m-48)^2}{(76+m)(48-m)}=0.838$$

利用 Mathematica5.0 解得 $m=38.84$mol，则 $n(CO)+n(CO_2)+n(N_2)=114.84$mol

$$n(CO_2)=48-m=9.16\text{mol},n(CO)=2m-48=29.68\text{mol}$$

$$\varphi(CO)=25.84\%,\varphi(CO_2)=7.98\%,\varphi(N_2)=66.18\%。$$

#### 4.6.2.3 碳与 $H_2O$ 的燃烧反应热力学

水蒸气作为固体碳燃烧氧化剂的反应有两个：

$$C_{(石)}+H_2O_{(g)}=H_2+CO \qquad \Delta_rG_m^0=135248-146.34T \text{ J/mol} \qquad (Ⅳ)$$

$$C_{(石)}+2H_2O_{(g)}=2H_2+CO_2 \qquad \Delta_rG_m^0=109788-116.52T \text{ J/mol} \qquad (Ⅴ)$$

这两个反应是 $H_2O_{(g)}$ 的生成反应分别与碳的不完全燃烧反应(Ⅱ)和完全燃烧反应(Ⅰ)耦合得到的。两个反应都是吸热的($\Delta_rH_m^0>0$)，而且 $\Delta_rG_m^0$ 随着温度的升高而减小，但反应(Ⅳ)比反应(Ⅴ)的 $\Delta_rG_m^0$ 减小得更多，因此，在高温下 CO 比 $CO_2$ 稳定。此外，两个反应正向进行时气体的物质的量均增加，因此减小压力有利于 $H_2O$ 对 C 的气化。

这类反应常出现在煤气发生炉及高炉等的燃烧带内，水蒸气来自燃料的水分及空气，有时是调湿鼓风操作中引入的。因为它们是强吸热的，它能使气相中 $H_2$ 及 CO 还原性气体的浓度提高，并能调节炉温。

## 4.7 燃烧反应气相平衡成分计算

当燃烧体系中出现了两个以上的燃烧反应,而气相组分又较多时,气相平衡成分的计算则较为复杂。首先,可利用相律确定其自由度数,而后计算其平衡成分。

相律的一般式是:

$$f=k-\Phi+2\ \text{而}\quad k=S-R-R'$$

式中 $k$——独立组分数;它等于物种数($S$)减去独立化学反应数($R$)及浓度的其他限制条件数($R'$),对于复杂体系 $R'=0$。

在多元多相的平衡体系中,常是多于两个以上的化学反应同时达到平衡,各相之间也达到了平衡。一个组分可能同时存在于几个物相中,参加几个化学反应,但各物质的平衡浓度(活度、分压)只有一个,符合各自反应平衡常数的关系式。

对于这种复杂体系的热力学计算,首先要确定体系中的独立反应数,并选择能包括体系中物种在内的独立反应式。

所谓独立反应,就是不能用线性组合方法从体系中其他独立反应式导出的反应式。为求体系中独立反应式的数目,可先写出体系内每个化合物由单质形成的反应式,而后进行线性组合,以消去两反应中出现的同类物,所得的反应式便是独立的反应式。

根据上述原则,亦可得出计算体系独立反应数的简单方程:

$$\text{独立反应数}(R)=\text{物种数}(S)-\text{元素数}(m)$$

此外,为了计算燃烧体系的气相平衡成分,首先要根据体系反应的初始条件确定气相平衡组分的种类及数目,然后按照体系内反应进行的条件建立与气相平衡成分数相同的方程数求解。一般可按下述原则来建立方程:

(1)平衡组分的分压或体积分数总和方程:

平衡组分的分压之和等于总压,即 $\sum p_i=p_{总}$。

$p_i$—气相组分的分压(量刚一的量)

(2)平衡常数方程:选用的平衡常数方程的个数最多不能超过体系内独立反应的数目。

(3)各元素原子的物质的量恒定方程:平衡组分的浓度和体系的初始条件有关,而在反应中各元素的原子的物质的量则保持不变。由此可建立原子的物质的量恒定方程。

多组分同时平衡气相成分计算的一般途径也可简化为:

(1)根据同时平衡原理,各组分都处于平衡状态。

(2)根据反应的平衡方程式和平衡常数建立相应的方程式。

(3)根据物料平衡,反应前后物质的物质的量及物质的量之比不变。

**【例 4-11】**

试计算总压为 $p^0$,$T=973\text{K}$,用水蒸气气化碳反应平衡时的气相成分。

**题意分析** 反应平衡时气相存在 $CO$、$CO_2$、$H_2O$、$H_2$ 四种气体组分,建立气相总压和方程,平衡常数方程,以及原子物质的量恒定方程,联列 4 个方程求解。

**解** 反应平衡时气相存在$CO$、$CO_2$、$H_2O$、$H_2$四种气体组分，为求气相中$p_{CO}$、$p_{CO_2}$、$p_{H_2}$、$p_{H_2O}$，须建立4个方程。

第一步，气相总压与各组分分压关系方程

$$p_{CO}+p_{CO_2}+p_{H_2}+p_{H_2O}=p^0 \quad (\text{I})$$

第二步，两个独立反应的平衡常数方程

$$C_{(S)}+CO_2=2CO \quad \text{（布多尔反应）}$$

$$H_2O+CO=H_2+CO_2 \quad \text{（水煤气反应）}$$

973K时，布多尔反应的平衡常数为$K_p=0.890$；973K时，水煤气反应的平衡常数为$K_p=1.463$。

$$p_{CO}^2/(p_{CO_2}\cdot p^0)=0.890 \quad (\text{II})$$

$$p_{CO_2}\cdot p_{H_2}/(p_{CO}\cdot p_{H_2O})=1.463 \quad (\text{III})$$

第三步，反应前后元素的物质的量之比方程

反应前气相为$H_2O$，反应后进行了反应的$H_2O$全部转化为$H_2$、$CO$、$CO_2$。根据物料平衡，反应前后氢的物质的量分数$n(H)$与氧的物质的量分数$n(O)$之比应维持不变，即$n(H):n(O)=2:1$。

$$n(H):n(O)=2n(H_2):(n(CO)+2n(CO_2))=2:1$$

$$n(H_2)=n(CO)+2n(CO_2),\ p_{H_2}=p_{CO}+2p_{CO_2} \quad (\text{IV})$$

第四步，求解反应平衡时的气相成分

联立方程(I)、(II)、(III)、(IV)，令$x_1=p_{CO}$，$x_2=p_{CO_2}$，$x_3=p_{H_2}$，$x_4=p_{H_2O}$，利用Mathematica5.0得到求解式：

Eqns={x1+x2+x3+x4==$p^0$, x1 * x1==0.890 * x2 * $p^0$, x2 * x3==1.463 * x1 * x4, x3==x1+2 * x2}

Solve[Eqns,{x1,x2,x3,x4}]

解得：$p_{CO}=0.296p^0$，$p_{CO2}=0.099p^0$，$p_{H_2}=0.493p^0$，$p_{H_2O}=0.112p^0$

**【例4-12】**

在压力为101.3kPa及900℃时，用空气/水汽=4(体积比)的混合气体燃烧固体碳制煤气，试计算煤气的成分。

**题意分析** 煤气有5个组分$CO_2$、$CO$、$H_2$、$H_2O_{(g)}$、$N_2$，需要分别建立5个方程：1个气相总压和方程、两个平衡常数方程，根据元素原子的物质的量恒定方程得到两个元素的物质的量比，联立5个方程求解。

**解** 煤气有5个组分：$CO_2$、$CO$、$H_2$、$H_2O_{(g)}$、$N_2$，需建立5个方程。

第一步，列出气体总压方程

$$p_{CO}+p_{CO_2}+p_{H_2}+p_{H_2O(g)}+p_{N_2}=1 \tag{Ⅰ}$$

第二步，求独立反应的平衡常数方程

体系包含4种元素C、H、O、N，一共形成6个物种C、$CO_2$、CO、$H_2$、$H_2O_{(g)}$、$N_2$，故独立反应数$R=6-4=2$，可选取水煤气反应和碳的气化反应求反应$T=1200$K时的平衡常数：

$$H_2O_{(g)}+CO=H_2+CO_2 \quad \ln K_{Ⅱ}=\frac{30459}{8.314\times1173}-\frac{28.14}{8.314}=-0.261$$

$$K_{Ⅱ}=\frac{p_{CO_2}p_{H_2}}{p_{CO}p_{H_2O(g)}}=0.770 \tag{Ⅱ}$$

$$C+CO_2=2CO \quad \ln K_{Ⅲ}=-\frac{20532}{1173}+20.99=3.486$$

$$K_{Ⅲ}=\frac{p_{CO}^2}{p_{CO_2}}=32.66 \tag{Ⅲ}$$

第三步，求元素的物质的量之比方程

组成体系组分的元素有C、H、O及N共4种，可分别写出它们的原子物质的量恒定方程：

$$n(O)=[n(CO)+n(H_2O)+2n(CO_2)]^e=(p_{CO}+p_{H_2O}+2p_{CO_2})^e\times\frac{\sum n(B)^e}{p}$$

$$n(H)=[2n(H_2)+2n(H_2O)]^e=(2p_{H_2}+2p_{H_2O})^e\times\frac{\sum p(B)^e}{p}$$

$$n(C)=[n(CO)+n(CO_2)]^e=(p_{CO}+p_{CO_2})^e\times\frac{\sum n(B)^e}{p}$$

$$n(N)=2n(N_2)^e=2p_{N_2}^e\times\frac{\sum n(B)^e}{p}$$

式中，各个$n(B)=\frac{p_B}{p}\times\sum n(B)^e$，$\sum n(B)^e$为平衡态时体系内气体组分的物质的量之和，是个未知数。为消去此未知数，任取两种元素的物质的量之比，

$$\left[\frac{n(O)}{n(H)}\right]^e=\left[\frac{p_{CO}+p_{H_2O}+2p_{CO_2}}{2p_{H_2}+2p_{H_2O}}\right]^e \tag{Ⅳ}$$

$$\left[\frac{n(H)}{n(N)}\right]^e=\left[\frac{2p_{H_2}+2p_{H_2O}}{2p_{N_2}}\right]^e \tag{Ⅴ}$$

还可得出其他元素的原子物质的量之比，如$n(O)/n(C)$、$n(O)/n(N)$等。由于体系的初始态和平衡态中同类型原子物质的量之比相等，因此

$$\left[\frac{n(O)}{n(H)}\right]^0=\left[\frac{n(O)}{n(H)}\right]^e \qquad \left[\frac{n(H)}{n(N)}\right]^0=\left[\frac{n(H)}{n(N)}\right]^e \tag{Ⅵ}$$

在体系气相的初始态中，$V_{空}:V_{汽}=4:1$，则

$n(O)=n(O_{(空)})+n(O_{(汽)})=2n(O_2)_{(空)}+n(H_2O)_{(汽)}=2\times(4\times0.21)+1\times1=2.68$，

$n(H)=n(H_{(汽)})=2n(H_2O)_{(汽)}=2\times1=2$，

$n(N)=n(N_{(空)})=2n(N_2)_{(空)}=2\times(4\times0.79)=6.32$

故 $[n(O)/n(H)]^0=2.68/2=1.34$，$[n(H)/n(N)]^0=2/6.32=0.32$ (Ⅶ)

利用式(Ⅳ)、(Ⅴ)、(Ⅵ)、(Ⅶ)的关系，可得下式

$$p_{CO}+2p_{CO_2}-2.68p_{H_2}-1.68p_{H_2O}=0 \quad (Ⅷ)$$

$$p_{H_2}+p_{H_2O}-0.32p_{N_2}=0 \quad (Ⅸ)$$

还可仿此得出其他原子物质的量之比方程，如 $n(O)/n(N)$ 等，本题中体系的气相平衡成分是5个，只需5个方程联立求解即可。

第四步，求解气体的平衡组成

联立式(Ⅰ)、(Ⅱ)、(Ⅲ)、(Ⅷ)及(Ⅸ)，令 $x_1=p_{CO}$，$x_2=p_{CO_2}$，$x_3=p_{H_2}$，$x_4=p_{H_2O}$，$x_5=p_{N_2}$，利用 Mathematica5.0 得到求解式：

```
Eqns={x1+x2+x3+x4+x5==1,x1*x1==32.66*x2,x2*x3==0.770*x1*x4,x3+x4-0.32*x5==0,x1+2*x2-2.68*x3-1.68*x4==0}
Solve[Eqns,{x1,x2,x3,x4,x5}]
```

解得体系的气相平衡成分为

$$p_{CO}=0.385,\ p_{CO_2}=0.005,\ p_{H_2}=0.146,\ p_{H_2O}=0.002,\ p_{N_2}=0.462$$

## 思考和练习题

4-1 试计算高炉中炉气的 $\varphi(CO_2)=16\%$ 的区域内，总压为126.66kPa时石灰石的分解温度和沸腾温度。

4-2 试计算 $CaCO_{3(S)}$ 及 $MgCO_{3(S)}$ 的分解压等于130kPa的分解温度。

4-3 将 $CaCO_{3(S)}$ 放置于含有 $\varphi(CO_2)=12\%$ 的气氛中，总压为101.3kPa时，试求 $CaCO_{3(S)}$ 分解的开始温度和沸腾温度。

4-4 利用氧势图回答下列问题：

(1)碳还原 $SnO_{2(S)}$、$Cr_2O_{3(S)}$、$SiO_{2(S)}$ 的开始温度；

(2)向焦炭吹水汽，可得到水煤气($CO+H_2$)，反应为 $H_2O_{(g)}+C_{gr.}=H_2+CO$，求反应进

行的温度条件；

(3) CaO 分解氧分压达到 101.3kPa 的温度；

(4) $H_2$ 还原 $Fe_3O_4$ 为 FeO 的温度；

(5) 1000℃时 Mg 还原 $Al_2O_{3(S)}$ 的 $\Delta G^0$；

(6) 说明下列反应在下列温度时，$\Delta G^0 - T$ 直线斜率改变的原因

$2Mg + O_2 = 2MgO$　1100℃，

$2Pb + O_2 = 2PbO$　1470℃，

$2Ca + O_2 = 2CaO$　1480℃；

(7) 什么温度下反应 $4/3Cr_{(S)} + O_2 = 2/3\ Cr_2O_{3(S)}$ 的平衡氧分压为 $10^{-19}$Pa；

(8) 求 Fe 分别与 $10^{-4}$、$10^{-5}$、$10^{-10}$Pa 的 $O_2$ 在 1000℃反应形成 FeO 的 $\Delta G$ 及反应的平衡氧分压 $p_{O_2(平)}$；

(9) 求反应 $MnO_{(S)} + CO = Mn_{(S)} + CO_2$ 在 1100℃的平衡常数；

(10) 在什么温度下反应 $MnO_{(S)} + H_2 = Mn_{(S)} + H_2O_{(g)}$ 的 $(H_2/\ H_2O)_{平} = 10^4/1$。

4-5　根据氧势图，求 $Fe_2O_3$ 分解在大气中开始分解的温度和沸腾温度，并与 $Fe_2O_3$ 分解压的热力学计算值进行比较。

4-6　在煤气发生炉内，用空气不完全燃烧焦炭以生产煤气。从 1127℃及 101.3kPa 下得到的煤气含有：$\varphi(CO)) = 29.22\%$ 及 $\varphi(CO_2) = 0.66\%$，其余是 $N_2$。试利用氧势图求此煤气的氧势。

4-7　纯镍在组成为 $\varphi(CO) = 10\%$，$\varphi(CO_2) = 20\%$ 及 $\varphi(N_2) = 70\%$ 的气氛中加热到 1000 K。试问 $Ni_{(S)}$ 能否被氧化？

4-8　为使金属锰在 $p' = 101.3$kPa，900℃下无氧化加热，试问使用的 $CO - CO_2$ 混合气体中 CO 与 $CO_2$ 之比应是多少？用热力学计算法及氧势图求解。

4-9　将铬保持在 1500K 及压力为 101.3kPa 的含水蒸汽的 $H_2$ 中，为不使铬受到氧化，试问气相中 $H_2$ 的分压应是多少？

4-10　把 $5\times10^{-4}$kg 的碳酸钙放在体积为 $1.5\times10^{-3}\ m^3$ 真空容器内加热到 800℃，问有多少碳酸钙未能分解而残留下来。

4-11　用空气/水汽 = 3（体积比）的混合气体去燃烧固体碳制煤气。试计算总压为 $1.01325\times10^5$ Pa，温度为 1127℃时煤气的组成。（提示：初始态中 $(n(O)^0/n(H)^0) = (1+2\times0.21\times3)/2)$）

4-12　用水蒸汽去燃烧固体碳制煤气，试计算总压为 101.3kPa，温度为 800℃时煤气的组成。

4-13　把成分为 $\varphi(CO) = 50\%$，$\varphi(CO_2) = 25\%$，$\varphi(H_2) = 25\%$ 的煤气送入 900℃的炉内，试求此温度及 $p' = 101.3$kPa，混合气体的平衡成分及平衡分压或氧势。

4-14　用 $\varphi(O_2) = 24\%$ 的富氧空气在温度 1000℃及压力为 50.65kPa 下燃烧固体碳，试计算气相的平衡成分和平衡氧分压。

4-15　试计算 $\varphi(CO) = 50\%$，$\varphi(CO_2) = 30\%$，$\varphi(O_2) = 20\%$ 的混合气体燃烧后的气相平衡成分。

上篇　冶金热力学原理
中篇　冶金过程热力学
　第4章　化合物的生成与分解反应
　第5章　氧化物还原熔炼反应
　第6章　火法精炼反应
下篇　冶金过程动力学

# 第5章　氧化物还原熔炼反应

**[本章导读]**

氧化物还原熔炼反应是冶金过程的最主要反应之一，许多金属是利用还原剂还原其氧化物制取的。本章基于冶金热力学基本原理，主要介绍氧化物还原反应的热力学、金属热还原热力学、铁的渗碳、熔渣中的氧化物还原、高炉脱硫反应热力学等。

**[知识目标]**

通过本章学习，掌握氧化物还原反应的理论，金属氧化物的直接还原、间接还原特性，以及金属的热还原反应与铁的渗碳等，了解熔渣中氧化物的还原特性以及高炉脱硫反应。

**[能力目标]**

能够利用冶金热力学原理分析氧化物还原熔炼反应过程以及高炉冶炼脱硫反应。

**[重点难点]**

本章重点是氧化物的直接还原和间接还原，熔渣中氧化物的还原，以及高炉冶炼的脱硫反应；难点是熔渣中氧化物的还原。

还原熔炼反应是高温下采用还原剂还原金属氧化物制取金属的一种火法冶炼过程，广泛地应用于黑色、有色及稀有金属冶金中。

按原料和产品的特点，还原熔炼反应可分为以下4种情况：

(1)氧化矿或精矿直接还原为金属，如铁矿石和锡精矿的还原熔炼；

(2)硫化精矿经氧化焙烧后再还原，如铅烧结矿、锌焙烧矿的还原；

(3)湿法冶金制取的纯氧化物还原为金属，如三氧化钨粉的氢还原、四氯化钛的镁热还原；

(4)含两种氧化物的氧化矿选择性还原其中一种氧化物，另一种氧化物富集在半成品中，如钛铁矿还原铁后得到含二氧化钛的高钛渣等。

按照工业上利用的还原剂种类的不同，可将还原过程分为3类：

(1)用可燃气体作还原剂的间接还原法；

(2)用固体碳作还原剂的直接还原法；

(3)用金属如Si、A1作还原剂的金属热还原法。

此外，还有利用电解水溶液及熔盐进行还原，这时要涉及电子对金属阳离子的电化学反应。

在还原熔炼中，除矿石中的主要金属极大量地还原外，脉石及燃料中灰分的某些氧化物如$SiO_2$、MnO等也要部分还原，并且了获得成分合格的粗金属，需要除去一定量的杂质如硫、磷。由于火法冶金过程需要用燃料燃烧来得到高温，而燃料与还原剂又是相互联系的，因而本章也将讨论燃烧反应的热力学。

# 5.1 概　述

## 5.1.1 研究还原过程的意义

金属元素在自然界很少以单质形态存在，有色金属矿物大多数是硫化物或氧化物，炼铁所用矿物及很多冶金中间产品主要是氧化物形态，而钛、锆等有色金属的冶金中间产品为氯化物，还原反应在从这些矿物提取金属的过程中起着重要作用。

许多工业生产的还原过程实例有高炉炼铁、锡冶金、铅冶金、火法炼锌、钨冶金、钛冶金等。

## 5.1.2 还原过程分类

按照还原过程使用还原剂的种类，可将还原过程分为四大类：

(1)气体还原剂还原，如用CO或$H_2$作还原剂还原金属氧化物，称为间接还原。

(2)固体碳还原，如用固体碳作还原剂还原金属氧化物，称为直接还原。

(3)金属热还原，如采用Al、Si等金属还原铌、钽、钨等不含碳的贵金属，其基本原理是用位于$\Delta G^0-T$图下方的曲线所对应的金属作还原剂，还原位于$\Delta G^0-T$图上方曲线所对应的金属氧化物(氯化物、氟化物)以制取金属。

(4)真空还原，即在真空条件下进行的还原过程。

### 5.1.3 还原反应进行的热力学条件

金属化合物还原过程通式可以表示为：

$$MeA+X=Me+XA \tag{5-1}$$

式中：MeA——待还原的原料（A=O、Cl、F 等）；

Me——还原产品（金属、合金等）；

X——还原剂（C、CO、$H_2$、Me′）；

XA ——还原剂的化合物（CO、$CO_2$、$H_2O$、Me′A）

反应(5-1)的吉布斯自由能变化为：

$$\begin{aligned}\Delta_r G_{(5\text{-}1)} &= \Delta_r G^0_{(5\text{-}1)} + RT\ln J \\ &= \Delta_r G^0_{(5\text{-}1)} + RT\ln\frac{a_{XA}\cdot a_{Me}}{a_X\cdot a_{MeA}}\end{aligned} \tag{5-2}$$

设定当 MeA、X、XA、Me 为凝聚态时，均为稳定晶形的纯物质；当 MeA、X、XA、Me 为气态时，则其分压为 $p^0$，反应(5-1)进行的热力学条件为：

$$\Delta_r G^0 = \frac{1}{2}(\Delta_f G^0_{(XA)} - \Delta_f G^0_{(MeA)}) < 0$$

$$\Delta_f G^0_{(XA)} < \Delta_f G^0_{(MeA)}$$

即在标准状态下，在氧势图（或氯势图等）中位置低于 MeA 的元素才能作为还原剂将 MeA 还原，且 MeA 的分解压必须大于 XA 的分解压，即：$p_{A(MeA)} > p_{A(XA)}$。

可以从两个方面分析在非标准状态下还原反应进行的热力学条件：

(1)可降低生成物活度 $a_{XA}$、$a_{Me}$

当生成物 XA 不是纯物质，而是处于某种溶液（熔体）中或形成另一复杂化合物时，其活度小于 1，对反应有利。如加入熔剂使 XA 造渣，能够有利于还原过程。

当生成物 XA 或 Me 为气态时，降低生成物的分压，对还原反应有利。如在真空条件下生产金属铌时，由于产物 CO 为气态，则理论起始温度将大幅度降低。

$$NbO_{(S)} + Nb_2C_{(S)} = 3Nb + CO_{(g)}$$

当生成物 Me 处于合金状态，其活度小于 1，对还原反应有利。采用碳还原 $SiO_2$ 时，当产物为单质硅时，起始温度为 1934K；而当产物为 $w[Si]=45\%$ 的硅铁合金时，起始温度为 1867K。

(2)可降低反应物(MeA、X)的活度

降低反应物（MeA、X）的活度对还原反应不利，即当反应物 MeA 及还原剂 X 处于溶液状态，或以复杂化合物形态存在时，降低反应物活度不利于还原反应。

当还原剂 X 为气体，其分压小于 $p^0$ 时，降低分压相当于降低反应物活度，则不利于还原反应向正方向进行。

### 5.1.4 还原剂的选择

工业生产上选择还原剂时，对还原剂 X 有一些基本要求。

(1)还原剂 X 对 A 的亲和势大于 Me 对 A 的亲和势。对于氧化物而言，在氧势图上 $\Delta_f G^0_{(XO)}-T$ 线应位于 $\Delta_f G^0_{(MeO)}-T$ 线之下；或 XO 的分解压应小于 MeO 的分解压。

(2)还原产物 XA 应该容易与产出的金属 Me 分离。

(3)还原剂不能污染金属产品，且不与金属产物形成合金或化合物。

(4)价廉易得。

#### 5.1.4.1 碳还原剂

根据上述基本要求，碳是金属氧化物 MeO 的良好还原剂，主要基于碳还原剂的如下主要特点：

(1)碳对氧的亲和势大，且随着温度升高而增加，能还原绝大多数金属氧化物。$Cu_2O$、PbO、NiO、CoO、SnO 等在标准状态下，在不太高的温度下即可被碳还原；FeO、ZnO、$Cr_2O_3$、MnO、$SiO_2$ 等氧化物在标准状态下，在 $\Delta_f G^0_{(MeO)}-T$ 线与 $\Delta_f G^0_{(CO)}-T$ 线交点温度以上可被碳还原；$V_2O_5$、$Ta_2O_5$、$Nb_2O_5$ 等难还原氧化物在标准状态下不能被碳还原，但在高温真空条件下可被碳还原；只有 CaO、$Al_2O_3$ 等少数金属氧化物不能被碳还原。

(2)反应生成物为气体 CO 和 $CO_2$，很容易与金属产品 Me 分离。

(3)价廉易得。

(4)不足之处是碳易与许多金属形成碳化物。

#### 5.1.4.2 氢还原剂

氢作为还原剂具有某些优势，$H_2$ 还原金属氧化物的产物是 $H_2O$，与碳还原金属氧化物的产物 CO 和 $CO_2$ 为控制排放的温室气体相比，$H_2O$ 蒸气对自然界没有任何危害。随着天然气的使用及无焦冶金的发展，$H_2$ 作为还原剂有更大的意义。

氢气作为还原剂在不同条件下可以还原出不同的金属：

(1)在标准状态下，$H_2$ 可将 $Cu_2O$、PbO、NiO、CoO 等还原成金属。

(2)在较大 $p_{H_2}/p_{H_2O}$ 下，$H_2$ 可将 $WO_3$、$MoO_3$、FeO 等还原成金属。

(3)在适当 $p_{H_2}/p_{H_2O}$ 下，$H_2$ 可还原钨、钼、铌、钽等的氯化物。

氢气还原的不足之处是 $H_2$ 的获取比较麻烦，价格较高。

#### 5.1.4.3 金属还原剂

常用的金属还原剂主要铝、钙、钠、镁等活泼金属，其中铝、钙、镁等活性金属可作为绝大部分氧化物的还原剂。钠、钙、镁是氯化物体系最强的还原剂。

### 5.1.5 氧化物还原的热力学条件

从前面氧势图的讲述中知，任一氧化物的还原剂(B)还原的一般反应可表示为

$$\frac{2a}{b}B_{(S)}+O_2=\frac{2}{b}B_aO_{b(S)},\Delta_r H^0_{m(1)}<0,\Delta_r G^0_{m(1)}=RT\ln p_{O_2(B_aO_b)}$$

$$\frac{2x}{y}M_{(S)}+O_2=\frac{2}{y}M_xO_{y(S)},\Delta_r H^0_{m(2)}<0,\Delta_r G^0_{m(2)}=RT\ln p_{O_2(M_xO_y)}$$

$$\frac{2}{y}M_xO_{y(S)}+\frac{2a}{b}B_{(S)}=\frac{2x}{y}M_{(S)}+\frac{2}{b}B_aO_{b(S)},\Delta_rG_m^0=\Delta_rG_{m(1)}^0-\Delta_rG_{m(2)}^0$$

上式可简写成

$$MO_{(S)}+B_{(S)}=M_{(S)}+BO_{(S)}$$

$$\Delta_rH_m^0=\Delta_fH_m^0(BO,s)-\Delta_fH_m^0(MO,s),\Delta_rG_m^0=\pi_{O(BO)}-\pi_{O(MO)}$$

$BO_{(S)}$和$MO_{(S)}$的生成一分解反应在体系中同时进行，由于$\pi_{O(BO)}<\pi_{O(MO)}$，促使$MO_{(S)}$中的氧向$B_{(S)}$迁移形成$BO_{(S)}$，直至$\pi_{O(BO)}=\pi_{O(MO)}$而使反应达到平衡，因此，$\pi_{O(BO)}<\pi_{O(MO)}$或$\Delta_rG_m^0<0$是$B_{(S)}$能还原氧化物$MO_{(S)}$的热力学条件，反映在氧势图中则是处于下方氧化物形成的元素能作为还原剂去还原上方的氧化物。

当$\Delta_rG_m^0=0$，亦即$\pi_{O(BO)}=\pi_{O(MO)}$时，还原反应达到平衡，该温度称为还原剂$B_{(S)}$还原氧化物$MO_{(S)}$的开始温度($T_{开}$)，它亦是氧势图中此两种氧化物的氧势线相交的温度，因为当$T>T_{开}$时开始出现$\Delta_rG_m^0\leqslant0$。一定状态下的还原开始温度($T_{开}$)是该还原反应的具体热力学条件，能用来比较不同氧化物的还原性和不同还原剂的还原能力。因为氧化物愈稳定其还原开始温度就愈高。

还原反应的热效应与两种氧化物$BO_{(S)}$和$MO_{(S)}$的$\Delta_fH_m^0$有关，它决定了温度对还原反应平衡移动的影响。

上面仅是从标准状态下的还原反应得出的热力学条件。实际上，还原反应是在非标准态下进行的，被还原的氧化物和还原出来的单质并非纯态。而是位于溶液中或与其他物质形成复杂化合物。在这种情况下，须利用等温方程来确定还原的温度条件。

$$(MO)+[B]=[M]+(BO)\quad \Delta_rG_m=\Delta_rG_m^0+RT\ln[a_{[M]}a_{[BO]}/a_{(MO)}a_{[B]}]$$

$$\Delta_rG_m^0=\Delta_rG_m^0(BO)-\Delta_rG_m^0(MO)=\Delta_rH_m^0(BO)-\Delta_rH_m^0(MO)-[\Delta_rS_m^0(BO)-\Delta_rS_m^0(MO)]T$$

平衡时$\Delta_rG_m=0$，可得出实际状态下氧化物$MO_{(S)}$的还原开始温度($T_{开}$)：

$$T_{开}=\frac{\Delta_rH_m^0(BO)-\Delta_rH_m^0(MO)}{[\Delta_rS_m^0(BO)-\Delta_rS_m^0(MO)]+8.314(\ln a_{(MO)}a_{[B]}-\ln a_{[M]}a_{[BO]})}\qquad(5-3)$$

由上式可见，提高熔体中反应物$MO_{(S)}$、B的活度及降低产物M、$BO_{(S)}$的活度，可使还原开始温度降低；相反，则会使还原开始温度升高。如果还原的产物M是气态或还原剂形成的氧化物也是气态，而且反应前后气体物的化学计量数是增加的($\Delta\nu_{B(g)}\gg0$)，则降低体系的压力(抽真空)有利于还原开始温度的降低。

**【例5-1】**

在101.3kPa下用固体碳还原纯$SiO_{2(S)}$，获得的铁液中硅的活度为0.1($w[B]=1\%$溶液标准态)，试计算$SiO_{2(S)}$的还原开始温度。

**题意分析** 计算用固体碳还原$SiO_2$的开始还原温度，根据氧化物开始还原温度的计算公式式(5-3)，计算$T_{开}$时需要反应物$SiO_2$和产物CO的标准吉布斯自由能变化，以及各反应物和产物的活度。已知条件中给出了铁液中Si的活度，根据题目，其余反应物和产物的活度可按标准态处理。

**解** 第一步：求$SiO_2$和CO的标准吉布斯自由能变化

还原反应 $SiO_{2(S)}+2C_{(石)}=[Si]+2CO$ 由以下两反应组成：

$$2C_{(石)}+O_2=2CO \quad \Delta_r G_m^0(CO)=-223426-175.32T \quad J/mol$$

$$[Si]+O_2=SiO_{2(S)} \quad \Delta_r G_m^0(SiO_2,s)=-814850+215.25T \quad J/mol$$

第二步：计算 $SiO_2$ 的开始还原温度 $T_{开}$

利用式 5-1，$SiO_{2(S)}$ 的还原开始温度

$$T_{开}=\frac{\Delta_r H_m^0(CO)-\Delta_r H_m^0(SiO_2,s)}{[\Delta_r S_m^0(CO)]-\Delta_r S_m^0(SiO_2,s)+8.314(\ln a_{SiO_2}a_C^2-\ln a_{[Si]}p_{CO}^2)}$$

$$=\frac{-223426+814850}{(215.25+175.32)+8.314[\ln(1\times1)-\ln(0.1\times1)]}=1444\ K$$

当 $SiO_{2(S)}$ 被 C 还原，形成的 Si 溶解于铁液中的活度为 0.1($w[B]=1\%$溶液标准态)时，其还原开始温度从形成纯硅的 $T_{开}=1514K$ 下降到 1444K，即降低 70K。

**【例 5-2】**

在 Mg 的沸点(1376K)温度以上，碳还原 $MgO_{(S)}$ 的反应：$MgO_{(S)}+C_{(石)}=Mg_{(g)}+CO$，试求 $p'_{Mg}=p'_{CO}=13.3$ Pa 时反应的还原开始温度。

**题意分析** 计算用固体碳还原 MgO 的还原开始温度，根据氧化物开始温度的计算公式式(5-3)，计算 $T_{开}$ 时需要反应物 MgO 和产物 CO 的标准吉布斯自由能变化，以及各反应物、产物的活度及分压。

**解** 第一步：求 MgO 和 CO 的标准吉布斯自由能变化

由反应式可知，反应前后气体物质的化学计量数发生了变化，$\Delta\nu_{B(g)}=2$，降低压力有利于还原开始温度的降低。还原反应由以下两个反应组成：

$$C_{(石)}+O_2=2CO \quad \Delta_r G_m^0(CO)=-223426-175.32T \quad J/mol$$

$$2Mg_{(g)}+O_2=2MgO_{(S)} \quad \Delta_r G_m^0(MgO,s)=-1465400+411.98T \quad J/mol$$

第二步：计算 MgO 的开始还原温度 $T_{开}$

$$p_{Mg}=p_{CO}=13.3\ Pa/101325\ Pa=13.13\times10^{-5}$$

利用式 5-3，$MgO_{(S)}$ 的还原开始温度

$$T_{开}=\frac{\Delta_r H_m^0(CO)-\Delta_r H_m^0(MgO,s)}{[\Delta_r S_m^0(MgO,s)-\Delta_r S_m^0(CO)]+8.314(\ln a_{MgO}a_C-\ln p_{Mg}^2 p_{CO}^2)}$$

$$=\frac{-223426+1465400}{(411.98+175.32)+8.314[\ln(1\times1)-2\ln(13.13\times13.13\times10^{-10})]}$$

$$=1687\ K$$

$MgO_{(S)}$ 被 C 还原的开始还原温度由标准状态($p'_{Mg}=p'_{CO}=101.3kPa$)的 2114 K 下降到 1687 K，即降低 427 K，由此可见，产物的活度或分压变化对反应温度有影响。

# 5.2 氧化物的间接还原反应

金属氧化物是火法冶炼矿石中的主要成分，而从该氧化物提取金属的过程中，还原过程又是最重要的一种火法冶炼过程；在氧化物的还原过程中，出现了电子得失（化合价改变）的化学反应，一种物质被氧化，又伴随着另一种物质被还原，因此，严格说还原过程是氧化一还原过程。但在这里，冶炼的目的是将氧化物还原得到粗金属或合金，所以将其称为还原过程。

除了前面介绍的间接还原法、直接还原法和金属热还原法外，还有利用电解水溶液及熔盐进行还原，这时要涉及电子对金属阳离子的电化学反应，在此不作介绍。

## 5.2.1 气体还原氧化物的热力学

CO、$H_2$或它们的混合气体是冶金中氧化物的主要还原剂。反应的热力学式可由 CO（或 $H_2$）的燃烧反应与氧化物的形成反应组合得出：

$$2CO+O_2=2CO_2 \quad \Delta_r H_m^0(CO_2) \quad \Delta_r G_m^0(CO_2) \tag{Ⅰ}$$

$$2M_{(S)}+O_2=2MO_{(S)} \quad \Delta_r H_m^0(MO,s) \quad \Delta_r G_m^0(MO,s) \tag{Ⅱ}$$

$$2MO_{(S)}+2CO=2M_{(S)}+2CO_2 \tag{Ⅲ}$$

$$MO_{(S)}+CO=M_{(S)}+CO_2 \quad \Delta_r H_m^0, \Delta_r G_m^0 \tag{Ⅳ}$$

$$\Delta_r H_m^0=\Delta_r H_m^0(CO_2)-\Delta_r H_m^0(MO,s)=-564840-\Delta_r H_m^0(MO,s)$$

$$\Delta_r G_m^0=\Delta_r G_m^0(CO_2)-\Delta_r G_m^0(MO,s) \quad J/mol$$

反应（Ⅰ）的 $\Delta_r H_m^0(CO_2)=-564840J/mol$，而反应（Ⅱ）的 $\Delta_r H_m^0(MO,S)<0$，故还原反应（Ⅲ）是吸热或放热决定于 $\Delta_r H_m^0(MO,S)$ 是大于或小于 564840J/mol。反应（Ⅲ）的平衡常数为

$$K=\frac{a_M p_{CO_2}}{a_{MO} p_{CO}}=\frac{p_{CO_2}}{p_{CO}}=\frac{\varphi(CO_2)}{\varphi(CO)}$$

式中，$a_M=1$，$a_{MO}=1$，而 $p_{CO_2}=\frac{\varphi(CO_2)p}{100}$，$p_{CO}=\frac{\varphi(CO)p}{100}$，由上式可进一步导出气相平衡成分和温度的关系式（5-4）。

$$\varphi(CO)=\frac{100}{1+K}\%,\varphi(CO_2)=\frac{K\times 100}{1+K}\% \tag{5-4}$$

利用式（5-4）可绘出上述还原反应的热力学参数平衡图：$\varphi(CO)=f(T)$，如图 5-1 所示。

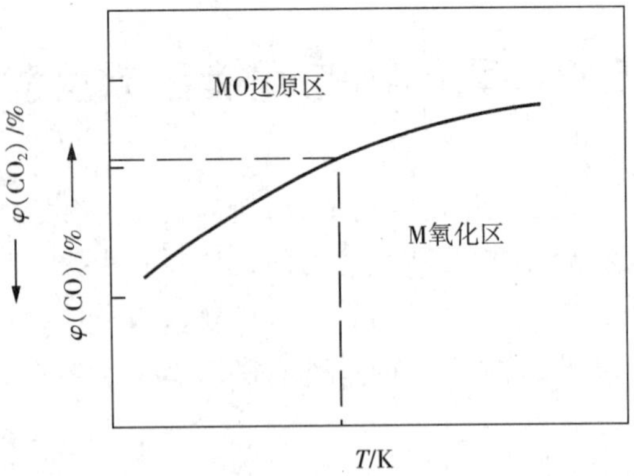


图 5-1　CO 还原 MO 的平衡图

图中曲线为还原反应的平衡曲线，即平衡气相成分与温度的关系线。对 M、MO 来说，线上的气相组成是平衡的，因 $\Delta_r G_m=0$，曲线以上的区域是 MO 的还原区，因 $\Delta_r G_m<0$：

$$\Delta_r G_m = RT\left\{\ln\left[\frac{\varphi(CO_2)}{\varphi(CO)}\right]-\ln\left[\frac{\varphi(CO_2)}{\varphi(CO)}\right]^e\right\}$$

而$\left[\frac{\varphi(CO_2)}{\varphi(CO)}\right]<\left[\frac{\varphi(CO_2)}{\varphi(CO)}\right]^e$，曲线以下的区域则是 $M_{(S)}$ 的氧化区。因 $\Delta_r G_m>0$，$\left(\left[\frac{\varphi(CO_2)}{\varphi(CO)}\right]>\left[\frac{\varphi(CO_2)}{\varphi(CO)}\right]^e\right)$，反应逆向进行，而被还原的单质受到氧化。

平衡曲线的走向则与反应(Ⅲ)的 $\Delta_r H_m^0$ 的符号有关。由于 $d\ln K/dT=\Delta_r H_m^0/(RT^2)$ 及 CO 的平衡含量 $\varphi(CO)^e=100/(1+K)$，随温度的升高，吸热反应的 $K$ 增大，从而使 $\varphi(CO)^e$ 降低，平衡曲线向右下降。相反，放热反应的 $K$ 减小，从而 $\varphi(CO)^e$ 增高，平衡曲线向右上升。

平衡曲线在图中的位置则与 $K$ 值的大小有关，可大致分为三类：

(1)$K\ll1$，$\varphi(CO)^e\approx100\%$，曲线接近图的上横轴，这是难于还原的氧化物，如 MnO、$SiO_2$、$TiO_2$ 等。

(2)$K\gg1$，$\varphi(CO)^e\ll1\%$，曲线接近图的下横轴，这是易于还原的氧化物，如 CuO、$Fe_2O_3$、NiO 等。

(3)$K\approx1$，$\varphi(CO)^e\approx50\%$，曲线位于图中中部，还原性介于前两者间的氧化物，如 FeO、$Fe_3O_4$ 等。

总之，氧化物的 $-\Delta_r G_m^0$ 愈大，其稳定性也愈大，还原反应的 $K$ 值就愈小，而其 $\varphi(CO)^e$ 很高，即还原剂的最低消耗量就愈高。

需要指出，上面的讨论是在 CO 不发生分解或无固体碳存在的条件下实现的。

#### 5.2.1.1　CO 还原氧化铁的平衡图

根据氧化铁的分解遵循逐级转变原则，在 570℃ 以上及以下有不同的转变顺序，因此，氧化铁的还原性也是逐级性的。

(1) $T>570$℃时

$$3Fe_2O_{3(S)}+CO=2Fe_3O_{4(S)}+CO_2, \Delta_rG_m^0=-10965-83.28T \quad J/mol \quad (Ⅰ)$$

$$Fe_3O_{4(S)}+CO=3FeO_{(S)}+CO_2, \Delta_rG_m^0=35645-41.02T \quad J/mol \quad (Ⅱ)$$

$$FeO_{(S)}+CO=Fe_{(S)}+CO_2, \Delta_rG_m^0=-12880+16.54T \quad J/mol \quad (Ⅲ)$$

(2) $T<570$℃时

$$3Fe_2O_{3(S)}+CO=2Fe_3O_{4(S)}+CO_2, \Delta_rG_m^0=-10965-83.28T \quad J/mol \quad (Ⅰ)$$

$$\frac{1}{4}Fe_3O_{4(S)}+CO=\frac{3}{4}Fe_{(S)}+CO_2, \Delta_rG_m^0=-760+2.2T \quad J/mol \quad (Ⅳ)$$

上述反应的 $\Delta_rG_m^0$ 是由实验测定平衡反应的 $\lg K=f(1/T)$ 的关系得出的，也可利用氧化物的 $\Delta_rG_m^0(B)$ 计算出。这些反应的平衡常数和气相平衡成分的关系可用下式表示：

$$K=\varphi(CO_2)/\varphi(CO) \quad \varphi(CO)=100/(1+K)\% \quad (5-5)$$

式中，$K$ 为上列诸反应的平衡常数。反应(Ⅰ)的 $K\gg1$，而其 $\varphi(CO)^e\ll1\%$，其余反应的 $K=0.3\sim0.9$，而 $\varphi(CO)^e$ 有相同的数量级。

利用诸反应的式(5-5)可绘出 CO 还原氧化铁的平衡图，如图 5-2 所示。反应(Ⅰ)的 $K\gg1$，而 $\varphi(CO)^e\approx0$，曲线接近下横轴，微量 CO 即可使 $Fe_2O_3$ 还原，所以反应(Ⅰ)实际是不可逆的。反应(Ⅱ)、(Ⅲ)、(Ⅳ)的曲线在 570℃交与 O 点(气相成分：$\varphi(CO)^e=53.8\%$)，形成"叉形"，这与第 4 章图 4-12 的 Fe-O 系氧化铁分解的平衡图成相反的对照关系。除反应(Ⅱ)外，其余反应的 $\Delta_rH_m^0<0$，故曲线的走向向上，而 $\varphi(CO)^e$ 随温度的升高而增加。

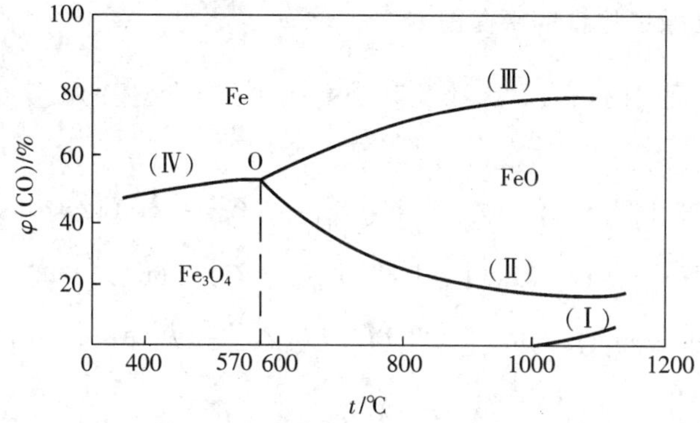


图 5-2 CO 还原氧化铁的平衡图

3 条平衡曲线把图面划分为 $Fe_3O_4$、FeO 及 Fe 稳定存在区。当气相的组成($\varphi(CO)$)高于一定温度某曲线的 $\varphi(CO)^e$ 时，该曲线所代表的还原反应能够正向进行。而一定组成的气相在同一温度下对某氧化物显还原性，则对曲线下的氧化物则显氧化性，换言之，曲线以上区为该还原反应的产物稳定区，而其下则为其反应物的稳定区。因此，利用平衡图可直观地确定一定温度及气相成分下，任一氧化铁转变的方向及最终的相态，并能得出一定气相组成的氧化铁的还原开始温度。

【例 5-3】

试用氧势图求出标准态下及气相成分为 $\varphi(CO)=63\%$，$\varphi(CO_2)=37\%$ 混合气体还原 FeO 的平衡常数及还原开始温度。

**题意分析** 计算标准态下该混合气体还原 FeO 的平衡常数及还原开始温度，已知气相平衡成分可根据式(5-5)求得平衡常数，根据该成分时 $CO_2$ 氧势与 FeO 氧势线可得出此状态下 FeO 还原开始温度，最后利用等温方程计算校核。

**解** 第一步：根据氧势图 4-4 判定，标准态下求得的还原开始温度是否符合要求

在标准态下：$FeO_{(S)}+CO=Fe_{(S)}+O_2$，$\Delta_r G_m^0=-12880+16.54T$ J/mol

还原开始温度：$T_{开}=12880/16.54=778K$

氧势图 4-4 中 FeO 与 $CO_2$ 氧势线相交点温度为 778 K，$K=\varphi(CO_2)/\varphi(CO)=1$，故 $\varphi(CO)^e=100/(1+K)\%=50\%$。$T>778K$ 时 FeO 氧势线位于 $CO_2$ 氧势线之下，CO 不能还原 FeO。

第二步：利用式(5-5)求出平衡常数并根据氧势图求得 FeO 还原开始温度

气相成分为 $\varphi(CO)=63\%$，$\varphi(CO_2)=37\%$，所示

$$K_1=\varphi(CO_2)/\varphi(CO)=37/63=0.58, \varphi(CO)/\varphi(CO_2)=63/37=1.70=10^{0.23}$$

$\varphi(CO)/\varphi(CO_2)=10^{0.23}$ 的 $CO_2$ 的氧势线(即"C"点与 $\varphi(CO)/\varphi(CO_2)$ 标尺上 $10^{0.23}$ 点的连线)与 FeO 的氧势线的交点约为 1083K，即此状态下的 FeO 还原开始温度。利用等温方程计算值为 $t=799℃$，两者是比较接近的。

$$\Delta_r G_m=-12880+(16.54+R\ln 0.58)T, \Delta_r G_m=0, T=1072K(799℃)$$

#### 5.2.1.2 $H_2$还原氧化铁的平衡图

$H_2$还原氧化铁反应的热力学函数及其平衡图可用和前述的 CO 还原氧化铁的相同方法得出：

$$3Fe_2O_{3(S)}+H_2=2Fe_3O_{4(S)}+H_2O_{(g)} \quad \Delta_r G_m^0=-41425-111.42T \quad (\text{I})$$

$$Fe_3O_{4(S)}+H_2=3FeO_{(S)}+H_2O_{(g)} \quad \Delta_r G_m^0=66105-69.16T \quad (\text{II})$$

$$FeO_{(S)}+H_2=Fe_{(S)}+H_2O_{(g)} \quad \Delta_r G_m^0=17580-11.60T \quad (\text{III})$$

$$\frac{1}{4}Fe_3O_{4(S)}+H_2=\frac{3}{4}Fe_{(S)}+H_2O_{(g)} \quad \Delta_r G_m^0=29700-25.94T \quad (\text{IV})$$

上述反应的平衡常数和气相平衡成分可用下式表示：

$$K=\varphi(H_2O)/\varphi(H_2), \varphi(H_2)=100/(1+K)\% \quad (5-6)$$

利用以上诸式可绘出 $H_2$ 还原氧化铁的平衡图，如图 5-3 上图所示。除反应(Ⅰ)(与横坐标轴一致)外，温度升高时，其他反应的平衡曲线是向右下倾斜的，因为它们的 $\Delta_r H_m^0>0$，这表明 $\varphi(H_2)^e$ 随着温度的升高而减小，所以高温下氢有很强的还原能力。

为比较 $H_2$和 CO 还原的特性，将图 5-3 左图与 CO 还原氧化铁的平衡图 5-2 合并，

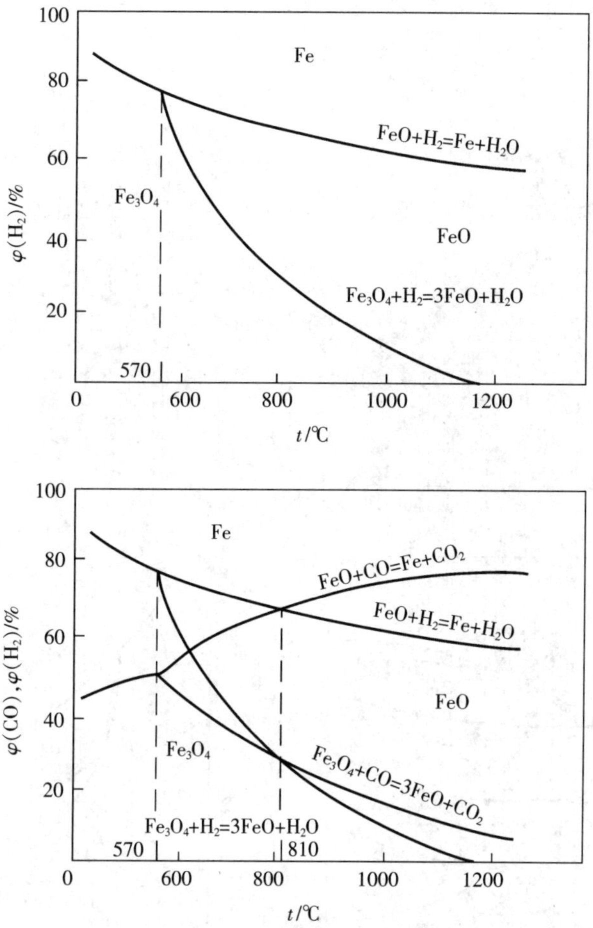


图 5-3　$H_2$及 CO 还原氧化铁的平衡图

CO 和 $H_2$ 还原 $Fe_3O_4$ 和 FeO 的两条曲线都在 810℃ 左右相交。在此温度，$[\varphi(CO_2)/\varphi(CO)]^e=[\varphi(H_2O)/\varphi(H_2)]^e$，$[\varphi(CO_2)\times\varphi(H_2)]/[\varphi(CO)\times\varphi(H_2O)]=1$，这是 810℃时水煤气反应的平衡常数 $K$，及体系内 4 个气相组分分别与 Fe-FeO 或 FeO-$Fe_3O_4$固相保持的平衡关系服从水煤气反应的平衡常数关系。因此

(1)在 810℃时 CO 和 $H_2$有相同的还原能力，两组反应的 $\varphi(CO)^e=\varphi(H_2)^e$。

(2)在 810℃以下，CO 和 $O_2$ 的亲和力大于 $H_2$的和 $O_2$ 的亲和力，所以 CO 的还原能力比 $H_2$的还原能力大，而 $\varphi(CO)^e<\varphi(H_2)^e$，即前者的消耗量较少。

(3)在 810℃以上情况相反，$H_2$的还原能力比 CO 的还原能力大，而 $\varphi(H_2)^e<\varphi(CO)^e$，这是因为 $CO_2$和 $H_2O$ 的氧势线在 810℃以上及以下位置有相反的变化。

### 5.2.2　浮氏体的还原

如前所述，从 Fe-O 状态图可把浮氏体看作是 $Fe_3O_4$ 在 FeO 中的固溶体，而在 570℃以上方能稳定存在。当 $Fe_3O_4$还原形成浮氏体时，浮氏体的还原则分为两阶段进行。首先是其内溶解的氧，即 $Fe_3O_4$与还原剂反应形成 FeO。当浮氏体内溶解氧达到最

小值(Fe－O 状态图中的 $JQ$ 线)时,此含氧最小量的浮氏体才进一步还原成铁。这和前述的 FeO 还原相同。

$$Fe_{0.947}O_{(S)}+H_2=0.947Fe_{(S)}+H_2O_{(g)},\Delta_rG_m^0=17998-9.95T \quad J/mol \qquad (Ⅰ)$$

$$Fe_{0.947}O_{(S)}+CO=0.947Fe_{(S)}+CO_2,\Delta_rG_m^0=-17883+21.08T \quad J/mol \qquad (Ⅱ)$$

浮氏体内溶解氧($Fe_3O_4$)的还原反应为

$$(Fe_3O_4)+H_2=3(FeO)+H_2O_{(g)} \qquad (Ⅲ)$$

$$(O)_{FeO}+H_2=H_2O_{(g)} \qquad (Ⅳ)$$

$$K_1=\frac{\varphi(H_2O)a_{(FeO)}^3}{\varphi(H_2)a_{(Fe_3O_4)}},K_2=\frac{\varphi(H_2O)}{\varphi(H_2)}\times\frac{1}{a_{(O)}}$$

从而$\frac{\varphi(H_2)}{1-\varphi(H_2)}=\frac{1}{K_1}\times\frac{a_{(FeO)}^3}{a_{(Fe_3O_4)}},\frac{\varphi(H_2)}{1-\varphi(H_2)}=\frac{1}{K_2}\times\frac{1}{a_{(O)}}$。

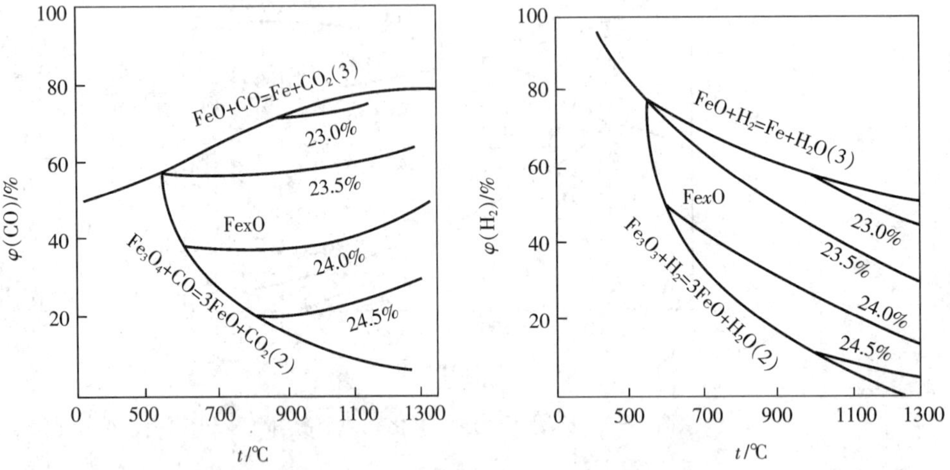


图 5－4　浮氏体区内不同含氧量的还原平衡线

上式表明,浮氏体还原的平衡 $\varphi(H_2)^e$ 不仅与温度有关,而且还与浮氏体的成分(含氧量)有关。随着浮氏体中 $Fe_3O_4$ 活度的降低,而 FeO 活度的提高,亦即浮氏体含氧量的减小,$\varphi(H_2)^e$ 增加,图 5－4 为浮氏体区内不同含氧量的浮氏体的还原平衡线。上曲线(3)相当于含氧量最小浮氏体即 FeO 的还原平衡线,而下曲线(2)则相当于含氧量最大,即 $Fe_3O_4$ 还原平衡线。

### 5.2.3　还原剂的过剩系数及利用率

由上平衡图可见,氧化铁的还原是随着铁离子价数的降低,反应的气相平衡成分浓度不断提高,而最低价氧化物 FeO 的 $\varphi(CO)^e$ 最高,在 1000℃以上高于 70%,而 $\varphi(H_2)^e>60\%$。它是决定高炉生产率及耗碳量的关键。

由平衡原理知,欲使 FeO 还原,气相的 $\varphi(CO)[\varphi(H_2)]$ 必须高于该温度的平衡浓度 $\varphi(CO)^e[\varphi(H_2)^e]$。但是,实际上,随着反应的进行,不断有 $CO_2(H_2O)$ 产生,让气相中

的 $\varphi(CO)[\varphi(H_2)]$的相对浓度降低，亦即生成的 $CO_2(H_2O)$浓度不断提高，使反应逆向的可能性增加。因此，为使反应持久地正向进行，气相中必须有过剩的 $\varphi(CO)[\varphi(H_2)]$以维持 $\varphi(CO)[\varphi(H_2)]$始终在 $\varphi(CO)^e[\varphi(H_2)^e]$之上，以及时减弱或抵消产生的 $CO_2(H_2O)$对还原反应的反向作用。

对于反应：$FeO_{(S)}+CO=Fe_{(S)}+CO_2$ 两边加上$(n-1)$mol 的 CO，得出实际的反应式

$$FeO_{(S)}+nCO=Fe_{(S)}+CO_2+(n-1)CO$$

$n$ 称为还原的过剩系数，其值与温度有关，即与不同的温度的 $\varphi(CO)^e$ 有关，故 $n$ 可由反应的 $K$ 求得。当反应达到平衡时，生成 1mol $CO_2$，就必有$(n-1)$mol 的 CO 与之共存，

$$x(CO_2)=1/n,x(CO)=(n-1)/n$$

$$K=\frac{x(CO_2)}{x(CO)}=\frac{1/n}{(n-1)/n}=\frac{1}{n-1} \tag{5-7}$$

式中 $n=1+1/K$。又定义还原剂的利用率为

$$\eta_{CO}=\frac{\varphi(CO_2)}{\varphi(CO)+\varphi(CO_2)}$$

而 $n=1+\dfrac{1}{\varphi(CO_2)/\varphi(CO)}=\dfrac{\varphi(CO)+\varphi(CO_2)}{\varphi(CO_2)}$，故 $\eta_{CO}=1/n$，两者互为倒数关系。

例如，温度 800℃时，由图 5-2 得 $K=\dfrac{\varphi(CO_2)}{\varphi(CO)}=35/65=0.54$，从而使反应的过剩系数 $n=1+1/0.54=2.85$。又由以上反应知，还原 56kg Fe，最少需要消耗的碳量为 $n$ kmol，即 $12n$ 或 $12\times2.85=34.2$kg 或每 kg Fe 需消耗 0.611 kg C，才能产生还原所需的最低量的还原剂。而还原剂的利用率 $\eta_{CO}=1/2.85=0.35$ 或 35%。

## 5.3 简单金属氧化物的固体碳还原

固体碳是冶金中的主要还原剂，许多较难被气体还原剂($CO$、$H_2$)还原的氧化物，如 $SiO_2$、MnO 等，都能被 C 还原，仅是氧化物愈稳定，其还原的开始温度就愈高(见氧势图氧化物与 CO 的两条氧势线的交点温度)，所以固体碳称为冶金中的“万能还原剂”。

### 5.3.1 固体碳还原氧化物的热力学原理

氧化物为固体碳还原的反应，一般可用下列反应式表示：

$$MO_{(S)}+C_{(石)}=M_{(S)}+CO,\Delta_r H_m^0>0$$

$$2MO_{(S)}+C_{(石)}=2M_{(S)}+CO_2,\Delta_r H_m^0>0$$

在 C 存在的条件下，在较高温(900℃～1000℃)下，$CO_2$实际上是极少的，所以后一反应仅能出现在较低温度下。

直接还原反应的热力学条件可由以下两种方式得出

(1)碳的不完全燃烧反应与氧化物的生成反应的组合

$$2C_{(石)}+O_2=2CO,\Delta_r H_m^0(CO),\Delta_r G_m^0(CO)$$

$$M_{(S)}+O_2=2MO_{(S)},\Delta_r H_m^0(MO),\Delta_r G_m^0(MO)$$

得到

$$MO_{(S)}+C_{(石)}=M_{(S)}+CO$$

$$\Delta_r H_m^0=\frac{1}{2}[\Delta_r H_m^0(CO)-\Delta_r H_m^0(MO)],\Delta_r G_m^0=\frac{1}{2}[\Delta_r G_m^0(CO)-\Delta_r G_m^0(MO)]$$

由于 $\Delta_r H_m^0(CO)=-223.4\text{kJ/mol}$，而 $|\Delta_r H_m^0(MO)|>223.4\text{kJ/mol}$，所以直接还原均是强吸热的，又由 $\Delta_r G_m^0=0$ 或氧势图中 CO 和 MO 氧势线的交点，可得出标准状态下还原的开始温度。

又 $MO_{(S)}+C_{(石)}=M_{(S)}+CO,K=p_{CO}^e=\frac{\varphi(CO)^e p}{100}$

得 $\varphi(CO)^e=100K/p,\Delta_r G_m=RT(\ln p_{CO}-\ln p_{CO}^e)<0$

$$K=p_{CO}^e=\frac{\varphi(CO)^e p}{100} \tag{5-8}$$

得

$$\varphi(CO)^e=100K/p \tag{5-9}$$

由以上关系可作出在总压($p$)和一定温度下的直接还原反应的平衡图，如图 5-5 所示。图中平衡曲线划分图面为有固体碳存在时，M 及 MO 稳定存在区，仅当气相的 $p_{CO}$ 小于该温度的 $p_{CO}^e$ 时，MO 才能被 C 还原（$\Delta_r G_m=RT(\ln p_{CO}-\ln p_{CO}^e)<0$），故曲线以下是 MO 能直接还原的($p_{CO}$,$T$)条件。而 $p_{CO}$ 对应与曲线上的温度点即为此状态下的还原开始温度，如图中的 $T_开$。

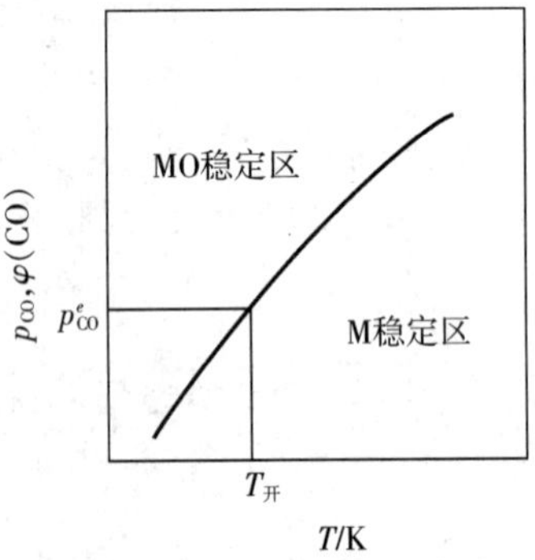


图 5-5 直接还原反应的 $p-T$ 平衡图

**【例 5-4】**

试求压力为 101.3kPa 时 C 还原 $MnO_{(S)}$ 的开始温度。

**题意分析** 求标准态下 C 还原 $MnO_{(S)}$ 的开始温度可有两种方法：一是根据氧势图，从氧势图 $MnO_{(S)}$ 及 CO 氧轴线的交点得出；二是由势力学数据求出 $MnO_{(S)}$ 还原反应的 $\Delta_r G_m^0$，再利用等温方程计算出 $T_开$。

**解** 方法一：根据氧势图 4-4 查图

可从氧势图 $MnO_{(S)}$ 和 CO 氧势线的交点，得出 C 还原 $MnO_{(S)}$ 的开始温度：$T_开=1675\text{K}$。

方法二：由热力学数据计算

由冶金热力学数据，Mn 的熔点为 1517K，即在 C 能还原 MnO 的温度下，Mn 已是液

态了，故 $MnO_{(S)}$ 的还原反应的 $\Delta_r G_m^0$ 可如下求出

$$2C_{(石)}+O_2=2CO \quad \Delta_r G_m^0=-223426-175.32T \quad J/mol$$

$$2Mn_{(l)}+O_2=2MnO_{(S)} \quad \Delta_r G_m^0=-814708+176.74T \quad J/mol$$

$$2(MnO_{(S)}+C_{(石)}=Mn_{(l)}+CO) \quad \Delta_r G_m^0=591282-352.74T \quad J/mol$$

或

$$MnO_{(S)}+C_{(石)}=Mn_{(l)}+CO \quad \Delta_r G_m^0=295641-176.37T \quad J/mol$$

当 $\Delta_r G_m^0=0$ 时，$T_{开}=1679K$。

---

(2)氧化物的间接还原反应与碳气化反应的组合

除了 C 还原 $MO_{(S)}$ 的反应（$MO_{(S)}+C_{(石)}=M_{(S)}+CO$）外，按体系中反应同时平衡原理，还有下列反应出现

$$C_{(石)}+CO_2=2CO \qquad (Ⅲ)$$

$$MO_{(S)}+CO=M_{(S)}+CO_2 \qquad (Ⅱ)$$

由它们的组合可得出直接还原反应方程式

$$MO_{(S)}+C_{(石)}=M_{(S)}+CO \qquad (Ⅰ)$$

这表示用 CO 去还原 MO，生成的 $CO_2$ 与 C 作用，如此形成的 CO 又去还原 MO，周而复始，消耗的不是 CO 而是 C。在这种条件下，CO 仅起了把 MO 的氧迁移给 C 的作用。但是在有 C 存在下，CO 的还原能力比在间接还原中提高了许多倍，抵消了 $CO_2$ 出现带给还原反应的可逆性。因为在高温下，由于反应（Ⅲ）的发展，体系内 $CO_2$ 的浓度很低，因而反应（Ⅱ）的 $\Delta_r G_{m(Ⅱ)}=\Delta_r G_{m(Ⅱ)}^0+RT\ln(p_{CO_2}/p_{CO})$ 的负值很大，使反应（Ⅱ）更容易向右进行。

因此，$K_Ⅰ=K_Ⅱ K_Ⅲ$，故可由通过反应（Ⅲ）和反应（Ⅱ）的平衡曲线，来讨论反应（Ⅰ）的平衡条件。为此，可将反应（Ⅲ）及（Ⅱ）平衡曲线绘于同一坐标中，如图 5-6 所示。

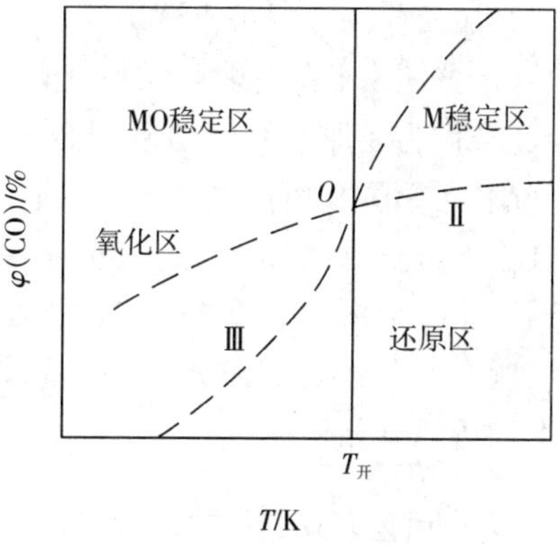


图 5-6 直接还原的平衡图

两曲线在 $O$ 点相交，自由度为零，它是体系的平衡点。在有固体 C 存在时，体系的 CO 浓度由曲线（Ⅲ）确定。当温度高于 $O$ 点时，体系的 CO 浓度大于反应（Ⅱ）的$CO^e$ 浓度，故 $MO_{(S)}$ 被 CO 还原。相反，当温度低于 $O$ 点，体系的 CO 浓度小于反应（Ⅱ）的$CO^e$ 浓度，反应逆向进行，即还原的 M 被氧化成 $MO_{(S)}$（这是由于在此温度下，CO 分解形成的 $CO_2$ 发生的氧化作用：实际上，在此时，反应（Ⅱ）位于图中的 CO 分解区内）。因此，通过 $O$ 点作一垂线将图面划分为两个区，右面是 MO 的还原区（即 M 的稳定位），左面是 M 的氧化区（即 MO 的稳定区），而 $O$ 点的温度称为 C 直接还原氧化物的开始温度。

这个开始温度和体系的压力及 $MO_{(S)}$ 的稳定性有关。提高压力，曲线(Ⅲ)的位置右移，$MO_{(S)}$ 的稳定区扩大，因而两者交点的温度($T_{开}$)增高。

由于总压($p=p_{CO}+p_{CO_2}$)决定了 $O$ 点的温度，故可进一步导出它们之间的关系。

由前知，$K_{Ⅰ}=K_{Ⅱ}K_{Ⅲ}$，但

$$K_{Ⅲ}=\frac{[\varphi(CO)]^2 p}{100[100-\varphi(CO)]} \tag{5-10}$$

故 $p=\dfrac{100[100-\varphi(CO)]K_{Ⅲ}}{[\varphi(CO)]^2}$。

又 $$\varphi(CO)=100/(1+K_{Ⅱ})$$

将式(Ⅱ)代入式(Ⅰ)，得

$$p=K_{Ⅱ}K_{Ⅲ}(1+K_{Ⅱ})=f(T) \tag{5-11}$$

由式(5-11)可绘出 $p-T$ 的平衡图，如图 5-7 所示。曲线以上为 MO 稳定区，而其下则为 MO 的还原区，此与图 5-5 相同。因为 $p_{CO}=\varphi(CO)p/100=p/(1+K_{Ⅱ})$。同样，由图可得出一定总压($p$)的还原开始温度($T_{开}$)。降低总压，还原开始温度亦降低，所以，利用真空还原法可降低还原开始温度。这部分内容将在后文中介绍。

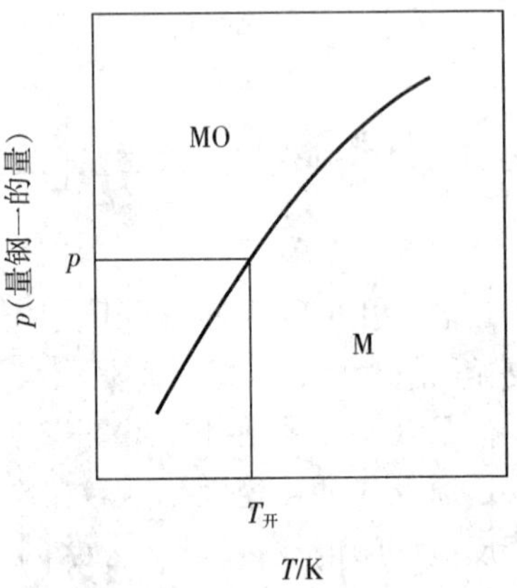


图 5-7 直接还原的 $p-T$ 平衡图

上面仅是考虑了纯凝聚相和气相之间的直接还原反应的热力学条件，但在实际条件下，还原过程是在非标准状态下进行的，可表示为

$$(MO)+[C]=[M]+CO$$

参加反应的物质可出现下列状态：

(1)被还原的氧化物可溶解于炉渣中，或以复杂化合物的形式存在；

(2)作为还原剂 C 可溶解于金属液中，如铁液中溶解的 C；

(3)还原的金属可以是气态(当 $T_{开}$ 超过了其沸点($T_b$))或与 C 形成碳化物。例如，在电炉中，还原的温度比较高，而还原产物是碳化物，如 $CaC_2$、SiC、$Al_4C_3$ 等或为 C 饱和的金属。这样形成的碳化物也可充当碳作还原剂。

所有上述物质存在状态的改变均能改变还原反应的 $\Delta_r G_m$ 及平衡温度，获得该种状态下的还原开始温度。

### 5.3.2 固体碳还原氧化铁的平衡图

利用各级氧化铁的间接还原反应与碳气化反应的组合，可得出它们的直接还原反应及 $\Delta_r G_m^0$。

$$3Fe_2O_{3(S)}+C_{(石)}=2Fe_3O_{4(S)}+CO \quad \Delta_r G_m^0=181672-257.76T \text{ J/mol} \tag{Ⅰ}$$

$$Fe_3O_{4(S)}+C_{(石)}=3FeO_{(S)}+CO \quad \Delta_r G_m^0=206352-215.50T \text{ J/mol} \tag{Ⅱ}$$

$$FeO_{(S)}+C_{(石)}=Fe_{(S)}+CO \quad \Delta_r G_m^0=157827-157.94T \quad J/mol \qquad (Ⅲ)$$

$$\frac{1}{4}Fe_3O_{4(S)}+C_{(石)}=\frac{3}{4}Fe_{(S)}+CO \quad \Delta_r G_m^0=164067-164.51T \quad J/mol \qquad (Ⅳ)$$

因为 $Fe_2O_3$ 在实际上已很易为 C 还原，故仅限于研究反应(Ⅱ)、(Ⅲ)、(Ⅳ)的平衡。利用前述的方法可绘出它们的平衡图，如图 5－8 所示。

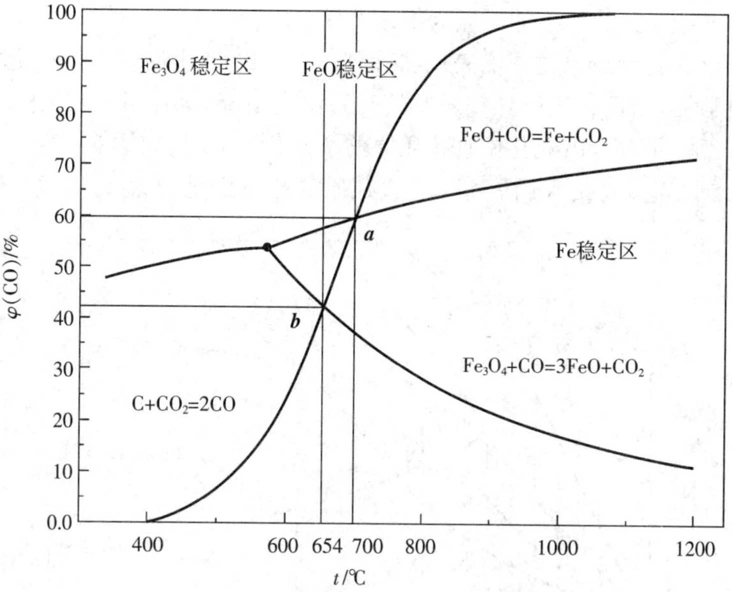


图 5－8 氧化铁直接还原的平衡图

图中碳气化反应曲线的总压为 101.3kPa，此曲线分别与两个间接还原反应的曲线交于 $a$、$b$ 两点。

(1)$a$ 点的坐标为 $\varphi(CO)=59.8\%$，$T_a\approx 973K$，是反应(Ⅲ)的在此气相组成条件下的还原开始温度，也是 FeO 间接还原为 Fe 及碳气化反应在此气相组成条件下的平衡温度。

$\varphi(CO)=59.8\%$ 时，由 $\Delta_r G_{m(Ⅱ)}=157827-159.94T+RT\ln\varphi(CO)=0$ 得到 $T=973K$。

(2)$b$ 点的坐标为 $\varphi(CO)=42.4\%$，$T_b\approx 927K$，是反应(Ⅱ)在此气相组成条件下的还原开始温度，也是 $Fe_3O_4$ 间接还原为 FeO 及碳气化反应在此气相组成条件下的平衡温度。

$\varphi(CO)=42.4\%$ 时，由 $\Delta_r G_{m(Ⅱ)}=206352-215.50T+RT\ln\varphi(CO)=0$ 得到 $T=927$ K。

根据气化反应曲线将图分成 3 个区域：

(1)在 $a$ 点的温度以上，由于 C 的存在，体系的 CO 浓度永远高于各级氧化铁间接还原的 CO 的平衡浓度，将发生 $Fe_2O_3\rightarrow Fe_3O_4\rightarrow Fe_xO\rightarrow Fe$ 的转变。

(2)在 $a$、$b$ 温度之间，由于体系的 CO 浓度仅高于 $Fe_3O_4$ 间接还原反应(Ⅱ)的 CO 平衡浓度，而低于 $Fe_xO$ 间接还原反应(Ⅲ)的平衡浓度，故将发生 $Fe_2O_3\rightarrow Fe_3O_4\rightarrow Fe_xO\rightarrow$

Fe 及 Fe→$Fe_xO$ 的转变。

(3)在 b 点温度以下,体系的 CO 浓度低于两间接还原(Ⅲ)及(Ⅱ)的 CO 平衡浓度,将发生 $Fe_2O_3$→ $Fe_3O_4$ 及 Fe→$Fe_xO$→$Fe_3O_4$ 的转变。

所以当体系达到平衡时,$a$ 点温度以上最终稳定的是 Fe,在 $a$、$b$ 点间的温度内最终稳定的是$Fe_xO$,而在 $b$ 点温度以下最终稳定的是 $Fe_3O_4$。因此从此两温度点作垂线,可将图面划分为 $Fe_3O_4$、$Fe_xO$ 及 Fe 的稳定存在区。$T>T_a$ 的区域为 Fe 稳定区;$T_b<T<T_a$ 的区域为 FeO 稳定区;$T<T_b$ 的区域为 $Fe_3O_4$稳定区。

压力对氧化铁直接还原的影响表现在和其有关的碳气化反应上。压力降低,碳气化反应曲线向左移动,因而各级氧化铁还原的开始温度下降,如图 5-9 所示。利用前面的式(5-10)的关系,还可得出氧化铁直接还原的 $p-T$ 平衡图,如图 5-10 所示。由图 5-10 和图 5-9 均可直接得出不同压力下直接还原的开始温度($T_{开}$)。

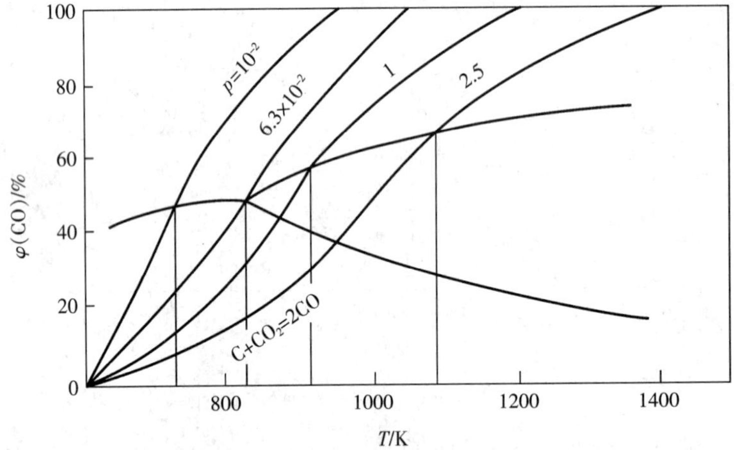


图 5-9　不同压力下氧化铁还原平衡图

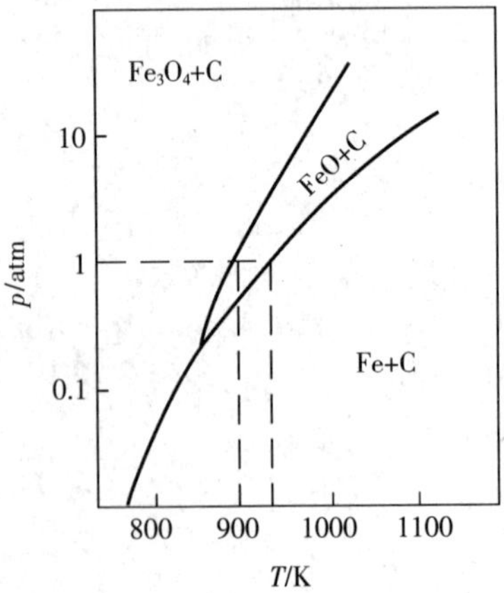


图 5-10　氧化铁直接还原的 $p-T$ 图

铁氧化物的碳还原反应由氧化物的 CO 还原和 C 的气化两反应的同时平衡来实现。在冶金生产中炉温较高,布多尔反应很迅速,在有固体碳存在的条件下反应气体产物基本上全部为 CO，只要温度高于 101.3kPa 条件下铁氧化物被固体碳还原成金属铁的开始还原温度 $T_a$，氧化铁的还原几乎都是以间接还原形式进行的。而当体系压力改变时开始还原温度 $T_a$ 也会随之改变。

**【例 5－5】**

试导出氧化铁直接还原的压力和温度的关系式。

**题意分析** 寻出氧化铁直接还原的压力和温度的关系式，应根据氧化铁还原的不同阶段分别导出，根据式(5－11)由相应反应分别得出式中各平衡常数即可。

**解** 第一步：导出由 $Fe_3O_4$ 还原到 $Fe_xO$ 时压力和温度的关系式

$Fe_3O_4$ 还原到 $Fe_xO$，由式(5－11)

$$p=K_2K_{\mathrm{III}}(1+K_2) \tag{I}$$

式中 $K_2$——$Fe_3O_4$ 间接还原到 $Fe_xO$ 的平衡常数

$K_{\mathrm{III}}$——碳气化反应的平衡常数

由相应反应的 $\Delta_rG_m^0$ 得 $\lg K_{\mathrm{III}}=-\dfrac{8916}{T}+9.11$

$$\lg K_2=-\frac{1862}{T}+2.14 \tag{II}$$

对上式(Ⅰ)取对数得到 $\lg p=\lg K_2+\lg K_{\mathrm{III}}+\lg(1+K_2)$

将 $K_2$、$K_{\mathrm{III}}$ 之值代入上式得 $\lg p=-\dfrac{10778}{T}+11.25+\lg(1+138.04\times10^{-1862/T})$

第二步：导出由 $Fe_xO$ 还原到 Fe 时压力和温度的关系式

$Fe_xO$ 还原到 Fe

$$p=K_3K_{\mathrm{III}}(1+K_3)$$

式中 $K_3$——$Fe_xO$ 间接还原到 Fe 的平衡常数

而 $\lg K_3=\dfrac{673}{T}-0.86$

故 $\lg p=-\dfrac{8243}{T}+8.25+\lg(1+0.14\times10^{-673/T})$

### 5.3.3 复杂氧化物的碳还原

在天然矿石及矿山的处理产品中，有些主要氧化物是以复杂氧化物的形式存在，如烧结矿中的 $Fe_2SiO_4$、$2\,FeO\cdot TiO_2$ 等，它们的稳定性比其单独存在时要高，因此只能在高温下为 C 直接还原。它们还原反应的 $\Delta_rG_m^0$ 可由简单氧化物的直接还原反应与复杂氧化物的生成反应组合得出。例如对于硅酸铁的还原

$$Fe_2SiO_{4(S)}+2C_{(石)}=2Fe_{(S)}+2CO+SiO_{2(S)}\quad \Delta_rG_m^0=351854-336.97T\quad \mathrm{J/mol}$$

可由以下两个反应的组合得出：

$$2FeO_{(S)} + 2C_{(石)} = 2Fe_{(S)} + 2CO \quad \Delta_r G_m^0 = 315654 - 315.88T \quad J/mol$$

$$2FeO_{(S)} + SiO_{2(S)} = Fe_2SiO_{4(S)} \quad \Delta_r G_m^0 = -36200 + 21.09T \quad J/mol$$

由计算知，$FeO_{(S)}$及$Fe_2SiO_{4(S)}$的还原开始温度分别为999K及1044K，升高45K。因为$Fe_2SiO_{4(S)}$的分解压比$FeO_{(S)}$低，因此复杂氧化铁比简单氧化铁难于还原。

与主要金属氧化物结合的多半是酸性氧化物如$TiO_2$、$SiO_2$等，它们在主要金属氧化物还原时多进入炉渣中，仅在较高的温度下才能部分还原。例如，冶炼钒钛磁铁矿时矿石中$FeTiO_3$的氧化铁可全部还原，而$TiO_2$则可部分还原成其低价氧化钛如$Ti_3O_5$、$Ti_2O_3$、TiO或Ti视炉温而定。

在冶炼中，可通过添加剂的作用促使复杂氧化物分解，提高主要金属氧化物的活度，以降低其还原开始温度。在高炉冶炼中，加入石灰石或在铁矿石的烧结中加入碱性熔剂，由于CaO能取代$Fe_2SiO_4$中的FeO，成为自由状的FeO，就易于还原。

由于CaO的加入，$Fe_2SiO_4$还原开始温度(1044K)可下降到757K。

钒钛磁铁矿是磁铁矿、钛铁晶石($2FeO \cdot TiO_2$)、镁铝尖晶石($MgO \cdot Al_2O_3$)、钛铁矿($FeO \cdot TiO_2$)等构成的复合矿石，而其烧结矿或球团矿中还含有铁板钛矿$Fe_2O_3 \cdot TiO_2$，其中氧化铁的还原仍是遵循逐级转变原则的，但浮氏体是最难还原的阶段：因为它与$TiO_2$结成复杂化合物(如钛铁晶石或钛铁矿固溶体)，因此要求更高的温度和更强的还原势。

### 5.3.4 其他金属氧化物的碳还原

固体碳除在高炉内作为$Fe_2O_3$、$SiO_2$和MnO的还原剂，也是冶炼许多铁合金的主要还原剂，特别是不受含碳量限制或能进行去碳处理的铁合金或合金。由于还原的许多元素能与碳形成碳化物，故还原反应可表示为

$$\frac{2}{y}M_xO_y + \left[2 + \frac{2x}{z}\right]C = \left(\frac{2x}{yz}\right)M_zC_y + 2CO$$

形成的碳化物组成很复杂，有时还形成$M_xC_yO_z$中间化合物；当C过剩时，这种化合物可进一步失氧，变为碳化物或单质金属。

碳化物的形成有利于降低氧化物的还原开始温度，从图5-11可见，生成碳化物反应的$\Delta_r G_m^0$减小值要比生成纯金属反应的$\Delta_r G_m^0$减小得更多，而且两者的$\Delta_r G_m^0$差别愈大，则愈难获得低C的产物。

因为这些反应都是强吸热的，所以常用电炉加热进行。在高炉内，则需用较高的焦比，由于气相产物容易排出，推动反应连续进行，所以生产率很高。

铁合金的生产多在加入废铁或有氧化铁存在下进行，使被还原的元素溶解于铁液中或与之结合，除降低元素的活度，促使反应更易进行外，还能使产品的熔点降低，冶炼在较低温度下进行或便于产品(如冶炼钨铁、钼铁等)出炉。在冶炼硅铁时，铁能破坏对冶炼不利的碳化硅(其熔点高，难分解，易造成炉底上涨，恶化炉况)的生成，因为会发生下列反应：$mFe + nSiC = Fe_mSi_n + nC$，并能促进还原反应向硅生成方向进行。

含钛氧化物在高炉中可部分还原，即从高价还原到低价钛氧化物，最后生成钛的碳化物及氮化物或以溶解钛进入铁液中。在高炉内，$TiO_2$的还原过程是：

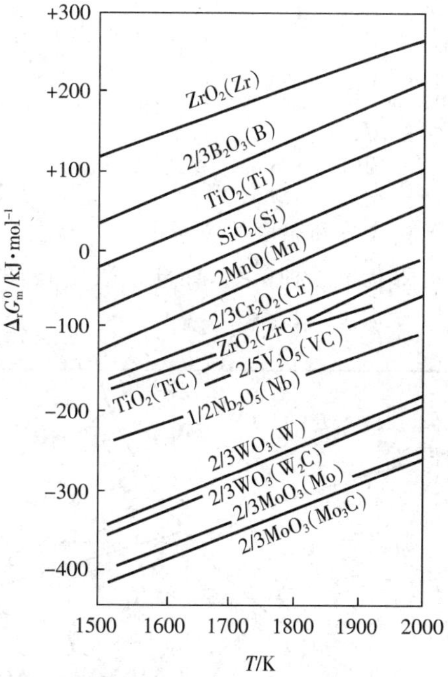


图 5-11　碳还原氧化物 $\Delta_r G_m^0-T$ 图(括号内为还原产物)

$$TiO_2 \rightarrow Ti_3O_5 \rightarrow Ti_{0.67}O_{0.33}C \rightarrow TiC x O y \rightarrow TiC$$

虽然其还原过程是逐级性的，但在有 C 存在时，不能出现 $TiO_2 \rightarrow TiO \rightarrow Ti$ 的阶段，而是形成了 $TiC_{0.67}O_{0.33}C$ 和 TiC 。

硅的两种氧化物 $SiO_2$、SiO 被碳还原的反应如下：

$$SiO_{2(S)}+2C_{(石)}=Si_{(S)}+2CO \quad \Delta_r G_m^0=675889-363.71T \quad J/mol$$

$$SiO_{2(S)}+C_{(石)}=SiO_{(g)}+CO \quad \Delta_r G_m^0=686160-341.66T \quad J/mol$$

$$SiO_{(g)}+C_{(石)}=Si_{(S)}+CO \quad \Delta_r G_m^0=-10200-3.26T \quad J/mol$$

这些反应的还原开始温度都较高，在 1650℃以上，已远超过高炉内渣铁的实际温度，并且 $SiO_2$ 还存在于炉渣中，其活度小于 1；但是，由于还原的 Si 可与 Fe 形成稳定的化合物 FeSi、$Fe_2Si$ 等，因而降低还原反应的 $\Delta_r G_m^0$ 及相应的还原开始温度。

另外，在铁合金冶炼中，多价金属氧化物为 C 还原时，不仅形成低价氧化物的中间产物，而且还形成了许多种产物，如金属、碳化物。这些产物也能和碳一样作为还原剂，继续与原始氧化物或中间低价氧化物进行还原反应，得到金属或中间产物。因此出现了高价氧化物及中间价态氧化物作为被还原的氧化物，而以 C、金属、碳化物作为还原剂的多种还原反应同时出现，构成复杂的体系。例如 $SiO_2+C$ 的体系内可出现下列反应：

$$\frac{1}{2}SiO_{2(l)}+C_{(石)}=\frac{1}{2}Si_{(l)}+CO, SiO_{2(l)}+C_{(石)}=SiO_{(g)}+CO$$

$$\frac{1}{3}SiO_{2(l)}+C_{(石)}=\frac{1}{3}SiC_{(S)}+\frac{2}{3}CO, SiO_{2(l)}+Si_{(l)}=2SiO_{(g)}$$

$$2SiO_{2(l)}+SiC_{(S)}=3SiO_{(g)}+CO, SiO_{(g)}+2C_{(石)}=SiC_{(S)}+CO$$

$$SiO_{(g)}+SiC_{(S)}=2Si_{(l)}+CO$$

利用上列反应的平衡气相成分和温度的关系曲线，绘制出参加反应的凝聚相稳定存在的优势区图。由此可确定为获得某种产物（如硅或碳化硅）的热力学条件，如图 5-12 所示。

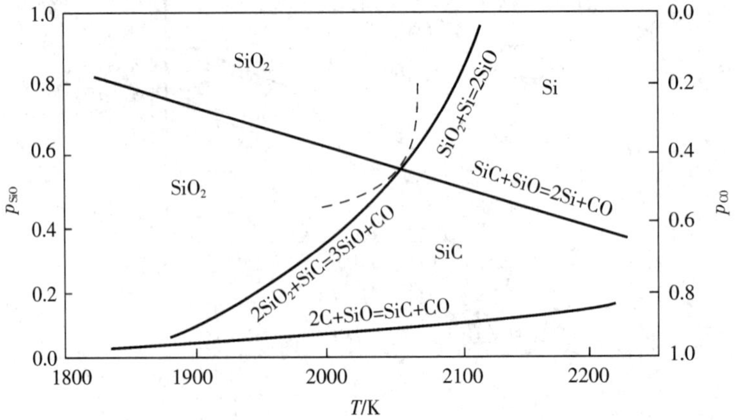


图 5-12　Si-C-O 系产物 Si 及 SiC 存在的优势区图

($p_{SiO}+p_{CO}=1$)

## 5.4　金属热还原反应

利用和氧亲活力强的金属去还原和氧亲活力弱的金属氧化物，制取不含 C 的纯金属或合金，称为金属热还原法。常用的金属热还原法主要有两大类：

(1)用硅作还原剂的所谓硅热法，用以生产中及低碳 FeMn、低碳 FeCr 等。

(2)用铝作还原剂的所谓铝热法，用于生产 FeV、FeNb、FeTi、FeCr、FeMo、FeB 等。

硅及铝的还原氧化物的反应为

$$\frac{2}{y}M_xO_{y(S)}+Si_{(S)}=\left(\frac{2x}{y}\right)M_{(S)}+SiO_{2(S)}$$

$$\frac{1}{y}M_xO_{y(S)}+\frac{2}{3}Al_{(S)}=\frac{x}{y}M_{(S)}+\frac{1}{3}Al_2O_{3(S)}$$

图 5-13 及图 5-14 分别为硅及铝还原氧化物的 $\Delta_rG_m^0$—$T$ 图。由图 5-13 和图 5-14 可见，在标准状态下，硅能还原 $Cr_2O_3$、$Nb_2O_5$、$MoO_3$、$WO_3$、$V_2O_5$ 等，但不能还原 $ZrO_2$、MnO、$TiO_2$ 等。铝的还原能力比硅大，绝大多数氧化物均能被铝还原。

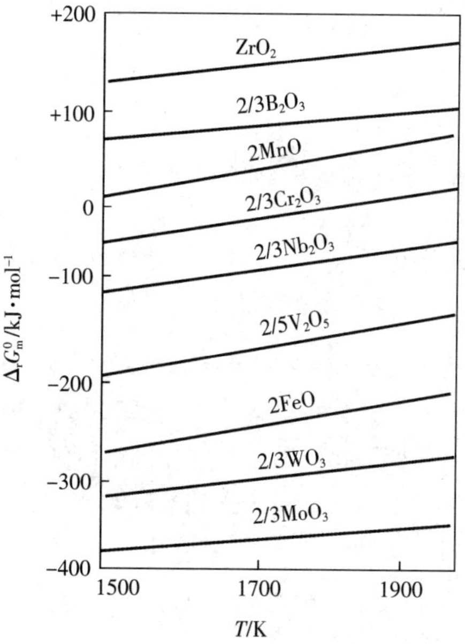


图 5－13　硅还原氧化物的 $\Delta_r G_m^0 - T$ 图

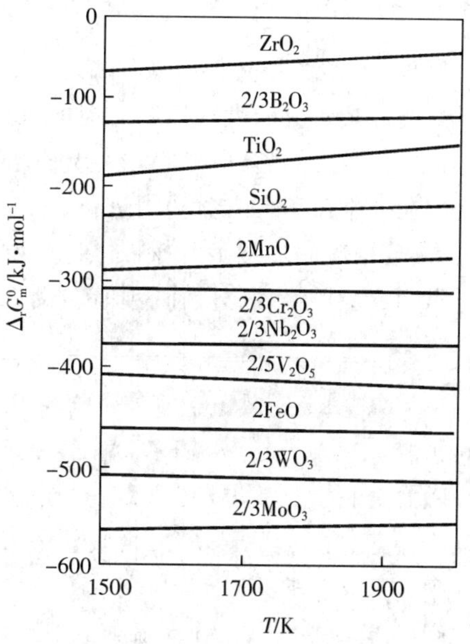


图 5－14　铝还原氧化物的 $\Delta_r G_m^0 - T$ 图

上列反应的 $\Delta_r G_m^0$ 受温度的影响较小，因而金属热还原反应的 $\Delta_r G_m^0$ 线差不多是彼此平行的，所以这些还原反应的 $\Delta_r S_m^0$ 很小，$\Delta_r S_m^0 \approx 0$（还原产物是气态的除外），因此，反应的 $\Delta_r H_m^0$ 有很大的作用。

由于还原反应生成 $SiO_2$ 和 $Al_2O_3$ 的生成热很大，反应是强放热的，这种热可使反应的温度及速率有很大的提高。但为使还原的金属与氧化物易分离，应使放出的热供给产物达到熔化及分离所需的温度。因此，要根据热还原反应的 $\Delta_r H_m^0$ 作热平衡计算，以确定其 $\Delta_r H_m^0$ 是否能达到这一要求。

可利用热还原反应中单位物质的量质量反应物（炉料）放出的热量作为热还原放出热量的特征，这称为单位炉料热效应，即

$$Q = -\Delta_r H_m^0(298\text{K}) / \sum M \quad \text{kJ/kg}$$

式中 $\sum M$——按化学反应计量关系计算的原始炉料的摩尔质量之和，kg/mol。

为了使金属热还原在无外界供热下顺利进行，单位炉料热效应 Q 需超过 2300kJ/mol。对于难还原的氧化物，$Q$ 应比此值更高。如用铝热法生产金属锰，使用不同价态的氧化锰作原始炉料，其单位炉料热效应对还原反应的影响分三种情况：

（1）$Q>2300$kJ/kg 时反应猛烈进行，呈爆炸式发展。如

$$3MnO_{2(S)} + 4Al_{(S)} = 3Mn_{(S)} + 2Al_2O_{3(S)} \quad \Delta_r H_m^0(298K) = -1788\text{kJ/mol} \quad Q = 4846\text{kJ/kg}$$

（2）$Q \approx 2300$kJ/kg 时，反应正常进行。如

$$3Mn_3O_{4(S)} + 8Al_{(S)} = 9Mn_{(S)} + 4Al_2O_{3(S)} \quad \Delta_r H_m^0(298K) = -2542\text{kJ/mol} \quad Q = 2851\text{kJ/kg}$$

（3）$Q<2300$kJ/kg，反应放热不够，难于实现。如

$$3MnO_{(S)}+2Al_{(S)}=3Mn_{(S)}+Al_2O_{3(S)} \quad \Delta_r H_m^0(298K)=-520kJ/mol \quad Q=1948kJ/kg$$

因此，在实践中应将 $MnO_{(S)}$ 焙烧成 $Mn_3O_4$，而后将 $Mn_3O_4$ 再还原成 Mn。实际生产中根据反应热效应的大小控制反应的进行：

(1)当炉料的热效应较小，不能使反应正常进行时，需在炉料中配加易还原的氧化物或反应在外来热源（如电炉）内进行。

(2)若反应放热过多，炉料过热、挥发，会有大量物质喷溅出，这需在炉料中配加不会与还原剂反应的惰性物质作冷却剂，例如配加重熔炉渣或盐类熔剂。

**【例 5-6】**

试计算 Al 还原 MnO 的单位炉料热效应，如果单位炉料热效应小于 2300kJ/mol，则需在炉料中配加易还原的 $Fe_3O_4$，试计算每还原 100kg MnO 需加入多少 kg $Fe_3O_4$。

**题意分析** 计算 Al 还原 MnO 的单位炉料热效应，只要求出金属热反应的标准焓变量及原始炉料摩尔质量之和，再根据公式即可得出。求配加 $Fe_3O_4$ 方法类似，其质量可根据热平衡原理计算。

**解** 第一步：计算 Al 还原 MnO 的单位炉料热效应 $Q_Ⅰ$

$$2MnO_{(S)}+\frac{4}{3}Al_{(S)}=2Mn_{(S)}+\frac{2}{3}Al_2O_{3(S)} \qquad (Ⅰ)$$

$$\Delta_r H_m^0(298K)=\frac{2}{3}(-1675270)-2(-384930)=-346.99 \quad kJ/mol$$

$$\sum M_Ⅰ=2(55+16)+\frac{4}{3}\times 27=178\times 10^{-3}\ kg/mol$$

故 $$Q_Ⅰ=\frac{-\Delta_r H_m^0(298K)}{\sum M_Ⅰ}=\frac{-346.99}{178\times 10^{-3}}=1949kJ/kg$$

由于 $Q_Ⅰ<2300kJ/kg$，不能保证反应进行所需热量，因此，需在炉料中配入易还原的 $Fe_3O_4$。

第二步：计算每 100kg 需加入的 $Fe_3O_4$ 量 $Q_Ⅱ$：

$$Fe_3O_{4(S)}+\frac{8}{3}Al_{(S)}=3Fe_{(S)}+\frac{4}{3}Al_2O_{3(S)} \qquad (Ⅱ)$$

$$Q_Ⅱ=\frac{-\Delta_r H_m^0(298K)}{\sum M_Ⅱ}=\frac{-[\frac{4}{3}(-1675270)-(-1118380)]}{232+\frac{8}{3}\times 27}=3669 \quad kJ/kg$$

第三步：根据热平衡，计算 $Fe_3O_4$ 的加入量 $m_{Fe_3O_4}$

根据热平衡原理，反应（Ⅰ）和反应（Ⅱ）放出的热量应等于体系[$2MnO_{(S)}+Fe_3O_{4(S)}+4Al_{(S)}$]所需的热量，即

$$Q_Ⅰ m_1+Q_Ⅱ m_2=2300(m_1+m_2)$$

式中 $m_1$——还原 100kg MnO 的炉料量$\left(2MnO_{(S)}+\frac{4}{3}Al_{(S)}\right)$，即

$$m_1=100\left(1+\frac{\frac{4}{3}M_{Al}}{2M_{MnO}}\right)=100[1+\frac{\frac{4}{3}\times 27}{142}]=125.35\text{kg}$$

$m_2$——应加入的 $Fe_3O_{4(S)}$ 还原反应的炉料量 $\left(Fe_3O_{4(S)}+\frac{8}{3}Al_{(S)}\right)$

2300 ——还原反应顺利进行的单位炉料热效应。

故有 $1949\times 125.35+3669m_2=2300(125.35+m_2)$，则

$$m_2=\frac{(1949-2300)\times 120}{2300-3669}=32.14\text{kg}$$

加入炉料中的 $Fe_3O_4$ 量 $m_{Fe_3O_4}=m_2\times\frac{M_{Fe_3O_4}}{\sum M_2}=32.14\times\frac{232}{304}=24.53\text{kg}$

此外还可计算出 $Fe_3O_{4(S)}$ 完全还原为 Fe 时，还原的 Fe 的质量为

$$m_{Fe}=23.48\times\frac{3\times 56}{232}=17.76\text{kg}$$

---

在还原过程中发生的物态变化，如熔化、挥发、溶解等能改变还原剂和还原金属的活度，影响还原过程的进行。

(1)还原的金属成气态(如 Ca 及 Mg)，则可采用真空降低其分压而使还原的开始温度下降。

(2)加入的熔剂(如 CaO)在高温下能与 $SiO_2$ 或 $Al_2O_3$ 结成稳定的化合物，不仅能供给部分热量，还能降低 $SiO_2$ 或 $Al_2O_3$ 在熔渣中的活度，从而提高还原剂的还原能力。在硅热法中使用 CaO 熔剂可使硅能顺利地还原许多难以还原的氧化物。

(3)还原剂在被制取的金属中的溶解度要小，可降低还原剂的损失及提高产品的纯度。

(4)形成的熔渣有较低的熔点，对制取的金属润湿性较小才便于分离。一般要求渣量不宜过大，因为即使金属在其内的溶解度不高，也会增加金属的损失。

由硅热还原反应

$$K=(a_{SiO_2}a_M)/(a_{MO_2}a_{Si})\quad \frac{x(\text{Si})}{x(\text{M})}=[\frac{a_{SiO_2}}{a_{MO_2}}]\exp(\frac{-\Delta_rG_m^0}{RT})$$

可知产品中 $x[\text{Si}]/x[\text{M}]$ 比值愈小，还原就愈完全。这就要求还原反应的 $-\Delta_rG_m^0$ 最大，即还原剂对氧的亲活力远大于被还原金属对氧的亲活力。

因此，在同样的温度条件下，硅热还原法形成 $2MgO\cdot SiO_2$ 比形成纯 $SiO_2$ 时需要的真空度要低，即金属热还原法中复杂化合物的形成能使某些难还原的氧化物更易被还原。

## 5.5 铁的渗碳及含碳量

因为能溶解 C 或形成碳化物的金属能在析出的碳原子的气体中吸收碳发生渗碳过程，因此不论有无固体碳存在，CO 及 $CO_2$ 组成的气相不仅具有还原氧化物的能力，而且还能与这些被还原的金属形成含碳的凝聚相。金属发生渗碳反应有两种情况：

(1)还原过程中的金属如 Fe 能渗碳得到含碳饱和的铁液或铁合金；

(2)含碳低的钢件在热处理炉内 900℃～950℃温度下可进行渗碳，这时钢件的表层吸收了碳原子形成具有硬度很高的表面而其内部却保持一定的韧性。

### 5.5.1 碳化物及碳势

碳可溶解于很多金属，如 Fe、Mn、Cr、W 等中，并与它们形成碳化物。其反应为

$$\frac{x}{y}M_{(S)}+C_{(石)}=\frac{1}{y}M_xC_{y(S)}\quad \Delta_rG_m^0=-RT\ln K=RT\ln a_C=\pi_C\quad J/mol$$

式中，$RT\ln a_C$ 称为碳化物的碳势，用 $\pi_C=RT\ln a_C$ 表示，图 5－15 称为碳势图。图中绘有各种碳化物的碳势线，并绘有求碳化物的活度 $a_C$ 的标尺，它是从 0K 轴上的"O"点发出的碳化物的碳势线的终点坐标点。例如，为求某碳化物在某温度下的碳活度 $a_C$，可用直线连接"O"点与碳化物碳势线上的温度点，其延长线在 $a_C$ 标尺的交点值，即为所求碳化物的 $a_C$。

能分解出 C 的混合气体，如 $CO+CO_2$、$CH_4+H_2$ 的碳势为

$$2CO=C_{(石)}+CO_2\quad K_{CO/CO_2}=\frac{p_{CO_2}}{p_{CO}^2}\times a_C,\ a_C=\frac{p_{CO}^2}{p_{CO_2}}\times K_{CO/CO_2}$$

故 $\pi_{C(CO)}=RT\ln\frac{p_{CO}^2}{p_{CO_2}}+RT\ln K_{CO/CO_2}$ J/mol。

$$CH_4=C_{(石)}+2H_2\quad K_{CH_4/H_2}=\frac{p_{H_2}^2}{p_{CH_4}}\times a_C,\quad a_C=\frac{p_{CH_4}}{p_{H_2}^2}\times K_{CH_4/H_2}$$

故 $\pi_{C(CH_4)}=RT\ln\frac{p_{CH_4}}{p_{H_2}^2}+RT\ln K_{CH_4/H_2}$ J/mol。

它们的碳势与温度及平衡气相成分有关。如果这种混合气体与金属接触时，其碳势高于金属的碳势 $\pi_{C(气体)}>\pi_{C(M)}$，则可发生渗碳，相反，金属内的碳气化则发生脱碳。

从碳势图 5－15 上可见，2400K 以下 Mn、Ni、Al、Si、Ti、V、Nb 等元素能形成稳定的碳化物。因此，这些元素的氧化物被 C 还原时形成的产物经常是碳化物。

C 可与 Fe 形成一系列碳化物 $Fe_4C$、$Fe_3C$、$Fe_4C_3$、$Fe_2C$、FeC 等，在 Fe 的还原温度下仅 $Fe_3C$ 才有实际意义。$Fe_3C$ 称渗碳体，它能作为结构单元存在于铁的合金中。

在用 CO 处理 $Fe_2O_3$(还原)或 Fe(渗碳)时，在 225℃以下的温度范围内可获得$Fe_2C$，它在 300℃～400℃可转变成 $Fe_3C$。从碳势图 5－15 可见，在 $T<1000K$，$Fe_3C$ 在热力学上是不稳定的，要分解析出石墨($Fe_3C\rightarrow 3Fe+C$(石墨))。但是这种低温下的分解速率一般很慢，所以能以准稳态 $Fe_3C$ 存在。

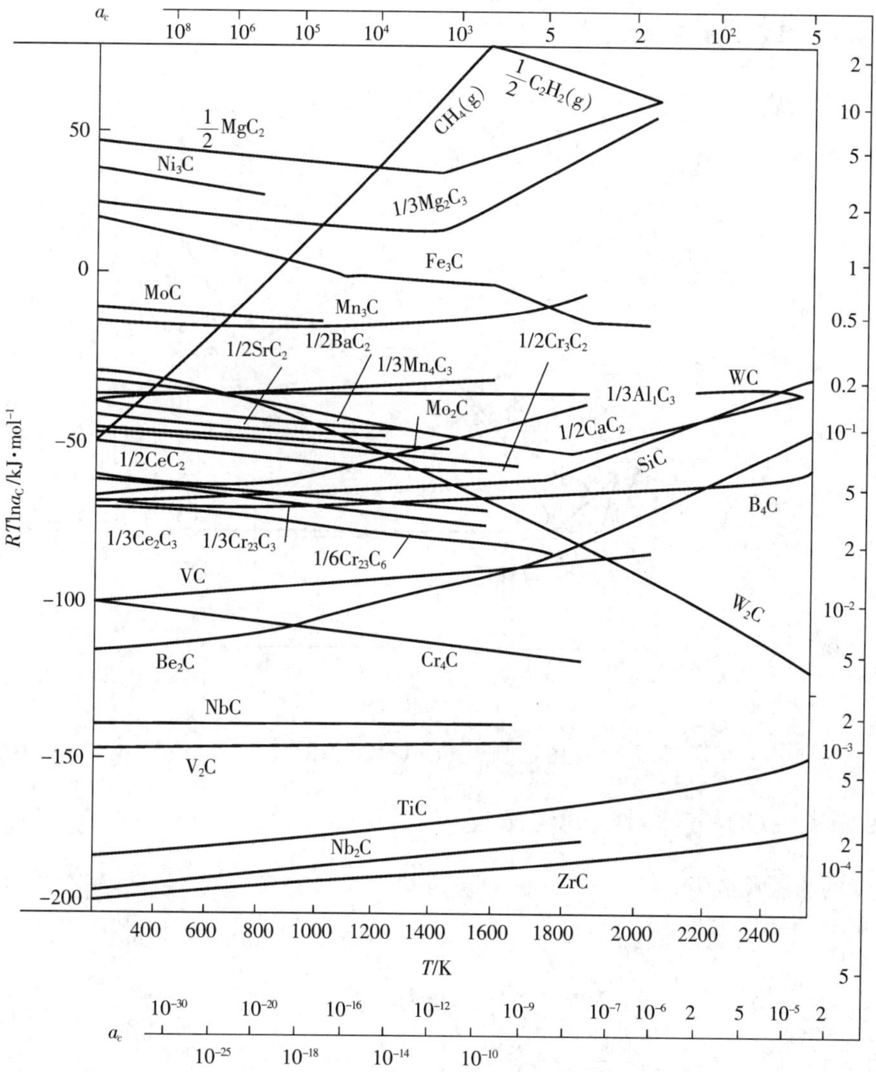


图 5-15　碳化物的碳势图

## 5.5.2　碳在固体 Fe-C 系中存在状态

利用 Fe-C 状态图(图 5-16)可以了解碳作为组分的 Fe-C 二元系在不同温度下呈现的相间平衡关系。Fe-C 平衡图由包晶、共晶、共析三个基本反应组成。C 在固体铁中的溶解度因铁的晶型不同差别较大，在 $\alpha$Fe、$\delta$Fe 中的溶解度较小，而在 $\gamma$Fe 中的溶解度较大，1153℃时 $w[C]=2.11\%$。这种固溶体称为奥氏体。奥氏体中溶解的 C 达到饱和时，将以石墨或 $Fe_3C$ 形成的 C 析出。因此，图中奥氏体碳的溶解度，虚线表示 $Fe_3C$ 在奥氏体中 C 的溶解度，它是与 $Fe_3C$ 相平衡的奥氏体中的 C 的浓度。后者的 C 浓度高于前者的 C 浓度，因此 $Fe_3C$ 是准稳定相。另一方面，奥氏体中的碳以 $Fe_3C$ 相比石墨更易析出，因为 Fe-石墨的界面能比 Fe-$Fe_3C$ 的界面能高，石墨的形核要比 $Fe_3C$ 的形核困难得多，所以与奥氏体中溶解 C 平衡的多是 $Fe_3C$ 相。铸铁中有大量石墨存在($w$[Si]=

1.25%～4%),那是由于其中的硅促进了 $Fe_3C$ 分解形成石墨化的结果。所以 Fe－C 状态图中的 Fe－$Fe_3C$ 线有重要意义。

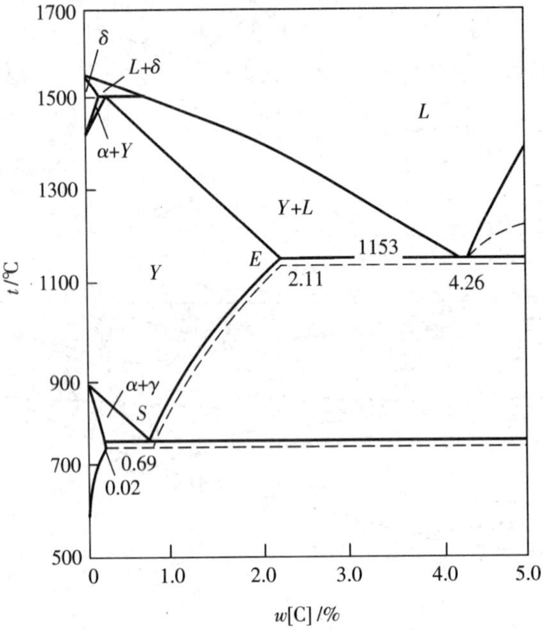


图 5－16　Fe－C 系状态图

## 5.5.3　CO－$CO_2$ 气体对铁的渗碳反应

CO 的渗碳反应为

$$2CO = [C] + CO_2 \quad \Delta_r G_m^0 = -170707 + 174.47T \quad J/mol$$

式中[C]——溶解于铁中的碳,标准态为纯石墨。

由 $K = \frac{p_{CO_2}}{p_{CO}^2} \times a_C = \frac{100[100-\varphi(CO)]}{[\varphi(CO)]^2 \times p} \times a_C$ 得

$$x[C] = \frac{[\varphi(CO)]^2}{[100-\varphi(CO)]} \times \frac{K \cdot p}{100} \times \frac{1}{\gamma_C} \qquad (\text{I})$$

利用上式计算铁中的渗碳浓度,需要知道 $\gamma_C$。$\gamma_C$ 可利用由碳在奥氏体中呈间隙式溶解模型时,C 原子的组态熵导出的公式得出:

$$a_C = \frac{x[C]}{1-5x[C]}, f_C = \frac{1}{1-5x[C]} \qquad (\text{II})$$

式中　$a_C$——以假想纯物质为标准态碳的活度。

因为以上公式中 $f_C$ 是假想纯物质标准态的活度系数,带入式(Ⅰ)中,应先作出标准态的换算。

由活度系数换算公式:$\gamma_C = \gamma_C^0 f_C$。当铁中碳饱和时,$\gamma_{C(饱)} = \gamma_C^0 f_{C(饱)}$,故

$$\gamma_C / \gamma_{C(饱)} = f_C / f_{C(饱)} \qquad (\text{III})$$

从而

$$\gamma_{C}=\gamma_{C(饱)}\times(f_{C}/f_{C(饱)}) \tag{Ⅳ}$$

又以石墨作标准态时，$a_{C}=\gamma_{C(饱)}\times x[C]_{饱}=1$，故

$$\gamma_{C(饱)}=1/x[C]_{饱} \tag{Ⅴ}$$

将式(Ⅱ)所得的 $f_{C}$，$f_{C(饱)}$ 值及式(Ⅴ)代入式(Ⅳ)中，得

$$\gamma_{C}=\frac{1-5x[C]_{饱}}{x[C]_{饱}(1-5x[C]_{饱})} \tag{Ⅵ}$$

这是碳以石墨作为标准态的活度系数计算式。将式(Ⅵ)代入式(Ⅰ)中，可得出计算铁中渗碳量的方程：

$$x[C]=\frac{[\varphi(CO)]^{2}}{[100-\varphi(CO)]}\times\frac{x[C]_{饱}[1-5x[C]_{饱}]}{1-5x[C]_{饱}}\times\frac{K\cdot p}{100} \tag{5-12}$$

又当铁中渗碳量浓度较低(<1%)时，可利用下列浓度单位转换关系：

$$x[C]=\frac{55.85}{100\times12}\times w[C]=0.0465w[C]$$

则式(5-12)为

$$w[C]=w[C]_{饱}/\left\{(1-0.23w[C]_{饱})\times\frac{[100-\varphi(CO)]}{[\varphi(CO)]^{2}}\times\frac{100}{K\cdot p}+0.23w[C]_{饱}\right\} \tag{5-13}$$

式中的溶解饱和碳浓度可由 Fe－C 状态图中得出。

**【例 5-7】**

在 900℃及 1000kPa 压力下，用 $CO-CO_2$ 混合气体对低碳钢($w[C]=0.1\%$)渗碳。试求气相平衡成分为 $\varphi(CO)=80\%$ 和 $\varphi(CO_2)=20\%$ 时能达到的渗碳浓度。

**题意分析** 求该状态下的渗碳浓度，需先求出于 900℃的 $w[C]$ 及 $K$，再利用式 5—13 计算出结果。

**解** 第一步：求 900℃的 $w[C]_{饱}$ 及 $K$

由图 5-16 的 Fe－C 状态图查得，$w[C]_{饱}=1.2$

$$\lg K=\frac{166550}{19.147\times1147}-\frac{171}{19.147}=-1.52 \quad K=3.0\times10^{-2}$$

第二步：利用式(5-13)求 $w[C]$

$$w[C]=\frac{1.2}{\frac{20}{80^{2}}\times\frac{(1-0.23\times1.2)\times100}{3.0\times10^{-2}}+0.23\times1.2}=0.154\%$$

可由上面导出的式(5-13)绘制出铁渗碳的平衡图，如图 5-17 所示。铁的渗碳发生在 αFe、δFe、γFe 及 Fe(l)区内，而 γFe 区是主要的渗碳区，其下界线为 CO 还原 FeO 的平衡线，因为气相的 CO 浓度低于此线时，Fe 不能存在，上界线则是 CO 分解反应的平衡

线。因为在式(5-12)中,当 $x[C]=x[C]_{饱}$时,式(5-12)变为

$$\frac{[\varphi(CO)]^2\times p}{100[100-\varphi(CO)]}=\frac{1}{K^0}\quad K=\frac{[100-\varphi(CO)]}{[\varphi(CO)]^2}\times\frac{100}{p}$$

$K$ 为反应 $2CO=C_{(石)}+CO_2$ 的平衡常数。因此,CO 分解反应曲线(1)是 CO 对 Fe 渗碳达到饱和浓度的平衡线。此区内绘有由式(5-13)计算的渗碳浓度的等值线。随着气相中 CO 浓度的增加及温度的降低,$\gamma$Fe 中渗碳的浓度增大。

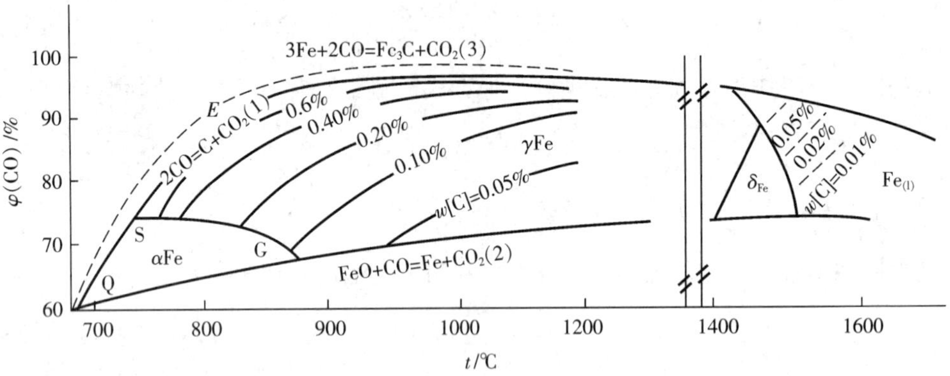


图 5-17　CO-$CO_2$ 对铁液渗碳的平衡态

由于奥氏体渗碳浓度达到饱和时有 $Fe_3C$ 析出,则渗碳反应可表示为

$$3FeO_{(S)}+5CO=Fe_3C_{(S)}+4CO_2\quad 或\quad 3Fe_{(S)}+C_{(石)}=Fe_3C_{(S)}$$

则 $K_{Fe_3C}=\frac{p_{CO_2}}{p_{CO}^2}\times a_{C(Fe_3C)}$

式中　$a_{C(Fe_3C)}$——C 在 $Fe_3C$ 的活度

$$2CO=C_{(石)}+CO_2,a_{C_{(石)}}=K_C\times\left[\frac{p_{CO}^2}{p_{CO_2}}\right]_{(石)}$$

$$2CO+3Fe_{(S)}=Fe_3C_{(S)}+CO_2\qquad a_{C(Fe_3C)}=K_{Fe_3C}\times\left[\frac{p_{CO}^2}{p_{CO_2}}\right]_{Fe_3C}$$

由于 $K_C=K_{Fe_3C}$(标准态均为石墨),又 $a_{C(Fe_3C)}>a_{C_{(石)}}$,故

$$\left[\frac{p_{CO}^2}{p_{CO_2}}\right]_{Fe_3C}>\left[\frac{p_{CO}^2}{p_{CO_2}}\right]_{(石)}$$

即与 $Fe_3C$ 平衡的气相 CO 浓度高于与石墨平衡的气相 CO 浓度。因此,反应 $2CO+3Fe_{(S)}=Fe_3C_{(S)}+CO_2$ 的平衡线(3)必位于反应 $2CO=C_{(石)}+CO_{2(S)}$ 平衡线(1)之上,如图中虚线(3)所示。其最大渗碳量可达到 $w[C]=2.0\%$。而奥氏体中与 $Fe_3C$ 平衡的 C 浓度则高于与石墨相平衡的 C 浓度。

$a$Fe 区渗碳量最小,仅在 738℃有最大渗碳量 $w[C]=0.032\%$。$\delta$Fe 及 $Fe_{(l)}$ 区的渗碳量较小,虽然气相中 $\varphi(CO)$浓度高时,溶解 C 达到 $w[C]=6.67\%$即 $Fe_3C$ 的成分,它相当于 $\varphi(CO)=100\%$的渗碳量。

从上面的渗碳平衡图，可得到铁渗碳量的影响因素：

(1)提高气相中 CO 的浓度能使 $\gamma Fe$ 区内 C 浓度增加；

(2)降低温度具有提高 CO 浓度的作用，因为 CO 渗碳反应是放热的；

(3)提高压力能提高 $CO-CO_2$ 混合气体的碳势，从而增加渗碳量，它能使压力为 101.3kPa 的渗碳平衡曲线向低浓度的 CO 方向移动，使 $\gamma Fe$ 渗碳区缩小；当压力很大时，可使 FeO 直接还原成 $Fe_3C$；

(4)气相 CO 浓度低于一定渗碳曲线，可发生脱碳，使铁中 C 量降低。

### 5.5.4 $CH_4$ 对铁的渗碳反应

$CH_4$ 是有效的渗碳剂，它在加热时分解为 C 及 $H_2$：

$$CH_4 = C_{(石)} + 2H_2 \quad \Delta_r G_m^0 = 91044 - 110.67T \quad J/mol$$

温度升高及压力降低，气相的碳势增加，因此，这些因素的影响和 CO 分解反应发生的相反。

$CH_4$ 的渗碳反应为：

$$CH_4 = [C] + 2H_2, \Delta_r H_m^0 > 0$$

$$CH_4 + 3Fe_{(S)} = Fe_3C_{(S)} + 2H_2, \Delta_r H_m^0 > 0$$

仿前，同样可导出渗碳反应的热力学关系式：

$$x[C] = \frac{[100 - \varphi(H_2)]}{[\varphi(H_2)]^2} \times \frac{K \times 100}{p \cdot \gamma_C} \tag{5-14}$$

图 5-18 为 $CH_4-H_2$ 气体对 Fe 渗碳的平衡图，由图可见：

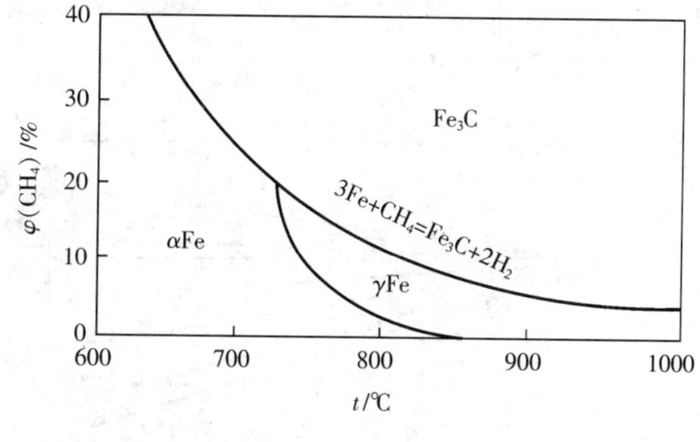


图 5-18 $CH_4$ 对 Fe 渗碳的平衡态

(1)提高气相 $CH_4$ 的浓度和温度，以及降低压力，可使渗碳增加；

(2)$\gamma Fe$ 的渗碳区比较小，但 $\alpha Fe$ 及 $Fe_3C$ 存在区则较宽，这表明 $CH_4$ 的渗 $H_2$ 能力很强，气相组成不大的改变，就能使 $\gamma Fe$ 的渗碳达到很高的浓度。因此，为了获得规定的渗碳量，必须正确地控制气相的成分；

(3)气相中 $H_2$ 的浓度高于渗碳反应 $H_2$ 的平衡浓度时可发生脱碳，但不至于引起铁的氧化，因为气相中不存在氧化性成分。所以用 $H_2+CH_4$ 作钢件的表面脱碳处理时是在暗退火条件下进行的，气相成分及温度仅使碳量降低，而铁的表面保持不氧化(光亮)。

### 5.5.5 高炉内铁的渗碳过程及生铁的含碳量

在高炉内形成的金属铁会被炉气中的CO渗碳，因为还原铁的活性很高，是CO分解的有效催化剂，能促进吸附的CO发生分解，析出的碳被铁所吸收。在煤气流和料柱的相对逆流运动中，氧化铁的还原和渗碳是同时进行的，可用以下反应表示：

$$3FeO_{(S)}+5CO=Fe_3C_{(S)}+4CO_2$$

形成的$CO_2$又与焦炭反应，故渗碳反应又可表示为

$$3Fe_{(S)}+2CO=Fe_3C_{(S)}+CO_2$$

$$C_{(石)}+CO_2=2CO$$

$$3Fe_{(S)}+C_{(石)}=Fe_3C_{(S)}$$

这种反应随着还原的铁不断下行进入高温及高浓度的CO区而加强，铁中碳量也就不断增加。

渗碳后的铁熔点降低，逐渐熔化，流经焦炭表面进一步吸收碳，使其中碳量增加。在$\gamma$Fe-石墨的共晶点(1153℃)时碳的溶解度$w[C]=4.26\%$，温度上升到1600℃时可达到$w[C]=5.5\%$。在其他温度下，铁中碳的溶解度可用下式计算：

$$\lg(x[C])=-\frac{560}{T}-0.376 \tag{5-15}$$

$$w[C]=1.34+2.54\times10^{-3}t(℃)\% \tag{5-16}$$

碳的溶解度不仅与温度有关，还与铁中溶解的其他元素有关。图5-19及表5-1表示了每$w[B]=1\%$对碳溶解度的改变值。

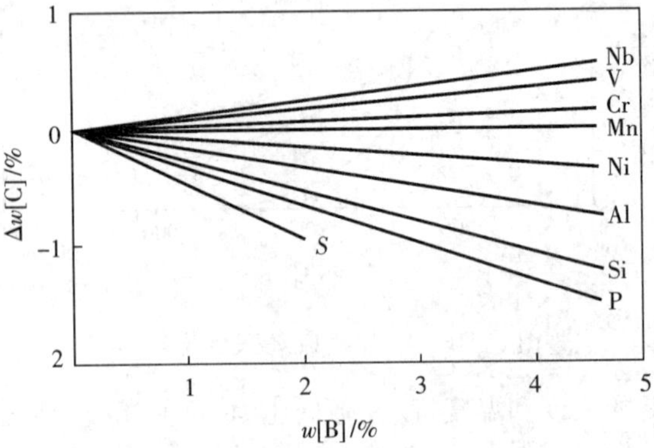


图5-19　元素对铁液中碳溶解度的影响

利用表值可得出一般生铁含碳量的计算公式：

$$w[C]=1.34+2.54\times10^{-3}t(℃)+0.04w[Mn]-0.30w[Si]-0.35w[P]-0.40w[S] \tag{5-17}$$

表 5-1　$w[B]=1\%$对碳溶解度的改变值

| 元　素 | Al | Cr | Co | Cu | Mn | Ni | Nb | P | Si | S | V | Ti |
|---|---|---|---|---|---|---|---|---|---|---|---|---|
| $\Delta w[C]/\%$ | −0.25 | 0.09 | −0.03 | −0.2 | 0.04 | −0.07 | 0.12 | −0.35 | −0.3 | −0.4 | 0.13 | 0.17 |
| 适用浓度/% | <2 | <9 | 1 | <3.8 | <2.5 | <8 | — | <3 | <5.5 | <0.4 | <3.4 | — |

不同元素对铁液含碳量变化的影响规律如下：

(1)凡能形成比 $Fe_3C$ 稳定的碳化物的元素能使铁液的含碳量增加，这类元素在元素周期表中位于 Fe 的左侧，如 Nb、Ti、V、Cr、Mn 等。例如，$w[Mn]=15\%\sim20\%$的镜铁，其碳含量可达到 $w[C]=5\%\sim5.5\%$，$w[Mn]=80\%$的 FeMn，其 $w[C]$可达到 7%。而一般生铁的碳含量仅为 $w[C]=4\%$左右。

(2)凡能与 Fe 形成稳定性比 Fe 与 C 形成稳定性更大的化合物的元素能降低碳的溶解度，这类元素在元素周期表中位于 Fe 的右侧，如 Si、P、S 等非金属元素。例如，铸造生铁的 $w[C]<3.5\%\sim4.0\%$，FeSi 的 $w[C]$可低到 2%，而高磷生铁的 $w[C]<3.2\%$。

铁液中溶解的某些碳化物达到饱和后，多余的碳化物进入熔渣。例如炼高硅生铁的 SiC，炼钒钛生铁的 TiC 等，它们的熔点均很高，以固相分散状混杂于熔渣中，使熔渣的流动性变坏，冶炼出现困难。

## 5.6　熔渣中氧化物的还原反应

在高炉的还原熔炼中，氧化物在高温下主要形成两大类冶金熔体：

(1)矿石中的主要金属氧化物通过气—固相间的还原成铁，进入高温区吸收其他易还原的元素及碳之后形成金属熔体。

(2)矿石中比较难还原的氧化物(来自脉石及燃料灰分)，及未被气—固相反应所还原的小部分主要金属的氧化物则在熔剂的作用下形成熔渣。

在金属熔体与熔渣接触的过程中，随着温度的升高和熔渣组成的改变，熔渣中的比较难于还原的氧化物将继续为固体碳或铁液的饱和碳所还原而进入金属熔体中。

### 5.6.1　还原反应的分配常数及影响因素

对于(MO)的还原，(MO)+[C]=[M]+CO，反应的 $\Delta_r G_m^0$ 可由氧化物的直接还原反应的 $\Delta_r G_m^0$ 与反应中各物质的标准溶解吉布斯自由能 $\Delta_r G_B^0$ 组合得出。反应的平衡常数为

$$K_M=\frac{a_M p_{CO}}{a_C a_{MO}}=\frac{f_M w[M]}{\gamma_{MO}x(MO)a_C}\times p_{CO}$$

由于铁水多为碳饱和或是固体碳参加反应，所以 $a_{[C]}=1$。于是可得出还原元素在金

属熔体与熔渣间的分配常数 $L_M$：

$$L_M=\frac{w[M]}{x(MO)}=K_M\times\frac{\gamma_{MO}}{f_M}\times\frac{1}{p_{CO}}$$

这种由平衡常数导出的熔渣—金属液间的分配常数是还原反应的重要热力学式。影响还原反应分配常数的因素是：

(1)温度。反应是强吸热的，提高温度利于反应正向进行，被还原的金属浓度增加；

(2)$\gamma_{MO}$与熔渣组成有关。对于酸性氧化物的还原，降低碱度，$\gamma_{MO}$增大；对于碱性氧化物的还原，提高碱度，$\gamma_{MO}$亦增大，均有利于分配常数的提高。由于还原的金属常溶解于金属熔体中和其他同时还原元素的存在，$f_M$ 降低，亦有利于分配常数的提高；

(3)$p_{CO}$的降低能提高 $L_M$，$p'_{CO}$代表渣—金属液界面的氧势。高炉内金属液滴—熔渣界面上形成的 CO 气泡的 $p'_{CO}$约为鼓风压力的 40%，此值在炉缸中基本恒定，可作为还原反应平衡计算的数据。

在高炉内除 C 是主要的还原剂外，那不可避免还原的 Si 也能成为熔渣中其他氧化物的还原剂。因此，熔渣中氧化物的还原可分为两类：

(1)有 C、CO 恒定组分参加的基本还原反应

例如，铁液中($SiO_2$)、(MnO)的还原反应

$$(SiO_2)+2[C]=[Si]+2CO$$

$$(MnO)+[C]=[Mn]+CO$$

粗铅中(PbO)的还原反应

$$(PbO)+CO=[Pb]+CO_2$$

这些反应的平衡分配常数需要较长时间才能达到。

(2)没有 C、CO 恒定组分参加的两相间电子交换的耦合反应

$$2(MnO)+[Si]=2[Mn]+(SiO_2)$$

$$2(Mn^{2+})+4(O^{2-})+[Si]=(SiO_4^{4-})+2[Mn]$$

例如，炼铁时 $SiO_2$ 首先被还原成元素硅溶于铁相中。由于 Si 对氧的亲和势大，故 Si 可进一步将渣中的 MnO、$V_2O_3$、$TiO_2$还原，反应为

$$n[Si]+2(AO_n)=2[A]+n(SiO_2)$$

式中 $AO_n$表示 MnO、$V_2O_3$、$TiO_2$、NiO、CrO 等氧化物。

又如炼锡时金属锡相中溶解的铁可将渣中的 SnO 还原

$$(SnO)+[Fe]=(FeO)+[Sn]$$

其速度很快，易于达到平衡。

## 5.6.2 $SiO_2$的还原

### 5.6.2.1 $SiO_2$的还原

高炉渣的温度在1330℃～1400℃，渣中的 $SiO_2$能按下式还原

$$(SiO_2)+2[C]=[Si]+2CO \quad \Delta_r G_m^0=586050-386.79T \quad J/mol$$

$$L_{Si}=\frac{w[Si]}{x(SiO_2)}=K_{Si}\times\frac{\gamma_{SiO_2}}{f_{Si}}\times\frac{1}{p_{CO}^2}$$

由上式可得 $L_{Si}$的影响因素：

(1)温度。还原反应是强吸热的，$K_{Si}$随温度的升高而显著增加，所以温度对 $L_{Si}$影响很大。一般来说，熔渣组成一定时，生铁的含硅量就决定于温度。

(2)熔体组成。生铁的C、P、Ni均能提高 $f_{Si}$，但C的作用最大，可是C常在生铁中呈饱和浓度，故 $f_{Si}$变化不大，但熔渣的碱度对 $\gamma_{SiO_2}$有影响，从而对 $L_{Si}$的影响也较大，碱度增加，$\gamma_{SiO_2}$降低，因而 $L_{Si}$亦降低，如图5-20所示。$Al_2O_3$浓度增加，在低碱度渣内使 $L_{Si}$降低，而在高碱度渣内使 $L_{Si}$增加，因为 $Al_2O_3$具有两性性质。

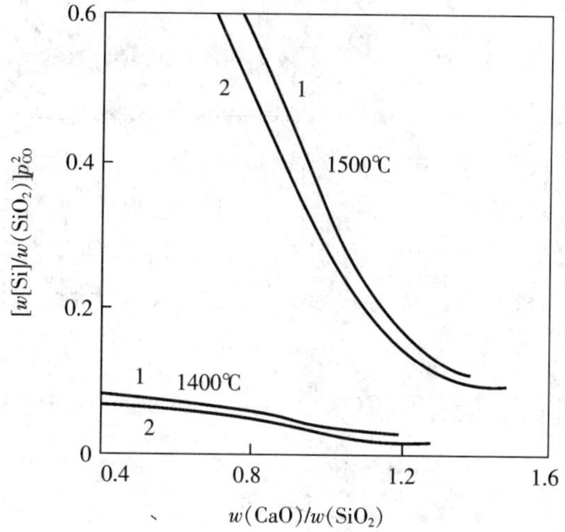


图5-20 $CaO-SiO_2-Al_2O_3$渣系的碱度对 $L_{Si}$的影响(1. $w(Al_2O_3)=10\%$；2. $w(Al_2O_3)=20\%$)

因此，在高炉内控制生铁的含硅量的方法主要是控制温度和熔渣的碱度。所以在冶炼铸造生铁($w[Si]=1.25\%\sim4.0\%$)或硅铁时，就要采用高温、低碱度的操作，而在冶炼炼钢生铁($w[Si]<0.6\%$))时就应采用较高碱度的操作。

铁液硅含量的确定方法有两种：

(1)对于低浓度的硅，先利用相互作用系数 $e_{Si}^{Si}$进行计算 $f_{Si}$，再利用 $f_{Si}$根据反应的平衡常数来计算含硅量。

(2)对高浓度的硅，$x[Si]>0.2$时，随着 $x[Si]$的增加，碳的饱和浓度下降，甚至在Fe-Si-C系中形成SiC，很难直接考虑C的影响，直接由图5-21从熔渣组成得出三元系渣系下铁熔体的含硅量。

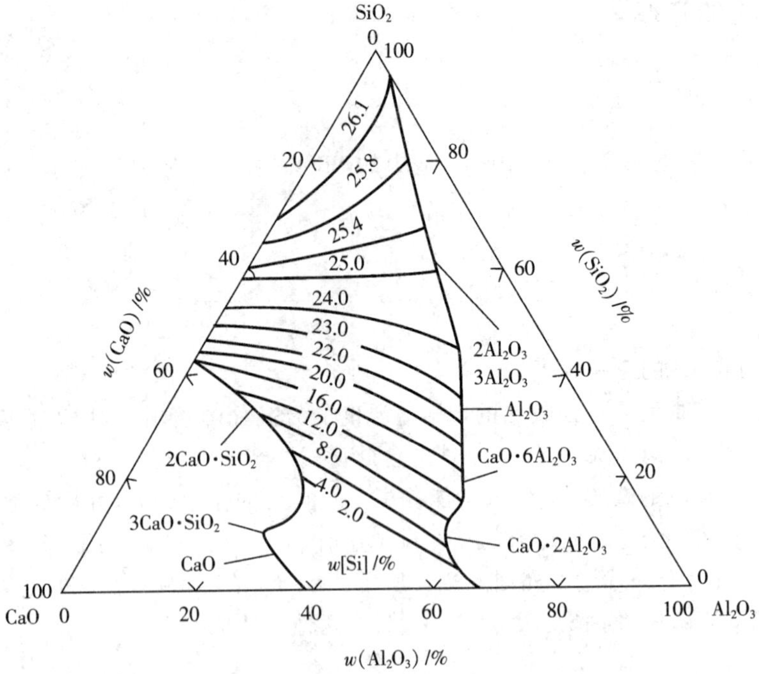


图 5-21 $CaO-SiO_2-Al_2O_3$ 系渣下铁液中硅的平衡浓度，1600℃

**【例 5-8】**

试计算与组成为 $w(SiO_2)=32\%$，$w(CaO)=42\%$，$w(Al_2O_3)=26\%$ 的熔渣平衡的含碳饱和铁液中硅的浓度，体系的 $p'_{CO}=1.3\times10^5\,Pa$，温度 1600℃。

**题意分析** 求该熔渣平衡相中含碳饱和铁液中硅的浓度；为求 $w[Si]$ 需根据平衡常数 $K_{Si}$ 求出 $a_{Si}$，再利用 $e^j_{Si}$ 求出 $f_{Si}$，最后根据式 $a_{Si}=f_{Si}w[C]$ 求出结果。

**解** 第一步，求出 $a_{Si}$ 的值

$$(SiO_2)+2[C]=[Si]+2CO \quad \Delta_r G^0_m=586050-386.79T \quad J/mol$$

$$K_{Si}=\frac{a_{Si}p^2_{CO}}{a_{SiO_2}}, \quad a_{Si}=\frac{K_{Si}a_{SiO_2}}{p^2_{CO}}$$

$$\lg K_{Si}=-\frac{586050}{19.147\times1873}+\frac{386.79}{19.147}=3.859, K_{Si}=7235。$$

由图 3-27$SiO_2-CaO-Al_2O_3$ 系的 $a_{SiO_2}$ 活度曲线图得 $a_{SiO_2}$。熔渣组分的物质的量及物质的量分数如表 5-2：

表 5-2 熔渣组分的物质的量和物质的量分数

| 组分 | $SiO_2$ | $CaO$ | $Al_2O_3$ |
|---|---|---|---|
| $n(B)$ | 0.533 | 0.750 | 0.255 |
| $x(B)$ | 0.347 | 0.488 | 0.166 |

利用上述数值查图 3-27 得 $a_{SiO_2}=0.01$。

故 $a_{Si}=\frac{K_{Si}\,a_{SiO_2}}{p_{CO}^2}=\frac{7235\times0.01}{1.3^2}=42.81$

第二步：利用 $e_{Si}^{j}$ 求出 $f_{Si}$

$$\lg f_{Si}=e_{Si}^{Si}w[Si]+e_{Si}^{C}w[C] \qquad (Ⅰ)$$

而 $w[C]=1.34+0.00254\times1600-0.30w[Si]=5.40-0.30w[Si]$ (Ⅱ)

$\lg f_{Si}=e_{Si}^{Si}w[Si]+e_{Si}^{C}w[C]=0.11w[Si]+0.18(5.40-0.30w[Si])=0.056w[Si]+0.972$

第三步：利用 $a_{Si}=f_{Si}w[Si]$ 求 $w[Si]$

又 $\lg a_{Si}=\lg f_{Si}+\lg w[Si]=0.056w[Si]+0.972+\lg w[Si]$

代入 $a_{Si}=42.81$ 得 $\lg w[Si]+0.056w[Si]-0.66=0$

利用 Mathematica5.0 解以上方程得 $w[Si]=3.08\%$。

---

#### 5.6.2.2 $SiO_{(g)}$的形成及还原

温度高于1620℃时 $SiO_2$ 可能与C形成 $SiO_{(g)}$：

$$(SiO_2)+C_{(石)}=SiO_{(g)}+CO \quad \Delta_r G_m^0=687300-343.82T \quad J/mol \qquad (Ⅰ)$$

$SiO_{(g)}$的还原生成[Si]的反应为

$$SiO_{(g)}+C_{(石)}=[Si]+CO \quad w[Si]=K\cdot\frac{p_{SiO(g)}}{p_{CO}f_{Si}}$$

因此，高温度、高 $p_{SiO(g)}$、低 $p_{CO}$ 能促进 $SiO_{(g)}$ 的还原。所以生铁中的硅有部分是焦炭或渣中 $SiO_2$，通过风口附近高温区（1700℃以上）先被还原成 $SiO_{(g)}$，在 $SiO_{(g)}$ 上升过程中被C还原成[Si]。

### 5.6.3 MnO的还原

锰的各种氧化物易被气体还原剂还原到MnO，含MnO的高炉渣熔点都比较低，为1150℃～1250℃，故锰多是从熔渣中还原：

$$(MnO)+[C]=[Mn]+CO \quad \Delta_r G_m^0=249717-191.27T \quad J/mol$$

$$L_{Mn}=\frac{w[Mn]}{x(MnO)}=K_{Mn}\times\frac{\gamma_{MnO}}{f_{Mn}p_{CO}}$$

由上式可得出影响 $L_{Mn}$ 的因素：

(1)温度。$K_{Mn}$ 亦随温度的升高而增大，但MnO的还原温度高于FeO而低于 $SiO_2$，可是温度很高时Mn能挥发，在高炉上部氧化成 $Mn_3O_4$ 被炉气带走，从而降低Mn的回收率。

(2)熔体组成。$L_{Mn}$ 受铁液中C的影响较大，它能降低 $f_{Mn}$。对于被C饱和的生铁，$f_{Mn}=0.65\sim0.80$。由于MnO是弱碱性，所以提高碱度能增大 $\gamma_{MnO}$，从而提高 $L_{Mn}$，如图5-22所示。$Al_2O_3$ 对 $\gamma_{MnO}$ 的影响与碱度有关，碱度低时 $Al_2O_3$ 能结合 $SiO_2$，使 $\gamma_{MnO}$ 提高，

但当碱度高(>1)时，$Al_2O_3$呈现酸性，与部分 CaO 结合，因此随着 $Al_2O_3$ 含量的增加，$\gamma_{MnO}$首先增加随后降低。

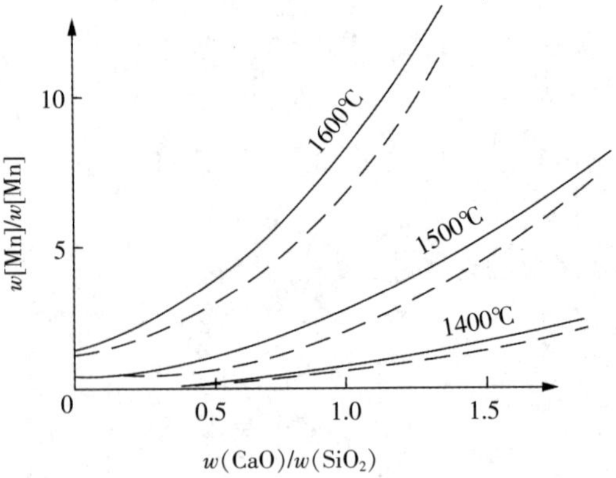


图 5-22　炼铁时碱度对 $L_{Mn}$的影响(实线— $w(Al_2O_3)=20\%$；虚线- - $w(Al_2O_3)=10\%$)

由于硅和氧的亲和力比锰和氧的亲和力大，同时，在 MnO 还原时 $SiO_2$也优先还原，所以熔渣一铁液间出现了下列耦合反应

$$2(MnO)+[Si]=2[Mn]+(SiO_2)$$

$$K_{Mn-Si}=\frac{a_{SiO_2}}{f_{Si}w[Si]}\cdot\left[\frac{f_{Mn}w[Mn]}{a(MnO)}\right]^2=\frac{K_{Mn}}{K_{Si}}$$

在熔渣组分的浓度变化不大的范围内，其活度系数则不随熔体组成显著变化时，可将这些活度系数视为常数而合并到 $K_{Mn-Si}$中去，上式表明 $K_{Mn-Si}$随碱度的提高而增大。由实验得知，上述耦合反应是两相间的电化学反应，因此达到平衡的时间比(MnO)和($SiO_2$)为 C 还原反应达到平衡的时间短得多。可利用 $K_{Mn-Si}$由一个分配常数求另一个分配常数，并能预测多种元素共存时熔渣的平衡成分。

由以上讨论可知，冶炼含锰高的铁，如 FeMn 时，需采用较高的碱度和炉温，因此生产高锰铁的焦比和成本比较高。

**【例 5-9】**

试计算与组成为 $w(SiO_2)=35\%$，$w(CaO)=44.5\%$，$w(Al_2O_3)=20\%$，$w(MnO)=0.5\%$熔渣平衡的含碳饱和铁液中的含锰量，体系的 $p'_{CO}=1.5\times10^5$ Pa，温度 1500℃。

**题意分析**　求该熔渣平衡相中含碳饱和铁液中锰的浓度。为求 $w[Mn]$，需根据熔渣组成先查图 3-33 求出 $r_{Mn}$，再利用 $e_{Mn}^{Mn}$求出 $f_{Mn}$，最后根据平衡常数表达式求出结果。

**解**　第一步：求出 $\gamma_{MnO}$值

$$(MnO)+[C]=[Mn]+CO$$

$$K_{Mn}=\frac{f_{Mn}w[Mn]p_{CO}}{a_{MnO}a_C}\qquad w[Mn]=\frac{K_{Mn}\times\gamma_{MnO}x(MnO)}{f_{Mn}p_{CO}}\qquad a_{MnO}=\gamma_{MnO}x(MnO)$$

$$\lg K_{Mn}=-\frac{249717}{19.147\times1773}+\frac{191.27}{19.147}=2.63,K_{Mn}=427$$

$a_{MnO}=\gamma_{MnO}x(MnO)$：熔渣组分的物质的量及物质的量分数如表 5－3：

**表 5－3　熔渣组分的物质的量及物质的量分数**

| 组分 | $SiO_2$ | CaO | $Al_2O_3$ | MnO |
|---|---|---|---|---|
| $n$(B) | 0.583 | 0.795 | 0.196 | 0.007 |
| $x$(B) | 0.369 | 0.503 | 0.124 | 0.004 |

利用上述数值查图 3－33，得 $\gamma_{MnO}=0.4$。

而 $w[C]=1.34+0.00254\times1500+0.04w[Mn]=5.15+0.04w[Mn]$

第二步：利用 $e_{Mn}^{Mn}$ 求出 $f_{Mn}$

$\lg f_{Mn}=e_{Mn}^{Mn}w[Mn]+e_{Mn}^{C}w[C]=0\times w[Mn]+(-0.07)\times(5.15+0.04w[Mn])=-0.361$

$f_{Mn}=0.436$

第三步：利用式 $w[Mn]=\dfrac{K_{Mn}\times\gamma_{MnO}x(MnO)}{f_{Mn}p_{CO}}$ 求出 $w[Mn]$

上式中 $w[Mn]$ 项的值很小，则舍去。

$$w[Mn]=427\times\frac{0.4\times0.004}{0.436\times1.5}=1.04\%$$

### 5.6.4　$TiO_2$的还原

$TiO_2$ 和 $SiO_2$的稳定性相近，因此 $TiO_2$ 高炉内的还原过程也与 $SiO_2$相似。$TiO_2$ 的还原主要发生在炉内高温区内，熔渣与焦炭和铁液接触的界面进行，其反应为

$$(TiO_2)+2[C]=[Ti]+2CO \qquad \Delta_rG_m^0=732280-478.6T \quad J/mol$$

$$(SiO_2)+2[C]=[Si]+2CO \qquad \Delta_rG_m^0=586050-386.79T \quad J/mol$$

$$(TiO_2)+[Si]=[Ti]+(SiO_2) \qquad \Delta_rG_m^0=146230-91.81T \quad J/mol$$

$$K_{Ti-Si}=\frac{a_{Ti}a_{SiO_2}}{a_{Si}a_{TiO_2}},L_{Ti}=\frac{w(Ti)}{w(TiO_2)}=K_{Ti\text{-}Si}\times\frac{w(Si)}{w(SiO_2)}=K_{Ti\text{-}Si}\times L_{Si}$$

可见，$L_{Ti}$与 $L_{Si}$成正比。生产实践证明，它们还原的影响因素表现相同时，即受温度和碱度的作用，还原的 Si 和 Ti 量随温度的升高而急剧地增加，图 5－23 表明了这种关系。两曲线有交点，交点温度以下，$w[Si]>w[Ti]$，而在交点温度以上，$w[Ti]>w[Si]$，即高温下钛的还原量略高于硅的还原量。生产中常以 $w[Si]$或 $w[Si]+w[Ti]$量作为炉况“冷热”的判据之一。

熔渣中的 $TiO_2$含量提高，$a_{TiO_2}$ 提高，钛的还原量也增加。而碱度对 $TiO_2$还原有双重影响：

(1) $TiO_2$是两性氧化物，因此碱度提高会使钙钛矿生成量增加，从而降低了 $a_{TiO_2}$，抑制了 $TiO_2$的还原；但碱度升高会使炉渣的熔化性温度升高，故不能采用提高碱度来抑制钛的还原。

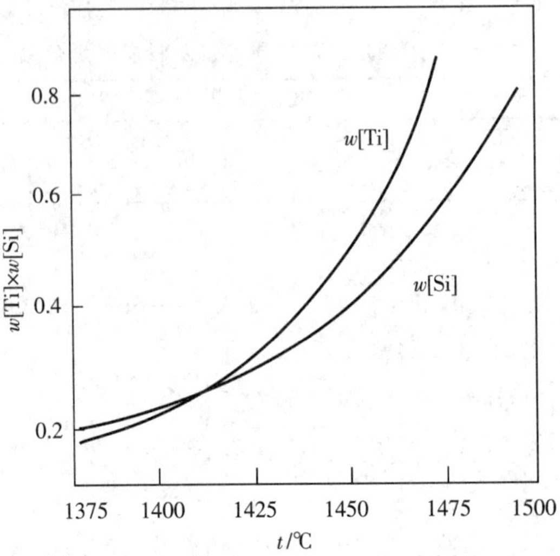


图 5-23　生铁中 $w[Si]$及 $w[Ti]$与温度的关系

（$w(TiO_2)=25.53\%$；$w(SiO_2)=24.89\%$）

(2)在 $w(TiO_2)$含量比较低（$<25\%$）时，CaO 和 $SiO_2$的结合不利于 $CaTiO_3$的形成以及 $a(TiO_2)$的提高，因此提高碱度却有利于钛的还原。

所以为了抑制钛的还原，要有合适的碱度，$R=1$ 左右，渣中 $w(TiO_2)/w(SiO_2)=1$（高钛渣 $w(TiO_2)>20\%$，低钛渣 $w(TiO_2)<10\%$）。

还原的钛能与碳和氮形成 TiC、TiN 及二者的固溶体 TiCN，也能使 $TiO_2$还原温度降低。

$$(TiO_2)+3C_{(石)}=TiC_{(S)}+2CO \quad \Delta_r G_m^0=463519-307.52T \quad J/mol$$

$$(TiO_2)+2C_{(石)}+\frac{1}{2}N_2=TiN_{(S)}+2CO \quad \Delta_r G_m^0=311974-226.82T \quad J/mol$$

这些高熔点的物质在铁液中的溶解度很小，当还原的钛在铁液中与 C、N 的浓度超过一定温度的浓度积 $w[Ti]\cdot w[C]$时就有 TiC、TiN 固相析出，它们悬浮于熔渣中使熔渣变稠，甚至渣、铁不易分离，造成炉缸堆积，以致最终失去流动性，形成所谓“热结”现象，使高炉无法正常生产；另外它们吸附在渣中气泡的表面，促进泡沫渣的形成，以及在渣内铁珠的表面吸附时，使铁珠难以聚集，增大铁损。

为了避免 TiC、TiN 等的大量形成，解决高炉冶炼钒钛磁铁矿的症结和困难，应抑制钛的过度还原；为此要限制炉渣中 $w(TiO_2)<20\%\sim25\%$及采用“低硅钛”操作，即要选择合理的热制度，炉温控制在使铁和钒大量还原，而硅、钛较少还原条件下，保证渣铁畅流，炉况顺行。

## 5.6.5　其他氧化物的还原

### 5.6.5.1　$V_2O_5$的还原

钒存在于某种铁矿石，如钒钛磁铁矿中，但其量不高[$w(V_2O_3)=0.2\%\sim0.63\%$]。

钒有四种氧化物，高价氧化物 $V_2O_5$ 是酸性，低价氧化物 $V_2O_3$、VO 是碱性。在高炉中，前者可被 CO 还原成 $V_2O_3$、VO，后者可被 C 还原，进入生铁中。

$V_2O_3$ 和 MnO 有相近的稳定性，并且也和 $SiO_2$ 的还原之间存在着一定的耦合平衡关系。其反应为

$$(V_2O_3)+3C_{(石)}=2[V]+3CO \quad \Delta_r G_m^0=962398-311.08T \quad J/mol$$

或 $2(V^{3+})+3(O^{2-})+3C_{(石)}=2[V]+3CO$。

又 $2(V_2O_3)+3[Si]=4[V]+3(SiO_2)$，可得出 $L_V$ 与 $L_{Si}$ 之间的关系式

$$L_V=\frac{(w[V])^4}{[x(V_2O_3)]^2}=K_{V-Si}\times(\frac{w[Si]}{a_{SiO_2}}) \tag{5-18}$$

由实验得出，当 $w(Al_2O_3)=10\%$ 时，$\lg L_V=0.795R+4.54$；当 $w(Al_2O_3)=20\%$ 时，$\lg L_V=0.745R+4.11$。

因此，钒的还原随温度和碱度的提高而增强，而温度的作用更大。实际冶炼时，高钛型炉渣钒的回收率低于中、低钛型炉渣钒的回收率，且随渣中 $w(TiO_2)$ 的提高而降低。一般可达到 75%～80%。

#### 5.6.5.2 CrO 的还原

$Cr_2O_3$ 可被 CO 还原到 CrO，在熔渣中被 C 还原到 Cr，其反应为

$$(CrO)+C_{(石)}=[Cr]+CO$$

由 $K_{Cr}=\frac{a_{Cr}p_{CO}}{a_{CrO}}$ 可得 $L_{Cr}=\frac{w[Cr]}{x(CrO)}=K'_{Cr}\times\frac{\gamma_{CrO}}{f_{Cr}p_{CO}}$。其与硅亦能出现下列耦合平衡关系：

$$2(CrO)+[Si]=2[Cr]+(SiO_2)$$

而 $K_{Cr-Si}=\frac{a_{Cr}^2 a_{SiO_2}}{a_{Si}a_{CrO}^2}$，可得

$$[\frac{w[Cr]}{x(CrO)}]^2=K'_{Cr-Si}\times\frac{w[Si]}{a_{SiO_2}} \tag{5-19}$$

因此，$L_{Cr}$ 与 $L_{Si}$ 有关，提高温度及碱度能使 CrO 的还原增强。这是因为 CrO 是弱碱性，碱度提高，它的活度增加。另一方面，碱度提高，$a_{SiO_2}$ 下降很快，所以 $L_{Cr}$ 增加。

#### 5.6.5.3 $P_2O_5$ 的还原

磷在铁矿石中以磷酸钙($3CaO \cdot P_2O_5$)、蓝铁矿($3FeO \cdot P_2O_5 \cdot 8H_2O$)存在。后者可在 950℃～1000℃ 被 CO 还原，而在此温度以上为 C 还原。磷酸钙可在 1200℃～1500℃ 为 C 还原。熔渣内存在的($P_2O_5$)的还原反应为

$$(P_2O_5)+5C_{(石)}=2[P]+5CO, L_P=\frac{(w[P])^2}{x(P_2O_5)}=K'_P\times\frac{\gamma_{P_2O_5}}{f_P^2 p_{CO}^5}$$

在高炉内，由于炉渣内有很高含量的 $SiO_2$ 使磷酸钙不能稳定存在，在高炉渣所选定的碱度(0.9～1.2)范围内，$\gamma_{P_2O_5}$ 有很大的值，约为 1。同时还原的磷在铁液中形成 $Fe_2P$ 使 $f_P$ 值也很小，所以 $L_P$ 实际很大，即磷能从渣中全部还原进入生铁中，只有在冶炼高磷生铁时才有 $w[P]=5\%\sim15\%$ 进入炉渣。

### 5.6.5.4 碱金属化合物的还原

对高炉冶炼有害影响的碱金属是钠及钾，它们以复杂的硅酸盐碳酸盐氧化物存在于矿石及焦煤中，进入高炉渣内可被 C 和 CO 所还原，还原温度约 1700℃。

$$(K_2SiO_3)+C_{(石)}=2K_{(g)}+CO+SiO_2$$

$$(K_2CO_3)+CO=2K_{(g)}+2CO_2$$

还原温度为 800℃～1000℃时

$$(K_2O)+CO=2K_{(g)}+CO_2$$

上列反应在高炉炉身部分能迅速进行，还原的钾蒸气的平衡分压与温度、$p_{CO}/p_{CO_2}$ 比及总压有关。形成的碱金属蒸气在炉内上部低温处可形成 KCN、$K_2CO_3$、$K_2O$。

$$2K_{(g)}+2C_{(石)}+N_2=2KCN_{(g,l)}+CO$$

$$2K_{(g)}+2CO_2=2K_2CO_{3(S)}+2CO$$

$$2K_{(g)}+CO_2=K_2O_{(S)}+CO$$

当温度低于 1100℃时，氰化物也能为 $CO_2$ 所氧化转化为碳酸盐，这样形成的碱金属盐及氧化物被下降的炉料所吸收，进入熔渣内，再被碳及 CO 所还原。

Na 也可以和 K 一样发生上述反应，但 Na 的化合物却比 K 的化合物更稳定，因此，上述两类反应(碱金属化物的还原及其形成)在炉内不同区内循环进行，造成高炉内碱金属的循环，如图 5-24 所示。

碱金属的循环使之在炉内某些部位发生富集，对高炉的冶炼有极大的危害性。例如，能使矿石受到破坏，炉料的透气变坏，焦炭的强度降低，炉衬受到侵蚀，使炉料粘结在炉衬表面形成炉瘤等。

上述的炉渣中碱金属的形成反应可用离子反应式表示

$$2(K^+)+(O^{2-})=2K_{(g)}+\frac{1}{2}O_2,K=\frac{p_{K_{(g)}}^2 p_{O_2}^{1/2}}{a_{K^+}^2 a_{O^{2-}}}$$

上式可以写成 $C_K=\dfrac{1}{K\cdot a_{O^{2-}}\cdot\gamma_{K^+}^2}=\dfrac{[w(K)]^2}{p_{K_{(g)}}^2 p_{O_2}^{1/2}}$，而 $w(K)=(C_K p_{K_{(g)}}^2 p_{O_2}^{1/2})^{1/2}$，式中，$C_K$ 为熔渣的钾容量。它表示一定氧势及钾分压条件下熔渣溶解钾的能力，$C_K$ 随温度及碱度的降低而增大。此外，在一定碱度下，用 MgO 代表渣中的 CaO 能使 $C_K$ 增大，如图 5-25 所示。

因此，为减小高炉中碱金属的循环，从而降低其危害性，除限制炉料中碱金属的含量

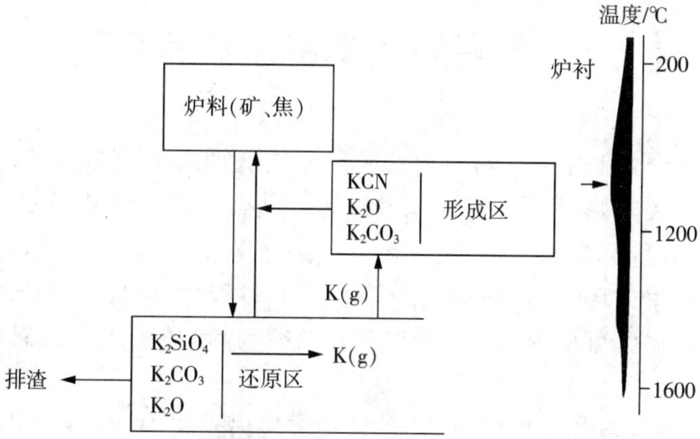


图 5-24　高炉内碱金属的循环图

外，应提高炉渣的碱金属容量，使还原形成的碱金属($K^+$ 或 $Na^+$)最大量地保持在酸性熔渣内，然后定期随放渣排出。

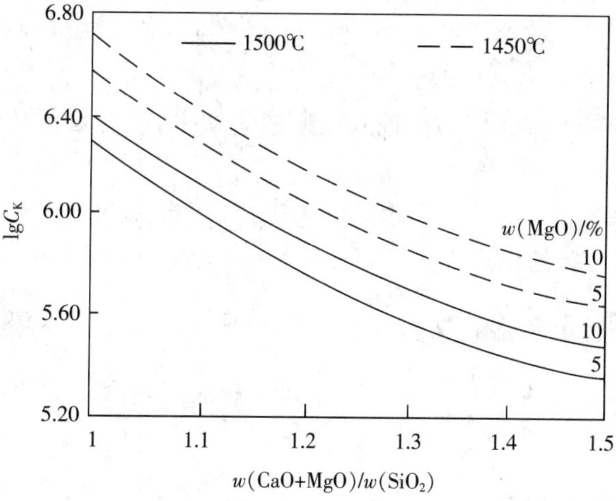


图 5-25　高炉渣的碱容量 $C_K$

在高炉下部渣一铁间进行了在上部来不及还原的 FeO 和不能单独为 $CO(H_2)$还原的较难还原的氧化物，它们通过炉渣成分的控制，决定了铁水的成分和元素的回收率。

由于这些直接还原反应中，参加的碳是铁液中的饱和碳，而炉缸中 $p_{CO}$ 基本不变，所以这些炉渣一金属液间反应进行的程度，或其分配常数($L_M$)主要决定于铁水中元素和熔渣中有关氧化物的活度和炉缸的温度。炉缸温度愈高，各元素还原进入铁水的量就愈多；炉渣的碱度提高，则碱性氧化物(MnO、VO、CrO)还原的量愈多，而酸性氧化物($SiO_2$、$P_2O_5$)还原的量就愈少。此外，P、Cu、Ni 的氧化物则全部被还原，不能控制其分配常数，只能限制其入炉的量。

# 5.7 高炉冶炼的脱硫反应

高炉脱硫是整个钢铁生产中最重要的脱硫环节，也是冶炼优质生铁的首要问题。

铁液中硫的主要来源：焦炭、矿石、熔剂，其中以焦炭带入的硫最多，占 60%～80%，而矿料带入的硫不超过 1/3。

硫在高炉中产生循环。装入的固体炉料在下行过程中，可从上行炉气中吸收硫，还原的铁熔化后进入高温区可出现部分气化脱硫；熔铁通过熔渣进入炉缸后出现熔渣脱硫是脱硫的主要过程。

一般来说，炉渣容纳总入炉硫的 85%，随炉气逸出小于 10%，生铁中小于 5%。高炉炉料中的硫负荷为 4～8kg/t 生铁。

铁水出炉后，如硫含量高于炼钢或浇注要求还需作炉外脱硫处理。

## 5.7.1 气-固相的脱硫反应

焦炭中的硫有 3 种存在形式：硫化物、硫酸盐、有机硫。相应的脱硫特点如下：

(1)有机硫在炉内高温区可挥发，达到风口前已有 5%～20%的硫被挥发掉，但这种挥发了的硫能为下降的炉料所吸收；

(2)无机硫(如 FeS、$CaSO_4$等)能进入还原的熔铁中，硫含量可达到 0.1%，但较难于转变为气态硫化物 $H_2S$、$CS_2$ 等；

(3)与 $SiO_2$作用形成 $SiS_{(g)}$ 去除。但反应生成的 $SiS_{(g)}$ 在上升中为滴落的铁水所吸收，因此高炉内气化脱硫的作用不大。

## 5.7.2 熔渣-铁液间的脱硫反应

铁液进入炉缸后硫含量 $w[S] < 0.1\%$，利用铁液与熔渣间的脱硫反应，通过控制熔渣组成可使硫达到规定的限度。

### 5.7.2.1 分子脱硫反应

从分子结构理论，脱硫反应可认为是下列反应的组合：

$$[FeS]=(FeS)$$

$$(FeS)+(CaO)=(CaS)+(FeO)$$

$$(FeO)=[FeO]$$

$$[FeS]+(CaO)=(CaS)+[FeO]$$

$$K_S=\frac{\gamma_S w(S) a_{[FeO]}}{a_S a_{CaO}}, L_S=\frac{w(S)}{w[S]}=K_S \times \frac{f_S}{\gamma_S} \times \frac{a_{CaO}}{a_{[FeO]}} \tag{5-20}$$

$Ls$ 为熔渣中和铁液中硫的平衡浓度之比，称为硫分配比，其值愈大熔渣的脱硫能力就愈强，类似于炉渣的硫容量。

根据式(5－20)，提高熔渣的碱度及降低铁液或熔渣的氧势可使 $L_S$ 变大。因此，脱硫必须在能消除渣中(FeO)或降低铁液氧势的条件下进行。高炉炉缸中存在的碳及 $SiO_2$、MnO 还原生成的硅及锰则有降低铁液中氧势的作用。

高炉炉缸中的脱硫实际上是按下列三个反应进行的：

$$[FeS]+(CaO)+C=(CaS)+CO+[Fe] \tag{Ⅰ}$$

$$[FeS]+(CaO)+1/2[Si]=(CaS)+1/2(SiO_2)+[Fe] \tag{Ⅱ}$$

$$[FeS]+(CaO)+[Mn]=(CaS)+(MnO)+[Fe] \tag{Ⅲ}$$

对反应(Ⅰ)

$$K_{S(Ⅰ)}=\frac{a_{CaS}p_{CO}}{f_{[S]}w[S]a_{CaO}}$$

$$L_S=\frac{w(S)}{w[S]}=K'_{S(Ⅰ)}\times f_S\frac{\gamma_{CaO}}{\gamma_{CaS}}\times\frac{w(CaO)}{p_{CO}} \tag{5-21}$$

对反应(Ⅱ) $K_{S-Si}=\left(\frac{a_{SiO_2}}{a_{Si}}\right)^{1/2}\cdot\frac{a_{CaS}}{a_{[S]}a_{CaO}}=K_{Si}^{1/2}K_S$

式中，$K_S$、$K_{Si}$ 分别为 $[S]+(CaO)=(CaS)+[O]$ 及 $[Si]+2[O]=(SiO_2)$ 反应的平衡常数。对于碳饱和铁水 $f_S$ 和 $f_{Si}$ 是已知的，$f_S=7$，$f_{Si}=15$，而 $\gamma_{CaO}$ 及 $\gamma_{CaS}$ 对于一定的碱度和 $w(Al_2O_3)$ 也是已知的，因此可将上式转变为

$$\lg\left\{\frac{w(S)}{w[S]}\cdot\left(\frac{w(SiO_2)}{w[Si]}\right)^{1/2}\right\}=\frac{9080}{T}-5.832+\lg w(CaO)+1.396R \tag{5-22}$$

对反应(Ⅲ)按以上相同处理，有

$$\lg\left\{\frac{w(S)}{w[S]}\cdot\frac{w(MnO)}{w[Mn]}\right\}=\frac{9080}{T}-5.832+\lg w(CaO) \tag{5-23}$$

式中，$R=[w(CaO)+w(MgO)/w(SiO_2)]$。

由上述各式可见，当渣中 $w(CaO)$ 变化不大时 $L_S$ 分别与 $L_{Si}^{1/2}$ 及 $L_{Mn}$ 成线性关系，由于 Si、Mn 及 C 的出现能降低脱硫反应的氧势，因此随着 $L_{Si}$ 及 $L_{Mn}$ 的增加，$L_S$ 也增大。所以炉缸有较高的还原条件是高炉具有很高脱硫能力的主要原因。

由于熔渣中 CaS 的活度难于测定，因此，实际应用时采用从生产数据求得硫分配的经验式。例如：

$$L_S=\frac{w(S)}{w[S]}=10.9w[Si]R+21.7R+1.8w[Si]-16.2 \tag{5-24}$$

上式中 $R=w(CaO)/w(SiO_2)$，它适用于炼钢生铁($w[Si]=0.5\%\sim1.1\%$，$w[Mn]=1.2\%\sim1.8\%$)的脱硫。

$$L_S=\frac{w(S)}{w[S]}=36.9w[Si]R-23.7w[Si]+6.7 \tag{5-25}$$

上式适用于铸造生铁($w[Mn]=0.5\%\sim0.8\%$)的脱硫。

5.7.2.2 离子脱硫反应

熔渣一金属液间的离子脱硫反应式是两相间离子交换的耦合电极反应，平衡常数 $K$ 和硫分配比 $L_S$ 表达式分别为

$$[S]+(O^{2-})=(S^{2-})+[O] \quad K_S=\frac{a_{S^{2-}}a_{[O]}}{a_{[S]}a_{O^{2-}}}$$

$$L_S=\frac{w(S)}{w[S]}=K_S\times\frac{a_{O^{2-}}}{\gamma_{S^{2-}}}\times\frac{f_S}{w[O]}=C_S\times\frac{f_S}{w[O]} \tag{5-26}$$

引入硫容量 $C_S=K_S\times(a_{O^{2-}}/\gamma_{S^{2-}})$（见第 3 章式(3-12)），则上式变为

$$L_S=\frac{w(S)}{w[S]}=C_S\times\frac{f_S}{w[O]}, \lg L_S=\lg C_S+\lg f_S-\lg w[O] \tag{5-27}$$

$\lg w[O]$分别由下列不同反应式得出：

$$C_{(石)}+[O]=CO \quad \lg w[O]=\frac{284}{T}-4.43+\lg p_{CO}$$

$$[Si]+2[O]=(SiO_2) \quad \lg w[O]=-\frac{15520}{T}+6+\frac{1}{2}\lg\frac{a_{SiO_2}}{a_{Si}}$$

$$[Mn]+[O]=(MnO) \quad \lg w[O]=-\frac{15050}{T}+6.7+\lg\frac{a_{MnO}}{a_{Mn}}$$

$$Fe_{(l)}+[O]=(FeO) \quad \lg w[O]=\frac{6320}{T}+2.7+\lg a_{FeO}$$

式(5-20)和式(5-26)得出影响熔渣脱硫的主要因素：

(1)温度。脱硫反应为吸热，温度提高有利于脱硫，特别是能获得碱度高的均匀性熔渣。

(2)炉渣的碱度。碱度提高能够提高炉渣的硫容量，从而提高 $L_S$，因为它能使 $a_{O^{2-}}$ 增大及 $\gamma_{S^{2-}}$ 减少，后者是由于引入的 $Ca^{2+}$ 及 $S^{2-}$ 形成了离子团，因此，碱度对脱硫有决定性的作用。高炉渣的碱度首先是根据脱硫的要求选定的，一般在 0.9～1.2。但过高的碱性会使炉渣的熔化性温度升高，粘度变大，这时为了发挥高碱度渣的脱硫作用，就会带来渣量大和焦比高，在经济和技术上都有不利的影响。

(3)金属熔体的组成。因为铁液中能存在提高硫活度系数的元素，就能促使硫向炉渣中转移，因而 $L_S$增大，C、Si、P 提高 $f_S$，Mn 降低 $f_S$，生铁中 $f_S=4\sim6$ 非常有利于脱硫。

(4)炉缸的氧势。由于铁液中 C、Si、Mn 的存在，熔渣中 $SiO_2$、MnO、FeO 的氧势很低，因而熔渣中(FeO)的含量或铁液中 $w[O]$量很低，推动脱硫反应正向进行，而使 $L_S$ 增大。

## 5.7.3 铁液的炉外脱硫

当高炉用的焦炭含硫量较高时炼出的生铁不符合炼钢的要求，或高炉采用了较酸性的渣操作以降低焦比及增加产量或排放碱金属熔渣时则不能充分脱硫。出炉铁水的含硫

量高，就需要炉外脱硫法，以进一步降低铁水的含硫量。近年来，随着炼钢技术的发展，要求进一步降低转炉入炉铁水的含硫量，以便减小石灰的用量及渣量，并使铁的收得率提高。因此，铁水的炉外脱硫或预处理(脱 P、S 及 Si)也就成为高炉冶炼不可缺少的一个辅助环节。

炉外脱硫的方法有机械搅拌法、铺散法、摇包法、喷粉法等。但一般多在炉外鱼雷车、铁水罐及出铁槽中进行，以减少处理费用。

铁水炉外脱硫反应进行的有利条件是铁水里的 Si、C、P 等元素的含量高，使铁水具有很高的 $f_S$ 及还原性，处理温度较低，设备寿命长，而且铁水成分的变化对最终产品的影响较小。

用于铁水炉外脱硫的脱硫剂有苏打、石灰粉、碳化钙、金属镁等及以石灰为主要成分的合成脱硫剂。另外，在炼钢阶段有时也用钙合金、稀土元素合金作钢液的炉外脱硫处理。几种常用脱硫剂的脱硫反应特点如下。

#### 5.7.3.1 苏打

苏打多用于铁水的脱硫。苏打的分解温度很高，它的分解沸腾温度约 2000℃，但加到铁水中时由于铁液中[C]的作用能在较低温度下分解：

$$Na_2CO_{3(S)}+[C]=Na_2O_{(S)}+2CO$$

$Na_2O$ 参加的脱硫反应为

$$Na_2O_{(S)}+[S]=Na_2S_{(S)}+[O]$$

形成的[O]能与铁水中[C]及[Si]反应，使脱硫反应可表示为

$$Na_2CO_3+[S]+2[C]=(Na_2S)+3CO$$

$$Na_2CO_3+[S]+2[Si]=(Na_2S)+(SiO_2)+CO$$

苏打脱硫具有以下优点：

(1)苏打可使生铁中的 $w[S]$从 0.1%下降到 0.008%，有很高的脱硫效率；

(2)苏打同时脱硫和脱磷作用：苏打一方面具有脱硫作用，同时能形成磷酸钠使磷保留于渣中，但由于脱硫与脱磷对氧势的要求相反，需要控制好同时满足两者反应进行的氧势才能达到此目的；

(3)提取有价金属元素。由于铁水中的 V、Nb 等有价金属元素的氧化物能与苏打分解的 $Na_2O$ 形成可溶于水的钠盐，因此利用苏打处理铁水还能从铁水中提取 V、Nb 等有价值元素。

苏打脱硫的主要缺点：生成的 $Na_2S$ 部分为空气氧化形成 $Na_2O$，而 $Na_2O$ 可被还原成气体 Na 与放出的 CO 在空气中燃烧产生大量烟雾，污染环境。

#### 5.7.3.2 石灰

石灰的脱硫反应为

$$CaO_{(S)}+[S]+[C]=CaS_{(S)}+CO \qquad (Ⅰ)$$

$$2CaO_{(s)}+[S]+1/2[Si]=CaS_{(s)}+1/2Ca_2SiO_{4(s)} \qquad (\text{II})$$

反应(Ⅰ)发生在含硅量很低的铁液中,实际上铁液中的 $w[Si]>0.05\%$就有硅参加脱硫反应,由于反应(Ⅱ)产物中含有硅酸钙而难于确定反应的硫浓度,故一般利用反应(Ⅰ)确定脱硫时铁液的平衡 $w[S]$。

石灰脱硫的不足之处:石灰脱硫时在固体石灰块表面生成的 CaS 是多孔质的,$S^{2-}$ 向其内的 CaO 表面扩散。但在有[Si]存在时,能在石灰块表面生成致密的硅酸钙壳层代替多孔的 CaS 层阻碍了 $S^{2-}$ 扩散,从而降低脱硫速率。为防止此种作用,可在石灰料中配加萤石粉,它能破坏硅酸钙壳层。

碳酸钙替代石灰脱硫的优势:

(1)利用碳酸钙部分取代石灰粉脱硫时,喷入的碳酸钙粉在铁水中受热分解,形成的 CaO 粉粒有很高的活性,脱硫能力很强,并且放出的 $CO_2$ 与铁水中[C]作用,形成的 CO 可在铁液表面燃烧,补偿热损失。

(2)碳酸钙或石灰的来源广,价格便宜,而且其脱硫能力不低,在 1350℃ 时铁液的 $w[S]$可达到 $10^{-3}\%$,能满足一般铁液的含硫量要求,所以是很有前途的脱硫剂。

#### 5.7.3.3 碳化钙

碳化钙的脱硫反应为

$$CaC_2+[S]=(CaS)+2[C] \quad \Delta G^0=-352794+106.7T \quad J/mol$$

式中[S]和[C]的标准态分别是 $w[i]=1\%$溶液及纯石墨。在 $CaC_2$ 表面形成的 CaS 可溶解于 $CaC_2$ 中,形成互溶体,$S^{2-}$ 可在其内部扩散。

碳化钙脱硫的优势:$CaC_2$ 脱硫能力很强,1350℃ 时的理论平衡 $w[S]=10^{-8}\%\sim10^{-7}\%$。但实际上由于反应难以达到平衡,一般只能达到 $w[S]=0.001\%$。

碳化钙脱硫的缺点:$CaC_2$ 价格昂贵,极易吸水,生成 $C_2H_2$ 发生爆炸。

#### 5.7.3.4 金属镁

金属镁的脱硫反应为

$$Mg_{(g)}+[S]=MgS_{(s)} \quad \Delta G^0=-404680+169.62T \quad J/mol$$

镁在铁液中呈蒸气状,使反应区附近的铁液具有良好的搅拌作用,它的脱硫能力很高。例如,铁液内吹入 1.8～3.6kg/t 镁粉时,铁液的 $w[S]$可达到 $0.005\%\sim0.015\%$(平衡时 $w[S]=10^{-5}\%$)。使用的镁有镁焦及包盐镁粒($w(Mg)=88\%\sim92\%$,$w(NaCl)=8\%\sim12\%$)。

**【例 5－10】**

铁液成分为 $w[C]=4.0\%$,$w[Si]=0.6\%$,$w[Mn]=0.5\%$,$w[P]=0.2\%$及 $w[S]=0.04\%$,温度为 1350℃,分别用 $CaC_2$ 和镁做脱硫剂,试求铁水的平衡硫浓度。

**题意分析** 分别用 $CaC_2$ 和镁作脱硫剂求铁水的平衡硫浓度,需分别计算。只需求出 $K_S$ 及 $f_S$ 再利用 $K_S=\dfrac{1}{f_S w[S]}$ 得出结果。

**解** 第一步，用 $CaC_2$ 作脱硫剂计算

$$CaC_{2(S)}+[S]=CaS_{(S)}+2[C] \qquad K_S=\frac{1}{f_S w[S]}$$

故 $w[S]=\frac{1}{K_S f_S}$，由于碳是饱和浓度，式中 $a_C=1$。

$$\lg K_S=\frac{352794}{19.147\times1623}-\frac{106.7}{19.147}=5.78, K_S=6.03\times10^5$$

$$\begin{aligned}\lg f_S&=e_S^S w[S]+e_S^C w[C]+e_S^{Si} w[Si]+e_S^{Mn} w[Mn]+e_S^P w[P]\\&=-0.028\times0.04+0.110\times4.0+0.063\times0.6-0.026\times0.5+0.029\times0.20\\&=0.471\end{aligned}$$

$f_S=2.96$

式中右边第一项的值很小，舍去，这里各 $e_S^j$ 仍取 1600℃ 的值，于是

$$w[S]=1/(6.03\times10^5\times2.96)=5.6\times10^{-7}\%$$

第二步：用镁作脱硫剂计算

$$Mg_{(g)}+[S]=MgS_{(S)} \qquad K_S=\frac{1}{f_S w[S]}$$

故 $w[S]=\frac{1}{K_S f_S}$，式中 $p_{Mg(g)}=1$，$\lg K_S=\frac{404680}{19.147\times1623}-\frac{169.62}{19.147}=4.164$，$K_S=1.46\times10^4$

$$w[S]=1/(1.46\times10^4\times2.96)=2.3\times10^{-5}\%。$$

#### 5.7.3.5 锰对脱硫的影响

含锰量较高的铁液在温度下降时，其锰硫溶度积 $w[Mn]\cdot w[S]=K$ 亦下降，使 $w[S]$ 减小。对于反应 $[Mn]+[S]=MnS_{(S)}$ 有

$t<1530℃ \qquad \lg(w[Mn]\cdot w[S])=-9260/T+4.91 \quad J/mol$

$t>1530℃ \qquad \lg(w[Mn]\cdot w[S])=-7880/T+4.16 \quad J/mol$

铁液高于一定温度时[Mn]和[S]将反应形成 $MnS_{(S)}$ 而排出，从而使铁液的含硫量降低。所以含锰量高的铁液出炉后，其合硫量有所降低。

**【例 5－11】**

试求成分为 $w[Mn]=1\%$ 和 $w[S]=0.07\%$ 的生铁液，温度下降到 1250℃ 时硫的浓度。

**题意分析** 要求温度下降到 1250℃ 硫的浓度，可先求出该温度下的锰硫浓度积，根据锰脱硫形成 MnS(S)的相应关系，列出关系式得到除去的 $w[S]$，最后求余下的 $w[S]$。

**解** 第一步，求出 1250℃ 时锰硫溶度积

$$\lg(w[Mn]\cdot w[S])=-9260/T+4.91=-9260/1523+4.91=-1.170$$

$$w[Mn]\cdot w[S]=0.068$$

第二步，求得对应脱除的 $w[S]$，继而求得剩余 $w[S]$

铁液中的 $w[Mn]\cdot w[S]>0.068$，故锰有脱硫作用，设在此温度时，铁液因 $MnS_{(S)}$ 形成除去的 $w[S]=x\%$，而相应除去的 $w[Mn]$ 则为 $55x/32=1.72x\%$，在此时锰硫积应为

$$(1-1.72x)(0.07-x)=0.068$$

得 $x=0.0015\%$，而铁液的平衡 $w[S]=0.07\%-0.0015\%=0.0685\%$。

## 思考和练习题

5-1　测得不同温度下反应 $FeO+CO=Fe_{(S)}+CO_2$ 的平衡常数值见表 5-4 所列。请用作图法及回归分析法求反应的平衡常数及 $\Delta G^0$ 的温度关系式。

表 5-4　反应平衡常数的测定值

| $t$/℃ | 1038 | 1092 | 1177 | 1224 | 1303 |
|---|---|---|---|---|---|
| $K$ | 0.377 | 0.357 | 0.331 | 0.315 | 0.297 |

5-2　利用氧势图求 $Fe_2O_{3(S)}$ 在大气中分解的开始温度与沸腾温度。

5-3　计算高炉中炉气的 $\varphi(CO_2)=16\%$ 区域内，总压为 126.66kPa 时石灰石分解的开始温度与沸腾温度？

5-4　把 $5\times10^{-4}$ kg 的碳酸钙放在体积为 $1.5\times10^{-3}$ m³ 的真空容器内，加热到 800℃，能有多少 kg 的碳酸钙未能分解而残留下来？

5-5　用空气/水汽＝3（体积比）的混合气体去燃烧固体碳。试计算总压为 101.3kPa，温度为 927℃时煤气的组成。

5-6　将 0.1mol $Fe_3O_4$ 和 0.5mol 的固体碳放入体积为 $3.0\times10^{-3}$ m³ 的真空反应器内，抽去空气后加热到 700℃进行还原反应：$Fe_3O_4+4C=3Fe+4CO$。

求(1)气相组成；(2)反应器内总压力；(3)反应器内未反应残留总碳量。

5-7　反应管内装有 $Fe_xO$ 球团，向其中通入组成为 $\varphi(H_2)=52\%$、$\varphi(CO)=32\%$、$\varphi(H_2O)=8\%$ 及 $\varphi(CO_2)=8\%$ 的还原气体进行还原，温度为 1105K，总压为 101.325kPa，试求反应管放出的气体的成分。

5-8　铝真空下还原氧化钙，其反应为

$$6CaO_{(S)}+2Al_{(S)}=3Ca_{(g)}+3CaO\cdot Al_2O_{3(S)},\Delta G^0=659984-288.75T$$

(1)如使反应能在 1200℃进行，需要多大的真空度？(2)如采用 1.33Pa 真空度，求 CaO 为 Al 还原的开始温度。(3)如在同样的真空度(1.33Pa)下，将 CaO 的用量减少一半，试估计复杂化合物的形成对还原的作用，此时的反应为：

$$3CaO_{(S)}+2Al_{(S)}=3Ca_{(g)}+Al_2O_{3(S)},\Delta G^0=703270-261.94T\quad J/mol$$

5-9　在高炉内冶炼钒钛磁铁矿石时，生铁的成分为 $w[Ti]=0.189\%$，$w[Si]=0.165\%$，$w[V]=0.4205\%$，$w[Mn]=0.30\%$，$w[P]=0.155\%$，$w[S]=0.0569\%$，$w[C]$

$=4.24\%$。熔渣成分为 $w(TiO_2)=25.53\%$，$w(SiO_2)=24.89\%$，$w(CaO)=25.98\%$，$w(MgO)=7.60\%$，$w(Al_2O_3)=15.00\%$，$w(V_2O_5)=0.27\%$，试计算熔渣中 $TiO_2$ 为碳还原的开始温度（$\gamma_{TiO_2}=0.6$，炉缸压力 $2.4\times10^5$ Pa）。

5-10　试求高炉内 1350℃时与 $TiC_{(S)}$ 及碳平衡的铁水中钛的溶解度。已知：$[Ti]+[C]=TiC_{(S)}$，$\Delta G^0=-153635+57.53T$，铁水中 $w[C]=4.3\%$，其余组分的浓度小于 1%，可以不考虑它们对 Ti 的活度影响。

5-11　$SiO_2$ 为碳还原生成的硅溶解于金属铁液中，$w[Si]=20\%$，$f_{Si}=0.333$。试求 $SiO_2$ 开始还原的温度。

5-12　$H_2$ 还原 $WO_3$ 的还原反应为：$WO_{3(S)}+3H_2=W_{(S)}+3H_2O_{(g)}$，试计算 1500K 时反应的平衡常数及 $H_2$ 的浓度。

5-13　试求气相成分为 $\varphi(CO)=60\%$，$\varphi(CO_2)=40\%$，$p_{总}=101.3$kPa，FeO 的还原开始温度。

5-14　在铝热法中，将铝粉和 $Fe_2O_3$ 粉按化学计量数混合 $2Al_{(l)}+Fe_2O_{3(S)}=Al_2O_{3(S)}+2Fe_{(l)}$，为使反应产物的温度达到 2000K，需加入多少铁屑以调节温度？

（已知铁的 $H^0(2000K)-H^0(298K)=82.68$kJ/mol，$Al_2O_3$ 的 $H^0(2000K)-H^0(298K)=206.69$kJ/mol。）

5-15　试计算成分为 $w(CaO)=40.36\%$，$w(SiO_2)=36.24\%$，$w(Al_2O_3)=16.38\%$，$w(MgO)=7.02\%$ 的高炉渣中的 $SiO_2$ 为碳还原时，铁液中 Si 的平衡浓度（温度 1600℃时炉内 CO 分压为 $1.73\times10^5$ Pa）。

5-16　计算组成为 $w(SiO_2)=37.5\%$，$w(CaO)=42.5\%$，$w(Al_2O_3)=10.0\%$，$w(MgO)=10.0\%$ 的高炉炉渣，在 1500℃及 $p'=1.3\times10^5$ Pa 时，与铁液中（$w[Si]=0.6\%$、$w[C]=4.55\%$、$w[Mn]=0.8\%$）间硫的分配比 $L_S$。

5-17　向温度为 1500℃，$w[C]=5.1\%$（饱和）的铁水中加入 $CaC_2$ 作炉外脱硫处理，试求脱硫后铁水的最低含硫量（已知：$CaC_{2(S)}+[S]=CaS_{(S)}+2[C]$，$\triangle G^0=-352794+106.7T$　J/mol。[C]的标准态为石墨，[S]的标准态为 $w[S]=1\%$ 溶液）。

5-18　将石灰加入到温度为 1500℃，组成为 $w[C]=5.1\%$（饱和），$w[S]=0.08\%$，$w[Mn]=0.5\%$，$w[P]=0.1\%$ 的铁水中进行炉外脱硫，试求铁水最后的 $w[S]$。

（已知脱硫反应：$CaO_{(S)}+[S]+[C]=CaS_{(S)}+CO$，$\triangle G^0=157410-113.92T$　J/mol。）

# 第 6 章　火法精炼反应

**[本章导读]**

火法精炼是金属熔体去除杂质的重要途径，本章基于冶金热力学基本原理，主要介绍火法熔炼反应过程的元素氧化热力学，钢液主要元素的氧化反应和脱碳反应、脱磷反应、脱硫反应和脱氧反应，以及硫化精炼、熔析和凝析精炼等。

**[知识目标]**

通过本章学习，掌握火法熔炼反应的基本理论，重点掌握氧化精炼过程的脱碳反应、脱磷反应、脱硫反应和脱氧反应，了解硫化精炼和熔析精炼的基本知识。

**[能力目标]**

能够利用火法精炼反应的基本原理分析金属熔炼反应，特别是钢液的脱碳、脱硫、脱磷和脱氧反应。

**[重点难点]**

本章重点是氧化熔炼过程的脱碳反应、脱磷反应、脱硫反应和脱氧反应；难点是脱磷反应过程和脱氧反应过程的计算。

第五章还原熔炼反应介绍如何从矿石还原获得粗金属，而粗金属还需要通过进一步精炼，使其中过多的超过终产品金属允许含量的元素及杂质分离除去才能成为最终产品，这类反应大多在高温熔体中进行，称为火法精炼。

火法精炼的目的主要有三点：

(1)除去有害杂质，生产具有一定纯度的金属，因为杂质含量超过一定限度时，其物理、化学、机械性能发生变化；

(2)生产含有规定量合金元素的金属，使其具有一定的物理、化学和机械性能，如合金钢的生产；

(3)回收具有很高经济价值的稀贵金属“杂质”，例如：回收粗铅、粗铜中的金、银及其他稀贵金属。

火法精炼的基本原理就是利用主金属与杂质的物理和化学性质的差异，将杂质富集于新相中——形成与主金属不同的新相；或者将主金属全部转移至新相，而使杂质残留下来。

根据金属体系不同，火法精炼的基本步骤主要有两种：对于均匀的粗金属体系，采用化学或物理方法将其转变为多相体系（一般为二相）；对于多相体系分离，则采用物理方法直接将主体金属与杂质分离。各类火法精炼方法见表6-1所列。

**表6-1 化学法火法精炼在冶金中主要应用**

| 精炼方法 | 粗金属 | 主要杂质 | 典型反应 |
|---|---|---|---|
| 氧化精炼 | 生铁 | 碳及有害杂质 | $[A]+n[O]=(AO_n)$<br>$[A]+n(FeO)=(AO_n)+nFe_{(l)}$<br>$[C]+[O]=CO_{(g)}$ |
| | 粗铜 | 铁、硫、锡、砷、锑 | $[Fe]+[O]=FeO_{(S)}$<br>$[Fe]+[Cu_2O]=FeO_{(S)}+2Cu_{(l)}$<br>$[S]+2[O]=SO_{2(g)}$ |
| | 粗铅 | 锡、砷、锑 | $[A]+n[O]=(AO_n)$<br>$[A]+n(PbO)=(AO_n)+nPb_{(l)}$ |
| | 粗铋 | 砷、锑、碲 | $[A]+n[O]=(AO_n)$<br>$3[A]+n(Bi_2O_3)=3(AO_n)+2nBi_{(l)}$ |
| | 粗锑 | 砷 | $2[As]+2.5O_2+3Na_2CO_3=2(Na_3AsO_4)+3CO_2$ |
| 硫化精炼 | 粗锑 | 铜、铁 | $3[A]+[Sb_2S_3]=3AS_{(S)}+2Sb_{(l)}$ |
| | 粗铅 | 铜、铁 | $[A]+[PbS]=AS_{(S)}+Pb_{(l)}$ |
| | 粗锡 | 铜、铁 | $[A]+[SnS]=AS_{(S)}+Sn_{(l)}$ |
| 加锌除银 | 粗铅 | 银 | $2[Ag]+3[Zn]=Ag_2Zn_{3(S)}$ |
| 加 CaO、$CaC_2$ 脱硫 | 生铁 | 硫 | $CaO_{(S)}+[S]=CaS_{(S)}+[O]$ |

化学法是基于杂质与主金属化学性质的不同，加入某种反应剂使之形成某种难溶于金属的化合物析出或造渣。

物理法是基于在两相平衡时杂质和主金属在两相间分配比的不同。利用粗金属凝固或熔化过程中，粗金属中的杂质和主金属在液一固两相间分配比的不同，将杂质元素分离去除，如熔析精炼、区域精炼(区域熔炼)。或利用杂质和主金属蒸气压的不同，因而粗金属蒸发过程中，其易蒸发的组分将主要进入气相，与难蒸发组分分离，如蒸馏精炼、升华精炼。

## 6.1 氧化熔炼反应的物理化学原理

采用氧化方法去除高温熔体中多余元素或杂质的方法称为氧化熔炼。炼钢生产是典型的氧化熔炼，该工艺以生铁(包括直接还原的海绵铁、废钢)为主要原料，需要除去的元素和杂质可分为3类：

(1)在高炉中被过多还原的元素，如Si、Mn及溶解的C；

(2)有害于产品性能的杂质，如P、S及气体(H、N)；

(3)在氧化过程中，由氧化作用引入的氧及其伴生的夹杂物。

因此，炼钢过程的主要反应是元素(Si、Mn、C、P)的氧化、脱硫、去气体(H、N)，脱氧及调整钢液的成分(合金化)，最后把化学成分合格的钢液浇铸成钢锭或连铸坯，便于轧制成材。

这些被除去的元素，按其排除形态的不同，又可分为两类：

(1)能够形成凝聚态的化合物，其形成的化合物能进入熔渣中，而且这种元素能够以不同的结构形态共存于熔渣-金属液间，可以由反应的平衡常数导出的分配常数来讨论反应的热力学条件，并计算出反应终点金属液中元素的残存浓度；

(2)能够形成气态的氧化物，如CO，很容易排除，特别是较低的气压(真空)能促进反应的进行。如碳的氧化不仅能除去多余的碳量，而且在炼钢中有很大的积极作用，能促进熔池的传热和传质，加速钢一渣的界面反应，并能排除溶解的气体。

火法精炼在金属熔体精炼方面主要用于氧化法炼钢、元素金属氧化除杂、熔析精炼等。现在常见的炼钢方法主要有两种：

(1)以高炉铁水或铁浴熔融还原铁水为主要原料的氧气炼钢法。在氧气炼钢法中，按照氧气吹入转炉内方式的不同，分别有顶吹氧气转炉炼钢、底吹转炉炼钢及顶底复合吹炼炼钢。

(2)以废钢为主要原料的电弧炉炼钢法。在电弧炉炼钢中，氧化精炼时，也大多采用了吹氧法。

在各种炼钢工艺中，虽然炼钢的方法和操作存在不同程度上的区别，但是钢一渣间平衡的基本原理却是相同的。而且使用纯氧精炼也不会改变炼钢过程的基本反应及其平衡状态，仅仅发生反应动力学上的变化。由于熔池内出现了强烈的搅拌，促使气一金属一熔渣体系趋近于平衡状态，这就使热力学的平衡计算在炼钢中有重大的意义。

### 6.1.1 熔池中氧化剂的种类及反应方式

用于氧化熔炼的氧化剂是氧、空气、含氧的气体及铁矿石，不同生产工艺采用不同的氧化剂。例如，氧气转炉炼钢是从氧枪或喷嘴吹入的氧气，电炉炼钢则是吸入炉内的少量空气，废钢带入的铁锈和装入的铁矿石以及吹入的氧气。

当气体氧与金属液面接触时，会发生如下氧化反应

$$2[M]+O_2=2(MO) \tag{Ⅰ}$$

$$2Fe_{(l)}+O_2=2(FeO) \tag{Ⅱ}$$

这种氧化反应称为直接氧化反应。即使溶解元素[M]与氧有较大的亲和力，但 $Fe_{(l)}$ 的氧化仍占极大的优势。因为熔池表面铁原子数远比被氧化元素的原子数多，所以在与气体氧接触的铁液面上，瞬时即有氧化铁膜形成，再将易氧化的元素氧化形成的氧化物和熔剂结合成熔渣层。在氧化性气体的作用下，这种渣层内的 FeO 又被氧化形成 $Fe_2O_3$，向渣-金属液界面扩散，在此，$Fe_2O_3$ 还原成 FeO。这样形成的 FeO 一方面作为氧化剂去氧化从金属熔池中扩散到渣-金属液界面上的元素：

$$[M]+(FeO)=(MO)+[Fe] \tag{Ⅲ}$$

另一方面又按分配定律以溶解氧原子的形式[O]进入钢液中去氧化其内的元素：

$$(FeO)=(O)+[Fe] \tag{Ⅳ}$$

$$x[M]+y[O]=(M_xO_y) \quad 或 \quad [M]+[O]=(MO) \tag{Ⅴ}$$

反应(Ⅲ)和(Ⅴ)称为间接氧化反应。

因此，熔池中作为氧化剂的氧有 3 种形式：气体氧 $O_2$、熔渣中的 FeO 及溶解于金属液中的氧[O]，分别有 3 种氧化反应类型(Ⅰ)、(Ⅲ)、(Ⅴ)。而反应(Ⅲ)是反应(Ⅳ)和(Ⅴ)的组合。反应(Ⅰ)是分析氧质量平衡及能量平衡的物量基础，而反应(Ⅲ)及(Ⅴ)则是熔池中元素反应热力学的条件及平衡计算的基础，因为金属液中残存元素[M]不是与 $O_2$，而是与(FeO)或[O]保持平衡的。

与熔渣接触的金属液中，溶解的最大氧量决定于熔渣的氧化能力。按分配定律，可由渣中(FeO)的活度确定：$w[O]=L_O a_{FeO}$。因此，为强化元素的氧化，渣中应保持有足够量的氧化铁，并使其有较高的活度。这可向渣中直接加入铁矿石(电弧炉炼钢法)，更有效的是直接向熔池吹入氧气。

### 6.1.2 溶解元素氧化反应的氧势图

元素溶解在金属熔体中，其标准溶解吉布斯自由能的大小决定其参与氧化反应的能力。与溶解过程有关的反应有

$$\frac{2x}{y}M_{(S)}+O_2=\frac{2}{y}M_xO_{y(S)} \qquad \Delta_rG_m^0(M_xO_{y,S}) \tag{Ⅰ}$$

$$\frac{2x}{y}M_{(S)}+2(FeO)=\frac{2}{y}M_xO_{y(S)}+2[Fe] \qquad \Delta_rG_m^0(M_xO_{y,S})-\Delta_rG_m^0(FeO) \tag{Ⅱ}$$

$$\frac{2x}{y}M_{(S)}=\frac{2x}{y}[M] \qquad \Delta G^0(M) \tag{Ⅲ}$$

$$O_2=2[O] \qquad \Delta G^0(O) \tag{Ⅳ}$$

$$FeO_{(S)}=(FeO) \qquad \Delta G^0(FeO) \tag{Ⅴ}$$

利用上述反应及其标准吉布斯自由能变化的相应组合，可得出直接氧化和间接氧化反应的 $\Delta_r G_m^0$。

$$\frac{2x}{y}[M]+2[O]=\frac{2}{y}M_xO_{y(S)}$$

$$\Delta_r G^0_{m(6-1)}=\Delta_r G^0_m(M_xO_{y,S})-[\Delta G^0(M)+\Delta G^0(O)] \tag{6-1}$$

$$\frac{2x}{y}[M]+O_2=\frac{2}{y}M_xO_{y(S)} \qquad \Delta_r G^0_{m(6-2)}=\Delta_r G^0_m(M_xO_{y,S})-\Delta G^0(M) \tag{6-2}$$

$$\frac{2x}{y}[M]+2(FeO)=\frac{2}{y}M_xO_{y(S)}+2[Fe]$$

$$\Delta_r G^0_{m(6-3)}=\Delta_r G^0_m(M_xO_{y,S})-\Delta G^0(FeO)-\Delta G^0(M) \tag{6-3}$$

上列反应中，[M]及[O]的标准态是 $w[B]=1\%$溶液，而$(M_xO_y)$及(FeO)是纯物质。各物质的 $\Delta G_B^0$ 为包含所有物质的化学计量数在内的值。

由于 $\pi_{O(M_xO_y)}=\Delta_r G_m^0$，可以利用上述各关系式作出铁液中三种氧化反应的氧势图。图 6-1 为铁液中元素间接氧化(式(6-1))的氧势图或 $\Delta_r G_m^0-T$ 图。

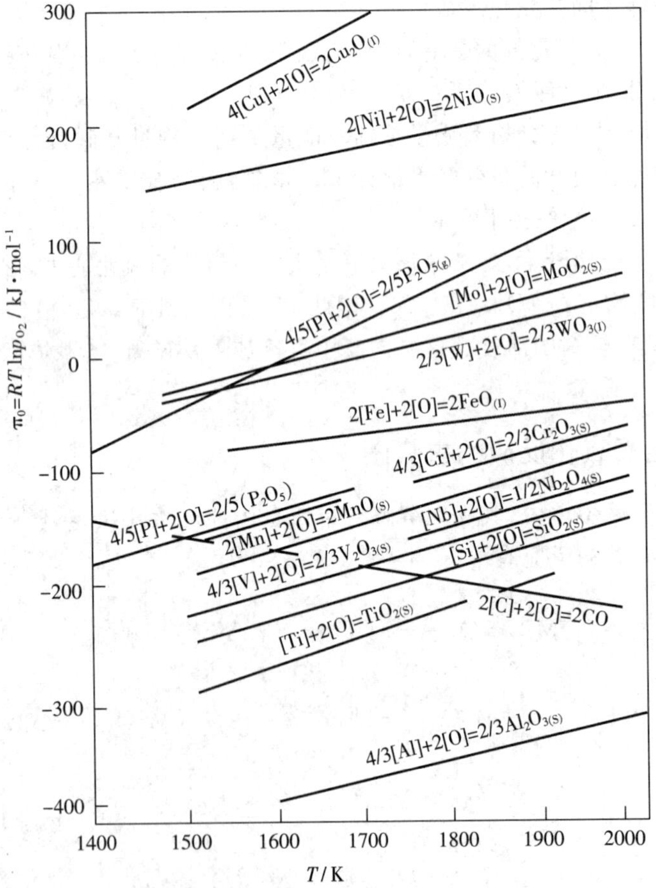


图 6-1 铁液元素间接氧化的氧势图

图中每条直线表示铁液中元素与氧在标准状态下氧化反应的氧势和温度的关系。利用此图可以确定标准状态下，熔池中元素氧化形成氧化物的稳定性或氧化性的顺序。图中氧势线的位置越低，元素氧化物越稳定，对应的元素越容易氧化。

炼钢熔池内 FeO 是主要氧化剂，所以比较(FeO)和($M_xO_y$)氧势线的相对位置就可确定元素在不同温度下氧化的热力学特性。类似于第 4 章的氧势图，按照各元素氧势图上的位置可以将它们分为 3 大类：

(1)不能被氧化的元素。在 FeO 氧势线以上的元素基本不能氧化，因为 $\pi_{O(FeO)} < \pi_{O(MO)}$，如 Cu、Ni、Pb、Sn、Mo 等。因此，如果它们不是冶炼钢种的合金元素，则应在选配原料中加以剔除。相反，如果它们是所炼钢种的合金元素，则可允许在炉料中存在。

(2)可以氧化的元素。在 FeO 氧势线以下的元素均可氧化，因为 $\pi_{O(FeO)} > \pi_{O(MO)}$，但氧化难易的程度有所不同，并随着冶炼条件的不同而有变化。C、P 可大量氧化，Cr、Mn、V 等氧化的程度随冶炼条件而定，Si、Ti、Al 等基本上能完全氧化。因此，后列元素能作为钢液的脱氧剂。

(3)可改变氧化能力的元素。和第 4 章的氧势图(图 4－4)相似，溶解碳氧化的氧势线和所有其他元素氧化的氧势线有相反的走向，因此两者必有交点。在交点的温度以下，$\pi_{O(CO)} > \pi_{O(MO)}$，C 不能氧化，而其他元素如 Si、Mn、Cr 等可以氧化；在交点的温度以上，$\pi_{O(CO)} < \pi_{O(MO)}$，C 才大量氧化，而其他元素的氧化受到抑制。这个交点温度是标准状态下，元素选择性氧化的转化温度，它也是某元素与 C 的氧化顺序转变的温度，或熔池中 C 开始氧化的温度。

体系中同时出现了 $M_xO_y$ 和 CO 形成的反应，按耦合反应原理，可得下列反应：

$$\frac{2}{y}(M_xO_y)+2[C]=\frac{2x}{y}[M]+2CO$$

利用以上反应的 $\Delta_rG_m^0$ 和 $\Delta_rG_m$(等温方程)可分别得出反应在标准状态和非标准状态下的转化温度 $T_{转}$。

**【例 6－1】**

根据 C、Cr 的标准溶解吉布斯自由能变化，试求标准状态下铁液中溶解铬与碳选择性氧化的转化温度。

**题意分析** 求解铁液中溶解的 Cr 与 C 的选择性氧化转化温度，需要根据 C、Cr 的标准溶解吉布斯自由能变化求得铁液中溶解的[C]、[Cr]选择性氧化的耦合反应的标准吉布斯自由能变化。

**解** 第一步：求铁液中溶解的[C]、[Cr]选择性氧化的耦合反应的标准吉布斯自由能变化

根据标准状态下的 C、Cr 选择性氧化反应及 C、Cr 的标准溶解吉布斯自由能变化

$$Cr_2O_{3(S)}+3C_{(石)}=2Cr_{(S)}+3CO \qquad \Delta_rG_m^0=766940-504.63T \quad J/mol$$

$$2C_{(石)}=3[C] \qquad \Delta_rG_m^0=67770-126.78T \quad J/mol$$

$$2Cr_{(S)}=2[Cr] \qquad \Delta_rG_m^0=38500-93.72T \quad J/mol$$

得到

$$(Cr_2O_3)+3[C]=2[Cr]+3CO \qquad \Delta_r G_m^0=737670-471.57T \quad J/mol$$

第二步：计算选择性氧化反应的转化温度

$$\Delta_r G_m^0=0，转化温度\ T_{转}=737670/471.57=1564K$$

查氧势图（图 6－1）可得 $Cr_2O_3$ 和 CO 两氧势线的交点温度为 1525K，理论计算值与查图值是吻合的，因此，在标准状态下，当温度为 1525～1564K 以上时，C 就能抑制 Cr 的氧化，即 C 可以还原氧化铬。

**【例 6－2】**

用氧气吹炼成分为 $w[Si]=0.8\%$，$w[C]=4.5\%$ 的铁水，生成的熔渣成分为 $w(SiO_2)=30\%$，$w(CaO)=55\%$，$w(FeO)=15\%$，与熔池接触的气压为 101.3kPa。试求碳开始氧化的温度。

**题意分析** 已知铁水中的[C]、[Si]和熔渣成分，要求铁水中 C 开始氧化的温度，实际是求非标准状态下[C]、[Si]的选择性氧化转化温度。因此需要求出[C]、[Si]选择性氧化反应的标准吉布斯自由能变化，以及[C]、[Si]的活度和渣中 $SiO_2$ 的活度。

**解** 第一步：求出[C]、[Si]选择性氧化反应的标准吉布斯自由能变化

根据相关反应的 $\Delta_r G_m^0$

$$SiO_{2(S)}+2C_{(gr.)}=Si_{(l)}+2CO \qquad \Delta_r G_1^0=717500-369.18T \quad J/mol$$

$$Si_{(l)}=[Si] \qquad \Delta_r G_2^0=-131500-17.61T \quad J/mol$$

$$3C_{(gr.)}=2[C] \qquad \Delta_r G_3^0=45180-84.52T \quad J/mol$$

$$SiO_{2(S)}=(SiO_2) \qquad \Delta_r G_4^0=9600-4.81T \quad J/mol$$

得到

$$(SiO_2)+2[C]=[Si]+2CO \qquad \Delta_r G_m^0=531220-297.46T \quad J/mol$$

故 $\Delta_r G_m=531220-297.46T+8.314T\ln\dfrac{a_{Si}p_{CO}^2}{a_{SiO_2}a_C}$

第二步：分别求铁水中 C、Si 的活度 $a_C$ 及 $a_{Si}$

$a_C=f_C w[C]$

$\lg f_C=e_C^C w[C]+e_C^{Si}w[Si]=0.14\times4.5+0.08\times0.8=0.694$

$f_C=4.943$，$a_C=4.943\times4.5=22.244$

$a_{Si}=f_{Si}w[Si]$

$\lg f_{Si}=e_{Si}^{Si}w[Si]+e_{Si}^{C}w[C]=0.11\times0.8+0.18\times4.5=0.898$

$f_{Si}=7.906$，$a_{Si}=7.906\times0.8=6.325$

第三步：求渣中 $SiO_2$ 的活度 $a_{SiO_2}$

$a_{SiO_2}=\gamma_{SiO_2}x(SiO_2)$

将熔渣中各成分的质量分数换算成物质的量分数 $x(SiO_2)=0.31$，$x(CaO)=0.57$，$x(FeO)=0.12$。由第 3 章图 3－28 得出：$\lg\gamma_{SiO_2}=-1.12$，故 $\gamma_{SiO_2}=7.5\times10^{-2}$，$a_{SiO_2}=7.5\times10^{-2}\times0.31=2.3\times10^{-2}$。

第四步：求解转化温度

$$\Delta_r G_m = 531220 - 297.46T + 8.314T\ln\frac{6.325\times 1}{22.244^2\times 2.3\times 10^{-2}}$$

$$= 531220 - 302.33T \quad \text{J/mol}$$

当 $\Delta_r G_m = 0$ 时，可计算得到转化温度 $T_{转} = 531220/302.33 = 1757\text{K}$，即温度升高到1757K（1484℃）时，碳开始氧化。

---

在三种氧化剂的氧化反应中，由于直接氧化反应的 $\Delta_r G_m^0$ 或氧势最低，所以直接氧化更容易进行，所以吹氧时元素氧化的强度最大。比较[Si]在三种氧化剂作用下的 $\Delta_r G_m^0$ 可以明显看出直接反应的氧化反应能力最强。

$$[\text{Si}] + 2(\text{FeO}) = \text{SiO}_{2(\text{S})} + 2\text{Fe} \qquad \Delta_r G_m^0 = -386769 + 202.30T \quad \text{J/mol}$$

$$[\text{Si}] + 2[\text{O}] = \text{SiO}_{2(\text{S})} \qquad \Delta_r G_m^0 = -594285 + 229.76T \quad \text{J/mol}$$

$$[\text{Si}] + \text{O}_2 = \text{SiO}_{2(\text{S})} \qquad \Delta_r G_m^0 = -824700 + 219.42T \quad \text{J/mol}$$

$$\text{Si}_{(\text{S})} + \text{O}_2 = \text{SiO}_{2(\text{S})} \qquad \Delta_r G_m^0 = -907100 + 175.73T \quad \text{J/mol}$$

当熔池中多种元素共存时，一般是形成氧化物（MO）氧势（或 $\Delta_r G_m^0$）最小的元素首先氧化，而其氧化强度随温度的升高而减弱。元素氧化的顺序还将受活度变化的影响。因为

$$p_{\text{O}_2(\text{MO})} = \frac{a_{\text{MO}}^2}{K\cdot a_{\text{M}}^2}, \qquad \pi_{\text{O}(\text{MO})} = RT\ln p_{\text{O}_2} = \Delta_r G_m^0 + 2RT\ln a_{\text{MO}} - 2RT\ln a_{\text{M}}$$

所以元素的浓度（活度）相同时，氧势较小的先氧化或强烈氧化，而元素浓度（活度）不相同时，浓度（活度）高的其氧势较小，最先氧化。另外，若形成的氧化物成凝聚相，在熔渣中溶解，其活度降低，使其氧势减小，也有利于元素的氧化。如果形成的氧化物是纯固相，在渣中也不溶解，而且覆盖在熔池表面，则会阻碍元素的氧化。

氧化反应达到平衡时，所有元素氧化物的氧势相等，故有下列关系存在：

$$p_{\text{O}_2}^{1/2} = \frac{a_{\text{M}_1\text{O}}}{K_1 a_{\text{M}_1}} = \frac{a_{\text{M}_2\text{O}}}{K_2 a_{\text{M}_2}} = \cdots = \frac{a_{\text{FeO}}}{K_{\text{Fe}} a_{\text{Fe}}}$$

因此，$K$ 值大的元素，其分配常数（$a_{\text{MO}}/a_{\text{M}}$）亦大，而元素氧化达平衡时，在渣中富集的浓度大。相反，则在铁液中富集的浓度大。

### 6.1.3 氧化精炼过程的热力学分析

生成熔渣或固体产物时氧化精炼反应的平衡常数与分配比的计算，当以溶解于金属中的氧作为氧化剂时：

$$[\text{M}] + [\text{O}] = (\text{MO}) \qquad K_{(6\text{-}4)} = a_{(\text{MO})}/(a_{[\text{M}]}\cdot a_{[\text{O}]}) \tag{6-4}$$

当以（MeO）为氧化剂时，生成物 Me 可视为纯物质：

$$[\text{M}] + (\text{MeO}) = (\text{MO}) + \text{Me} \qquad K_{(6\text{-}5)} = a_{(\text{MO})}/(a_{[\text{M}]}\cdot a_{(\text{MeO})}) \tag{6-5}$$

#### 6.1.3.1 黑色冶金中标准状态的选择

熔渣中各组分以纯物质为标准态，金属中杂质以符合亨利定律 $w[B]=1\%$ 的溶液为标准态。

(1)以渣中氧化物为氧化剂

将式(6-5)改写成：

$$K_{(6\text{-}5)}=(x_{(MO)}\cdot\gamma_{(MO)})/[(w[M]\cdot f_{[M]})(x_{(MeO)}\cdot\gamma_{(MeO)})]$$

将 $x$(MO)及 $x$(MeO)换算成 $w$(MO)和 $w$(MeO)，并将换算系数并入 $K_{(6\text{-}5)}$ 内，整理得

$$K'_{(6\text{-}5)}=\frac{w(MO)\cdot\gamma_{(MO)}}{(w[M]\cdot f_{[M]})\cdot(w(MeO)\cdot\gamma_{(MeO)})}$$

用 $L_M$ 表示氧化精炼过程中 M 在渣相和金属相的分配比，即：

$$L_M=\frac{w(MO)}{w[M]}$$

$$L_M=K'_{(6\text{-}5)}\frac{f_{[M]}\cdot(w(MeO)\cdot\gamma_{(MeO)})}{\gamma_{(MO)}} \tag{6-6}$$

类似地，当 M 为 $+n$ 价时，可得

$$K'_M=\frac{w(MO_n)\cdot\gamma_{(MO_n)}}{w[M]\cdot f_{[M]}\cdot(w(MeO)\gamma_{(MeO)})^n}$$

$$L_M=\frac{w(MO_n)}{w[M]}=K'_M\frac{f_{[M]}\cdot(w(MeO)\cdot\gamma_{MeO})^n}{\gamma_{(MO_n)}}$$

(2)杂质由金属中溶解的氧进行氧化

对于+2 价的 M，反应(6-4)的平衡常数 $K_{(6\text{-}4)}$ 可转化为

$$K''_M=\frac{w(MO)\cdot\gamma_{(MO)}}{w[M]\cdot f_{[M]}\cdot(w[O]\cdot f_{[O]})}$$

$$L_M=\frac{w(MO)}{w[M]}=K''_M\frac{f_{[M]}\cdot(w[O]\cdot f_{[O]})}{\gamma_{(MO)}} \tag{6-7}$$

类似地，对于 $+n$ 价的 A

$$K''_M=\frac{w(MO_n)\cdot\gamma_{(MO_n)}}{w[M]\cdot f_{[M]}\cdot(w[O]f_{[O]})^n}$$

$$L_M=\frac{w(MO_n)}{w[M]}=K''_M\frac{f_{[M]}\cdot(w[O]\cdot f_{[O]})^n}{\gamma_{(MO_n)}}$$

根据钢液中某些元素的平衡常数和分配比，即可计算炼钢过程中杂质除去的最终浓度。

#### 6.1.3.2 有色冶金中标准态的选择

反应物及生成物均以纯物质为标准态，例如粗铜的氧化精炼除铁，反应温度 1200℃左右，鼓入 $O_2$，粗铜氧化精炼除铁的反应为

$$[Cu_2O]+[Fe]=FeO_{(S)}+2Cu_{(l)} \tag{6-8}$$

反应的平衡常数为

$$K_{(6\text{-}8)}=\frac{a_{Cu}^2 \cdot a_{(FeO)}}{a_{[Cu_2O]} \cdot a_{[Fe]}}$$

以纯物质为标准态时，$a_{Cu}=1$；$Cu_2O$ 在铜液中饱和，FeO 一般为单独相存在，故 $Cu_2O$ 和 FeO 的活度均可视为 1。上式可简化为

$$K_{(6\text{-}8)}=\frac{1}{a_{[Fe]}}=\frac{1}{\gamma_{[Fe]} \cdot x_{[Fe]}}$$

当以纯物质为标准态时

$$\Delta_r G^0_{(6\text{-}8)}=\frac{1}{2}(\Delta_f G^*_{(FeO)}-\Delta_f G^*_{(Cu_2O)})$$

$$\lg K_{(6\text{-}8)}=-\Delta_r G^0_{(6\text{-}8)}/(2.303RT)$$

已知 $\Delta_f G^*_{(Cu_2O)}$ 及 $\Delta_f G^*_{(FeO)}$ 即可求出 $K_{(6\text{-}8)}$ 值。根据 1200℃时，在极稀溶液中某些杂质(Fe)在铜液中的 $\gamma^0$ 值可得 $\gamma_{[Fe]}$ 值，即可计算出除铁的效果。

# 6.2 铁液中主要元素的氧化反应

## 6.2.1 锰氧化的热力学

根据氧化剂形式不同，溶解于铁液中的[Mn]可出现下列氧化反应：

$$[Mn]+\frac{1}{2}O_2=(MnO) \qquad \Delta_r G^0_m=-361495+111.63T \quad J/mol \tag{Ⅰ}$$

$$[Mn]+[O]=(Mn) \qquad \Delta_r G^0_m=-244316+106.84T \quad J/mol \tag{Ⅱ}$$

$$[Mn]+(FeO)=(MnO)+[Fe] \qquad \Delta_r G^0_m=-123307+56.48T \quad J/mol \tag{Ⅲ}$$

反应(Ⅰ)形成的 MnO 是高熔点凝聚相，在铁液表面上存在，能阻止氧化的继续进行。反应(Ⅱ)及(Ⅲ)发生在熔渣与铁液的界面上。因 Fe 与 Mn 对氧的亲和力相近，由于 Fe 的氧化，Mn 氧化形成的 MnO 能与 FeO 形成共溶体，促进氧化反应的进行。根据反应(Ⅱ)和(Ⅲ)的平衡常数可以得到锰在渣一钢液间的平衡分配常数式，得出锰氧化的热力学条件。

(1)氧化反应的分子反应式

$$[Mn]+(FeO)=(MnO)+[Fe]$$

$$K_{Ⅲ}=\frac{a_{MnO}a_{Fe}}{a_{FeO}a_{Mn}}=\frac{x(MnO)\gamma_{MnO}}{x(FeO)\gamma_{FeO}f_{Mn}w[Mn]}=\frac{w(MnO)\gamma_{MnO}}{w(FeO)\gamma_{FeO}f_{Mn}w[Mn]}$$

式中 $x(MnO)/x(FeO)=w(MnO)/w(FeO)$，因为 Mn 和 Fe 及 MnO 和 FeO 的摩尔质

量相近，故可用质量分数代替物质的量分数，且 $a_{Fe}=1$。

在 FeO - MnO 渣系内 $\gamma_{MnO}/\gamma_{FeO}=1$。在酸性渣内，由于 MnO - $SiO_2$ 的作用比 FeO - $SiO_2$ 的作用强，故 $\gamma_{MnO}/\gamma_{FeO}=1/4$。在实际的碱性渣（$w(CaO)/w(SiO_2)\geqslant 2$）中，$\gamma_{MnO}/\gamma_{FeO}\approx 1$（或<1）。由以上可得

$$L_{Mn(Ⅲ)}=\frac{x(MnO)}{x[Mn]}=K_{Ⅲ}\frac{x(FeO)\gamma_{FeO}f_{Mn}}{\gamma_{MnO}} \tag{6-9}$$

式中 $\gamma_{MnO}$、$\gamma_{FeO}$可由渣系的等活度曲线得出。

(2)锰的氧化离子反应式

$$(Fe^{2+})+[Mn]=(Mn^{2+})+[Fe] \tag{Ⅳ}$$

$$L_{Mn(Ⅳ)}=\frac{x(Mn^{2+})}{w[Mn]}=K_{Ⅳ}\frac{x(Fe^{2+})\gamma_{Fe^{2+}}f_{Mn}}{\gamma_{Mn^{2+}}} \tag{6-10}$$

离子浓度和其活度系数可由正规离子溶液模型得出，而 $\lg K_{Ⅳ}=\frac{6700}{T}-3.12$。

由上诸式 $L_{Mn}$ 可见，降低温度（增大 $K$），提高熔渣的氧化能力及降低 $\gamma_{MnO}$（降低碱度），可促使钢液中锰氧化。

在炼钢过程中，锰仅次于硅，在熔炼之初就大量氧化，但在熔炼后期温度很高时，$K$ 将减小，锰的氧化趋于平衡。同时由于碳的强烈氧化，熔渣中的(FeO)量降低，因而可发生 MnO 的还原。还原的锰量与温度、渣内 MnO 和 FeO 浓度有关，可由 $L_{Mn}$进行计算。

在酸性炼钢法中，钢液的锰浓度足够高时，能与耐火材料中的 $SiO_2$ 作用，促使 $SiO_2$ 还原：

$$2[Mn]+(SiO_2)=2(MnO)+[Si] \qquad \Delta_r G_m^0=28912+24.32T \quad J/mol$$

当用锰脱氧及合金化时，钢液在浇铸过程中与耐火材料接触也能发生上述反应，形成的 MnO 与耐火材料成渣，而钢液中有巨大夹杂物出现。

**【例 6 - 3】**

试计算下列成分炉渣的 MnO 分配常数 $L_{Mn}$ 及钢液中锰的平衡浓度 $w[Mn]$。已知熔渣成分为 $w(CaO)=36.11\%$，$w(SiO_2)=33.04\%$，$w(FeO)=6.41\%$，$w(Fe_2O_3)=1.26\%$，$w(MgO)=14.97\%$，$w(P_2O_5)=1.37\%$，$w(MnO)=6.33\%$，温度 1600℃。

**题意分析** 采用分子反应式或离子反应式计算锰的分配常数需要平衡常数 $K$、与钢液平衡的熔渣中 FeO 的活度 $a_{FeO}$、MnO 的活度系数 $\gamma_{MnO}$ 及 Mn 的活度系数 $f_{Mn}$，或 $Fe^{2+}$ 的活度系数 $\gamma_{Fe^{2+}}$、$Mn^{2+}$ 的活度系数 $\gamma_{Mn^{2+}}$，再利用式(6-9)或式(6-10)计算。

**解** (1)利用分子反应式计算

根据式(6-9)，$f_{Mn}=1$，因为当[Mn]氧化达到平衡时，其浓度已很低。$a_{FeO}$ 和 $\gamma_{MnO}$ 可利用炉渣的等活度曲线图得出。

第一步：计算氧化反应的平衡常数 $K_1$

$$(FeO)+[Mn]=(MnO)+[Fe]$$

$$\lg K_1=\frac{123307}{19.147\times 1873}-\frac{56.48}{19.147}=0.4885, \quad K_1=3.07$$

第二步：计算熔渣各组分的物质的量分数

由于炉渣组分的等活度曲线图是用物质的量分数表示的，需要得出渣中每个组分的摩尔分数。渣中有两种氧化铁组分，按等活度图的规定，需用 FeO 的形式表出。可利用全铁法将 $Fe_2O_3$ 换算 FeO，而渣中 $\sum w(FeO)=w(FeO)+0.9w(Fe_2O_3)=6.41+0.9\times1.26=7.54$。渣中组分的物质的量及物质的量分数见表 6－2。

**表 6－2　渣中组分的物质的量及物质的量分数**

| 组分 | CaO | $SiO_2$ | FeO | MgO | $P_2O_5$ | MnO |
|---|---|---|---|---|---|---|
| $n$(B) | 0.645 | 0.551 | 0.105 | 0.375 | 0.0096 | 0.089 |
| $x$(B) | 0.363 | 0.310 | 0.059 | 0.211 | 0.0054 | 0.050 |

第三步：查图求 $a_{FeO}$

利用上表中熔渣各组分的物质的量分数得到 CaO－$SiO_2$－FeO 伪三元系的组分

$$\sum x(CaO)=0.363+0.211+0.050=0.624,$$

$$\sum x(SiO_2)=0.310+0.0054=0.315,$$

$$\sum x(FeO)=0.059$$

查图 3－28 得 $a_{FeO}=0.3$。

第四步：查图求 $\gamma_{MnO}$

利用上表中熔渣各组分的物质的量分数得到 CaO－$SiO_2$－MnO 伪三元系的组分，

$$\sum x(CaO)=0.363+0.211=0.574,$$

$$\sum x(SiO_2)=0.310+0.0054=0.315,$$

$$\sum x(MnO)=0.059+0.050=0.109$$

查图 3－31 得 $\gamma_{MnO}=1.8$。

第五步：计算 $L_{Mn}$ 及 $w[Mn]$

故　$L_{Mn(1)}=3.07\times\dfrac{0.3}{1.8}=0.512$　　$w[Mn]=\dfrac{x(MnO)}{L_{Mn(1)}}=\dfrac{0.050}{0.512}\approx0.1\%$

(2)利用离子反应式计算

第一步：计算平衡常数 $K_{Mn}$

根据式(6－10)，$f_{Mn}=1$。离子浓度及其活度系数 $\gamma_{Fe^{2+}}$ 和 $\gamma_{Mn^{2+}}$ 可利用正规离子溶液模型计算，而 $K_{Mn}$ 由实验式 $\lg K_{Mn}=6700/T-3.12$ 得出。

$T=1873K$ 时，$\lg K_{Mn}=\dfrac{6700}{1873}-1.32=0.457$，$K_{Mn}=2.865$。

第二步：计算渣中各阳离子的物质的量分数

渣中阳离子的物质的量分数及物质的量$[x(B^+)=\nu_B n(B^+)/\sum\nu_B n(B^+)]$见表 6－3 所列。

$$\sum \nu_B x(B^+) = 0.645 + 0.551 + 0.105 + 0.375 + 2\times 0.0096 + 0.089 = 1.785$$

**表 6-3 渣中阳离子的物质的量和物质的量分数**

| 组分 | CaO | $SiO_2$ | FeO | MgO | $P_2O_5$ | MnO |
|---|---|---|---|---|---|---|
| $n(B^+)$ | 0.645 | 0.551 | 0.105 | 0.375 | 2×0.0096 | 0.089 |
| $x(B^+)$ | 0.361 | 0.309 | 0.059 | 0.210 | 0.011 | 0.050 |

第三步：计算 $\gamma_{Fe^{2+}}$ 和 $\gamma_{Mn^{2+}}$

$$\lg \gamma_{Fe^{2+}} = \frac{1000}{T}\{2.18x(Mn^{2+})\cdot x(Si^{4+}) + 5.90[x(Ca^{2+}) + x(Mg^{2+})]\cdot x(Si^{4+}) + 10.50x(Ca^{2+})\cdot x(P^{5+})\}$$

$$= \frac{1000}{1873}[2.18\times 0.050\times 0.309 + 5.90\times(0.361+0.210)\times 0.309 + 10.50\times 0.361\times 0.011] = 0.596$$

$\gamma_{Fe^{2+}} = 3.94$

$$\lg \gamma_{Mn^{2+}} = \lg \gamma_{Fe^{2+}} - \frac{2180}{T}x(Si^{4+}) = 0.596 - \frac{2180}{1873}\times 0.309 = 0.236, \quad \gamma_{Mn^{2+}} = 1.72$$

第四步：计算 $L_{Mn}$ 和 $w[Mn]$

$$L_{Mn(2)} = \frac{x(Mn^{2+})}{w[Mn]} = 2.865\times\frac{3.94\times 0.059}{1.72} = 0.387$$

$$w[Mn] = \frac{x(Mn^{2+})}{L_{Mn(2)}} = \frac{0.050}{0.387} = 0.129\%$$

## 6.2.2 硅氧化的热力学

铁液中的硅可与氧发生下列四种不同的氧化反应：

$$[Si] + O_2 = SiO_2 \quad \Delta_r G_m^0 = -824470 + 219.42T \quad J/mol \quad (Ⅰ)$$

$$[Si] + [O] = SiO(g) \quad \Delta_r G_m^0 = -97267 + 27.95T \quad J/mol \quad (Ⅱ)$$

$$[Si] + 2[O] = (SiO_2) \quad \Delta_r G_m^0 = -594285 + 229.76T \quad J/mol \quad (Ⅲ)$$

$$[Si] + 2(FeO) = (SiO_2) + 2[Fe] \quad \Delta_r G_m^0 = -386769 + 202.3T \quad J/mol \quad (Ⅳ)$$

反应(Ⅰ)能形成覆盖在铁液表面的高熔点 $SiO_2$ 固体膜，阻碍[Si]的氧化继续进行；反应(Ⅱ)仅能发生在 1700℃高温的铁水液面上；只有反应(Ⅲ)和反应(Ⅳ)才能在铁液与熔渣界面上正常进行，反应(Ⅳ)的分配常数为：

$$[Si] + 2(FeO) = (SiO_2) + 2[Fe] \qquad K_{Ⅳ} = \frac{a_{SiO_2} a_{Fe}^2}{a_{FeO}^2 a_{Si}} = \frac{\gamma_{SiO_2} x(SiO_2)}{w[Si] f_{Si} a_{FeO}^2}$$

$$L_{Si} = \frac{x(SiO_2)}{w[Si]} = K_{Ⅳ} f_{Si} \frac{a_{FeO}^2}{\gamma_{SiO_2}} \quad (6-11)$$

若以离子形式表示氧化反应，则

$$[Si]+2(Fe^{2+})+4(O^{2-})=(SiO_4^{4-})+2[Fe] \tag{V}$$

$$K_V=\frac{a_{SiO_4^{4-}}a_{Fe}^2}{a_{Fe^{2+}}a_{Si}a_{O^{2-}}^4}=\frac{\gamma_{SiO_4^{4-}}x(SiO_4^{4-})}{[x(Fe^{2+})]^2\gamma_{Fe^{2+}}^2[x(O^{2-})]^4\gamma_{O^{2-}}^4 w[Si]}$$

$$L_{Si}=\frac{x(SiO_4^{4-})}{w[Si]}=K_V[x(Fe^{2+})]^2\gamma_{Fe^{2+}}^2[x(O^{2-})]^4\gamma_{O^{2-}}^4/\gamma_{SiO_4^{4-}} \tag{6-12}$$

式中　$f_{Si}=1$。

两个反应中硅的分配常数 $L_{Si}$ 的计算方法与前节锰的分配常数的计算方法相同。由 $L_{Si}$ 表达式可见，降低温度（增大 $K$），提高渣中 FeO（$Fe^{2+}$、$O^{2-}$）的活度及降低 $\gamma_{SiO_2}$（提高碱度），均可加强[Si]的氧化。

由于硅的氧化是强放热反应，$\Delta_r H^0_{m(Ⅲ)}\approx-600$kJ/mol，$\Delta_r H^0_{m(Ⅳ)}\approx-350$kJ/mol，所以在冶炼一开始就大量氧化，使熔池温度上升很快。

在碱性渣下，$a_{SiO_2}\approx10^{-3}$，平衡 $w[Si]^e$ 含量很小，是痕迹量。熔炼后期温度升高时，$K_Ⅳ$ 虽有所减小（1500℃，$K_Ⅳ=6.686$；1600℃，$K_Ⅲ=1.657$），但由于 $SiO_2$ 与 CaO 形成稳定的化合物使 $\gamma_{SiO_2}$ 始终很小，所以渣中 $SiO_2$ 也难以还原。

在酸性渣下，$\gamma_{SiO_2}\approx1$（$w(SiO_2)=47\%\sim50\%$ 为饱和态）熔炼后期 $K_Ⅳ$ 减小许多，$a_{FeO}$ 又不很高（FeO 与 $SiO_2$ 形成硅酸铁），故渣中（$SiO_2$）可发生还原，钢液中的 $w$[Si]可达到 0.15%～0.30%。

## 6.2.3　铬的氧化与还原

铬和锰相似，在炼钢过程中，铬能够氧化及还原，与熔体的组成及温度有关。

### 6.2.3.1　铬的氧化

铬氧化形成的氧化铬的组成主要与含铬量有关，不同[Cr]含量时的氧化反应产物不同：

(1) $w[Cr]=0\sim3\%$ 时，Cr 发生氧化反应形成 $FeCr_2O_4$

$$[Fe]+4[O]+2[Cr]=FeCr_2O_4 \qquad \Delta_r G^0_m=-981475+419.13T \quad J/mol$$

$$2[Cr]+3[O]+(FeO)=FeCr_2O_4 \qquad \Delta_r G^0_m=-1039682+448.81T \quad J/mol$$

(2) $w[Cr]=3\%\sim9\%$ 时，Cr 发生氧化反应形成 $Fe_{0.67}Cr_{2.33}O_4$

$$0.67[Fe]+2.33[Cr]+4[O]=Fe_{0.67}Cr_{2.33}O_4 \qquad \Delta_r G^0_m=-984156+415T \quad J/mol$$

(3) $w[Cr]\geqslant9\%$ 时，Cr 氧化反应形成 $Cr_3O_4$、$Cr_2O_3$

$$3[Cr]+4[O]=Cr_3O_4 \qquad \Delta_r G^0_m=-1037767+464.51T \quad J/mol$$

$$2[Cr]+3[O]=Cr_2O_3 \qquad \Delta_r G^0_m=-887081+329.70T \quad J/mol$$

在炼钢过程中，铁液铬的氧化还与熔池的氧化性及熔渣的碱度有关。在酸性渣中，[Cr]氧化成 CrO；而在碱性渣中，[Cr]氧化成 $Cr_2O_3$。

$$[Cr]+(FeO)=(CrO)+[Fe] \tag{Ⅰ}$$

$$2[Cr]+3(FeO)=(Cr_2O_3)+3[Fe] \tag{Ⅱ}$$

由实验测得 1600℃的熔渣中，以氧化铁及氧化铬浓度表示的两种渣条件下的 $K'_{Cr(Ⅰ)}$ 及 $K'_{Cr(Ⅱ)}$ 与碱度的关系如图 6－2 所示。[Cr]在酸性渣下氧化得比较完全，在碱度大于 2 的碱性渣下 $K'_{Cr(Ⅱ)}$ 很低，这相当于大量 $Cr_2O_3$ 从渣中还原进入钢液中。$\Delta_r H_m^0 \approx 165kJ/mol$，Cr 氧化的热效应大，故提高温度不利于铬的氧化。进入熔渣内的氧化铬，当 $w(Cr_2O_3)$ 高达 5%～6%甚至以上时，熔渣能为 $Cr_2O_3$ 饱和而析出固相 $Cr_2O_3$ 和尖晶石 $CrO \cdot Cr_2O_3$ 且使熔渣变稠，不利于冶炼的进行。因此，冶炼一般钢种的 w[Cr]最好不超过 1%。

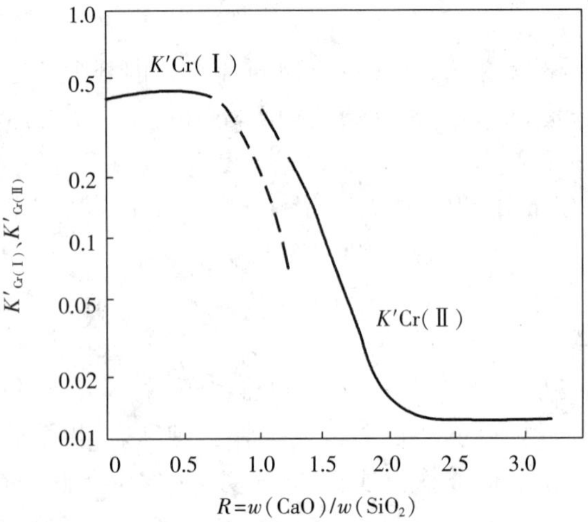


图 6－2　碱度对铬氧化表观平衡常数的影响(1600℃)

#### 6.2.3.2　铬的还原

炉料的铬在低温度下能大量氧化进入渣中，但在高温下又能为钢液中的[C]所还原进入钢液中。实际上铬和碳是同时氧化的，只是它们的氧化程度随温度的升高有相反的变化。因此，[Cr]与[C]就出现了选择性氧化。如图 6－1 的氧势图所示，在各自氧势线交点温度以下[Cr]可先于[C]氧化；而在交点温度以上[C]可先于[Cr]氧化，即抑制了[Cr]的氧化。

利用[Cr]及[C]氧化的选择性，可在用含铬废钢作炉料冶炼时获得铬回收率高，而 w[C]很低(<0.02%)的不锈钢或耐热钢。这就需要探讨“去碳保铬”操作的热力学条件。

根据实验资料，碳还原氧化铬的反应为

(1)[Cr]<9%时

$$(FeCr_2O_4)+4[C]=2[Cr]+4CO+Fe \qquad \Delta_r G_m^0 = 829448-540.72T \quad J/mol \quad (Ⅲ)$$

$$K=\frac{a_{Cr}^2 p_{CO}^4}{a_C^4} \qquad a_C = a_{Cr}^{1/2} p_{CO}/K^{1/4} \tag{6-13}$$

(2)[Cr]>9%时

$$(Cr_3O_4)+4[C]=3[Cr]+4CO \qquad \Delta_r G_m^0 = 934706-617.22T \quad J/mol \quad (Ⅳ)$$

$$K=\frac{a_{Cr}^3 p_{CO}^4}{a_C^4} \qquad a_C=a_{Cr}^{3/4} p_{CO}/K^{1/4} \tag{6-14}$$

因渣中($Cr_2O_3$)、($Cr_3O_4$)趋于饱和,式中 $a_{Cr_2O_3}=1$,$a_{Cr_3O_4}=1$。

利用式(6-13)或式(6-14),并代入[Cr]和[C]的活度系数,可绘出不同温度及 $p'_{CO}$ 时,钢液中 $w$[C]～$w$[Cr]的平衡图,如图 6-3 所示。图中曲线为温度及 $p'_{CO}$ 一定时,钢液中 $w$[C]～$w$[Cr]平衡值的关系:随着 $w$[Cr]的增高,$w$[C]也相应提高。

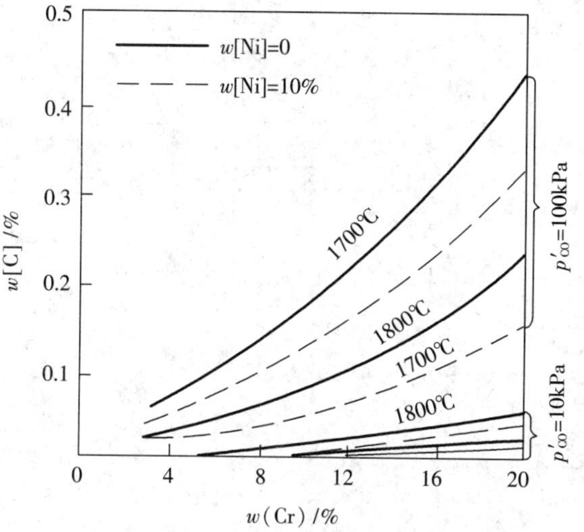


图 6-3 $w$[C]-$w$[Cr]平衡图及 t、$p_{CO}$、$w$[Ni]的影响

由此可得出"去碳保铬"的热力学条件:

(1)"去碳保铬"的最低温度是钢液中[Cr]与[C]氧化的转化温度,可由反应(Ⅲ)或(Ⅳ)的等温方程得出。提高熔池温度,$K$ 值增大($\Delta_r H_m^0>0$),从而使 $w$[C]降低。向熔池吹氧能迅速提高炉温,但用矿石氧化则不能达到提温的目的。因为矿石脱碳是吸热反应,它每氧化 $w$[Cr]=0.1%的铬只能提高钢水温度 8℃,不能抵消它氧化 $w$[C]=0.1%所降低的值(20℃),因而熔池温度难以提高到[C]氧化所需的温度。

(2)降低 $p'_{CO}$,可在 $w$[Cr]不变时降低 $w$[C]。采用真空冶炼或吹入氩氧混合气体的减压操作,不仅降低 $p'_{CO}$,而且可使 CO 气泡易形成,以加强脱碳。

(3)提高[C]的活度系数亦能降低 $w$[C]。[Ni]的存在能提高碳的活度系数($e_C^{Ni}=0.012$),同样 $w$[Cr]的量可获得较低的 $w$[C]。

(4)由于钢液的含铬量愈高,对应的平衡 $w$[C]也愈高。因此,为使含铬量高的钢液有较低的 $w$[C],需要采用更高的真空度和适当高的温度,因为仅依靠过高的温度会对炉衬损害大。

由于"去碳保铬"的操作中采用了吹氧,熔池得到强烈的搅拌,加强了钢液内[C]及[Cr]的扩散,使反应更接近于平衡态。

**【例 6-4】**

在电炉内冶炼不锈钢时,金属炉料的成分为 $w$[Cr]=12%,$w$[Ni]=9%及 $w$[C]=0.35%,(1)计算"去碳保铬"的最低温度。(2)如采用吹氧法使含碳量降低到 0.05%,而钢液的温度提高1800℃，试求钢液的 $w[Cr]$。(3)如果欲达到前述的钢液成分，而希望冶炼温度不高于1650℃，问需要多大的真空度？

**解** (1)"去碳保铬"的最低温度

第一步：还原反应的等温方程式

由反应(Ⅳ)

$$Cr_3O_{4(S)}+4[C]=3[Cr]+4CO \qquad \Delta G^0=934706-617.22T \quad J/mol$$

故 $\Delta_r G_m=934706-612.22T+19.147T\lg\frac{a_{Cr}^3 p_{CO}^4}{a_C^4}$

第二步：计算钢液中 Cr 和 C 的活度 $a_{Cr}$、$a_C$

$$\begin{aligned}\lg f_{Cr}&=e_{Cr}^{Cr}w[Cr]+e_{Cr}^{C}w[C]+e_{Cr}^{Ni}w[Ni]\\&=-0.0003\times12+(-0.12)\times0.35+0.0002\times9\\&=-0.044\end{aligned}$$

$f_{Cr}=0.904$， $a_{Cr}=0.904\times12=10.85$

$$\begin{aligned}\lg f_C&=e_C^C w[C]+e_C^{Cr}w[Cr]+e_C^{Ni}w[Ni]\\&=0.14\times0.35+(-0.024)\times12+0.012\times9\\&=-0.131\end{aligned}$$

$f_C=0.740$， $a_C=0.740\times0.35=0.259$

第三步：计算转化温度

将 $a_{Cr}$、$a_C$ 代入等温方程式，得到

$$\Delta_r G_m=934706-612.22T+19.147T\lg\frac{10.85^3}{0.259^4}=934706-512.81T$$

当 $\Delta_r G_m=0$ 时，$T=934706/512.81=1823K$

(2)吹氧终了的 $w[Cr]$

当吹氧使熔池温度达到1800℃，而 $w[C]$ 下降到0.05%时，与此 $w[C]$ 平衡的 $w[Cr]$ 可由反应的平衡常数求出

$$\lg K=\lg\frac{a_{Cr}^3}{a_C^4}=-\frac{\Delta_r G_m^0}{19.147T}=-\frac{48817}{T}+32.24$$

$$\lg\frac{(f_{Cr}\times w[Cr])^3}{f_C^4\times(w[C])^4}=-\frac{48817}{2073}+32.24=8.69$$

展开上式 $\qquad 3\lg f_{Cr}+3\lg w[Cr]-4\lg f_C-4\lg w[C]=8.69$

式中 $\lg f_{Cr}=-0.0003w[Cr]-0.12\times0.05+0.0002\times9=-0.0042-0.0003w[Cr]$

$\lg f_C=-0.024w[Cr]+0.14\times0.05+0.012\times9=-0.024w[Cr]+0.115$

将这些值代入上式得：$\lg w[Cr]+0.035w[Cr]-1.316=0$

利用 Mathematica 5.0 求解以上方程

```
NSolve[log[10,x]+0.035x-1.316=0,x]
```

得 1800℃时，与 $w[C]=0.05\%$ 平衡的 $w[Cr]=9.57\%$，与图 6-3 所得数值大致相同。

(3)脱碳的真空度

第一步：得到用 CO 分压 $p_{CO}$ 表示的真空度表达式

假定真空度 $p=p_{CO}$，而 $T=1923K$，由反应的平衡常数

$$\lg K=\lg \frac{a_{Cr}^3 p_{CO}^4}{a_C^4}=-\frac{48817}{1923}+32.24=6.85,\quad \frac{a_{Cr}^3 p_{CO}^4}{a_C^4}=7.08\times 10^6$$

故 $p_{CO}=\sqrt[4]{Ka_C^4/a_{Cr}^3}$；

第二步：计算钢液中 Cr 和 C 的活度 $a_{Cr}$、$a_C$

$$\begin{aligned}\lg f_{Cr}&=e_{Cr}^{Cr}w[Cr]+e_{Cr}^{C}w[C]+e_{Cr}^{Ni}w[Ni]\\&=-0.0003\times 10.0+(-0.12)\times 0.05+0.0002\times 9\\&=-7.2\times 10^{-3}\end{aligned}$$

$f_{Cr}=1.00$，　$a_{Cr}=1.00\times 10=10$

$$\begin{aligned}\lg f_C&=e_C^C w[C]+e_C^{Cr}w[Cr]+e_C^{Ni}w[Ni]\\&=0.14\times 0.05+(-0.024)\times 10+0.012\times 9\\&=-0.125\end{aligned}$$

$f_C=0.750$，　$a_C=0.750\times 0.05=0.0375$

第三步：计算 CO 分压

$$p_{CO}=\sqrt[4]{7.08\times 10^6\times(0.0375)^4/10^3}=0.345$$

当假定从熔池中放出的 CO 的分压和真空室中的压力相等时，真空度 $p_{CO}=0.345$。

### 6.2.4 钒的氧化热力学

含钒矿石在高炉内冶炼时，钒可还原 75%～80%，得到 $w[V]=0.04\%\sim0.6\%$ 的含钒生铁。在炼钢过程中，钒易在初期氧化形成 $V_2O_3$ 转入渣中（$w(V_2O_3)=10\%\sim30\%$），氧化后的钒以 $V_2O_3$ 存于渣中形成钒尖晶石。将含钒的炉渣用苏打焙烧变为钒酸钠，再用水浸出，加酸分解，可得到 $V_2O_3$ 沉淀物。最后，再加石灰作熔剂，以硅铁作还原剂，可炼得钒铁。

钒有 5 种氧化物：$V_2O$、$VO$、$V_2O_3$、$V_2O_4$、$V_2O_5$。从它们的 $\Delta_r G_m^0-T$ 图及炉渣的矿相分析证实，用氧吹炼含钒生铁时进入炉渣的氧化物是 $V_2O_3$，因此，[V]的氧化反应为

$$2[V]+3(FeO)=(V_2O_3)+3Fe\qquad \Delta_r G_m^0=-905420+275.1T\quad J/mol$$

而 $L_V=\dfrac{a_{V_2O_3}}{(w[V])^2}=K\cdot f_{[V]}^2\,a_{FeO}^3$。熔池温度低及供氧强度大可加强钒的氧化。

在用含钒铁水提钒时，为了获得含钒量高的钒渣及 $w[C]=2\%\sim3\%$ 的所谓半钢液，应探讨“去钒保碳”的热力学条件。对钒与碳的选择性氧化问题，其耦合反应为：

$$\frac{2}{3}[V]+CO=\frac{1}{3}(V_2O_3)+[C] \qquad \Delta_r G_m^0=-218013+135.22T \quad J/mol$$

所以为使[V]大量氧化，就存在着一个保证钒优先于碳氧化的“去钒保碳”的温度上限。可由下列等温方程求出

$$\Delta_r G_m^0=-218013+\left(135.22+8.314\ln\frac{a_{V_2O_3}^{1/3}a_C}{a_V^{2/3}p_{CO}}\right)T$$

由于 $V_2O_3$ 在渣中与 FeO 结合成钒尖晶石($FeO \cdot V_2O_3$)，所以 $\gamma_{Cr_2O_3}$ 很低，从生产实际数据反算，估计为 $10^{-7} \sim 10^{-5}$。

为提高钒的回收率，现多采用出炉铁水的单独提钒法，有雾化法、转炉法、槽式炉法等。除获得含钒量高的钒渣外，余下 $w[C]=2\%\sim3\%$ 的半钢可在氧气转炉内吹炼成钢。

### 6.2.5 铌的氧化热力学

铌铁矿、烧绿石等含有稀土元素及铌。高炉冶炼这种矿石时，稀土元素的化合物进入炉渣中，而铌则还原进入生铁中，可获得 $w[Nb]=0.05\%\sim0.12\%$ 的生铁，铌的回收率为 80%。在炼钢过程中，铌将被氧化进入初期渣中，可将这种初期渣扒出，再经一系列富集过程，将含铌量较高的炉渣在电炉内用碳还原制成铌铁。

铌有 3 种氧化物：NbO、$Nb_2O_4$ 及 $Nb_2O_5$。根据铁液中元素氧化的氧势图图 6-1 可知，$Nb_2O_4$ 的氧势线位置最低，所以在炼钢温度下铌的氧化产物是 $Nb_2O_4$。

$$[Nb]+O_2=\frac{1}{2}Nb_2O_{4(S)} \qquad \Delta_r G_m^0=-80240+220.83T \quad J/mol$$

铌和钒一样，与[C]的氧化之间存在着选择性的氧化问题。可根据反应

$$[Nb]+CO=\frac{1}{2}(Nb_2O_4)+2[C] \qquad \Delta_r G_m^0=-525092+305T \quad J/mol$$

由等温方程式得出“去铌保碳”的温度上限一般不超过 1400℃。因为 $Nb_2O_4$ 与 FeO、MnO 等结合成稳定的复杂化合物，所以 $\gamma_{Nb_2O_4}\approx10^{-9}\sim10^{-10}$。为提高铌的回收率，现采用连续提铌法，即雾化法，富氧量的空气从喷雾器射出，将铁水粉碎成细滴以增大铁水和氧的接触面积，为提铌创造出反应良好的动力学条件，铌的氧化率可达到 80%～90%。

### 6.2.6 钨的氧化热力学

钨氧化成 $WO_2$ 或 $WO_3$，其反应为

$$[W]+3(FeO)=(WO_3)+3Fe$$

而 $L_W=\dfrac{x(WO_3)}{w[W]}=Ka_{FeO}^3\times\dfrac{f_W}{\gamma_{WO_3}}$。

$WO_3$ 是不稳定的化合物，易被铁还原。冶炼含钨的钢时，在酸性渣下，渣中 $WO_3$ 的浓度很低时氧化反应易于达到平衡。但在碱性渣下，$WO_3$ 与 CaO 形成钨酸钙，而 $\gamma_{WO_3}$ 很小，因而 $L_W$ 增大。因此，钨的氧化与炉渣的碱度和 FeO 的活度有关。

## 6.3 脱碳反应

在现代的氧气转炉炼钢中主要的冶炼反应是去除铁水中的碳(及磷),作为基本炉料的生铁中需要除去的碳量很多。因此,冶炼时间和炉子的生产率主要与碳氧化的速率有关。另外,碳的氧化在炼钢过程中还起了积极的有利作用,因为它能促进熔池内其他物理化学过程的发展,这主要是由于碳氧化形成了大量的CO气泡,它的体积远超过了金属熔体体积的许多倍。例如,氧化 $w[C]=0.1\%$ 的碳放出的CO体积比金属熔体的体积大100多倍(1550℃)。这样大量的CO气泡的放出,经过熔池时,能使熔池受到强烈的搅拌,加强了整个熔池内的对流传质及传热,从而提高了反应的速率及熔池的温度。熔池中上浮的CO气泡能从钢液中富集溶解的[H]、[N]并从熔池中带走。此外,由上浮气泡引起的强烈搅拌也促进了钢液温度及成分的均匀,并促使其中非金属夹杂物排出。[C]的氧化反应能与其他元素的氧化反应同时进行,也能在一定条件(温度)下单独进行,且能抑制其他氧化反应的进行。它们之间存在着选择性氧化的特点。

### 6.3.1 碳氧化反应的热力学

#### 6.3.1.1 碳氧化反应的种类

溶解于铁液中的[C]在氧的作用下可发生下列反应:

$$[C]+\frac{1}{2}O_2=CO \qquad \Delta_r G_m^0=-136900-43.51T \quad J/mol \tag{Ⅰ}$$

$$[C]+O_2=CO_2 \qquad \Delta_r G_m^0=-418936+43.85T \quad J/mol \tag{Ⅱ}$$

$$CO+[O]=CO_2 \qquad \Delta_r G_m^0=-162366+87.88T \quad J/mol \tag{Ⅲ}$$

$$[C]+CO_2=2CO \qquad \Delta_r G_m^0=140156-126.18T \quad J/mol \tag{Ⅳ}$$

$$[C]+[O]=CO \qquad \Delta_r G_m^0=-22364-39.63T \quad J/mol \tag{Ⅴ}$$

$$[C]+2[O]=CO_2 \qquad \Delta_r G_m^0=-184118+48.06T \quad J/mol \tag{Ⅵ}$$

$$[C]+(FeO)=CO+[Fe] \qquad \Delta_r G_m^0=98799-90.76T \quad J/mol \tag{Ⅶ}$$

反应(Ⅰ)、(Ⅱ)发生在气体氧的脱碳过程中;反应(Ⅴ)、(Ⅵ)发生在铁液与炉底耐火材料的接触面上,及铁液中现成气泡的表面上;反应(Ⅶ)发生在熔渣一铁液的界面间。但由于反应(Ⅳ)的强烈进行,反应产生的 $CO_2$ 浓度很低,一般 $p_{CO_2}/p_{CO}=0.05\sim0.20$。仅当 $w[C]<0.1\%$时,由于反应(Ⅳ)的发展很弱,气相中才有较高的 $p_{CO_2}$,即有反应(Ⅱ)及(Ⅲ)存在。因此,在炼钢的脱碳反应中,仅需研究反应(Ⅰ)、(Ⅴ)、(Ⅶ),而又以反应(Ⅴ)研究得最多,因它能确定熔炼末期钢液的平衡氧浓度。

#### 6.3.1.2 碳氧积

在钢液中进行下列反应时

$$[C]+[O]=CO \qquad \Delta_r G_m^0=-22364-39.63T \quad J/mol$$

$$K=\frac{p_{CO}}{a_C a_O}=\frac{p_{CO}}{w[C]\cdot w[O]}\times\frac{1}{f_C f_O}$$

反应的产物CO以气泡状自钢液中放出，平衡时气泡所受的外压等于气泡内CO的$p_{CO}$(或$p_{CO}+p_{CO_2}$，当$w[C]<0.1\%$时)。仅当反应形成的$p_{CO}$大于外压时，脱碳反应才能进行。上式可改写成

$$\lg\frac{w[C]\cdot w[O]}{p_{CO}}=-\lg K-\lg f_C f_O \tag{6-15}$$

由于$\lg f_C=e_C^C w[C]+e_C^O w[O]\approx e_C^C w[C]$，$\lg f_O=e_O^O w[O]+e_O^C w[C]\approx e_O^C w[C]$，因式中$w[O]$远比$w[C]$小，所以可不考虑[O]对[C]及[O]相互作用系数的影响。又随着$w[O]$的增加$f_C$增大，因为[C]对亨利定律成正偏差，而$f_O$却减小，因为[O]对[C]的作用增强，即两者成相反方向的变化，因而$f_C f_O$乘积的变化很小，而接近于1，如图6-4所示。

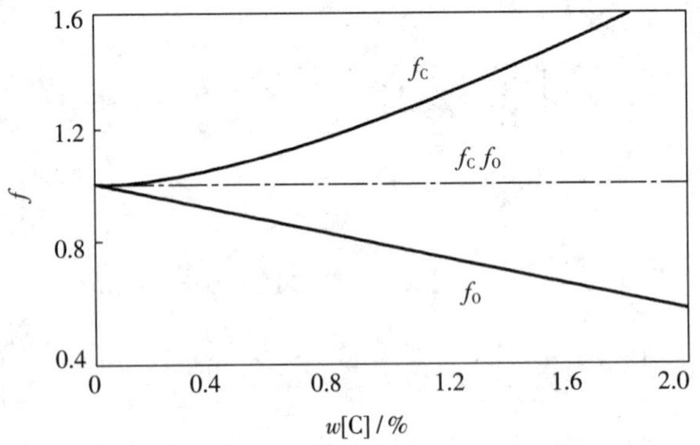


图6-4 $f_C$、$f_O$及$f_C f_O$乘积与$w[C]$的关系

于是，式(Ⅰ)可写成

$$m=\frac{1}{K}=\frac{w[C]\cdot w[O]}{p_{CO}} \tag{6-16}$$

$m$称为碳氧积。根据不同研究者测定的1600℃的$K=318.4\sim497$，可以计算出当$p'_{CO}=101.3kPa$时的$m=w[C]\cdot w[O]$介于0.002～0.003之间，一般取$m=0.0025$。在$w[C]<1\%$，$m$与$w[C]$的关系很小，而波动在0.002附近，图6-5为某些研究者实测的$m$值。由于$K$值随温度的变化不大(反应的$\Delta_r H_m^0=-22kJ/mol$)，所以$m=0.0025$适用于炼钢温度(1550℃～1620℃)范围内，但$m$值却受CO分压的影响。由式(6-16)，$w[C]\cdot w[O]=mp_{CO}$，碳氧积随$p_{CO}$的降低而减小，所以在真空下钢液的碳及氧浓度可进一步降低。

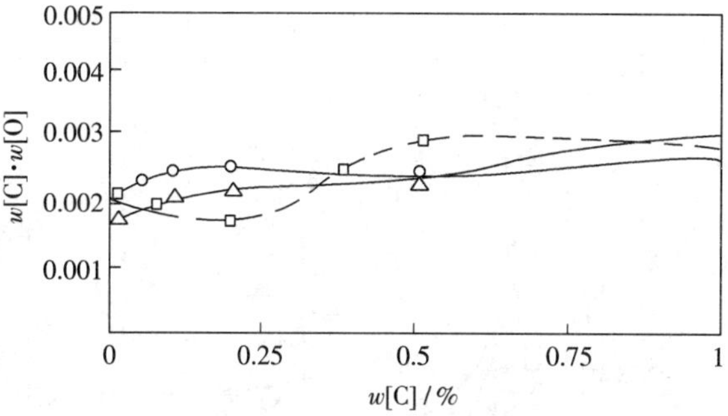


图 6-5　1600℃ $w[C] \cdot w[O]$ 与 $w[C]$ 的关系

#### 6.3.1.3　脱碳过程中钢液的碳氧积

上面得出了钢液脱碳产物的 $p'_{CO}=101.3\text{kPa}$ 的碳氧积。但在炼钢过程中，发生在熔池不同地方的脱碳反应有不同的碳氧积，这是因为它们的 $p'_{CO}$ 不相同。

(1)钢液内部

在熔池内部在脱碳反应进行时，仅当形成的 CO 气泡的 $p'_{CO}$ 大于或等于其所受的外压时，气泡才能形成。在不计入脱碳过程中进入气泡内的 $H_2$ 和 $N_2$ 的分压时，气泡内的 $p'_{CO}$ 为

$$p'_{CO} \geqslant p'_g + (\delta_m \rho_m + \delta_s \rho_s) g + 2\sigma / r \tag{6-17}$$

式中　$p'_{CO}$——气泡内的分压，或与之平衡的外压，Pa；

$p'_g$——炉气的压力，Pa，$p'_g=101325\text{Pa}$；

$\rho_m$、$\rho_s$——分别为钢液及熔渣的密度，$\text{kg/m}^3$；

$\delta_m$、$\delta_s$——分别为钢液层及熔渣层的厚度，m；

$\sigma$——钢液的表面张力，N/m；

$r$——气泡的半径，m；

$g$——自由落体加速度，$9.8\text{m/s}^2$。

当气泡的半径 $r \geqslant 10^{-3}\text{m}$，而 $2\sigma/r=2600\text{Pa}$ 时，$\delta_s<0.15\text{m}$，$\delta_s \rho_s g<4500\text{Pa}$，此两项远小于 $p'_g$，故式(6-17)可简化为 $p_{CO}=1+\delta_m \rho_m g \times 10^{-5}$，因而

$$w[C] \cdot w[O] = m p_{CO} = 0.0025(1+\delta_m \rho_m g \times 10^{-5})$$

或

$$w[O]_平 = \frac{m p_{CO}}{w[C]} = \frac{0.0025(1+\delta_m \rho_m g \times 10^{-5})}{w[C]} \tag{6-18}$$

因此，碳氧积或 $w[O]_平$ 与 $w[C]$ 及气泡所受的外压有关，外压愈大则 $w[O]_平$ 也愈大。炉底处的 $\delta_m$(深度)最大，所以此处钢液的平衡氧浓度也最大。熔池内部发生的脱碳反应的碳氧积或 $w[O]_平$ 则随着熔池深度的减小而降低；在与熔渣接触的钢液表面上 $w[O]_平$ 最低，接近由 $m=0.0025$ 所计算的值。图 6-6 为钢液脱碳过程中 $w[C] \sim w[O]$ 的关系。

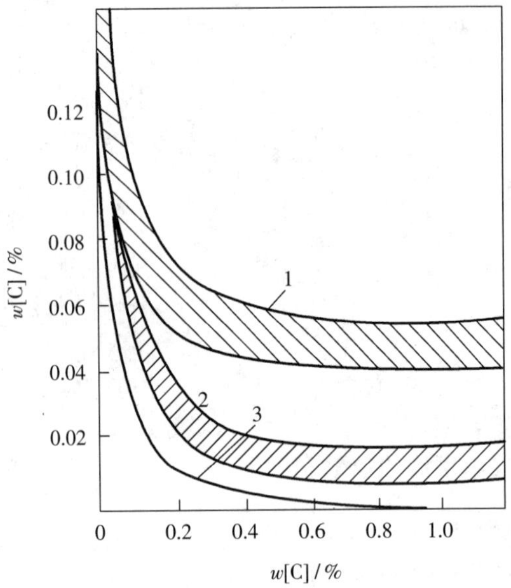


图 6-6 脱碳过程中 $w[C] \sim w[O]$ 的关系

1. 与熔渣接触的钢液氧浓度；2. 熔池实际氧浓度；3. $p_{CO}=101.3kPa$ 时的氧浓度

(2)钢液表面

CO 在钢液表面形成的气泡表面是平的，其半径 $r \to \infty$，从而 $2\sigma/r \to 0$，$\delta_m=0$，而 $\delta_m \rho_m g$ 值又较小，故有 $p'_{CO} \geqslant p'_g$。在这种情况下，外压降低愈大则 $w[O]_{平}$ 就愈低，这种表面脱碳的比例也愈大。故保持钢液有较小的深度有利于降低 $w[O]_{平}$。

(3)悬浮的金属液滴

当金属从熔池中以液滴或铁珠的形式进入熔渣及炉气中时，由于铁珠位于 CO 气泡内，其曲率半径为负值，故 $2\sigma/r$ 也为负值，则 $p'_{CO} \geqslant p'_g - 2\sigma/r$。这时，液滴表面 CO 气泡形成时所受的外压减小，脱碳反应易于达到平衡，而且还可超过平衡。但在液滴内部产生的 CO 气泡的 $p'_{CO} \geqslant p'_g + 2\sigma/r$，CO 气泡在液滴内膨胀，而气相的压力及液滴的表面张力则使之收缩。随着脱碳的进行，内压($p'_{CO}$)大于外压时，液滴爆炸分裂成许多小液滴而使脱碳加快，有利于降低 $w[O]_{平}$。

因此，提高温度，采用真空(降低 $p'_{CO}$)，增加钢—气接触界面(形成铁珠)，减小钢液层深度及钢液面无渣或少渣，均可加强脱碳反应的进行。

**【例 6-5】**

试求 1600℃时 $x(FeO)=0.15$ 的熔渣平衡的铁-碳熔体中的 $w[C]$。

**解** 可由两种反应式进行计算

$$(1)[C]+(FeO)=CO+[Fe] \qquad \lg K=-\frac{5160}{1873}+4.74=1.985$$

$$K=\frac{p_{CO}}{a_C \cdot a_{FeO}}=\frac{1}{f_C w[C] \cdot a_{FeO}}=96.61$$

令 $f_C=1, a_{FeO}=x(FeO)=0.15, w[C]=\frac{1}{K\cdot a_{FeO}}=\frac{1}{96.61\times 0.15}=0.069\%$

(2)$[C]+[O]=CO \qquad w[C]=\frac{p_{CO}}{K\cdot f_O f_C w[O]}$

$\lg K=\frac{1168}{1873}+2.07=2.694 \qquad K=493.9$

$[O]+[Fe]=(FeO) \qquad \lg\frac{a_{FeO}}{w[O]}=\frac{6320}{1873}-2.734=0.640$

$K_O=4.36$

$w[O]=\frac{a_{FeO}}{K_O}=\frac{0.15}{4.36}=0.0344 \qquad w[C]=\frac{1}{493.9\times 0.0344}=0.059\%$

(两种方法计算的误差是由于忽略了 $\gamma_{FeO}$、$f_C$ 及 $f_O$)

**【例 6-6】**

试计算 1873K、101.3kPa 下，12Cr2Ni4A 钢种的氧浓度。钢液的成分为 $w[C]=0.18\%$，$w[Cr]=2\%$，$w[Ni]=4\%$。

**解** 这是计算钢液中与[C]平衡的 $w[O]$，而反应 $[C]+[O]=CO$ 决定钢液中的 $w[O]$。

第一步：计算[C]-[O]反应的平衡常数

$$[C]+[O]=CO$$

$$\lg K=\frac{1168}{T}+2.07=\frac{1168}{1873}+2.07=2.694 \qquad K=493.9$$

第二步：计算 $f_C$ 和 $f_O$

$$\lg f_C=e_C^C w[C]+e_C^{Cr} w[Cr]+e_C^{Ni} w[Ni]+e_C^O w[O]$$
$$=0.14\times 0.18+(-0.024)\times 2+0.012\times 4=0.0252 \qquad f_C=1.059$$

$$\lg f_O=e_O^O w[O]+e_O^C w[C]+e_O^{Cr} w[Cr]+e_O^{Ni} w[Ni]$$
$$=-0.45\times 0.18+(-0.04)\times 2+0.006\times 4=-0.137 \qquad f_O=0.729$$

第三步：计算 $w[O]$

故 $w[O]=\frac{1}{K\cdot w[C]f_C f_O}=\frac{1}{493.9\times 0.18\times 1.059\times 0.729}=0.015\%$

### 6.3.2 钢液的实际氧浓度

由于脱碳反应要经过异相形核阶段(见后述)，所以碳的氧化是在钢液一炉底耐火材料界面上发生的。由熔渣向钢液供给的氧要经过钢液层，向炉底方面扩散，与熔渣平衡的钢液层的氧浓度最高，炉底上碳氧反应区氧的浓度接近于平衡值。因此，整个金属熔池内有高过平衡氧浓度的过剩氧量 $\Delta w[O]$。而金属熔池的氧浓度为

$$w[O]=w[O]_{平}+\Delta w[O]=\frac{0.0025(1+\delta_m \rho_m g\times 10^{-5})}{w[C]}+\Delta w[O] \quad (6-19)$$

式中　$w[O]_{平}$——金属熔池中与[C]平衡的氧浓度。

虽然 $w[O]_{平}$ 随着 $\delta_m$ 的减小而降低，但 $w[O]$ 始终高于 $w[O]_{平}$，因为熔池中有促使氧扩散的浓度差存在，故 $\Delta w[O]=w[O]-w[O]_{平}>0$。$\Delta w[O]$ 称为钢液的过氧化度或过剩氧，其值与脱碳反应的动力学有关。脱碳反应速率愈大，反应就愈接近平衡，而 $\Delta w[O]$ 就愈小。$\Delta w[O]$ 也与 $w[C]$ 有关，$w[C]$ 愈低，则 $\Delta w[O]$ 也愈大。此外，$\Delta w[O]$ 随 $p_{CO}$ 而变化，当 $p_{CO}<1$ 时 $\Delta w[O]$ 成为负值。如底吹转炉及底吹惰性气体搅拌熔池炼钢，加快脱碳速率，降低 $\Delta w[O]$ 可改善钢液的脱氧条件。这就能减少脱氧时形成的夹杂物量，从而提高钢的质量。

## 6.4　脱磷反应

磷是一般钢种中有害元素之一。钢中最大允许的 $w[P]=0.02\%\sim0.05\%$，而对某些钢种则要求在 $0.008\%\sim0.015\%$ 范围内。

高炉冶炼是不能脱磷的，铁矿石的磷几乎全部进入生铁中，致使生铁的 $w[P]$ 有时高达 $0.1\%\sim1.0\%$。生铁中的磷主要是在炼钢时氧化作用下除去的。但在还原条件下，也可采用还原剂，如 $CaC_2$ 进行还原脱磷法。脱磷以氧化脱磷法为主，它能处理任何含磷量的炉料并得到磷浓度很低的钢。

氧化法是利用氧化剂使铁液中[P]氧化成 $P_2O_5$，再与加入的、能降低其活度系数的脱磷剂结合成稳定的复合化合物而存于熔渣中。在电弧炉炼钢中，磷氧化的同时，金属熔体中的易氧化的有价元素也会受到氧化而损失，因此，在处理这类金属熔体时，存在着去磷及保护合金元素不氧化的问题。

### 6.4.1　脱磷反应的热力学

#### 6.4.1.1　钢液中[P]的氧化及脱磷原理

铁液中的[P]可按下列反应进行氧化：

$$4[P]+5[O_2]=P_4O_{10(g)} \quad \Delta_r G_m^0=-2651859+890.34T \quad J/mol \quad (Ⅰ)$$

$$2[P]+5[O]=P_2O_{5(g)} \quad \Delta_r G_m^0=-742032+532.71T \quad J/mol \quad (Ⅱ)$$

$$2[P]+8(FeO)=(3FeO\cdot P_2O_5)+5[Fe] \quad \Delta_r G_m^0=-423575+254.46T \quad J/mol \quad (Ⅲ)$$

$$2[P]+8[O]+3[Fe]=(3FeO\cdot P_2O_5) \quad \Delta_r G_m^0=-1612177+595.47T \quad J/mol \quad (Ⅳ)$$

反应（Ⅰ）和（Ⅱ）形成的 $P_4O_{10}$ 及 $P_2O_5$ 是气态，在炼钢温度下，气相磷化物的平衡分压极低（$10^{-25}\sim10^{-12}$ Pa），从氧势图（图 6-1）亦可见，其氧势接近于零，因此它们在炼钢温度下不能形成。由于[P]与[Fe]同时氧化，故脱磷多按反应（Ⅲ）或（Ⅳ）进行，形成 $(3FeO\cdot P_2O_5)$ 产物。但是 $(3FeO\cdot P_2O_5)$ 的稳定性（$\Delta_r H_m^0=-23$ kJ/mol）较差，随着炼钢熔池温度的上升，在1500℃以上，难于稳定存在，必须将它转变成其他强碱性氧化物，如CaO等，形成在高温下稳定存在的复杂化合物，降低其在熔渣中的$\gamma_{P_2O_5}$（$10^{-18}$～$10^{-14}$）。所以脱磷需要氧化剂和脱磷剂，把[P]氧化成$P_2O_5$，再与渣中的脱磷剂结合成稳定的化合物，而溶解于渣中。常用的脱磷剂是CaO，最有效的是BaO。

#### 6.4.1.2 炼钢中脱磷反应的热力学分析

按照炉渣结构理论，脱磷生成的磷酸盐有不同的表达形式，而将脱磷反应用3种形式表出：

(1)分子理论的脱磷反应

脱磷反应是界面反应，由下列反应环节组成：

$$5(FeO)=5[O]+5[Fe]$$

$$2[P]+5[O]=(P_2O_5)$$

$$(P_2O_5)+4(CaO)=(4CaO\cdot P_2O_5)$$

$$2[P]+5(FeO)+4(CaO)=(4CaO\cdot P_2O_5)+5[Fe]$$

生成的产物是$4CaO\cdot P_2O_5$（同分熔点化合物，$t_{fus}=1810$℃），也可能是$3CaO\cdot P_2O_5$（异分熔点化合物，在1710℃分解）。液态渣中多是$3CaO\cdot P_2O_5$，固态渣中有$4CaO\cdot P_2O_5$存在，它们的稳定性（$\Delta_r H_m^0$）相近。

$$\lg K=\lg\frac{a_{4CaO\cdot P_2O_5}}{(w[P])^2 a_{FeO}^5 a_{CaO}^4}=\frac{40067}{T}-15.06$$

由于渣中$4CaO\cdot P_2O_5$的浓度很低，故可以以$x(P_2O_5)$（$4CaO\cdot P_2O_5$与$P_2O_5$的物质的量分数相同）代之。在假定熔渣中有$2CaO\cdot SiO_2$、$CaO\cdot SiO_2$、$CaO_{自}$、$4CaO\cdot P_2O_5$、FeO、$CaO\cdot Fe_2O_3$等存在的条件下，计算出$a_{CaO}$、$a_{FeO}$；亦可利用渣系的等活度曲线图求出。$\lg K$的温度关系是实验测定值。而磷的分配常数可按下式计算：

$$L_P=\frac{x(P_2O_5)}{(w[P])^2}=K\cdot a_{FeO}^5 a_{CaO}^4 \qquad (6-20)$$

图6-7为利用上式计算的$L_P$，其中$x(P_2O_5)$换算成$w(P_2O_5)$。

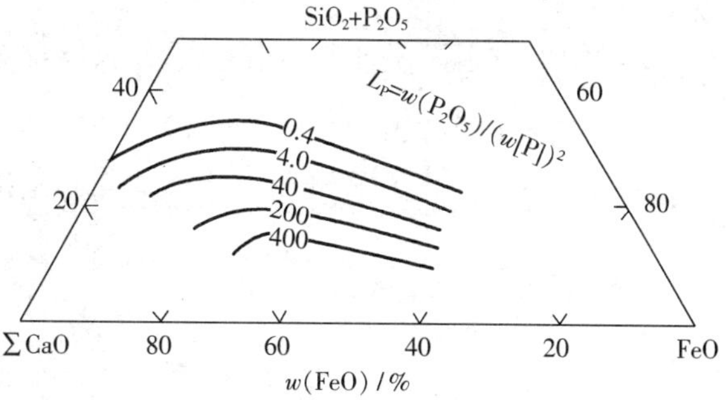


图6-7 炼钢过程中$L_P$与熔渣组成之间的关系

图 6-8 为实测的渣中 $P_2O_5$ 的浓度及钢液中磷浓度表示的分配常数($w(P_2O_5)/w[P]$)与脱磷的主要影响因素 CaO 及 FeO 的关系。这里采用 $w[P]$而不用$(w[P])^2$，相当于磷在渣中以$(PO_{2.5})$的形式存在。

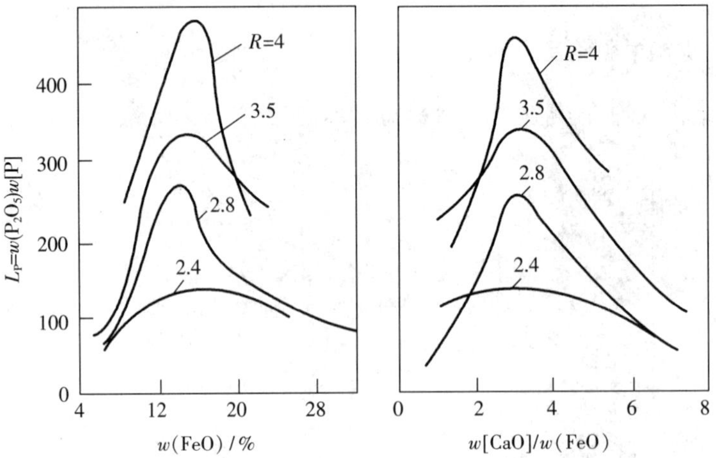


图 6-8 $L_P$ 与 $w(FeO)$及碱度 $w(CaO)/w(SiO_2)$的关系

(2)离子理论的脱磷

磷在熔渣中以磷氧络离子 $PO_4^{3-}$ 存在，而 $PO_4^{3-}$ 是通过[P]被氧化成 $P^{5+}$，在熔渣界面极化 $O^{2-}$ 形成的：

$$2[P]+8(O^{2-})=2(PO_4^{3-})+10e$$

$$\frac{5(Fe^{2+})+10e=5[Fe]}{2[P]+5(Fe^{2+})+8(O^{2-})=2(PO_4^{3-})+5[Fe]}$$

$$K=\frac{a_{PO_4^{3-}}^2}{a_P^2\, a_{Fe^{2+}}^5\, a_{O^{2-}}^8}=\frac{[x(PO_4^{3-})]^2}{f_P^2\,(w[P])^2\,[x(Fe^{2+})]^5\,[x(O^{2-})]^8}\times\frac{\gamma_{PO_4^{3-}}^2}{\gamma_{Fe^{2+}}^5\,\gamma_{O^{2-}}^8}$$

$$L_P=\frac{x(PO_4^{3-})}{w[P]}=K\times\frac{[x(Fe^{2+})]^{2.5}\,[x(O^{2-})]^4\,\gamma_{Fe^{2+}}^{2.5}\,\gamma_{O^{2-}}^4\,f_P}{\gamma_{PO_4^{3-}}} \qquad (6-21)$$

$$\lg K=\lg\frac{x(PO_4^{3-})}{w[P]\cdot[x(Fe^{2+})]^{2.5}\,[x(O^{2-})]^4}=\frac{14660}{T}-7.44+7x(Ca^{2+}) \qquad (6-22)$$

可利用两种方法来计算 $L_P$：

(1)利用正规离子溶液模型求出 $Fe^{2+}$ 及 $P^{5+}$ 的活度系数，这时可用下列简单反应

$$2[P]+5(FeO)=(P_2O_5)+5[Fe]$$

来简化磷氧络离子活度的计算：$a_{P_2O_5}=\gamma_{P^{5+}}^2\,[x(P^{5+})]^2$ 而 $a_{FeO}=\gamma_{Fe^{2+}}\cdot x(Fe^{2+})$，故

$$K=\frac{\gamma_{P^{5+}}^2\,[x(P^{5+})]^2}{(w[P])^2\,\gamma_{Fe^{2+}}^5\,[x(Fe^{2+})]^5}$$

$$L_P=\frac{x(P^{5+})}{w[P]}=K^{1/2}\times\frac{[x(Fe^{2+})]^{2.5}\,\gamma_{Fe^{2+}}^{2.5}}{\gamma_{P^{5+}}} \qquad (6-23)$$

式中　$K=2.34\times10^{-2}$，由实验得出，与温度的关系不大。

(2)利用熔渣的磷酸盐容量进行计算

磷的分配常数为

$$L_P=\frac{w(P)}{w[P]}=C'_{PO_4^{3-}}\times\frac{M_P}{M_{PO_4^{3-}}}\times a_{[O]}^{5/2}\times f_P \tag{6-24}$$

$C'_{PO_4^{3-}}$——磷酸盐容量。

$C'_{PO_4^{3-}}$ 可利用式(3-15)由炉渣的光学碱度计算出，亦可采用下列计算式：

$$\lg C'_{PO_4^{3-}}=-18.184+35.8\Lambda-23.35\Lambda^2+\frac{22930\Lambda}{T}-0.06257w(FeO)$$
$$-0.04256w(MnO)+0.359\left[w(P_2O_5)\right]^{0.3} \tag{6-25}$$

而 $a_{[O]}^{2.5}=(L_O a_{FeO})^{2.5}$。

文献中报道了不少以离子理论为基础，结合实验数据的磷的分配常数式。它们大多是以反应 $2[P]+5[O]=(P_2O_5)$ 为基础，用实验数据来确定熔渣组成的改变对物质活度的影响而得出的。常用的还有：

$$\lg L_P=\frac{w(P)}{w[P]}=\frac{22350}{T}-16+0.08w(CaO)+2.5\lg\sum w(Fe) \tag{6-26}$$

$$\lg\left\{\frac{w(P_2O_5)}{(w[P])^2}\cdot[w(FeO)]^5\right\}=\frac{21460}{T}-27.02$$
$$+8.22\lg[w(CaO)+w(CaF_2)+0.3w(MgO)-0.05w(FeO)] \tag{6-27}$$

#### 6.4.1.3　脱磷反应的影响因素

根据前面导出的 $L_P$，可得出提高脱磷反应强度的因素：

(1)高氧化铁、高碱度即磷容量大的熔渣及时形成是加强脱磷的必要条件。它能使[P]强烈氧化，形成稳定的磷酸盐。随着渣中 $FeO(Fe^{2+}\cdot O^{2-})$ 活度的增加及 $\gamma_{PO_4^{3-}}$ 的降低，$L_P$ 增大。由于 $Fe^{2+}$ 的静电势($Z/r=2.67$)比 $Ca^{2+}$ 的静电势(1.89)强，它趋向于 $PO_4^{3-}$ 周围，则能使之极化、变形、破坏，所以纯氧化铁渣内，$PO_4^{3-}$ 难于稳定存在，特别是高温下。加入 CaO 及提高碱度时，引入的 $Ca^{2+}$ 能与 $PO_4^{3-}$ 形成弱离子对，提高 $PO_4^{3-}$ 的稳定性，降低其活度系数，而 $O^{2-}$ 则与 $Fe^{2+}$ 形成 $Fe^{2+}\cdot O^{2-}$ 对，提高 $FeO(Fe^{2+}\cdot O^{2-})$ 的活度及供给 $O^{2-}$ 促进 $PO_4^{3-}$ 的形成。

可是 $Fe^{2+}$ 对脱磷有双重作用。一方面伴随 $O^{2-}$ 参加脱磷的电化学反应(吸收 $PO_4^{3-}$ 形成时放出的电子)形成 $PO_4^{3-}$；另一方面，又趋向 $PO_4^{3-}$ 周围，降低 $PO_4^{3-}$ 的稳定性，即提高 $\gamma_{PO_4^{3-}}$，但当用 $Ca^{2+}$ 去代替部分 $Fe^{2+}$ 时，则可消除这种作用。因此，渣中 $w(CaO)/w(FeO)$ 的比应有适宜值，才能有较高的 $L_P$，如图 6-8 所示。

一般炼钢炉渣的 $w(FeO)=14\%\sim18\%$，碱度 $R=2.5\sim3.0$。当 $w(CaO)/w(FeO)$ 比值很大时 $a_{FeO}$ 会降低，不仅[P]的氧化困难，而且石灰也难于溶解，不能及时形成脱磷渣；反之，$a_{CaO}$ 又会降低，不利于稳定磷酸盐的形成。

(2)由于脱磷反应是强放热的($\Delta_r H_m^0=-384kJ/mol$),升高温度时 $K$ 值减小,$C'_{PO_4^{3-}}$ 亦减小,因此低温有利于脱磷。但是在低温下难于及时形成脱磷渣,所以应在有利于及时形成脱磷渣的温度下,利用其他有利于脱磷的因素(如提高 $C'_{PO_4^{3-}}$)来补偿高温对脱磷反应不利的影响。

(3)金属熔池某些能提高磷活度系数的元素(C、O)的存在。

**【例 6-7】**

试计算下列成分炉渣的钢渣间磷的分配常数及钢液的含磷量。炉渣成分为 $w(CaO)=41.7\%$,$w(SiO_2)=20\%$,$w(MgO)=11.6\%$,$w(MnO)=5.0\%$,$w(FeO)=15.2\%$,$w(Fe_2O_3)=3.0\%$,$w(P_2O_5)=3.5\%$,温度 1600℃。

**解** (1)用正规离子溶液模型进行计算

由式(6-23) $$L_P=\frac{x(P^{5+})}{w[P]}=K^{1/2}\times\frac{[x(Fe^{2+})]^{2.5}\cdot\gamma_{Fe^{2+}}^{2.5}}{\gamma_{P^{5+}}}$$

第一步:计算 $x(Fe^{2+})$

渣中组分的物质的量($\sum w(FeO)=w(FeO)+0.9w(Fe_2O_3)=17.9\%$),$\sum w(B)=1.712$

| 组分 | CaO | $SiO_2$ | MgO | MnO | FeO | $P_2O_5$ |
|---|---|---|---|---|---|---|
| $n(B)$ | 0.745 | 0.333 | 0.290 | 0.070 | 0.249 | 0.025 |
| $x(B)$ | 0.435 | 0.195 | 0.169 | 0.041 | 0.145 | 0.0146 |

而熔渣内阳离子物质的量分数 $x(B^+)=\nu_B n(B^+)/\sum\nu_B n(B^+)$ 为

$$\sum\nu_B n(B^+)=0.745+0.333+0.29+0.070+0.249+2\times0.025=1.737$$

| $x(Ca^{2+})$ | $x(Si^{4+})$ | $x(Mg^{2+})$ | $x(Mn^{2+})$ | $x(Fe^{2+})$ | $x(P^{5+})$ |
|---|---|---|---|---|---|
| 0.429 | 0.192 | 0.167 | 0.040 | 0.143 | 0.029 |

第二步:计算 $\gamma_{Fe^{2+}}$

$$\begin{aligned}\lg\gamma_{Fe^{2+}}&=\frac{1000}{T}\{2.18x(Mn^{2+})\cdot x(Si^{4+})+5.90[x(Ca^{2+})\\&\quad+x(Mg^{2+})]\cdot x(Si^{4+})+10.50x(Ca^{2+})\cdot x(P^{5+})\}\\&=\frac{1000}{1873}\times[2.18\times0.040\times0.192+5.90\times(0.429+0.167)\\&\quad\times0.192+10.50\times0.429\times0.029]\\&=0.439\end{aligned}$$

$$\gamma_{Fe^{2+}}=2.75$$

第三步：计算 $\gamma_{P^{5+}}$

$$\lg\gamma_{P^{5+}}=\lg\gamma_{Fe^{2+}}-\frac{10500}{T}x(Ca^{2+})=0.439-\frac{10500}{1873}\times0.429=-1.966$$

$$\gamma_{P^{5+}}=0.0108$$

第四步：计算 $L_P$ 和 $w[P]$

由 $K=2.34\times10^{-2}$ 得：

$$L_P=\frac{x(P^{5+})}{w[P]}=K^{1/2}\times\frac{[x(Fe^{2+})]^{2.5}\cdot\gamma_{Fe^{2+}}^{2.5}}{\gamma_{P^{5+}}}$$

$$=(2.34\times10^{-2})^{1/2}\times\frac{(2.75\times0.143)^{2.5}}{1.08\times10^{-2}}=1.37$$

$$w[P]=0.029/1.37=0.021\%$$

(2)用实验式(6－26)计算

$$\sum w(Fe)=\frac{56}{72}w(FeO)+\frac{112}{160}w(Fe_2O_3)=\frac{56}{72}\times15.2+\frac{112}{160}\times3=13.92$$

$$\lg L_P=\lg\frac{w(P)}{w[P]}=\frac{22350}{T}-16+0.08w(CaO)+2.5\lg\sum w(Fe)$$

$$=\frac{22350}{1873}-16+0.08\times41.7+2.5\times\lg13.9=2.13, L_P=134.9$$

$$w(P)=\frac{62}{142}\times w(P_2O_5)=\frac{62}{142}\times3.5=1.528$$

$$w[P]=1.528/134.9=0.011\%$$

(3)利用光学碱度得到的磷容量计算

由式(6－24) $$L_P=\frac{w(P)}{w[P]}=C'_{PO_4^{3-}}\times\frac{M_P}{M_{PO_4^{3-}}}\times a_{[O]}^{5/2}\times f_P$$

式中　$f_P=1$。

第一步：计算炉渣的光学碱度 $\Lambda$

由式(3－15)计算 $C'_{PO_4^{3-}}$，需按第 3 章式(3－9)、(3－10)先计算出熔渣的光学碱度 $\Lambda$。

炉渣中组分的物质的量分数 $x$(B)(注意此处氧化物的物质的量分数与(1)中 FeO 与 $Fe_2O_3$ 是否折合为 $\sum$ FeO 的计算结果不同。)

| 氧化物 | CaO | $SiO_2$ | MgO | MnO | FeO | $Fe_2O_3$ | $P_2O_5$ |
|---|---|---|---|---|---|---|---|
| $x$(B) | 0.440 | 0.197 | 0.171 | 0.041 | 0.125 | 0.011 | 0.015 |

$$\sum n(O)x(B)=1\times0.440+2\times0.197+1\times0.171+1\times0.041+1\times0.125+3\times0.011+5\times0.015$$

$$=1.279$$

$$\Lambda=\sum x(B^+)\Lambda_B=\frac{1\times0.440}{1.279}\times1+\frac{2\times0.197}{1.279}\times0.48+\frac{1\times0.171}{1.279}\times0.78+\frac{1\times0.041}{1.279}\times0.59$$

$$+\frac{1\times0.125}{1.279}\times0.51+\frac{3\times0.011}{1.279}\times0.48+\frac{5\times0.015}{1.279}\times0.40=0.701$$

第二步:计算磷酸盐容量

将炉渣光学碱度代入式(3-15),得到

$$\lg C'_{PO_4^{3-}}=\frac{29990}{1873}-23.74+17.55\times0.701=4.574$$

得 $C'_{PO_4^{3-}}=37522.85$

第三步:计算 $a_{[O]}$

由 $a_{[O]}=L_O a_{FeO}$,而 $a_{FeO}$ 由 $CaO-SiO_2-FeO$ 渣系的等活度曲线图得出。利用(1)中数据计算 $CaO-SiO_2-FeO$ 伪三元系各组分的物质的量分数

$$\sum x(CaO)=0.435+0.169+0.041=0.645$$

$$\sum x(SiO_2)=0.195+0.0146=0.21$$

$$\sum x(FeO)=0.145$$

查图 3-28 得 $a_{FeO}=0.5$,$a_{[O]}=0.23\times0.5$

第四步:计算 $L_P$ 和 $w[P]$

$$L_P=\frac{w(P)}{w[P]}=C'_{PO_4^{3-}}\times\frac{M_P}{M_{PO_4^{3-}}}\times a_{[O]}^{5/2}\times f_P=37522.85\times\frac{31}{95}\times(0.23\times0.5)^{2.5}=54.91$$

$w[P]=w(P)/54.91=1.53/54.91=0.028\%$。

三种方法计算得到的 $w[P]$ 含量中,利用正规离子溶液模型的计算结果与利用光学碱度得到的磷容量计算结果比较接近。

## 6.4.2 磷和碳、铬的选择性氧化

### 6.4.2.1 磷和碳的选择性氧化

由氧势图(图 6-1)可见,磷与碳在不同的温度条件下,出现选择性氧化,其反应为

$$2[P]+5CO=5[C]+(P_2O_5) \qquad \Delta_r G_m^0=-642832+735.89T \quad J/mol$$

$$\frac{(w[P])^2}{(w[C])^5}=K\times\frac{a_{P_2O_5}}{p_{CO}^5}$$

在标准状态下,转化温度约为 1500K,在此温度以下即低温下,[P]先于[C]氧化,而

高于此温度，则[P]的氧化受到抑制，而[C]大量氧化。在温度及 $p_{CO}$ 一定下，使[P]优先于[C]氧化的条件，如上式可见，则是降低 $a_{P_2O_5}$。因此，在炼钢过程中及时造好能使 $a_{P_2O_5}$ 值低的高碱度、高氧化铁的熔渣是[P]先于[C]，或同时氧化的条件。

在不同的炼钢方法中，成渣的早迟有所不同，就出现了[P]在冶炼前期、中期或后期进行氧化，即可在[C]开始大量氧化之前，脱[C]完成之后，或与[C]同时氧化。例如，在电弧炉氧化期温度较低时，炉底加入的造渣料在吹氧助熔条件下能形成去磷渣使[P]与[C]一起氧化。在氧气顶吹转炉中，[P]可与[C]同时氧化，因为喷枪氧气流股冲击铁水面，铁氧化形成的 FeO 化渣很快。在底吹及复吹转炉内，脱磷则是在碳焰下降后的较高温度下进行的，因为炉底喷嘴吹入的氧生成的 FeO 为脱碳所消耗，致使成渣缓慢。如果采用从炉底喷嘴用氧喷吹石灰粉，则化渣快，[P]和[C]也可以同时氧化。此外，在炉外铁水脱磷时，由于温度低，铁水含碳量高(能提高 $a_P$)主要是磷氧化。

因此，[P]虽在较低温度时易于氧化，但要有适合于去磷的高碱度、高氧化渣及时形成。当这种渣及时形成时，磷可与碳同时氧化，或比碳先氧化，否则碳先于磷氧化。

#### 6.4.2.2 磷和铬(碳)的选择性氧化

从氧势图(图 6-1)可见，磷和铬氧化物的氧势线相距甚近，它们可以同时氧化。在用含铬废钢冶炼不锈钢时，要求做到“去磷保铬”以提高铬的回收率。为了磷的氧化需要有足够的氧势，但从保铬来说，氧势则不能过高，但当[P]、[Cr]、[C]同时氧化形成耦合反应时，则是达到“去磷保铬”的先决条件。

由于磷和铬与碳都能出现选择性氧化，所以含铬炉料的氧化脱磷实际上是三元素之间的选择性氧化问题。因此，脱磷过程出现下列 3 个反应：

$$[P]+\frac{5}{4}O_2=\frac{1}{2}(P_2O_5) \qquad \Delta_r G_m^0=-663891+259.13T \quad J/mol \qquad (\mathrm{I})$$

$$[Cr]+\frac{3}{4}O_2=\frac{1}{2}(Cr_2O_3) \qquad \Delta_r G_m^0=-574320+170.52T \quad J/mol \qquad (\mathrm{II})$$

$$[C]+\frac{1}{2}O_2=CO \qquad \Delta_r G_m^0=-136990+43.51T \quad J/mol \qquad (\mathrm{III})$$

上述反应可形成下列两个耦合反应：

$$3[C]+(Cr_2O_3)=2[Cr]+3CO \qquad \Delta_r G_m^0=737670-471.57T \quad J/mol \qquad (\mathrm{IV})$$

$$2[P]+5CO=(P_2O_5)+5[C] \qquad \Delta_r G_m^0=-642832+735.89T \quad J/mol \qquad (\mathrm{V})$$

由此可见，[P]及[Cr]的氧化都和[C]的氧化有关，而在不同的碳量下出现了不同的选择性氧化。为了达到“去磷保铬”应使反应(Ⅳ)和(Ⅴ)同时向右进行。由反应(Ⅳ)和(Ⅴ)分别可写出

$$w[Cr]=\sqrt{K_{\mathrm{IV}}\cdot\frac{a_C^3}{p_{CO}^3 f_{Cr}^2}\cdot a_{Cr_2O_3}} \qquad w[P]=\sqrt{K_{\mathrm{V}}\cdot\frac{a_{P_2O_5}a_C^5}{p_{CO}^5 f_P^2}} \qquad (6-28)$$

由此可见，提高 $a_{Cr_2O_3}$ 及 $f_P$，降低 $a_{P_2O_5}$ 及 $f_{Cr}$ 能达到“去磷保铬”的目的。为此，应在钢

液中碳量较高的条件下(能提高 $f_P$ 及降低 $f_{Cr}$),造 $a_{Cr_2O_3}$ 高及 $a_{P_2O_5}$ 低的熔渣下进行。而在大量的磷除去后,再在高温或真空下脱碳。提高温度有利于“保铬”,但不利于“去磷”,所以一般选择的温度为 1450℃～1500℃。

### 6.4.3 熔渣中磷酸盐的还原

在熔炼、脱氧、合金化及浇铸过程中,能形成酸性氧化物的元素,大量进入钢液中及炉渣碱度降低,均能使渣中的磷酸盐破坏,$(P_2O_5)$发生还原,钢液中磷量增加,称为回磷,其反应为

$$2(3CaO\cdot P_2O_5)+3(SiO_2)=3(2CaO\cdot SiO_2)+2(P_2O_5)$$

$$2(3CaO\cdot P_2O_5)+5[Si]=4[P]+5(SiO_2)+6(CaO)$$

此外,熔渣(FeO)含量的降低亦能发生回磷。脱氧时钢液中 $w[O]$的降低,相应地能使与钢液接触的熔渣内 $w(FeO)$降低,也会发生回磷。

根据盛钢桶内回磷熔渣的成分可计算出钢液中回磷量。为了防止回磷,应尽可能不要在炉内大量加硅铁脱氧,同时也不要使大量炉渣进入盛钢桶内,而且还应使进入盛钢桶内用以保温的少量熔渣变稠,减弱它对桶衬的侵蚀,使 $SiO_2$不要进入熔渣内。

### 6.4.4 还原脱磷

钢液中的[P]除在氧化条件下能形成溶解于碱性渣中的磷酸盐外,但也能在高度还原条件下,还原形成溶解于渣中的磷化物,它们的反应如下:

$$Ca_{(l)}+\frac{2}{3}[P]+\frac{4}{3}O_2=\frac{1}{3}(3CaO\cdot P_2O_5)\qquad \Delta_rG_m^0=-1307960+299.4T\ \ \mathrm{J/mol}\qquad (\mathrm{I})$$

或

$$P_{2(g)}+\frac{5}{4}O_2+\frac{3}{2}(O^{2-})=(PO_4^{3-})$$

$$Ca_{(l)}+\frac{2}{3}[P]=\frac{1}{3}(Ca_3P_2)\qquad \Delta_rG_m^0=-99148+34.96T\ \ \mathrm{J/mol}\qquad (\mathrm{II})$$

或

$$\frac{1}{2}P_{2(g)}+\frac{3}{2}(O^{2-})=(P^{3-})+\frac{3}{4}O_2$$

由反应(Ⅰ)及(Ⅱ)的组合,可得

$$(Ca_3P_2)+4O_2=(3CaO\cdot P_2O_5)\qquad \Delta_rG_m^0=-3626436+793.32T\ \ \mathrm{J/mol}\qquad (\mathrm{III})$$

由于缺乏磷酸根及磷化物活度的数据,取 $a_{Ca_3P_2}=1$,$a_{3CaO\cdot P_2O_5}=1$,氧分压为 $\lg p_{O_2}=-\frac{47350}{T}+10.36$,在 1673K,$p_{O_2}=1.15\times10^{-18}$或 $p'_{O_2}=1.2\times10^{-13}\,\mathrm{Pa}$。

反应(Ⅲ)的平衡氧分压计算的氧势($\pi_O=RT\ln p_{O_2}$)称为临界氧势。它与温度及渣系有关。当体系的氧势低于临界氧势时,反应(Ⅲ)向左进行;而高于临界氧势时,反应(Ⅲ)向右进行。所以还原脱磷只能在体系的氧势低于反应(Ⅲ)的临界氧势以下才能进行。

常用的还原脱磷剂主要是 Ca,作为钙合金的常是 $CaC_2$、CaSi,虽然也曾用 Mg、Ba、RE(稀土)等元素做过试验,但尚未在实际生产中应用。

6.4.4.1 $CaC_2$脱磷

用 $CaC_2$脱磷的反应方程式为

$$CaC_{2(S)}+\frac{2}{3}[P]=\frac{1}{3}(Ca_3P_2)+2[C] \qquad \Delta_rG_m^0=590837-107.82T \quad J/mol$$

产生的[C]能影响 $CaC_2$的分解速率。当 $w$[C]低时(<0.5%),$CaC_2$的分解很快,Ca 的挥发损失比例大,但当 $w$[C]高时(>1.0%),$CaC_2$的分解又较慢。分解出的碳对金属也有增碳的作用,对不锈钢的冶炼也有些不利。

6.4.4.2 CaSi 脱磷

用 CaSi 脱磷的反应方程式为

$$CaSi_{(S)}+2[P]=(Ca_3P_2)+3[Si] \qquad \Delta_rG_m^0=-39172-10.13T \quad J/mol$$

分解出的[Si]达到最高值后,基本保持不变,它能提高 $a_P$,所以有利于提高还原脱磷。但分解出的 Ca 也可与[C]结合,消耗用于脱磷的 Ca。

脱磷剂内均加入有 $CaF_2$,它起着重要的脱磷作用。(1)它能溶解 Ca 及 $CaC_2$,降低钙的蒸气压,减少钙的损失;(2)能降低 $a_{Ca_3P_2}$,使反应更易向右进行;(3)促进 $CaC_2$的分解。

目前还原脱磷在生产上尚未得到推广,主要是工艺上还存在着不少问题,而炉渣的处理也是一项复杂的技术,因为炉渣中的 $Ca_3P_2$与空气中的水汽作用后,能放出有剧毒的 $PH_3$气体。

## 6.5 脱硫反应

钢液的脱硫是生产优质钢和高级优质钢的主要条件之一。一般钢种允许的 $w$[S]为 0.015%~0.045%,优质钢的 $w$[S]小于 0.02%甚至更低(易削钢种除外)。但炼钢选用的生铁中 $w$[S]为 0.05%~0.08%,已远高于钢种允许的含量,并且在用燃料的炉内,金属还可自炉气中吸收硫,因此,炼钢时还有脱硫的任务。

第 5 章讲述的发生在高炉炉缸内渣—铁液界面的脱硫反应$[S]+(O^{2-})=(S^{2-})+[O]$,同样发生在氧化熔炼过程中,但是前者是中碱度(0.9~1.3)的还原渣($w$(FeO)<1%),而后者是高碱度(>2)的氧化渣($w$(FeO)=6%~20%)。因而两种情况的脱硫能力在程度上就有一定的差别。由同一形式表示的硫的分配常数不仅数值有较大差别(相差一个数量级),而且处理方法也不尽相同,这主要是受渣中氧化铁含量的影响。

### 6.5.1 炼钢脱硫反应的热力学

6.5.1.1 离子理论的脱硫反应

$$[S]+[Fe]=(S^{2-})+(Fe^{2+}) \qquad (Ⅰ)$$

$$[S]+(O^{2-})=(S^{2-})+[O] \quad (\text{Ⅱ})$$

$$L_{S(\text{Ⅰ})}=\frac{x(S^{2-})}{w[S]}=K_{\text{Ⅰ}}\frac{f_S}{\gamma_{Fe^{2+}}\gamma_{S^{2-}}x(Fe^{2+})} \quad (6-29)$$

$$L_{S(\text{Ⅱ})}=\frac{x(S^{2-})}{w[S]}=K_{\text{Ⅱ}}\frac{x(O^{2-})\gamma_{O^{2-}}f_S}{w[O]f_O\gamma_{S^{2-}}} \quad (6-30)$$

可利用以下两种方法来处理上述两式。

(1)利用完全离子溶液模型

高碱度熔渣中,$(S^{2-})$和$(O^{2-})$与阳离子的作用键能没有很大差别,可认为它们是完全离子溶液,而用完全离子溶液模型来计算离子的活度。

$$[S]+[Fe]=(S^{2-})+(Fe^{2+}) \qquad K_{\text{Ⅰ}} \quad (\text{Ⅰ})$$

$$(Fe^{2+})+(O^{2-})=[O]+[Fe] \qquad K_{\text{Ⅱ}} \quad (\text{Ⅱ})$$

$$[S]+(O^{2-})=(S^{2-})+[O] \qquad K_{\text{Ⅲ}} \quad (\text{Ⅲ})$$

由式(Ⅲ)

$$L_S=\frac{x(S^{2-})}{w[S]}=K_{\text{Ⅰ}}K_{\text{Ⅱ}}\times\frac{x(O^{2-})}{w[O]}\times\frac{\gamma_{O^{2-}}f_S}{\gamma_{S^{2-}}} \quad (\text{Ⅳ})$$

式中 $f_O=1$。

又由式(Ⅱ)

$$K_{\text{Ⅱ}}=\frac{w[O]}{x(Fe^{2+})x(O^{2-})}\times\frac{1}{\gamma_{Fe^{2+}}\gamma_{O^{2-}}} \quad (\text{Ⅴ})$$

将式(Ⅴ)代入式(Ⅳ),得

$$L_S=\frac{x(S^{2-})}{w[S]}=K_{\text{Ⅰ}}\cdot\frac{f_S}{\gamma_{Fe^{2+}}x(Fe^{2+})\gamma_{S^{2-}}} \quad (\text{Ⅵ})$$

又按完全离子溶液模型:

$$x(S^{2-})=\frac{n(S^{2-})}{\sum n(B^-)}=\frac{w(S)}{32\sum n(B^-)}$$

$$x(Fe^{2+})=\frac{n(Fe^{2+})}{\sum n(B^+)}=\frac{n(FeO)}{\sum n(B^+)} \quad (\text{Ⅶ})$$

式中 $\sum n(B^+)$,$\sum n(B^-)$——分别为正离子及负离子的物质的量的总和。将$x(S^{2-})$及$x(Fe^{2+})$代入式(Ⅶ),整理得

$$L_S=\frac{w(S)}{w[S]}=\frac{32K_{\text{Ⅰ}}\sum n(B^+)\sum n(B^-)f_S}{n(FeO)\gamma_{Fe^{2+}}\gamma_{S^{2-}}} \quad (6-31)$$

式中 $\lg K_{\text{Ⅰ}}=-\frac{3160}{T}+0.46$

$$\lg\gamma_{Fe^{2+}}\gamma_{S^{2-}}=1.53\sum x(SiO_4^{4-})-0.17$$

一般 $\sum x(SiO_4^{4-})=0.11\sim1.0$。当 $\sum x(SiO_4^{4-})=0.11$ 时,$\gamma_{Fe^{2+}}\gamma_{S^{2-}}=1$,熔渣是完全离子溶液。$\sum x(SiO_4^{4-})>1$ 时,炉渣变为酸性渣,上式则不能适用。

(2)用硫容量计算法

将式(Ⅶ)代入式(6-30)中

$$L_S=\frac{w(S)}{w[S]}=K_{\text{Ⅱ}}\frac{a_{O^{2-}}}{\gamma_{S^{2-}}}\times\frac{f_S}{w[O]}\times32\sum n(B^-)$$

式中　$f_O=1$。引入硫容量 $C'_S=K_{\text{II}}\times\frac{a_{O^{2-}}}{\gamma_{S^{2-}}}$，则上式变为：

$$L_S=\frac{w(S)}{w[S]}=C'_S\times\frac{f_S}{w[O]}\times 32\sum n(B^-) \tag{6-32}$$

对于碱度较高的炼钢渣 $C'_S$ 可用下述的实际渣系多元回归处理得出的式子，由炉渣的光学碱度计算：

$$\lg C'_S=-13.913+42.84\Lambda-23.82\Lambda^2-(11710/T)$$
$$-0.02223w(SiO_2)-0.02275w(Al_2O_3)\quad(\Lambda<0.8) \tag{6-33}$$

$$C'_S=-0.6261+0.4808\Lambda-0.7197\Lambda^2-(1697/T)-(2587\Lambda/T)$$
$$+0.0005144w(FeO)\quad(\Lambda\geqslant 0.8) \tag{6-34}$$

式中　$\Lambda$——熔渣的光学碱度。

**【例 6－8】**

利用完全离子模型及硫容量计算 1873K 时硫在熔渣—钢液间的分配常数。已知熔渣成分：$n(CaO)=1.142$，$n(SiO_2)=0.392$，$n(MgO)=0.065$，$n(FeO)=0.085$，$n(Fe_2O_3)=0.012$，$n(P_2O_5)=0.006$，$n(MnO)=0.016$，$n(S)=0.004$。钢液成分为 $w[C]=0.6\%$，$w[Si]=0.01\%$，$w[Mn]=0.07\%$，$w[P]=0.009\%$，$w[S]=0.0016\%$。

(1)完全离子溶液模型

$$[S]+[Fe]=(S^{2-})+(Fe^{2+})$$

体系包含的离子有：$Ca^{2+}$、$Mg^{2+}$、$Fe^{2+}$、$Mn^{2+}$、$SiO_4^{4-}$、$AlO_2^-$、$O^{2-}$、$S^{2-}$、$PO_4^{3-}$，则：

$$\sum n(B^+)=n(CaO)+n(MgO)+n(MnO)+n(FeO)=1.142+0.065+0.016+0.085$$
$$=1.308$$

$$\sum n(B^+)=n(SiO_2)-n(P_2O_5)+n(Fe_2O_3)+n(S)$$
$$=1.308-0.392-0.0006+0.012+0.004=0.926$$

而：
$$\sum x(SiO_4^{4-})=\frac{n(SiO_2)+2n(Fe_2O_3)+2n(P_2O_5)}{\sum n(B^-)}$$
$$=\frac{0.392+2\times0.012+2\times0.006}{0.926}=0.4622$$

所以，$\lg\gamma_{Fe^{2+}}\gamma_{S^{2-}}=1.53\sum x(SiO_4^{4-})-0.17=0.5372$，得出 $\gamma_{Fe^{2+}}\gamma_{S^{2-}}=3.445$

又
$$\lg K_{\text{I}}=-\frac{3160}{T}+0.46=-\frac{3160}{1873}+0.46=-1.227$$

$$K_{\text{I}}=0.0593$$

$$\lg f_S = \sum e_j^j w[j] = e_S^S w[S] + e_S^{Si} w[Si] + e_S^C w[C] + e_S^{Mn} w[Mn] + e_S^P w[P]$$

$$= -0.028w[S] + 0.063\times 0.01 + 0.11\times 0.6 - 0.026\times 0.07 + 0.029\times 0.009$$

$$= 0.0651\text{(忽略第一项)}$$

$f_S = 1.1617$

$$L_S = \frac{w(S)}{w[S]} = \frac{32K_I(\sum n(B^+))(\sum n(B^-))\cdot f_S}{n(FeO)\cdot \gamma_{Fe^{2+}}\gamma_{S^{2-}}}$$

$$= \frac{32\times 0.0593\times 1.308\times 0.926\times 1.1617}{0.085\times 3.445} = 9.12$$

$$w[S] = w(S)/L_S = 0.004\times 32/9.12 = 0.014$$

(2)用硫容量计算(1873K)

| | CaO | $SiO_2$ | MgO | FeO | $Fe_2O_3$ | $P_2O_5$ | MnO |
|---|---|---|---|---|---|---|---|
| $x(B)$ | 0.6647 | 0.2282 | 0.0378 | 0.0495 | 0.0070 | 0.0035 | 0.0093 |
| $x(B^+)$ | 0.5291 | 0.3633 | 0.0301 | 0.0394 | 0.0167 | 0.1393 | 0.0074 |

$$\sum n = 1.718$$

$$\sum n(O)\cdot x(B) = 1\times 0.6647 + 2\times 0.2282 + 1\times 0.0378 + 1\times 0.0495 + 3\times 0.0070 + 5\times 0.0035 + 1\times 0.0093 = 1.2562$$

$$\Lambda = \sum x(B^+)\Lambda_B = \frac{1\times 0.6647}{1.2562}\times 1 + \frac{2\times 0.2282}{1.2562}\times 0.48 + \frac{1\times 0.0378}{1.2562}\times 0.78 + \frac{1\times 0.0495}{1.2562}\times 0.51 + \frac{3\times 0.0070}{1.2562}\times 0.48 + \frac{5\times 0.0035}{1.2562}\times 0.40 + \frac{1\times 0.0093}{1.2562}\times 0.59$$

$$= 0.8151 > 0.8$$

$$C_S' = -0.6261 + 0.4808\times 0.8151 + 0.7197\times 0.8151^2 + \frac{1697}{1873} - \frac{2587\times 0.8151}{1873} + 0.0005144\times 0.085\times 72 = 0.0273$$

对 $w[O]$： $a_{[O]} = w[O] = f_O a_{FeO}$

$$\sum x(CaO) = x(CaO) + x(MgO) + x(MnO) = 0.7118$$

$$\sum x(SiO_2) = x(SiO_2) + x(P_2O_5) + x(Fe_2O_3) = 0.2387$$

$$x(FeO) = 0.0495$$

查图 3-28，取 $a_{FeO} = 0.25$，又由于 $32\sum n(B^-) = 32\times 0.926 = 29.632$，所以

$$L_S=\frac{w(S)}{w[S]}=C'_S\cdot\frac{f_S}{w[O]}\times 32\sum n(B^-)=16.344$$

$$w[S]=w(S)/L_S=(0.004\times 32)/16.344=0.008\%。$$

### 6.5.1.2 脱硫反应的影响因素

根据前面导出的 $L_S$ 关系式，可得出以下影响脱硫反应的因素。

(1)炉渣的组成　低氧化铁、碱性渣有利于脱硫

碱度提高，可使 $a_{O^{2-}}$ 增大及 $\gamma_{S^{2-}}$ 降低，从而提高 $L_S$，虽然所有的碱性氧化物都能提供脱硫反应所需的 $O^{2-}$，但 $Ca^{2+}$ 带入 $O^{2-}$ 作用最大。又因为 $S^{2-}$ 的半径比 $O^{2-}$ 的半径大，所以 $Ca^{2+}$ 要集中在 $S^{2-}$ 的周围，形成弱离子，降低 $\gamma_{S^{2-}}$。另外，碱度提高，$\sum n(B^+)$、$\sum n(B^-)$ 增大，而 $\sum x(SiO_4^{4-})$ 变小，使 $\gamma_{Fe^{2+}}\gamma_{S^{2-}}$ 值降低，也使 $L_S$ 提高。

FeO 带入 $Fe^{2+}$ 及 $O^{2-}$，但它们对脱硫反应有相反的作用。$O^{2-}$ 浓度增加，使 $L_S$ 增大，但 $Fe^{2+}$ 浓度增加，则使 $L_S$ 降低，因为渣中 $Fe^{2+}$ 的增多使钢液的 $w[O]$ 增加（$(Fe^{2+})+(O^{2-})=[O]+[Fe]$），因此，(FeO)的浓度低时，$L_S$ 才有较高的值。

图 6－9 为各种冶炼方法的 $L_S$ 与 $w$(FeO)浓度及碱度（用过剩碱表示）的关系。由图可见，碱度高时，各种冶炼方法均有较高的 $L_S$ 值。但随着 $w$(FeO)浓度的增加，$L_S$ 降低显著。

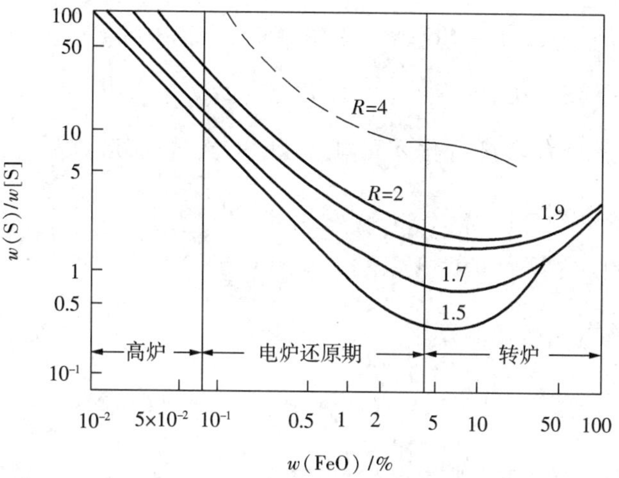


图 6－9　硫的分配常数与 $w$(FeO)及碱度的关系

$$R=\sum n(CaO)-2n(SiO_2)-4n(P_2O_5)-3n(Al_2O_3)-n(Fe_2O_3)$$

由式(6－29)及式(6－30)可得

$$L_S=\frac{x(S^{2-})}{w[S]}=K_{\text{I}}\frac{f_S}{\gamma_{Fe^{2+}}\gamma_{S^{2-}}x(Fe^{2+})}\doteq K_{\text{II}}\frac{x(O^{2-})\gamma_{O^{2-}}f_S}{w[O]\gamma_{S^{2-}}f_O}\tag{6-35}$$

可见，$Fe^{2+}$ 浓度降低，从而使 $w[O]$ 降低，$L_S$ 提高。当 $w(FeO)$ 很低时（$10^{-2}\%\sim 1\%$），$O^{2-}$ 浓度改变不大（因为在高碱度时，渣内 $O^{2-}$ 的浓度本来就很高），但 $Fe^{2+}$ 却有很低的浓度（高炉渣），从而 $L_S$ 有很高的值。但当 $w(FeO)$ 较高时（$>1\%$），$O^{2-}$ 及 $Fe^{2+}$ 和 $[O]$ 的浓度均较高，$Fe^{2+}$ 则使 $L_S$ 下降，而 $O^{2-}$ 却使 $L_S$ 上升，两者对 $L_S$ 互为消长，故 $L_S$ 变化不大。当 $w(FeO)$ 继续再增加时（$>2\%\sim 10\%$），由于 $O^{2-}$ 的浓度比 $[O]$ 浓度对 $L_S$ 的影响大些，所以 $L_S$ 又提高，但终究不能达到如高炉及电炉还原期的 $L_S$ 值。电弧炉炼钢也有较高的 $L_S$，是因为在氧化末期除去氧化渣后，加入石灰及萤石造"白渣"，渣中加入了碳及硅铁使 $w(FeO)<1\%$。

另外，在氧化熔炼中，(FeO)在形成高碱度渣方面也是不可缺少的，它能促进碱度的提高，补偿(FeO)在脱硫作用下带来的部分副作用。

(2)金属液的组成

金属液中的 Si、C 等元素能提高 $f_S$，使 $[S]$ 易向渣-金属液面转移。但在钢液的脱硫过程中，这些元素的浓度远低于高炉炉缸内铁水的值，生铁液的 $f_S(4\sim 6)$ 比钢液的 $f_S(1\sim 1.5)$ 大，所以生铁液的硫比钢液的硫易于除去。

(3)温度

脱硫是吸热反应，提高温度对脱硫有利，而且高温能加快石灰的溶解和提高熔渣的流动性，获得高碱度的熔渣，并对脱硫的动力学条件有利。

## 6.5.2 炼钢的气化脱硫

溶解于铁液的硫，在强烈的氧化性气体的作用下，可被氧化成 $SO_2$：

$$[S]+2[O]=SO_2 \qquad \Delta_r G_m^0=7700+55.03T \quad J/mol$$

$$[S]+O_2=SO_2 \qquad \Delta_r G_m^0=-226600+49.5T \quad J/mo$$

显然，铁水的硫只有直接氧化才可能变为 $SO_2$。炉渣形成后，可能发生下列气化脱硫：

$$(S^{2-})+\frac{1}{2}O_2=SO_2+(O^{2-}), \quad (S^{2-})+6(Fe^{3+})+2(O^{2-})=6(Fe^{2+})+SO_2$$

后一反应中 $Fe^{3+}$ 作为氧传递的媒介：

$$6(Fe^{2+})+\frac{3}{2}O_2=6(Fe^{3+})+3(O^{2-})$$

上列反应的进行取决于熔渣内 $a_{S^{2-}}$ 和气相的氧势。$\gamma_{S^{2-}}$ 主要与碱度有关，提高碱度，则 $\gamma_{S^{2-}}$ 降低，对气化脱硫不利，但是对熔渣-钢液间的脱硫却十分有利。所以两者有一定的矛盾。当氧气顶吹转炉的氧枪喷出的氧流股冲击钢液区时，由于温度很高，钢液中[S]也可能以 S、$S_2$、$CS_2$、COS 等形态挥发。

但是，在炼钢过程中，炉气的氧势不高，就以氧气顶吹转炉而言，炉气的成分范围为 $\varphi(CO_2)=8\%\sim 18\%$，$\varphi(CO)=81\%\sim 91\%$，$\varphi(H_2O)=1.5\%\sim 5\%$。这种混合气体的氧势比较低，实际上不能使钢液的硫氧化。因此，在氧气顶吹转炉内，仅在吹炼初期氧枪的最初反应区内，才出现气化脱硫，而除去的硫未超过 10%～20%。

### 6.5.3 合成渣脱硫

炉外精炼过程采用合成渣对钢液进行脱硫处理，由于合成渣是高碱度的还原渣，所以有很强的脱硫能力，可使 $w[S]$ 从 0.015%～0.05%下降到 0.005%～0.012%，而 $Ls$ 达到 27～77。脱硫时合成渣的用量及时间的计算式和前述的脱氧相同，下面以例题来说明其应用。

**【例 6-9】**

合成渣成分为 $w(Al_2O_3)=50\%$，$w(CaO)=50\%$，使钢液脱氧，其 $w[S]$ 由 0.015%下降到 0.005%，如钢液最终 $w[Al]=0.010\%$，温度 1923K，$\gamma_{FeO}=0.9$，求合成渣的用量 $m$。

**解** 第一步：求出合成渣用量 $m$ 的表达式

设 100kg 钢液加渣量为 $m$ kg，则

钢液中排出的硫量＝进入熔渣内的硫量

$$100(w[S]^0-w[S])=(w(S)-w(S)^0)\times m$$

$$m=\frac{(w[S]^0-w[S])\times 100}{w(S)-w(S)^0}$$

式中 $w(S)$——熔渣内硫的质量分数，可由熔渣的硫容量求出：$w(S)=C_S(p_{S_2}/p_{O_2})^{1/2}$；

$w(S)^0$——合成渣最初硫的质量分数，本题为零。因此

$$m=\frac{100(w[S]^0-w[S])}{C_S(p_{S_2}/p_{O_2})^{1/2}} \tag{6-36}$$

第二步：计算硫容量 $C_S$

由二元渣系的硫容量图图 3-34 求 $C_S$，二元渣系 $x(Al_2O_3)=0.354$，$x(CaO)=0.644$，查图可得 $\lg C_S=-2.3$，得 $C_S=5.0\times10^{-3}$。

第三步：计算体系的 $S_2$ 分压 $p_{S_2}$

$$\frac{1}{2}S_2=[S],\ p_{S_2}^{1/2}=\frac{f_S w[S]}{K_S}$$

$$\lg K_S=\frac{7054}{1923}-1.224=2.44,\quad K_S=278.07$$

$$\lg f_S=e_S^S w[S]+e_S^{Al}w[Al]=-0.028\times0.005+0.035\times0.01=2.1\times10^{-4},\quad f_S=1$$

所以
$$p_{S_2}^{1/2}=\frac{0.005\times1}{278.07}=1.80\times10^{-5}$$

第四步：计算体系的 $O_2$ 分压 $p_{O_2}$

$$2[Al]+\frac{3}{2}O_2=Al_2O_3,\qquad \Delta_rG_m^0=-1556587+379.06T\ \ \text{J/mol}$$

$$\lg K_{Al}=\lg\frac{1}{a_{Al}^2a_{O_2}^{3/2}}=\frac{1556587}{19.147\times1923}-\frac{379.06}{19.147}=22.46,\quad K_{Al}=2.86\times10^{22}$$

$$\lg f_{Al}=e_{Al}^{Al}w[Al]+e_{Al}^S w[S]=0.045\times0.01+0.03\times0.005=6\times10^{-4},\quad f_{Al}=1$$

$$p_{O_2}^{1/2}=\left(\frac{1}{K_{Al}a_{Al}^2}\right)^{1/3}=\left(\frac{1}{2.86\times10^{22}\times(0.01)^2}\right)^{1/3}=0.7\times10^{-6}$$

第五步：计算合成渣用量 $m$

代入相应数值到式(6－36)得：

$$m=\frac{(0.015-0.005)\times100}{5.0\times10^{-3}\times[1.80\times10^{-5}/(0.7\times10^{-6})]}=7.8\text{kg}$$

且熔渣中硫的含量为

$$w(S)=C_S\,(p_{S_2}/p_{O_2})^{1/2}=5.0\times10^{-3}\times\frac{1.80\times10^{-5}}{0.7\times10^{-6}}=0.130\%$$

# 6.6 脱氧反应

当钢液中大量元素，特别是碳被氧化到较低浓度时钢液内就存在着较高量的氧（$w[O]=0.02\%\sim0.08\%$）。这种饱含氧的钢液在冷却凝固时，不仅在晶界上析出 FeO 及 FeO－FeS，使钢的塑性降低及发生热脆，而且其中的[C]及[O]将继续反应，甚至强烈反应。因为其内的氧在冷却的钢液中溶解度减小，出现偏析时，毗连于凝固层的母体钢液的含氧量增高，超过了 $w[C]\cdot w[O]$ 平衡值，于是 CO 气泡形成，使钢锭饱含气泡，组织疏松，质量下降。因此，只有在控制沸腾（沸腾钢）或不出现沸腾（镇静钢）时，才可能获得成分及组织合格的优质钢锭或钢坯。为此，对于沸腾钢 $w[O]$ 需降低到 $0.025\%\sim0.030\%$，对于镇静钢 $w[O]<0.005\%$。

向钢液中加入与氧亲和力比铁大的元素，使溶解于钢液中的氧转变为不溶解的氧化物，自钢液中排出的过程称为脱氧。按氧除去方式的不同，有 3 种脱氧方法：

(1)沉淀脱氧法，也是应用最广的方法。它是向钢液中加入能与氧形成稳定氧化物的元素（称脱氧剂），而形成的氧化物（脱氧产物）能借自身的浮力或钢液的对流运动而排出；

(2)扩散脱氧法，是利用氧化铁含量很低的熔渣处理钢液，使钢液中氧经扩散进入熔渣中，而不断降低；

(3)真空脱氧法，利用真空的作用降低与钢液平衡的 $p'_{CO}$，从而降低了钢液的 $w[O]$ 和 $w[C]$。

3 种脱氧方法的特点如图 6－10 所示。

## 6.6.1 脱氧反应的热力学原理

元素的脱氧反应可表示为

$$\frac{x}{y}[M]+[O]=\frac{1}{y}(M_xO_y)$$

$$K=\frac{a_{M_xO_y}^{1/y}}{a_{[O]}a_{[M]}^{x/y}}=\frac{a_{M_xO_y}^{1/y}}{(w[O])(w[M])^{x/y}}\times\frac{1}{f_O f_M^{x/y}} \qquad (\text{I})$$

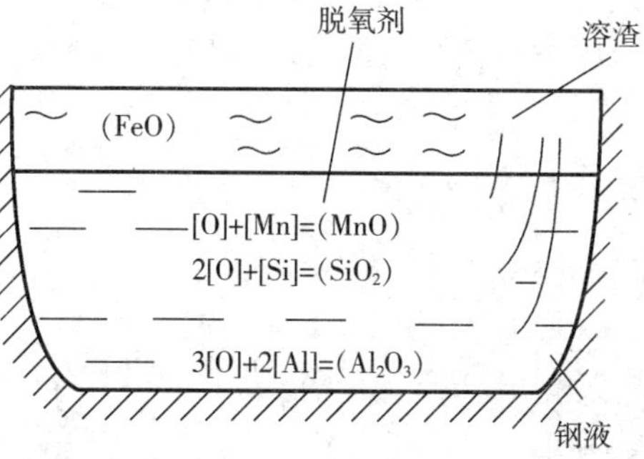


沉淀脱氧

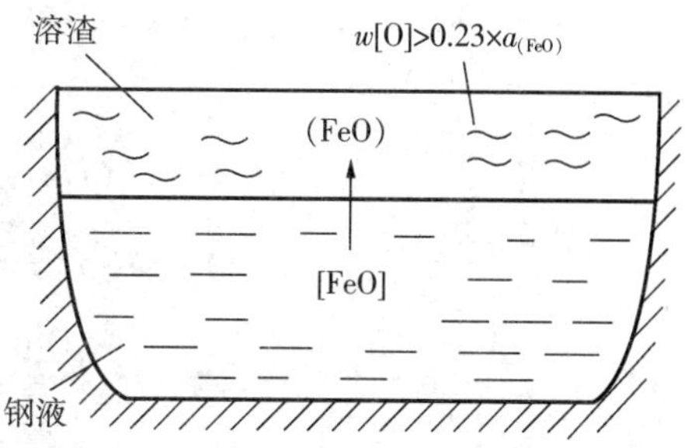


扩散脱氧

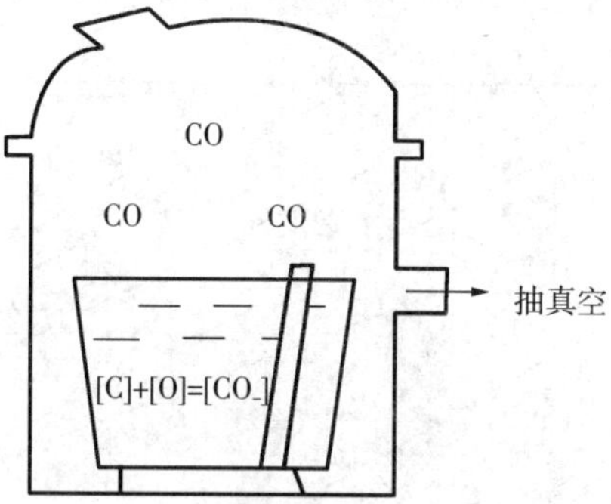


真空脱氧

图 6－10　三种脱氧方法

在形成纯氧化物时 $a_{\mathrm{M}_x\mathrm{O}_y}^{1/y}=1$，$K'=1/K=a_{[\mathrm{O}]}a_{[\mathrm{M}]}^{x/y}\approx(w[\mathrm{O}])(w[\mathrm{M}])^{x/y}$，$K'$称为脱氧常数。

(1)$K'$是脱氧反应平衡常数的倒数，等于脱氧反应达平衡时，脱氧元素浓度的指数与氧浓度的乘积。其值愈小，则与一定量的该脱氧元素平衡的氧浓度就愈小，而该元素的脱氧能力就愈强；

(2)由 $\Delta_r G_m^0=-RT\ln K=RT\ln K'$知，元素与氧的亲和力愈强，$\Delta_r G_m^0$ 也愈小，脱氧反应就进行得愈完全。故 $K'$能用以衡量元素的脱氧能力。

元素的脱氧常数可由以下两种方法得出：

(1)直接取样测定脱氧反应达到平衡时，钢液中脱氧元素与氧的浓度；

(2)用由 $H_2-H_2O_{(g)}$ 混合气体与钢液中脱氧元素的平衡实验测定，即可由下列反应的 $\Delta_r G_m^0$ 组合求得；

$$\frac{x}{y}[\mathrm{M}]+\mathrm{H_2O_{(g)}}=\frac{1}{y}(\mathrm{M}_x\mathrm{O}_y)+\mathrm{H_2}\qquad \Delta_r G_m^0=-RT\ln K_1\qquad \mathrm{J/mol}$$

$$\mathrm{H_2}+[\mathrm{O}]=\mathrm{H_2O_{(g)}}\qquad \Delta_r G_m^0=-134810+61.57T\qquad \mathrm{J/mol}$$

$$\frac{x}{y}[\mathrm{M}]+[\mathrm{O}]=\frac{1}{y}(\mathrm{M}_x\mathrm{O}_y)\qquad \Delta_r G_m^0=-134810+61.57T-RT\ln K_1\qquad \mathrm{J/mol}$$

为了比较各元素的脱氧能力，可由上述脱氧反应的平衡常数作出脱氧反应的平衡图。式(Ⅰ)中的 $f_O=f_O^O f_O^M \approx f_O^M$，$f_M=f_M^M f_M^O \approx f_M^M$，因为 $w[O]$ 很低，故 $f_O^O \approx 1$、$f_M^O \approx 1$。而式(Ⅰ)可写成

$$K'=(w[O])(w[M])^{x/y} f_O^M [f_M^M]^{x/y}$$

而

$$w[O]=K'/\{f_O^M [f_M^M]^{x/y}(w[M])^{x/y}\} \tag{6-37}$$

或

$$\lg w[O]=\lg K'-e_O^M w[M]-\frac{x}{y}e_M^M w[M]-\frac{x}{y}\lg w[M] \tag{6-38}$$

由上式可绘出一定温度下，脱氧元素的脱氧平衡曲线，如图 6-11 所示。由图可见，各脱氧元素的平衡 $w[O]$ 随着其平衡 $w[M]$ 之增加而减少，并在某一 $w[M]$ 浓度时，$w[O]$ 出现了极小值。这可由以下的数学处理来说明。

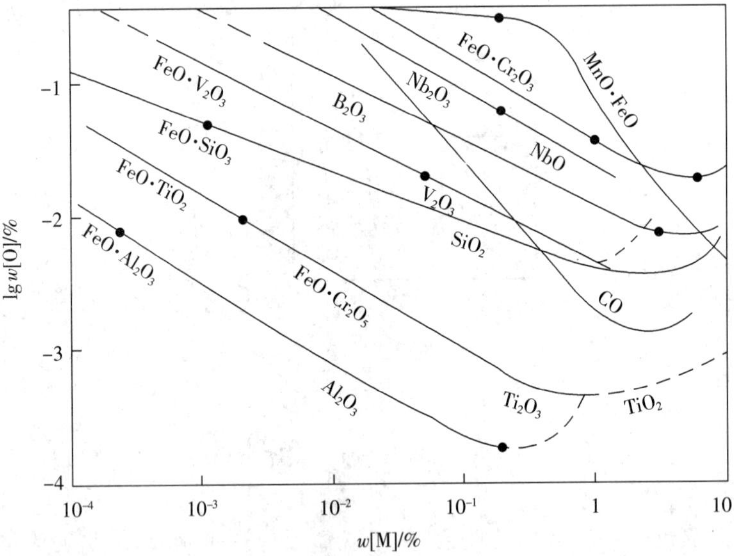


图 6-11　元素脱氧的平衡曲线

将式(6-38)对 $w[M]$ 求导，并令之等于零，可得出 $w[M]$ 和 $w[O]$ 的极值：

$$\frac{\mathrm{d}\lg w[O]}{\mathrm{d}w[M]}=-\frac{x}{2.3y}\times\frac{1}{w[M]}-e_O^M-\frac{x}{y}e_M^M=0$$

故

$$(w[M])_{\min}=-\frac{x}{2.3y(e_O^M+\frac{x}{y}e_M^M)} \tag{6-39}$$

又

$$\frac{\partial^2 \lg w[O]}{\partial(w[M])^2}=-\frac{x}{2.3y\,(w[M])^2}>0$$

即 $\lg w[O]=f(w[M])$ 曲线 $w[M]_{\min}$ 的值处有极小值，如 $|e_M^M|<|e_O^M|$，则

$$w[M]_{\min}=-\frac{x}{2.3ye_O^M} \tag{6-40}$$

再将 $w[M]_{min}$ 代入式(6－38)可求得其相应的 $w[O]$。$w[M]_{min}$ 称为脱氧元素加入的最适量。

$w[M]_{min}$ 能用以比较各脱氧元素的脱氧能力，因为脱氧能力最强的元素，其 $w[M]_{min}$ 也最低。但它不是钢液脱氧的实际要求值。因为钢液脱氧时加入脱氧元素的量，是受钢成分规格限制的。另外，由于某些脱氧元素也是钢的合金元素，还应满足这方面的要求。

又对同一脱氧元素，随着它的平衡浓度不同，可能有不同的脱氧产物生成。浓度低时，脱氧产物是含有 FeO 的复杂化合物或固溶体及液溶体。不能形成溶体的脱氧产物，其活度为1，不会影响脱氧曲线的形状及斜率，但形成溶体的产物则使曲线的形状变复杂。例如，对于铝的脱氧，随着 $w[Al]$ 的不同，可生成 $FeO \cdot Al_2O_3$（铁铝尖晶石）和 $Al_2O_3$，其反应如下：

$$2[Al]+4[O]+[Fe]=FeO \cdot Al_2O_{3(S)} \qquad \Delta_r G_m^0=-1373063+445.01T \quad J/mol$$

$$\lg K_{(\mathrm{I})}=-\lg a_{Al}^2 a_O^4=\frac{71712}{T}-23.24 \quad 或 \quad \lg a_{Al}^2 a_O^4=-\frac{71712}{T}+23.24 \qquad (\mathrm{I})$$

这是由于加入的铝量低，钢液中有较高量的[O]，能以 FeO 形式和生成的 $Al_2O_3$ 结合成 $FeO \cdot Al_2O_3$。又

$$2[Al]+3[O]=Al_2O_{3(S)} \qquad \Delta_r G_m^0=-1218799+394.13T \quad J/mol$$

$$\lg a_{Al}^2 a_O^3=-\frac{63665}{T}+20.58 \qquad (\mathrm{II})$$

由式(Ⅰ)及式(Ⅱ)可分别作出脱氧直线 $\lg a_{Al}-\lg a_O$。可由两直线交点得出两种脱氧产物生成的临界平衡浓度或它们存在的优势区，图 6－12 为 1600℃铝脱氧的平衡直线图。这是以活度值表示的，但能等价于浓度值表示的图。

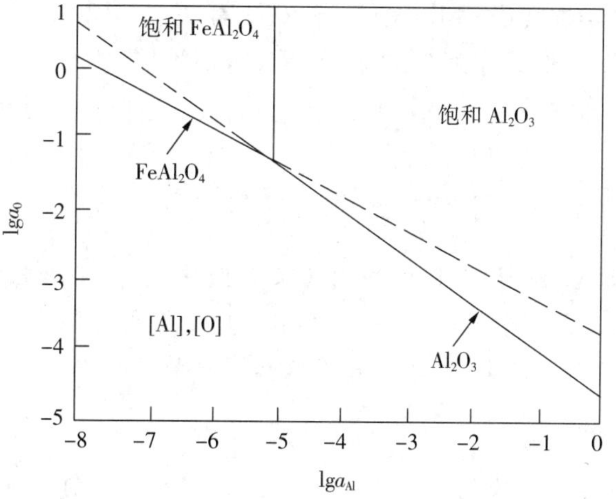


图 6－12　1600℃时 Fe－Al－O 系的平衡曲线

由图可见，交点的坐标为 $a_O=0.03$，$a_{Al}=w[Al]=0.9\times10^{-5}\%$。图中的平衡线将图形分为 3 个区，分别为 $FeO \cdot Al_2O_{3(S)}$、$Al_2O_3$ 及钢液中[O]和[Al]存在区。即在 1600℃

时，$a_{Al} < w[Al](=0.9\times10^{-5}\%)$（三平衡线的交点），脱氧产物为 $FeO\cdot Al_2O_{3(S)}$，而 $a_{Al} > w[Al](=0.9\times10^{-5}\%)$，则脱氧产物为 $Al_2O_3$。

同样可得出其他脱氧元素的平衡值及其相应的平衡曲线。例如：对于

（1）钒的脱氧：$w[V]<0.1\%$时，形成 $FeO\cdot V_2O_3$，$w[V]>0.2\%$时，形成 $V_2O_3$；

（2）钛的脱氧：$w[Ti]<0.2\%$时，形成 $Ti_3O_5$，$w[Ti]>0.2\%$时，形成 $Ti_2O_3$、$TiO_2$。

因此，从图 6-11 可得出脱氧反应的热力学条件：

（1）图中曲线位置愈低的元素，脱氧产物愈稳定，而该元素的脱氧能力愈强，与相同量的各元素平衡的氧浓度就愈低，或为了达到同样的氧浓度，强脱氧元素的平衡浓度就愈低。各元素脱氧能力的大小是 Al>Si>Cr>Mn，但生产中则多采用比较便宜的 Mn、Si、Al 做脱氧列。前两者是以其铁合金的形式使用的。

（2）脱氧产物的组成与温度及脱氧元素的平衡浓度有关。$w[M]$低及 $w[O]$高时，则形成 $FeM_xO_y$ 复杂化合物；$w[M]$高及 $w[O]$低时，则生成纯氧化物 $M_xO_y$，如其熔点高过钢液的温度，则成固相存在。仅位于曲线以上区域内的钢液才能发生脱氧反应，曲线上的黑点为脱氧产物的转变点。

（3）脱氧反应是强放热的，随着温度的降低，脱氧元素的脱氧能力增强，所以在钢液冷却及凝固过程中，就不断有脱氧反应继续进行。此外，脱氧元素形成的偏析及富集，也促使脱氧反应再度发生。这样形成的脱氧产物是难以排出的，在钢中成为夹杂物。因此，应在需要完全脱氧时加入足够量的强脱氧剂，降低钢液中的残氧量，以减少脱氧反应再次发生。例如，镇静钢的生产。

## 6.6.2 锰、硅、铝的脱氧反应

### 6.6.2.1 锰的脱氧反应

由图 6-11 可见，锰是脱氧能力比较弱的脱氧剂，而它的脱氧产物由 MnO+FeO 组成的液体或固溶体与温度及[Mn]的平衡浓度有关。$w[Mn]$增加，脱氧产物中的 $w(MnO)/w(FeO)$比增大，其熔点提高，倾向于形成固溶体。

锰的脱氧反应为 $$[Mn]+[O]=(MnO)$$

$$\lg K_{Mn}=\lg\frac{a_{MnO}}{w[Mn]\cdot w[O]}=\frac{12760}{T}-5.58 \tag{6-41}$$

它的脱氧产物是由 MnO+FeO 所组成，近似理想溶液，$\gamma_{MnO}=\gamma_{FeO}=1$。$a_{FeO}=w(FeO)/100$，而 $a_{MnO}=w(MnO)/100=1-w(FeO)/100$。又 Fe-Mn 系也是理想溶液，$f_{Mn}=1$，$f_O=1$。又钢液中的[O]在钢液和脱氧产物中出现再分配：

$$w[O]/w(FeO)=L_O$$

将上列关系式代入锰脱氧反应的平衡常数中，可得出锰脱氧的氧平衡浓度计算式

$$w[O]=\frac{100L_O}{1+K_{Mn}L_O w[Mn]} \tag{6-42}$$

式中 $\lg L_O=-6320/T+0.734$。式(6-42)仅适用于形成液态的脱氧产物。

因此，随着 $w[\mathrm{Mn}]$ 的提高及温度降低（$K_{\mathrm{Mn}}$增大），平衡氧浓度减小，即锰的脱氧能力增强，而脱氧产物的熔点也相应提高，因为其内 MnO 的含量增加。图 6-13 为锰脱氧的平衡图。

由于锰的脱氧能力在温度下降时增强，所以当钢液冷却到结晶温度附近时，锰能有较强的脱氧能力，这在生产沸腾钢锭时，它就能控制钢锭模内钢液的沸腾强度。因为在低温下，它对[O]的亲和力大于[C]对[O]的亲和力，减弱[C]在后期的氧化，而使钢液的沸腾减弱或停止。此外，在生产镇静钢（全脱氧钢）时，锰和其他强脱氧剂同时加入进行脱氧，可形成含有 MnO 的液体产物，并能提高其他强脱氧剂的脱氧能力。

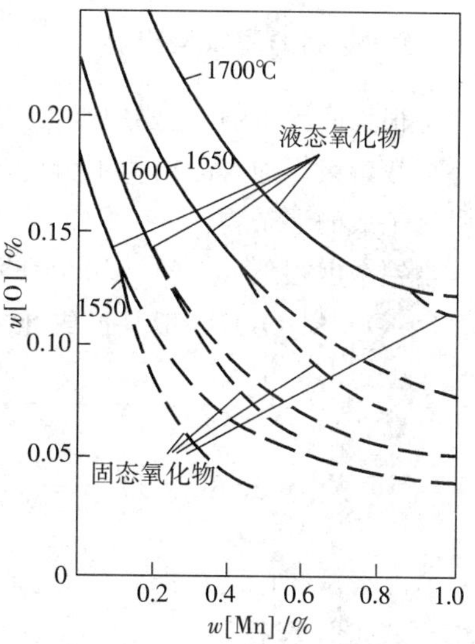

图 6-13　锰脱氧的平衡态

#### 6.6.2.2　硅的脱氧反应

硅是比锰强的脱氧剂，常用于生产镇静钢，仅在 $w[\mathrm{Si}]=0.002\%\sim0.007\%$ 和 $w[\mathrm{O}]=0.018\%\sim0.13\%$ 的范围内脱氧产物才是液相硅酸铁（$2\mathrm{FeO}\cdot\mathrm{SiO_2}$），而在一般钢种的含硅量（$w[\mathrm{Si}]=0.17\%\sim0.32\%$）范围内，脱氧产物是 $\mathrm{SiO_2}$。硅的脱氧反应为

$$[\mathrm{Si}]+2[\mathrm{O}]=(\mathrm{SiO_2})\qquad \lg K_{\mathrm{Si}}=\lg\frac{1}{w[\mathrm{Si}]\cdot(w[\mathrm{O}])^2}=\frac{31038}{T}-12.0 \quad (6-43)$$

上式中，$a_{\mathrm{SiO_2}}=1$，而 $f_{\mathrm{Si}}f_{\mathrm{O}}^2=1$，故有 $w[\mathrm{Si}]\cdot(w[\mathrm{O}])^2=1/K_{\mathrm{Si}}=K'_{\mathrm{Si}}$

这是因为随着 $w[\mathrm{Si}]$ 的增加，$f_{\mathrm{Si}}$ 也增加，但 $f_{\mathrm{O}}$ 却减小，互为补偿，使 $f_{\mathrm{Si}}f_{\mathrm{O}}^2=1$。因此，可用上式来估计与一定的 $w[\mathrm{Si}]$ 平衡的 $w[\mathrm{O}]$。

一般钢种的含硅量可较大地降低钢液中的 $w[\mathrm{O}]$，但由图 6-11 可见，当钢液中 $w[\mathrm{C}]$ 由于选分结晶，发生偏析时，其浓度增高，接近或高于硅的脱氧能力，[C]和[O]将再度强烈反应，析出 CO 气泡。因此，仅用硅脱氧不能抑制低温下发生的碳脱氧反应，不能使钢液完全镇静，获得优质的镇静钢锭或钢坯。为此，需加入比硅脱氧能力更强的脱氧剂，如 Al。图 6-14 为硅脱氧的平衡图。

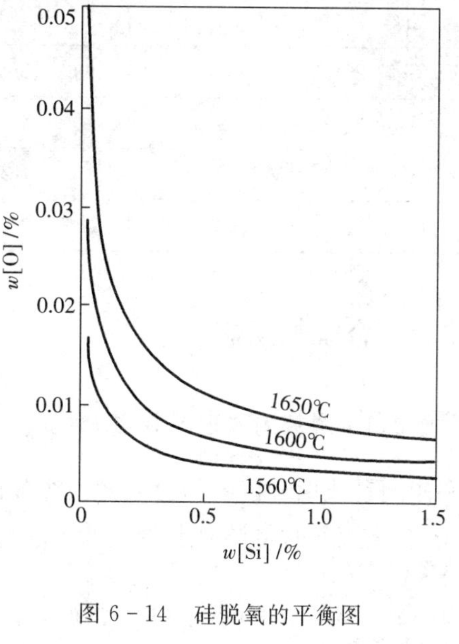

图 6-14　硅脱氧的平衡图

#### 6.6.2.3 铝的脱氧反应

铝是很强的脱氧剂，主要用于生产镇静钢，它的脱氧能力比锰大两个数量级，比硅及碳大一个数量级。加入的铝量不大时，Al 能使钢液中碳的氧化停止，并能减少凝固钢中再次脱氧生成的夹杂物。

仅当铝浓度很低($w[Al]<0.001\%$)时，才能形成熔点高达 1800℃～1810℃的铁铝尖晶石($FeO \cdot Al_2O_3$)，一般是形成纯 $Al_2O_3$，其脱氧反应为

$$2[Al]+3[O]=Al_2O_{3(S)}$$

$$\lg K_{Al}=\lg \frac{1}{(w[Al])^2 \cdot (w[O])^3}=\frac{63655}{T}-20.58 \qquad (6-44)$$

式中 $a_{Al_2O_3}=1$，而 $f_{Al}^2 f_O^3 \approx 1$，故有 $(w[Al])^2 \cdot (w[O])^3=1/K_{Al}=K'_{Al}$

由上式可计算得，1600℃，$K'_{Al}=4.0\times10^{-14}$，因此，当 $w[Al]=0.01\%$ 时 $w[O]=0.0007\%$，在这样低的 $w[O]$下，钢液中的[C]不可能再发生脱氧反应了，所以用铝脱氧才能使钢液完全达到镇静。

铝脱氧生成的 $Al_2O_3$ 是熔点很高的细小不规则形状质点，难于聚合成大质点，但它能在钢液强大的对流作用下排出一些，因为钢液对 $Al_2O_3$ 的黏附功小，不易为钢液所润湿。除上述 3 种常用脱氧剂外，在特殊情况下，还应用了一些特殊脱氧剂，它们不仅有较强的脱氧作用，还有合金化或脱硫的作用。它们的脱氧反应及其脱氧常数的温度关系式见表 6-4 所列。

表 6-4 特殊脱氧元素的脱氧反应及脱氧常数

| 脱氧反应 | $\lg K=f(1/T)$ | 1600℃的 $K'$ |
|---|---|---|
| $2[Ce]+3[O]=Ce_2O_{3(S)}$ | $-81090/T+20.19$ | 8.0×10−24 |
| $[Zr]+2[O]=ZrO_{2(S)}$ | $-44160/T+13.90$ | 2.0×10−10 |
| $[Ti]+2[O]=TiO_{2(S)}$ | $-36600/T+13.32$ | 6.0×10−7 |
| $2[B]+3[O]=B_2O_{3(S)}$ | $-46510/T+16.38$ | 3.5×10−9 |
| $2[V]+3[O]=V_2O_{3(S)}$ | $-42810/T+17.1$ | 1.8×10−6 |
| $2[Cr]+3[O]=Cr_2O_{3(S)}$ | $-78930/T+39.21$ | 1.2×10−3 |

### 6.6.3 复合脱氧反应

#### 6.6.3.1 脱氧的原理及特点

利用两种或两种以上的脱氧元素组成的脱氧剂使钢液脱氧，称为复合脱氧。例如，用 Si-Mn 合金脱氧时将同时发生下列脱氧反应

$$[Mn]+[O]=(MnO) \qquad w[O]=\frac{w(MnO)\gamma_{MnO}}{f_{Mn} w[Mn] K_{Mn}} \qquad (\text{I})$$

$$[Si]+2[O]=(SiO_2) \qquad w[O]=\left[\frac{w(SiO_2)\gamma_{SiO_2}}{f_{Si}w[Si]K_{Si}}\right]^{1/2} \tag{Ⅱ}$$

同时钢液中还出现下列耦合反应

$$[Si]+2(MnO)=(SiO_2)+2[Mn] \tag{Ⅲ}$$

$$(SiO_2)+2(MnO)=(2MnO\cdot SiO_2) \tag{Ⅳ}$$

复合脱氧反应具有以下一些特点：

(1)两种脱氧元素同时参加脱氧，耦合形成的产物结合成复杂的化合物，$2MnO\cdot SiO_2$与脱氧元素的平衡浓度有关，因而能使它们分别脱氧形成的产物的活度及平衡的$w[O]$降低。

(2)它们的脱氧产物形成了低熔点的复杂化合物，又使脱氧产物易于聚合及排出。

(3)由于 Si 的脱氧能力比 Mn 的脱氧能力强，故强脱氧元素又能从弱脱氧元素形成的脱氧产物中夺取氧而使之分解，出现了反应(Ⅲ)。

(4)与钢液中$w[O]$平衡的弱脱氧元素的$w[Mn]$要比与此$w[O]$平衡的强脱氧元素的$w[Si]$高得多，故$w[Mn]$仅能控制反应(Ⅰ)的$w[O]$，而$w[Si]$则控制了整个钢液的氧浓度，它比硅单独脱氧时的低(由于$a_{SiO_2}$降低了)，所以弱脱氧剂能提高强脱氧剂的脱氧能力。

脱氧时，钢液的平衡$w[O]$可由反应(Ⅰ)得出。因为脱氧达到平衡时，反应(Ⅰ)、(Ⅱ)、(Ⅲ)同时达到平衡，而各反应的平衡$w[O]$是相同的。这可由反应(Ⅰ)来计算复合脱氧时钢液的平衡$w[O]$。即

$$w[O]=\frac{w(MnO)\gamma_{MnO}}{f_{Mn}w[Mn]K_{Mn}} \tag{Ⅰ}$$

式中　$\gamma_{MnO}$与脱氧产物渣系的组成或性质有关。

(1)当形成的脱氧产物是为$SiO_2$饱和的酸性渣系($FeO-MnO-SiO_{2(饱和)}$)时，由实验得出：

$$\lg\gamma_{MnO}=\frac{810}{T}-1.16 \tag{6-45}$$

脱氧产物的状态(固态或液态)与脱氧后钢液中$w[Mn]/w[Si]$比有关。保持$w[Mn]/w[Si]\geqslant 4$时，可获得液态的产物。

(2)当硅—锰脱氧生成的产物不为$SiO_2$饱和(碱性渣)，则可利用下列方法求

$$[Si]+2(MnO)=(SiO_2)+2[Mn] \qquad \Delta_rG_m^0=-28912-24.32T \quad J/mol$$

$$\lg K_{Si-Mn}=\lg\frac{f_{Mn}^2(w[Mn])^2a_{SiO_2}}{f_{Si}w[Si]a_{MnO}^2}=\frac{1510}{T}+1.27 \tag{6-46}$$

$$\frac{a_{SiO_2}}{a_{MnO}^2}=K_{Si-Mn}\times\frac{f_{Si}w[Si]}{f_{Mn}^2(w[Mn])^2} \tag{6-47}$$

由于$\frac{a_{SiO_2}}{a_{MnO}^2}$与$a_{MnO}$有线性关系，可利用图 6-15 的数据作出图 6-16，即$a_{MnO}$对$\frac{a_{SiO_2}}{a_{MnO}^2}$的

关系图，由此则可求出 $a_{MnO}$。

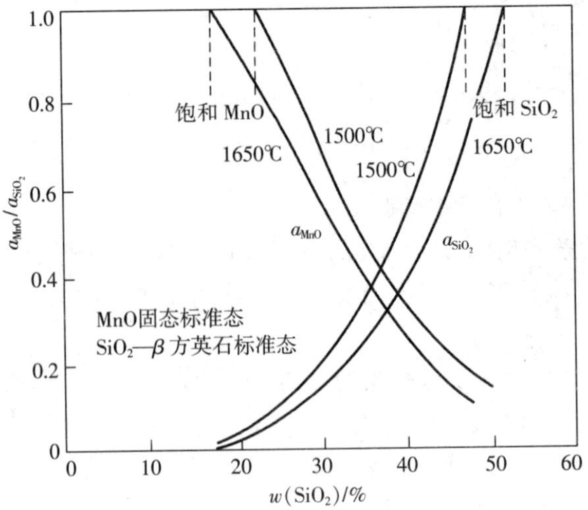


图 6－15　MnO－$SiO_2$系组分的活度

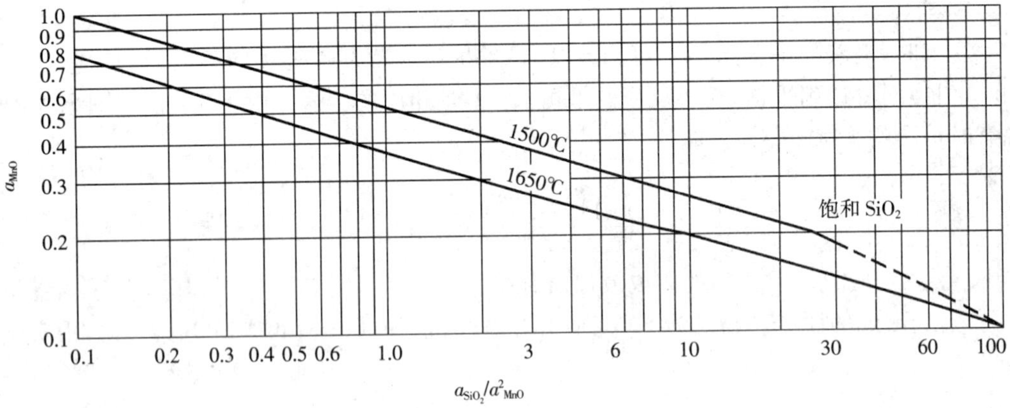


图 6－16　MnO－$SiO_2$系 $a_{MnO}$与 $a_{SiO_2}/a^2_{MnO}$关系图

**【例 6－10】**

利用 Si－Mn 复合脱氧剂使钢液脱氧，试求钢液中 $w[Si]=0.3\%$及 $w[Mn]=0.9\%$平衡的 $w[O]$，温度 1650℃，并与单独用硅脱氧时的平衡 $w[O]$进行比较。

**解**　第一步：利用锰脱氧反应求 $w[O]$表达式

由于$\frac{w[Mn]}{w[Si]}=\frac{0.9}{0.3}=3$，因此脱氧产物是不为 $SiO_2$饱和的硅酸盐熔体。

$$[Mn]+[O]=(MnO) \qquad \lg K_{Mn}=\frac{14450}{T}-6.43=\frac{14450}{1923}-6.43=1.084$$

$$K_{Mn}=\frac{a_{MnO}}{f_{Mn}w[Mn]f_O w[O]} \qquad \Rightarrow w[O]=\frac{a_{MnO}}{f_{Mn}w[Mn]f_O K_{Mn}}(f_O\approx 1)$$

$K_{Mn}=12.14$，要计算 $w[O]$，还需要知道 $a_{MnO}$ 和 $f_{Mn}$。

第二步：利用 Si－Mn 复合脱氧计算 $K_{Si\text{-}Mn}$ 及查图求 $a_{MnO}$

根据 $[Si]+2(MnO)=2[Mn]+(SiO_2)$，查图 6－16 求 $a_{MnO}$

$$K_{Si-Mn}=\frac{f_{Mn}^2(w[Mn])^2 a_{SiO_2}}{f_{Si}w[Si]a_{MnO}^2}\Rightarrow\frac{a_{SiO_2}}{a_{MnO}^2}=\frac{K_{Si-Mn}f_{Si}w[Si]}{f_{Mn}^2(w[Mn])^2}$$

其中 $\lg f_{Mn}=e_{Mn}^{Mn}w[Mn]+e_{Mn}^{Si}w[Si]=0 \quad f_{Mn}=1$

$\lg f_{Si}=e_{Si}^{Mn}w[Mn]+e_{Si}^{Si}w[Si]=0.11\times0.3+0.002\times0.9=0.0348, \quad f_{Si}=1.083$

$\lg K_{Si-Mn}=\frac{1510}{1923}+1.27=2.055 \qquad K_{Si-Mn}=113.56$

所以，$\frac{a_{SiO_2}}{a_{MnO}^2}=\frac{113.56\times1.083\times0.3}{1^2\times0.9^2}=45.55$

查图 6－16，得到 $a_{MnO}=0.13$（准确计算为 0.125）

第三步：计算复合脱氧的 $w[O]$

$$w[O]=\frac{0.13}{1\times0.9\times12.14}=0.012\%$$

第四步：计算单独硅脱氧的 $w[O]$

单独硅脱氧时，$\lg K_{Si}=\frac{31038}{1923}-12.0=4.14 \qquad K_{Si}=13804$

$$w[O]=\sqrt{\frac{1}{K_{Si}w[Si]}}=\frac{1}{\sqrt{13804\times0.3}}=0.0155\%$$

第五步：比较复合脱氧和单独脱氧能力

根据上述计算，Si 单独脱氧可以使钢液氧含量降低到 0.0155%，而 Si－Mn 复合脱氧可以使钢液氧含量降低到 0.012%，下降 0.0035%。

**【例 6－11】**

用硅锰复合脱氧剂脱氧时，1600℃钢液的平衡 $w[Mn]=0.76\%$，$w[Si]=0.19\%$，试计算钢液的平衡氧浓度。

**解** 由于脱氧后钢液中 $w[Mn]/w[Si]=4$，故脱氧产物是不为 $SiO_2$ 饱和的硅酸盐熔体

第一步：求锰脱氧的平衡常数

$$[Mn]+[O]=(MnO)_{(S)} \qquad \lg K_{Mn}=\frac{14450}{T}-6.43$$

$$K_{Mn}=\frac{a_{MnO}}{f_{Mn}w[Mn]f_O w[O]} \qquad \Rightarrow w[O]=\frac{a_{MnO}}{f_{Mn}w[Mn]f_O K_{Mn}}(f_O\approx1)$$

$$\lg K_{Mn}=\frac{14450}{1873}-6.43=1.285 \qquad K_{Mn}=19.27$$

第二步：求 Si、Mn 的活度系数

$$\lg f_{Mn}=e_{Mn}^{Mn}w[Mn]+e_{Mn}^{C}w[C]+e_{Mn}^{Si}w[Si]$$

$$=0\times0.76+(-0.07)\times0.33+0\times0.19=-0.0231$$

$$f_{Mn}=0.948$$

$$\lg f_{Si}=e_{Si}^{Si}w[Si]+e_{Si}^{C}w[C]+e_{Si}^{Mn}w[Mn]$$

$$=0.11\times0.19+0.18\times0.33+0.002\times0.76=0.082$$

$$f_{Mn}=1.21$$

第三步:求 MnO 的活度 $a_{MnO}$

利用[Si]+2(MnO)=($SiO_2$)+2[Mn]及式(6-46)、图 6-16,可求出 $a_{MnO}$。

$$\lg K_{Si-Mn}=\lg\frac{f_{Mn}^2(w[Mn])^2a_{SiO_2}}{f_{Si}w[Si]a_{MnO}^2}=\frac{1510}{1873}+1.27=2.08,\quad K_{Si-Mn}=119.18$$

而$\dfrac{a_{SiO_2}}{a_{MnO}^2}=K_{Si-Mn}\times\dfrac{f_{Si}w[Si]}{f_{Mn}^2(w[Mn])^2}=\dfrac{119.18\times1.21\times0.19}{0.948^2\times0.76^2}=52.79$,从图 6-16 可求出 $a_{MnO}=0.12$。

第四步:计算平衡时的 $w$[O]

$$w[O]=\frac{a_{MnO}}{f_{Mn}w[Mn]f_OK_{Mn}}=\frac{0.12}{0.948\times0.76\times19.27}=0.0086\%$$

**【例 6-12】**

试计算为使 1600℃时,钢液的 $w$[O]从 0.05%下降到 0.012%,而脱氧终了时钢液的 $w$[Mn]=0.6%,$w$[Si]=0.12%,需加入的锰铁($w$[Mn]=75%)及硅铁($w$[Si]=65%)量。

**题意分析** 本题为 Si-Mn 复合脱氧,需要根据钢液中的 $w$[Mn]、$w$[Si]关系及总脱氧量求钢液中的 $w$[Mn]和 $w$[Si],最后再求硅铁和锰铁加入量。

**解** 第一步:求 $w$[Mn]与 $w$[Si]关系

脱氧产物由 MnO-$SiO_2$ 组成,为使脱氧产物是液态硅酸盐,选取 $w$[Mn]/$w$[Si]=4.2,于是脱氧的 Mn 及 Si 的浓度之间存在着下列关系:

$$w[Mn]=4.2w[Si] \tag{Ⅰ}$$

第二步:求总脱氧量与 $w$[Mn]、$w$[Si]的关系

钢液的总脱氧量是 Mn 及 Si 两者脱氧量的总和,即

总脱氧量=硅的脱氧量+锰的脱氧量,即

$$\frac{16}{55}\times w[Mn]+\frac{32}{28}\times w[Si]=0.05-0.012=0.038$$

即
$$0.291w[Mn]+1.143w[Si]=0.038 \tag{Ⅱ}$$

第三步:求解 $w$[Mn]、$w$[Si]

令 $w$[Mn]=$x$,$w$[Si]=$y$,利用 Mathematica5.0 解上方程(Ⅰ)和(Ⅱ)

```
NSolve[{x-4.2y==0,0.291x+1.143y-0.038==0},{x,y}]
```

解得 $w$[Mn]=0.067,$w$[Si]=0.016。

第四步：计算硅铁和锰铁加入量

将上述值分别加入脱氧后各自的平衡浓度，即为脱氧元素的浓度：

应加入的 $w[Si]=0.12\%+0.016\%=0.136\%$

应加入的 $w[Mn]=0.6\%+0.067\%=0.667\%$

相应地，应加入硅铁 $m_{Si-Fe}(w[Si]=65\%)=\frac{0.136}{100}\times10^3\times\frac{1}{0.65}=2.1kg/t$

锰铁 $m_{Mn-Fe}(w[Mn]=75\%)=\frac{0.667}{100}\times10^3\times\frac{1}{0.75}=8.9kg/t$

#### 6.6.3.2 复合脱氧剂的种类

除上述的 Si－Mn 复合脱氧剂外，还有另外几种复合脱氧剂。

(1)Si－Al－Mn 合金

Si－Al－Mn 复合脱氧剂的成分为 $w[Al]\approx5\%$，$w[Si]\approx5\%$，$w[Mn]\approx10\%$，其余为 Fe，它的脱氧产物为液体硅铝酸盐，如 $3MnO\cdot Al_2O_3\cdot 3SiO_2$。

(2)Si－Ca 合金

该合金的成分为 $w[Si]=55\%\sim65\%$，$w[Ca]=24\%\sim31\%$，$w[C]=0.8\%$，它是 $CaSi_2$、FeSi 及 Si 的共熔物，熔点为 970℃～1000℃，密度为 2500～2800kg/m$^3$，它的脱氧产物是硅酸钙（$2CaO\cdot SiO_2$），但常在 Al 脱氧后加入能生成液态的铝酸钙（$12CaO\cdot 7Al_2O_3$）（即 $C_{12}A_7$），提高 Al 的脱氧能力及改变夹杂物的形态 $Al_2O_3$。

脱氧反应可表示为 $[Si]+2[Ca]+4[O]=(2CaO\cdot SiO_2)$

$$\lg K=\lg\frac{1}{w[Si]f_{Si}p_{Ca}^2(w[O])^4}=\frac{34680}{T}-10.035$$

$p_{Ca}$ 和温度有关： $\lg p'_{Ca}=11.204-\frac{8.819}{T}-1.0216\lg T\quad Pa$

硅不仅能提高钙的脱氧能力，还能降低钙的蒸气压，减小钙的挥发损失。

(3)Si－Al 合金

Si－Al 合金的脱氧产物是 $FeO\cdot Al_2O_3\cdot SiO_2$ 系，在此三元相图中出现了两个熔化温度分别为 1205℃及 1083℃的共晶体，而在靠近此相图的 FeO 组成角的大部分组成是低于钢液温度的氧化物熔体。当 $w(Al_2O_3)<55\%$ 时，脱氧产物呈玻璃态，而高于此则主要是 $Al_2O_3$（刚玉），这是由于加入了较多的 Si－Al 合金造成的，会使钢液的流动性变坏，也易使连铸水口堵塞。

(4)Ca－Al 合金（或 Al＋CaO）

它是由 CaAl、$CaAl_2$、$CaAl_3$ 组成的，脱氧时能形成液态球形 $C_{12}A_7$ 产物，改变残存脱氧产物的形态，并降低其含量。

(5)其他复合脱氧剂

以 Si、Ca 元素为基础，加入碱土类元素（Ba、Mg、Sr）及（Al、Ba、Mn、W、RE 等元素的

三、四元硅系复合合金，以及 Ba 为主要元素的含钡复合合金是近年来开发的新脱氧剂，例如，硅铝钡铁合金（$w[Si]=18\%\sim22\%$，$w[Al]=38\%\sim42\%$，$w[Ba]=7\%\sim8\%$，余量为 Fe）能用以代替硅铝合金，节约铝的用量，改善夹杂物的形态及降低其含量。

## 6.6.4 钢中夹杂物的变形处理

### 6.6.4.1 夹杂物的性能及其对钢性能的影响

夹杂物是钢中非金属元素（O、S、P、N、C）的化合物，特别是 O 及 S 的化合物最重要，对钢性能的影响也最大。它们是非金属特性的组成物，来源于炼钢的原材料，产生于冶炼及凝固过程中，并在随后的热、冷加工过程中发生形态的变化，对钢材的性能有较大的影响。

夹杂物与基体金属铁的物性及机械性能，如弹性、塑性及热膨胀系数均有较大差别，在受力过程中夹杂物不能随金属相应变形，变形大的铁就会在变形小的夹杂物的周围产生塑性流动。它们的连接处应力的分布不均匀，出现了应力集中，并急剧地升高，导致微裂纹的发生，为材料的破坏提供了受力的薄弱区，加速了塑性破裂的过程。因而，钢的范性、韧性及疲劳强度降低、方向性加强及加工性能变坏等。

在经过变形加工的金属中，夹杂物的形状及其分布状态，则受其本身特性所控制。表 6－5 表明了不同种类、性能的夹杂物，在加工前及加工后的形态变化。沿压延方向呈条带状、串状、点链状的分布，使材料的力学性能的方向性增强，即其横向塑性低于纵向塑性。

表 6－5　夹杂物加工前后的形态

| 夹杂物的类型及性能 | 铸态 | 轧态 |
|---|---|---|
| (1)球形（点状）夹杂<br>玻璃体、硅酸盐、硅酸铝、硅酸钙 |  |  |
| (2)塑性夹杂<br>溶解有 MnO、FeO、$Al_2O_3$ 的硅酸盐、硫化物 |  |  |
| (3)脆性夹杂<br>$Al_2O_3$、$Cr_2O_3$、尖晶石、氧化物、氮化物 |  | 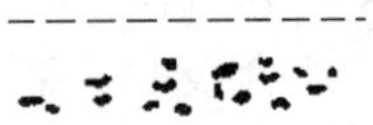 |
| (4)分散在软夹杂中的硬夹杂<br>$Al_2O_3$、尖晶石类硬性氧化物分散在硅酸盐玻璃（塑性）中 |  |  |

因此，炼钢工作者应首先力求降低夹杂物的含量，利用复合脱氧剂，使脱氧过程中生成的夹杂物尽可能地浮出，并设法降低凝固过程中出现的二次脱氧产物的形成量。对不可能排除而残留在钢中的夹杂物可采用变形处理，改变其存在状态，以减小其对钢性能的危害。

#### 6.6.4.2 硫化物夹杂物的变形处理

硫在钢中以 FeS 或 MnS 形式存在。但 FeS 的熔点比较低，Fe－FeS 共晶点为 1261K，在热加工的温度下，存在于晶界上的 Fe－FeS 共晶体发生熔化，削弱晶界，产生“热脆”。当钢中 $w[Mn]/w[S] \geqslant 2$ 时，FeS 转变成 MnS。虽然它的熔点比较高(1828K)，能避免“热脆”的发生，但是 MnS 具有范性，在钢经受加工变形处理时，能沿着形变方向延伸成条带状，严重地降低了钢的横向机械性能，因而钢的塑性、韧性及疲劳强度显著降低。因此，应加入变形剂控制 MnS 的形态，使之转变为高熔点的球形(或点状)的不变形夹杂物。

凡能使硫化物生成熔点高、塑性小、硬度大的化合物的元素均可作为硫化物的变形剂，如 Ca、Ti、Zr、Mg、Be、RE 等，但是，稀土元素(RE)常是用作硫化物夹杂的最有效的变形剂。

稀土元素(RE)包括镧系和钪在内共计 17 种元素，位于周期表ⅢB 族。钢中经常加入的是 Ce、La、Nd、Pr，它们占稀土元素总量的 75%，通常只分析 Ce。而规定 RE 总量为 $w[RE]=2w[Ce]$。它们的相对原子质量很大(140～170)，故形成的化合物的比重大(5～6)，不易从钢液中浮出。它们的熔点较高，而沸点也比 Ca 高。挥发性较小，有很强的脱氧、脱硫能力。

在钢中加入适量的 RE，能使氧化物、硫化物夹杂转变成细小分散的球状夹杂，热加工时也不会变形，从而消除了 MnS 等夹杂的危害性。

由于 RE 和氧的亲和力大于和硫的亲和力，所以往钢中加入 RE 时，首先形成稀土的氧化物，而后是含氧、硫的稀土化合物。仅当 $w[RE]/w[S]>3$ 时才能形成稀土硫化物，而 MnS 完全消失。因此，钢中形成的稀土夹杂物的类型和钢中 $w[O]/w[S]$ 比有关，图 6－17表示了这种关系。它是 Ce－O－S 系的凝聚态化合物稳定存在区的平衡图，能用以确定其中 O/S 比不同值时，生成的稀土化合物夹杂物的种类。

表 6－6 为 RE 化合物的热力学数值。表中 $K'$ 值为钢液中溶解元素的溶度积。

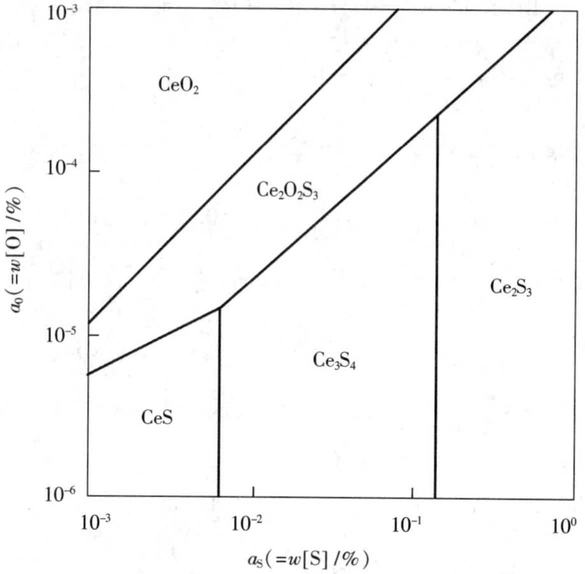


图 6－17 1900K 时 Ce－O－S 系化合物存在区的平衡图

表 6-6 RE 化合物的热力学数值

| 反应 | $\Delta_r G_m^0$/J·mol$^{-1}$ | $K'$/1600℃ | 熔点/℃ | 密度/kg·m$^{-3}$ |
|---|---|---|---|---|
| $[Ce]+2[O]=CeO_{2(S)}$ | $-853600+250T$ | $2.0\times10^{-11}$ | | |
| $2[Ce]+3[O]=Ce_2O_{3(S)}$ | $-1430200+359T$ | $7.4\times10^{-22}$ | — | 5250 |
| $2[La]+3[O]=La_2O_{3(S)}$ | $-1442900+337T$ | $2.3\times10^{-23}$ | 2320 | 6560 |
| $[Ce]+[S]=CeS_{(S)}$ | $-394428+121T$ | $2.0\times10^{-5}$ | 2500 | 5940 |
| $2[Ce]+3[S]=Ce_2S_{3(S)}$ | $-1073900+326T$ | $1.2\times10^{-13}$ | 1890 | 5190 |
| $3[Ce]+4[S]=Ce_3S_{4(S)}$ | $-1494441+439T$ | $1.8\times10^{-19}$ | | |
| $[La]+[S]=LaS_{(S)}$ | $-383900+107T$ | $7.6\times10^{-6}$ | — | 5660 |
| $2[Ce]+2[O]+[S]=Ce_2O_2S_{(S)}$ | $-1352700+331T$ | $3.6\times10^{-21}$ | | 5990 |
| $2[La]+2[O]+[S]=La_2O_2S_{(S)}$ | $-1340300+301T$ | $2.2\times10^{-22}$ | | 5730 |

但是，由于 RE 夹杂物的比重较大(5～6)，不易上浮，并且其熔点高，呈固态，易在中间包水口堵塞及在钢锭下部形成偏析，因此，RE 用量要适当。

**【例 6-13】**

向温度为 1600℃ 的钢液喷入 Ce，改变硫化物夹杂的形态，试求钢液中 $w[S]$ 下降到 0.021%，Ce 的理论最低浓度。1873K 的 $e_{Ce}^{Ce}=-0.014$，$e_S^{Ce}=-9.1$，$e_{Ce}^S=-10.34$，$e_S^S=-0.028$。

**解** 加入 Ce 形成 CeS 的反应为 $[Ce]+[S]=CeS_{(S)}$，由表 6-6 可得

$$\lg K=\lg\frac{1}{a_{Ce}a_S}=\frac{394428}{19.147\times1873}-\frac{121}{19.147}=4.67$$

$$-\lg(w[Ce]w[S])=4.67+\lg f_{Ce}f_S$$

或

$$\lg w[Ce]=-4.67-\lg f_{Ce}f_S-\lg w[S]$$

$$\lg f_S=e_S^S w[S]+e_S^{Ce}w[Ce]=-0.028w[S]-9.1w[Ce]$$

又

$$\lg f_{Ce}=e_{Ce}^{Ce}w[Ce]+e_{Ce}^S w[S]=0.014w[Ce]-10.34w[S]$$

$$\lg f_{Ce}f_S=-9.086w[Ce]-10.368w[S]$$

故

$$\lg w(Ce)=-4.67+9.086w[Ce]+10.368w[S]-\lg w[S]$$

$\lg w[Ce]-9.086w[Ce]+2.76=0$

类似例 6-4 利用 Mathematica5.0 解方程，得 $w[Ce]=0.234\%$

即应向钢液中喷入的 Ce 达到 0.234%(临界量)才能使钢中硫化物转变成 CeS 夹杂物。

#### 6.6.4.3 铝酸盐夹杂物的变形处理

用大量铝脱氧的镇静钢中生成的脱氧产物 $Al_2O_3$ 是高熔点的固相，除部分上浮外，大部分残留在钢液中，易在中间包水口处堵塞或结瘤。在轧制时，枝晶将会破裂，形成伸长的串状夹杂物，增加钢材的异向性。

向钢液中喷入 CaO＋A1 或钙合金脱氧，不仅氧的质量分数降低很多($w[O]=0.0001\%$)，而且能生成熔点低(1415℃)的球形液态铝酸钙($C_{12}A_7$)，这种产物易于上浮排出，不仅消除水口的堵塞，而且残留在钢中的少量 $C_{12}A_7$ 夹杂物也不会变形，不像 $Al_2O_3$ 成串状分布，因而消除了钢材的异向性。

此外，向用大量铝脱氧的钢液中喷入钙合金亦可消除钢中存在的 $Al_2O_3$ 夹杂物，因为钙可还原氧化铝，$12Ca_{(g)}+11\ Al_2O_{3(S)}=12CaO\cdot 7\ Al_2O_{3\,(l)}+8[Al]$。所以，钙不仅能脱氧、脱硫，而且还能改变夹杂物的组成及形态。

钙和 RE 的加入要采用喷吹法或喂丝法送入钢液深处，以提高其应用效果。

### 6.6.4 脱氧剂用量的计算

脱氧时，加入的脱氧剂元素 M 是使钢液中的初始 $w[O]^0$ 降低到规定的 $w[O]$，及与钢液中规定的 $w[O]$平衡的 $w[M]$，或满足于钢种规定的 $w[M]$所需的量之和，即

$$xM_M\left[\frac{w[O]^0-w[O]}{16y}\right]+w[M]\% \tag{6-48}$$

式中 $w[O]^0$，$w[O]$——分别为钢液中初始氧及规定的最后氧或与 $w[M]$平衡的氧的质量分数；

$((w[O]^0-w[O])/16$——100kg 钢液中被元素 M 脱除的[O]的物质的量，mol ($100kg^{-1}$钢)；

$\frac{xM_M}{16y}$——与 1mol[O](16kg)形成氧化物 $M_xO_y$ 的脱氧元素(M)的摩尔质量，即所需的 $w[M]$($100kg^{-1}$钢)($M_M$ 为 M 的摩尔质量)，由脱氧反应式的化学计量关系计算；

$w[M]$——钢种要求的脱氧元素 M 的质量分数，或与钢液中规定的[O]平衡 $w[M]$由脱氧常数及钢液最后规定的氧的质量分数计算。脱氧元素在加入过程中还要烧损，因而脱氧元素或其脱氧剂的实际加入量应计入烧损值。

**【例 6-14】**

钢液温度为 1600℃，为使用 Fe－Si 脱氧的钢液 $w[O]$从 0.01%下降到 0.0001%，(1)计算需加入多少铝；(2)当此用铝脱氧的钢液冷却到 1500℃，能析出多少 $Al_2O_3$ 夹杂物？

**解** (1)加入的铝量

脱氧加入的铝量是使钢液的 $w[O]$降到规定值，及与钢液中残存氧平衡的 $w[Al]$所需的铝量之和。

除去钢液中 $\Delta w[O]=0.01\%-0.0001\%=0.0099\%$，所需铝量按 Al 的脱氧反应的化学计量关系计算：

$$2[Al]+3[O]=(Al_2O_3)_{(S)}$$

$$xM_{Al}\left[\frac{w[O]^0-w[O]}{16y}\right]=\frac{2\times27\times0.0099}{3\times16}=0.011\%$$

与残存 $w[O]=0.0001\%$ 平衡的 Al 量：

$$K'_{Al}=(w[Al])^2\cdot(w[O])^3,w[Al]=\sqrt{K'_{Al}/(w[O])^3}$$

$$\lg K_{Al}=\frac{63655}{1873}-20.58=13.41,K'_{Al}=1/K_{Al}=3.89\times10^{-14}$$

故
$$w[Al]=\sqrt{3.89\times10^{-14}/(0.0001)^3}=0.197\%$$

应加入的 Al 量 $m_{Al}=0.011+0.197=2.08\text{kg/t}$。

(2)钢液温度从 1600℃下降到 1500℃析出的 $Al_2O_3$

设 $x$ 为脱氧生成 $Al_2O_3$ 的铝量(%)，则钢中由该 Al 量除去的氧量为 $\frac{3\times16}{2\times27}x=0.889x$，在 1500℃平衡时，钢内的铝氧积为

$$K'_{Al}=(0.197-x)^2(0.0001-0.889x)^3$$

$$\lg K_{Al}=\frac{63655}{1773}-20.58=15.32,\quad K'_{Al}=1/K_{Al}=4.76\times10^{-16}$$

因此
$$(0.197-x)^2(0.0001-0.889x)^3=4.76\times10^{-16}$$

利用 Mathematica5.0 解得 $x=8.65\times10^{-5}\%$

即在冷却过程中，因 $K'_{Al}$ 减少，钢中溶解氧再度脱氧形成 $Al_2O_3$ 夹杂物

$$w(Al_2O_3)=8.65\times10^{-5}\times\frac{102}{2\times27}=1.63\times10^{-4}\%$$

## 6.7 硫化精炼

硫化精炼的基本原理与氧化精炼相似，常用于铅、锡、锑等粗金属中铜、铁的脱除。铜和铁对硫的亲和势较铅、锡、锑等大。粗铅、粗锡硫化精炼除铜、铁的基本反应：

$$Pb_{(l)}+S=[PbS]$$

$$[PbS]+2[Cu](\text{或}[Fe])=Cu_2S_{(S)}(\text{或 }FeS_{(S)})+Pb_{(l)}$$

$$Sn_{(l)}+S=[SnS]$$

$$[SnS]+2[Cu](\text{或}[Fe])=Cu_2S_{(S)}(\text{或 }FeS_{(S)})+Sn_{(l)}$$

粗锑硫化精炼除铜、铁的基本反应为：

$$2Sb_{(l)} + 3S = [Sb_2S_3]$$

$$[Sb_2S_3] + 6[Cu] = 3Cu_2S_{(S)} + 2Sb_{(l)}$$

$$[Sb_2S_3] + 3[Fe] = 3FeS_{(S)} + 2Sb_{(l)}$$

硫化精炼的热力学原理——粗铅的硫化除铜

$$[PbS] + 2[Cu] = Cu_2S_{(S)} + Pb_{(l)} \tag{6-49}$$

$$K = (a_{Pb} \cdot a_{Cu_2S})/(a_{[PbS]} a_{[Cu]}^2)$$

过程温度 350℃左右，$Cu_2S$ 为固态，PbS 在铅中达到饱和，铅可视为纯物质——以纯物质为标准态时，它们的活度均为 1：

$$K = 1/a_{[Cu]}^2 = 1/(\gamma_{[Cu]} \cdot x[Cu])^2$$

$$\lg K = -\Delta_r G^0/(2.303RT)$$

$$= -(\Delta_f G^*_{(Cu_2S)} - \Delta_f G^*_{(FeS)})/(2.303RT) \tag{6-50}$$

式中　$\gamma_{[Cu]}$——以纯物质为标准态时 Cu 在 Pb 中的活度系数；

　　$x[Cu]$——平衡时 Cu 在 Pb 中的物质的量分数。

# 6.8　熔析与凝析精炼

## 6.8.1　熔析精炼的基本原理

粗金属在熔化(或凝固)的过程中杂质在固相和液相的平衡浓度不同，均匀的熔体开始凝固时，首先析出不同组成的固体，此过程称为熔析精炼。如图 6-18 的简单共晶二元系相图，将成分为 $w[B]$ 的 A-B 二元系不断熔化—凝固析出可以获得纯金属 B。

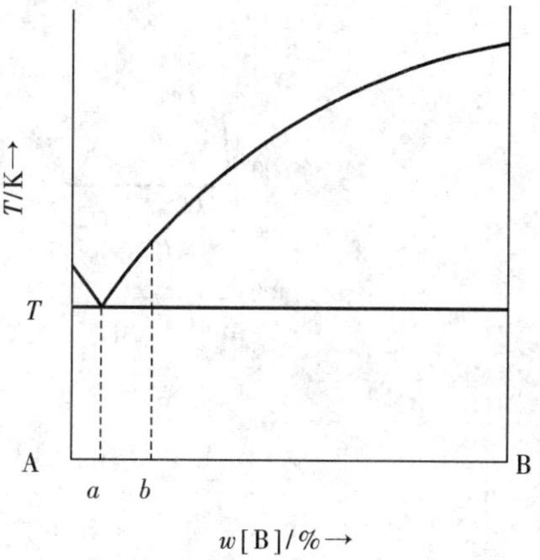


图 6-18　简单共晶二元系相图

## 6.8.2　熔析精炼的基本步骤

在均匀的合金中产生多相体系，如液体+液体或液体+固体，精炼基本方法为加热或缓冷等。

两相按比重不同而进行分离，如果为二液相则分别放出；如果为固体和液体，则利用漏勺、捞渣器等使两相分离，或者使液体沿着炉底斜坡排出炉外，而固体则仍留在炉底上，从而使二相分离(如粗锡熔析除铁)。

### 6.8.3 熔析精炼的类型

(1)冷却凝析精炼

冷却凝析精炼是将具有二元共晶型的液态粗金属熔体缓慢冷却到稍高于共晶温度，杂质以固体(或固溶体)析出并浮于金属熔体的表面上，使固相与液相分离。

(2)加热熔析精炼

加热熔析精炼是将具有二元共晶型的固态粗金属加热到稍高于共晶温度，杂质含量接近共晶组成的熔体，沿倾斜的炉底流出，而杂质仍留在固相中。

### 6.8.4 熔析精炼的应用

熔析精炼对二元系的要求是：杂质与主体金属熔点相差较大；共晶点(三相点)的组成应非常靠近主金属一侧；共存相易于分离，比如液一固相的比重差应较大，液相的粘度较小等。

适宜采用熔析精炼的二元系主要有：Cu-Pb 系(粗铅除铜)、Pb-Ag 系(粗铅除银)、Sn-Pb 系(粗锡除铅)、Zn-Pb 系(粗锌除铅)、Zn-Fe 系(粗锌除铁)、Sn-Fe 系(粗锡除铁)。如图 6-19 为 Ag-Pb 系相图，利用该相图可以进行含铅银液的除铅。

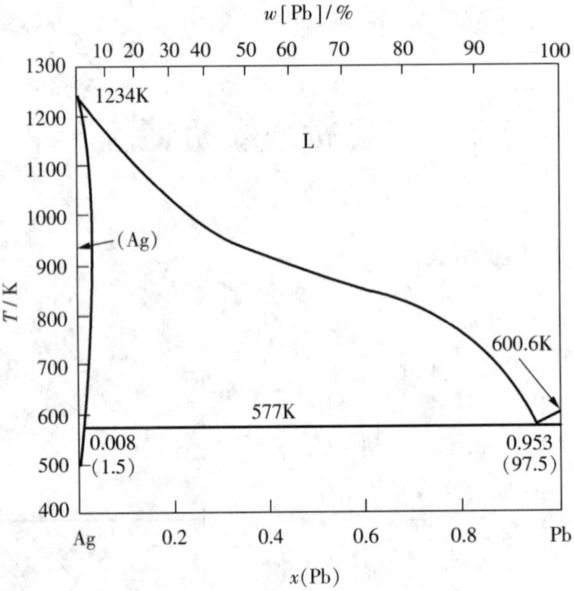


图 6-19 Ag-Pb 系相图

图 6-20 为 Sn-Fe 二元系相图，利用该图可以进行 Sn 液的除铁。

图 6-21 为粗铅熔析除铜示意图。将含铜($w[Cu]>0.06\%$)的熔融铅缓慢降温，并保持在稍高于 599K(326℃)的共晶温度(330℃～350℃)，铜以固体浮渣的形式浮于铅熔体表面而与之分离；粗铅熔析除铜的理论极限是 Pb-Cu 共晶组成，即 $w[Cu]=0.06\%$；通过共存元素(As、Sb)的作用，实际脱铜极限可降至 0.02%～0.03%；Fe、Ni、Co、S 等也一并被除去。

熔析除铜设备的主要设备是铸铁精炼锅。

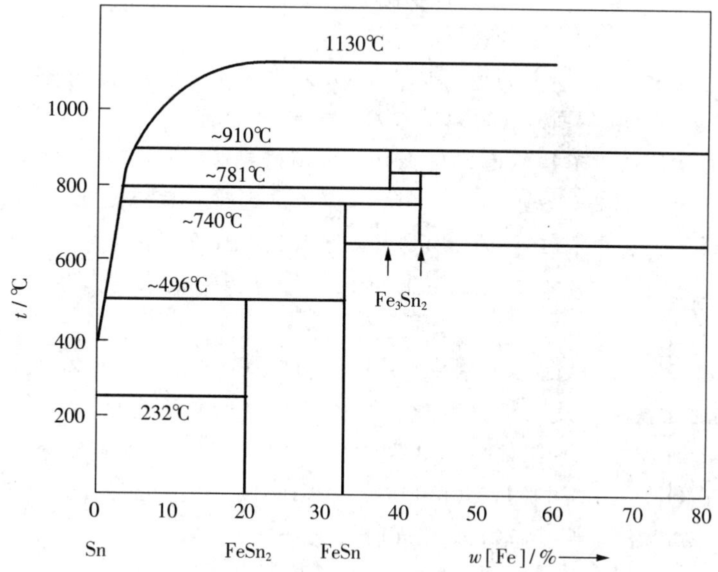


图 6-20　Sn-Fe 二元系相图

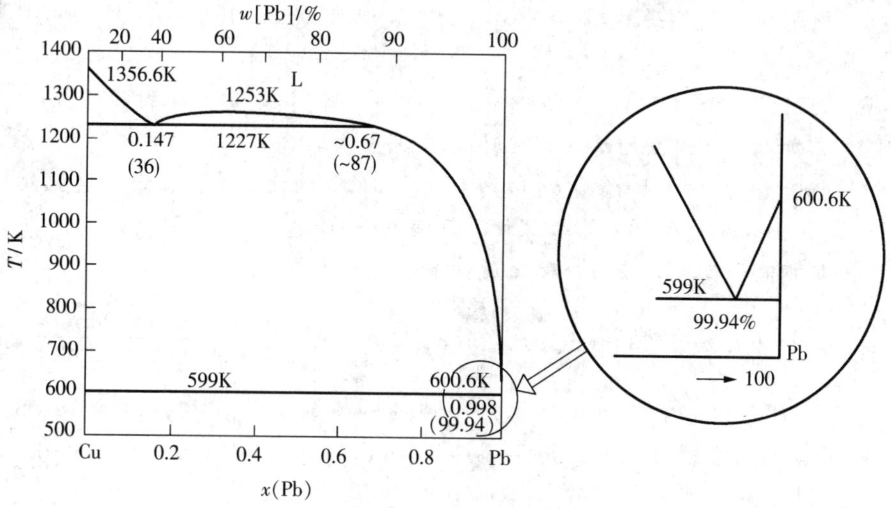


图 6-21　Cu-Pb 二元系相图

## 6.8.5　熔析过程的主要影响因素

影响熔析精炼的主要因素有：

(1)温度。过程温度愈接近共晶温度，提纯效果愈好。

(2)粗金属成分。粗金属中某些其它杂质的存在，可能形成溶解度更小的化合物，提高精炼效果。如粗铅熔析除铜时，铅中的 As、Sb、Sn 能与铜形成难溶化合物，导致铜在铅的溶解度降低。

## 思考与练习题

6－1　在真空中向 $w[Cr]=18\%$，$w[Ni]=9\%$ 的不锈钢吹氧，使含碳量降低到 $w[C]=0.02\%$，而钢液的温度不高于1630℃，需用多大的真空度？

6－2　在电弧炉内用不锈钢返回料吹氧冶炼不锈钢时，熔池含有 $w[Ni]=9\%$。如吹氧终点 $w[C]=0.03\%$，而保持 $w[Cr]=10\%$，吹炼应达到多高的温度？

6－3　试计算钢液中 $w[C]=0.2\%$，总压为 $1.3\times10^5$ Pa，温度为1600℃时钢液的平衡氧量。若与之平衡的熔渣含有 $w(FeO)=12\%$，$\gamma_{FeO}=3$，试求与熔渣平衡的钢液层的氧量。

6－4　将组成为 $w[C]=4.0\%$，$w[V]=0.4\%$，$w[Si]=0.25\%$，$w[P]=0.03\%$，$w[S]=0.08\%$ 的生铁进行氧化提钒处理。为使生铁中钒大量氧化，而碳不大量氧化，以获得含氧化钒高的钒渣和半钢液。试求提钒的温度条件。钒渣的成分为 $w(V_2O_5)=25\%$（其中 $w(V_2O_3)=20.60\%$），$w(FeO)=38\%$，$w(SiO_2)=16\%$，$w(TiO_2)=14\%$，$w(CaO)=0.5\%$，$w(MgO)=0.5\%$，$w(MnO)=3\%$，$w(Al_2O_3)=2.9\%$，$\gamma_{V_2O_3}=10^{-7}$。

钒的氧化方程式：$\frac{2}{3}[V]+CO=\frac{1}{3}(V_2O_3)+[C]$

$$\Delta G^0=-218013+136.22T \quad J/mol。$$

6－5　在1600℃用锰脱氧，钢液中Mn的平衡浓度为 $w[Mn]=0.5\%$。试计算脱氧产物的组成。

6－6　为使温度为1600℃，$w[C]=0.0625\%$ 的钢液氧含量下降到痕迹量（$w[O]=0.0008\%$），需加入多少铝？如改用真空脱氧，需用多大的真空度？

6－7　将含 $w[C]=0.15\%$ 及 $w[O]=0.016\%$ 的钢液送入真空室进行真空处理。真空度为1013.25Pa，温度为1600℃。试计算钢液最终的 $w[C]$ 和 $w[O]$。

6－8　炼钢渣和钢液间硫的分配比用以下经验式计算：

$$L_S=\frac{(\%S)}{[\%S]}=[0.5+2.25(n(FeO)+2n(Fe_2O_3))]\cdot[\frac{4n'_{(CaO)}+2.5n(MnO)}{n(FeO)+2n(Fe_2O_3)}+1]$$

试用该式计算1600℃与下列组成的熔渣平衡的钢液的 $w[S]$。熔渣成分：$w(SiO_2)=19.7\%$，$w(CaO)=43.0\%$，$w(Fe_2O_3)=4.3\%$，$w(FeO)=10.3\%$，$w(MnO)=12.6\%$，$w(P_2O_5)=2.6\%$，$w(MgO)=5.4\%$，$w(S)=0.10\%$。

6－9　试求1600℃与 $x(FeO)=15\%$ 的熔渣平衡的铁-碳熔体中的 $w[C]$。

6－10　试求1600K，下列成分的熔渣和钢液之间磷的分配系数及钢液中的 $w[P]$。熔渣成分为：$w(CaO)=45\%$，$w(SiO_2)=20\%$，$w(FeO)=16\%$，$w(MnO)=7\%$，$w(MgO)=7\%$，$w(Al_2O_3)=3\%$，$w(P_2O_5)=2.05\%$（利用式6－26进行计算）。

6－11　利用所给转炉渣及钢液的成分计算硫在熔渣一钢液间的分配常数。熔渣成分为：$n(CaO)=1.15$，$n(SiO_2)=0.398$，$n(MgO)=0.076$，$n(FeO)=0.075$，$n(Fe_2O_3)=0.018$，$n(P_2O_5)=0.005$，$n(MnO)=0.020$，$n(S)=0.005$。钢液成分为：$w[C]=0.5\%$，$w[Si]=0.012\%$，$w[Mn]=0.06\%$，$w[P]=0.008\%$，$w[S]=0.0015\%$。利用完全离子模型及硫容量进行计算，温度为1873K。

6－12　利用 Si－Mn 复合脱氧剂使钢液脱氧，试求钢液中 $w[Si]=0.4\%$ 及 $w[Mn]=1.0\%$ 平衡的 $w[O]$，温度为 1630℃，并与单独用硅脱氧时的平衡 $w[O]$ 进行比较。

6－13　在 1600℃，使钢液中 $w[O]$ 从 0.1% 降低到 0.0122%，而最终的 $w[Mn]=0.8\%$，$w[Si]=0.25\%$，试求需加入的硅铁（$w[Si]=70\%$）及锰铁（$w[Mn]=75\%$）的量。脱氧产物的 $w[Mn]/w[Si]=4$。

# 第7章　冶金反应动力学基础

［本章导读］

本章重点介绍化学反应动力学方程的建立、冶金反应动力学模型：液-液反应的动力学——双膜理论和气-固反应的动力学——未反应核模型。

［知识目标］

通过本章学习，掌握化学反应动力学模型的建立过程以及两类主要的冶金反应动力学模型：双膜理论和未反应核模型。

［能力目标］

能够利用化学反应动力学理论建立冶金过程的动力学方程，为冶金过程的动力学分析打下基础。

［重点难点］

本章重点是反应动力学方程的建立，双膜理论和未反应核模型的分析；难点是气固反应的未反应核模型的分析。

冶金反应过程的研究，一般包括两个方面：一是探讨过程发生的可能性和进行的限度，这是热力学的内容，它可以不考虑时间因素，只从体系的始态和末态进行研究；二是探讨反应的速率和机理，是动力学研究的内容。热力学和动力学构成了冶金反应的基础。

冶金反应多为高温、多相反应，冶金过程常常伴有流体流动和传热传质现象发生，因此，冶金动力学研究必然有涉及动量传递、热量传送和质量传递等冶金传输问题。找出这些问题对反应速率的影响，以便选择合适的反应条件，控制反应的进行，使之按照人们的期望进行，这就是冶金动力学研究的目的。

化学反应的动力学研究的核心问题是反应速率和反应机理。在实际生产过程中，既要考虑热力学问题，又要考虑动力学问题。当然，根据热力学认为是不可能的反应也就不需要进行动力学研究了。而热力学研究认为可能进行的反应还必须进行动力学研究，使热力学上的可能性变为现实。

## 7.1 化学反应速度的表示方法

化学反应速率通常用单位时间内反应物浓度的减少值或生成物浓度的增加值表示。如反应

$$aA+bB=AB$$

其速率

$$J_A=-\frac{dc_A}{dt}\qquad J_B=-\frac{dc_B}{dt}\qquad J_{AB}=\frac{dc_{AB}}{dt}\tag{7-1}$$

其中 $c_A$、$c_B$、$c_{AB}$分别表示反应物 A、B 和反应产物 AB 的浓度；$J_A$、$J_B$、$J_{AB}$分别是以反应物 A、B 和反应产物 AB 表示的反应速度；反应物和反应产物表示的反应速度符号相反。

必须指出，若反应方程式中反应物和生成物的化学计量数不同，则以各物质浓度随时间变化所表示的反应速率也不同。

$$-\frac{1}{a}\frac{dc_A}{dt}=-\frac{1}{b}\frac{dc_B}{dt}=\frac{dc_{AB}}{dt}\tag{7-2}$$

速率的不同表示方法分别为：

当参加反应的物质浓度以质量分数表示时，相应的反应速率：

$$J_C=-\frac{dc_A}{dt}=-\frac{dw[A]}{dt}\tag{7-3}$$

在均相反应中，参加反应的溶质 A 的浓度采用单位体积内 A 的物质的量变化表示时，有

$$J_A=-\frac{dc_A}{dt}=\frac{1}{V}\left(-\frac{dn_A}{dt}\right)\tag{7-4}$$

在流体和固体的反应中，以固体的单位质量 $W_S$ 为基础，即用单位质量固体中所含 A 的物质的量来表示浓度，则

$$J_A=\frac{1}{W_S}\left(-\frac{dn_A}{dt}\right) \tag{7-5}$$

在两流体间进行的界面反应，如渣钢反应，或气固界面反应，以界面上单位面积 $S$ 为基础，即用单位界面上所含的物质的量来表示浓度，则

$$J_A=-\frac{dc_A}{dt}=\frac{1}{S}\left(-\frac{dn_A}{dt}\right) \tag{7-6}$$

在气固反应中，有时也以固体物质的单位体积为基础来表示浓度，这时有

$$J_A=\frac{1}{V_S}\left(-\frac{dn_A}{dt}\right) \tag{7-7}$$

在气相反应中，反应前后气体物质的量不相等，体积变化很大，这时不能准确测得初始体积 $c_0$。在这种情况下，最好用反应物的转化率 $f_A$ 来代表浓度。如开始时体积 $V_0$ 中有 A 物质 $n_{A0}$(mol)，当反应进行到 $t$ 时刻时，剩下的 A 物质为 $n_A$(mol)，其转化速率为

$$X_A=\frac{n_{A0}-n_A}{n_{A0}} \tag{7-8}$$

即 $n_A=n_{A0}(1-X_A)$所以

$$J_A=-\frac{d(n_A/V_0)}{dt}=-\frac{d(n_{A0}(1-X_A)/V_0)}{dt}=\frac{n_{A0}}{V_0}\frac{dX_A}{dt}=c_{A0}\frac{dX_A}{dt} \tag{7-9}$$

一定温度下的反应速率，与各个反应物的浓度的若干次方成正比。对基元反应，每种反应物浓度的指数等于反应式中各反应物的系数。

$$-\frac{dc_A}{dt}=k_A c_A^a c_B^b \qquad -\frac{dc_B}{dt}=k_B c_A^a c_B^b \qquad \frac{dc_{AB}}{dt}=k_{AB} c_A^a c_B^b \tag{7-10}$$

这就是化学反应的质量作用定律。式中的比例系数 $k_A$、$k_B$、$k_{AB}$ 称为反应的速度常数。

### 7.1.1 反应级数

由质量作用定律表示的反应式中，各反应物浓度的指数之和称为反应的反应级数。与复杂化学反应相对应的反应级数称为表观反应级数，其值取决于反应的控制环节，常常只能由试验测定。

### 7.1.2 温度对反应速率的影响

反应速度常数随反应温度的提高而迅速增大。对简单的化学反应，二者的定量关系可用阿累尼乌斯公式确定：

$$k=k_0\exp\left(-\frac{E_R}{RT}\right) \tag{7-11}$$

在同一相内进行的反应称为均相反应，而在不同相间发生的反应则称为多相反应。高温冶金反应多半是在炉气、熔渣、金属之间进行的，属于多相反应。多相反应的特征是反应发生在不同的相界面上，反应物要从相内部传输到反应界面，并在界面处发生化学反应，而生成物要从界面处离开。

一般情况下，多相反应由如下几个环节组成：

(1)反应物向反应界面扩散；

(2)在界面处发生化学反应，通常伴随有吸附、脱附和新相生成；

(3)生成物离开反应界面。

研究冶金反应动力学主要是确定反应速率。反应的总速率取决于各个环节中最慢的环节，这一环节称为限制性环节。

限制环节不是一成不变的，当外界条件改变时，限制环节可能发生相应变化。即使在同一条件下，随着反应的进行，由于反应物不断地消耗，生成物逐渐增加，可能引起浓度的变化，从而使限制性环节发生改变。

## 7.1.3 确定限制性环节的方法

### 7.1.3.1 活化能法

根据阿累尼乌斯公式 $\ln k=\ln A-\frac{E}{R}\cdot\frac{1}{T}$，可以由 $\ln k$ 对 $1/T$ 作图，直线的斜率即为活化能，进而可由活化能确定多相反应的限制性环节。

### 7.1.3.2 浓度差法

当界面反应速率很快，同时有几个扩散环节存在时，其中相内与界面浓度差较大者为限制性环节。

### 7.1.3.3 搅拌强度法

如果一个反应，温度对其反应速率影响不大，而增加搅拌强度时，反应速率迅速增大，则说明扩散传质是限制环节，因为搅拌强度对反应速率产生影响。

如对一维非稳态扩散方程，给出相应的边界条件：

$$\frac{\partial c_A}{\partial t}=D_A\left(\frac{\partial^2 c_A}{\partial x^2}\right) \tag{7-12}$$

初始条件：$t=0,x\geqslant 0,c=c_0$；边界条件：$t>0,x=0$；$x=\infty,c=c_0$；则

$$\frac{c_i-c}{c_i-c_0}=\mathrm{erfc}\left(\frac{x}{2\sqrt{Dt}}\right) \tag{7-13}$$

式中　erfc()称为误差函数，可用误差函数表计算。这是一个典型的半无限体的扩散问题求解。

【例 7-1】

将 $20^{\#}$ 钢在 980℃(奥氏体区)置于还原气氛中渗碳,其反应为

$$2CO=CO_2+[C]$$

钢表面上 $w[C]=1.0\%$。假设碳在钢中的扩散速度为过程的限制环节,试计算经过 1、3、10 小时时碳的浓度分布曲线。已知 980℃时,$D_C=20\times10^{-2}cm^2/s$。

**解** $20^{\#}$ 钢平均碳含量(即初始浓度)为 $w[C]_0=0.20\%$,取钢表面为 $x=0$,则边界条件为 $w[C]_i=1.0\%$。这是一个半无限体的扩散问题。所以有

$$w[C](x,t)=w[C]_0+(w[C]_i-w[C]_0)\left(1-\text{erf}\left(\frac{x}{2\sqrt{Dt}}\right)\right)=1.0-0.8\text{erf}\left(\frac{x}{2\sqrt{Dt}}\right)$$

当 $t=1h$,$r=3600s$ 时,对应不同的 $x$ 可得出一系列的 $w[C](x,t)$,然后作出 $w[C]-x$ 图。用同样的方法作出 $t=3h$、$10h$ 时的 $w[C]-x$ 图,如图 7-1 所示。

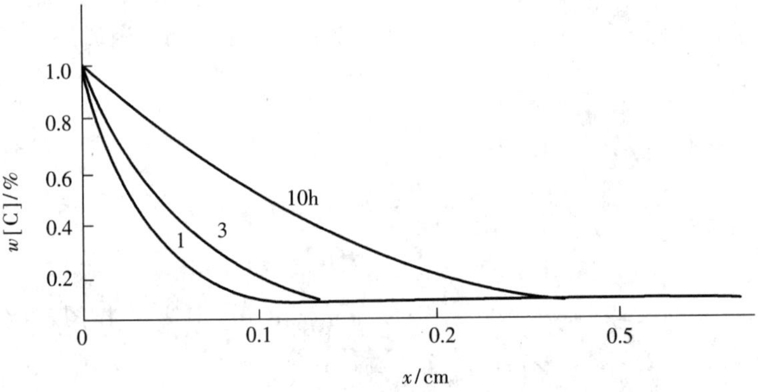


图 7-1 半无限体的扩散时 $w[C]-x$ 图

# 7.2 反应过程动力学方程的建立

## 7.2.1 多相反应动力学的基本特征及分类

依相界面的不同,可将多相反应分为 5 类:固-气、固-液、固-固、液-气和液-液。见表 7-1 所列。在这些反应中,不同相的反应物必须迁移到相界面上来,进行反应,然后向不同相中迁移或经由界面由一个相迁移至另一相中。

界面类型、界面面积、界面性质和界面几何形状均会对反应的动力学产生影响。

## 7.2.2 由稳定态原理建立动力学方程

热力学根据反应中的平衡态,建立温度、压力及浓度之间的数学关系式;而动力学则

根据反应过程中出现的稳定态或准稳定态，导出动力学方程。当维持引入的物质的量与其消耗的量达到相等时，就可建立过程的稳定状态，而使过程在稳定态中进行。

表 7-1　多相反应动力学的基本特征及分类

| 界面 | 反应类型 | 实　例 | |
|---|---|---|---|
| | | 化学过程 | 物理过程 |
| 固-气 | 固 1＋气→固 2 | 金属氧化 | 吸附 |
| | 固 1→固 2＋气 | 碳酸盐或硫酸盐的离解 | — |
| | 固 1＋气 1→固 2＋气 2 | 硫化物的氧化或氧化物的气体 | — |
| 固-液 | 固→液 | — | 熔化 |
| | 固＋液 1→液 2 | — | 溶解结晶 |
| | 固＋液 1→液 2 | 浸出 | — |
| | 固 1＋液 1→固 2＋液 2 | 置换沉淀 | — |
| 固-固 | 固 1→固 2 | — | 烧结、相变 |
| | 固 1＋固 2→固 3＋气 | 氧化物的碳直接还原 | — |
| | 固 1＋固 2→固 3＋固 4 | 某些氧化物或卤化物的金属热还原 | — |
| 液-气 | 液→气 | — | 蒸馏、冷凝 |
| | 液 1＋气 1→液 2＋气 2 | 转炉炼钢、熔锍吹炼 | — |
| | 液 1＋气→液 2 | 溶液吸收气体 | — |
| 液-液 | 液 1＋液 2→液 1＋液 2 | 溶剂萃取 | 溶剂萃取 |
| | | 熔渣—液态金属的反应 | — |
| | | 熔渣—熔锍的反应 | — |

对于由界面化学反应和扩散环节组成的串联反应的动力学方程，可由稳定态原理导出。所谓稳定态是指反应速率不随时间而变化的状态。如果反应的各环节的速率不随时间而改，则总反应应认为是稳定的，而各环节的速率彼此相等。对于反应过程：

$$\mathrm{A}\xrightarrow{v_{\mathrm{A}}}\mathrm{B}\xrightarrow{v_{\mathrm{B}}}\mathrm{C}\xrightarrow{v_{\mathrm{C}}}\cdots$$

则有

$$\frac{\mathrm{d}c_{\mathrm{A}}}{\mathrm{d}t}=\frac{\mathrm{d}c_{\mathrm{B}}}{\mathrm{d}t}=\frac{\mathrm{d}c_{\mathrm{C}}}{\mathrm{d}t}=\cdots=\mathrm{const} \tag{7-14}$$

当串联反应中有一个或多个环节进行得较快，而仅有某一个环节最慢时，则这一环节就是整个反应过程的限制者，或称为速率限制环节。稳定进行过程的速率决定于限制环节的速率，在数量级上，它等于其余环节的速率：$v_{\mathrm{B}}=v_1=v_2=v_3$；故限制环节是动力学上最慢，而热力学上最难于达到平衡的环节。该限制环节的速率就是总反应的速率。

可认为，阻力最小或速率最大的环节近似达到了平衡，但整个反应却未达到平衡。当界面反应达到了平衡时，则界面浓度可作平衡浓度处理；当扩散达到了平衡时，则相内的浓度差等于零，而界面浓度就是相内的浓度，即该相内浓度成均一分布。

利用稳定态原理建立反应的动力学方程时就能消去各环节速率式中出现的界面浓度项。

对反应 $$A_{(S)}+B_{(g)}=AB_{(g)}$$

界面反应速率 $$v_B=-\frac{1}{A}\frac{dn_B}{dt}=k_+(c_B^*-c_{AB}^*/K)$$

反应物扩散速率 $$J_B=\frac{1}{A}\frac{dn_B}{dt}=\beta_B(c_B-c_B^*)$$

产物扩散速率 $$J_{AB}=\frac{1}{A}\frac{dn_{AB}}{dt}=\beta_{AB}(c_{AB}^*-c_{AB})$$

整理浓度项

$$\frac{v_B}{k_+}=-\frac{1}{Ak_+}\frac{dn_B}{dt}=\left(c_B^*-\frac{c_{AB}^*}{K}\right) \tag{7-15}$$

$$\frac{J_B}{\beta_B}=\frac{1}{A\beta_B}\frac{dn_B}{dt}=(c_B-c_B^*) \tag{7-16}$$

$$\frac{J_{AB}}{K\beta_{AB}}=\frac{1}{AK\beta_{AB}}\frac{dn_{AB}}{dt}=\left(\frac{c_{AB}^*}{K}-\frac{c_{AB}}{K}\right) \tag{7-17}$$

为了消去界面浓度项，将式(7-15)、(7-16)、(7-17)相加，得

$$\frac{v_B}{k_+}+\frac{J_B}{\beta_B}+\frac{J_{AB}}{K\beta_{AB}}=\left(c_B^*-\frac{c_{AB}^*}{K}\right)+(c_B-c_B^*)+\left(\frac{c_{AB}^*}{K}-\frac{c_{AB}}{K}\right)=c_B-\frac{c_{AB}}{K} \tag{7-18}$$

在稳态下 $v_B=J_B=J_{AB}=v_\Sigma$，则

$$v_B\left(\frac{1}{k_+}+\frac{1}{\beta_B}+\frac{1}{K\beta_{AB}}\right)=c_B-\frac{c_{AB}}{K}$$

$$v_B=\frac{c_B-c_{AB}/K}{\left(\frac{1}{k_+}+\frac{1}{\beta_B}+\frac{1}{K\beta_{AB}}\right)} \tag{7-19}$$

该式等号右端的分子和分母均具有一定的物理意义，分子项为反应物和相当产物浓度差，称为浓度推动项或过程的推动力；分母项为反应物扩散阻力、界面反应阻力和产物扩散阻力之和，称为反应阻力项，或过程的阻力。则反应速率为推动力与阻力之比，浓度差越大，过程的推动力越大；反应阻力项越小，过程的阻力越小，则反应速率就越大。

## 7.3 冶金反应动力学模型

### 7.3.1 液-液相反应的动力学——双膜理论

液-液相反应是指两个不相混溶的液相之间进行的多相反应。在冶金过程中，有许多液-液相反应，主要是金属和炉渣之间的反应。

液-液相反应主要步骤如下：

(1)反应物分别由各自的相内向两相界面扩散；

(2)反应物在反应界面发生化学反应；

(3)产物离开界面分别向两相内部扩散。

可以看出，液-液相反应的限制性环节可分为扩散和化学反应两类。高温冶金过程的限制性环节多为扩散控制。

双膜理论认为，在两种流体界面两侧，由于摩擦力的作用，各存在一层静止不动的液体“薄膜”，不管相内流动的湍动程度如何，由于膜的抑制，湍流无法到达两相界面。各相中的传质独立进行，互不干扰。虽然这种假设不符合实际情况，但由于双膜理论数学描述简单、直观，仍然广泛地应用于液-液相反应动力学研究。

图 7-2 为渣-金两相反应的双膜理论示意图。组元 A 在金属Ⅰ相的浓度为 $c_{\mathrm{I}}$，当其扩散到界面时，浓度下降为 $c_{\mathrm{I}}^{*}$，经界面反应转变为产物，其浓度为 $c_{\mathrm{II}}^{*}$。然后产物离开界面向渣内部扩散，其浓度下降为 $c_{\mathrm{II}}$。整个过程由串联的 3 个步骤构成，每一步的速率表达式分别为：

金属液中扩散通量为

$$J_{\mathrm{I}}=\frac{1}{A}\frac{\mathrm{d}n}{\mathrm{d}t}=\beta_{\mathrm{I}}(c_{\mathrm{I}}-c_{\mathrm{I}}^{*}) \tag{7-20}$$

界面化学反应速率为

$$J_{\mathrm{R}}=-\frac{1}{A}\frac{\mathrm{d}n}{\mathrm{d}t}=k_{+}(c_{\mathrm{I}}^{*}-c_{\mathrm{II}}^{*}/K) \tag{7-21}$$

熔渣中的扩散通量为

$$J_{\mathrm{II}}=\frac{1}{A}\frac{\mathrm{d}n}{\mathrm{d}t}=\beta_{\mathrm{II}}(c_{\mathrm{II}}^{*}-c_{\mathrm{II}}) \tag{7-22}$$

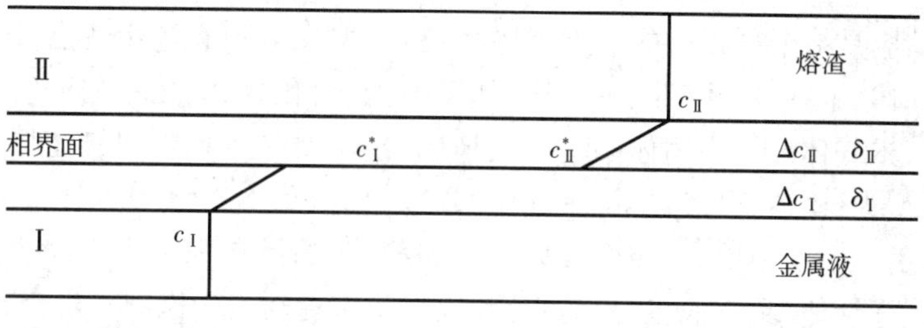


图 7-2 双膜理论浓度分布示意图

设过程处于稳态进行之中，即

$$J_{\mathrm{I}}=J_{\mathrm{R}}=J_{\mathrm{II}}=J_{\mathrm{A}} \tag{7-23}$$

消去无法直接测定的界面浓度 $c_{\mathrm{I}}^{*}$ 和 $c_{\mathrm{II}}^{*}$，式(7-20)、(7-21)和(7-22)分别改写为

$$\frac{1}{\beta_{\mathrm{I}}}\frac{1}{A}\frac{\mathrm{d}n}{\mathrm{d}t}=c_{\mathrm{I}}-c_{\mathrm{I}}^{*}$$

$$-\frac{1}{k_+}\frac{1}{A}\frac{dn}{dt}=c_{\mathrm{I}}^*-\frac{c_{\mathrm{II}}^*}{K}$$

$$\frac{1}{K\beta_{\mathrm{II}}}\frac{1}{A}\frac{dn}{dt}=\frac{c_{\mathrm{II}}^*}{K}-\frac{c_{\mathrm{II}}}{K}$$

三式相加整理得到

$$J_A\left(\frac{1}{\beta_{\mathrm{I}}}+\frac{1}{k_+}+\frac{1}{K\beta_{\mathrm{II}}}\right)=c_{\mathrm{I}}-\frac{c_{\mathrm{II}}}{K}$$

$$J_A=\frac{c_{\mathrm{I}}-c_{\mathrm{II}}/K}{\frac{1}{\beta_{\mathrm{I}}}+\frac{1}{k_+}+\frac{1}{K\beta_{\mathrm{II}}}} \tag{7-24}$$

该式即为钢渣界面反应总速率方程。等号右边分子为过程的推动力，分母为过程的阻力，由反应物扩散阻力、界面化学反应阻力和产物扩散阻力构成。

用质量浓度表示速率

$$-\frac{V}{A}\frac{dc_{\mathrm{I}}}{dt}=\frac{c_{\mathrm{I}}-c_{\mathrm{II}}/K}{\frac{1}{\beta_{\mathrm{I}}}+\frac{1}{k_+}+\frac{1}{K\beta_{\mathrm{II}}}}$$

$$-\frac{dc_{\mathrm{I}}}{dt}=\frac{c_{\mathrm{I}}-c_{\mathrm{II}}/K}{\frac{1}{\beta_{\mathrm{I}}}\frac{V_{\mathrm{I}}}{A}+\frac{1}{k_+}\frac{V_{\mathrm{I}}}{A}+\frac{1}{K\beta_{\mathrm{II}}}\frac{V_{\mathrm{I}}}{A}}=\frac{c_{\mathrm{I}}-c_{\mathrm{II}}/K}{\frac{1}{k_{\mathrm{I}}}+\frac{1}{k_c}+\frac{1}{k_{\mathrm{II}}}} \tag{7-25}$$

液-液相反应只有在两相接触时才能实现传质，因而一相运动必然要影响到另一相。所以两相的传质系数 $\beta_{\mathrm{I}}$ 和 $\beta_{\mathrm{II}}$ 是相互关联的。正常情况下，液态金属中的元素扩散系数远大于渣中组元的扩散系数，金属侧的扩散不会成为限制性环节。

## 7.3.2 气-固相反应的动力学——未反应核模型

气-固相反应是冶金过程中的一类重要反应，根据反应物和产物特点又有 3 种类型，一类反应为：固体（Ⅰ）＝固体（Ⅱ）＋气体，如碳酸盐、硫化物、氧化物的分解等；第二类反应为：固体（Ⅰ）＋气体（Ⅰ）＝固体（Ⅱ）＋气体（Ⅱ），主要是氧化物间接还原；还有固体碳燃烧的反应类型为：固体＋气体（Ⅰ）＝气体（Ⅱ）。

对于这些由一个固相消失，而生成另一个固相（碳的燃烧则不生成固相产物）的多相反应，因固体试样性能（致密或多孔）的不同，提出了多种动力学模型。对于致密或孔隙度低（例如 $\varphi=5\%$）的固体物料，有未反应核模型；对于孔隙率高的固体料或矿球，则有多孔体积反应模型。形成固体产物的反应要比不形成固体产物的反应复杂。前者由气体的外扩散、界面反应及内扩散环节组成，后者则是外扩散及界面反应环节所组成。

### 7.3.2.1 未反应核模型

当固相反应物是致密的，化学反应从固相物的表面开始逐渐向矿块中心推进，反应物和产物层之间有较明显的界面存在；而反应在层间的相界面附近区域进行，因此形成的固相产物则出现在原来固相反应物处，而原固相物内部则是未反应的部分，这称为未反应核模型或收缩模型。这种沿固体内部出现的相界面附近区域发展的反应又称为区域化学反应或局部化学反应。在这种情况下，化学反应发生在固体内部的相界面上，而气体则要通过包围在相界面四周的固相产物层向内(反应气体)或向外(产物气体)扩散，因而反应的速率将随着反应向内部推进而出现有峰值曲线的变化，如图 7－3 所示。

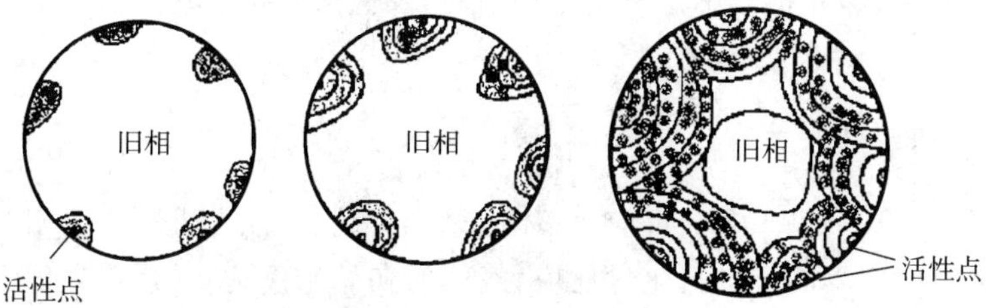


从固体表面各活性点开始发展的区域反应区

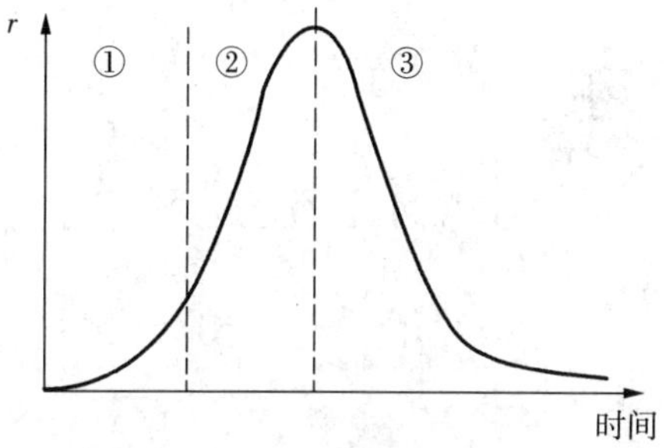


图 7－3　气-固相反应的速率变化特征

①诱导期　②反应界面扩大期　③反应界面缩小期

气-固相反应的动力学曲线的特点是经过三个时期：①诱导期，即反应在表面的活化中心进行，活化中心面积(反应面积)很小；②自动催化期(反应界面形成，即扩大期)，随着反应的进行，反应面积不断增加，反应速度也不断增加；③前沿汇合期(反应界面缩小期)，每个活化中心反应界面相交，称为反应面的前沿汇合。此时反应速率最大，之后，由于反应面积减小，反应速率降低。

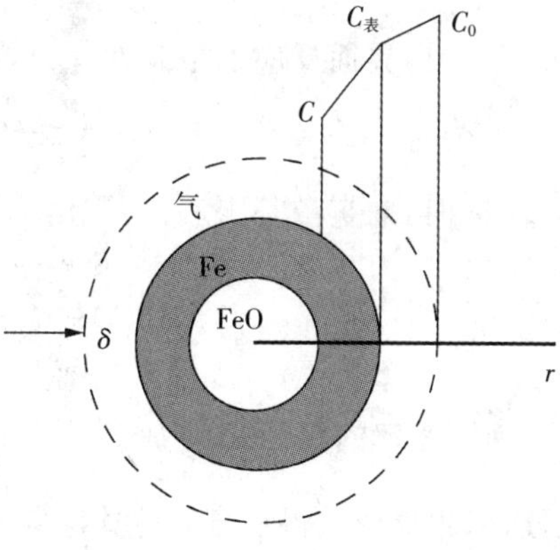


图 7－4　区域化学反应示意图

#### 7.3.2.2　局部化学反应

局部化学反应是沿固体内部相界面附近区域发展的反应，如图 7－4 所示。反应组成环节为：

① 气体在气相内的扩散，主要是通过边界层的扩散——外扩散；

② 气体在固相内的扩散(已还原层的扩散)——内扩散；

③ 界面化学反应；

④ 气体产物在固体内向外扩散；

⑤ 气体产物在气相内向外扩散。

上述诸环节组成的串联式气-固相反应的速率决定于其限制性环节的速率，因此，在保持临界气流速率，即外扩散不是限制性环节时，反应过程由内扩散（固相产物层）及界面反应组成。

#### 7.3.2.3 速率微分式

对于 $A_{(S)}+B_{(g)}=C_{(S)}+D_{(g)}$ 反应，气体通过半径为 $r_0$ 的矿球外的固相产物层达到矿球内半径为 $r$ 的反应界面上进行化学反应，气体的初始浓度为 $c^0$，反应界面上的浓度为 $c$，反应气体的平衡浓度为 $c_{平}$，组成反应环节的速率表达式为

界面化学反应速率： $$v_C=4\pi r^2 k(c-c_{平}) \qquad (\mathrm{I})$$

产物层内扩散速率： $$J=-D_e A\frac{\mathrm{d}c}{\mathrm{d}r}=-4\pi r^2 D_e\frac{\mathrm{d}c}{\mathrm{d}r}$$

$$-\int_{c^0}^{c}\mathrm{d}c=\frac{J}{4\pi D_e}\int_{r_0}^{r}\frac{1}{r^2}\mathrm{d}r$$

$$J=4\pi D_e\left(\frac{r_0 r}{r_0-r}\right)\times(c^0-c) \qquad (\mathrm{II})$$

达到稳态时 $v_C=J$

$$4\pi r^2 k(c-c_{平})=4\pi D_e\left(\frac{r_0 r}{r_0-r}\right)\times(c^0-c)$$

$$c=\frac{D_e r_0 c^0+kc_{平}(r_0 r-r^2)}{D_e r_0+k(r_0 r-r^2)} \qquad (\mathrm{III})$$

将式(Ⅲ)代入式(Ⅰ)，则 $$v=\frac{4\pi r^2 r_0(c^0-c_{平})}{\frac{r_0}{k}+\frac{1}{D_e}(r_0 r-r^2)} \qquad (7-26)$$

当 $k\ll D_e$ 时，界面反应是限制性环节，相界面浓度 $c=c^0$，速率方程可以简化为

$$v=4\pi r^2 k(c^0-c_{平}) \qquad (7-27)$$

当 $k\gg D_e$ 时，内扩散是限制性环节，相界面浓度 $c=c_{平}$，速率方程可以简化为

$$v=4\pi D_e(c^0-c_{平})\times\frac{r_0 r}{r_0-r} \qquad (7-28)$$

#### 7.3.2.4 速率的积分式

利用速率微分式获得积分表达式时需要将式中的 3 个变量（$n$、$r$、$t$）消去一个，如 $n$ 才能进行积分，对于气-固相反应：$A_{(S)}+B_{(g)}=C_{(S)}+D_{(g)}$，气体反应物和固体反应物的化学计量数均相同，故有 $-\frac{\mathrm{d}n_{A_{(S)}}}{\mathrm{d}t}=-\frac{\mathrm{d}n_{B_{(g)}}}{\mathrm{d}t}$ 的速率相等的关系。

固相反应物物质的量速率式：

$$v_A=-\frac{dn_A}{dt}=-\frac{dn_A}{dr}\frac{dr}{dt}=-\frac{d}{dr}\left(\frac{4}{3}\pi r^3\rho\right)\frac{dr}{dt}=-4\pi r^2\rho\frac{dr}{dt}$$

$$v=-\frac{dn_B}{dt}=\frac{kDer_0(c^0-c_{平})}{Der_0+k(r_0r-r^2)}$$

$v_A=v$ 时 $$\frac{kDer_0(c^0-c_{平})}{\rho}dt=-4\pi r^2[k(r_0r-r^2)+Der_0]dr$$

在 $0\sim t$、$r_0\sim r$ 内积分，得到

$$\frac{r_0(c^0-c_{平})}{\rho}t=\frac{1}{6D_e}(r_0^3+2r^3-3r_0r^2)-\frac{1}{k}(r_0r-r^2) \quad (7-29)$$

（1）当 $k\ll D_e$ 时，界面反应是限制环节

$$r_0r-r^2=\frac{kr_0(c^0-c_{平})}{\rho}t \quad (7-30)$$

（2）当 $k\gg D_e$ 时，内扩散是限制环节

$$r_0^3+2r^3-3r_0r^2=\frac{6Der_0(c^0-c_{平})}{\rho}t \quad (7-31)$$

但是，反应过程中矿块内出现的反应界面的半径 $r$ 难以直接测定，所以一般是利用减重实验，测定固体反应物质量变化得出的反应度 $R$ 或穿透度 $f$ 来代替 $v$ 表示速率式。如用 $m_0$ 表示 $t=0$ 时固相反应物的质量，$m$ 表示 $t$ 时固体反应物残存质量，则 $m_0-m$ 是矿球经过时间 $t$ 减轻的质量。于是，矿球已反应了的质量分数，即反应度（或称转化率）用 $R$ 表示时，由 $R'=\frac{m_0-m}{m_0}$，$m_0=\frac{4}{3}\pi r_0^3\rho$，$m=\frac{4}{3}\pi r^3\rho$，得 $\left(\frac{r}{r_0}\right)^3=1-R'$，$r=r_0(1-R')^{1/3}$。

反应的穿透度 $f$ 为矿球半径改变的分数，即

$$f=\frac{r_0-r}{r_0},\quad r=r_0(1-f) \quad (7-32)$$

反应度 $R'$ 和穿透度 $f$ 二者之间的关系为：

$$r_0(1-R')^{1/3}=r_0(1-f),\quad (1-R')^{1/3}=1-f,f=1-(1-R')^{1/3} \quad (7-33)$$

对于 $$\frac{(c^0-c_{平})}{r_0^2\rho}t=\frac{1}{6D_e}[3-2R'-3(1-R')^{\frac{2}{3}}]-\frac{1}{kr_0}[1-(1-R')^{\frac{1}{3}}] \quad (7-34)$$

$$\frac{(c^0-c_{平})}{\rho r_0}t=\frac{r_0}{6D_e}f^2(3-2f)+\frac{f}{k} \quad (7-35)$$

（1）当 $k\ll D_e$ 时，界面反应是限制环节，$\frac{k(c^0-c_{平})}{r_0\rho}t=1-(1-R')^{\frac{1}{3}}=f=F(R')$，用 $F(R')$ 函数对 $t$ 作图，可有直线的斜率求得反应速率常数 $k$。

(2)当 $k \gg D_e$ 时，内扩散是限制环节，$\frac{2D_e(c^0 - c_{平})}{r_0^2 \rho} t = 1 - \frac{2}{3}R' - (1-R')^{\frac{2}{3}} = F'(R')$，用 $F'(R')$ 函数对 $t$ 作图，可有直线的斜率求得反应速率常数 $D_e$。

此外，利用稳态原理亦可导出由外扩散、内扩散及界面反应成为混合限制的速率式。详见铁矿石还原的数学模型部分。

在未反应核模型中，实际上，由于固相产物层的形成，随着反应界面向中心推移，而且不断减小(相界面出现合并)，总反应的速率将随时间而减小，同时固相产物层的不断加厚，气体物的扩散阻力也增加，因而到达矿球内的扩散流也随时间而减小。所以就较难保持稳定态的过程，而只能是准稳态的过程，特别是反应的后期(矿球内反应界面缩小期)。

虽然如此，但是未反应核模型导出的速率式不仅能较满意地说明致密固体的气-固相反应过程中各种限制环节的速率特征，而且能成功地用于解决冶金实践和分析动力学中的问题以及计算反应的速率常数、传质系数、有效扩散系数等动力学参数。

## 思考和练习题

7-1　一个2级反应的反应物初始浓度为 $0.4 \times 10^3 \mathrm{mol/m^3}$，此反应在80min内完成了30%，试求反应的速率常数和反应完成80%所需的时间。

7-2　用 $H_2$ 还原铁精矿(粒度 $(19 \sim 21) \times 10^{-3}$ m)时，测得不同温度下不同时间 $t$ 的还原率 $R'$ 见表7-1所例，试求：(1)还原反应的活化能；(2)反应速率常数的温度式(还原率是矿石还原过程中失去 $w[O]$，故矿石残存氧量 $= 100 - R'$)。

**表7-2　矿石还原时还原率的变化(还原率 $R'$/%)**

| $t$/min | 10 | 20 | 50 | 70 | 90 |
|---|---|---|---|---|---|
| 1023K | 35 | 64 | 78 | 87 | 90 |
| 1123K | 43 | 75 | 79 | 88 | 97 |
| 1223K | 55 | 88 | 98 | 99 | 99 |

7-3　试分别导出铁矿石为CO气体还原($FeO_{(S)} + CO = Fe_{(S)} + CO_2$)时，界面化学反应及固相层内CO扩散单独成为限制环节的速率方程(微分式及积分式)。

7-4　铁钒精矿球团在1123K用CO还原。通过减重法测得还原率 $R'$ 与还原时间 $t$ 的关系见表7-3所列：

**表7-3　减重法测定还原率 $R'$ 与时间 $t$ 的关系**

| $t$/min | 10 | 20 | 30 | 40 | 50 | 60 | 70 |
|---|---|---|---|---|---|---|---|
| $R'$/% | 12 | 23 | 32 | 40 | 46 | 52 | 59 |

试判断还原反应的速率限制步骤。

7－5　试绘出完整的气-固反应模型示意图，说明反应包括哪几个环节，写出各环节分别为速率限制步骤时的速率方程。

7－6　双膜模型示意图如下图7－5所示。在A相强烈搅拌的条件下，A的传质速度足够快而不成为速率限制步骤。试推导反应的动力学方程(提示：反应受界面化学反应及B相的扩散步骤控制)。

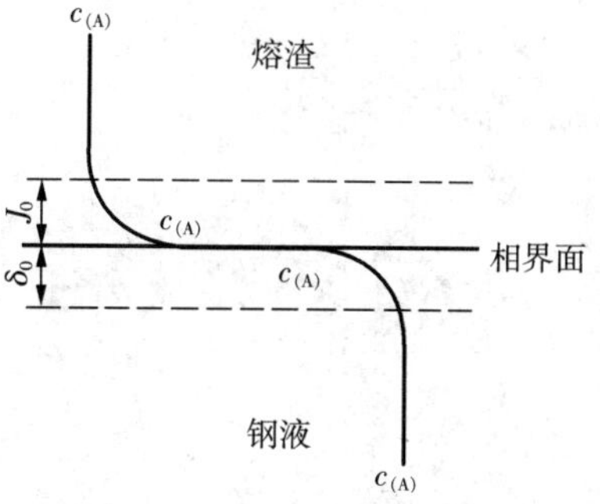


图7－5　钢渣两相反应的双膜理论浓度分布示意图

7－7　试导出金属液中元素的扩散成为速率限制环节的速率式及其积分式。

上篇　冶金热力学原理
中篇　冶金过程热力学
**下篇　冶金过程动力学**
第7章　冶金反应动力学基础
第8章　冶金过程动力学

# 第8章　冶金过程动力学

[本章导读]

本章详细介绍还原过程的动力学、氧化熔炼反应的动力学、吸气和脱气反应、碳酸盐分解机理、金属氧化动力学和固体碳燃烧机理等。

[知识目标]

通过本章学习，掌握主要冶金过程的动力学理论，重点掌握还原过程动力学、火法熔炼反应动力学、吸气及脱气反应、碳酸盐分解动力学、固体碳燃烧动力学、钢液的真空处理、吹氩处理，了解金属氧化动力学、硫酸化焙烧动力学和氯化焙烧动力学知识。

[能力目标]

能够利用冶金反应动力学基本理论分析主要冶金过程的反应速率和限制性环节。

[重点难点]

本章重点是还原过程、火法熔炼过程、碳酸盐分解等冶金过程的动力学方程的建立和分析；难点是固体碳燃烧动力学以及钢液的真空处理理论。

冶金过程动力学是研究有化学反应参加的冶金过程的动力学问题。对冶金反应进行动力学分析时，大致需要按照3个步骤进行：

(1)了解该反应在一定条件下的组成环节(机理)和其速率的表达式；

(2)按准稳态原理建立由各组成环节构成的过程速率方程；

(3)按反应的不同条件找出其限制环节及其速率的积分式。

由此即可计算总反应在给定条件下的速率或反应进行一定程度所需时间，以及分析各种因素对速率的影响，从而提出控制和改进实际操作、强化冶炼过程、提高反应器生产率的措施。

在第7章介绍的双膜理论和未反应核模型是分析冶金多相反应动力学的最基本模型，但两种模型具有不同的特点和使用范围：

(1)双膜理论多用来分析高温下渣-金属液间的反应，而传质往往是限制环节，因此不用研究反应的机理，而主要在于研究传质环节所起的作用。

(2)未反应核模型主要用于分析气固相反应，此时界面反应也可能成为限制环节或出现混合限制环节。因此需要涉及微观动力学的研究，要研究该反应本身的机理。

主要介绍几种典型的冶金过程的动力学问题，包括氧化物还原过程、火法精炼(熔炼)反应、金属的吸气和脱气反应、碳酸盐分解过程、金属的氧化过程、固体碳的燃烧反应、钢液真空处理和吹氩处理、矿物的硫酸化焙烧和氯化焙烧过程等。利用前章介绍的动力学基础知识来分析冶金过程中的主要化学反应动力学问题，并介绍分析问题和处理问题的方法。

# 8.1 还原过程动力学

## 8.1.1 间接还原的机理

铁矿石或高价氧化铁被气体还原剂 $CO(H_2)$ 还原的反应在热力学上是逐级进行的。首先是形成较低价氧化物，最后是形成铁。但在动力学上则往往具有分层性的特点，即按照未反应核模型进行时，整个矿球从外而内具有和铁氧化时形成的氧化铁层相反层序的结构：

$$Fe_2O_3 \mid Fe_3O_4 \mid Fe_xO \mid Fe$$

但是，当矿球的孔隙度、矿粒比较小时，还原气体能向孔隙内扩散，则还原过程仅具有逐级性，而无明显的分层性；因此，分层性是致密矿球按未反应核模型进行还原的动力学特点，而孔隙度高的矿球则是按多孔体积反应模型进行还原的。

### 8.1.1.1 还原过程的组成环节

气体还原剂和固体氧化物的反应是复杂的多相反应，由许多个串联及并行环节所组成：

(1)气流中的 $CO(H_2)$ 通过矿球外的气相边界层，向矿球表面扩散；

(2) $CO(H_2)$ 通过还原产物层(金属或低价氧比物)的微孔及裂纹扩散，还原产生的 $Fe^{2+}$(包括电子)及矿球内的 $O^{2-}$ 在晶格内扩散；

(3)在矿球内部反应界面上进行结晶化学反应，如气体的吸附、脱附、电子交换、新相核的形成及长大；

(4)还原形成的气体产物 $CO_2(H_2O)$ 通过还原产物层向外表面及气流中扩散。

因此，整个还原过程归纳为由外扩散、内扩散及界面反应3个主要环节所组成，而过程的速率限制取决于还原条件下最慢环节的速率。

#### 8.1.1.2 氧化铁还原的机理

氧化铁和气体还原剂的化学作用，即还原反应的机理包括还原剂气体在反应界面的吸附催化、固相层内离子和电子的扩散、新相核的形成及长大等。

(1)气体还原剂在实际晶体表面的吸附反应

还原剂气体首先在矿球表面上的活性中心点上吸附、变形，形成表面活性复合物，而后转变为气体产物经脱附而逸出。其反应过程以 $H_2$ 为例可表示为：

$H_2+FeO_{(s)}=FeO\cdot H_{2(吸)}$，$FeO\cdot H_{2(吸)}=Fe\cdot H_2O_{(吸)}$，$Fe\cdot H_2O_{(吸)}=Fe_{(S)}+H_2O_{(g)}$

根据朗格茂吸附等温度方程，可得出由被吸附的 $H_2$ 占有的面积分数 $\theta_H$ 表示的吸附反应的速率式：

$$v=k\theta_H=\frac{kK_{H_2}p_{H_2}}{1+K_{H_2}p_{H_2}+K_{H_2O}p_{H_2O}}$$

这是由于产物 $H_2O$ 能同时在反应界面活性点上吸附，而且它们的分子有较大的极化性，易于变形，故比 $H_2$ 还原气体分子更易被吸附，所以即使还原气体中出现了 $\varphi(H_2O)=2\%\sim3\%$ 的 $H_2O$，也会使还原反应的速率降低；但是，随着还原反应的进行，它们对还原速率不利的影响将逐渐减弱。因为随着还原温度的提高，它们生成的浓度又很高时，易于脱附，离开反应界面逸出。这时还原反应速率可表示为

$$v=k\theta_H=\frac{kK_{H_2}p_{H_2}}{1+K_{H_2}p_{H_2}+K_{H_2O}p_{H_2O}},$$

又由于 $p'_{H_2}\ll 100\text{kPa}$，所以反应为1级。

(2)固相物内离子及电子的扩散

当还原剂 $H_2$ 吸附在矿球反应界面上的活性点时，发生了电离过程 $H_2=2H^++2e$，同时形成了 $H^+$ 和电子；$H^+$ 与氧化铁表面的 $O^{2-}$ 结合成 $H_2O(2H^++O^{2-}=H_2O_{(吸)})$ 吸附于其上，浓度高时经脱附而逸出。放出的电子则 $Fe^{3+}$ 与及 Fe 逐级结合转变为 Fe 原子 $(Fe^{3+}+e=Fe^{2+}, Fe^{2+}+2e=Fe)$，其变化过程如图 8-1 所示。用 CO 作还原剂时被吸附的 CO 分子稍有变形，这种活化了的 CO 分子以不同方位转向 $Fe_xO$ 晶格表面，带走 $O^{2-}$，留下两个电子 $(O^{2-}=O+2e, CO+O=CO_2)$ 供 $Fe^{3+}\rightarrow Fe^{2+}$ 及 $Fe^{2+}$ 一起去填充 $V_{Fe^{2+}}^{2-}$，得到金属铁。

### 8.1.2 铁矿石还原的数学模型

如前所述，矿球的间接还原过程是多环节的多相反应过程，这些环节又因矿球致密程度的不同，可形成不同的数学模型。当矿石的结构比较致密时，反应过程中同时出现了逐级分层性，即可能有几个反应界面同时出现。因此，在导出反应过程的动力学方程上建立

了几种模型。在矿球内仅有一个相界面($Fe_2O_3$ | Fe 或 $Fe_3O_4$ | Fe 或 $Fe_xO$ | Fe)的一界面模型和有 3 个界面($Fe_2O_3$ | $Fe_3O_4$ | $Fe_xO$ | Fe)的三界面模型,其中一界面未反应核模型应用比较广泛。

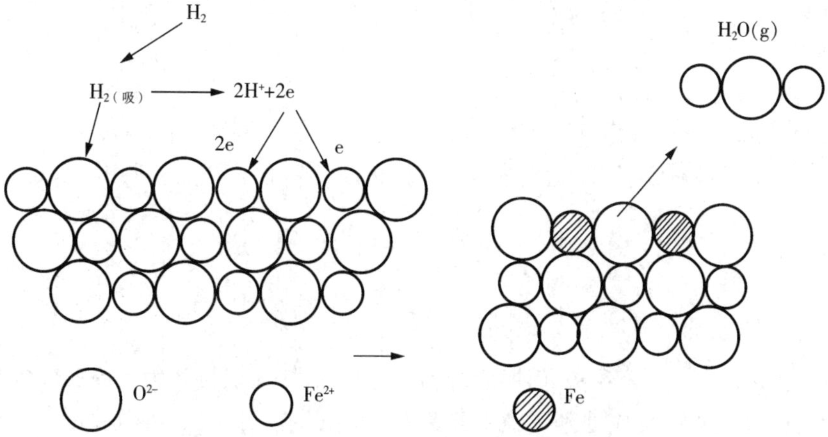


图 8-1 $Fe_xO$ 与 $H_2$ 反应机理示意图

#### 8.1.2.1 未反应核模型的动力学方程

氧化铁的还原反应未反应核模型因其数学处理简单,且较接近反应实际,获得了广泛的应用。

将一个致密的矿球置于浓度足够高的还原气体中,在一定温度下经过一段时间后取出矿球,将其剖开可以看到如图 8-2 所示的各种铁氧化物层状分布的情况。这说明各还原反应是在各层之间的界面上进行的。由于扩散阻力的影响,从矿球表面到未被还原的 $Fe_3O_4$ 核心表面,还原剂 CO 的浓度逐渐降低,因而产生了逐层还原的情况。依此提出了未反应核模型,其反应步骤为:

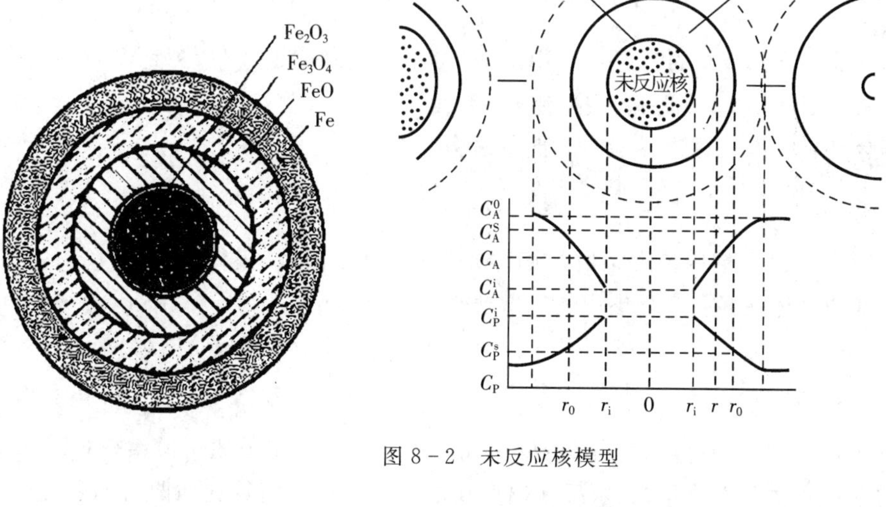


图 8-2 未反应核模型

(1)还原气体 A 通过气相边界层向矿球表面扩散，即外扩散；

(2)气体 A 通过多孔的产物层向反应界面扩散，同时铁离子也通过产物层向内部扩散，称为内扩散；

(3)在反应界面上气体 A 与铁氧化物发生还原反应，其中包括还原剂的吸附和气体产物的脱附；

(4)气体产物通过固体产物层向矿球表面扩散；

(5)气体产物离开矿球表面向气相内部扩散。

在恒温恒压下，$Fe_2O_3$ 为 $H_2$ 还原时，如按照未反应核模型进行，可用下反应式表示：

$$\frac{1}{3}Fe_2O_{3(S)}+H_2=\frac{2}{3}Fe_{(S)}+H_2O_{(g)}$$

$$Fe_xO+H_2=xFe_{(S)}+H_2O_{(g)}$$

由于未反应的核心比较致密，而还原产物层是疏松的，所以可认为还原反应的化学反应区很薄，可以近似按界面反应处理。经实验证实，此层很薄，可以忽略，因而可得图8-2所示经简化的未反应核模型。设矿球的半径为 $r_0$，随着还原反应的进行，反应界面不断向矿球内部推移，未反应的核心半径 $r$ 不断缩小。由于铁氧化物还原产物的体积逐渐缩小，因而，随着反应的进行，导致矿球体积有收缩的趋势，从而在矿球的产物层中产生了许多孔隙和裂纹，这些孔隙和裂纹弥补了整个矿球的收缩，可以认为反应前后矿球的体积未变。

当反应在半径为 $r$ 的界面上进行时，为已还原的 Fe 包围的未反应的中心部分是 $Fe_xO$(或 $Fe_2O_3$)，反应的界面是 $Fe_xO\mid Fe$，浓度为 $c^0$(mol/m$^3$)的 $H_2$ 以 $u_0$(m$^3$/min)流速流向矿球表面，穿过矿球周围的气相边界层及已还原的铁层，向矿球的内部反应界面扩散，在此反应界面上进行的化学反应。$H_2$ 在矿球表面的浓度为 $c^0$，在反应界面的浓度为 $c$，反应的平衡浓度为 $c^e$。按照一级可逆反应处理，不考虑反应中矿球的体积变化。

当考虑以 $H_2$ 浓度的变化率 $\frac{dn(H_2)}{dt}$ 作为 $Fe_xO$ 还原的速度时，按 $Fe_xO$ 的还原反应式，$Fe_xO$ 的还原速率为：

$$v=-\frac{dn[(O)_{FeO}]}{dt}=-\frac{dn(H_2)}{dt} \tag{8-1}$$

铁矿石的还原反应过程是一个串反应，按稳态处理，当过程达到稳态时，各步骤的速率相等，可以用几个步骤组合来推导速率方程。

气体还原剂在气相边界层内的扩散速率

$$J_G=4\pi r_0^2 k_G(c_A^0-c_A^S) \tag{8-2}$$

式中 $k_G$ 为气相变节层内传质系数，与气体的流速、矿球直径、气体粘度和气体的扩散系数有关。还原气体在多孔产物层中的扩散速率

$$J_S=4\pi r_0^2 D_e\left(\frac{\partial c_A}{\partial r}\right)_{r=r_i}=\frac{4\pi r_i}{r_0-r_i}D(c_A^0-c_A^i) \tag{8-3}$$

式中 $De$ 为有效扩散系数，$D_e=\varepsilon\xi D$；$D$ 为气体还原剂在气相中的扩散系数；$\varepsilon$ 为固体产物层中的气孔率；$\xi$ 为迷宫系数，可反映出产物层内气体扩散路径迂回曲折的程度。界面化

学反应包括气体还原剂的吸附、吸附的还原剂与氧结合生成产物以及产物气体的脱附等过程。为了简化起见，按一级可逆反应来处理。

氧化物的还原反应 $CO_{(g)}+3Fe_2O_{3(S)}=CO_{2(g)}+2Fe_3O_{4(S)}$ 可简化为 $A_{(g)}=P_{(g)}$，其速率方程为：

$$J_R=k_+4\pi r_i^2c_A^i-k_-4\pi r_i^2c_P^i=4\pi r_i^2k(c_A^i-\frac{c_P^i}{K}) \tag{8-4}$$

式中 $K$ 为平衡常数。由于反应前后气体的量不变，所以

$$c_A^i+c_P^i=c_A^e+c_P^e=\text{const} \tag{8-5}$$

其中上角标“$e$”表示平衡浓度。因为 $K=c_P^e/c_A^e$，所以

$$c_P^i=(1+K)c_A^e-c_A^i \tag{8-6}$$

将式(8-6)代入式(8-4)，得

$$J_R=4\pi r_i^2k\ \frac{1+K}{K}(c_A^i-c_A^e) \tag{8-7}$$

如果把矿石的还原过程作稳态处理，则各步骤的速率相等，即

$$J_G=J_S=J_R=J_A \tag{8-8}$$

联立式(8-2)、(8-3)和(8-7)，消去不能直接测定的浓度项 $c_A^i$、$c_A^S$，得

$$J_A=\frac{4\pi r_0^2(c_A^0-c_A^e)}{\dfrac{1}{k_G}+\dfrac{r_0}{D_e}\dfrac{r_0-r_i}{r_o}+\dfrac{K}{k(1+K)}\dfrac{r_0^2}{r_i^2}} \tag{8-9}$$

式中 $(c_A^0-c_A^e)$ 表示扩散过程的推动力，$c_A^e$ 可根据热力学数据计算得出。分母代表总阻力，其中第一项为气相边界层的扩散阻力；第二项为气体还原剂通过多孔产物层的阻力；第三项为化学反应阻力。由此得出，总阻力等于各步阻力之和，即

$$\frac{1}{k_\Sigma}=\frac{1}{k_G}+\frac{r_0}{D_e}\frac{r_0-r_i}{r_i}+\frac{K}{k(1+K)}\frac{r_0^2}{r_i^2} \tag{8-10}$$

式中 $k_\Sigma$ 为总反应速率常数，据此有

$$J_A=4\pi r_0^2k_\Sigma(c_A^0-c_A^e) \tag{8-11}$$

引入转化率 $R'$(或还原度)，$R'=\dfrac{m_0-m}{m_0}=1-\dfrac{m}{m_0}=1-(\dfrac{r_i}{r_0})^3$，则

$$\frac{dR'}{dt}=\frac{J_A}{4\pi r_0^2\rho_O}=\frac{1}{r_0\rho_O}\frac{(c_A^0-c_A^e)}{\dfrac{1}{k_G}+\dfrac{r_0}{D_e}[(1-R')^{-\frac{1}{3}}-1]+\dfrac{K}{k(1+K)}(1-R')^{-\frac{2}{3}}} \tag{8-12}$$

为求反应速率的积分式需从式(8－12)中消去变数 $r_i$，当用矿球内氧物质的量变化率表示还原速率时，

$$v=-\frac{\mathrm{d}n[(\mathrm{O})_{\mathrm{FeO}}]}{\mathrm{d}t}=-\frac{\mathrm{d}(\frac{4}{3}\pi r_0^3\rho_{\mathrm{O}})}{\mathrm{d}t}=-4\pi r_0^2\rho_{\mathrm{O}}\frac{\mathrm{d}r}{\mathrm{d}t}$$

代入 $r_i=r_0(1-R')^{1/3}$ 得

$$v=-\frac{\mathrm{d}n[(\mathrm{O})_{\mathrm{FeO}}]}{\mathrm{d}t}==-4\pi r_0^2\rho_{\mathrm{O}}(1-R')^{2/3}\frac{\mathrm{d}(r_0(1-R')^{1/3})}{\mathrm{d}t}=\frac{4}{3}\pi r_0^2\rho_{\mathrm{O}}\frac{\mathrm{d}R'}{\mathrm{d}t} \quad (8-13)$$

式中 $\rho_O$——矿球的氧摩尔密度，$\mathrm{mol/m^3}$。

对于反应 $Fe_xO+H_2=xFe_{(S)}+H_2O_{(g)}$，有

$$-\frac{\mathrm{d}n[(\mathrm{O})_{\mathrm{FeO}}]}{\mathrm{d}t}=-\frac{\mathrm{d}n(\mathrm{H_2})}{\mathrm{d}t}$$

故式(8－12)和式(8－13)相等，化简得：

$$\frac{4}{3}\pi r_0^3\rho_{\mathrm{O}}\frac{\mathrm{d}R'}{\mathrm{d}t}=\frac{4\pi r_0^2(\mathrm{c}^0-c_{平})}{\frac{1}{k_G}+\frac{r_0}{D_e}[(1-R')^{-1/3}-1]+\frac{K}{k(1+K)}(1-R')^{-2/3}}$$

或 $$\frac{r_0}{3(c^0-c_{平})}\left\{\frac{1}{k_G}+\frac{r_0}{D_e}[(1-R')^{-1/3}-1]+\frac{K}{k(1+K)}(1-R')^{-2/3}\right\}\mathrm{d}R'=\mathrm{d}t。$$

在 $t=0\sim t$ 及相应的 $R'=0\sim R'$ 界限内积分上式可得：

$$\frac{R'}{3k_G}+\frac{r_0}{6De}[1-3(1-R')^{\frac{2}{3}}+2(1-R')]+\frac{K}{k(1+K)}[1-(1-R')^{\frac{1}{3}}]=\frac{c_{\mathrm{A}}^0-c_{\mathrm{A}}^e}{\rho_{\mathrm{O}}r_0}t \quad (8-14)$$

或 $$t=\frac{\rho_{\mathrm{O}}r_0}{c^0-c^e}\left\{\frac{R'}{3k_G}+\frac{r_0}{6D_e}[1-3(1-R')^{-2/3}+2(1-R')]+\frac{K}{k(1+K)}[1-(1-R')^{1/3}]\right\} \quad (8-15)$$

或简单表示为 $t=\frac{\rho_{\mathrm{O}}r_0}{c^0-c^e}f(R')$

上式即根据未反应核模型导出的矿石还原过程的速率方程，表示了还原度与反应时间的关系。

在还原过程开始，即当 $R'=0$ 时，$t=0$；

当 $R'=1$ 时，即还原过程结束时，$t=[\frac{1}{3k_G}+\frac{r_0}{6De}+\frac{K}{k(1+K)}]\frac{\rho_{\mathrm{O}}r_0}{c_{\mathrm{A}}^0-c_{\mathrm{A}}^e}$，此即最大还原时间。

上式是矿球的还原时间与还原率的数学式，式中右端第1项表示气相边界层的扩散阻力，第2项表示还原铁层内扩散阻力，第3项代表界面化学反应阻力。这些阻力的相对大小对还原时间的影响是随着矿球的性状及反应条件的不同而有所变化，而还原过程的限制环节也将发生相应的变化。

(1)外扩散限制，$k_G \ll De(k)$，

$$t=\frac{\rho_O r_0}{(c^0-c^e)}\frac{R'}{3\beta}$$

(2)内扩散限制，$De \ll k(k_G)$，

$$t=\frac{\rho_O r_0^2}{6D_e(c^0-c^e)}[1-3(1-R')^{-2/3}+2(1-R')]$$

(3)界面反应限制，$k \ll k_G(De)$，

$$t=\frac{\rho_O r_0}{(c^0-c^e)}\cdot\frac{K}{k(1+K)}[1-(1-R')^{1/3}]$$

(4)混合限制，

$$De \approx k(k_G \gg De)t=\frac{\rho_O r_0}{(c^0-c^e)}\{\frac{r_0}{6D_e}[1-3(1-R')^{-2/3}+2(1-R')]$$

$$+\frac{K}{k(1+K)}[1-(1-R')^{1/3}]\} \tag{8-16}$$

$$\frac{t}{1-(1-R')^{1/3}}=a[1+(1-R')^{1/3}-2(1-R')^{2/3}]+b \tag{8-17}$$

$$\frac{t}{f}=a(3f-2f^2)+b \tag{8-18}$$

式中 $a=\frac{\rho_O r_0}{(c^0-c^e)}\frac{r_0}{6D_e}$，$b=\frac{\rho_O r_0}{(c^0-c^e)}\frac{K}{k(1+K)}$。因为浮氏体还原是最难还原阶段，所以后一反应式要符合实际些。

以 $\frac{t}{1-(1-R')^{1/3}}$ 对 $1+(1-R')^{1/3}-2(1-R')^{2/3}$ 作图，为一直线，斜率为 $a$，截距为 $b$，由此可分别求出两系数 $D_e$ 及 $k$。

**【例 8-1】**

在 1233K 用纯气体还原矿球的还原率见表 8-1 所列，试用所给参数计算 $D_e$ 及 $k$。已知矿球 $r_0=0.575\times10^{-2}$ m，$\rho_O=1380$ kg/m$^3$，$K=0.70$。

**表 8-1 氢还原氧化铁的还原率**

| $t$/min | 7 | 18 | 30 | 45 | 70 |
|---|---|---|---|---|---|
| $R'$/% | 20 | 40 | 57 | 73 | 88 |

**解** 当内扩散和界面反应成为混合限制环节时，可利用式(8-18)求得 $D_e$ 及 k。

由穿透度 $f=1-(1-R')^{1/3}$，故 $(1-R')^{1/3}=(1-f)$，$(1-R')^{2/3}=(1-f)^2$，代入式(8-17)中，得 $t/f=a[3f-2f^2]+b$，为求 $a$ 和 $b$，上式可写成 $y=ax+b$，式中 $y=t/f$，$x=3f-2f^2$。

由以上直线方程，即可由 $r_0$、$\rho_O$、$K$、$c_平$ 求出 $D_e$ 及 $k$。

由回归分析法得 $y=48.90x+91.37$；$x$、$y$ 值见表 8-2 所列。

**表 8-2 还原时间的 $y$ 及 $x$ 值**

| $t$/min | 7 | 18 | 30 | 45 | 70 |
|---|---|---|---|---|---|
| $R'$/% | 20 | 40 | 57 | 73 | 88 |
| $y$ | 100 | 120 | 125 | 129 | 140 |
| $x$ | 0.21 | 0.42 | 0.62 | 0.81 | 1 |

由式(8-18)得

$$D_e=\frac{\rho_O r_0^2}{6a(c^0-c^e)},k=\frac{\rho_O r_0 K}{b(1+K)(c^0-c^e)}$$

式中 $c^0-c^e=\frac{p'}{RT}[1-1\times\frac{\varphi(H_2)_e}{100}]=\frac{10^5}{8.314\times1233}\times[1-\frac{100}{1+0.70}\times\frac{1}{100}]=4.02\text{mol/m}^3$；

$$\rho_O=\frac{1380}{16\times10^3}=86.25\times10^3\text{mol/m}^3。$$

故 $D_e=\frac{\rho_O r_0^2}{6a(c^0-c^e)}=\frac{8.625\times10^4\times(0.575\times10^{-2})^2}{6\times48.90\times4.02}=2.42\times10^{-3}\text{m}^2/\text{min}=4\times10^{-5}\text{m}^2/\text{s}$

$$k=\frac{\rho_O r_0 K}{b(1+K)(c^0-c^e)}=\frac{8.625\times10^4\times0.575\times10^{-2}\times0.70}{91.37\times(1+0.70)\times4.02}=0.56\text{m/min}=9.3\times10^{-3}\text{m/s}$$

---

利用式(8-18)可求出 3 个环节的阻力如下：

(1)外扩散阻力：$f_{外}=\frac{1}{\beta}$ (8-19)

(2)内扩散阻力：$f_{内}=\frac{r_0}{D_e}\cdot\frac{r_0-r}{r}=\frac{r_0}{D_e}\cdot[(1-R')^{1/3}-1]$ (8-20)

(3)反应阻力：$f_{反}=\frac{r_0^2}{r^2}\frac{K}{k(1+K)}=\frac{K}{k(1+K)}\cdot(1-R')^{-2/3}$ (8-21)

过程的总阻力：$f_{\Sigma}=f_{外}+f_{内}+f_{反}$，

阻力率：$f_{外}/f_{\Sigma}$，$f_{内}/f_{\Sigma}$，$f_{反}/f_{\Sigma}$。

用各环节的阻力率，可以确定还原反应在一定的条件下的限制环节，图 8-3 是矿球的半径为 $1\times10^{-2}$ m，气流速度为 $5\times10^{-2}$ m$^3$/s，孔隙度为 0.3，温度为 573K、773K、973K、1173K、1473K 时各环节的阻力率。

从图 8-3 可以了解还原过程中各环节对过程速率的影响。例如在低温下及反应之初，界面反应的阻力所占比例较大，但随着温度及还原率的提高，此项阻力逐渐降低，当还原层不断增厚，特别是温度提高时，还原层内扩散阻力占优势。边界层的外扩散阻力在还原过程中是比较小的，仅当气流速率较小时才呈现阻力。

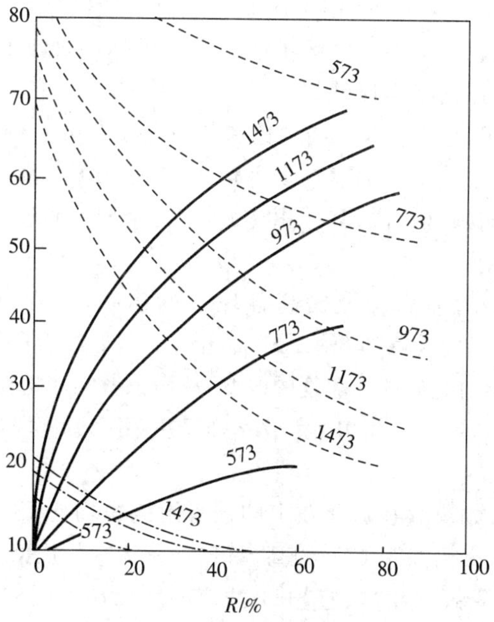


图 8-3　铁矿石球团还原过程中各环节阻力的变化

### 8.1.2.2　影响还原速率的因素

(1)粒度

随着矿石粒度的减小，一定重量矿石的总表面积增加，还原速率加快，过程由扩散转入动力学范围，这时温度的提高对还原有显著的作用；在动力学范围内，还原向矿球内部推进，成体积性发展，而与粒度无关；但对每种矿石，均有一极限粒度，在一般条件下为10mm，2mm 以下的粉粒应禁止入炉，以免恶化炉内料层的透气性，而使外扩散阻力增大。

(2)孔隙度

矿石的孔隙取决于矿石的还原性，因为在许多场合下，气体在矿球内的扩散往往可成为还原的限制环节。但是，铁矿石的孔隙度在还原过程中是不断改变的，一般在 570～770K 改变很小，而在较高温度下，强烈地降低。这是由于矿相组成改变，出现烧结和软化等过程，因而还原速率的温度曲线出现了特殊的变化。在 770～830K 以前一直是增加的，而在 870～1070K 又有降低。不同铁氧化物及还原铁因孔隙度不同而使还原过程具有不同的特性。

① 赤铁矿。赤铁矿($Fe_2O_3$)比磁铁矿($Fe_3O_4$)易于还原，因为前者还原时晶格发生畸变，使下一步形成 $Fe_xO$ 是多孔的。

② 磁铁矿。磁铁矿($Fe_3O_4$)还原转变为同晶型的 $Fe_xO$，缺陷及孔隙则较小，成为致密而较难还原的结构。

③ 浮氏体。浮氏体($Fe_xO$)是较难还原的最后阶段的氧化铁，它的性状常影响还原铁的结构，从而影响还原气体在其内的扩散。如浮氏体的纯度高，常形成多孔状金属铁；含杂质较多时，则生成致密状金属铁。

④ 还原铁。还原后的金属铁的结构也和还原温度有关。例如，873～973K 出现的金属铁孔隙较小，在较高温度下铁的晶型发生转变，铁原子的间距增加，能使孔隙发生变化。还原时，如产生金属“胡须”(单晶)其体积增大，也使金属变致密，不利于内扩散。

(3)温度

从动力学上，温度的提高均能提高各环节的速率，仅程度上有差异(界面反应的 62.8～117.2 $kJ \cdot mol^{-1}$，内扩散的 8.4～21 $kJ \cdot mol^{-1}$，如混合限制 105～210 $kJ \cdot mol^{-1}$)，但是，如前所述，温度能引起矿球孔隙度的改变，从而也就间接地对还原速率产生了影响；例如，在整个还原过程中，在 770～850K 及 870～1070K 两个温度段出现还原速率减慢现象。

(4)还原剂气体组成

由于 $H_2$的扩散系数及其在氧化铁上的被吸附能力均比 CO 大，所以即使在 810℃以下，它还原氧化铁的速率仍高于 CO，约高 5 倍(如图 8-4 所示)；由图 8-5 亦可见，在用 CO 和 $H_2$混合气体还原氧化铁时，随着 $H_2$浓度的增加还原时间减少；现在高炉可通过喷吹重油、天然气等来提高气体中 $H_2$ 的浓度。另外，使用 CO 和 $H_2$混合气体作还原剂及用 $H_2$作主要还原剂的直接还原法中，出现适量的 CO，还原温度在 810℃以下，可使还原形成的 $H_2O$ 转变为 $H_2$($CO+H_2O=CO_2+H_2$)。提高 $H_2$的浓度，有利于还原速率的提高。

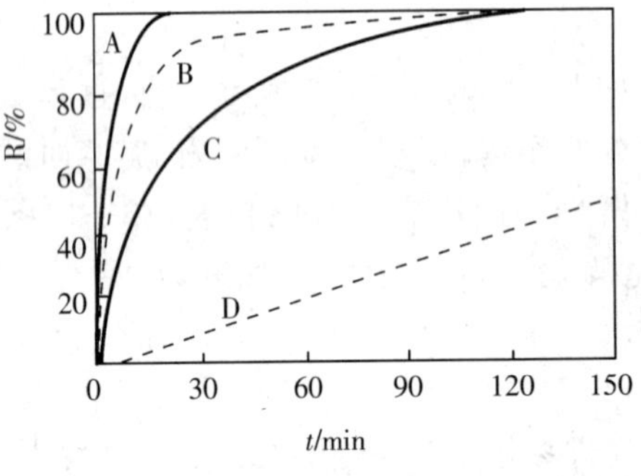


图 8-4 C 和 $H_2$还原氧化铁速率的比较

A—$Fe_2O_3+H_2$；B—$Fe_3O_4+H_2$

C—$Fe_2O_3+CO$；D—$Fe_3O_4+CO$

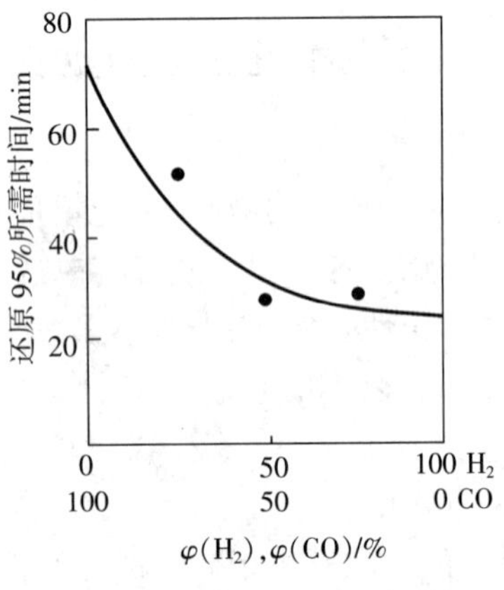


图 8-5 CO 和 $H_2$混合气体还原氧化铁的时间

(5)压力

压力主要是通过对还原气体浓度的变化起作用。在界面反应成为限制环节时，气体在矿块内以克努生机理扩散时，提高压力则可使还原速度加快。但在扩散成为限制环节时，总压对还原速度的影响不大，因为扩散系数小，但压力可使气体中还原剂气体的浓度增加，两者互为消长，使压力发挥的作用不大。在混合控制下，压力与还原速率的关系可近似表示为

$$\nu \propto p^n \qquad n=0.5$$

式中　$p$——还原剂气体的压力(量纲一的量)。

当采用高压炉顶操作时,还原气体的压力增大,在一定程度上,有利于还原速率的提高。但高压炉顶操作的主要目的是保持高炉冶炼的顺行和强化操作。

### 8.1.3 氧化物直接还原反应的动力学

还原反应由氧化物的间接还原反应与碳的汽化反应所组成:

$$MO_{(S)}+CO=M_{(S)}+CO_2 \qquad (\mathrm{I})$$

$$CO_2+C_{(石)}=2CO \qquad (\mathrm{II})$$

$$MO_{(S)}+C_{(石)}=M_{(S)}+CO \qquad (\mathrm{III})$$

这是通过中间产物 $CO_2$ 进行直接还原。固体碳的作用在于把间接还原反应形成的 $CO_2$ 转变为间接还原的 CO。当 MO 在反应(Ⅱ)能正向进行的温度(700℃～800℃)以上时能被 CO 间接还原,这一还原反应的机理可以实现。

一般认为反应(Ⅱ)是限制环节。主要原因为

(1)反应(Ⅲ)的 $E$a=140～400kJ/mol,比较接近反应(Ⅱ)$E$a=170～200kJ/mol,而远高于反应(Ⅰ)$E$a=60～80kJ/mol。

(2)气体成分的 $CO_2$ 浓度比较接近与反应(Ⅰ)的平衡气相成分而高于反应(Ⅱ)的平衡气相成分,但 $CO_2$ 出现的速率却比反应(Ⅱ)中 $CO_2$ 消失速率快。因此,反应(Ⅰ)比反应(Ⅱ)进行得快一些。

另外,提高反应(Ⅱ)的速率就能加快反应(Ⅲ)的速率。例如,提高固体碳的反应能力就能加快反应(Ⅲ)的速率。

当反应(Ⅱ)成为限制环节时,反应的速率可表示为

$$v=kp_{CO_2}^n \qquad (A1)$$

式中　$k$——反应(Ⅱ)的速率常数,$k=k_0\exp[-Ea/(RT)]$;

$p_{CO_2}$——气相 $CO_2$ 的平衡分压;

$n$——反应级数,为 0.5～1。

$p_{CO_2}$ 可由反应(Ⅰ)的平衡常数 $K_{\mathrm{I}}$ 得出,因为反应(Ⅱ)成为限制环节时,反应(Ⅰ)进行得很快,接近平衡。于是

$$K_{\mathrm{I}}=\frac{p_{CO_2}}{p-p_{CO_2}},\ p_{CO_2}=\frac{K_{\mathrm{I}}}{1+K_{\mathrm{I}}}p \qquad (A2)$$

式中　$p$——总压(量纲一的量)。

将式(A2)代入式(A1)得

$$v=k\left(\frac{K_{\mathrm{I}}}{1+K_{\mathrm{I}}}p\right)^n \qquad (A3)$$

反应可视为以下两反应的组合

$$MO_{(S)} = M_{(S)} + \frac{1}{2}O_2, \Delta_r H^0_{m(A4)}, K_{A4} = p^{1/2}_{O_2(MO)} \tag{A4}$$

$$CO + \frac{1}{2}O_2 = CO_2, \Delta_r H^0_{m(A5)}, K_{A5} \tag{A5}$$

$$MO_{(S)} + CO = M_{(S)} + CO_2, \Delta_r H^0_{(I)}, K_I \tag{Ⅰ}$$

$$K_I = K_{A4}K_{A5} = K_{A5}p^{1/2}_{O_2(MO)} \tag{A6}$$

将式(A6)代入式(A3)得

$$v = k\left(\frac{K_{A5}p^{1/2}_{O_2(MO)}}{1 + K_{A5}p^{1/2}_{O_2(MO)}}p\right)^n \tag{8-22}$$

(1)对于稳定性较小的氧化物 MO，$p_{O_2(MO)} \gg 1$，则

$$v = kp^n = k_0 p^n \exp[-Ea/(RT)] \tag{8-23}$$

又因 $K_{A1} \gg 1$，故由式(A2)得 $p = p_{CO_2}$，

$$v = kp^n = k_0 p^n_{CO_2} \exp[-Ea/(RT)] \tag{8-24}$$

因此，直接还原反应的 $E$a 等于反应(Ⅱ)的 $E$a，而反应(Ⅱ)是限制环节。

(2)对于稳定性很大的氧化物 MO，$p_{O_2(MO)} \gg 1$，则

$$v = k\,(pK_{A5}p^{1/2}_{O_2(MO)})^n = k_0 \exp[-Ea/(RT)][pK_I]^n$$

整理得

$$v = A_0 p^n \exp[(-n\Delta_r H^0_{m(Ⅰ)} + Ea)/(RT)] \tag{8-25}$$

式中 $A_0 = k_0 \exp[n\Delta_r S^0_{m(I)}/R]$

对于稳定性很大的氧化物 MO，$\Delta_r H^0_m > 0$，比较式(8-23)和(8-25)可见，稳定性大的氧化物还原的活化能比稳定性小的氧化物的活化能大，所以前者的还原速率比较低。

### 8.1.4 铁水熔渣脱硫的动力学

根据液-液相间的双膜理论模型可导出熔渣脱硫反应的动力学方程。脱硫反应过程由以下 3 个环节组成：

(1)铁液中的硫向渣-铁界面扩散：

$$[S] \rightarrow [S]^*$$

(2)界面化学反应：

$$[S]^* + (O^{2-}) = [O] + (S^{2-})^*$$

(3)生成的硫化物向渣内扩散：

$$(S^{2-})^* \rightarrow (S^{2-})$$

$$-\frac{dc[S]}{dt} = \frac{c[S] - c(S)/K}{\frac{1}{k_{[S]}} + \frac{1}{k_{(S)}} + \frac{1}{k_C}} \tag{8-26}$$

上式中 $k_{[S]}=\beta_{[S]}\times\frac{A}{V}$，$k_{(S)}=\beta_{(S)}K\times\frac{A}{V}$，$k_C=k_+\times\frac{A}{V}$。

$\beta_{(S)}$、$\beta_{[S]}$——分别为硫在渣内及铁液内的传质系数；

$k_C$——脱硫反应的容量速率常数；

$A/V$——单位体积铁液熔渣的界面面积；

$K$——脱硫反应的平衡常数，$K=L_S$；

$k_+$——脱硫反应的速率常数。

由于 $k_C\gg k_{[S]}\gg k_{(S)}$，所以熔渣内硫的扩散是限制环节，因而上式简化成

$$v=-\frac{dc(S)}{dt}=\beta_{(S)}\times\frac{A}{V}\times L_S(c[S]-c(S)/L_S) \qquad (8-27)$$

又由于 $L_S\gg c(S)$，故上式再简化成

$$v=\beta_{(S)}\times\frac{A}{V}\times L_S\times c[S] \qquad (8-28)$$

由式(8-28)可见，影响脱硫速率的因素是 $\beta_{(S)}$、$A/V$，$L_S$。$\beta_{(S)}=D_{(S)}/\delta$，而 $D_S\propto 1/\eta$ 及 $D_S\propto-(E_D/T)$，故提高温度及降低熔渣的粘度，可使熔渣中硫扩散限制环节的速率增加。$\delta$ 和 $A/V$ 则与熔池搅拌强度有关，搅拌强度大，则熔渣的扩散边界层就愈薄，而渣铁的接触面积($A/V$)也愈大。但在高炉风口以下，脱硫反应是在无强制搅拌状态下的炉缸内进行的，仅在铁水成滴地穿过较厚的熔渣层时它们之间才有较大的接触面积，要比静态下高 30～60 倍，这是高炉内脱硫的良好动力学条件。另外，高炉熔炼有很高的 $L_S$ 也是加大脱硫速率的特有条件。但要注意不能为了提高 $L_S$ 加大碱度而引起熔渣粘度增大的反效果。

## 8.1.5 熔融还原反应的动力学

### 8.1.5.1 铁浴熔融还原反应

熔融还原是指非高炉炼铁方法中以冶炼液体生铁为主的工艺过程。它和传统的高炉炼铁过程不同的是直接以矿石做原料，固体原煤代替焦炭做燃料及还原剂。因此，取消了烧结或球团等造块厂及炼焦厂，大大地节省了建厂投资费，消除了炼焦厂对环境的污染问题。另外，由于还原反应是在强烈搅拌的液相中进行，反应器的生产率远比气-固逆流型高炉的生产率要高得多。

现采用的铁浴熔融还原法是在转炉型的反应器中进行的，如图 8-6 所示。类似于转炉炼钢的反应器有垂直式和水平式两种，经炉外加热及预还原的矿石和煤加入或喷射送入炉内溶渣带内。矿石在溶渣中溶解成($Fe_xO$)，而后被渣中的煤粒及含碳饱和的铁珠状液滴的碳还原的铁则进入铁浴内。还原生成的 CO 及煤放出的挥发物(主要是 $H_2$)在熔渣带上空被喷入的氧或空气二次氧化，放出的热能用以加热熔池及反应所需要的热能。

二次燃烧的产物包含有 CO、$CO_2$、$H_2$、$H_2O$ 等，经清洗后送入另一反应器内预热及预还原铁矿石。

熔融还原法的主要反应是氧化铁($Fe_xO$)的熔态还原，经部分预还原的矿石溶解于熔渣中为其内的固体炭粒及碳饱和的铁珠的碳所还原。这种铁珠是有炉底喷气入铁浴内使

含碳饱和的铁液分散成铁珠进入熔渣中形成的。

两种还原反应的作用大约是相等的，即两者并行，总反应的速率为此两还原反应速率之和。由于炭粒和铁珠与熔渣的接触面积很大，远大于金属液-熔渣间的平面接触，所以总还原反应的速率很高，远高于高炉内气-固逆流间反应的速率，特别是渣中炭粒和铁珠的量很大时。

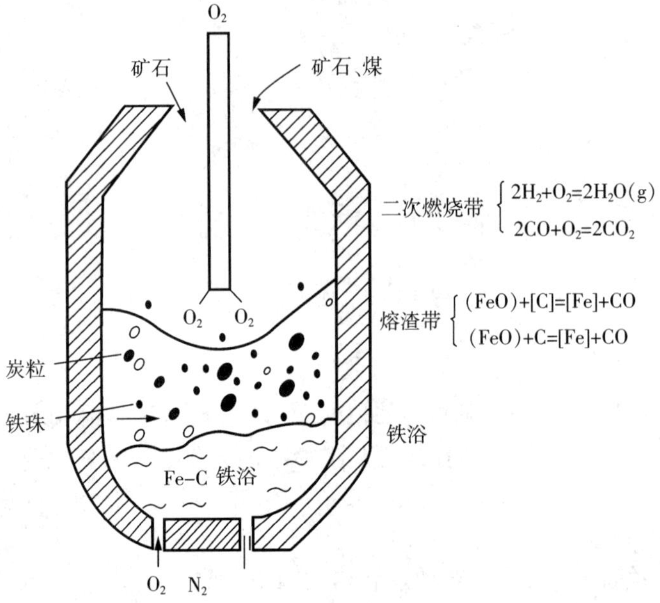


图 8-6　铁浴熔融还原法反应器及炉内的化学反应过程

#### 8.1.5.2　溶解于熔渣的(FeO)与铁珠中[C]的反应

(1)化学反应速率式

溶解于熔渣中的(FeO)与碳饱和的铁珠之间的反应，属于铁液-熔渣系的界面反应：

$$(FeO)+[C]=[Fe]+(CO)。$$

电化学反应可表示为

$$(Fe^{2+})+2e=[Fe] \qquad (\text{I})$$

$$(O^{2-})=[O]+2e \qquad (\text{II})$$

$$[O]+[C]=CO \qquad (\text{III})$$

$$(Fe^{2+})+(O^{2-})+[C]=CO+[Fe] \qquad (\text{IV})$$

即熔渣中$(Fe^{2+})$和$(O^{2-})$向铁珠发生表面扩散，在此处出现的电极反应(Ⅰ)和(Ⅱ)形成的[O]吸附在铁珠表面，再与其内的[C]反应(Ⅲ)。生成的CO在铁珠表面形成气膜($CO+CO_2$)，因而，上反应(Ⅳ)可视为渣-气界面反应(Ⅴ)及金属液-气界面反应(Ⅵ)所组成：

$$CO+(Fe^{2+})+(O^{2-})=CO_2+[Fe] \qquad (\text{V})$$

$$CO_2+[C]=2CO \qquad (\text{VI})$$

放出的 CO 对熔体有强烈的搅拌作用，从而促进界面反应强烈进行。如图 8－7 所示。

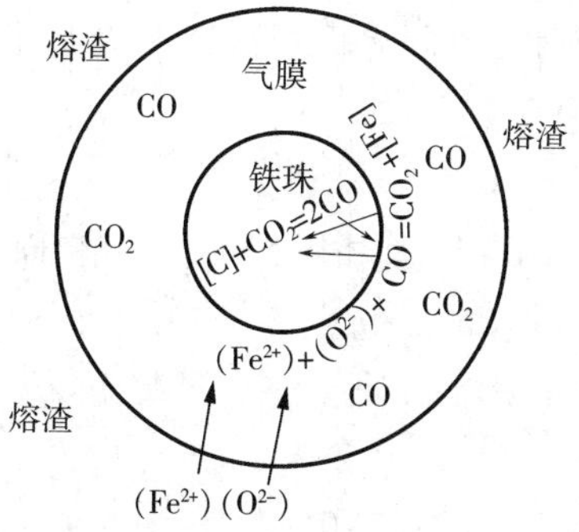


图 8－7　熔渣中(FeO)与铁珠内[C]反应的机理

但是，铁珠内常含有较高的硫量(一般 $w[S]=0.15\%\sim0.3\%$，比高炉铁水($w[S]<0.1\%$)高得多。而硫和氧一样是较强的表面活性物，能与氧同时在铁珠表面活性点上吸附。如硫占据的表面积分数是 $\theta_S$，则其在铁珠表面未被硫占据的面积分数是

$$1-\theta_S=\frac{1}{1+K_S a_S} \tag{Ⅶ}$$

式中　$a_S$——铁珠内[S]的活度；

$K_S$——[S]吸附的平衡常数。

因此，金属液-气界面反应的速率为铁珠表面纯铁参与的碳气化反应(Ⅵ)和有硫吸附铁珠表面的碳气化反应(Ⅵ)两者速率之和。

$$\nu=A_m k a_C(p_{CO_2}-p_{CO_2(平)})=A_m[k_1(1-\theta_S)+k_2](p_{CO_2}-p_{CO_2(平)}) \tag{Ⅷ}$$

式中　$A_m$——铁珠表面积，$m^2$；

$k_1$——铁珠的[C]在纯铁表面(未被[S]吸附的)的反应(Ⅵ)的速率常数；

$k_2$——铁珠表面吸附[S]的反应(Ⅵ)的速率常数；

$p_{CO_2(平)}$——反应(Ⅵ)的 $CO_2$ 平衡分压，其值接近零。

$a_C=1$，因铁珠内碳是饱和的，即

$$\nu=A_m[k_1(1-\theta_S)+k_2]p_{CO_2} \tag{Ⅸ}$$

又渣-气反应(Ⅴ)的速率相当快，接近于平衡，于是由 $K_{(V)}=\dfrac{p_{CO_2}}{a_{FeO}p_{CO}}$，故

$$p_{CO_2}=K_{(V)}a_{FeO}p_{CO}=K_{(V)}\omega(FeO) \tag{Ⅹ}$$

式中 $p_{CO}\approx1$，因反应(Ⅵ)的 $p_{CO_2(平)}\approx0$，$a_{FeO}\approx w(FeO)$，式(Ⅹ)代入(Ⅸ)得

$$\nu=A_m K_{(V)}[k_1(1-\theta_S)+k_2]w(FeO) \tag{8-29}$$

由上式可见，随着铁水中 $w[S]$ 的增加($w[S]>0.021\%$)，上式右边第一项减小(因 $\theta_S$ 增大)，反应速率逐渐降低，当铁水中 $w[S]$ 较高，如大于 0.2%以上，上式可表示为：$\nu=A_m K_{(V)}k_{2w}(FeO)$，因这时 $\theta_S=1$。

(2)熔渣中(FeO)扩散的传质通量。熔渣中(FeO)扩散的传质通量为:

$$J=\frac{A_S\beta_S\rho_S}{100M_{FeO}}[w(FeO)-w(FeO)^*] \quad (8-30)$$

式中 $A_S$——铁珠周围的表面积(渣的界面积比铁珠的大,因为铁珠周围有气膜存在);

$\beta_S$——渣内 FeO 的传质系数,m/s;

$\rho_S$——熔渣的密度,$kg/m^3$;

$w(FeO)$,$w(FeO)^*$——分别为渣中 FeO 及渣-气界面 FeO 的浓度,后者接近零值;

$M_{FeO}$——FeO 的摩尔质量,g/mol。

在一般情况下,总反应的速率常数处于混合限制中,即(FeO)的传质与金属液-气反应的组合中,而

$$\nu=w(FeO)/[\frac{100M_{FeO}}{A_S\beta_S\rho_S}+\frac{1}{A_m K_{(V)}k'}] \quad (8-31)$$

式中 $k'=k_1(1-\theta_S)+k_2$。

#### 8.1.5.3 熔渣中(FeO)与碳粒的反应

由于反应生成的 CO 也在碳粒周围形成气膜($CO+CO_2$),所以还原反应也是通过渣-气反应(Ⅴ)发生的,这时反应可表示为

$$(FeO)+C(石)=[Fe]+CO$$

它按照前面叙述仍可认为是由以下两中间反应组成:

$$(FeO)+CO=[Fe]+CO_2 \qquad C(石)+CO_2=2CO$$

由于熔渣对碳粒的湿润性比对铁珠的湿润性差,所以前者反应速率不及后者的大,而(FeO)的传质是限制环节(式(8-30))。可是,反应产生的 CO 对熔渣有强烈的搅拌作用,能加快内部(FeO)的传质。可以认为反应产物 CO 的放出有“自动催化”作用,增加传质,从而加快还原速率。这表现的净效果是还原速率随熔渣中(FeO)浓度的增加而提高。对于铁珠-熔渣的界面反应,虽然搅拌也有这种效果,但是,因为速率主要还是受金属液-气反应动力学的限制,所以搅拌的作用并不明显。

#### 8.1.5.4 反应速率的限制范围

如上所述,还原反应过程虽然是由气相传质(铁珠及碳粒周围气膜内的 CO 和 $CO_2$ 的传质)、液相传质(渣中(FeO)及铁珠内[C]的传质)以及铁珠-气的界面反应(包括碳粒-气的界面反应)所组成,但是,限制的速率却是式(8-29)、式(8-30)或式(8-31)表示的速率。

(1)限制环节与铁水的含碳量有关。含碳量低时(FeO)的扩散是限制环节,由式(8-30)表示;含碳量高时铁珠-气的界面反应(Ⅵ)是限制环节,由式(8-29)表示。

(2)炉渣中 $w(FeO)$及温度的提高能加快还原反应的进行。

(3)增大铁珠的尺寸能增大铁珠-气的界面积,有利于提高限制环节的速率。当铁水含碳量较高时,可认为反应速率与铁珠的表面积成正比例地提高。

## 8.2 火法熔炼反应动力学

火法熔炼反应主要在熔渣-金属液间的界面上进行，可利用液-液相间反应的双膜理论模型，来研究这些反应的动力学。但由于这些反应是高温（1550℃～1650℃）下的电化学反应，其反应速率远大于组分在两相内的传质速率，所以，两相内的传质之一往往成为整个反应过程速率的限制环节。因此，着重讨论传质对反应速率的影响。

### 8.2.1 元素氧化反应的动力学

#### 8.2.1.1 反应的组成环节及限制范围

以下列氧化反应[M]+(FeO)=(MO)+[Fe]或[[M]+($Fe^{2+}$)=($M^{2+}$)+[Fe]作为动力学讨论的基础，这里以二价金属为例，反应的组成环节如图 8-8 所示。

金属液中，浓度为 $c$[M]的[M]和熔渣中浓度为 $c$(FeO)的(FeO)分别向渣-钢液界面扩散，达到相界面上时，它们的浓度分别下降到 $c$[M]* 及 $c$(FeO)*，此时发生化学反应，生成浓度为 $c$(MO)* 的 MO 及浓度为 $c$[Fe]* 的 Fe。然后，它们再分别向渣相及钢液内扩散，其浓度分别下降到 $c$(MO)及 $c$[Fe]。各物质有不同的扩散通量，可表示为

$$J=-D_B\left(\frac{\partial c}{\partial x}\right)_{x=0}=\pm\beta(c_B-c_B^*)$$

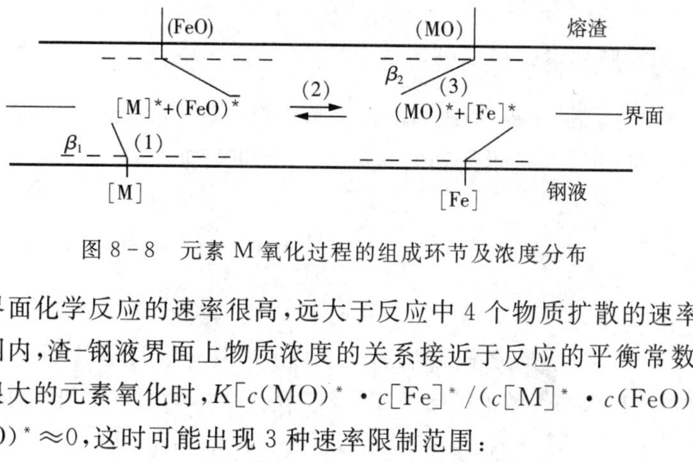


图 8-8　元素 M 氧化过程的组成环节及浓度分布

由于高温界面化学反应的速率很高，远大于反应中 4 个物质扩散的速率，所以炼钢过程位于扩散范围内，渣-钢液界面上物质浓度的关系接近于反应的平衡常数的关系，特别是与氧亲和力很大的元素氧化时，$K$[$c$(MO)* · $c$[Fe]* /($c$[M]* · $c$(FeO)* ]值很大，而 $c$[M]* · $c$(FeO)* ≈0，这时可能出现 3 种速率限制范围：

(1)如果 $c$[M]* ≈0，$c$(FeO)* ≠0，则 $J_M=\beta_M$($c$[M] − $c$[M]*)=$\beta_M c$[M] 有最大值，而 $J_{FeO}<J_M$，渣中(FeO)的扩散是限制环节。这发生在 $c$[M]高，而 $c$(FeO)低时。

(2)如果 $c$(FeO)* ≈0，$c$[M]* ≠0，则 $J_{FeO}=\beta_{FeO}$[$c$(FeO) − $c$(FeO)* ] ≈$\beta_{FeO}c$(FeO)有最大值，而 $J_M<J_{FeO}$。钢液中[$M$]的扩散是限制环节，这发生在 $c$[M] 低，而 $c$(FeO)高时。

(3)如果 $c$[M]* ≈0，$c$(FeO)* ≈0，则 $J_M$ 及 $J_{FeO}$ 同时出现最大值，[M] 及(FeO)的扩散均不限制反应的进行。出现这种限制环节的元素的溶解浓度称为临界浓度，它发生在[M]及(FeO)浓度比一定值时。

因此，在扩散范围内，元素氧化的速率决定于渣中(FeO)及钢液中[M]两个最大扩散流中的较小者。$J_{FeO}$决定于 $c$(FeO)、$\beta_{FeO}$，与 $c$[M]无关，在一定的供氧条件下，其值为恒量。$J_M$ 决定于 $\beta_M$ 及 $c$[M]，而与 $c$[M]有关。上列的扩散通量 $J_M$、$J_{FeO}$与反应物，如[M]浓度的关系如图 8－9 表示。

图中 $J_M$ 和 $J_{FeO}$直线交点的 $c$[M]称为临界浓度。在这种浓度下，[M]与(FeO)的扩散速率达到相等。由图可见：

(1)$c$[M]<$c$[M]$_{临}$时，$J_M$<$J_{FeO}$，钢液中[M]的扩散是限制环节，氧化速率随 $c$[M]的增加呈线性增长。

(2)$c$[M]>$c$[M]$_{临}$时，$J_M$>$J_{FeO}$，渣中(FeO)的扩散是限制环节。因而，氧化速率与$c$[M]无关，而是随着 $c$(FeO)的增加，$J_{FeO}$和 $c$[M]$_{临}$均增大。

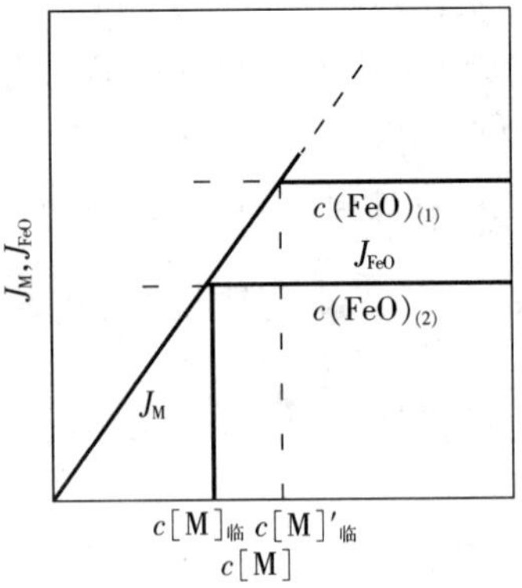

图 8－9 $J_M$、$J_{FeO}$与 $c$[M]的关系

因此，元素的临界浓度乃是氧化过程动力学限制环节出现转变时元素的浓度。一般可认为，元素的浓度不高时它的扩散是限制环节，而其浓度高时(FeO)的扩散是限制环节。元素的浓度增高及特别在熔体搅拌强度增大时，反应界面的浓度接近其相内浓度，而氧化速率决定于界面反应的电化学特性。

在氧气转炉中，熔池受到氧气流的冲击和熔池的强烈沸腾作用，在熔池上空形成了气-渣-金属液的乳化状体系，熔池的铁水以铁珠状弥散分布于其中，极大地增加了渣-金属液间的界面(0.5～1.5m$^2$/kg)，但其内元素的氧化仍按前述方式进行，只不过传质过程更加剧烈了。

### 8.2.1.2 钢液中元素扩散限制的速率式

若渣中(FeO)的浓度较高，不成为限制环节，则钢液中元素氧化过程的环节由元素及其氧化形成的产物的扩散、界面反应组成，其过程的进行如下：

$$[M]\xrightarrow{\beta_M}[M]^*\xrightarrow{k_C}(MO)^*\xrightarrow{\beta_{MO}}(MO)$$

(扩散)　　(界面反应)　(扩散)

由于高温界面化学反应的速率很高，远大于两个扩散环节的速率，因此，过程位于由[M]和(MO)的扩散环节构成的扩散范围内。由于 $k_C \gg \beta_M + \beta_{FeO}$，利用双膜理论的速率方程得到

$$-\frac{dc[M]}{dt}=\frac{c[M]-c(MO)/K}{1/k_M+1/(k_{MO}K)+1/k_C}$$

式中　$k_M=\beta_M\times\frac{A}{V_m}$，$k_{MO}=\beta_{MO}\times\frac{A}{V_m}$，$k_C=k_+\times\frac{A}{V_m}$

$\beta_M$，$\beta_{MO}$——分别为 M 在钢液内及 MO 在渣内的传质系数；

$k_C$——元素氧化反应的容量速率常数；

$A/V_m$——单位体积钢液-熔渣的界面面积；

$K$——氧化反应的平衡常数，$K=c(MO)^*\cdot c[Fe]^*/(c[M]^*\cdot c[FeO]^*)=L_M$

（分配常数）。

可得出元素氧化反应的速率公式

$$-\frac{\mathrm{d}c[\mathrm{M}]}{\mathrm{d}t}=\frac{c[\mathrm{M}]-c(\mathrm{MO})/L_{\mathrm{M}}}{1/k_{\mathrm{M}}+1/(k_{\mathrm{MO}}L_{\mathrm{M}})} \tag{8-32}$$

将式(8-32)中组分的物质的量浓度转变为质量分数，为此，将相应的下列式子代入式(8-32)中

$$c[\mathrm{M}]=\frac{w[\mathrm{M}]}{100}\cdot\frac{\rho_{\mathrm{m}}}{M_{\mathrm{M}}}$$

$$c(\mathrm{MO})=\frac{w(\mathrm{MO})}{100}\cdot\frac{\rho_{\mathrm{s}}}{M_{\mathrm{MO}}}$$

式中 $M_{\mathrm{M}}$，$M_{\mathrm{MO}}$分别为元素 M 及氧化物 MO 的摩尔质量，g/mol；$\rho_{\mathrm{m}}$，$\rho_{\mathrm{s}}$ 分别为钢液及熔渣的密度，$\mathrm{kg/m^3}$。

因此，得

$$\nu=-\frac{\mathrm{d}w[\mathrm{M}]}{\mathrm{d}t}=\frac{k_{\mathrm{M}}L_{\mathrm{M}(\%)}}{k_{\mathrm{M}}/k_{\mathrm{MO}}+L_{\mathrm{M}(\%)}}\left[w[\mathrm{M}]-\frac{w(\mathrm{MO})}{L_{\mathrm{M}(\%)}}\right] \tag{8-33}$$

式中 $k_{\mathrm{M}}=\beta_{\mathrm{M}}\times\frac{A}{V_{\mathrm{m}}}$，$k_{\mathrm{MO}}=\beta_{\mathrm{MO}}\times\frac{1}{M_{\mathrm{MO}}/M_{\mathrm{M}}}\times\frac{A}{V_{\mathrm{m}}}\times\frac{\rho_s}{\rho_{\mathrm{m}}}$，$L_{\mathrm{M}(\%)}=L_{\mathrm{M}}\times\frac{\rho_{\mathrm{m}}}{\rho_s}\times\frac{M_{\mathrm{MO}}}{M_{\mathrm{M}}}$。

在反应过程中，根据 $L_{\mathrm{M}(\%)}$ 和 $k_{\mathrm{M}}/k_{\mathrm{MO}}$的相对大小，可进一步得出不同限制环节的速率公式：

(1)当 $L_{\mathrm{M}(\%)}\gg k_{\mathrm{M}}/k_{\mathrm{MO}}$时，

$$\nu=k_{\mathrm{M}}\left\{w[\mathrm{M}]-\frac{w(\mathrm{MO})}{L_{\mathrm{M}(\%)}}\right\} \tag{8-34}$$

钢液中[M]的扩散是限制环节。当 $L_{\mathrm{M}(\%)}$很大时，上式可进一步简化为 $\nu=k_{\mathrm{M}}w[\mathrm{M}]$。

(2)当 $L_{\mathrm{M}(\%)}\ll k_{\mathrm{M}}/k_{\mathrm{MO}}$时，

$$\nu=k_{\mathrm{MO}}L_{\mathrm{M}(\%)}\left\{w[\mathrm{M}]-\frac{w(\mathrm{MO})}{L_{\mathrm{M}(\%)}}\right\} \tag{8-35}$$

熔渣中(MO)的扩散是限制环节。

(3)当 $L_{\mathrm{M}(\%)}\approx k_{\mathrm{M}}/k_{\mathrm{MO}}$时，即两者有相差不大的数量级时，反应同时受钢液中[M]和渣中(MO)的扩散所限制，而元素氧化的速率公式为式(8-33)。

为进一步导出速率公式式(8-33)的积分式，即浓度与时间的关系式，需从式(8-33)中的 $w(\mathrm{MO})$、$w[\mathrm{M}]$及 $t$3 个变量中，消去 $w(\mathrm{MO})$变量。可用元素在氧化过程中的质量平衡方程，消去 $w(\mathrm{MO})$这一变量：

$$w(\mathrm{MO})=w(\mathrm{MO})^0+\frac{(w(\mathrm{MO})^0-w[\mathrm{M}])\times M_{\mathrm{MO}}/M_{\mathrm{M}}}{m_{(\mathrm{s})}/m_{(\mathrm{m})}} \tag{Ⅰ}$$

式中 $w(\mathrm{MO})^0$——熔渣内原有的或熔剂带入的(MO)的初始质量分数，%；

$m_{(\mathrm{s})}/m_{(\mathrm{m})}$——熔渣质量($m_{(\mathrm{s})}$)对钢液质量($m_{(\mathrm{m})}$)之比，即每单位钢液量的渣量。

将式(Ⅰ)代入式(8-33)，分离变量后，在 $t=0$，$w[\mathrm{M}]=w(\mathrm{MO})^0$(初始浓度)的初始条件下积分后，可得

$$\ln \frac{w[\mathrm{M}]-b/a}{w[\mathrm{M}]^0-b/a}=-at \tag{8-36}$$

或

$$w[\mathrm{M}]=(w(\mathrm{M})^0-b/a)\exp(-at)+b/a \tag{8-37}$$

式中

$$a=\frac{k_{\mathrm{M}}\left[L_{\mathrm{M}(\%)}\times\frac{m_{(\mathrm{s})}}{m_{(\mathrm{m})}}+\frac{M_{\mathrm{MO}}}{M_{\mathrm{M}}}\right]}{\left[\frac{k_{\mathrm{M}}}{k_{\mathrm{MO}}}+L_{\mathrm{M}(\%)}\right]\times\frac{m_{(\mathrm{s})}}{m_{(\mathrm{m})}}} \tag{8-38}$$

$$b=\frac{k_{\mathrm{M}}\left[w(\mathrm{MO})^0\times\frac{m_{(\mathrm{s})}}{m_{(\mathrm{m})}}+w[\mathrm{M}]^0\times\frac{M_{\mathrm{MO}}}{M_{\mathrm{M}}}\right]}{\left[\frac{k_{\mathrm{M}}}{k_{\mathrm{MO}}}+L_{\mathrm{M}(\%)}\right]\times\frac{m_{(\mathrm{s})}}{m_{(\mathrm{m})}}} \tag{8-39}$$

假定 $a$、$b$ 不随时间而改变，如 $t\to\infty$，即反应达到平衡时，式(8-36)中的 $w[\mathrm{M}]=w[\mathrm{M}]^e=b/a$。

$$w[\mathrm{M}]^e=b/a=\frac{w(\mathrm{MO})^0\times\frac{m_{(\mathrm{s})}}{m_{(\mathrm{m})}}+w[\mathrm{M}]^0\times\frac{M_{\mathrm{MO}}}{M_{\mathrm{M}}}}{L_{\mathrm{M}(\%)}\times\frac{m_{(\mathrm{s})}}{m_{(\mathrm{m})}}+\frac{M_{\mathrm{MO}}}{M_{\mathrm{M}}}}$$

于是，式(8-36)可改写成

$$\ln \frac{w[\mathrm{M}]-w[\mathrm{M}]^e}{w[\mathrm{M}]^0-w[\mathrm{M}]^e}=-at \tag{8-40}$$

而

$$t=-\frac{2.3}{a}\lg \frac{w[\mathrm{M}]-w[\mathrm{M}]^e}{w[\mathrm{M}]^0-w[\mathrm{M}]^e} \tag{8-41}$$

若 $w[\mathrm{M}]^0\gg w[\mathrm{M}]\gg w[\mathrm{M}]^e$，则式(8-40)可简化为

$$\lg \frac{w[\mathrm{M}]^0}{w[\mathrm{M}]}=-\frac{a}{2.3}t \tag{8-42}$$

利用式(8-33)～式(8-35)可计算元素 M 在 $t$ 时刻时氧化的瞬时速率，而利用式(8-41)、式(8-42)可计算元素氧化到一定浓度的时间和某时刻元素的残存浓度。

同样，将式(Ⅰ)分别代入两限制环节式(8-34)和式(8-35)，亦可得出它们的积分式。详见后述的脱硫反应速率的积分式式(8-61)。

由式(8-10)可见，影响钢液中元素氧化速率的因素很复杂，有热力学的($L_{\mathrm{M}}$)、熔体动力学的($\beta, A/V_{\mathrm{m}}$)、熔体的物性($\eta, \rho, D_{\mathrm{B}}$)和操作因素($T$、$m_{(\mathrm{s})}$、$m_{(\mathrm{m})}$)等。这些因素在冶炼过程中不断有变化，因而元素氧化的动力学计算也就比较难于得到确切的数值，一般只有一级近似值。

#### 8.2.1.3 锰元素氧化的动力学

利用式(8－33),可得出锰氧化的速率公式

$$\nu_{Mn}=-\frac{dw[Mn]}{dt}=\frac{k_{Mn}L_{Mn}}{k_{Mn}/k_{MnO}+L_{Mn}}\{w[Mn]-\frac{w(MnO)}{L_{Mn}}\} \tag{8-43}$$

$$\ln\frac{w[Mn]-w[Mn]^{e}}{w[Mn]^{0}-w[Mn]^{e}}=-at \tag{8-44}$$

式中 $k_{Mn}$,$k_{MnO}$,$a$ 可由式(8－33)、式(8－38)对 Mn 得出,而 $L_{Mn}$可由下式得出。

$$L_{Mn(l)}=\frac{x(MnO)}{x[Mn]}=K_{Ⅲ}\frac{x(FeO)\gamma_{FeO}f_{Mn}}{\gamma_{MnO}}$$

**【例 8－2】**

试计算 100t 电弧炉的氧化期内,炉料的[Mn]从 $w[Mn]=0.3\%$下降到$w[Mn]=0.15\%$的氧化时间。熔渣的 $w(FeO)=25\%$,$m_{(s)}/m_{(m)}=0.054$,$w(MnO)^{0}=0$,$\gamma_{FeO}/\gamma_{MnO}=1.3$,$\beta_{Mn}=3.3\times10^{-4}$ m/s,$\beta_{MnO}=8.3\times10^{-6}$ m/s,$A/V_{m}=2.1$ m$^{-1}$,$\rho_{s}=3920$kg/m$^{3}$,$\rho_{m}=7000$kg/m$^{3}$,温度为 1500℃。

**解** (1)如熔池中[Mn]的氧化同时受金属液[Mn]和熔渣内(FeO)的扩散所限制,则可用式(8－41)进行计算,为此先计算出式中的有关参数。

$$k_{Mn}=\beta_{Mn}(A/V_{m})=3.3\times10^{-4}\times2.1=6.93\times10^{-4}\text{s}^{-1}$$

$$k_{MnO}=\beta_{MnO}\times\frac{1}{M_{MnO}/M_{Mn}}\times\frac{A}{V_{m}}\times\frac{\rho_{s}}{\rho_{m}}=8.3\times10^{-6}\times\frac{1}{1.29}\times2.1\times\frac{3920}{7000}=7.56\times10^{-6}\text{s}^{-1}$$

$$L_{Mn}=\frac{w(MnO)}{w[Mn]}=K_{Mn}\gamma_{FeO}w(FeO)/\gamma_{MnO}=4.80\times25\times1.3=156$$

式中 $K_{Mn}=4.80$。

$$a=\frac{k_{Mn}[L_{Mn(\%)}\times\frac{m_{(s)}}{m_{(m)}}+\frac{M_{MnO}}{M_{Mn}}]}{[\frac{k_{Mn}}{k_{MnO}}+L_{Mn(\%)}]\times\frac{m_{(s)}}{m_{(m)}}}=\frac{6.93\times10^{-4}(156\times0.054+1.29]}{[\frac{6.93\times10^{-4}}{7.56\times10^{-6}}+156]\times0.054}=5.03\times10^{-4}$$

$$b=\frac{k_{Mn}w(MnO)^{0}\frac{M_{MnO}}{M_{Mn}}}{[\frac{k_{Mn}}{k_{MnO}}+L_{Mn(\%)}]\times\frac{m_{(s)}}{m_{(m)}}}=\frac{6.93\times10^{-4}\times0.3\times1.29)}{[\frac{6.93\times10^{-4}}{7.56\times10^{-6}}+156]\times0.054}=0.200\times10^{-4}$$

$$b/a=w[Mn]^{e}=0.200\times10^{-4}/(5.03\times10^{-4})=0.040$$

故 $t=-\frac{2.3}{a}\lg\frac{w[Mn]-w[Mn]^{e}}{w[Mn]^{0}-w[Mn]^{e}}=-\frac{2.3}{5.03\times10^{-4}}\lg\frac{0.15-0.040}{0.30-0.040}=1710$ s

(2)如铁液中[Mn]的氧化限制环节是铁液中[Mn]的扩散，则可利用式(8－34)。由于 $L_{Mn}$($L_{Mn}=156$)很大，可简化此式为 $v=k_{Mn}w[Mn]$，即 $v=-\frac{dw[Mn]}{dt}=k_{Mn}w[Mn]$。解此微分方程，可得

$$\lg\frac{w[Mn]}{w[Mn]^0}=-(k_{Mn}/2.3)t$$

式中 $w[Mn]^0$——铁液中[Mn]的初始质量分数。

$$t=-\lg[\frac{w[Mn]}{w[Mn]^0}]\times\frac{2.3}{k_{Mn}}=-\lg(\frac{0.15}{0.30})\times\frac{2.3}{6.93\times10^{-4}}=1000\ \text{s}$$

---

熔池的搅拌能够提高 $k_{Mn}$($\beta$、$A/V_m$ 增大)，从而提高[Mn]的氧化速率。氧气转炉炼钢熔池的 $\beta\times(A/V_m)$值要比电炉炼钢熔池的值高两个数量级，因此，在氧气转炉内炼钢，[Mn]氧化到平衡浓度的时间很短。提高[Mn]的分配常数，可使[Mn]的氧化位于铁液的扩散范围内，温度的提高能降低 $L_{Mn}$，但它也能降低熔体的粘度，从而提高 β，抵消温度对锰氧化的不利作用。

#### 8.2.1.4 硅元素氧化的动力学

实验指出，当硅量高，特别是氧化的初期，硅的氧化速率为渣中(FeO)的扩散所限制，而当 $w[Si]\leqslant0.1\%$时钢液中[Si]的扩散为限制性环节。它们的速率式如下：

(1)钢液中[Si]的扩散成为限制环节

$$\nu_{Si}=-\frac{dw[Si]}{dt}=\beta_{Si}\times\frac{A}{V_m}\times w[Si] \tag{8-45}$$

由于硅氧化的 $K_{Si}$很大，故 $w[Si]^*=w[Si]_{平}\approx0$，从而上式中的浓度差 $w[Si]-w[Si]^*\approx w[Si]$

(2)熔渣中(FeO)的扩散成为限制环节

由于 $\nu_{Si}=-\frac{dc[Si]}{dt}=-\frac{1}{2}\frac{dc(FeO)}{dt}$，即

$$-\frac{d}{dt}(\frac{w[Si]}{100}\times\frac{\rho_m}{28})=-\frac{1}{2}\frac{d}{dt}(\frac{w(FeO)}{100}\times\frac{\rho_s}{72})$$

故

$$\nu_{Si}=-\frac{dw[Si]}{dt}=-\frac{28}{144}\times\frac{\rho_s}{\rho_m}\times\frac{dw(FeO)}{dt}=\beta_{FeO}\times\frac{28}{144}\times\frac{\rho_s}{\rho_m}\times\frac{A}{V_m}\times w(FeO) \tag{8-46}$$

由于 $K_{Si}$很大，$w(FeO)^*=w(FeO)_{平}\approx0$，从而使上式中的浓度差 $w(FeO)-w(FeO)^*\approx w(FeO)$。影响硅氧化速率的因素和前述的[$M$]的氧化相同，是 $\beta\times(A/V_m)$，$L_{Si}$及 $T$，其作用亦和前述的相同。

## 8.2.2 脱碳反应过程的机理

### 8.2.2.1 脱碳过程的组成环节

脱碳过程的组成环节很复杂，与冶炼工艺和供氧方式有关。但是，无论向熔池吹氧或由氧化性熔渣（包括加入铁矿石或铁锈在渣中的溶解）供氧，脱碳反应过程大致有相似的组成环节。

(1)氧从炉气向钢液中转移：

① $O_2$、$CO_2$、$H_2O_{(g)}$ 等氧化性气体向熔渣表面扩散；

② 氧在熔渣表面吸附，发生化学反应，形成$FeO_2^-$ 离子：

$$\frac{1}{2}O_2+2[Fe^{2+}]+3(O^{2-})=2\,FeO_2^-$$

③ $FeO_2^-$ 离子向渣-钢液界面扩散；

④ $FeO_2^-$ 在渣-钢液界面为 Fe 还原，形成 FeO：$4\,FeO_2^-+[Fe]=5(Fe^{2+})+7(O^{2-})+[O]$

(2)氧从熔渣转向钢液中：$(FeO)=[O]+[Fe]$

① [O]向钢液中扩散；

② [O]及[C]向钢液-炉底耐火材料界面或钢液中气泡的表面扩散和吸附。

(3)吸附的[O]和[C]发生化学反应，形成 CO。

(4)CO 气泡形成并长大，经过熔池排入炉气中。向熔池吹氧时有如上相似组成环节和中间阶段，但是它们的速率却显著提高，因为各相受到了强烈的搅拌及动能高的氧区接近钢液。

向熔池喷入高速氧射流，冲击钢液，产生凹面，在氧射流表面形成 $Fe_2O_3$，迅速被 Fe 还原成 FeO，成液滴状飞散到钢液面上的熔渣-钢液的乳化系中，而氧是从熔渣本身和吹炼区形成的渣滴进入钢液中的。此外，采用铁矿石或铁锈作氧化剂时，仅是第(1)环节的中间阶段不相同，这时是由矿石的加热、熔化（溶解）及 $Fe_2O_3$还原到 FeO 所组成。

### 8.2.2.2 脱碳主要环节的分析

如上所述，脱碳过程的组成环节较多，但其中起限制作用的却是氧((FeO)、[O])和碳([C])的扩散、CO 气泡的形核、长大及排出。

(1)CO 气泡的形成及排出

根据新相核形成的原理可知，当钢液中碳氧化形成的 CO 气泡核大于其临界核时才能稳定形成、长大及排出。对于表面张力一定的钢液，临界核的半径与钢液的 $w[C]$、$w[O]$过饱和度有关。过饱和度愈大，则临界半径就愈小，新相核就易于形成。一般认为，钢液的这种过饱和度并不高，仅比其平衡值高 1～2 倍（$\Delta w[O]=0.005\%\sim0.05\%$），由此形成的临界气泡核的半径却比较大，为 $2\times10^{-5}\sim1\times10^{-3}$ m。为了能形成如此大的临界气泡，需要在临界气泡内瞬时积累由碳氧化形成的 CO 分子数达 $10^7\sim10^{11}$ 个，这样大数目的分子难于靠局部浓度的起伏完成的。因此，钢液内部是难于形成 CO 气泡核。

另一方面，由式(6－17)知，只有在碳氧化形成的 CO 气泡核内，CO 的析出压力高于其所受的外压时，CO 气泡核才能形成、长大及排出。外压中，钢液表面张力对气泡产生的毛细管压力在气泡很小时有很大的值，因而这种气泡难于形成。但这种毛细管压力却是随着气泡半径的增大而减小，从而使气泡形核所受的外压也相应降低。与钢液接触的耐火材料炉底，常不易为钢液所润湿，其表面有气体填充的微孔，它们的尺寸远大于钢液过饱和度相当的临界气泡核($r^*$)时，就能成为气泡的现成核，而使脱碳反应在这些地方易于进行。如图 8-10 所示，当钢液不能润湿耐火材料时($\theta>90°$)，微孔内钢液的弯月面是向下的，位于其中的气体压力为

$$p_{CO}' \geqslant p_0' - 2\sigma/R$$

或 $p_{CO}' \geqslant p_0' + 2\sigma\cos\theta/r$ ($\theta>90°$)。

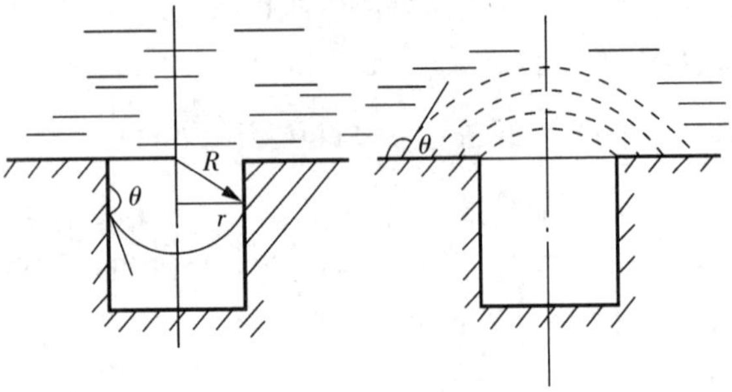


图 8-10　炉底表面微孔内气泡的宣传及长大

$r$—微孔半径；$R$—微孔内钢液弯月面半径($-r=R\cos\theta$)

上式中 $p_0'$为钢液面上的静压力，$R$ 为微孔内钢液的弯月面或气泡的半径。因为气泡的曲率为负，故钢液表面张力对气泡的附加压力($2\sigma/R$)为负值。由于微孔内气体所受的外压因 $r$ 的减小而降低，所以在此种微孔内的气体可成为气泡的现成临界核，碳氧化形成的 CO 进入其内使核气泡长大，然后脱离微孔而上浮。残余在微孔内的气体则成为下次气泡形成的核源。如图 8-11 所示。

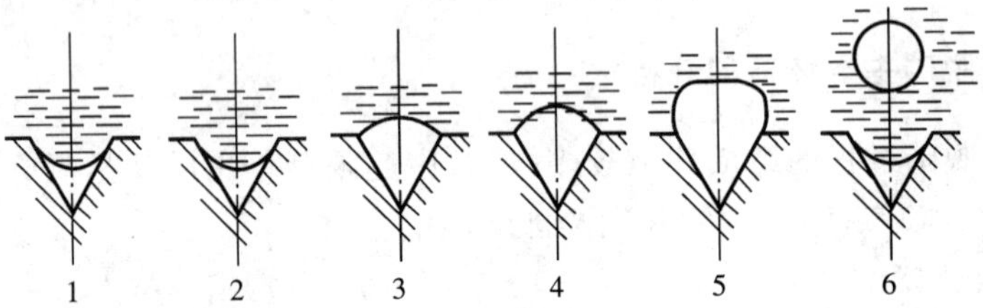


图 8-11　炉底表面微孔气泡形成过程

1—微孔内形成气泡；2—微孔内有 CO 进入，气泡不断长大；3—气泡达到微孔顶端；4—气泡成球冠形；5—上浮气泡形成；6—气泡脱离炉底，进入钢液中

因此，不能为钢液所润湿的耐火材料表面的微孔，当其具有不为钢液填充的最大半径时，就能成为气泡的形成核。

在炉底上形成的 CO 气泡在钢液层内的上浮过程中，它的表面也能出现碳的氧化。生成的 CO 进入其内，使气泡的体积不断增大，其所受的静压减小，上浮速度加快，并出现分裂。于是熔池出现了强烈的沸腾，其中气泡的体积可达到熔池体积的 2%～3%。因此，虽然 CO 气泡仅能在炉底上萌芽，但脱碳反应主要是在整个钢液层内进行的，而且在

上层内更为强烈。吹氧时，熔池受到强烈地搅拌，相表面不断更新，氧气与裸露的铁液表面重复接触，[C]部分为 $O_2$ 直接氧化的同时，铁继续受到氧化，生成的 FeO 部分转入渣中，其余部分则在铁液中乳化。乳化了的 FeO 成为 CO 生成反应的氧源，而且有很大接触面积的气-渣-钢液的乳化系，成为高温 CO 析出的最有利条件。

(2)钢液中碳和氧的扩散

当炉底上 CO 气泡的形核不成为限制环节时，钢液的脱碳过程是其内的[C]和[O]向其内气-钢液界面(CO 气泡表面)扩散，在相界上生成 CO，而 CO 再向气相中扩散。除了向钢液表面吹入惰性气体以外，CO 在气相中传质(气相边界层的外扩散)往往不会是限制环节。因此，钢液中的[C]和[O]的传质是脱碳反应速率的限制环节。

由于钢液中[C]和[O]有相近数量级的传质系数，它们向反应相界面的扩散通量决定于其浓度梯度。在高、中碳浓度范围内，碳的浓度梯度远大于氧的浓度梯度。即碳的传质比氧的传质快，因而[O]的传质是限制环节。随着脱碳反应的进行，$w$[C]降低，传质减慢，而在 $w$[C]浓度下降到一定值后，[C]的传质则成了限制环节。限制环节出现转变的碳浓度称为临界碳量。当越过临界碳量时，脱碳速率急剧地成直线下降。因此，碳量高时，钢液中[O]的传质是限制环节，碳量低时，钢液中[C]的传质是限制环节。

利用两限制环节的脱碳速率相等的原理，可计算出一定条件下的临界碳量 $w[C]_{临}$。$w[C]_{临}$则与决定[C]扩散的传质系数和供氧强度有关。电炉炼钢的 $w[c]_{临}=0.05\%\sim0.15\%$，氧气转炉炼钢的 $w[C]_{临}=0.1\%\sim0.4\%$。

高于 $w[C]_{临}$的脱碳速度与 $w$[C]无关，仅决定于熔池的供氧强度，而保持在恒定值，并且提高供氧强度，脱碳速率增大。但在 $w[C]_{临}$以下，脱碳速率则随碳量成直线降低，在这种受[C]扩散限制下，过程强化的可能性降低，因此，提高脱碳速率的有效措施是把 $w[C]_{临}$降低。从后面导出的式(8-47)可见，增大[C]的传质系数可达到这一目的。因此，提高温度，吹入惰性气体搅拌熔池，能使低碳熔池的脱碳速率提高。这就是现在转炉上采用复吹，达到深度脱碳的根据。

**【例 8-3】**

试计算 10t 氧气转炉炼钢的供氧强度为 3.1 $m^3/(min \cdot t)$时，钢液脱碳的临界碳量。已知：$\beta_C=4.0\times10^{-4}$ m/s，钢-渣界面积 $A=28.5\ m^2$。

**题意分析** 钢液中[C]和[O]的传质分别出现在限制环节的脱碳速率达到相等时，可求出 $w[C]_{临}$。

**解** 第一步：建立脱碳速率方程

在 $w[C]_{临}$以上，脱碳的限制环节是[O]的传质，即脱碳速率等于一定供氧强度下的供氧速率。由反应$[C]+\frac{1}{2}O_2=CO$ 知

$$-\frac{dc[C]}{dt}=-2\frac{dc(O_2)}{dt}$$

利用 $c(C)=\frac{w[C]}{100}\times\frac{\rho_m}{M_C}$，将物质的量浓度转换为质量分数，即

$$-V_m\left[\frac{dw[C]}{dt}\times\frac{\rho_m}{100M_C}\right]=-2\frac{dc(O_2)}{dt}=2V_{O_2}$$

式中 $V_{O_2}$——供氧强度,mol/s;

$M_C$——碳的摩尔质量,kg/mol;

$\rho_m, V_m$——分别为钢液的密度(kg/m³)和体积(m³)。

$$-\frac{dw[C]}{dt}=\frac{2V_0\times M_C}{\rho_m V_m}=\frac{2V_{O_2}\times 12\times 10^{-1}}{m_{(m)}} \quad (\text{I})$$

$m_{(m)}$——钢液的质量,kg。

在 $w[C]_{临}$ 以下,脱碳反应的限制环节是[C]的传质,即脱碳速率等于[C]的扩散量:

$$-\frac{dw[C]}{dt}=\beta_C\times\frac{A}{V}\times(w[C]-w[C]^*)=\frac{\beta_C A\rho_m[C]}{m_{(m)}} \quad (\text{II})$$

式中 $w[C]^*\approx w[C]_{平}\approx 0$

第二步:计算 $w[C]_{临}$

式(Ⅰ)等于式(Ⅱ)得

$$w[C]_{临}=\frac{24\times 10^{-1}V_{O_2}}{\beta_C A\rho_m} \quad (8-47)$$

$$V_{O_2}=3.10\times 10\ m^3/min=\frac{31.0}{22.4\times 10^{-3}\times(1873/273)\times 60}=3.36\ mol/s$$

$$w[C]_{临}=\frac{24\times 10^{-1}V_{O_2}}{\beta_C A\rho}=\frac{24\times 10^{-1}\times 3.36}{4.0\times 10^{-4}\times 28.5\times 7\times 10^3}=0.101\%$$

第三步:作图法求 $w[C]_{临}$ 由式(Ⅰ)计算得到的脱碳速率为 $v_C=0.806\times 10^{-3}s^{-1}$。由式(Ⅱ)根据不同 $w[C]$ 时计算得到的脱碳速率 $v_C$ 列于表 8-3。

**表 8-3 不同 $w[C]$ 时的脱碳速率**

| $w[C]/\%$ | 0.05 | 0.1 | 0.2 | 0.3 | 0.4 |
|---|---|---|---|---|---|
| $v_C\times 10^3/s^{-1}$ | 0.399 | 0.798 | 1.596 | 2.394 | 3.192 |

利用 Origin 5.0 作图,如图 8-12 所示,两条直线的交点 $w[C]_{临}=0.101\%$,两种方法得到的结果一致。

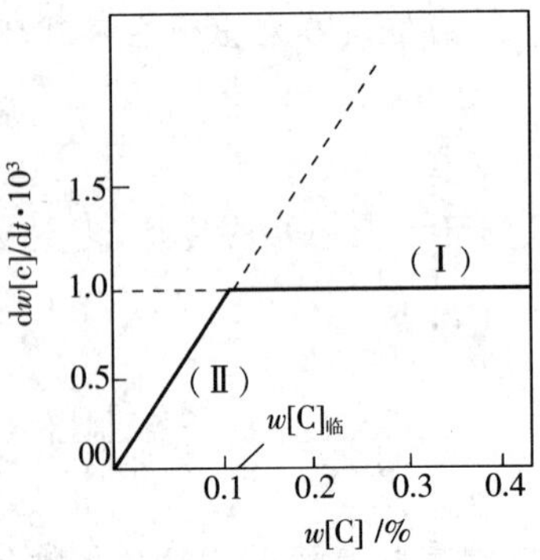


图 8-12 用作图法求临界碳含量 $w[C]_{临}$

#### 8.2.2.3 脱碳反应的速率

(1)临界碳量以上的脱碳速率

临界碳量以上的脱碳速率受渣中(FeO)或钢液中[O]的传质所限制,下列事实可证明:

① 钢液的温度对脱碳速率影响不大;

② 脱碳过程的活化能未超过 120～170kJ/mol;

③ 当 $w[C]>0.2\%\sim0.3\%$时,脱碳速率与 $w[C]$无关;

④ 脱碳速率随供氧强度的增加而提高;

⑤ 搅拌强度增加,表观活化能下降。

因此,可利用钢液中[O]的扩散速率公式,表示脱碳反应的速率公式,即 $\nu_C=\nu_O$。由于

$$\nu_C=-\frac{dn[C]}{dt}=-V_m\frac{dc[C]}{dt}=-V_m\frac{d}{dt}\left[\frac{w[C]}{100}\times\frac{\rho_m}{12}\right]$$

$$\nu_O=-\frac{dn[O]}{dt}=-V_m\frac{dc[O]}{dt}=-V_m\frac{d}{dt}\left[\frac{w[O]}{100}\times\frac{\rho_m}{16}\right]$$

$$\nu_C=-\frac{dw[C]}{dt}=-\frac{12}{16}\frac{dw[O]}{dt} \tag{8-48}$$

但[O]的传质过程是由(FeO)的扩散,界面反应((FeO)=[O]+[Fe])和[O]的扩散等 3 个环节组成的,如图 8-13 所示。

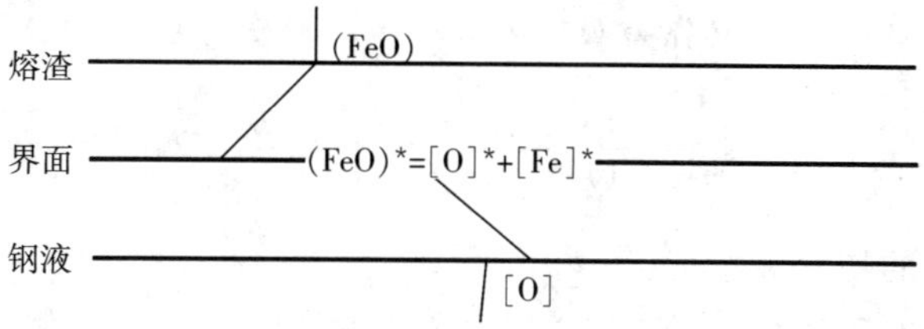


图 8-13 [O]传质的组成环节

其中界面反应的速率最高,所以传氧过程的限制环节是(FeO)和[O]组成的混合限制环节。按照相似于式(8-33)的处理,可得

$$\nu_O=-\frac{dw[O]}{dt}=\frac{k_m L_{O(\%)}\gamma_{FeO}}{1+(k_m/k_s)L_{O(\%)}\gamma_{FeO}}\times\left\{w(FeO)-\frac{w[O]}{L_{O(\%)}\gamma_{FeO}}\right\} \tag{8-49}$$

其中 $k_m=\beta_O\times\frac{A}{V_m}k_s=\beta_{FeO}\times\frac{A}{V_m}\times\frac{\rho_s}{\rho_m}\times\frac{M_O}{M_{FeO}}$;

$L_{O(\%)}=L_O\times\frac{\rho_s}{\rho_m}\times\frac{M_O}{M_{FeO}}$,由 $\lg L_{O(\%)}=-\frac{6320}{T}+0.734$ 求得。

将式(8-49)代入式(8-48),得

$$\nu_C = -\frac{dw[C]}{dt} = \frac{12}{16} \times \frac{k_m L_{O(\%)} \gamma_{FeO}}{1+(k_m/k_s) L_{O(\%)} \gamma_{FeO}} \times \{w(FeO) - \frac{w[O]}{L_{O(\%)} \gamma_{FeO}}\} \quad (8-50)$$

由上式可进一步确定脱碳过程的限制环节:

① 当$((k_m/k_s) L_{O(\%)} \gamma_{FeO} \ll 1$时,

$$\nu_C = \frac{12}{16} \times k_m \{w(FeO) L_{O(\%)} \gamma_{FeO} - w[O]\} \quad (8-51)$$

这是钢液中[O]的扩散成为限制环节的速率式。

② 当$(k_m/k_s) L_{O(\%)} \gamma_{FeO} \gg 1$时,

$$\nu_C = \frac{12}{16} \times k_s \{w(FeO) - w[O]/(L_{O(\%)} \gamma_{FeO})\} \quad (8-52)$$

这是渣中(FeO)的扩散成为限制环节的速率式。但式(8-51)中$w(FeO) L_{O(\%)} \gamma_{FeO} = w[O]^e$故又可表示为

$$\nu_C = \frac{12}{16} \times k_m \{w[O]^e - w[O]\} \quad (8-53)$$

或

$$\nu_C = k'_m \times \{w[O]^e - w[O]\} \quad (8-54)$$

式中　$k'_m = \frac{12}{16} \times \beta_O \times \frac{A}{V_m}$。

由式(8-54)还可进一步用分离变量积分法得出脱碳速率的积分公式:

$$\lg \frac{w[O] - w[O]^e}{w[O]^0 - w[O]^e} = -\frac{k'_m}{2.3} t \quad (8-55)$$

式中$w[O]^0$为钢液的初始氧浓度,%。

因此,脱碳速率在碳浓度较高时与供氧强度(渣中FeO的活度)和熔池的搅拌强度($\beta \times A/V_m$)有关,而与$w[C]$无关,并保持在一定值,但它是随着供氧强度的提高而增大的。不同炼钢方法有不同的供氧方式,因而也就有不同的脱碳速率。在电炉内,脱碳速率为0.002%~0.010% $min^{-1}$,吹氧时可成百倍地提高。在氧气顶吹转炉内,脱碳速率为0.2%~0.4% $min^{-1}$。这是因为熔池形成了气-渣-钢液的乳化系,$\beta \times A/V_m$值很高。向熔池加入铁矿石,可提高供氧强度。因为熔态矿石中氧的化学势比炉气中的氧和纯氧气高1~3个数量级(1600℃,$Fe_2O_3$的分解压为$2.5 \times 10^5$ Pa),故在接近熔渣-钢液界面上,$O_2$的化学势很高,能显著地加速氧进入金属熔池内。但是,加入的铁矿石对熔池的冷却作用(矿石脱碳消耗的热量为$17.9 \times 10^3$ kJ/kg,而吹氧可放出热量$11.6 \times 10^3$ kJ)却显著地限制了脱碳反应的强化,例如,加入质量比为1%的铁矿石可使熔池温度大约下降30℃。因此,铁矿石使用的效果是受熔池供热制度所限制的。

【例 8 - 4】

试计算熔渣的 $a_{FeO}=0.25$，钢液中 $w[O]=0.0125\%$ 时，钢液中[O]的扩散成为限制环节的脱碳速率。已知：$\beta_O=4.0\times10^{-4}\ m/s$，$A/V_m=2\ m^{-1}$，温度为 1600℃，为使钢液的 $w[C]$ 从 0.3%下降到 0.1%，需要多少时间？

解 (1)碳氧化时，钢液中[O]的扩散成为限制环节的脱碳速率，由式(8 - 51)计算

$$v_C=-\frac{dw[C]}{dt}=\frac{12}{16}\times\beta_O\times\frac{A}{V_m}\times\{w(FeO)L_{O(\%)}\gamma_{FeO}-w[O]\}$$

式中 $\lg L_{O(\%)}=-\frac{6320}{1873}+0.734=-2.64$，$L_{O(\%)}=0.23$

故 $v_C=\frac{12}{16}\times4.0\times10^{-4}\times2\times\{25\times0.23-0.0125\}=0.27\times10^{-4}\%\ s^{-1}$。

(2)根据碳氧积估计当 $w[C]=0.3$ 时，$w[O]=0.0083\%$；$w[C]=0.1\%$ 时，$w[O]=0.025\%$。而

$$w[O]_{平}=w(FeO)L_{O(\%)}\gamma_{FeO}=0.25\times0.23=0.0575$$

由式(8 - 55)，使钢液中 $w[C]$ 从 0.3%下降到 0.1%所需的时间

$$t=-2.3\times\frac{1}{4.0\times10^{-4}\times2}\lg\frac{0.0575-0.025}{0.0575-0.0083}=518\ s$$

(2)临界碳量以下的脱碳速率

临界碳量以下由于碳量低，[O]向反应界面的扩散量远大于[C]的扩散量，进入熔池内的氧除部分氧化碳外，主要是使熔渣和钢液中氧的浓度增加。

临界碳量以下的脱碳速度由[C]的扩散量表出：

$$\nu_C=\beta_C\times\frac{A}{V_m}\{w[C]-\frac{p_{CO}}{K\cdot w[O]}\}$$

式中 $p_{CO}/(K\cdot w[O])=w[C]_{平}$。

故随着 $w[C]$的降低，碳向反应界面传质的驱动力减小，这就会进一步降低脱碳的速率。CO 的析出量减小($J_{CO}=-\frac{\beta_{CO}}{RT}(p_{CO}^*-p_{CO})$)，引起 CO 的排出速率减慢和熔池的搅拌强度降低，而浓度边界层的厚度增加，从而使碳的扩散将再度减小，脱碳速率就会变得十分缓慢。同时铁的氧化又加大，进一步脱碳就更困难了，所以，采用一般炼钢方法冶炼超低碳钢($w[C]\leqslant0.02\%$)是难于实现的，这时，需采用真空操作或吹入氩气等以降低 $p_{CO}$来提高低碳量下的脱碳速率。

## 8.2.3 脱磷反应的动力学

钢液中磷的氧化与 Si、Mn 的氧化相似，根据式(8 - 33)可得出磷氧化的速率公式

$$\nu_P=-\frac{dw[P]}{dt}=\frac{k_m L_P}{k_m/k_s+L_P}\{w[P]-\frac{w(P_2O_5)}{L_P}\}\tag{8-56}$$

式中　$L_P$——用质量分数表示的分配常数。并相应得出

(1)铁液[P]扩散限制环节的速率公式：

$$\nu_P = k_m w[P], w[P] = w[P]^0 e^{-k_m t} \tag{8-57}$$

(2)熔渣($P_2O_5$)扩散限制环节的速率公式：

$$\nu_P = k_s\{w[P]L_P - w(P_2O_5)\} \tag{8-58}$$

因此，为了提高脱磷的速率，首先需要在炉内迅速造成 $w(FeO)/w(CaO)$ 比适当的熔渣，以提高 $L_P$；其次，要使熔池具有较大的搅拌强度，增加 $\beta \times A/V_m$。氧气顶吹转炉炼钢时形成的气-渣-钢液的乳化运动能使上述因素有很大的发展，促进了强烈的脱磷。

### 8.2.4　脱硫反应的动力学

由实验得出的熔渣的粘度、熔池的搅拌强度等对脱硫速率的影响，证实了碱性、中性及 $CaO-SiO_2-Al_2O_3-MgO$ 渣系内，脱硫速率的限制环节是熔渣内硫离子的扩散。因此，可根据式(8-35)写出脱硫反应的速率式

$$\nu_S = -\frac{dw[S]}{dt} = k_S\{w[S]L_S - w(S)\} \tag{8-59}$$

利用硫的质量平衡关系式：$w(S) = w(S)^0 + \dfrac{w[S]^0 - w[S]}{m_s/m_m}$

式中　$w[S]^0$、$w(S)^0$——铁水和熔渣的初始硫的质量分数，%。

将上式代入式(8-59)内，消去 $w(S)$ 变量，得

$$\nu_S = -\frac{dw[S]}{dt} = k_S\{[L_S + \frac{m_m}{m_s}]w[S] - [w(S)^0 + w[S]^0 \times \frac{m_m}{m_S}]\} \tag{8-60}$$

式中　$k_S = \beta_S \times \dfrac{A}{V_m} \times \dfrac{\rho_S}{\rho_m}$；

$\beta_S$——[S] 的传质系数。

对上式进行积分，得

$$\ln\frac{w[S] - w[S]^e}{w[S]^0 - w[S]^e} = -at$$

而

$$w[S] = (w[S]^0 - w[S]^e)\exp(at) + w[S]^e \tag{8-61}$$

式中

$$a = \beta_S \times \frac{A}{V_m} \times \frac{\rho_s}{\rho_m}[L_S + \frac{m_m}{m_s}]$$

$$b = \beta_S \times \frac{A}{V_m} \times \frac{\rho_s}{\rho_m}\{w(S)^0 + w[S]^0 \times \frac{m_m}{m_s}\}$$

$$w[S]^e=\frac{b}{a}=\frac{\{w[S]^0+w[S]^0\times\frac{m_m}{m_s}\}}{L_S+m_m/m_s}$$

上式中将 $\beta_S$、$\frac{A}{V_m}$、$L_S$ 等视为常数。如考虑它们随时间而改变，虽然此方程可解，但却十分复杂。

从上述脱硫速率的分析，它影响的因素，可用下述函数表示：

$$v_S=f(L_S,\frac{dR}{dt},R,T,\frac{A}{V_m},\frac{1}{\eta})$$

其中，熔渣碱度($R$)和碱度提高速率($\frac{dR}{dt}$)有很大的作用，它们之间几乎是线性关系。一般来说，迅速造好流动性的高碱度渣和熔池的强烈搅拌，可提高 $L_S$ 及 $\beta_S$、$A/V_m$。在氧气顶吹炉内，$\beta_S\times A/V_m$ 值很高，其脱硫速率也比较高，在最初的 5 min 内，$v_S=0.002\%\ min^{-1}$。

**【例 8-5】**

利用下列数据，计算炼钢炉内 1h 脱硫后，$w[S]$和脱硫速率。

已知：$\beta_S=3\times10^{-5}$ m/s，$L_S=6$，$A/V_m=1.2m^{-1}$，$\rho_S/\rho_m=0.5$，$w[S]^0=0.05$，$w(S)^0=0.05$，$m_{(m)}/m_{(S)}=10$。

**解** (1)1h 脱硫后钢水中 $w[S]$，由式(8-61)计算：

$$w[S]=(w[S]^0-w[S]^e)\exp(at)+w[S]^e$$

式中

$$a=\beta_S\times\frac{A}{V_m}\times\frac{\rho_S}{\rho_m}[L_S+\frac{m_m}{m_S}]=3\times10^{-5}\times1.2\times0.5\times(6+10)=2.88\times10^{-4}$$

$$b=\beta_S\times\frac{A}{V_m}\times\frac{\rho_S}{\rho_m}\{w(S)^0+w[S]^0\times\frac{m_m}{m_S}\}$$

$$=3\times10^{-5}\times1.2\times0.5\times(0.05+0.05\times10)=0.99\times10^{-5}$$

$$w[S]^e=\frac{b}{a}=0.99\times10^{-5}/2.88\times10^{-4}=0.034\%$$

故 $w[S]=(0.05-0.034)\exp(-2.88\times10^{-4}\times3600)+0.034=0.040\%$

(2)脱硫速率由式(8-60)计算：

$\nu_S=3\times10^{-5}\times1.2\times0.5\times\{(6+10)\times0.040-[0.05+0.05\times10]\}=0.162\times10^{-5}\%\ s^{-1}$

## 8.3 吸气和脱气反应

在炼钢过程中，炉气中的氮、水汽及炉料带入的水分在高温下会溶解于钢液中，使[H]、[N]含量增加。但在强烈的脱碳过程中，溶解的气体又可随着 CO 气泡的排出而减少，向溶池吹氩气也有脱气作用。

### 8.3.1 钢液的吸收气体

钢液吸收气体的反应可表示为 $X_2=2[X]$。反应过程由以下 3 个环节组成：

(1)气体向钢液表面扩散：$X_2 \rightarrow X_2^*$

$$\nu_1=\frac{\beta}{RT}\times\frac{A}{V_m}(p_{X_2}-p_{X_2^*}^*) \qquad (\text{Ⅰ})$$

$p_{X_2}$，$p_{X_2^*}^*$ ——气体分子在气相中和钢液表面的分压。

(2)吸附化学反应：$2X_2^*=2X_{(g)}^*=2[X]^*$

$$\nu_2=\frac{\mathrm{d}w[X]}{\mathrm{d}t}=k_+p_{X_2}^2-k_-(w[X])^2 \qquad (\text{Ⅱ})$$

(3)气体原子在钢液中扩散：$[X]^* \rightarrow [X]$

$$\nu_3=\frac{\mathrm{d}w[X]}{\mathrm{d}t}=-\beta\times\frac{A}{V_m}\times(w[X]-w[X]^*) \qquad (\text{Ⅲ})$$

可利用稳定态原理得出总过程的速率公式，再利用速率的量纲一的量比 $\eta$ 来确定其限制环节：

$$\eta=\frac{\text{实际反应速率}}{\text{假定某环节为限制环节}}$$

$\eta=1$，假定的限制环节则是正确的；$\eta\leqslant1$，则表示选定的环节不是限制者，而其他环节是限制者。

3 个环节同时出现混合限制的速率公式的导出较为复杂，因为其中第 2 环节，即吸附化学反应的速率是浓度的二次方程。下面介绍单个环节成为限制环节的速率积分公式。

(1)气体分子向钢液表面扩散的限制环节

由平方根定律 $w[X]^e=K_X^\theta\cdot p_{X_2}^{1/2}$)$w[X]=K_X^\theta[p_{X_2}^*]^{1/2}$，将其代入式(Ⅰ)，得

$$\frac{\mathrm{d}w[X]}{\mathrm{d}t}=-\frac{\beta}{K_X^2}\times\frac{1}{RT}\times\frac{A}{V_m}\{(w[X])^2-(w[X]^e)^2\}$$

利用积分公式 $\int\frac{1}{a^2-x^2}\mathrm{d}x=\frac{1}{2a}\ln[\frac{a+x}{a-x}]$，在 $0\sim t$ 和相应的 $w[X]^0\sim w[X]$ 界线内，对上式积分，得

$$\ln\frac{w[X]^e+w[X]}{w[X]^e-w[X]}+\ln\frac{w[X]^e-w[X]^0}{w[X]^e+w[X]^0}=\beta'\times\frac{A}{V_m}\times w[X]^e t$$

式中 $\beta'=2\beta/(K_X^2RT)$。

(2)吸附化学反应限制环节

$$\nu_2=\frac{\mathrm{d}w[X]}{\mathrm{d}t}=k_+p_{X_2}^2-k_-(w[X])^2$$

平衡时，$k_+p_{X_2}^2=k_-(w[X]^e)^2$，故，$p_{X_2}^2=(k_-/k_+)(w[X]^e)^2=(w[X]^e)^2/K$，$K=k_+/k_-$(平衡常数)。于是

$$\frac{dw[X]}{dt}=\frac{k_+}{K}\{(w[X]^e)^2+(w[X]^0)^2\}$$

在 $t=0$ 时，$w[X]=w[X]^0$，从 $w[X]^0\sim w[X]$ 界限内对上式积分，得

$$\ln\frac{w[X]^e+w[X]}{w[X]^e-w[X]}+\ln\frac{w[X]^e-w[X]^0}{w[X]^e+w[X]^0}=2\times\frac{k_+}{K}\cdot w[X]^e\cdot t \tag{8-62}$$

(3)气体原子在钢液中扩散限制环节

在 $t=0$ 时，$w[X]=w[X]^0$，从 $w[X]^0\sim w[X]$ 界限内积分(Ⅲ)式，得

$$\ln\frac{w[X]^0-w[X]^e}{w[X]-w[X]^e}=\beta\times\frac{A}{V_m}\times t \tag{8-63}$$

现有实验研究认为，钢液吸收气体时，气相中组分的扩散并不显著地影响它在钢液中的溶解速率，而溶解过程受吸附化学反应或吸附化学反应和钢液内的传质所限制。由冶金反应动力学可知，$N_2$ 在钢液表面的吸附是 $N_2$ 在钢液中溶解的限制环节时，氮的溶解速率为

$$\nu=k_N\theta_N=k'_N p_{N_2}^{1/2}(1-\theta_N)$$

式中　$k_N$——氮在钢液表面的吸附反应速率常数，即前式(Ⅱ)中的 $k_+$；

$\theta_N$——钢液表面未被吸附物占据的面积分数。

钢液中溶解的[O]和[S]是表面活性元素，它们能和 N 原子在钢液表面争夺活性点，优先吸附，致使 $1-\theta_N$ 值减小。这时

$$1-\theta_N=\frac{1}{1+k_S a_S+k_O a_O},k_O=\frac{1.7\times10^{-5}}{1+220a_O},k_S=\frac{1.7\times10^{-5}}{1+130a_S}\text{mol/(cm}^2\cdot\text{s)}$$

因此，钢液中 $w[O]$和 $w[S]$高时，能降低氮在钢液中的溶解速率。仅当它们的浓度低时，钢液内[N]的扩散才是限制环节。

由于 $H_2+[O]=H_2O_{(g)}$ 和 $H_2+[S]=H_2S$ 反应的进行，能降低钢液界面上[O]和[S]的吸附，所以，[H]的溶解不受它们吸附的影响而受钢液中扩散的限制。当钢液脱氧时，引入 Al、Si 等元素时，吸气的速率增大，因为它们降低了 $w[O]$，同时提高 $D_H$ 和 $D_N$。

### 8.3.2　钢液中溶解气体的排出

在炼钢过程中．当气相中气体的分压小于钢液中气体的平衡分压时，溶解气体可自钢液中排出，对于气体 $X_2$，$\frac{1}{2}X_2=[X]$，有

$$\Delta_r G_m=RT\{\ln[\frac{w[X]}{p_{X_2}^{1/2}}]-[\ln\frac{w[X]}{p_{X_{2平}}^{1/2}}]\}$$

当 $p_{X_2}<p_{X_{2平}}$ 时，$\Delta_r G_m>0$，则钢液能出现脱气。

气体从钢液中排出过程和其吸收过程有大致相同的组成环节，但它们进行的方向相反。因此，动力学的方程类似。但在脱附环节上，则有差别，因为吸气是一气体分子在钢

液表面上一个活性点上的吸附，但在向钢液中脱附时，则是每个吸附点上的原子进行脱附，它们的速率式为

$$\nu=k_{+}p_{X_2}(1-\theta)-k_{-}\theta$$

钢液排气时，溶解的气体原子则是一个原子，在钢液表面上一个活性点上吸附，然后两个活性点吸附的原子脱附，结合成分子，排向气相中。

$$\nu=k'_{+}w[X](1-\theta)-k_{-}\theta^2$$

### 8.3.3 钢液脱碳过程中溶解气体的排出

在脱碳过程中，有大量 CO 气泡放出和钢液接触，由于气泡中氢和氮的分压很低，$p_{X_2}\approx 0$。对钢液中溶解的气体，它就相当于小真空室的作用。钢液中[H]和[N]的原子就能自发地进入气泡内，形成 $H_2$、$N_2$ 分子，随 CO 气泡从钢液中排出。

在脱碳过程中，溶解气体的排出速率，可根据从钢液中进入 CO 气泡内气体物质的质量平衡关系导出。

设 CO 气泡中气体($X_2$)的分压 $p_{X_2}$ 与钢液中溶解气体 $w[X]$ 处于平衡，而析出的一个 CO 气泡的体积为 $dV_{CO}$($m^3$)，那么由此气泡带走的溶解气体的物质的量为

$$dn(X_2)=\frac{p_{X_2}(T/273)dV_{CO}^0}{RT}=\frac{p_{X_2}dV_{CO}^0}{273R} \quad 或 \quad M_{X_2}dn(X_2)=\frac{p_{X_2}dV_{CO}^0}{273R}M_{X_2}$$

式中 $M_{X_2}$——气体 $X_2$ 的摩尔质量，g/mol；

$V_{CO}^0$——标准状态下，CO 气体的体积，$m^3$。

同样，钢液中溶解气体 $w[X]$ 减小的量为

$$m\times\frac{dw[X]}{100}\times 10^3$$

式中 $m$——钢液的质量，kg。

由气体质量的平衡关系可得

$$\frac{p_{X_2}dV_{CO}^0}{273R}\times M_{X_2}=-\frac{m\times 10^3}{100}dw[X] \tag{Ⅰ}$$

如果 CO 气泡中 CO 的分压为 $p_{CO}$，而放出的 CO 气泡引起钢液的 $w[C]$ 下降，则利用碳的质量平衡关系，可得

$$\frac{p_{X_2}dV_{CO}^0}{273R}\times 12=-\frac{m\times 10^3}{100}dw[C] \tag{Ⅱ}$$

由式(Ⅰ)和式(Ⅱ)，得

$$\frac{dw[X]}{dw[C]}=\frac{p_{X_2}}{p_{CO}}\times\frac{M_{X_2}}{12} \tag{Ⅲ}$$

由平方根定律 $w[X]=K_X\cdot p_{X_2}^{1/2}$，$p_{X_2}=(w[X])^2/K_X^2$ 代入式(Ⅲ)，得

$$dw[X]=\frac{M_{X_2}(w[X])^2}{12K_X^2 p_{CO}}\times dw[C] \tag{Ⅳ}$$

用 d$t$ 除上式两端，得

$$\frac{dw[X]}{dt}=\frac{M_{X_2}(w[X])^2}{12K_X^2 p_{CO}}\times\frac{dw[C]}{dt} \quad 或 \quad v_X=\frac{M_{X_2}(w[X])^2}{12K_X^2 p_{CO}}\times v_C$$

由上式可分别得出 $H_2$ 和 $N_2$ 的排出速率与脱碳速率的关系式：

$$v_{H_2}=\frac{(w[H])^2}{6K_H^2 p_{CO}}v_C \qquad v_{N_2}=\frac{7}{3}\times\frac{(w[N])^2}{K_N^2 p_{CO}}v_C \tag{8-64}$$

式(Ⅳ)改写成

$$\frac{dw[X]}{(w[X])^2}=\frac{M_{X_2}}{12K_X^2 p_{CO}}\times dw[C]$$

在 $w[X]$和 $w[C]$相应界限内对上式积分得

$$w[C]^0-w[C]=\frac{12K_X^2 p_{CO}}{M_{X_2}}\left[\frac{1}{w[X]}-\frac{1}{w[X]^0}\right] \tag{8-65}$$

这是脱去一定碳量时钢液中溶解气体量的变化。

因此，脱气和脱碳密切相关，脱碳产生的 CO 量是影响脱气的关键，因为它提供了反应界面和减少 $p_{X_2}$。在真空中或吹氩时，由于气泡中 $p_{CO}$ 的降低也能使脱气速率显著提高。此外，钢液中表面活性物(O、S)的浓度高时能使脱氮速率降低，所以在冶炼后期，$w[O]$很高，减缓了脱氮的速率，而在脱氧、出钢和浇注过程中，因为钢液中 $w[O]$减小及与大气接触，气体的溶解速率又增大。

**【例 8-6】**

钢液中 $w[H]=2\times10^{-3}\%$，$w[C]=1.0\%$。试求 $w[C]$下降到 0.2%时，钢液的 $w[H]$。如脱碳速率 $v_C=0.01\%$min，试求氢被除去的最大速率和所需的时间。

**解** 由式(8-65)计算 $w[C]$下降到 0.2%时的含氢量：

$$w[C]^0-w[C]=\frac{12K_H^2 p_{CO}}{2}\left[\frac{1}{w[X]}-\frac{1}{w[X]^0}\right]$$

$$\lg K_H=-\frac{1909}{1873}-1.591=-2.61, K_H=2.45\times10^{-3}$$

$$0.8=6\times(2.45\times10^{-3})^2\left[\frac{1}{w[H]}-\frac{1}{2\times10^{-3}}\right]$$

求得 $w[H]=0.04\times10^{-3}\%$。

$w[H]$由 $2\times10^{-3}\%$下降到 $0.04\times10^{-3}\%$，除去的 $w[H]=1.96\times10^{-3}\%$

$$v_{H_2}=\frac{(w[H])^2}{6K_H^2 p_{CO}}v_C=\frac{(2\times10^{-3})^2}{6\times(2.45\times10^{-3})^2}\times0.01=1.1\times10^{-3}\%\ \text{min}^{-1}$$

脱氢时间 $t=\frac{w[H]}{v_{H_2}}=\frac{1.96\times10^{-3}}{1.1\times10^{-3}}=1.8\ \text{min}$

### 8.3.4 脱氧反应的动力学

脱氧剂加入到钢液中后，直到脱氧反应达到平衡时，$w[O]$迅速下降，而由脱氧产物形成的夹杂物的量则迅速上升，达到最大值，总氧量这时仍保持恒定，但随着脱氧产物的不断排出，从而总氧量也迅速下降，最后达到稳定值。

脱氧过程由脱氧剂的溶解、脱氧产物的形核、长大、聚合及脱氧产物的排除并为熔渣所吸收等环节组成。

(1)脱氧剂的溶解和均匀分布

脱氧剂在钢中溶解主要与加入物(如铁合金)的熔化温度、钢液的温度及溶解过程的热效应有关。低熔点的脱氧剂，如 Al、Si、Mn 等，是由熔化转入钢液中，而高熔点的合金物，如钨、钼、硼的铁合金，则以溶解方式转入钢液中，而溶解过程比熔化过程慢得多。它们的溶解时间范围较宽，在不利条件下是 20～40min，强烈地搅拌熔池，如吹 Ar，可很好的缩短溶解时间 2～3 min。脱氧元素一旦溶解，即与钢液中氧瞬时发生反应。

(2)脱氧产物的形核、长大及聚合

根据冶金反应动力学可知，脱氧产物的形核决定于 $w[M]$和 $w[O]$的过饱和度及晶核与钢液的界面张力。仅当过饱和度($a=c/c^e$)为 $10^2\sim10^8$，方能均相形核。强脱氧剂(Al、Ti)的脱氧常数较小，虽能达到这种程度的过饱和度($10^6$)，但其形成的氧化物与钢液的界面张力较大(1.5 N/m)，难于发生均相形核，而较弱的脱氧剂，如 Mn、Si 等，则更不可能发生均相形核。但是，由于铁合金中常含有还原过程的夹杂物，而铝表面有难熔的 $Al_2O_3$膜，它们在钢液中能提供异相形核的现成界面，所以钢液中脱氧产物能在过饱和度不高的条件下异相形核。

核在形成的过程中不断长大，其周围的$[O]$和$[M]$的浓度很快贫化，而核表面呈现平衡浓度，这种浓度差就促进了$[O]$和$[M]$向核的表面扩散，进而使核进一步长大。据测定，核生长过程的时间是 1～10 s 数量级。

成长的核在相互碰撞中，合并而发生聚集，使粒子变大、聚合，其驱动力使体系界面能降低。由于钢液-产物质点间的界面张力远大于产物粒子间的界面张力，即钢液对产物质点的润湿性较差，因而产物质点易于聚合。液体质点比固体质点更易聚合，能达到很大的尺寸(30～100 μm)。因为液体质点多呈球形，碰撞上浮时阻力较小，而且聚合后体系的界面能降低较多。固体质点，特别是像 $Al_2O_3$，尺寸小(3～8 μm)，形状又极不规则，不易聚合，只能凝结(烧结)，而且凝结速率较慢，还可为熔体的运动出现再分裂。但是，当这种固相微粒和钢液的界间张力很大时，不易为钢液所润湿，则可借钢液的强大对流运动而排出。

(3)脱氧产物的排出行为

熔渣所吸收聚合后的脱氧产物质点，达到一定尺寸后(100～200 μm)，能借自身的浮力，从钢液中迅速排出。其上浮速度可由下述的斯托克斯公式估算。

由粘滞介质中固体球形质点所受到的浮力($F_f=\frac{4}{3}\pi r^3 g\Delta\rho$)和阻力($F_z=6\pi r\eta\mu$)相等，可得

$$\frac{4}{3}\pi r^3 g\Delta\rho=6\pi r\eta\mu$$

故 $\mu=\frac{2}{9}gr^2\frac{\Delta\rho}{\eta}$。

式中 $r$——新相球形质点的半径；

$\Delta\rho$——钢液与脱氧产物的密度之差，$kg/m^3$；

$\eta$——钢液的动力粘度，Pa·s；

$g$——自由落体加速度，9.8 $m/s^2$。

斯托克斯公式严格说来仅适用于尺寸小于0.11mm的固体质点，对于液体质点，可利用考虑了液体质点粘度影响的公式：

$$\mu=\frac{2}{3}gr^2\frac{\Delta\rho}{\eta}\times\frac{\eta+\eta(l)}{2\eta+3\eta(l)} \tag{8-66}$$

式中 $\eta(l)$——脱氧产物的粘度，Pa·s。

此外，熔池中出现的对流运动不仅能提高质点的聚合速率，也能使质点排至表面的概率增加。一般认为，尺寸大于10 μm的质点主要依靠上浮力排出，而较小质点则需依靠对流运动排出，如 $Al_2O_3$ 以质点排出。

熔体内产生的或吹入的惰性气体形成的气泡，不仅对熔体产生强烈地搅拌运动，而且也可使某些脱氧产物的质点(质点的表面张力较小时)粘附在气泡上而被带出。从钢液浮出的脱氧产物易于向钢液面上的熔渣层内转移，它们转移时单位面积的吉布斯自由能变化为

$$\left(\frac{\partial G}{\partial A}\right)_{p,T}=\sigma_{S产物}-\sigma_{m产物} \tag{8-67}$$

式中 $\sigma_{S产物}$，$\sigma_{m产物}$——分别为脱氧产物与熔渣及钢液的界面能，$J/m^2$；

$A$——相界面面积，$m^2$。

大多数氧化物和硫化物与熔渣间的界面张力均比与钢液间的界面张力小得多，所以，$\left(\frac{\partial G}{\partial A}\right)_{P,T}<0$，即脱氧产物能自发地进入熔渣内而为其所同化。

关于脱氧过程的动力学限制环节，人们最关心的是脱氧产物尽快排出，而不让其在钢液中残存成为夹杂物量最少这一环节。因此，首先应根据钢种对脱氧程度的要求选择脱氧强度适宜的脱氧剂。其次要求良好地组织脱氧，尽可能使脱氧产物从钢液中排除，降低钢液中残存的夹杂物量，为此，要求能形成熔点低而易聚合的液相脱氧产物，脱氧产物与钢液有较大的界面张力或不易为钢液所润湿，并提高钢液的搅拌强度。

### 8.3.5 扩散脱氧

扩散脱氧是利用熔渣使钢液脱氧，脱氧反应发生在钢液-熔渣界面上。如向熔渣内加入强脱氧剂(如硅铁粉、碳粉、电石粉或铝粉、$CaC_2$ 等)使渣中保持很低的(FeO)浓度，而钢液中的 $w[O]$ 高于与熔渣平衡的 $w[O]$，即 $w[O]>a_{FeO}L_O$ 时，钢液的[O]经过钢-渣界面向熔渣内扩散而使 $w[O]$ 不断降低，达到 $w[O]=a_{FeO}L_O$ 的平衡状态。

扩散脱氧在能形成还原气氛的电炉内进行时渣中的(FeO)才易于保持在很低的值。由于脱氧剂加在渣层内,脱氧反应在渣钢液界面进行,脱氧产物不进入钢液中,就不会玷污钢液,因而在原则上认为是冶炼优质钢较好的脱氧方法。同时在利用高碱度和(FeO)量很低的炉渣时还能深度脱硫。

但是,在一般电炉内进行扩散脱氧有某些重大缺点:由于钢液-熔渣的比表面小和熔池的搅拌作用弱,钢液中氧的扩散缓慢,脱氧过程的速率很低,而且炉衬受到高温炉渣的侵蚀严重。因此,扩散脱氧仅在盛钢桶内用含 $w$(FeO)很低的合成渣处理钢液时才有较大的效果。

## 8.4 碳酸盐分解动力学

### 8.4.1 碳酸盐分解的机理和组成环节

碳酸盐的分解具有结晶化学转变的特点。由金属离子 $M^{2+}$ 和碳酸离子 $CO_3^{2-}$ 组成的碳酸盐 $MCO_3$ 受热分解($CO_3^{2-}=O^{2-}+CO_2$),形成的 $CO_2$ 在反应相界面上吸附,再经脱附排去。$O^{2-}$ 则和 $M^{2+}$ 形成 $M^{2+}\cdot O^{2-}$ 团,它们在旧相中的溶解度很小,易形成过饱和状态,以氧化物 MO 的新相核经过形核和长大出现。这种旧相被破坏,有新相晶格重建的化学变化称为结晶化学变化。反应的速率随时间的变化,符合本章前文所述的未反应核模型的速率变化曲线。

分解过程由下述环节组成:

(1)分解从碳酸盐矿粒表面上的某些活性点开始,而后沿着矿内反应界面进行。分解形成的 $CO_2$ 在相界面上吸附,经脱附逸去,而形成的氧化物在原相中形成过饱和固溶体:

$$MCO_3=(M^{2+}\cdot O^{2-})_{MCO_3}\cdot CO_{2\,(\text{吸})}=(M^{2+}\cdot O^{2-})+CO_2$$

(2)氧化物新相核的形成和长大。由新相形核原理知,分解形成的氧化物在原相中的过饱和度愈大和新相的界面张力愈小,则氧化物新相核的形成速率就愈快。碳酸盐的分解压愈大,气相的 $CO_2$ 分压愈小,则氧化物在原相中的过饱和度就愈大。当过饱和度很大(特别是高温)时,新相形核的诱导期就显著缩短,以致反应一开始就达到了最大的速率。界面张力与两相的晶型结构有关。碳酸盐与分解出的氧化物有不同的晶型,前者为菱形晶系,后者为立方晶系,所以界面张力就较大。但因一种晶格内产生不同型的另一种晶格时常使相界面发生畸变,致使离子的重排更加有利于产生新的晶格,同时相界的出现和扩大,又能使反应速率加快。

(3)$CO_2$ 由脱附离开反应相界,在其外的产物层 MO 内扩散和通过产物层外边界层内的外扩散。当气流速度较大时,往往这内扩散成为速率的限制者。此外,碳酸盐的分解有较大的吸热,例加 $CaCO_3$ 的分解,$\Delta_r H_m^0(CaCO_3,s)=-170$ kJ/mol。因此,如果产物的导热性低或未能及时保证向反应区供热也能影响分解反应的速率,传热能成为反应的限制环节。

### 8.4.2 碳酸盐分解的速率式

由上所述,碳酸盐的分解是由界面化学反应、氧化物层的内扩散及矿粒外边界层的外扩散三个环节组成。在一般条件下,矿块外边界层的外扩散要比分解产物层的内扩散快得多,不会成为分解速率的限制者。因此,可认为分解过程由界面反应和内扩散两环节组成,且两个环节的速率为:

界面化学反应:

$$v=4\pi r^2(k_+a_{MCO_3}-k_-a_{MO}p_{CO_2})=4\pi r^2k_+(1-p_{CO_2}/K)$$

式中 $K$——反应的平衡常数,$K=k_+/k_-$;

$a_{MO}$,$a_{MCO_3}$——纯物质 MO、$MCO_3$ 的活度,其值为 1;

$r$——矿粒在时间 $t$ 时未反应部分的半径,m。

$p_{CO_2}$——反应界面 $CO_2$ 的分压(量纲一的量)。

$CO_2$ 在产物层的内扩散,则

$$J=\frac{4\pi D_e}{RT}\cdot\frac{r_0r}{r_0-r}\times(p_{CO_2}-p^0_{CO_2})$$

式中 $p^0_{CO_2}$——气相中 $CO_2$ 的分压,当外扩散不成为限制环节时,矿球表面 $p_{CO_2}=p^0_{CO_2}$,这时已将 $J=\frac{4\pi D_e}{RT}\cdot\frac{r_0r}{r_0-r}\times(c^0-c)$中 $c$ 转换为 $p$,$c_{CO_2}=p_{CO_2}/(RT)$;

$D_e$——产物层(MO)内 $CO_2$ 的有效扩散系数,$m^2/s$;

$r_0$——矿球原始半径,m。

由稳定态原理可得两环节的速率相等,消去未知的界面浓度 $p_{CO_2}$,得出以分解的反应度 $R'$表示的速率微分式。

$$v=-\frac{dn}{dt}=\frac{4\pi r^2r_0(1-p^0_{CO_2}/K)}{\frac{r}{k_+}+\frac{RT}{KD_e}(rr_0-r^2)} \tag{8-68}$$

为利用式(8-68)求速率的积分公式,需从式(8-68)的 3 个参数($n$、$r$、$t$)中消去 $n$。为此,引入以固相反应物($MCO_3$)的物质的量变化率表示的速率式:

$$v=-\frac{dn}{dt}=-\frac{dn}{dr}\cdot\frac{dr}{dt}=-\frac{d}{dr}(\frac{4}{3}\pi r^3\rho)\frac{dr}{dt}=-4\pi r^2\rho\frac{dr}{dt}$$

式中 $\rho$——反应物 $MCO_3$的摩尔密度,$mol/m^3$。

代入反应界面半径与反应度 $R'$表示的关系式 $r=r_0\ (1-R')^{1/3}$则

$$\frac{k_+D_e(1-p^0_{CO_2}/K)}{r_0^2\rho RT}t=\frac{k_+}{6K}[3-2R'-3\ (1-R')^{2/3}]+\frac{D_e}{r_0}[1-(1-R')^{1/3}] \tag{8-69}$$

由于它们的界面化学反应速率式(与反应式有关)不完全相同,方程式各项的系数就有所不同。

(1)当 $k_+ \ll D_e$ 时,式(8-69)变为

$$\frac{k_+(1-p^0_{CO_2}/K)}{r_0\rho RT}t=1-(1-R')^{1/3} \tag{8-70}$$

这是界面反应成为限制环节的速率式。当 $R'=1$,即矿粒完全分解的时间为

$$t'=r_0\rho RT/[k_+(1-p^0_{CO_2}/K)]$$

可见,矿球完全分解时间与矿粒原始半径 $r_0$ 的一次方成正比,这是界面反应成为限制环节的判据。在这种情况下,随着温度的升高,粒度的减小和气相 $p^0_{CO_2}$ 的降低,分解时间因而减短。

(2)当 $k_+ \gg D_e$ 时,式(8-69)变为

$$\frac{2D_e(K-p^0_{CO_2})}{r_0^2\rho RT}t=1-\frac{2}{3}R'-(1-R')^{2/3} \tag{8-71}$$

这是内扩散成为限制环节的速率式。当 $R'=1$,即矿粒完全分解的时间为

$$t'=r_0^2\rho RT/[6D_e(K-p^0_{CO_2})]$$

可见,矿球完全分解时间与矿粒原始半径的二次方成正比,这是内扩散成为限制环节的判据。但是碳酸盐的分解伴随固体体积的减小约 2/3(例如 $\rho_{CaCO_3}=2900\text{kg/m}^3$,$\rho_{CaO}=3400\text{kg/m}^3$),因此常形成有一定孔隙的结构,这对 $CO_2$ 的内扩散有利,因扩散环节的阻力较小。仅在反应的后一阶段,特别是当矿粒比较大时内扩散才可能成为限制环节。因此,提高温度,降低气相 $p^0_{CO_2}$,特别是减小矿块的粒度,可提高分解的速率。

在高炉内,装入的石灰石熔剂是在温度、压力不断增高和 $CO_2$ 不断下降的条件下进行分解的,这是十分有利于其分解的。但当石灰石进入高温区内分解时,分解出的 $CO_2$ 能与料层中的焦炭反应,使高炉冶炼的焦比增大,特别是当石灰石的粒度大时,分解往往会延至高温区,这种作用就会更加强烈。因此,要控制入炉石灰石的粒度。石灰石要经过适当破碎及分级,其粒度应随其致密度的增加而减小。现代高炉多使用熔剂性或自熔性人造富矿,高炉内可以不直接装入石灰石,只备少量作临时调剂之用,这就可减少上述的石灰石在高炉内分解的不利作用。

## 8.5 金属氧化动力学

金属和氧有很大的亲和力,金属能为空气中氧、$CO_2$、$H_2O$ 及其他腐蚀介质所氧化。一般区分为低温氧化和高温氧化,前者发生在金属构件的常温使用中,称为金属的腐蚀,后者出现于固体金属的热加工成形处理及高温使用中,这都使金属受到了损失。防止金属的氧化是很重要的。

金属氧化形成的氧化物的稳定性随着温度的升高下降,但在较高温度下,金属氧化形

成的氧化层却增厚了，这表明氧化动力学的研究更加重要。此外，金属的氧化是其氧化物分解的可逆反应。因此，研究金属氧化的动力学，对了解其分解(还原)过程的动力学提供有关的基础知识。

### 8.5.1 金属氧化过程的组成环节和电化学性质

金属的氧化过程和其氧化物的分解一样是气-固相间的多相反应，生成的氧化物在金属中的溶解度很小，经过形核和长大，在金属表面上形成了由多层结构组成的氧化物层。由于金属氧化物层的氧化物具有不同型的半导体性质，所以金属的氧化过程由下述电化学过程组成：

(1)氧或氧化性气体向金属表面扩散，经吸附、离子化，变成 $O^{2-}$ ($\frac{1}{2}O_2+2e=O^{2-}$)，而金属原子 M 氧化成 $M^{2+}$ ($M=M^{2+}+2e$)；

(2)$O^{2-}$ 和 $M^{2+}$ 在形成的氧化物层(MO)内成相反方向的扩散；

(3)$O^{2-}$ 和 $M^{2+}$ 在反应界面上结合成 MO($M^{2+}+O^{2-}=MO$)，经过形核和长大，在氧化物层外($MO|O_2$ 界面)及其内(M|MO 界面)形成氧化物，而使氧化膜或层不断增厚。

因此，可把上述过程看成由氧电极和金属电极与作为电解质的氧化物层组成的原电池。电极反应为 $M+\frac{1}{2}O_2=M^{2+}+O^{2-}=MO$，氧化物层内有 $O^{2-}$ 和 $M^{2+}$ 迁移，而 $M^{2+}$ 伴随电子在同方向扩散，$O^{2-}$ 则伴随电子在反方向扩散由它们的浓度梯度引起的扩散流，促使氧化物层的厚度增加，即金属的氧化速率增加。

### 8.5.2 氧化物层的结构和形成

#### 8.5.2.1 氧化物层的结构

对于多价态的金属，如金属铁，其氧化形成的氧化物层，是由几种氧化铁组成的，各层的组成和层序与 Fe－O 状态图大致相同，但随温度及气相的种类不同而有变化。

铁与空气或氧作用时 570℃以上为 3 层：$Fe_2O_3|Fe_3O_4|Fe_xO$；570℃以下为 2 层：$Fe_2O_3|Fe_3O_4$。但与 $CO_2$ 或 $H_2O$ 作用时，$Fe_2O_3$ 不能形成，因为 $\pi_{O(Fe_2O_3)}>\pi_{O(CO_2)}$ 或 $\pi_{O(Fe_2O_3)}>\pi_{O(H_2O)}$，故 570℃以上仅有 2 层：$Fe_3O_4|Fe_xO$(很高温度下，仅 $Fe_xO$ 层)；570℃以下仅 1 层 $Fe_3O_4$；而在 570℃以上 $Fe_xO$ 层占的质量分数最大($w(Fe_xO)=95\%$)。外层($Fe_2O_3$)与中层($Fe_3O_4$)结合得较牢固，内层($Fe_xO$)则多孔(空位)，易分裂成两个子层，但和中层及金属结合得不牢固。

此外，铁中某些合金元素，如 Al、Cr、Ti 等也能和铁一起氧化，使氧化铁的结构变复杂，并能提高 $Fe_xO$ 层稳定存在的温度下限。在氧化铁层内，由于内应力或其他原因，出现裂纹时，氧化性气体也可沿这些裂纹扩散，破坏了上述的层状结构，出现混合结构。

#### 8.5.2.2 氧化物层形成机理

在氧的作用下，甚至在室温下，铁等金属的表面也能在很短时间(15～20 min)内形成很薄的 $\gamma$-$Fe_2O_3$ 膜(厚度约$(2.0\sim2.5)\times10^{-9}$)。温度升高时，由于离子的移动能力增强，

此 $\gamma Fe_2O_3$ 膜的外面转变为稳定的 $\alpha Fe_2O_3$。温度继续提高到 300℃～400℃，$Fe^{2+}$ 向 $\gamma Fe_2O_3$ 膜内扩散，填充其中空位，改建 $\gamma Fe_2O_3$ 成 $Fe_3O_4$。当温度达到 570℃时，$Fe_3O_4|Fe$ 间就有 $Fe_xO$ 出现。因此，初生膜也具有层次的结构。

初生膜的进一步增厚是依靠 $Fe^{2+}$ 和 $O^{2-}$ 在各层内的相对扩散，达到层间的相界面时，扩散速率降低，形成过饱和态，把一种晶格改建为另一种晶格，称为反应扩散。两相晶格的对应方位和大小原则性愈大，离子在各相内的扩散活化能愈小，则氧化铁层厚度增加就愈快。$Fe_3O_4$ 是空位数较少的致密结构，其中离子扩散缓慢（$D_{Fe^{2+}}=5.2\exp(-27000/T)$），$10^{-4}\,m^2/s$，温度 $T=1072\sim1260K$），所以 $Fe_3O_4$ 的形成减缓铁的氧化作用。但离子在 $Fe_xO$ 内却易于扩散（$D_{Fe^{2+}}=0.11\exp(-15000/T)$），$10^{-4}\,m^2/s$，$T=972\sim1250K$），并且随着其内氧量的增加，$Fe^{2+}$ 空位浓度增加，扩散也加快。所以，浮氏体的出现加速铁的氧化。相反，阻止或减缓浮氏体层的形成或加快 $Fe_3O_4$ 层的形成可减慢铁的氧化，即有较好防止氧化的作用。

此外，在氧化铁层形成过程中，由于 $Fe^{2+}$ 向氧化铁层 $|O_2$ 界面扩散，而 $O^{2-}$ 向着氧化铁层 $|Fe$ 界面扩散，所以氧化铁层既向外，亦向内生长。

### 8.5.3 金属氧化的速率

金属氧化的速率除用单位时间、单位面积上形成的氧化物量（$mol/(m^2\cdot s)$）表示外，还用单位时间氧化物层的厚度（m）表示。在高温的氧化中，氧化物层内的扩散阻力远比气相边界层内氧的外扩散阻力大，所以一般氧化过程仅考虑由内扩散和界面化学反应两环节组成。又因 $Fe^{2+}$ 比 $O^{2-}$ 扩散快，所以简化数学关系，一般只考虑氧的扩散。两环节的速率公式为

界面反应 $$v=kc\ mol/(m^2\cdot s) \qquad (\text{I})$$

内扩散 $$J=\frac{1}{V}\cdot\frac{dx}{dt}=\frac{D}{x}(c^0-c)\ mol/(m^2\cdot s) \qquad (\text{II})$$

式中 $k$——界面化学速率常数，一级不可逆反应；

$D$——氧化物层内 $O^{2-}$ 的扩散系数，$m^2/s$；

$c^0,c$——$MO\mid O_2$ 和 $M\mid MO$ 界面的氧浓度，$mol/m^3$；

$x$——氧化物层厚度，m；

$V$——氧化物的摩尔体积，$m^3/mol$。.

在稳定态下，$v=J$，得 $$c=\frac{Dc^0}{x}/(k+\frac{D}{x}) \qquad (\text{III})$$

将式（Ⅲ）代入式（Ⅱ）中，得 $\frac{dx}{dt}=\frac{DVkc^0}{kx+D}$，在边界条件 $t=0$ 和 $x=0$，对上式积分得

$$\frac{x^2}{2D}+\frac{x}{k}=Vtc^0 \qquad (8-72)$$

随着外界条件或氧化物层厚度 $x$ 的增加，常有两种速率范围或限制环节：

(1) 当 $x$ 很小或 $k\ll D$ 时，式(8-72)中，$x^2/(2D)\ll x/k$，从而 $x=kVtc^0$，即在氧化之初或氧化层多孔（如钙、镁的氧化物）时，氧化物层的厚度与时间成线性关系，过程位于动力学范围内。

(2)当 $x$ 很大或 $k \gg D$ 时，$x^2/(2D) \gg x/k$，从而 $x=\sqrt{2DVtc^0}$，即在氧化物层达到一定厚度之后，或氧化物层是致密的(如铁、铜等氧化物)，氧化物层的厚度与时间的平方根成正比，即抛物线的关系，过程位于内扩散范围内。

因此，在高温下，对于生成致密结构的氧化物，如 Fe、Al 等，氧化初期位于动力学范围内的时间短，随着膜的加厚，离子扩散的距离增加，转入扩散范围内，如图 8-14 所示。在低温度($t$<200℃)下，虽然膜很薄($10^{-9}$～$10^{-8}$ m)，也常在扩散范围内(或过渡范围)，但和抛物线的关系还有些差别，而 $x=f(t)$ 的关系可以是对数或立方关系，这是由于受 M | MO界面上离子双电层等的影响，而使扩散过程复杂化。

图 8-15 为铁氧化的动力学曲线，它是由前述的图 8-14 中多个动力学曲线(抛物线型)组成的。这是因为铁氧化形成的氧化铁层较致密，有内应力产生，致使氧化物层破裂，氧进入反应界面，加快氧化的进行，而抛物线上出现折点。当新的氧化物层形成时氧化速率又降低。因而随着时间的推移，就形成了由多个抛物线段组成的动力学曲线。

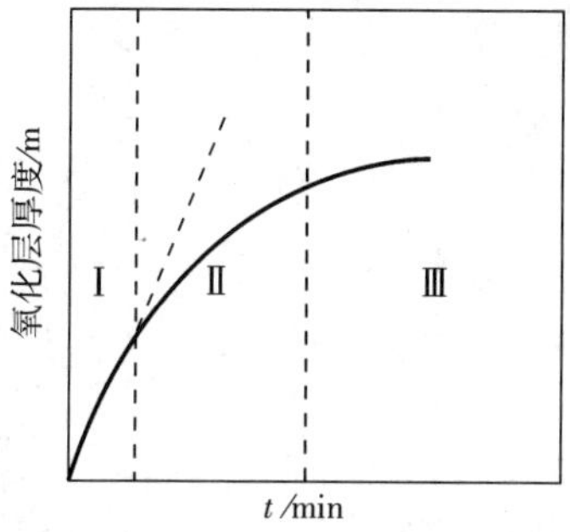


图 8-14 金属氧化的动力学曲线

Ⅰ—动力学范围；Ⅱ—过渡范围；Ⅲ—扩散范围

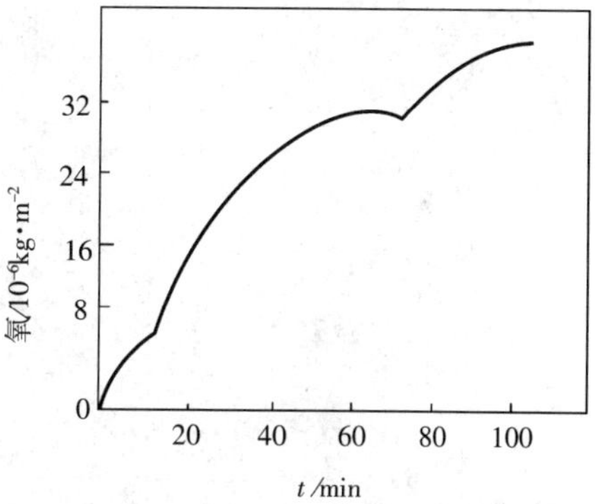


图 8-15 铁氧化的动力学曲线

**【例 8-7】**

铌在压强为 1000 kPa 和温度为 200℃下氧化的动力学数据见表 8-4 所列，试导出铌氧化的抛物线方程。

**表 8-4 铌氧化生成氧化铌质量随时间的变化**

| $t$/min | 20 | 60 | 100 | 120 | 180 |
|---|---|---|---|---|---|
| $m_{NbO_2}$ 质量/$g \cdot m^{-2} \times 10^{-1}$ | 26.45 | 45.82 | 59.16 | 65.00 | 80.00 |

**解** 铌氧化形成的氧化铌是致密的结构层，氧在其内的扩散是铌氧化的限制环节。对于这种氧化过程，所表现对动力学特征是氧化铌的质量随时间的变化率是与其生成量成反比的，故可用下列方程表出：

$$dm/dt=k/m$$

式中 $m$——$t$ 时氧化铌的质量，$g \cdot m^{-2}$；

$k$——比例常数；

对上式积分，可得 $m^2=2kt+I$

因此，引用 $m^2$ 对 $t$ 作图，可求出 $k$ 及常数 $I$，计算值见表 8-5 所列。

利用 $m^2$ 对 $t$ 作图 8-16，直线的斜率 $=(570000-160000)/(160-40)=3417$。故 $m^2=3417t+I$。

当 $t=0,m=0,I=0$，得 $m^2=3417t$。$k=1709(\mathrm{g}\cdot\mathrm{m}^{-2})^2\cdot\mathrm{min}^{-1}$

**表 8-5　有关计算的数据**

| $t$/min | 20 | 60 | 100 | 120 | 180 |
|---|---|---|---|---|---|
| $m_{NbO_2}$ 质量/$\mathrm{g}\cdot\mathrm{m}^{-2}\times10^{-1}$ | 26.44 | 45.82 | 59.16 | 65.00 | 80.00 |
| $m^2\times10^{-2}$ | 699 | 2099 | 3499 | 4225 | 6400 |

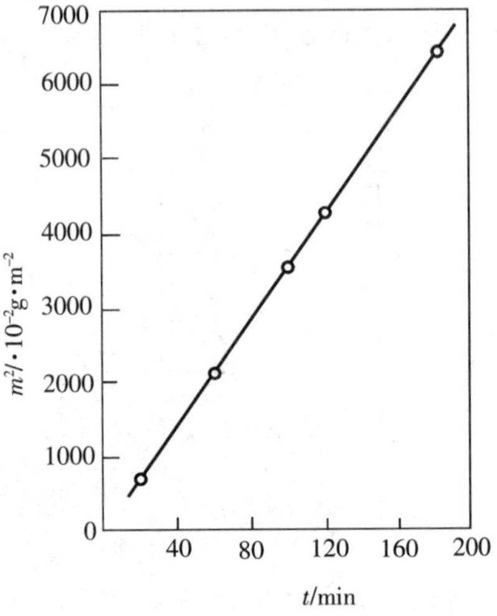


图 8-16　$m^2-t$ 关系图

# 8.6　固体碳燃烧动力学

## 8.6.1　反应的组成环节

固体碳的燃烧属于下列类型的气-固相反应：

$$固体+气体(\text{I})=气体(\text{II})$$

由此确定了反应过程由外扩散和界面反应组成：

(1)气体反应物及其生成物在炭块外周边界层内的外扩散。

(2)通过边界层的气体反应物，从固体碳外表面向其内孔隙表面扩散，而气体生成物通过边界层向气流中心扩散，但由于像焦炭那样本身是疏松结构，所以气体反应物能向焦炭内部呈体积性扩散，反应呈体积性的发展。气体生成物的排出仅受到外扩散的阻力，因为即使燃烧生成的残余灰分粘附于炭块的外表，但因它是疏松多孔的，对气体的扩散阻力很小。

(3)反应的气体在固体碳表面(包括外部宏观的及内部孔隙的微观表面)吸附，或溶解于其内(指 $O_2$)发生吸附化学反应，形成各种中间状态的所谓表面复合物。其次是这些表面复合物在不同条件下发生分解形成吸附于固体碳表面的气体产物，最后经脱附逸入气相中。

因此，整个燃烧反应过程包括气体的扩散、化学吸附及表面复合物的形成和分解，其中吸附和界面反应总是紧密地交织着进行的。

### 8.6.2 固体碳和氧的反应

(1)反应机理

固体碳与氧的反应很复杂，除了生成 $CO_2$ 和 CO 反应外，还同时出现下列两个副反应：

$$2CO + O_2 = 2CO_2$$

$$CO_2 + C_{(石)} = 2CO$$

长期以来未能确定最初反应物是 $CO_2$ 还是 CO，通过低压下线状石墨与氧的实验研究证实，固体碳与氧反应的机理如下：

氧在石墨表面发生物理吸附(500℃以下)，放出了约 920kJ/mol 的热能，温度升高后转入化学吸附，被吸附的氧分子键伸长、断裂出现原子氧，进而与石墨表面的 C 原子形成表面复合物。这就必须有使 $O_2$ 具备能密切接近 C 原子及改变电子云结构的足够的前进和振动能量，同时还需要克服质点间的斥力。根据 $O_2$ 的浓度，温度与石墨表面的物理状态和结构的不同，可能形成各种形式和稳定性不同的表面复合物。特别是细分散石墨晶格的不完整性，常难于显示其基平面，甚至某些基平面退化成个别原子，和边际的 C 原子一样有很强的不饱和键和最高的吸附活性。它们有两个自由价，有时有 3 个，而基平面内的 C 原子只有 1 个。这些表面复合物的分解可以出于另外氧分子的碰撞或自身的热分解所致。

固体碳为 $O_2$ 燃烧生成的 $CO + CO_2$ 混合气体可再分别与氧和 C 作用。在较低温下，CO 与从气流中进入的氧反应生成 $CO_2$($2CO + O_2 = 2CO_2$)，而炭块为 $O_2$ 所包围，随着温度的升高，生成的 $CO + CO_2$ 混合气体中的 $CO_2$ 和由 $O_2$ 燃烧形成的 $CO_2$ 可在高温中直接与 C 反应转变为 CO($CO_2 + C = 2CO$)，再向气流方向扩散，与气流中的氧燃烧，因此，直接邻近于炭块周围是 C 和 $CO_2$ 反应的所谓 $CO_2$ 还原区，而在其外，则是 $CO + O_2$ 反应的所谓 CO 氧化区。因而 C 不仅为 $O_2$，也为 $CO_2$ 所燃烧。因此，提高供氧强度，减小固体碳块的粒度，从而增大固体碳与 $CO_2$ 的反应性，则能提高固体碳的燃烧速率。

(2)固体碳燃烧反应的速率公式

如前所述，燃烧反应过程由外扩散和界面反应所组成。假定固体碳的燃烧是沿整个表面均匀地进行，反应为一级不可逆的，则

界面反应速率 $$-\frac{1}{A}\cdot\frac{\mathrm{d}n}{\mathrm{d}t}=k_0.e^{-Ea/(RT)}\cdot c \tag{Ⅰ}$$

扩散速率 $$\frac{1}{A}\cdot\frac{\mathrm{d}n}{\mathrm{d}t}=\beta(c^0-c) \tag{Ⅱ}$$

式中 $\beta$——氧的传质系数，由表面更新理论，$\beta=[2Du_0/(\pi r)]^{1/2}$，mol/(m$^2$·s)；

$u_0$——氧流速度，m/s；

$r$——球形碳粒的反应半径，m；

$D$——氧的扩散系数，$D=D_0\ (T/273)^n$，$n=1.5\sim2$，m$^2$/s；

$c^0$——气流中氧的摩尔浓度，m$^3$/mol。

在稳定状态下，式(Ⅰ)和式(Ⅱ)的速率相等，由此得出

$$c=\frac{c^0}{1+k_0e^{-Ea/(RT)}\cdot\sqrt{\frac{\pi r}{2u_0}}\cdot\frac{1}{\sqrt{D_0\ (T/273)^2}}} \tag{Ⅲ}$$

将式(Ⅲ)代入式(Ⅰ)，得出在固体碳表面上，由单位时间内燃烧单位碳量的氧量表示的燃烧速率

$$v_O=\frac{k_0\cdot e^{-Ea/(RT)}c^0}{1+k_0e^{-Ea/(RT)}\cdot\sqrt{\frac{\pi r}{2u_0}}\cdot\frac{1}{\sqrt{D_0\ (T/273)^2}}}$$

如用 $\varphi$ 表示每单位碳量消耗的氧的物质的量(mol)，而单位时间内固体碳表面燃烧碳的物质的量(mol)的速率为 $v_C$，则 $v_C=(1/\varphi)v_O$，于是可得

$$v_C=\frac{1}{\varphi}\cdot\frac{k_0\cdot e^{-Ea/(RT)}c^0}{k_0\cdot e^{-Ea/(RT)}\cdot\sqrt{\frac{\pi r}{2u_0}}\cdot\frac{1}{\sqrt{D_0\ (T/273)^2}}+1} \tag{8-73}$$

式中，$k_0=9.55\times10^{-7}\exp[-1.8\times10^6/(RT)]/(\sqrt{T}\cdot p'_{O_2})$，kg/(m$^2$·s)。

式(8-73)表示的固体碳的燃烧位于两个速率范围内，在较低温度下 $v_C=(k_0/\varphi)\cdot e^{-E_a/(RT)}c^0$，燃烧速率与温度及氧浓度，特别是与温度有关。但在高温度下

$$v_C=\frac{c^0}{\varphi\cdot\sqrt{\frac{\pi r}{2u_0}}\cdot\frac{1}{\sqrt{D_0\ (T/273)^2}}}$$

燃烧速率则与氧浓度、供氧强度、固体碳的粒度及氧的扩散系数有关，而与温度的关系不是很大。

### 8.6.3 固体碳气化反应

(1)反应的速率公式

固体碳与 $CO_2$ 的气化反应可以由两个基元反应组成：

$$C_{(石)}+CO_2=C_{(石)}.O_{(吸)}+CO \tag{Ⅰ}$$

$$C_{(石)} \cdot O_{(吸)} = C_{x-1} + CO \tag{Ⅱ}$$

$k_1$、$k_2$ 分别表示反应(Ⅰ)的正、逆反应的速率常数；$k_3$、$k_4$ 分别表示反应(Ⅱ)的正、逆反应的速率常数。$k_1$、$k_2$ 有相同的数量级，而 $k_3 \gg k_4$，故可略去 $k_4$。在高温下，反应(Ⅱ)是总反应的限制环节。因此，碳气化反应的速率可表示为

$$v = \frac{k_3 K \cdot c(C)}{K + (p_{CO}/p_{CO_2})} \tag{8-74}$$

式中 $K = k_1/k_2$，$c(C)$ 固体碳表面的 C 原子总数。

(2)碳气化反应速率的影响因素

碳气化的速率与固体碳的结构(孔隙度、晶格的不完整性、杂质的种类)、温度及气流速度等有关。

固体碳的孔隙度和粒度对处于扩散范围内的反应有影响。但像焦炭那种孔隙度很高的燃料，当粒度适当时，扩散不会成为限制环节。特别是在较高的气流速度下，更是如此。

固体碳的晶格不完整，则 C 原子具有不饱和键，吸附化学反应易于进行。

固体碳所含矿物质能侵入石墨基平面间，使晶格歪扭，减弱 C 原子间的作用，促进表面复合物的形成和分解，以阳离子半径最大的氧化物(如 Na、K 等的氧化物)的这种作用最显著。

这些因素对固体碳气化速率的影响，可用固体燃料的反应性来综合表示：所谓固体燃料的反应性是指它和 $CO_2$ 的反应能力。在规定条件(例如温度为 950℃，粒度这(0.9～1.9)$\times 10^{-3}$ m，气流速度 $5 \times 10^{-5}$ $m^3/min$)下，向固体燃料通入 $CO_2$，测定生成的 CO($m^3$)，由下式计算的表示反应性

$$\varphi(CO) = \frac{\varphi(CO)}{\varphi(CO) + \varphi(CO_2)} \times 100\% \tag{8-75}$$

# 8.7 钢液的真空处理

在炼钢温度下，如钢液中溶解元素具有显著的蒸气压，或某些溶解元素，能通过化学反应转变为不溶于钢液中的气态物质，则在真空熔炼或真空处理时，降低体系内这些挥发物或逸出的气体物质的分压，则可使这些在大气压下已达到平衡的精炼过程得以再度进行。这是因为气态物质比凝聚态物质有较大的熵值，因而，反应的 $\Delta G = \Delta H - (S_2 - S_1)T$ 的负值变大($S_2 > S_1$)。钢液进行真空处理时，能除去溶解的挥发性大的组分、脱气、脱碳(氧)、脱硫及除去夹杂物。另外，钢液与容器和耐火材料也可能发生反应。

## 8.7.1 挥发性杂质的除去

钢液中某些元素，特别是有色金属(如 Pb、As、Sb、Bi、Cu、Sn 等)的存在能恶化钢和合金的性质。但这些元素在钢液的真空熔炼或处理时，可通过挥发而部分去除。它们的挥发量是由其蒸气压和活度决定的。但在真空中，有害杂质挥发的同时，基体金属铁也可能挥发，致使合金成分的控制复杂化。

### 8.7.1.1 元素的挥发系数

利用溶体中溶质和溶剂的相对挥发速率导出的元素挥发系数，可确定合金中某种元素能否挥发除去及在真空条件下合金成分的变化。

元素在高真空中的挥发速率($kg/m^2\cdot s^2$)可由朗格茂公式计算：

$$v_B = Cp_B'\sqrt{\frac{M_B}{2\pi RT}} \tag{8-76}$$

式中 $C$——朗格茂系数；

$M_B$——挥发组分的摩尔质量，kg/mol；

$p_B'$——挥发组分的蒸气压，Pa。

对于铁基二元合金，如 Fe 的最初量为 $a$ kg 时，合金组分 B 的最初量为 $b$ kg，经过真空处理到时间 $t$ 时，Fe 挥发了 $x$ kg，合金组分 B 挥发了 $y$ kg，则两者的挥发速率分别为：

$$\frac{dx}{dt} = c\gamma_{Fe}x[Fe]p_{Fe}^*\sqrt{\frac{M_{Fe}}{2\pi RT}} \qquad \frac{dy}{dt} = c\gamma_B x[B]\ p_B^*\sqrt{\frac{M_B}{2\pi RT}}$$

从而
$$\frac{dy}{dx} = \sqrt{\frac{M_B}{M_{Fe}}}\times\frac{\gamma_B x[B]\ p_B^*}{\gamma[Fe]\ x_{Fe}p_{Fe}^*} = \sqrt{\frac{M_{Fe}}{M_B}}\times\frac{\gamma_B p_B^*}{\gamma_{Fe}p_{Fe}^*}\times\frac{b-y}{a-x} = \alpha\frac{b-y}{a-x}$$

式中 $x[B]$，$x[Fe]$分别换算成质量分数，即

$$x[B] = \frac{M_{Fe}}{100M_B}\times\frac{b-y}{a+b-x-y}\times 100\% \qquad x[Fe] == \frac{M_{Fe}}{100M_{Fe}}\times\frac{a-x}{a+b-x-y}\times 100\%$$

$M_B$，$M_{Fe}$——分别为组分 B 和 Fe 的摩尔质量，g/mol；

$\gamma_B$，$\gamma_{Fe}$——分别为合金组分 B 和 Fe 的活度系数；

$p_B^*$，$p_{Fe}^*$——分别为纯合金组分和 Fe 的蒸气压，Pa。

上式改写成
$$\frac{dy}{b-y} = \alpha\frac{dx}{a-x}$$

在 $0\sim y$ 和 $0\sim x$ 界限内对上式积分，得

$$\frac{y}{b} = 1-\left(1-\frac{x}{a}\right)^{\alpha} \approx \alpha\frac{x}{a} \tag{8-77}$$

式中 $x/a$，$y/b$——分别为 Fe 和组分 B 在时间 $t$ 内挥发的质量分数。$\alpha$ 称为挥发系数

$$\alpha = \sqrt{\frac{M_{Fe}}{M_B}}\times\frac{\gamma_B p_B^*}{\gamma_{Fe}p_{Fe}^*} \tag{8-78}$$

上式是用组分的活度系数和蒸气压计算 $\alpha$，适用于高真空中元素挥发过程成为限制的条件下，即动力学限制。当元素挥发受熔体中扩散限制时，可导出下列计算 $\alpha$ 的公式：

$$\frac{y}{b}\times 100 = 100-100\left(1-\frac{x}{a}\right)^{\alpha}$$

并令 $w[B]=\frac{y}{b}\times 100\%$（组分 B 的相对挥发量），$w[Fe]=\frac{x}{a}\times 100\%$（Fe 的相对挥发量），

则可得

$$\alpha=\frac{\ln(1-w[\mathrm{B}]/100)}{\ln(1-w[\mathrm{Fe}]/100)} \tag{8-79}$$

而它们的相对挥发量(%)可由下式得出

$$\frac{-\mathrm{d}w[\mathrm{B}]}{\mathrm{d}t}=\beta_{\mathrm{B}}\times\frac{A}{V}\times w[\mathrm{B}] \qquad \ln\frac{w[\mathrm{B}]^{0}}{w[\mathrm{B}]}=\beta_{\mathrm{B}}\times\frac{A}{V}\times t \tag{8-80}$$

$$\frac{-\mathrm{d}w[\mathrm{Fe}]}{\mathrm{d}t}=\beta_{\mathrm{Fe}}\times\frac{A}{V}\times w[\mathrm{Fe}] \qquad \ln\frac{w[\mathrm{Fe}]^{0}}{w[\mathrm{Fe}]}=\beta_{\mathrm{Fe}}\times\frac{A}{V}\times t \tag{8-81}$$

式中 $\beta_{\mathrm{B}}$,$\beta_{Fe}$——分别为熔体中B和Fe的传质系数,其数量级为$10^{-5}$~$10^{-4}$ m/s,可由实验测定$\ln\frac{w[\mathrm{B}]^{0}}{w[\mathrm{B}]}-t$的数据在坐标图上回归成直线求出。

**【例8-8】**

试计算在真空感应炉中熔炼$w[\mathrm{Mn}]=4\%$的铁基合金时,锰的挥发系数。炉子容量100 kg,坩埚直径0.51 m,合金密度7000 kg/m³,$\beta_{\mathrm{Mn}}=1.2\times10^{-4}$ m/s,$\beta_{Fe}=1.2\times10^{-4}$ m/s。抽真空时间600 s,温度1873 K;$p^{*}_{\mathrm{Mn}}=5395$ Pa,$p^{*}_{\mathrm{Fe}}=5.9$ Pa,$\gamma^{0}_{\mathrm{Mn}}=1.3$。

**解**(1)由式(8-78)进行计算 $\alpha=\sqrt{\frac{M_{\mathrm{Fe}}}{M_{\mathrm{B}}}}\times\frac{\gamma_{\mathrm{B}}p^{*}_{\mathrm{B}}}{\gamma_{\mathrm{Fe}}p^{*}_{\mathrm{Fe}}}=\frac{1.3\times5395}{1\times5.9}\times\sqrt{\frac{55.85}{55}}=1200$

(2)利用式(8-79)进行计算:为此先由式(8-80)和式(8-81)计算出Mn和Fe在抽真空600 s时的终浓度及其相应的相对挥发量。

$$\ln\frac{w[\mathrm{Mn}]^{0}}{w[\mathrm{Mn}]}=\beta_{\mathrm{Mn}}\times\frac{A}{V}\times t$$

式中 $A/V=\pi r^{2}/V=3.14\times0.255^{2}/(100/7000)=14.29\ \mathrm{m}^{-1}$

$$\ln\frac{4}{w[\mathrm{Mn}]}=1.2\times10^{-4}\times14.29\times600=1.030$$

$$\frac{4}{w[\mathrm{Mn}]}=2.80,w[\mathrm{Mn}]=4/2.80=1.428$$

Mn的相对量:

$$w[\mathrm{Mn}]=\frac{(4-1.428)}{2.80}\times100\%=64.4\%$$

$$\ln\frac{w[\mathrm{Fe}]^{0}}{w[\mathrm{Fe}]}=\beta_{Fe}\times\frac{A}{V}\times t=2.0\times10^{-5}\times14.29\times600=0.171$$

$$\frac{96}{w[\mathrm{Fe}]}=1.19,w[\mathrm{Fe}]=96/1.19=80.67$$

Fe的相对量:

$$w[\mathrm{Fe}]=\frac{96-80.67}{96}\times100\%=16\%$$

故

$$\alpha=\frac{\ln[1-64.4/100]}{\ln[1-16/100]}=6.0$$

由 $\alpha$ 可推断高真空条件下，合金元素能否通过优先挥发除去（或损失）。一般 $\alpha>10$ 的元素可经挥发除去。另外，还可利用式（8－77）计算出将杂质元素除去一定百分数时，基体金属的挥发损失，如图 8－17 所示。

（1）当 $\alpha=1$ 时，$y/b=x/a$，挥发过程中合金组成不改变；

（2）当 $\alpha>1$ 时，$y/b>x/a$，杂质元素的浓度降低，如 Mn、Cu、Sn 比较易挥发；

（3）当 $\alpha<1$ 时，$y/b<x/a$，Fe 挥发，杂质元素的浓度增加，如 Ni、Co 在铁液中富集。

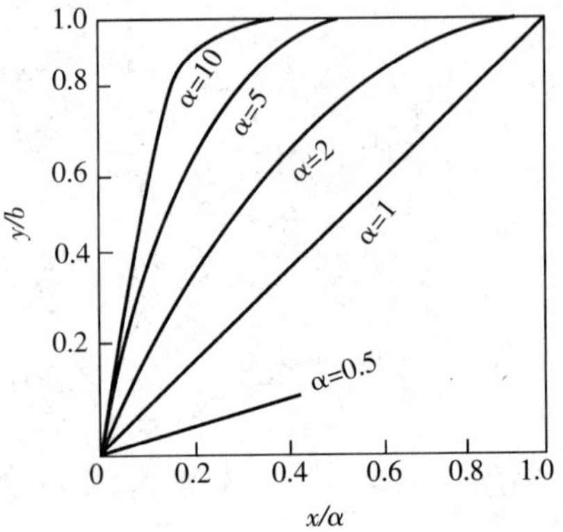

图 8－17　真空中 Fe 及合金元素挥发的比例

元素活度相互作用系数对挥发元素的挥发性有一定影响。铁液中如有能提高挥发元素的活度系数的其他元素存在，则能促进该元素的挥发；相反，则降低该元素的挥发，见表 8－6 所列。例如 As 的 $e_B^j$ 为负值，所以虽然 $P_{As}^*$ 很高，但其 $\alpha$ 等于 3。因此，钢液的 As 难于用真空除去。

**表 8－6　铁基二元合金的某些元素的挥发系数及其有关热力学数据**

| 合金元素，B | 相对原子质量 | $p_B^*$ /Pa，1600℃ | $\gamma_B^0$，1600℃ | $\alpha$ |
|---|---|---|---|---|
| Al | 26.98 | 223 | 0.029 | 1.58 |
| As | 74.92 | $(4.5\times10^8)$ | — | (3) |
| Cr | 52.01 | 23 | 1 | 4.03 |
| Co | 58.94 | 4.68 | 1.07 | 0.83 |
| Cu | 63.54 | 107.1 | 8.6 | 146.6 |
| Fe | 55.85 | 5.89 | 1 | 1 |
| Mn | 54.94 | 5395 | 1.3 | 1200 |
| Ni | 58.71 | 3.5 | 0.66 | 0.38 |
| P | 30.97 | $7.8\times10^7$ | — | — |
| Pb | 207.21 | $4.5\times10^4$ | 1400 | $(5.5\times10^7)$ |
| Si | 28.09 | 0.78 | 0.0013 | $2.4\times10^{-4}$ |
| Sn | 118.70 | 120 | 2.8 | 13.98 |

#### 8.7.1.2 挥发元素除去的动力学

在真空下，钢液中元素的挥发由下列环节所组成：

(1)钢液中溶解元素原子向钢液-气相面扩散：$v_1=k_1\times(c_B-c_B^*)$。

(2)元素原子在钢液表面吸附时，经脱附而挥发：$v_2=k_2c_B^*=\frac{\gamma_B\gamma_B^*}{\rho}\sqrt{\frac{(M_{Fe})^2}{2\pi RTM_B}}\times C_B^*$

(3)挥发元素通过钢液表面的浓度边界层向气相扩散：$v_3=k_3(c_B^*-c_{B(g)})$

一般来说，挥发性较小的元素，如 Fe、Ni、Co 等挥发的限制环节是(1)；挥发性较大的元素，如 Mn、Sn 等限制环节则是(2)；而元素的浓度低和真空度又比较低($p'>100$Pa)，则是(3)。

### 8.7.2 真空脱气

氢和氮在钢液中的溶解服从平方根定律，因此，降低体系的压力使气体的分压降低就能减小钢液中溶解的气体量。

氢和氮在钢液中的浓度很小，它们形成气泡的析出压力远小于其所受的外压，所以这些溶解气体就不能依靠形成气泡的形式排出，而是通过向钢液表面吸附转变为气体分子，再向气相中排出：

$$[H]=H_{吸},2\,H_{吸}=H_2。$$

真空中钢液的脱气过程由以下 3 个环节组成：

(1)钢液中溶解气体原子向钢液-气相界面扩散；

(2)这些气体原子在界面上吸附，结合成气体分子，再从界面脱附；

(3)脱附的气体分子在真空中的作用下向气相中扩散。

据研究，第 1 环节是高温脱气过程的限制环节：

$$v=\frac{\mathrm{d}w[X]}{\mathrm{d}t}=-X_x\times\frac{A}{V}\times(w[X]^*-w[X])\quad \lg\frac{w[X]-w[X]^e}{w[X]^0-w[X]^e}=-\frac{1}{2.3}\times\beta_X\times\frac{A}{V}\times t$$

式中 $w[X]^0$——钢液气体与气相的初始质量分数，%；

$w[X]^e$——溶解气体的平衡值，可由气体溶解的平方根定律得出。

但是，在真空条件下 $w[X]^e<w[X]<w[X]^0$，故上式可简化为

$$\lg\frac{w[X]}{w[X]^0}=-\frac{1}{2.3}\times\beta_X\times\frac{A}{V}\times t \tag{8-82}$$

$\beta_X$ 或 $\beta_X\times\frac{A}{V}$可在脱气过程中一定间隔时间取样分析 $w[X]$，再以 $\lg\frac{w[X]}{w[X]^0}$~t 图的直线斜率得出。亦可用表面更新理论得出 $\beta=2(D/\pi t_e)^{\frac{1}{2}}$，而 $t_e=0.01\sim0.1$s，$D_H=3.51\times10^{-6}\,m^2/s$，$D_N=5.5\times10^{-9}\,m^2/s$。

为了提高 $\beta_X\times\frac{A}{V}$的值，工业上采用了提升脱气法(DH 法)、循环脱气法(RH 法)、吹氩法和钢液滴流脱气法等(如图 8-18 所示)。

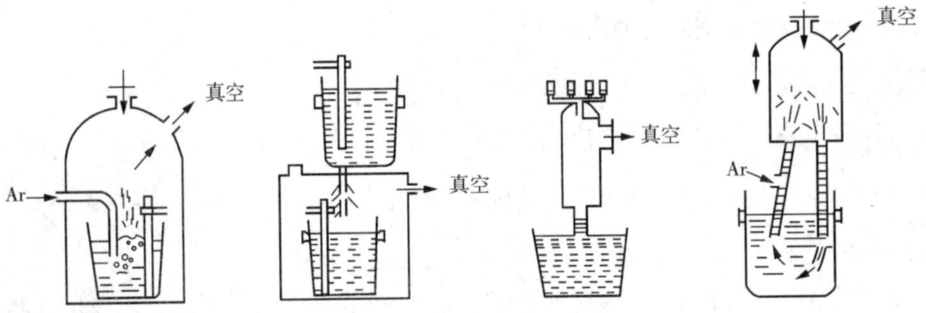


(a)钢包吹氩法　(b)钢液滴流脱气法　(c)真空提升脱气法　(d)真空循环脱气法

图 8-18　各种真空脱气法

**【例 8-9】**

钢液温度 1600℃，与大气平衡的铁液中 $w[C]=2\%$，$w[Ti]=2\%$ 及 $w[H]=1.0\times10^{-3}\%$。欲使 $w[H]$ 下降到 $0.1\times10^{-3}\%$，试问需要采用多大的真空度。

**题意分析**　体系中氢的分压与其总压近似成正比：$p_{\Sigma(10^{-4})}=p_{H_2(10^{-4})}/p_{H_2(1.0\times10^{-3})}$，而真空度$=p_{\Sigma(10^{-4})}$；利用气体溶解的平方根定律，可求出与铁液中溶解氧量平衡的 $p_{H_2}$

**解**　第一步：求氢溶解平衡常数 $K_H$ 及活度函数 $f_H$

$p_{H_2}^{1/2}=f_H w[H]/K_H$，$\lg p_{H_2}=2\lg f_H+2\lg w[H]-2\lg K_H$

$\lg K_H=-\dfrac{1909}{1873}-1.591=-2.610$，$K_H=2.45\times10^{-3}$

$\lg f_H=e_H^H w[H]+e_H^{Ti} w[Ti]+e_H^C w[O]_平=0\times w[H]+(-0.019)\times2+0.06\times2=0.082$

第二步：求不同 $w[H]$ 对应的氢分压

$w[H]=1.0\times10^{-3}\%$ 时，

$\lg p_{H_2}=2\times0.082+2\lg(1.0\times10^{-3})-2(-2.610)=-0.616$，$p_{H_2}=0.242$

$w[H]=0.1\times10^{-3}\%$ 时，

$\lg p_{H_2}=2\times0.082+2\lg(0.1\times10^{-3})-2(-2.610)=-2.62$，$p_{H_2}=2.40\times10^{-3}$

第三步：求其空度

为使铁液的 $w[H]$ 从 $1.0\times10^{-3}\%$ 下降到 $0.1\times10^{-3}\%$，真空室内 $p_{H_2}'\leqslant2.4\times10^2$ Pa，而需要的真空度为 $p'=(2.40\times10^{-3}/0.242)\times10^5=992$ Pa。

**【例 8-10】**

将 50t 钢水包放到真空室内，加上真空密封进行脱氢处理，为使钢液中 $w[H]$ 从 $0.45\times10^{-3}\%$ 下降到 $0.17\times10^{-3}\%$，需要处理多少时间？钢包内钢液深度 $h=0.8$ m，氢的传质系数 $\beta_H=9.1\times10^{-4}$ m/s，温度为 1580℃。

**解**　由式(8-82)得

$$t=-2.3\lg\frac{w[X]}{w[X]^0}/(\beta_x\times\frac{A}{V})$$

式中　$A/V=1/h$，

$$t=-2.3\lg\frac{0.17}{0.45}/(9.1\times10^{-4}/0.8)=855\text{ s}。$$

### 8.7.3 真空脱碳(氧)

钢液中碳的氧化反应形成了不溶于钢液的CO气泡，在真空中，$p_{CO}$降低，可使在大气压力下已经达平衡的脱碳反应再度进行，而碳氧积$w[C]w[O]=mp_{CO}$也可达到更低的值。例如$p_{CO}'$为100 kPa、10 kPa、1 kPa时，$w[C]w[O]$分别为$2.5\times10^{-3}$、$2.5\times10^{-4}$、$2.5\times10^{-5}$，即平衡的$w[C]$和$w[O]$都有大幅度的降低。因此，利用真空可使钢液深度脱碳生产超低碳钢($w[C]<0.02\%$)和使钢液深度脱氧，获得不含夹杂物的钢，因为脱氧产物CO是易于排出的气体物质。

#### 8.7.3.1 真空脱碳

钢液的碳量在临界量以下的脱碳速率降低较大，因此，在传统的初炼炉内是难于冶炼超低碳($w[C]<0.02\%$)钢种的。为补救，可将$w[C]=0.1\%\sim0.45\%$的钢液倒入盛钢桶内进行真空处理(600～700Pa)，并从盛钢桶底部吹入氩气进行搅拌，这称为VOD法。如倒入盛钢桶内的钢液含碳量较高，亦可在真空下吹氧加强脱碳。例如，进行"去碳保铬"的不锈钢返回料的电弧炉冶炼就必须采用吹氧的VOD法来降碳。利用真空就可使"去碳保铬"所需的较高温度(约1800℃)得以降低。这对耐火材料炉衬的使用更加有利。

真空脱碳过程的限制环节，在进入真空室内钢液的碳高时是[O]的扩散；而在碳低时则是[C]的扩散，和临界碳量以下的情况相同。

#### 8.7.3.2 真空脱氧

在钢液的含碳量比规格碳量稍高时结束精炼，在真空室内，钢液中过剩的碳可与氧作用发生碳-氧反应而使钢液的氧变成CO而排除，这时碳在真空下成为脱氧剂，它的脱氧能力随真空度的提高而增强。例如，对于$w[B]=0.1\%$的脱氧元素，$p'_{CO}=10$ kPa时，碳的脱氧能力高于硅；而在$p'_{CO}=0.1$ kPa时，碳的脱氧能力则比铝高。一般来说，真空脱氧后钢液中$w[O]$降低50%～80%。

但是，在实践中，脱氧后残余$w[O]$总是比热力学计算的值(钢液中CO气泡表面的$w[O]$)高，因为在真空处理的有限时间内，[C]和[O]向气泡表面的扩散缓慢，而未达到平衡值。此外，真空度的提高对于$w[O]$降低存在着极限值。在脱碳过程中，钢液中CO气泡的$p'_{CO}$必须满足下述条件，即$p'_{CO}\geqslant p'_{(g)}+(\delta_m\rho_m+\delta_s\rho_s)g+\dfrac{2\sigma}{r}$脱碳反应才能进行。但对一定的$p'_{CO}$(与$w[C]w[O]$有关)上式右边后3项之和愈小，则脱碳反应愈易进行。在真空下只能使$p'_{(g)}$减小，而当$p'_{(g)}$减小到一定值后，$p'_{(g)}\leqslant(\delta_m\rho_m+\delta_s\rho_s)g+\dfrac{2\sigma}{r}$，则$p'_{(g)}$已不能再影响$p'_{CO}$，这时真空度的进一步提高，也不能再提高碳的脱氧能力。所以，一般真空脱氧仅需采用10～20 kPa的压力即可。

真空脱氧过程速率的限制环节是钢液中[C]、[O]扩散，如$w[C]$较高时，[O]的扩散是限制环节：

$$\frac{\mathrm{d}w[O]}{\mathrm{d}t}=-\beta_O\times\frac{A}{V}\times(w[O]-w[O]^*)$$

$$t=-2.3\lg\frac{w[O]}{w[O]^0}/(\beta_O\times\frac{A}{V})\tag{8-83}$$

**【例 8-11】**

真空脱氧的盛钢桶内径为 1.6 m，高 1.5 m，$D_O/\delta=3\times10^{-4}$ m/s，如使钢液的脱氧率达到 90%需要处理多少时间？当采用真空滴流法时，进入真空室的钢液炸裂成直径为 $6\times10^{-3}$ m 的液滴，而 $\beta_O=5.5\times10^{-4}$ m/s，试求达到同样脱氧率的时间。

**解**(1)钢液在平静的真空室内的脱氧，由式(8-83)得

$$t=-2.3\lg\frac{w[O]}{w[O]^0}/(\beta_O\times\frac{A}{V})=-2.3\lg\frac{10}{100}/[3\times10^{-4}\times\frac{3.14\times0.8^2}{3.14\times0.8^2\times1.5}]=1.15\times10^4\ \text{s}$$

(2)钢液在滴流状下的脱氧，由式(8-83)

$$\frac{A}{V}=4\pi r^2/(\frac{4}{3}\pi r^3)=\frac{3}{r}=\frac{3}{3\times10^{-3}}=10^3,t=-2.3\lg\frac{10}{100}/(5.5\times10^{-4}\times10^3)=4.1\ \text{s}$$

由上式计算可见，滴流法的脱氧时间很短，瞬间即能完成脱氧过程，而且钢液炸裂的液滴愈小，脱氧的作用就愈大。但上述计算是假定 $w[O]^e=0$，即真空室内 $p_{CO}=0$ 的条件下得出的。实际上，$w[O]^e\neq0$，而 $p_{CO}\neq0$，需进行修正。

## 8.8 吹氩处理

向盛钢桶的钢液内吹入氩气，产生无数的氩气泡，它具有“小真空室”的作用，钢液中的溶解气体($H_2$、$N_2$)将不断进入，随之排出。

### 8.8.1 吹氩脱气

在脱气过程中，钢液内的[H]向氩气泡扩散的通量等于氩气泡内增加的氢量：

$$-m\frac{dw[H]}{100M_H}=\frac{2dn_{Ar}p_{H_2}}{p_{Ar}}$$

式中 $m$——钢液质量，kg；

$n_{Ar}$——氩气量，mol；

$p_{H_2}$——氩气泡内氢的分压，$p_{H_2}=(w[H])^2/K_H^2$，Pa；

$p_{Ar}$——氩气的压力，$p_{Ar}=p$，Pa；

$M_H$——氢的摩尔质量，g/mol。

$$\frac{-dw[H]}{(w[H])^2}=\frac{200dn_{Ar}M_H}{mpK_H^2}$$

将上式在 $w[H]^0\sim w[H]$ 和 $0\sim n_{Ar}$ 界限内积分，得

$$\frac{1}{w[H]}-\frac{1}{w[H]^0}=\frac{200n_{Ar}}{mpK_H^2}\tag{8-84}$$

又由上式可计算出降低一定的 $w[H]$ 需要吹入的氩气量

$$n_{Ar}=\frac{mpK_H^2}{200}\times\left(\frac{1}{w[H]}-\frac{1}{w[H]^0}\right)\ \text{mol/kg}$$

上式两边乘以 $22.4\times10^3$，取 $m=1t$，而 $n_{Ar}\times22.4\times10^3=V_{Ar}(m^3/t)$。故

$$V_{Ar}=112K_H^2p\times\left[\left(\frac{1}{w[H]}-\frac{1}{w[H]^0}\right)\right]\quad(m^3/t)\qquad(8-85)$$

同样，可导出吹氩脱氮的方程：

$$V_{Ar}=8K_N^2p\times\left[\left(\frac{1}{w[N]}-\frac{1}{w[N]^0}\right)\right]\quad(m^3/t)\qquad(8-86)$$

由上式计算的氩气耗量是最小值，因为它未计入吹氩时钢液表面的吸气、氩气带入的水汽，对不脱氧钢液出现的脱氧等的影响。因此，需引入去气效率 $1/f(f<1)$，即 $V_{Ar(实)}=V_{Ar(理)}/f$，一般 $f=0.44\sim0.75$，对未脱氧的钢 $f=0.8$，而氩气的实际耗量为 $1\sim3\ m^3/t$。

**【例 8-12】**

向 50t 的钢包的钢液中吹氩，使钢液中 $w[H]$ 从 $8\times10^{-6}$ 下降到 $3\times10^{-6}$，需吹入多少氩气($m^3/t$)？

**解**　由式(8-85)得

$$V_{Ar}=112K_H^2p\times\left[\left(\frac{1}{w[H]}-\frac{1}{w[H]^0}\right)\right]\qquad(m^3/t)$$

$$\lg K_H=-\frac{1909}{1873}-1.591=-2.610,K_H=2.45\times10^{-3},p=10^5\,Pa/10^5\,Pa=1$$

$$V_{Ar}=112\times(2.45\times10^{-3})^2\times\left[\frac{1}{3\times10^{-4}}-\frac{1}{8\times10^{-4}}\right]=1.40\ m^3/t$$

去气效率取 $f=0.8$，则实际需吹入的氩气量为 $V_{Ar}=1.40/0.8=1.75\ m^3/t$。

对氢来说式(8-84)和式(8-85)计算值比较接近于实验值，表明反应已达到平衡。但对于氮，由于其扩散较慢，未达到平衡，计算值偏高。

向钢液中引入氩气的方法有从钢液顶部用喷嘴、盛钢桶底的多孔塞和旋转桨等方式。气泡的大小主要由气流速度和喷嘴或喷塞的几何形状确定。

向钢液吹氩还能达到钢液的成分和温度均匀，它比抽真空过程简化、便宜，对于不含 Cr、Ti、V 等能形成氮化物元素的钢液，则可用 $N_2$ 代替 Ar 进行脱气处理。

吹氩发生的钢液搅拌，能增大钢液中夹杂物粒子碰撞的概率，促进其聚合、长大，增大夹杂物的上浮速度，使夹杂物依附于氩气泡表面，起到浮选除去夹杂物的作用。

## 8.8.2 吹氩脱氧(AOD 法)

向钢液内吹入氩，可加速钢液的深度脱氧。因为钢液中形成的冠气泡可作为[C]，氧化产物 CO 的核，并能降低气泡中的 $p'_{CO}$。

#### 8.8.2.1 吹氩脱氧的动力学方程

吹氩脱氧的限制环节是钢液中[C]向氩气泡扩散，可用钢液中[C]的扩散方程导出

$$\frac{\mathrm{d}n[\mathrm{C}]}{-\mathrm{d}t}=\beta_{\mathrm{C}}\mathrm{A}(c-c^{*})-\frac{\mathrm{d}n[\mathrm{C}]}{\mathrm{d}t}=\frac{\beta_{\mathrm{C}}\mathrm{A}\rho_{\mathrm{m}}}{100M_{\mathrm{C}}}\times\{w[\mathrm{C}]-\frac{p_{\mathrm{CO}}}{K_{\mathrm{C}}w[\mathrm{O}]}\}$$

$$-\frac{d(p_{\mathrm{CO}}V_{\mathrm{Ar}})}{\mathrm{d}t}\times\frac{1}{RT}=\frac{\beta_{\mathrm{C}}A\rho_{\mathrm{m}}}{100M_{\mathrm{C}}}\times\{w[\mathrm{C}]-\frac{p_{\mathrm{CO}}}{K_{\mathrm{C}}w[\mathrm{O}]}\}$$

$$-\frac{dp_{\mathrm{CO}}}{\mathrm{d}t}=\frac{\beta_{\mathrm{C}}A\rho_{\mathrm{m}}RT}{100M_{\mathrm{C}}V_{\mathrm{Ar}}}\times\{w[\mathrm{C}]-\frac{p_{\mathrm{CO}}}{K_{\mathrm{C}}w[\mathrm{O}]}\}$$

在 $p_{\mathrm{CO}}=0\sim p_{\mathrm{CO}}$界限内对上式积分，得

$$\ln\left(\frac{w[\mathrm{C}]}{w[\mathrm{C}]-\frac{p_{\mathrm{CO}}}{K_{\mathrm{C}}w[\mathrm{O}]}}\right)=\frac{\beta_{\mathrm{C}}A\rho_{\mathrm{m}}RT}{100M_{\mathrm{C}}V_{\mathrm{Ar}}K_{\mathrm{C}}w[\mathrm{O}]}\times t$$

或

$$\ln\left(\frac{1}{1-\frac{p_{\mathrm{CO}}}{K_{\mathrm{C}}w[\mathrm{C}]w[\mathrm{O}]}}\right)=\frac{\beta_{\mathrm{C}}A\rho_{\mathrm{m}}RT}{100M_{\mathrm{C}}V_{\mathrm{Ar}}K_{\mathrm{C}}w[\mathrm{O}]}\times t \tag{8-87}$$

式中 $K_{\mathrm{C}}w[\mathrm{C}]w[\mathrm{O}]=p_{\mathrm{CO}}^{\mathrm{e}}$；

$p_{\mathrm{CO}}$——氩气泡内 CO 的分压，(量纲一的量)。

吹氩脱氧的效率

$$\eta=\frac{p_{\mathrm{CO}}}{p_{\mathrm{CO}}^{\mathrm{e}}}=\frac{p_{\mathrm{CO}}}{w[\mathrm{O}]w[\mathrm{C}]K_{\mathrm{C}}} \tag{8-88}$$

它又称为脱氧的不平衡参数。当 $\eta=1$，即 $p_{\mathrm{CO}}^{\mathrm{e}}=p_{\mathrm{CO}}$，表明脱氧反应达到平衡。当 $\eta<1$，则表明脱氧的效率低。因此，可用 $\eta$ 来判断吹氩脱氧的效果，于是式(8-87)可写成

$$\ln\frac{1}{1-\eta}=\frac{\beta_{\mathrm{C}}A\rho_{\mathrm{m}}RT}{100M_{\mathrm{C}}V_{\mathrm{Ar}}K_{\mathrm{C}}w[\mathrm{O}]}\times t \quad 或 \quad \ln\frac{1}{1-\eta}=\frac{\beta_{\mathrm{C}}A\rho_{\mathrm{m}}RT}{133M_{\mathrm{C}}V_{\mathrm{Ar}}K_{\mathrm{C}}w[\mathrm{C}]}\times t \tag{8-89}$$

式中 $t$——氩气泡通过钢液中的时间，s；

$A/V_{\mathrm{Ar}}=(4\pi r^{2})/(\frac{4}{3}\pi r^{3})=\frac{3}{r}$

$A/V$——每个氩气泡与钢液的接触面积。

利用式(8-89)可得出脱氧效率与氩气泡上浮时间、气泡大小和钢液含氧或碳量的关系。氩气泡的半径愈小，而其上浮速度也愈小，气泡在钢液中停留的时间就较长，而 $A/V_{\mathrm{Ar}}$值也愈大。这种气泡有很高的去气和脱氧的效率。

但是，由以上的 $A/V_{\mathrm{Ar}}=(4\pi r^{2})/(\frac{4}{3}\pi r^{3})=\frac{3}{r}$只能估计气泡大小的影响，因为它没有考虑到不同大小气泡的分配率、气泡上升中压力减小和气泡出现聚合与分裂等的影响。

### 8.8.2.2 吹氩脱氧的氩气耗量

利用钢液中[C]以 CO 形式进入氩气泡中的质量平衡关系式，可导出脱氧过程消耗的氩气量。根据碳氧化反应的化学计量关系及气体的状态方程，氩气泡内进入的氧或 CO 物质的量：

$$-\mathrm{d}n[\mathrm{O}]=\mathrm{d}n(\mathrm{CO})=\frac{p_{\mathrm{CO}}\mathrm{d}V}{RT}=\frac{p_{\mathrm{CO}}\mathrm{d}V_{\mathrm{Ar}}^{0}T/273}{RT}=\frac{p_{\mathrm{CO}}\mathrm{d}V_{\mathrm{Ar}}^{0}}{22.4} \tag{I}$$

钢液中除去的氧的物质的量

$$-\mathrm{d}w[\mathrm{O}]=-\frac{16\mathrm{d}n[\mathrm{O}]}{m\times10^{3}}\times100 \tag{II}$$

式中 $V_{\mathrm{Ar}}^{0}$——标准状态下氩气的体积 $\mathrm{m}^3$；

$m$——钢液质量，t。

式(Ⅰ)和式(Ⅱ)相等，即 $-\frac{m\times10^{3}}{16\times100}\mathrm{d}w[\mathrm{O}]=\frac{p_{\mathrm{CO}}\mathrm{d}V_{\mathrm{Ar}}^{0}}{22.4}$，故

$$\mathrm{d}V_{\mathrm{Ar}}^{0}=-14\,\frac{m}{p_{\mathrm{CO}}}\mathrm{d}w[\mathrm{O}] \tag{III}$$

又将式(8－88)$p_{\mathrm{CO}}=K_{\mathrm{C}}\eta w[\mathrm{C}]w[\mathrm{O}]$代入(Ⅲ)

$$\mathrm{d}V_{\mathrm{Ar}}^{0}=-14\times\frac{m}{K_{\mathrm{C}}\eta w[\mathrm{C}]w[\mathrm{O}]}\mathrm{d}w[\mathrm{O}] \tag{IV}$$

又从反应式的化学计量关系得

$$w[\mathrm{C}]=w[\mathrm{C}]^{0}-\frac{12}{16}(w[\mathrm{O}]^{0}-w[\mathrm{O}]) \tag{V}$$

将式(Ⅴ)代入式(Ⅳ)，积分后，得

$$V_{\mathrm{Ar}}=\frac{32.2}{\eta K}\times\frac{1}{0.75w[\mathrm{O}]^{0}-w[\mathrm{C}]^{0}}\times\lg\frac{w[\mathrm{C}]^{0}w[\mathrm{O}]}{(w[\mathrm{C}]^{0}-0.75w[\mathrm{O}]^{0}+0.75w[\mathrm{O}]w[\mathrm{O}]^{0})}\quad(\mathrm{m}^3/\mathrm{t}) \tag{8-90}$$

式中 $m=1t$，而

$$\ln\frac{1}{1-\eta}=0.58\times10^{-2}\times\frac{RTA\beta_{\mathrm{C}}}{V_{\mathrm{Ar}}K_{\mathrm{C}}}\times\frac{1}{w[\mathrm{O}]}\times t \tag{8-91}$$

式(8－89)中，取 $\rho_{\mathrm{m}}=7000\ \mathrm{kg/m^3}$，或

$$\eta=1-\exp(-0.58\times10^{-2}\times\frac{RTA\beta_{\mathrm{C}}}{V_{\mathrm{Ar}}K_{\mathrm{C}}}\times\frac{1}{w[\mathrm{O}]}\times t) \tag{8-92}$$

**【例 8－13】**

由 $w[\mathrm{O}]=0.11\%$及 $w[\mathrm{C}]=0.03\%$的转炉钢水进行吹氩脱氧处理，试求吹氩的脱氧效率和 $w[\mathrm{O}]$降低到 0.071%时氩气的用量。已知：$D_{\mathrm{C}}=5\times10^{-9}\ \mathrm{m^2/s}$，氩气泡半径 $r$

$=1\times10^{-3}$ m，气泡上浮路程为 0.5 m，温度 1650℃。

**题意分析** 本题先利用式(8－92)计算吹氩脱氧效率，再利用式(8－90)计算吹氩量

**解** 第一步：计算吹氩脱氧效率 $\eta$

由式(8－92)得 $\eta=1-\exp(-0.58\times10^{-2}\times\frac{RTA\beta_C}{V_{Ar}K_C}\times\frac{1}{w[O]}\times t)$

由表面更新模型：$u=2\sqrt{gr/3}=2\sqrt{(9.81\times1\times10^{-3})/3}=0.11$ m/s

$$\beta_C=2\sqrt{\frac{Du}{2\pi r}}=2\sqrt{\frac{5\times10^{-9}\times0.11}{2\times3.14\times1\times10^{-3}}}=5.9\times10^{-4}\text{ m/s}$$

$$t=l/u=0.5/0.11=4.5\text{ s}$$

$$\lg K_C=\frac{1168}{1923}+2.07=2.70, K_C=494, A/V_{Ar}=3/r=3\times10^3$$

故 $\eta=1-\exp(\frac{-0.58\times10^{-2}\times5.9\times10^{-4}\times3\times10^3\times8.314\times1923\times4.5}{494\times0.071})=1-1/e^{20.7}\approx0.999$

因此吹氩脱氧效率几乎接近 1。

第二步：计算氩气用量：

由式(8－90)

$$V_{Ar}=\frac{3.22}{0.99\times494}\times\frac{1}{0.75\times0.11-0.03}\times\lg\frac{0.071\times0.03}{(0.03-0.75\times0.11+0.75\times0.071)\times0.11}=1.8\text{ m}^3/\text{t}$$

吹氩脱氧处理所用氢气量为 $1.8\text{m}^3/\text{t}$。

### 8.8.3 氩-氧混合气体脱碳

氩-氧混合气体脱碳法即 AOD 法，该法采用 Ar－$O_2$ 混合气体冶炼超低碳不锈钢时，末期吹氩降碳的限制环节和前述的吹氩脱氧一样，是钢液中[C]的扩散。因此，利用相同方法可导出它的脱碳效率和计算氩气用量的方程：

$$\ln\frac{1}{1-\eta}=0.436\times10^{-2}\times\frac{RTA\beta_C}{V_{Ar}K_C}\times\frac{1}{w[C]}\times t \quad (8-93)$$

$$V_{Ar}=\frac{42.8}{\eta K}\times\frac{1}{1.33w[O]^0-w[O]^0}\times\lg\frac{1}{(w[O]^0-1.33w[C]^0+1.33w[C])w[C]^0}(\text{m}^3/\text{t}) \quad (8-94)$$

式中 1.33＝16/12：C－O 反应中[O]与[C]的转换系数；

0.436＝0.58/1.33，式(8－9)中的系数转换值；42.8＝32.2×1.33，式(8－90)中的系数转换值。

【例 8-14】

利用 $Ar-O_2$ 混合气体吹炼不锈钢返回料以脱碳。炉料成分为 $w[Cr]=12\%$，$w[Ni]=9\%$ 及 $w[C]=0.35\%$，试求 $w[C]=0.05\%$ 时需吹入的氩气量。已知：$\beta_C=5.9\times 10^{-4}$ m/s，氩气泡半径 $r=1\times10^{-3}$ m，气泡上浮时间为 4.5 s，吹炼温度 1650℃。

**题意分析** 由式(8-92)和式(8-93)，计算氩气吹入量。

**解**：第一步：计算吹氩脱氧效率 $\eta$

$$\eta=1-\exp\left(\frac{-0.436\times10^{-2}\times5.9\times10^{-4}\times3\times10^{3}\times8.314\times1923\times4.5}{494\times0.05}\right)$$

$$=1-1/e^{9.8}\approx0.999$$

第二步：计算吹氩量 $V_{Ar}$

根据脱碳反应 $[C]+[O]=CO$ 的化学计量关系，用以氧化炉料中 $[C]$($\Delta w[C]=0.35\%-0.05\%=0.30\%$))所需氧量为 $w[O]^0=0.40\%$，又温度 1650℃，$K_C=494$，故

$$V_{Ar}=\frac{42.8}{0.99\times494}\times\frac{1}{1.33\times0.35-0.40}\times$$

$$\lg\frac{0.40\times0.05}{(0.40-1.33\times0.35+1.33\times0.05)\times0.35}=2.36\ m^3/t$$

吹氩脱碳处理氩气量为 2.36 $m^3/t$。

## 8.9 硫酸化焙烧动力学

硫化物的硫酸化焙烧在其分解温度以下基本上与氧化反应受着同样因素的支配，但其反应机理则不大相同，除了氧压外，颗粒表面上二氧化硫的分压也起着重要的作用，对反应所需的空气量则要求加以适当的控制。

很多金属硫化矿含有多种金属元素。例如对含有钴、镍、铜的黄铁矿精矿的沸腾焙烧，由于能够准确地控制炉料温度和炉气成分，可使其中硫化铁转变为不溶性氧化物，而使 Co、Ni、Cu 等多价金属硫化物转化为水溶性或酸溶性的硫酸盐，从而达到有效分离提取的目的。

这些复合硫化物的氧化(或硫酸化)动力学还没有确定的表达式，一般定性地认为在 873～1273K 的温度区间，其硫酸化速率是反应物在扩散层的扩散系数和化学位梯度的函数。升高温度，扩散系数一般增大，而化学位梯度则下降；降低温度则相反。在 873～1273K 温度区间内某区域有一个最大的反应过程总速率。

例如，钴的氧化物 CoO 的硫酸化反应在 973K 以下和 1073K 以上时，反应速度均符合抛物线规律。这一反应是由 $Co^{2+}$ 和 $O^{2-}$ 离子通过硫酸盐层向外扩散而进行的。这种硫酸盐层在温度低于 973K 时凝聚起来，在中温区域(973～1123K)时达到一极限厚度便

发生破裂，而后在1123K以上时又再次凝聚起来。因而，温度低时扩散速度低，硫酸盐层化学势梯度大，而高温则相反。

研究发现，在不同的温度区间形成的硫酸盐性质不同：

(1)在中温区，即高速反应的区域中，反应速度呈直线规律，此时生成的硫酸盐层是破裂的。

(2)在较高或较低温度区域中，反应速度规律呈抛物线型，此时硫酸盐层则是光滑致密的，且不破裂。

但是对含Co、Cu的黄铁矿精矿的硫酸化焙烧，即使在低温下也不生成致密整块的硫酸盐膜，而是夹杂有紧密邻接的铁的化合物($Fe_xO_y$)，这种铁的化合物是$SO_2$生成的良好催化剂。

研究发现，$Fe_2O_3$作为$SO_2$生成的催化过程包括如下4个串联步骤：

(1)$Fe_2O_3$的还原　　$12Fe_2O_3+4SO_2=8Fe_3O_4\cdot 4SO_3$

(2)中间化合物生成　$8Fe_3O_4\cdot 4SO_3=7Fe_2O_3+Fe_3(SO_4)_4$

(3)中间化合物分解　　$Fe_3(SO_4)_4=Fe_3O_4+4SO_3$

(4)$Fe_3O_4$的氧化　　$8Fe_3O_4+2O_2=12Fe_2O_3$

上述4个串联步骤中以$Fe_2O_3$的氧化速率最慢，因而它是整个接触反应的限制步骤。添加少量的碱金属硫酸盐能使铁的氧化物的氧化速率提高几十倍，从而加速了$SO_2$氧化成$SO_3$的速率。

添加催化剂，在生产实践中得到了应用。如Co、Ni黄铁矿的硫酸化焙烧，为了提高有价金属Ni、Co的酸化率，常在炉料中加入少量(5%)硫酸钠，从而可明显地提高它们的酸化率。

可认为硫化镍的硫酸化包括如下两个反应阶段

$$2NiS+3O_2=2NiO+2SO_2$$

$$NiO+SO_2+1/2O_2=(NiO\cdot SO_3)——NiSO_4$$

实践证明，如果不添加碱金属硫酸盐，上述反应生成的NiO仅有20%～30%能够转变为$NiSO_4$。原因是在NiO表层上产生出的$NiSO_4$形成一种致密膜阻得了$SO_2$和$O_2$的渗透。加入$Na_2SO_4$时，则由于$Na_2SO_4$的烧结作用使其收缩破裂，结果使NiO表层上的$NiSO_4$遭到破坏，为NiO能继续地与$SO_2$和$O_2$相接触创造了条件，从而达到更完全的硫酸化，提高酸化率的目的。

## 8.10 氯化反应动力学

当用氯气或氯化氢作为氯化剂来氯化金属氧化物或硫化物时，氯化反应在气、固相之间进行，反应为多相反应，有关多相反应动力学的一般规律，对于氯化反应也完全适用。

气体氯化反应 $MeO_{(S)}+Cl_{2(g)}=MeCl_{2(S,g)}+1/2O_{2(g)}$，一般由下列 5 个步骤组成：

(1)气相反应物向固相反应物表面扩散；

(2)气相反应物在固相表面被吸附；

(3)气相反应物与固相反应物发生反应；

(4)气相产物在固相表面解吸；

(5)气相产物经扩散离开固相表面。

整个反应速度由 5 个步骤中反应速度最慢的一步来决定。温度不同，反应速率的限制性环节不同。

(1)在较低温度下，化学反应速度较慢，此时常常是第三个步骤，即化学反应决定整个多相反应的速度。这时称反应处于“动力学区”。

(2)当温度升高时，化学反应速度增加较快，这时扩散速度虽然比低温时要高，但和反应速度比较，则扩散速度相对地较慢，此时常常是扩散速度决定了整个多相反应的速度。这时称反应处于“扩散区”。

金属氧化物被氯气氯化的反应就为此种情况。曾经有人研究温度对氯气氯化 CuO、NiO 和 $Co_3O_4$ 的反应速度的影响。当用氯气连续通过 CuO、NiO 和 $Co_3O_4$ 的试样时，氯气通过速率为 6 L/h，连续通过 1 h，在不同温度下，测定氧化物的数量，测定结果见表 8－7 所列。

**表 8－7　温度对 CuO、NiO 和 $Co_3O_4$ 氯化速度的影响**

| 温度/K | 1 h 内氯化的金属量与原试样金属含量之比(质量)/% | | |
|---|---|---|---|
| | CuO | NiO | $Co_3O_4$ |
| 573 | 26.92 | 2.30 | — |
| 673 | 73.00 | 8.25 | — |
| 773 | 92.25 | 36.80 | 2.70 |
| 873 | 97.00 | 74.40 | 45.50 |
| 973 | 100.00 | 82.50 | 69.50 |

由表 8－7 中可以看出，氧化铜很容易氯化。在 573K 的温度下有近 27%的铜在 1 h 内能转变为氯化物，而在 873K 时氧化铜几乎完全被氯化。NiO 的氯化速度比 CuO 慢，而 $Co_3O_4$ 的氯化速度更慢。温度对氯化速度影响的规律性，可由下式来描述

$$\lg f=4.184\left(\frac{-E}{2.303RT}+B\right)$$

式中，$f$——单位时间金属被氯化的百分数；

$E$——为活化能；

$B$——为常数。

以 $\lg f$ 和 $1/T\times10^3$ 为坐标作图，便可得到如图 8－19 所示的曲线。

由图 8－19 可以看出，实验是一根折线，每一根线都有一个拐点，不同线段的限制性

环节不同。

(1)$a$、$a'$、$a''$线段相当于氯化过程处于“动力学”区，此时温度较低，即多相反应总速度由氯化反应速度所决定；

(2)$b$、$b'$、$b''$线段相当于氯化过程处于“扩散区”，此时温度较高，即多相反应总速度由扩散过程的速度来决定。

各区域的活化能可由相应线段的斜率求出，见表 8－8 所列。从表 8－8 数值同样可以看出，CuO 氯化速度很快，NiO 次之，$Co_3O_4$最慢。

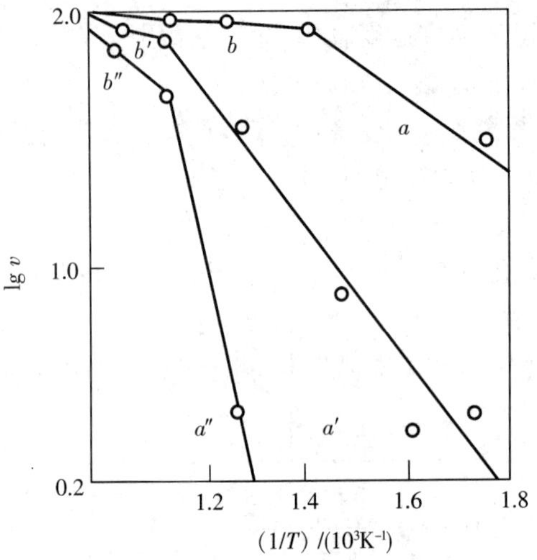


图 8－19　氯化速度与温度的关系

**表 8－8　CuO、NiO 和 $Co_3O_4$ 氯化反应的活化能 J/mol**

| 氯化的物质 | 动力学区 | 扩散区 |
|---|---|---|
| CuO | 3096 | 2385 |
| NiO | 48534 | 10209 |
| $Co_3O_4$ | 174473 | 21757 |

研究反应过程是处于“动力学区”或者是处于“扩散区”，对于在生产实际中强化反应过程，提高反应速度是有指导意义的。

(1)若反应处于“动力学区”，则可以用提高温度，减小固相反应物的粒度等方法来提高反应速度；

(2)如反应处于“扩散区”，则除了用提高温度的方法提高扩散速度外，还可以用加大气流速度等方法来提高扩散速度。

## 思考与练习题

8－1　直径为 $1.921\times10^{-2}$m 的钛铁精矿球团在 950℃、气流速度大于临界流速下，用 CO 气体作还原剂，测得矿球的还原率 $R$ 见表 8－9 所列。(1)绘制还原层质量随时间变化的曲线;(2)计算反应速率常数。已知矿球含氧密度 $\rho_0=1472\ kg/m^3$(或 $9.20\times10^4\ mol/m^3$)。假定还原过程受界面反应限制。

**表 8-9 矿球的还原率**

| $t$/s | 600 | 1200 | 1800 | 2400 | 3500 | 3600 | 4200 |
|---|---|---|---|---|---|---|---|
| $R$/% | 12 | 23 | 32 | 40 | 46 | 52 | 59 |

8-2 在直径为 $7.7\times10^2$ m 的炉管中装有一层直径为 $1.2\times10^{-2}$ m 的矿球,在1000℃下,通入成分为 $\varphi(H_2)=40\%$ 和 $\varphi(N_2)=60\%$ 的气体进行还原,假定还原反应处于混合限制速率范围内,试求此矿球完全还原的时间。已知还原气体的流速为 50 L/min;矿球的氧密度 $\rho_0=1472\ kg/m^3$;气孔率 $\varepsilon=0.2$;迷宫系数 $\delta=0.45$;$D_{H_2}=100\times10^{-4}\ m^2/s$;$v=2.39\times10^{-4}\ m^2/s$;还原反应的平衡常数 $\lg K=-1224/T+0.84$;反应速率常数 $k=3.1\times10^{-2}\ m/s$。

8-3 试计算电弧炉炼钢氧化期内锰氧化 90% 所需时间。锰氧化的限制环节是钢液中[Mn]的扩散。已知渣-钢渣界面积 $A=1.5\times10\ m^2$,$D_{Mn}=10^{-7}\ m^2/s$,$\delta=3\times10^{-4}$ m,钢液密度 $\rho=7000\ kg/m^3$,电炉容量 27t。

8-4 在临界碳量以下,钢液中[C]的扩散是限制环节。已知 $\beta_C=4.0\times10^{-4}$ m/s,$A/V_m=3\ m^{-1}$,温度 1580℃,求钢液中 $w$[C]=0.05% 的脱碳速率。为使 $w$[C]从 0.20% 下降到 0.06%,需要多少时间?

8-5 在电弧炉冶炼的还原期内,测得钢液 $w$[S]从 0.035% 下降到 0.030%,在1580℃需要 60 min,在 1600℃需要 50 min,试计算脱硫反应的活化能和在 1630℃时减少同样的硫量所需的时间。

8-6 在 100 t 电弧炉内,脱碳速率 $dw[C]/dt=0.017\%/min$,钢液的 $w[H]^0=1.0\times10^{-3}\%$,试求碳被氧化 $\Delta w[C]=0.5\%$ 时钢液的 $w$[H]、氢排出的速率及所需的时间。

# 附录　物理化学数据表

附表 1　一些物质的熔点、熔化热、沸点、蒸发热、转变点、转变热

| 物质 | 熔点（℃） | 熔化热（kJ/mol） | 沸点（℃） | 蒸发点（kJ/mol） | 转变点（℃） | 转变热（kJ/mol） | 备注 |
|---|---|---|---|---|---|---|---|
| Al | 660.1 | 10.47 | 2520 | 291.4 | — | — | |
| $Al_2O_3$ | 2030 | 527.2 | 3300 | — | (1000) | (86.19) | |
| Bi | 271 | 10.89 | 1564 | 179.2 | — | — | |
| C | (5000) | — | — | — | — | — | |
| Ca | 839 | 8.67 | 1484 | 167.1 | 460 | 1 | |
| CaO | 2600 | (79.5) | (3500) | — | — | — | |
| $CaSiO_3$ | 1540 | (56.07) | — | — | 1190 | (5.44) | |
| $Ca_2SiO_4$ | 2130 | — | — | — | 675;1420 | 4.44;3.26 | |
| Cd | 320.9 | 6.41 | 767 | 99.6 | — | — | |
| Cr | 1860 | (20.9) | 2680 | 342.1 | — | — | |
| Cu | 1083.4 | 13.02 | 2560 | 304.8 | — | — | |
| Fe | 1536 | 15.2 | 2860 | 340.4 | 910;1400 | 0.92;1.09 | |
| FeO | 1378 | 31 | — | — | — | — | |
| $Fe_3O_4$ | 1597 | 138.2 | — | — | 593 | — | |
| $Fe_2O_3$ | 1457 | — | 分解 | — | (680);(780) | 0.67;— | |
| $Fe_3C$ | 1227 | 51.46 | 分解 | — | 190 | 0.67 | |
| $Fe_2SiO_4$ | 1220 | 133.9 | — | — | — | — | |
| $FeTiO_2$ | 1370 | 11.34 | 分解 | — | — | — | |
| $H_2O$ | 0 | 6.016 | 100 | 41.11 | — | — | |
| Mg | 649 | 8.71 | 1090 | 134 | — | — | |

（续表）

| 物质 | 熔点（℃） | 熔化热（kJ/mol） | 沸点（℃） | 蒸发点（kJ/mol） | 转变点（℃） | 转变热（kJ/mol） | 备注 |
|---|---|---|---|---|---|---|---|
| MgO | 2642 | 77 | 2770 | — | — | — | |
| Mn | 1244 | (14.7) | 2060 | 231.1 | 718;1000;1138 | 1.39;2.30;1.80 | |
| MnO | 1785 | 54 | — | — | — | — | |
| Mo | 2615 | 35.98 | 4610 | 590.3 | — | — | |
| $N_2$ | −210 | 0.72 | −195.8 | 5.581 | −237.5 | 0.23 | |
| NaCl | 800 | 28.5 | 1465 | 170.4 | — | — | |
| $Na_2SiO_3$ | 1088 | 52.3 | — | — | — | — | |
| Ni | 1455 | 17.71 | 2915 | 374.3 | — | — | |
| $O_2$ | −218.8 | 0.445 | −183 | 6.8 | −249.5;−229.4 | 0.0938;0.7436 | |
| Pb | 327.4 | 4.98 | 1750 | 178.8 | — | — | |
| Ti | 1667 | (18.8) | 3285 | 425.8 | 882 | 3.48 | |
| Si | 1412 | 50.66 | 3270 | 384.8 | — | — | |
| $SiO_2$ | 1713 | 15.1 | — | — | 250 | 1.3 | |
| $TiO_2$ | 1840 | 648.5 | — | — | — | — | |
| V | 1902 | 209.3 | 3410 | 457.2 | — | — | |
| W | 3400 | (46.9) | 5555 | (737) | — | — | |
| Zn | 419.5 | 7.2 | 911 | 115.1 | — | — | |

[**注**] 括号内的数据为估计值。

## 附表 2　某些物质的基本热力学数据

| 物　质 | $-\Delta H^0_{298K}$ (kJ/mol) | $-\Delta G^0_{298K}$ (kJ/mol) | $S^0_{298K}$ ($J \cdot mol^{-1} \cdot K^{-1}$) | $Cp=a+bT+c'T^{-2}+cT^2$<br>$a$ ($J.mol^{-1} \cdot K^{-1}$) | <br>$b\times10^3$ ($J \cdot mol^{-1} \cdot K^{-2}$) | <br>$c'\times10^{-5}$ ($J \cdot mol^{-1} \cdot K$) | <br>$c\times10^6$ ($J \cdot mol^{-1} \cdot K^{-3}$) | 温度范围 (K) |
|---|---|---|---|---|---|---|---|---|
| $Ag_{(S)}$ | 0 | 0 | 42.7 | 21.3 | 8.535 | 1.51 | — | 298～1234 |
| $AgCl_{(S)}$ | 127.03 | 109.66 | 96.11 | 62.26 | 4.184 | −11.3 | — | 298～728 |
| $Ag_2CO_{3(S)}$ | 81.17 | 12.24 | 167.4 | 79.37 | 108.16 | — | — | 298～450 |
| $Ag_2O_{(S)}$ | 30.57 | 0.84 | 121.71 | 59.33 | 40.8 | −4.18 | — | 298～500 |
| $Al_{(S)}$ | 0 | 0 | 28.32 | 20.67 | 12.38 | — | — | 298～932 |
| $AlCl_{3(S)}$ | 705.34 | 630.2 | 110.7 | 77.12 | 47.83 | — | — | 273～466 |
| $AlF_{3(S)}$ | 1489.5 | 1410.01 | 66.53 | 72.26 | 45.86 | −9.62 | — | 298～727 |
| $Al_2O_{3(S)}$ | 1674.43 | 1674.43 | 50.99 | 114.77 | 12.8 | −35.44 | — | 298～1800 |
| $As_{(S)}$ | 0 | 0 | 35.15 | 21.88 | 9.29 | — | — | 298～1090 |
| $As_2O_{3(S)}$ | 652.7 | 576.66 | 122.7 | 35.02 | 203.3 | — | — | 273～548 |
| $B_{(S)}$ | 0 | 0 | 5.94 | 19.81 | 5.77 | −9.21 | — | 298～1700 |
| $B_2O_{3(S)}$ | 1272.77 | 1193.62 | 53.85 | 57.03 | 73.01 | −14.06 | — | 298～723 |
| $Ba_{(S)}$ | 0 | 0 | 67.78 | 22.73 | 13.18 | −0.28 | — | 298～643 |
| $BaCl_{2(S)}$ | 859.39 | 809.57 | 123.6 | 71.13 | 13.97 | — | — | 298～1195 |
| $BaCO_{3(S)}$ | 1216.29 | 1136.13 | 112.1 | 86.9 | 48.95 | −11.97 | — | 298～1079 |
| $BaO_{(S)}$ | 553.54 | 523.74 | 70.29 | 53.3 | 4.35 | −8.3 | — | 298～1270 |
| $Be_{(S)}$ | 0 | 0 | 9.54 | 19 | 8.58 | −3.35 | — | 298～1556 |
| $BeO_{(无定形)}$ | 598.73 | 569.55 | 14.14 | 21.22 | 55.06 | −8.68 | −26.34 | 298～1000 |
| $Bi_{(S)}$ | 0 | 0 | 56.53 | 22.93 | 10.13 | — | — | 298～545 |
| $Bi_2O_{3(S)}$ | 574.04 | 493.84 | 151.5 | 103.5 | 33.47 | — | — | 298～800 |
| $Br_{2(g)}$ | −30.91 | −3.17 | 245.3 | 37.36 | 0.46 | −1.29 | — | 298～2000 |
| $Br_{2(l)}$ | 0 | 0 | 152.2 | 71.55 | — | — | — | 273～334 |
| $C_{(gra.)}$ | 0 | 0 | 5.74 | 17.16 | 4.27 | −8.79 | — | 298～2300 |
| $C_{(dia.)}$ | −1.9 | −2.9 | 2.38 | 9.12 | 13.32 | −6.2 | — | 298～1200 |
| $C_2H_{2(g)}$ | −226.73 | −20.92 | 200.8 | 43.63 | 31.65 | −7.51 | −6.31 | 298～2000 |
| $C_2H_{4(g)}$ | −52.47 | −68.41 | 219.2 | 32.63 | 59.83 | — | — | 298～1200 |
| $CH_{4(g)}$ | 74.81 | 50.75 | 186.3 | 12.54 | 76.69 | 1.45 | −18 | 298～2000 |
| $C_6H_{6(l)}$ | −49.04 | −124.45 | 173.2 | 136.1 | — | — | — | 298～B. P. |

（续表）

| 物　质 | $-\Delta H^0_{298K}$ (kJ/mol) | $-\Delta G^0_{298K}$ (kJ/mol) | $S^0_{298K}$ (J·mol$^{-1}$·K$^{-1}$) | $Cp=a+bT+c'T^{-2}+cT^2$<br>$a$ (J. mol$^{-1}$·K$^{-1}$) | $b\times10^3$ (J·mol$^{-1}$·K$^{-2}$) | $c'\times10^{-5}$ (J·mol$^{-1}$·K) | $c\times10^6$ (J·mol$^{-1}$·K$^{-3}$) | 温度范围 (K) |
|---|---|---|---|---|---|---|---|---|
| $C_2H_5OH_{(l)}$ | 277.61 | 174.77 | 160.71 | 111.4 | — | — | — | 298～B. P. |
| $CO_{(g)}$ | 110.5 | 137.12 | 197.6 | 28.41 | 4.1 | −0.46 | — | 298～2500 |
| $CO_{2(g)}$ | 393.52 | 394.39 | 213.7 | 44.14 | 9.04 | −8.54 | — | 298～2500 |
| $COCl_{2(g)}$ | 220.08 | 205.79 | 283.7 | 65.01 | 18.17 | −11.14 | −4.98 | 298～2000 |
| $Ca_{(S)}$ | 0 | 0 | 41.63 | 21.92 | 14.64 | — | — | 298～737 |
| $CaC_{2(S)}$ | 59.41 | 64.53 | 70.29 | 68.62 | 11.88 | −8.66 | — | 298～720 |
| $CaCl_2(s)$ | 800.82 | 755.87 | 113.8 | 71.88 | 12.72 | −2.51 | — | 600～1045 |
| $CaCO_3$(方解石) | 1206.87 | 1127.32 | 88 | 104.5 | 21.92 | −25.94 | — | 298～1200 |
| $CaF_{2(S)}$ | 1221.31 | 116.88 | 68.83 | 59.83 | 30.46 | 1.97 | — | 298～1424 |
| $CaO(s)$ | 634.29 | 603.03 | 39.75 | 49.62 | 4.52 | −6.95 | — | 298～2888 |
| $Ca(OH)_{2(S)}$ | 986.21 | 898.63 | 83.39 | 105.3 | 11.95 | −18.97 | — | 298～1000 |
| $CaS(s)$ | 476.14 | 471.05 | 56.48 | 42.68 | 15.9 | — | — | 298～1000 |
| $CaSiO_{3(S)}$ | 1584.06 | 1559.93 | 82 | 111.5 | 15.06 | 27.28 | — | 298～1463 |
| $Ca_2SiO_{4(S)}$ | 2255.08 | 2138.47 | 120.5 | 113.6 | 82.01 | — | — | 298～948 |
| $CaSO_{4(S)}$ | 1432.6 | 1334.84 | 160.7 | 70.21 | 98.74 | — | — | 298～1400 |
| $Ca_3(PO_4)_{2(S)}$ | 4137.55 | 3912.66 | 236 | 201.8 | 166 | −20.92 | — | 298～1000 |
| $CaCO_3\cdot MgCO_{3(S)}$ | 2326.3 | 2152.59 | 118 | 156.2 | 80.5 | −21.59 | — | — |
| $Cd_{(S)}$ | 0 | 0 | 51.46 | 22.22 | 12.3 | — | — | 298～594 |
| $CdCl_{2(S)}$ | 391.62 | 344.25 | 115.5 | 66.94 | 32.22 | — | — | 298～841 |
| $CdO_{(S)}$ | 255.64 | 226.09 | 54.81 | 40.38 | 8.7 | — | — | 298～1200 |
| $CdS(s)$ | 149.36 | 145.09 | 69.04 | 53.97 | 3.77 | — | — | 298～1300 |
| $Cl_{2(g)}$ | 0 | 0 | 223.01 | 36.9 | 0.25 | −2.85 | — | 298～3000 |
| $Co_{(S)}$ | 0 | 0 | 30.04 | 19.83 | 16.74 | — | — | 298～700 |
| $CoO_{(S)}$ | 238.91 | 215.18 | 52.93 | 48.28 | 8.54 | 1.67 | — | 298～1800 |
| $C_{r(S)}$ | 0 | 0 | 23.77 | 19.79 | 12.84 | −0.26 | — | 298～2176 |
| $C_rCl_{2(S)}$ | 405.85 | 366.67 | 115.3 | 63.72 | 22.18 | — | — | 298～1088 |
| $Cr_2O_{3(S)}$ | 1129.68 | 1048.05 | 81.17 | 119.37 | 9.2 | −15.65 | — | 298～1800 |
| $Cu_{(S)}$ | 0 | 0 | 33.35 | 22.64 | 6.28 | — | — | 298～1357 |

（续表）

| 物　质 | $-\Delta H^0_{298K}$ (kJ/mol) | $-\Delta G^0_{298K}$ (kJ/mol) | $S^0_{298K}$ (J・mol$^{-1}$・K$^{-1}$) | $Cp=a+bT+c'T^{-2}+cT^2$<br>$a$ (J. mol$^{-1}$・K$^{-1}$) | $b\times10^3$ (J・mol$^{-1}$・K$^{-2}$) | $c'\times10^{-5}$ (J・mol$^{-1}$・K) | $c\times10^6$ (J・mol$^{-1}$・K$^{-3}$) | 温度范围 (K) |
|---|---|---|---|---|---|---|---|---|
| $CuSO_{4(S)}$ | 769.98 | 660.87 | 109.2 | 73.41 | 152.9 | −12.31 | −71.59 | 298～1078 |
| $CuO_{(S)}$ | 155.85 | 120.85 | 42.59 | 43.83 | 16.77 | −5.88 | — | 298～1359 |
| $CuS_{(S)}$ | 48.53 | 48.91 | 66.53 | 44.35 | 11.05 | — | — | 298～1273 |
| $Cu_2O_{(S)}$ | 170.29 | 147.56 | 92.93 | 56.57 | 29.29 | — | — | 298～1509 |
| $Cu_2S_{(S)}$ | 79.5 | 86.14 | 120.9 | 81.59 | — | — | — | 298～376 |
| $F_{2(g)}$ | 0 | 0 | 203.3 | 34.69 | 1.84 | −3.35 | — | 298～2000 |
| $Fe_{(a)}$ | 0 | 0 | 27.15 | 17.49 | 24.77 | — | — | 273～1033 |
| $FeCl_{2(S)}$ | 342.25 | 303.49 | 120.1 | 79.25 | 8.7 | −4.9 | — | 298～950 |
| $FeCl_{3(S)}$ | 399.4 | 334.03 | 142.3 | 62.34 | 115.1 | — | — | 298～577 |
| $FeCO_{3(S)}$ | 740.57 | 667.69 | 95.88 | 48.66 | 112.1 | — | — | 298～800 |
| $FeS_{(a)}$ | 95.4 | 97.87 | 67.36 | 21.72 | 110.5 | — | — | 298～411 |
| $FeS_{(B)}$ | 86.15 | 96.14 | 92.59 | 72.8 | — | — | — | 411～598 |
| $FeS_{2(S)}$ | 177.4 | 166.06 | 52.93 | 74.81 | 5.52 | −12.76 | — | 298～1000 |
| $FeSi_{(S)}$ | 78.66 | 83.54 | 62.34 | 44.85 | 17.99 | — | — | 298～900 |
| $FeTiO_{3(S)}$ | 1246.41 | 1169.09 | 105.9 | 116.6 | 18.24 | −20.04 | — | 298～1743 |
| FeO(s) | 272.04 | 251.5 | 60.75 | 50.8 | 8.614 | −3.31 | — | 298～1650 |
| $Fe_2O_{3(S)}$ | 825.5 | 743.72 | 87.44 | 98.88 | 77.82 | −14.85 | — | 298～953 |
| $Fe_3O_{4(S)}$ | 1118.38 | 1015.53 | 146.4 | 86.27 | 208.9 | — | — | 298～866 |
| $Fe_2SiO_{4(S)}$ | 1479.88 | 1379.16 | 145.2 | 152.8 | 39.16 | −28.03 | — | 298～1493 |
| $Fe_3C_{(S)}$ | −22.59 | −18.39 | 101.3 | 82.17 | 83.68 | — | — | 298～463 |
| $Ga_{(S)}$ | 0 | 0 | 40.88 | 25.9 | — | — | −4.98 | 298～303 |
| $Ge_{(S)}$ | 0 | 0 | 31.17 | 25.02 | 3.43 | −2.34 | — | 298～1213 |
| $H_{2(g)}$ | 0 | 0 | 130.6 | 27.28 | 3.26 | 0.5 | — | 298～3000 |
| $HCl_{(g)}$ | 92.31 | 95.23 | 186.6 | 26.53 | 4.6 | 2.59 | — | 298～2000 |
| $H_2O_{(g)}$ | 242.46 | 229.24 | 188.7 | 30 | 10.71 | 0.33 | — | 298～2500 |
| $H_2O_{(l)}$ | 285.84 | 237.25 | 70.08 | 75.44 | — | — | — | 273～373 |
| $H_2S_{(g)}$ | 20.5 | 33.37 | 205.7 | 29.37 | 15.4 | — | — | 298～1800 |
| $Hg_{(l)}$ | 0 | 0 | 76.02 | 30.38 | −11.46 | 10.15 | — | 298～630 |

（续表）

| 物质 | $-\Delta H^0_{298K}$ (kJ/mol) | $-\Delta G^0_{298K}$ (kJ/mol) | $S^0_{298K}$ (J·mol$^{-1}$·K$^{-1}$) | $Cp=a+bT+c'T^{-2}+cT^2$<br>$a$ (J. mol$^{-1}$·K$^{-1}$) | $b\times10^3$ (J·mol$^{-1}$·K$^{-2}$) | $c'\times10^{-5}$ (J·mol$^{-1}$·K) | $c\times10^6$ (J·mol$^{-1}$·K$^{-3}$) | 温度范围 (K) |
|---|---|---|---|---|---|---|---|---|
| $Hg_2Cl_{2(S)}$ | 264.85 | 210.48 | 192.5 | 99.11 | 23.22 | −3.64 | — | 298～655 |
| $HgCl_{2(S)}$ | 230.12 | 184.07 | 144.5 | 69.99 | 20.28 | −1.89 | — | 298～550 |
| $I_{2(S)}$ | 0 | 0 | 116.14 | −50.64 | 246.91 | 27.97 | — | 298～387 |
| $I_{2(g)}$ | −62.42 | −19.37 | 260.6 | 37.4 | 0.569 | −0.62 | — | 298～2000 |
| $In_{(S)}$ | 0 | 0 | 57.82 | 21.51 | 17.57 | — | — | 298～249 |
| $K_{(S)}$ | 0 | 0 | 71.92 | 7.84 | 17.19 | — | — | 298～336 |
| $KCl_{(S)}$ | 436.68 | 406.62 | 82.55 | 40.02 | 25.47 | 3.65 | — | 298～1044 |
| $La_{(S)}$ | 0 | 0 | 56.9 | 25.82 | 6.69 | — | — | 298～1141 |
| $Li_{(S)}$ | 0 | 0 | 29.08 | 13.94 | 34.36 | — | — | 298～454 |
| $LiCl_{(S)}$ | 408.27 | 384.05 | 59.3 | 41.42 | 23.4 | — | — | 298～883 |
| $Mg_{(S)}$ | 0 | 0 | 32.68 | 22.3 | 10.25 | −0.43 | — | 298～923 |
| $MgCO_{3(S)}$ | 1096.21 | 1012.68 | 65.69 | 77.91 | 57.74 | −17.41 | — | 298～750 |
| $MgCl_{2(S)}$ | 641.41 | 591.9 | 89.54 | 79.08 | 5.94 | −8.62 | — | 298～987 |
| $MgO_{(S)}$ | 601.24 | 568.98 | 26.94 | 48.98 | 3.14 | −11.44 | — | 298～3098 |
| $MgSiO_{3(S)}$ | 1548.92 | 1462.12 | 67.78 | 92.25 | 32.9 | −17.88 | — | 298～903 |
| $Mn_{(S)}$ | 0 | 0 | 32.01 | 23.85 | 14.14 | −1.57 | — | 298～990 |
| $MnCO_{3(S)}$ | 894.96 | 817.62 | 85.77 | 92.01 | 38.91 | −19.62 | — | 298～700 |
| $MnCl_{2(S)}$ | 482 | 441.23 | 118.2 | 75.48 | 13.22 | −5.73 | −71.59 | 298～923 |
| $MnO_{(S)}$ | 384.93 | 362.67 | 59.83 | 46.48 | 8.12 | −3.68 | — | 298～1800 |
| $MnO_{2(S)}$ | 520.07 | 465.26 | 53.14 | 69.45 | 10.21 | −16.23 | — | 298～523 |
| $Mo_{(S)}$ | 0 | 0 | 28.58 | 21.71 | 6.94 | — | — | 298～2890 |
| $MoO_{3(a)}$ | 745.17 | 668.19 | 77.82 | 75.19 | 32.64 | −8.79 | — | 298～1068 |
| $N_{2(g)}$ | 0 | 0 | 191.5 | 27.87 | 4.27 | — | — | 298～2500 |
| $NH_{3(g)}$ | 46.19 | 16.58 | 192.3 | 29.75 | 25.1 | −1.55 | — | 273～1800 |
| $NH_4Cl_{(S)}$ | 314.55 | 203.25 | 94.98 | 38.87 | 160.2 | — | — | 298～458 |
| $NO_{(g)}$ | −90.29 | −86.77 | 210.66 | 27.58 | 7.44 | −0.15 | −1.43 | 298～3000 |
| $NO_{2(g)}$ | −33.1 | −51.24 | 239.91 | 35.69 | 22.91 | −4.7 | −6.33 | 298～1500 |
| $N_2O_{4(g)}$ | −9.08 | −97.68 | 304.26 | 128.32 | 1.6 | −128.6 | 24.78 | 298～3000 |

（续表）

| 物　质 | $-\Delta H^0_{298K}$ | $-\Delta G^0_{298K}$ | $S^0_{298K}$ | $Cp=a+bT+c'T^{-2}+cT^2$ | | | | |
|---|---|---|---|---|---|---|---|---|
| | | | | $a$ | $b\times10^3$ | $c'\times10^{-5}$ | $c\times10^6$ | 温度范围 (K) |
| | (kJ/mol) | (kJ/mol) | $(J\cdot mol^{-1}\cdot K^{-1})$ | $(J.\ mol^{-1}\cdot K^{-1})$ | $(J\cdot mol^{-1}\cdot K^{-2})$ | $(J\cdot mol^{-1}\cdot K)$ | $(J\cdot mol^{-1}\cdot K^{-3})$ | |
| $Na_{(S)}$ | 0 | 0 | 51.17 | 14.79 | 44.23 | — | — | 298～371 |
| $NaCl_{(S)}$ | 411.12 | 384.14 | 72.13 | 45.94 | 16.32 | — | — | 298～1074 |
| $NaOH_{(S)}$ | 428.02 | 381.96 | 64.43 | 71.76 | −110.9 | — | 235.8 | 298～568 |
| $Na_2CO_{3(S)}$ | 1130.77 | 1048.27 | 138.78 | 11.02 | 244.4 | 24.49 | — | 298～723 |
| $Na_2O_{(S)}$ | 417.98 | 379.3 | 75.06 | 66.22 | 43.87 | −8.13 | −14.09 | 298～1023 |
| $Na_2SO_{4(S)}$ | 1387.2 | 1269.57 | 149.62 | 82.32 | 154.4 | — | — | 298～522 |
| $Na_2SiO_{3(S)}$ | 1561.43 | 1437.02 | 113.76 | 130.29 | 40.17 | −27.07 | — | 298～1362 |
| $Na_3SiF_{6(S)}$ | 3305.36 | 3140.5 | 238.49 | 172.27 | 158.5 | — | — | 298～834 |
| $Nb_{(S)}$ | 0 | 0 | 36.4 | 23.72 | 2.89 | — | — | 298～2740 |
| $Nb_2O_{5(S)}$ | 1902.04 | 1768.5 | 137.24 | 154.39 | 21.42 | −25.52 | — | 298～1785 |
| $Ni_{(S)}$ | 0 | 0 | 29.88 | 32.64 | −1.8 | −5.59 | — | 298～630 |
| $NiCl_{2(S)}$ | 305.43 | 258.98 | 97.7 | 73.22 | 13.22 | −4.98 | — | 298～1303 |
| $NiO_{(S)}$ | 248.58 | 220.47 | 38.07 | 50.17 | 157.23 | 16.28 | — | 298～525 |
| $NiS_{(S)}$ | 92.88 | 94.54 | 67.36 | 38.7 | 53.56 | — | — | 298～600 |
| $O_{2(g)}$ | 0 | 0 | 205.04 | 29.96 | 4.18 | −1.67 | — | 273～3000 |
| $P_{(黄)}$ | −17.45 | −12.01 | 41.09 | 19.12 | 15.82 | — | — | 298～317 |
| $P_{(赤)}$ | 0 | 0 | 22.8 | 16.95 | 14.89 | — | — | 298～870 |
| $P_{4(g)}$ | −128.74 | — | 279.9 | 81.85 | 0.68 | −13.44 | — | 298～2000 |
| $P_2O_{5(S)}$ | 1548.08 | 1422.26 | 135.98 | — | — | — | — | — |
| $Pb_{(S)}$ | 0 | 0 | 64.81 | 23.55 | 9.74 | — | — | 298～601 |
| $PbO_{(S)}$ | 219.28 | 188.87 | 65.27 | 41.46 | 15.33 | — | — | 298～762 |
| $PbO_{2(S)}$ | 270.08 | 212.48 | 76.57 | 53.14 | 32.64 | — | — | 298～1000 |
| $PbS_{(S)}$ | 100.42 | 98.78 | 91.21 | 46.43 | 10.26 | — | — | 298～1387 |
| $PbSO_{4(S)}$ | 918.39 | 811.62 | 148.53 | 45.86 | 129.7 | 15.57 | — | 298～1139 |
| $Rb_{(S)}$ | 0 | 0 | 75.73 | 13.68 | 57.66 | — | — | 298～312 |
| $S_{(斜方)}$ | 0 | 0 | 31.92 | 14.98 | 26.11 | — | — | 298～369 |
| $S_{(单斜)}$ | −2.07 | −0.25 | 38.03 | 14.9 | 29.12 | — | — | 298～388 |
| $S_{(g)}$ | −278.99 | −238.5 | 167.78 | 21.92 | −0.46 | 1.86 | — | 298～2000 |

（续表）

| 物　质 | $-\Delta H^0_{298K}$ | $-\Delta G^0_{298K}$ | $S^0_{298K}$ | $Cp=a+bT+c'T^{-2}+cT^2$ | | | | |
|---|---|---|---|---|---|---|---|---|
| | | | | $a$ | $b\times10^3$ | $c'\times10^{-5}$ | $c\times10^6$ | 温度范围 |
| | (kJ/mol) | (kJ/mol) | (J·mol$^{-1}$·K$^{-1}$) | (J. mol$^{-1}$·K$^{-1}$) | (J·mol$^{-1}$·K$^{-2}$) | (J·mol$^{-1}$·K) | (J·mol$^{-1}$·K$^{-3}$) | (K) |
| $S_{2(g)}$ | −129.03 | −72.4 | 228.07 | 35.73 | 1.17 | −3.31 | — | 298～2000 |
| $SO_{2(g)}$ | 296.9 | 298.4 | 248.11 | 43.43 | 10.63 | −5.94 | — | 298～1800 |
| $SO_{3(g)}$ | 395.76 | 371.06 | 256.6 | 57.15 | 27.35 | −12.91 | −7.73 | 298～2000 |
| $Sb_{(S)}$ | 0 | 0 | 45.52 | 22.34 | 8.95 | — | — | 298～903 |
| $Sb_2O_{5(S)}$ | 971.94 | 829.34 | 125.1 | 45.81 | 240.9 | — | — | 298～500 |
| $S_{e(S)}$ | 0 | 0 | 41.97 | 15.99 | 30.2 | — | — | 273～423 |
| $Si_{(S)}$ | 0 | 0 | 18.82 | 22.82 | 3.86 | −3.54 | — | 298～1685 |
| $SiC_{(S)}$ | 73.22 | 70.85 | 16.61 | 50.79 | 1.95 | −49.2 | 8.2 | 298～3259 |
| $SiCl_{4(l)}$ | 686.93 | 620.33 | 241.36 | 140.16 | — | — | — | 298～331 |
| $SiCl_{4(g)}$ | 653.88 | 587.05 | 341.97 | 106.24 | 0.96 | −14.77 | — | 298～2000 |
| $SiO_{2(a)}$ | 910.86 | 856.5 | 41.46 | 43.92 | 38.81 | −9.68 | — | 298～847 |
| $SiO_{2(\beta)}$ | 875.93 | 840.42 | 104.71 | 58.91 | 10.04 | — | — | 847～1696 |
| $SiO_{2(g)}$ | 100.42 | 127.28 | 211.46 | 29.82 | 8.24 | −2.06 | −2.28 | 298～2000 |
| $Sn_{(白)}$ | 0 | 0 | 51.55 | 21.59 | 18.16 | — | — | 298～505 |
| $Sn_{(灰)}$ | −2.51 | −4.53 | 44.77 | 18.49 | 26.36 | — | — | 298～505 |
| $SnCl_{2(S)}$ | 325.1 | 281.82 | 129.7 | 67.78 | 38.74 | — | — | 298～520 |
| $SnO_{(S)}$ | 285.77 | 256.69 | 56.48 | 39.96 | 14.64 | — | — | 298～1273 |
| $SnO_{2(S)}$ | 580.74 | 519.86 | 52.3 | 73.89 | 10.04 | −21.59 | — | 298～1500 |
| $Sr_{(S)}$ | 0 | 0 | 52.3 | 22.22 | 13.89 | — | — | 298～862 |
| $SrCl_{2(S)}$ | 829.27 | 782.02 | 117.15 | 76.15 | 10.21 | — | — | 298～1003 |
| $SrO_{(S)}$ | 603.33 | 573.4 | 54.39 | 51.63 | 4.69 | −7.56 | — | 298～1270 |
| $SrO_{2(S)}$ | 654.38 | 593.9 | 54.39 | 73.97 | 18.41 | — | — | — |
| $Th_{(S)}$ | 0 | 0 | 53.39 | 24.15 | 10.66 | — | — | 298～800 |
| $ThCl_{4(g)}$ | 1190.35 | 1096.45 | 184.31 | 126.98 | 13.56 | −9.12 | — | 298～679 |
| $ThO_{2(S)}$ | 1226.75 | 1169.19 | 65.27 | 69.66 | 8.91 | −9.37 | — | 298～2500 |
| $Ti_{(S)}$ | 0 | 0 | 30.65 | 22.16 | 10.28 | — | — | 298～1155 |
| $TiC_{(S)}$ | 190.37 | 186.78 | 24.27 | 49.95 | 0.98 | −14.77 | 1.89 | 298～3290 |

（续表）

| 物　质 | $-\Delta H^0_{298K}$ | $-\Delta G^0_{298K}$ | $S^0_{298K}$ | $Cp=a+bT+c'T^{-2}+cT^2$ | | | | |
|---|---|---|---|---|---|---|---|---|
| | | | | $a$ | $b\times10^3$ | $c'\times10^{-5}$ | $c\times10^6$ | 温度范围 |
| | (kJ/mol) | (kJ/mol) | $(J\cdot mol^{-1}\cdot K^{-1})$ | $(J. mol^{-1}\cdot K^{-1})$ | $(J\cdot mol^{-1}\cdot K^{-2})$ | $(J\cdot mol^{-1}\cdot K)$ | $(J\cdot mol^{-1}\cdot K^{-3})$ | (K) |
| $TiCl_{2(S)}$ | 515.47 | 465.91 | 87.36 | 65.36 | 18.02 | −3.46 | — | 298～1300 |
| $TiCl_{4(l)}$ | 804.16 | 737.33 | 252.4 | 142.79 | 8.71 | −0.16 | — | 298～409 |
| $TiCl_{4(g)}$ | 763.16 | 726.84 | 354.8 | 107.18 | 0.47 | −10.55 | — | 298～2000 |
| $TiO_{2(金红石)}$ | 944.75 | 889.51 | 50.33 | 62.86 | 11.36 | −9.96 | — | 298～2143 |
| $U_{(S)}$ | 0 | 0 | 51.46 | 10.92 | 37.45 | 4.9 | — | 273～941 |
| $V_{(S)}$ | 0 | 0 | 28.79 | 20.5 | 10.79 | 0.84 | — | 298～2190 |
| $V_2O_{5(S)}$ | 1557.7 | 1549.02 | 130.96 | 194.72 | −16.32 | −55.31 | — | 298～943 |
| $W_{(S)}$ | 0 | 0 | 32.66 | 22.92 | 4.69 | — | — | 298～2500 |
| $WO_{3(S)}$ | 842.91 | 764.14 | 75.9 | 87.65 | 16.17 | −17.5 | — | 298～1050 |
| $Zn_{(S)}$ | 0 | 0 | 41.63 | 22.38 | 10.04 | — | — | 298～693 |
| $Zn_{(l)}$ | — | — | — | 31.38 | — | — | — | 298～1184 |
| $Zn_{(g)}$ | — | — | — | 20.79 | — | — | — | 298～2000 |
| $ZnO_{(S)}$ | 348.11 | 318.12 | 43.51 | 48.99 | 5.1 | −9.12 | — | 298～1600 |
| $ZnS_{(S)}$ | 201.67 | 196.96 | 57.74 | 50.89 | 5.19 | −5.69 | — | 298～1200 |
| $Zr_{(S)}$ | 0 | 0 | 38.91 | 21.97 | 11.63 | — | — | 298～1135 |
| $ZrC_{(S)}$ | 196.65 | 193.27 | 33.32 | 51.12 | 3.38 | −12.98 | — | 298～3500 |
| $ZrCl_{4(S)}$ | 981.98 | 889.03 | 173.01 | 133.45 | 0.16 | −12.12 | — | 298～710 |
| $ZrO_{2(S)}$ | 1094.12 | 1036.43 | 50.36 | 69.62 | 7.53 | −14.06 | — | 298～1478 |

**[注]** 本表数据 $\Delta G^0$ 根据公式 $\Delta G^0=\Delta H^0-T\Delta S^0$ 算出。原书单位为 Cal(或 kCal)，现换算为 J(或 kJ)。“温度范围”栏中的“B. P. ”为沸点。

附表 3　某些反应的标准吉布斯自由能变化与温度的关系 $\Delta_r G_m = A + BT$

| 反　　应 | A/J·mol$^{-1}$ | B/J·mol$^{-1}$·K$^{-1}$ | 温度范围 /K |
|---|---|---|---|
| $4/3Al_{(S)} + O_2 = 2/3Al_2O_{3(S)}$ | −1115500 | 209.2 | 298～932 |
| $4/3Al_{(l)} + O_2 = 2/3Al_2O_{3(S)}$ | −1120500 | 214.2 | 932～2345 |
| $4Ag_{(S)} + O_2 = 2Ag_2O_{(S)}$ | −58576 | 122.2 | 273～480 |
| $4/3As_{(S)} + O_2 = 2/3As_2O_{3(S)}$ | −435140 | 178.7 | 298～585 |
| $4/3B_{(S)} + O_2 = 2/3B_2O_{3(S)}$ | −838890 | 167.8 | 298～723 |
| $2Ba_{(S)} + O_2 = 2BaO_{(S)}$ | −1108800 | 182.8 | 298～983 |
| $2Be_{(S)} + O_2 = 2BeO_{(S)}$ | −1196600 | 199.2 | 298～1556 |
| $4/3Bi_{(S)} + O_2 = 2/3Bi_2O_{3(S)}$ | −384900 | 177 | 298～544 |
| $2C_{(S)} + O_2 = 2CO$ | −223426 | −175.3 | 298～3400 |
| $C_{(S)} + O_2 = CO_2$ | −394133 | 0.84 | 298～3400 |
| $2Ca_{(S)} + O_2 = 2CaO_{(S)}$ | −1267800 | 201.3 | 298～1123 |
| $2Cd_{(S)} + O_2 = 2CdO_{(S)}$ | −518800 | 197.1 | 298～594 |
| $4/3Ce_{(S)} + O_2 = 2/3Ce_2O_{3(S)}$ | −1195400 | 189.1 | 298～1077 |
| $Ce_{(S)} + O_2 = CeO_{2(S)}$ | −1085700 | 211.3 | 298～1077 |
| $2Co_{(S)} + O_2 = 2CoO_{(S)}$ | −477800 | 173.2 | 298～1768 |
| $4/3Cr_{(S)} + O_2 = 2/3Cr_2O_{3(S)}$ | −746800 | 170.3 | 298～2176 |
| $4Cu_{(l)} + O_2 = 2Cu_2O_{(S)}$ | −324700 | 137.6 | 1357～1509 |
| $4Cu_{(S)} + O_2 = 2Cu_2O_{(S)}$ | −334700 | 144.3 | 298～1357 |
| $2Cu_{(S)} + O_2 = 2CuO_{(S)}$ | −311700 | 180.3 | 298～1357 |
| $2Fe_{(S)} + O_2 = 2FeO_{(S)}$ | −539080 | 140.5 | 298～1642 |
| $2Fe_{(S)} + O_2 = 2FeO_{(l)}$ | −441400 | 77.8 | 1642～1809 |
| $2Fe_{(l)} + O_2 = 2FeO_{(l)}$ | −459400 | 87.4 | 1809～2000 |
| $4/3Fe_{(S)} + O_2 = 2/3Fe_2O_{3(S)}$ | −540348 | 167.4 | 298～1809 |
| $3/2Fe_{(S)} + O_2 = 1/2Fe_3O_{4(S)}$ | −551560 | 153.7 | 298～1809 |
| $3/2Fe_{(l)} + O_2 = 1/2Fe_3O_{4(S)}$ | −589100 | 180.3 | 1809～1867 |
| $2H_2 + O_2 = 2H_2O_{(l)}$ | −503921 | 117.4 | 298～3400 |
| $2Hg_{(g)} + O_2 = 2HgO_{(S)}$ | −281600 | 380.3 | 630～740 |
| $2Hg_{(l)} + O_2 = 2HgO_{(S)}$ | −184100 | 225.9 | 298～630 |
| $4K_{(S)} + O_2 = 2K_2O_{(S)}$ | −719600 | 261.5 | 273～336 |
| $4/3La_{(S)} + O_2 = 2/3La_2O_{3(S)}$ | −1192000 | 277.4 | 298～1193 |

（续表）

| 反　　应 | A / J/mol | B/ J/mol·K | 温度范围 /K |
|---|---|---|---|
| $2Mg_{(S)}+O_2=2MgO_{(S)}$ | −1196600 | 208.4 | 298～923 |
| $2Mg_{(l)}+O_2=2MgO_{(S)}$ | −1225900 | 240.2 | 923～1376 |
| $2Mg_{(g)}+O_2=2MgO_{(S)}$ | −1428800 | 387.4 | 1376～3125 |
| $2Mn_{(S)}+O_2=2MnO_{(S)}$ | −76900 | 149 | 298～1517 |
| $Mn_{(S)}+O_2=MnO_{2(S)}$ | −523000 | 201.7 | 298～1120 |
| $2/3Mo_{(S)}+O_2=2/3MoO_{3(S)}$ | −502100 | 168.6 | 298～1068 |
| $2/3Mo_{(S)}+O_2=2/3MoO_{3(l)}$ | −448100 | 177.6 | 1068～1530 |
| $4Na_{(l)}+O_2=2Na2O_{(S)}$ | −843100 | 287.9 | 371～1156 |
| $2Nb_{(S)}+O_2=2NbO_{(S)}$ | −803300 | 158.6 | 298～2218 |
| $2Ni_{(S)}+O_2=2NiO_{(S)}$ | −477000 | 168.6 | 298～1725 |
| $4/5P_{(S)}+O_2=2/5P_2O_{5(S)}$ | −594100 | 311.7 | 298～631 |
| $2Pb_{(l)}+O_2=2PbO_{(S)}$ | −435100 | 192 | 298～762 |
| $2Pb_{(g)}+O_2=2PbO_{(S)}$ | −425100 | 179.1 | 762～1159 |
| $1/2S_{2(g)}+O_2=SO_2$ | −362300 | 72 | 298～3400 |
| $1/3S_{2(g)}+O_2=2/3SO_{3(g)}$ | −304600 | 107.9 | 298～2500 |
| $4/3Sb_{(g)}+O_2=2/3Sb_2O_{3(g)}$ | −464400 | 171.1 | 298～904 |
| $Si_{(S)}+O_2=SiO_{2(S)}$ | −866500 | 152.3 | 1685～1696 |
| $Si_{(S)}+O_2=SiO_{2(S)}$ | −905800 | 175.7 | 298～1685 |
| $2Si_{(l)}+O_2=2SiO_{(g)}$ | −310500 | −94.6 | 1686～2000 |
| $Sn_{(S)}+O_2=SnO_{2(S)}$ | −580700 | 205.4 | 298～505 |
| $Sn_{(l)}+O_2=SnO_{2(S)}$ | −584100 | 212.5 | 505～2140 |
| $2Sr_{(S)}+O_2=2SrO_{(S)}$ | −1175700 | 192.5 | 298～1043 |
| $Ti_{(l)}+O_2=TiO_{2(S)}$ | −941800 | 178.2 | 1940～2128 |
| $Ti_{(S)}+O_2=TiO_{2(S)}$ | −943500 | 179.1 | 298～1940 |
| $2V_{(S)}+O_2=2VO_{(S)}$ | −829300 | 156.1 | 298～2190 |
| $4/5V_{(S)}+O_2=2/5V_2O_{5(S)}$ | −625500 | 175.3 | 298～943 |
| $4/5V_{(S)}+O_2=2/5V_2O_{5(l)}$ | −561500 | 107.5 | 943～2199 |
| $2/3W_{(S)}+O_2=2/3WO_{3(S)}$ | −556500 | 158.6 | 298～1743 |
| $2/3W_{(S)}+O_2=2/3WO_{3(l)}$ | −484500 | 117.2 | 1743～2100 |
| $2Zn_{(S)}+O_2=2ZnO_{(S)}$ | −694500 | 193.3 | 298～693 |

（续表）

| 反　　应 | A / J/mol | B/ J/mol·K | 温度范围 /K |
|---|---|---|---|
| $2Zn_{(l)}+O_2=2ZnO_{(S)}$ | −709600 | 214.6 | 693～1180 |
| $Zr_{(S)}+O_2=ZrO_{2(S)}$ | −1096200 | 189.1 | 298～2125 |
| $4Ag_{(S)}+S_2=2Ag_2S_{(S)}$ | −187400 | 79.5 | 298～1115 |
| $C_{(石墨)}+S_2=CS_{2(g)}$ | −12970 | −7.1 | 298～2500 |
| $2Ca_{(S)}+S_2=2CaS_{(S)}$ | −1083200 | 190.8 | 298～673 |
| $2Ca_{(l)}+S_2=2CaS_{(S)}$ | −1084000 | 192 | 673～1124 |
| $2Cd_{(S)}+S_2=2CdS_{(S)}$ | −439300 | 181.2 | 298～594 |
| $2Cd_{(l)}+S_2=2CdS_{(S)}$ | −451000 | 200.8 | 594～1038 |
| $4Cu_{(S)}+S_2=2Cu_2S_{(S)}$ | −262300 | 61.1 | 298～1356 |
| $2Cu_{(S)}+S_2=2CuS_{(S)}$ | −225900 | 143.5 | 298～900 |
| $2Fe_{(S)}+S_2=2FeS_{(S)}$ | −304600 | 156.9 | 298～1468 |
| $2Fe_{(S)}+S_2=2FeS_{(l)}$ | −112100 | 25.9 | 1468～1809 |
| $Fe_{(S)}+S_2=FeS_{2(S)}$ | −180700 | 186.6 | 298～1200 |
| $2H_2+S_2=2H_2S_{(S)}$ | −180300 | 98.7 | 298～2500 |
| $2Mn_{(S)}+S_2=2MnS_{(S)}$ | −535600 | 130.5 | 298～1517 |
| $Mo_{(S)}+S_2=MoS_{2(S)}$ | −362300 | 203.8 | 298～1780 |
| $4Na_{(l)}+S_2=2Na_2S_{(S)}$ | −880300 | 263.2 | 371～1156 |
| $3Ni_{(S)}+S_2=Ni_3S_{2(S)}$ | −328000 | 159 | 298～800 |
| $2Pb_{(S)}+S_2=2PbS_{(S)}$ | −317100 | 157.7 | 298～600 |
| $2Pb_{(l)}+S_2=2PbS_{(S)}$ | −327200 | 174.5 | 600～1329 |
| $2Zn_{(S)}+S_2=2ZnS_{(S)}$ | −487900 | 161.1 | 298～693 |
| $2Al_{(S)}+N_2=2AlN_{(S)}$ | −603800 | 194.6 | 298～932 |
| $2B_{(S)}+N_2=2BN_{(S)}$ | −507900 | 182.8 | 298～2300 |
| $4Cr_{(S)}+N_2=2Cr_2N_{(S)}$ | −184100 | 100.4 | 298～2176 |
| $8Fe_{(S)}+N_2=2Fe_4N_{(S)}$ | −242700 | 102.5 | 298～1809 |
| $3Mg_{(S)}+N_2=Mg_3N_{2(S)}$ | −458600 | 198.7 | 298～923 |
| $3H_2+N_2=2NH_{3(g)}$ | −100800 | 228.4 | 298～2000 |
| $3/2Si_{(S)}+N_2=1/2Si_3N_{4(S)}$ | −376600 | 168.2 | 298～1680 |
| $2Ti_{(S)}+N_2=2TiN_{(S)}$ | −671500 | 187.9 | 298～1940 |
| $2V_{(S)}+N_2=2ViN_{(S)}$ | −348500 | 166.1 | 298～2190 |

（续表）

| 反　　应 | A / J/mol | B/ J/mol·K | 温度范围 /K |
|---|---|---|---|
| $4Al_{(S)}+3C=Al_4C_{3(S)}$ | −215900 | 41.8 | 298～932 |
| $4Al_{(l)}+3C=Al_4C_{3(S)}$ | −266500 | 96.2 | 932～2000 |
| $3Fe_{(S)}+C_{(S)}=Fe_3C_{(S)}$ | 26690 | −24.8 | 463～1115 |
| $3Fe_{(l)}+C_{(S)}=Fe_3C_{(S)}$ | 10350 | −10.2 | 1809～2000 |
| $Si_{(S)}+C_{(S)}=SiC_{(S)}$ | −63760 | 7.2 | 1500～1686 |
| $Si_{(l)}+C_{(S)}=SiC_{(S)}$ | −114400 | 37.2 | 1686～2000 |
| $Ti_{(\alpha)}+C_{(S)}=TiC_{(S)}$ | −183100 | 10.1 | 298～1155 |
| $Ti_{(\beta)}+C_{(S)}=TiC_{(S)}$ | −186600 | 13.2 | 1155～2000 |
| $W_{(S)}+C_{(S)}=WC_{(S)}$ | −37660 | 1.7 | 298～2000 |
| $Zr_{(S)}+C_{(S)}=ZrC_{(S)}$ | −184500 | 9.2 | 298～2200 |
| $2Ag_{(S)}+Cl_2=2AgCl_{(S)}$ | −251000 | 106.7 | 298～728 |
| $2/3Al_{(S)}+Cl_2=2/3AlCl_{3(S)}$ | −464000 | 161.9 | 298～465 |
| $2/3Al_{(S)}+Cl_2=2/3AlCl_{3(l)}$ | −455200 | 143.5 | 465～500 |
| $1/2C_{(S)}+Cl_2=1/2CCl_{4(g)}$ | −51460 | 66.5 | 298～2500 |
| $C_{(S)}+1/2O_2+Cl_2=COCl_{2(g)}$ | −221800 | 39.3 | 298～2000 |
| $Cu_{(S)}+Cl_2=CuCl_{2(S)}$ | −200400 | 129.3 | 298～500 |
| $H_2+Cl_2=2HCl_{(g)}$ | −188300 | 12.1 | 298～2500 |
| $Hg_{(l)}+Cl_2=HgCl_{2(S)}$ | −223400 | 155.2 | 298～550 |
| $Mg_{(l)}+Cl_2=MgCl_{2(S)}$ | −509600 | 26.4 | 923～987 |
| $Mg_{(S)}+Cl_2=MgCl_{2(S)}$ | −631800 | 158.6 | 298～923 |
| $Mg_{(l)}+Cl_2=MgCl_{2(l)}$ | −610900 | 128.9 | 987～1376 |
| $1/2Si_{(S)}+Cl_2=1/2SiCl_{4(l)}$ | −307100 | 88.7 | 298～330 |
| $1/2Si_{(S)}+Cl_2=1/2SiCl_{4(g)}$ | −297500 | 59.4 | 330～1653 |
| $1/2Ti_{(S)}+Cl_2=1/2TiCl_{4(l)}$ | −400000 | 110.5 | 298～409 |
| $1/2Ti_{(S)}+Cl_2=1/2TiCl_{4(g)}$ | −379500 | 60.7 | 409～1940 |

附表 4　复杂化合物的标准生成吉布斯自由能变化 $\Delta_f G^0 = A + BT$

| 反　应 | A/J・mol⁻¹ | B/J・mol⁻¹・K⁻¹ | 温度范围/K |
|---|---|---|---|
| $3Al_2O_{3(S)}+2SiO_{2(S)}=3Al_2O_3\cdot 2SiO_{2(S)}$ | 8600 | −17.41 | 298～2023(m) |
| $2BaO_{(S)}+SiO_{2(S)}=2BaO\cdot SiO_{2(S)}$ | 259800 | −5.86 | 298～2033(m) |
| $BaO_{(S)}+SiO_{2(S)}=BaO\cdot SiO_{2(S)}$ | 149000 | −6.82 | 298～1878(m) |
| $3CaO_{(S)}+Al_2O_{3(S)}=3CaO\cdot Al_2O_{3(S)}$ | 12600 | −24.69 | 773～1808 |
| $CaO_{(S)}+Al_2O_{3(S)}=CaO\cdot Al_2O_{3(S)}$ | 18000 | −18.83 | 773～1903 |
| $CaO_{(S)}+2Al_2O_{3(S)}=CaO\cdot 2Al_2O_{3(S)}$ | 16700 | −25.52 | 773～2023 |
| $CaO_{(S)}+6Al_2O_{3(S)}=CaO\cdot 6Al_2O_{3(S)}$ | 16380 | −37.58 | 1373～1873 |
| $12CaO_{(S)}+7Al_2O_{3(S)}=12CaO\cdot 7Al_2O_{3(S)}$ | 73053 | −207.53 | 298～1773 |
| $2CaO_{(S)}+Fe_2O_{3(S)}=2CaO\cdot Fe_2O_{3(S)}$ | 53100 | −2.51 | 973～1723(m) |
| $CaO_{(S)}+Fe_2O_{3(S)}=CaO\cdot Fe_2O_{3(S)}$ | 29700 | −4.81 | 973～1489(m) |
| $3CaO_{(S)}+2.5O_2+P_2=3CaO\cdot P_2O_{5(S)}$ | 2313800 | 556.5 | 298～2003 |
| $2CaO_{(S)}+2.5O_2+P_2=2CaO\cdot P_2O_{5(S)}$ | 2189100 | 585.80 | 773～2003(m) |
| $3CaO_{(S)}+SiO_{2(S)}=3CaO\cdot SiO_{2(S)}$ | 118800 | −6.7 | 298～1773 |
| $2CaO_{(S)}+SiO_{2(S)}=2CaO\cdot SiO_{2(S)}$ | 118800 | −11.3 | 298～2403(m) |
| $3CaO_{(S)}+2SiO_{2(S)}=3CaO\cdot 2SiO_{2(S)}$ | 236800 | 9.6 | 298～1773 |
| $CaO_{(S)}+SiO_{2(S)}=CaO\cdot SiO_{2(S)}$ | 92500 | 2.5 | 973～1813(m) |
| $3CaO_{(S)}+2TiO_{2(S)}=3CaO\cdot 2TiO_{2(S)}$ | 207100 | −11.51 | 298～1673 |
| $4CaO_{(S)}+3TiO_{2(S)}=4CaO\cdot 3TiO_{2(S)}$ | 292900 | −17.57 | 298～1673 |
| $CaO_{(S)}+TiO_{2(S)}=CaO\cdot TiO_{2(S)}$ | 79900 | −3.35 | 298～1673 |
| $3CaO_{(S)}+V_2O_{3(S)}=3CaO\cdot V_2O_{3(S)}$ | 332200 | 0.0 | 298～943 |
| $2CaO_{(S)}+Al_2O_{3(S)}+SiO_{2(S)}=2CaO\cdot Al_2O_3\cdot SiO_{2(S)}$ | 170000 | 8.8 | 298～1773 |
| $CaO_{(S)}+Al_2O_{3(S)}+SiO_{2(S)}=CaO\cdot Al_2O_3\cdot SiO_{2(S)}$ | 105855 | 14.23 | 298～1673 |
| $CaO_{(S)}+Al_2O_{3(S)}+2SiO_{2(S)}=CaO\cdot Al_2O_3\cdot 2SiO_{2(S)}$ | 139000 | 17.2 | 298～1826 |
| $2Ce_{(l)}+O_2+0.5S_2=Ce_2\cdot O_2\cdot S_{(S)}$ | 1769800 | 332.6 | 1071～1773 |
| $Fe_{(S)}+0.5O_2+Cr_2O_{3(S)}=FeO\cdot Cr_2O_{3(S)}$ | 330500 | 80.33 | 1809～1973 |
| $2FeO_{(S)}+SiO_{2(S)}=2FeO\cdot SiO_{2(S)}$ | 36200 | 21.09 | 928～1493(m) |
| $2FeO_{(S)}+TiO_{2(S)}=2FeO\cdot TiO_{2(S)}$ | 33900 | 5.86 | 298～1573 |
| $Fe_{(S)}+0.5O_2+V_2O_{3(S)}=FeO\cdot V_2O_{3(S)}$ | 288700 | 62.34 | 1023～1809 |
| $MgO_{(S)}+CO_2=MgCO_{3(S)}$ | 116300 | 173.43 | 298～675(d) |
| $2MgO_{(S)}+SiO_{2(S)}=2MgO\cdot SiO_{2(S)}$ | 67200 | 4.31 | 298～2171(m) |
| $2MnO_{(S)}+SiO_{2(S)}=2MnO\cdot SiO_{2(S)}$ | 53600 | 24.73 | 298～1618 |
| $Na_2O_{(S)}+2SiO_{2(S)}=Na_2O\cdot 2SiO_{2(S)}$ | 233500 | −3.85 | 298～1147(m) |
| $ZrO_{(S)}+SiO_{2(S)}=ZrO\cdot SiO_{2(S)}$ | 26800 | 12.6 | 298～1980(m) |

表中温度后(m)为熔点;(b)为沸点;(s)为升华点;(d)为离解温度。

## 附录 5　不同元素溶于铁液生成 $w[i]=1\%$ 溶液的标准溶解吉布斯自由能 $\Delta_{sol}G^{\circ}$

| 元素 $i$ 的溶解反应 | $\Delta G_i^{\circ}$ J/mol | $\gamma_i^{\circ}$(1873 K) |
|---|---|---|
| $Ag_{(l)}=[Ag]$ | 82424－43.76 T | 200 |
| $Al_{(l)}=[Al]$ | －63178－27.91 T | 0.029 |
| $B_{(S)}=[B]$ | －65270－21.55T | 0.022 |
| $C_{(gr)}=[C]$ | 22593－42.26 T | 0.57 |
| $Ca_{(g)}=[Ca]$ | －39455 ＋ 49.37 T | 2240 |
| $Ce_{(l)}=[Ce]$ | －54392－46.02 T | 0.03 |
| $Co_{(l)}=[Co]$ | 1004－38.74 T | 1.07 |
| $Cr_{(l)}=[Cr]$ | －37.70 T | 1.0 |
| $Cr_{(S)}=[Cr]$ | 19246－46.86 T | 1.14 |
| $Cu_{(l)}=[Cu]$ | 33472－39.37 T | 8.6 |
| $1/2\ H_{2(g)}=[H]$ | 36480 ＋ 30.46T | — |
| $Mn_{(l)}=[Mn]$ | 4080－38.16T | 1.3 |
| $Mo_{(l)}=[Mo]$ | －42.80 T | 1.0 |
| $Mo_{(S)}=[Mo]$ | 27610－52.38T | 1.86 |
| $1/2\ N_{2(g)}=[N]$ | 3600 ＋ 23.89T | — |
| $Nb_{(l)}=[Nb]$ | －42.86 T | 1.0 |
| $Nb_{(S)}=[Nb]$ | 23010－52.30T | 1.4 |
| $Ni_{(l)}=[Ni]$ | －23010－31.05T | 0.66 |
| $1/2\ O_{2(g)}=[O]$ | －117150－2.89T | — |
| $1/2\ P_{2(g)}=[P]$ | －122170－19.25 T | — |
| $Pb_{(l)}=[Pb]$ | 212550－106.27 T | 1400 |
| $1/2\ S_{2(g)}=[S]$ | －135060 ＋ 23.43T | — |
| $Si_{(l)}=[Si]$ | －131500－17.24T | 0.0013 |
| $Sn_{(l)}=[Sn]$ | 15980－44.43T | 2.8 |
| $Ti_{(l)}=[Ti]$ | －40590－37.03T | 0.074 |
| $Ti_{(S)}=[Ti]$ | －25100－44.98T | 0.077 |
| $U_{(l)}=[U]$ | －56070－50.21T | 0.027 |
| $V_{(l)}=[V]$ | －42260－35.98T | 0.08 |
| $V_{(S)}=[V]$ | －20710－45.61T | 0.1 |
| $W_{(l)}=[W]$ | －48.12 T | 1.0 |
| $W_{(S)}=[W]$ | 31380－63.60T | 1.2 |
| $Zr_{(l)}=[Zr]$ | －80750－34.77T | 0.014 |
| $Zr_{(S)}=[Zr]$ | －64430－42.38T | 0.016 |

## 附录6 铁液中元素的一级相互作用系数 $e_B^j$

| | Al | As | B | C | Ca | Co | Cr | Cu | H | Mn | Mo | N |
|---|---|---|---|---|---|---|---|---|---|---|---|---|
| Al | 0.045 | | | 0.091 | −0.047 | | | | 0.24 | | | −0.058 |
| As | | | | 0.25 | | | | | | | | 0.077 |
| B | | | 0.038 | 0.22 | | | | | 0.49 | | | 0.074 |
| C | 0.043 | 0.043 | 0.24 | 0.14 | −0.097 | 0.0076 | −0.024 | 0.016 | 0.67 | −0.012 | −0.0083 | 0.11 |
| Ca | −0.072 | | | −0.34 | −0.002 | | | | | | | |
| Co | | | | 0.021 | | 0.0022 | −0.022 | | −0.14 | | | 0.032 |
| Cr | | | | −0.12 | | −0.019 | −0.0003 | 0.016 | −0.33 | | 0.0018 | −0.19 |
| Cu | | | | 0.066 | | | 0.018 | 0.023 | −0.24 | | | 0.026 |
| H | 0.013 | | 0.05 | 0.06 | | 0.0018 | −0.0022 | 0.0005 | 0.0 | −0.0014 | 0.0022 | |
| Mn | | | | −0.07 | | | | | −0.31 | 0.0 | | −0.091 |
| Mo | | | | −0.097 | | | −0.0003 | | −0.20 | | | −0.10 |
| N | −0.028 | 0.018 | 0.094 | 0.13 | | 0.011 | −0.047 | 0.009 | | −0.02 | −0.011 | 0.0 |
| Nb | | | | −0.49 | | | | | −0.61 | | | −0.42 |
| Ni | | | | 0.042 | −0.067 | | −0.0003 | | −0.25 | | | 0.028 |
| O | −3.9 | | −2.6 | −0.45 | | 0.008 | −0.004 | −0.013 | −3.1 | −0.021 | 0.0035 | 0.057 |
| P | | | | 0.13 | | | −0.03 | 0.024 | 0.21 | 0.0 | | 0.094 |
| Pb | 0.021 | | — | 0.066 | — | 0.0 | 0.02 | −0.028 | — | −0.023 | 0.0 | — |
| S | 0.035 | 0.0041 | 0.13 | 0.11 | | 0.0026 | −0.011 | −0.0084 | 0.12 | −0.026 | 0.0027 | 0.01 |
| Si | 0.058 | | 0.20 | 0.18 | −0.067 | | −0.0003 | 0.014 | 0.64 | 0.002 | | 0.09 |
| Sn | | | | 0.37 | | | 0.015 | | 0.12 | | | 0.027 |
| Ta | | | | −0.37 | | | | | −4.4 | | | −0.47 |
| Ti | | | | | | | 0.055 | | −1.1 | | | −1.8 |
| V | | | | −0.34 | | | | | −0.59 | | | −0.35 |
| W | | | | −0.15 | | | | | 0.088 | | | −0.072 |

| | Nb | Ni | O | P | Pb | S | Si | Sn | Ta | Ti | V | W |
|---|---|---|---|---|---|---|---|---|---|---|---|---|
| Al | | | -6.6 | | 0.0065 | 0.030 | 0.0056 | | | | | |
| As | | | | | | 0.0037 | | | | | | |
| B | | | -1.8 | | | 0.048 | 0.078 | | | | | |
| C | -0.06 | 0.012 | -0.34 | 0.051 | 0.0079 | 0.046 | 0.08 | 0.041 | -0.021 | | -0.077 | -0.0056 |
| Ca | | -0.044 | | | | | -0.097 | | | | | |
| Co | | | 0.018 | | 0.003 | 0.0011 | | | | | | |
| Cr | | 0.0002 | -0.14 | -0.053 | 0.0083 | -0.020 | -0.0043 | 0.009 | | 0.059 | | |
| Cu | | | -0.065 | 0.044 | -0.0056 | -0.021 | 0.027 | | | | | |
| H | -0.0023 | 0.0 | -0.19 | 0.011 | | 0.008 | 0.027 | 0.0053 | -0.02 | -0.019 | -0.0074 | 0.0048 |
| Mn | | | -0.083 | -0.0035 | -0.0029 | -0.048 | 0.0 | | | | | |
| Mo | | | -0.0007 | | 0.0023 | -0.0005 | | | | | | |
| N | -0.06 | 0.01 | 0.05 | 0.045 | | 0.007 | 0.047 | 0.007 | -0.032 | -0.53 | -0.093 | -0.0015 |
| Nb | 0.0 | | -0.83 | | | -0.047 | | | | | | |
| Ni | | 0.0009 | 0.01 | -0.0035 | -0.0023 | -0.0037 | 0.0057 | | | | | |
| O | -0.14 | 0.006 | -0.20 | 0.07 | | -0.133 | -0.131 | -0.0111 | -0.31 | -0.6 | -0.3 | -0.0085 |
| P | | 0.0002 | 0.13 | 0.062 | 0.011 | 0.028 | 0.12 | 0.013 | | | | |
| Pb | | -0.019 | — | 0.048 | — | -0.32 | 0.048 | 0.057 | — | — | — | 0.0 |
| S | -0.013 | 0.0 | -0.27 | 0.029 | -0.046 | -0.028 | 0.063 | -0.0044 | -0.0002 | -0.072 | -0.016 | 0.0097 |
| Si | | 0.005 | -0.23 | 0.11 | | 0.056 | 0.11 | 0.017 | | | 0.025 | |
| Sn | | | -0.11 | 0.036 | 0.035 | -0.028 | 0.057 | 0.0016 | | | | |
| Ta | | | -1.29 | | | -0.021 | | | 0.002 | | | |
| Ti | | | -1.8 | | | -0.11 | | | | 0.013 | | |
| V | | | -0.97 | | | -0.028 | 0.042 | | | | 0.015 | |
| W | | | -0.052 | | 0.0005 | 0.035 | | | | | | |

## 附录7 铁液中元素的一级相互作用系数 $e_B^j$ 与温度的关系式

$e_{Al}^{Al}=63/T+0.011$，$e_N^{Al}=859/T-0.487$，$e_O^{Al}=-20600/T+7.15$，$e_N^B=975/T-0.4$，

$e_C^C=158/T+0.0581$，$e_{Si}^C=380/T-0.023$，$e_S^{Cr}=-92.4/T+0,0396$，$e_{Al}^N=1650/T+0.94$，

$e_B^N=714/T-0.307$，$e_{Nb}^N=-1720/T+0.503$，$e_{Ta}^N=-1960/T+0.581$，$e_{Ti}^N=-13900/T+5.61$，

$e_V^N=-1270/T+0.33$，$e_N^{Nb}=-260/T+0.0796$，$e_{Al}^O=-34740/T+11.95$，$e_O^O=-1750/T+0.734$，

$e_{Cr}^S=-153/T+0.062$，$e_S^S=233/T-0.153$，$e_C^{Si}=162/T-0.008$，$e_{Si}^{Si}=34.5/T+0.089$，

$e_N^{Ta}=-152/T+0.049$，$e_N^{Ti}=-4070/T+1.643$，$e_N^V=-350/T+0.094$

# 参考文献


[1] 黄希祜．钢铁冶金原理(第三版)．北京:冶金工业出版社,2002.

[2] 张家芸．冶金物理化学．北京:冶金工业出版社,2004.

[3] 赵俊学．冶金原理,西安:西北工业大学出版社,2002.

[4] 梁连科,车荫昌．冶金热力学与动力学．沈阳:东北工学院出版社,1989

[5] 魏寿昆．冶金过程热力学．上海:上海科学技术出版社,1980.

[6] 傅崇说．有色冶金原理．北京:冶金工业出版社,1997

[7] 魏庆成 冶金热力学．重庆:重庆大学出版社,1996.

[8] 吴长春,冶金热力学．北京:机械工业出版社,1993.

[9] 李洪桂．冶金原理．北京:科学出版社,2005.

[10] 李文超．冶金与材料物理化学．北京:冶金工业出版社,2001

[11] 李文超．冶金热力学.北京:冶金工业出版社,1995

[12] 古建龙,唐仲和．Fe-Nb-O 系平衡及其热力学参数的研究．金属学报,1985.

[13] Stadnichenko D V , Utochkin Y L. Relation between nitride capacity and optical basity of refining slags. Chernaya Meta1,1997

[14] 王敏,包燕平,崔衡,等．CaO- SiO2- A12O3- MgO 精炼渣氮行为．北京科技大学学报,2010

[15] 陈新民．火法冶金物理化学．北京:冶金工业出版社,1984

[16] Sigworth G K,Elliott J F. The thermodynamics of liquid dilute iron alloys. Metal Science. 1974

[17] 梁英教,车荫昌．无机物热力学数据手册．沈阳:东北大学出版社,1993

[18] wada H , Pehlke R D. Solubility of nitrogen in liquid Fe-Cr-Ni alloys containing manganese and molybdenum,Met Trans, B, 1977.

[19] Elliott J F. The chemistry of electric furnace steelmaking. Electric Furnace Proceedings, 1974

[20] Colin J. Smithells,Metals Reference Book. Butter worth & co. (publishers) Ltd,1976

[21] 梁英教．物理化学．北京:冶金工业出版社,2001.

[22] Barin I, KnackeO. Thermochemical Properties of Inorganic Substances, Springer-Verlag, Berlin ,1973